U0022716

深智數位
股份有限公司

深智數位
股份有限公司

推薦序 1

晶片是現代電子產品和系統的核心組成部分,包括電腦、智慧型手機、平板電腦等各類電子產品和系統都離不開晶片。而在汽車電子領域,車載晶片則更為重要,因為它們是汽車電子系統中的核心組成部分,負責控制和管理汽車的各項功能。

隨著汽車電子技術的發展,車載晶片的重要性也越來越凸顯。它們能夠幫助汽車實現更高效、更安全、更智慧的功能,比如自動駕駛、智慧交通管理、車聯網等。同時,車載晶片也需要滿足汽車電子系統極高的可靠性和安全性要求,因此在晶片設計、製造、封裝、測試和認證方面需要達到更高的要求和標準。對於汽車電子產業從業者而言,了解車載晶片技術的相關知識至關重要。只有深入了解車載晶片技術的發展歷程、應用場景和未來趨勢,以及晶片設計和製造的各個環節,才能夠更進一步地應對日益複雜和多變的市場需求,推動汽車電子技術的不斷創新和發展。

本書系統地介紹了車載晶片技術領域的各個方面,包括產業現狀、標準介紹、可靠性要求、設計基礎、前端和後端製程設計、功能安全設計、物理可靠性、可靠性設計、製程與製造、生產管理以及測試認證等,是汽車電子產業從業者的必讀之作。這本書不僅能夠幫助讀者深入了解車載晶片技術的發展歷程、應用場景和未來趨勢,還能夠讓讀者系統地學習到晶片設計和製造的全鏈條各個核心環節的技術。特別是在晶片的可靠性要求和設計方面,本書舉出了非常詳細並具有極高實用性的講解。此外,本書還結合實際案例,對晶片設計和製造中的許多常見問題進行了深入的分析並舉出了解決方案。這些案例不僅能夠幫助讀者加深對晶片技術的理解,同時也提供了很有價值的實際操作的參考。

我和作者姜克博士相識多年，姜博士在汽車電子和第三代半導體領域都有超過 10 年的國際化經驗。他曾在德國馬克思 - 普朗克研究所學習和工作，發表了 20 多篇論文，榮獲歐洲知名獎學金「歐盟瑪麗‧居里夫人獎學金」。姜克博士曾供職於多家國際知名半導體企業，累積了豐富的車載晶片的研發和產業經驗。姜博士參與了多個汽車電子和半導體製程平臺的開發。目前，他是安世半導體中國研究院院長和新興事業部 I&M 總裁，也是北京清華大學積體電路學院講席教授。集深厚的理論基礎與豐富的實踐經驗為一身，姜克博士是汽車電子和第三代半導體領域的頂尖專家之一。對汽車電子產業從業者來說，姜克博士等所著的本書是一本難得的將理論和技術與工程實際相結合的好書。相信讀者一定會從中有所收穫。

張國旗

IEEE Fellow

荷蘭 **Delft** 大學資深教授

推薦序 2

　　自首個電晶體於 1947 年在貝爾實驗室發明以來，人類進入了快速發展的電子資訊時代。而 1958 年快捷公司的 Robert Noyce 和德州儀器的 Jack Kilby 發明的積體電路，更是開創了世界微電子學歷史，使半導體產業由「發明時代」進入了「商用時代」。隨著電子元件和晶片在汽車中得到廣泛的使用，尤其是汽車的智慧化、網聯化和電動化的發展，使得汽車晶片需求井噴式增長。

　　然而，自 2021 年以來，汽車晶片短缺導致了多家汽車企業的停產減產，這凸顯出汽車晶片的重要性。隨著中國新能源車需求與產量的迅速增加，其在全球產業鏈中的重要性持續上升，我們深信未來一段時間內對於汽車晶片人才的需求，特別是高層次汽車晶片設計人才的需求將持續升溫。

　　人才的培養離不開一流的師資和教材。目前，大專院校在積體電路設計教學方面較多地採用國外引進的專業基礎教材，雖然其中不乏經典之作，但整體而言，這些教材缺乏從系統看晶片的介紹，也缺乏對車載晶片概念的理解和此類應用對可靠性的嚴苛要求，還缺乏從工程的角度教會學生做汽車晶片設計的內容，更缺乏如何將底層元件和上層系統應用聯繫在一起的通盤考慮。

　　本書圍繞車載晶片，分別從汽車產業和半導體產業兩個角度對車載晶片進行了全面深入的介紹，並對車載晶片產業、汽車電子電氣系統、汽車可靠性要求及標準等也進行了詳細介紹。在此基礎上，著眼於晶片設計方法，尤其是功能安全和可靠性設計，對具體的晶片製造製程和封裝、品控管理和系統測試認證，都有較為詳細的陳述。

本書的作者既有國際知名車載晶片企業長期參與車載晶片研發和專案管理的豐富經驗，也有北京清華大學科學研究教學最前線的實踐經驗。書中不僅介紹了車載晶片設計領域的最新成果，還融入了很多工業界從研發到生產的案例，可以幫助讀者通過了解工業界實用的解決方案，快速提升對汽車晶片的理解，掌握汽車晶片設計的關鍵技術。

邱慈雲

上海矽產業集團股份有限公司總裁

上海新昇半導體科技有限公司 CEO

廣州新銳光光罩科技有限公司董事長

前言

　　汽車工業在過去 130 多年的發展歷程中，前 100 年主要集中在內燃引擎和各種機械部分的發展上。從 20 世紀 90 年代開始，隨著積體電路技術的高速發展，汽車使用的電子元件和晶片越來越多。特別是進入 21 世紀後，隨著汽車朝著智慧化、網聯化、電動化方向發展，汽車採用的晶片數量也爆炸式增長。單台電動汽車的晶片數量已經超過 1000 顆，晶片種類已超過 150 種。汽車晶片已經成為繼 20 世紀 90 年代個人電腦和 21 世紀行動網際網路之後的第三次半導體晶片的增長推動力。在作者撰寫本書之時正值全球車企遭遇「汽車晶片荒」，據統計，2022 年全球汽車因汽車晶片緊缺而減產超 420 萬輛。為了迎接汽車晶片化時代的到來，推動汽車晶片人才的培養，助力汽車產業發展，特撰寫本書。

　　車載晶片和工業級、消費級晶片最大的不同在於車載晶片的高可靠性。車載晶片的高可靠性表現在滿足 ΛEC Q 系列應力測試的封裝積體電路故障機制測試方法標準、汽車電力電子模組認證標準 AQG 324，以及為了滿足自動駕駛安全而引入的功能安全標準 ISO 26262 和預期功能安全 SOTIF，為了滿足這些嚴苛的標準，汽車晶片在設計、製造、封裝、測試等全過程也要滿足 IATF 16949 的品質管制系統認證。這對汽車晶片從業人員提出了更高的要求，也在可靠性物理機制、可靠性生產管理中形成了一套完整的方法學內容。本書將全面、完整、系統性地介紹該方法學的全部內容。

　　本書共 11 章，主要內容包括車載晶片產業介紹、汽車電子與晶片、汽車電子可靠性要求、車載晶片標準介紹、晶片設計基礎、車載晶片功能安全設計、晶片可靠性問題、車載晶片可靠性設計、車載晶片製程與製造、車載晶片的可靠性生產管理、車載晶片與系統測試認證。

本書可作為大專院校積體電路、電子工程、汽車電子、電力電子等相關專業的所究所學生教材，也可作為汽車晶片相關領域工程技術人員的參考書。

在本書的撰寫過程中獲得了蘇炎召、何一新、許宇航、解志峰、李惠乾、宋碧婭、董盛慧、張博維、薛興宇、李星宇、魏星宇、楊登科、金楚豐、劉旭東、陳懷郁、朱菁菁、陸禹堯、胡若飛、王瑩、母欣榮、蔡琳、梁四海、潘之昊、錢秋曉、黎嘉陽、朱春林、何榮華的協助，以及北京清華大學積體電路學院、北京清華大學車輛與運載學院和安世半導體公司的大力支持，在此表示衷心的感謝。

由於作者水準有限，加之時間倉促，書中不當之處在所難免，歡迎廣大同行和讀者批評指正。

作者

目錄

第 1 章　車載晶片產業介紹

第 2 章　汽車電子與晶片

第 3 章　汽車電子可靠性要求

第 4 章　車載晶片標準介紹

第 5 章　晶片設計基礎

第 6 章　車載晶片功能安全設計

第 7 章　晶片可靠性問題

第 8 章　車載晶片可靠性設計

第 9 章　車載晶片製程與製造

第 10 章　車載晶片的可靠性生產管理

第 11 章　車載晶片與系統測試認證

第 1 章

車載晶片產業介紹

1.1 晶片概述

1.1.1 晶片的定義和分類

1. 半導體、積體電路及晶片的定義

　　半導體（Semiconductor）指常溫下其導電性能介於絕緣體（Insulator）與導體（Conductor）之間的材料。人們通常把導電性差的材料，如煤、人工晶體、琥珀、陶瓷等稱為絕緣體。而把導電性比較好的金屬，如金、銀、銅、鐵、錫、鋁等稱為導體。與導體和絕緣體相比，半導體的發現時間是最晚的，直到 20 世

紀 30 年代，當材料的提純技術改進以後，半導體才得到工業界的重視。常見的半導體材料有矽、鍺、砷化鎵等，而矽則是在商業應用上最具有影響力的一種半導體材料。

　　積體電路（Integrated Circuit，IC）是一種微型電子元件。採用一定的製程，把一個電路中所需的電晶體、電阻、電容和電感等元件及佈線互連，製作在一小塊或幾小塊半導體晶片或媒體基片上，然後封裝在一個管殼內，成為具有所需電路功能的微型結構。積體電路中的所有元件在結構上已組成一個整體，使電子元件向著微小型化、低功耗、智慧化和高可靠性方面邁進了一大步。基於鍺的積體電路的發明者為傑克・基爾比（Jack Kilby），基於矽的積體電路的發明者為羅伯特・諾伊思（Robert Noyce）。當今，半導體工業大多數應用的是基於矽的積體電路。

　　晶片（Chip）是指內含積體電路的晶圓，體積很小，是半導體元件產品的統稱，也是積體電路的載體，由晶圓分割而成。晶圓是一塊很小的矽，內含積體電路，它是電腦或其他電子裝置的一部分。一般而言，晶片泛指所有的半導體元件，是在矽板上集合多種電子元件實現某種特定功能的電路模組，承擔著運算和儲存的功能，廣泛應用於軍工、民用等幾乎所有的電子裝置中。隨著晶片製造製程的不斷進步，晶片產品向著微小型化、低功耗、智慧化和高可靠性方面穩步發展。

2. 晶片的分類

　　晶片的分類方法很多，按照處理訊號來分，可以分為類比晶片、數位晶片；按照製造製程來分，可以分為 14nm、10nm、7nm、5nm、3nm 等；按照使用功能來分，可以分為計算功能、資料儲存功能、感知功能、傳遞功能、能源供給功能；按照應用場景來分，可以分為民用級（消費級）、工業級、汽車級、軍工級；按照國際標準分類方式來分，可以分為積體電路、分立元件、感測器、光電子。

1）按處理訊號分類

（1）類比晶片。

類比晶片主要是指由電阻、電容、電晶體等組成的類比電路整合在一起用來處理連續函數形式類比訊號（如聲音、光線、溫度等）的積體電路，包含通用類比電路（介面、能源管理、訊號轉換等）和特殊應用類比電路。

類比晶片的產品種類繁多，常見的有運算放大器、數位類比轉換器、鎖相環、電源管理晶片、比較器等，每類產品根據客戶對產品性能需求的不同會有很多個系列的產品。

（2）數位晶片。

數位晶片是對離散的數位訊號（如用 0 和 1 兩個邏輯電位來表示的二進位碼）進行算術和邏輯運算的積體電路，其基本組成單位為邏輯門電路，包含記憶體〔DRAM（Dynamic Random Access Memory，動態隨機記憶體）、Flash 等〕、邏輯電路〔PLD（Programmable Logic Device，可程式化邏輯元件）、閘陣列、顯示驅動器等〕、微型元件〔MPU（Micro Processor Unit，微處理器）、MCU（Micro Controller Unit，微控制單元）、DSP（Digital Signal Processing，數位訊號處理）〕。

數位晶片是近年來應用最廣、發展最快的 IC 品種，可分為通用數位 IC 和專用數位 IC。通用數位 IC 指那些使用者多、使用領域廣泛、標準型的電路，如 DRAM、MPU 及 MCU 等，反映了數位 IC 的現狀和水準。專用數位 IC〔ASIC（Application Specific Integrated Circuit，專用積體電路）〕指為特定的使用者、某種專門或特別的用途而設計的電路。

晶片裡既有處理類比訊號的部分，也有處理數位訊號的部分，分類的重要標準是哪種訊號佔比更大，如果處理類比訊號的部分多一些，就叫作類比晶片，反之叫作數位晶片。

2）按製造製程分類

　　製程製程反映半導體製造技術的先進性，從當前的製程製程發展情況來看，一般是以 28nm 為分水嶺來區分先進製程和傳統製程，小於 28nm 的製程被稱為先進製程，大於 28nm 的製程被稱為傳統製程。截至 2023 年 6 月，能進入這幾個製程節點的企業不多，台灣積體電路製造股份有限公司（下簡稱台積電）和三星公司是目前僅有量產計畫的企業，據悉，兩家企業在 2020 年已陸續推出 5nm 製程晶片。另外，2022 年，三星公司在 3nm 製程上也獲得了重大突破，它在 3nm 製程中使用的 GAA（全環繞柵極電晶體）技術，邁出了 3nm 製程的重要一步。半導體廠商的製造製程進展如表 1-1 所示。

▼ 表 1-1　半導體廠商製程製程進展　　　　　　　　　　　　　單位：nm

廠商	2014年	2015年	2016年	2017年	2018年	2019年	2020年	2021年	2022年	2023年
台積電	20	16		10	7	5			3	3
英特爾	14					10		7	4	3
三星	20	14		10	7	6	5	3	3	3
格羅方德	20	14		10						
聯電	28			14						
中芯國際		28				14				
華虹						55				28/22

資料來源：企業年報，作者整理，2023-07

　　一般情況下，製程製程越先進，晶片的性能越高，但製程先進的晶片其製造成本也高。市場調研機構指出，通常情況下，一款 28nm 晶片的設計和研發投入為 1~2 億元，14nm 晶片的設計和研發投入為 2~3 億元，研發週期為 1~2 年，5nm 晶片的設計和研發投入為 20~30 億元。現在製程製程的發展已經逼近極限，從平衡成本和性能上來考慮，製程製程並非越先進越好，而是選擇合適的更好。不同種類的晶片在製程最佳選擇上會有差異，舉例來說，數位晶片對先進製程要求高，但是類比晶片則不一定。

3）按使用功能分類

按照使用功能分類，可以分為計算功能、資料儲存功能、感知功能、傳遞功能以及能源供給功能。

（1）計算功能。

計算功能類晶片主要用作計算分析，可分為主控晶片和輔助晶片。主控晶片中有 CPU（Central Processing Unit，中央處理器）、SoC（System on Chip，系統單晶片）、FPGA（Field Programmable Gate Array，現場可程式化閘陣列）、MCU；輔助晶片有主管圖形影像處理的 GPU 和主打人工智慧計算的 AI 晶片。

（2）資料儲存功能。

資料儲存功能類晶片主要有 DRAM、SDRAM（Synchronous Dynamic Random Access Memory，同步動態隨機記憶體）、ROM（Read Only Memory，唯讀記憶體）、NAND、Flash 等，主要是用於資料儲存。

（3）感知功能。

感知功能類晶片主要為感測器，如 MEMS（Micro-Electro-Mechanical System，微機電系統）、指紋晶片、CIS（地圖資訊系統）等，主要透過「望聞問切」來感知外部世界。

（4）傳遞功能。

傳遞功能類晶片主要有藍牙、WiFi、NB-IoT（Narrow Band Internet of Things，窄頻物聯網）、寬頻、USB 介面、乙太網介面、HDMI 介面（High Definition Multimedia Interface）、驅動控制等中的晶片，用於資料傳輸。

（5）能源供給功能。

能源供給功能類晶片主要有電源晶片、DC-AC（Direct Current-Alternating Current，直流 - 交流）、LDR（Low Dropout Regulator，低壓差穩壓器）等，用於能源供給。

4）按應用場景分類

　　按照應用場景分類，主要分為民用級、工業級、汽車級、軍工級。不同等級的應用對晶片的工作溫度、製程處理方式的影響等都不同，如表 1-2 所示。

▼ 表 1-24　種等級晶片的對比

對比項	民用級	工業級	汽車級	軍工級
工作溫度	0℃ ~70℃	-40℃ ~85℃	-40℃ ~125℃	-55℃ ~125℃
電路設計	防雷設計、短路保護、熱保護等	多級防雷設計、雙變壓器設計、抗干擾設計、短路保護、熱保護、超高壓保護等	多級防雷設計、雙變壓器設計、抗干擾技術、多重短路保護、多重熱保護、超高壓保護等	輔助電路和備份電路設計、多級防雷設計、雙變壓器設計、抗干擾技術、多重短路、多重熱保護、超高壓保護
製程處理	防水處理	防水、防潮、防腐、防黴變處理	增強封裝設計和散熱處理	耐衝擊、耐高低溫、耐黴菌
系統成本	線路板一體化設計，價格低廉但維護費用較高	積木式結構，每個電路均帶有自檢功能，造價稍高但維護費用低	積木式結構，每個電路均帶有自檢功能並增強了散熱處理，造價較高，維護費用也較高	造價非常高，維護費用也高

1.1.2 晶片技術的發展歷程

1. 晶片技術發展的萌芽期

　　1833 年，英國科學家麥克·法拉第（Michael Faraday）在測試硫化銀（Ag_2S）特性時，發現硫化銀的電阻會隨著溫度的上升而降低的特異現象，被稱為電阻效應，這是人類發現的**半導體的第一個特徵**。

　　1839 年，法國科學家艾德蒙·貝克雷爾（Edmond Becquerel）發現半導體和電解質接觸形成的結，在光照下會產生一個電壓，這就是後來人們熟知的光生伏特效應，簡稱光伏效應。這是人類發現的**半導體的第二個特徵**。

1873 年，英國的威洛比‧史密斯（Willoughby Smith）發現硒（Se）晶體材料在光照下電導增加的光電導效應，這是人類發現的**半導體的第三個特徵**。

1874 年，德國物理學家斐迪南‧布勞恩（Ferdinand Braun）觀察到某些硫化物的電導與所接上電源場的方向有關。在它兩端加一個正向電壓，它是導通的；如果把電壓極性反過來，它就不導電，這就是半導體的整流效應，這是人類發現的**半導體的第四個特徵**。

1947 年，美國貝爾實驗室全面總結了半導體材料的上述 4 個特性。此後，四價元素鍺（Ge）和矽（Si）成為了科學家最為關注和大力研究的半導體材料。在肖克萊（W.Shockley）發明鍺晶體三極體的幾年後，人們發現矽更加適合生產電晶體。此後，矽成為應用最廣泛的半導體材料，並一直延續至今。這也是美國北加州成為矽工業中心後，被稱為「矽谷」的原因。

1904 年，英國物理學家約翰‧安布羅斯‧弗萊明（John Ambrose Fleming）發明了世界上第一個真空管，它是一個真空二極體，如圖 1-1 所示，並獲得了這項發明的專利。

1906 年，美國工程師李‧德‧福里斯特（Lee de Forest）在弗萊明真空二極體的基礎上又多加入了一個柵極，發明了另一種真空管，即真空三極體，如圖 1-2 所示，使得真空管在檢波和整流功能之外，還具有了放大和振盪功能。福里斯特於 1908 年 2 月 18 日拿到了這項發明的專利。

▲ 圖 1-1 真空二極體

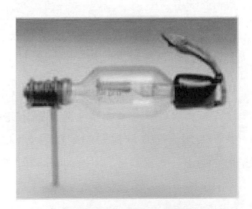

▲ 圖 1-2 真空三極體

真空三極體被認為是電子工業誕生的起點，應用了 40 多年。由於真空管具有體積大、耗電多、可靠性差的缺點，最終它被後來者——電晶體所取代。

2. 晶片技術發展的初創期

1947 年，美國貝爾實驗室的肖克萊（W.Shockley）、巴丁（J.Bardeen）、布拉頓（W.Brattain）（見圖 1-3）三人發明了點觸型電晶體，這是一個 NPN 鍺電晶體，他們三人因此項發明獲得了 1956 年諾貝爾物理學獎。

▲ 圖 1-3　肖克萊、巴丁、布拉頓

肖克萊於 1950 年 4 月製成第一個雙極結型電晶體——PN 結型電晶體，這種電晶體實際應用得比點觸型電晶體廣泛得多。現存的電晶體中大部分仍是這種 PN 結型電晶體。

電晶體的發明是微電子技術發展歷程中的第一個里程碑。電晶體的發明使人類步入了高速發展的電子資訊時代，到目前為止，已應用 70 多年。

1950 年，美國人奧爾（Russell Ohl）和肖克萊（W.Shockley）發明了離子注入製程，如圖 1-4 所示。離子注入是將雜質電離成離子並聚焦成離子束，在電場中加速後注入矽材料中，實現對矽材料的摻雜，目的是改變矽材料的導電性能。離子注入是最早採用的半導體摻雜方法，它是晶片製造的基本製程之一。

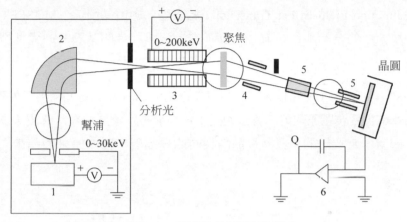

▲ 圖 1-4　離子注入原理示意圖

　　1956 年，美國人富勒（C.S.Fuller）發明了**擴散製程**，熱擴散裝置的示意圖如圖 1-5 所示。擴散是摻雜的另一種方法，它也是晶片製造的基本製程之一。

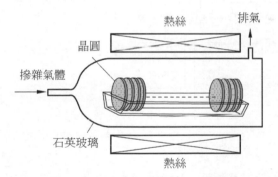

▲ 圖 1-5　熱擴散裝置的示意圖

　　1958 年，美國快捷公司的羅伯特・諾伊斯（Robert Noyce）與美國德儀公司的傑克・基爾比（Jack Kilby）分別發明了積體電路，開創了世界微電子學的歷史。諾伊斯是在基爾比發明的基礎上，發明了可商業生產的積體電路，使半導體產業由「發明時代」進入了「商用時代」。

　　1959 年，貝爾實驗室的韓裔科學家江大原（Dawon Kahng）和馬丁・艾塔拉（Martin M.Atalla）發明了金屬氧化物半導體場效應電晶體（Metal-Oxide-Semiconductor Field-Effect Transistor，MOSFET），這是第一個真正的緊湊型 MOSFET，也是第一個可以小型化並實際生產的電晶體，它可以大部分代替

JFET（Junction Field-Effect Transistor，結型場效應電晶體）。MOSFET 宣告了在電子技術中的統治地位，並且支撐了當今資訊社會的基石——大型積體電路的發展。

1960 年，盧爾（H.H.Loor）和克里斯坦森（Christenson）發明了**外延製程**，矽氣相外延生長裝置原理的示意圖如圖 1-6 所示。外延是指在半導體單晶材料上生長一層有一定要求的、與基片晶向相同的單晶層，猶如原來的晶體向外延伸生長了一層。

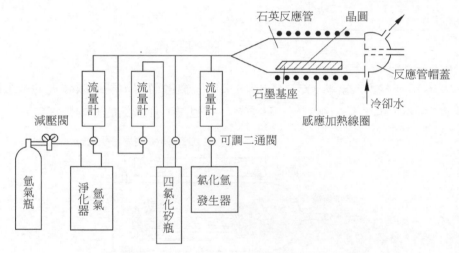

▲ 圖 1-6　矽氣相外延生長裝置原理的示意圖

1959 年，羅伯特・諾伊斯（Robert Noyce）在日記中提出一個技術設想——既然能用光刻法製造單一電晶體，那為什麼不能用光刻法來批次製造電晶體呢？把多種元件放在單一晶圓上將能夠實現工藝流程中的元件內部連接，這樣體積和重量就會減小，價格也會降低。為此，快捷公司開始將**光刻製程**嘗試應用於電晶體的批次製造。

離子注入、擴散、外延、光刻等製程技術，加上真空鍍膜技術、氧化技術和測試封裝技術，組成了矽平面加工技術的主體，通俗地說是組成了晶片製造的主體。沒有光刻技術就沒有今天的晶片技術和產業，也就沒有現在的資訊化和智慧化社會。

1963 年，快捷公司的法蘭克‧萬拉斯（Frank M.Wanlass）和華人薩支唐（C.T.Sah）首次提出 **CMOS（Complementary Metal Oxide Semiconductor，互補金屬氧化物半導體）電路技術**。他們把 NMOS（N-type Metal Oxide Semiconductor，N 型金屬氧化物半導體）和 PMOS（P-type Metal Oxide Semiconductor，P 型金屬氧化物半導體）連接成互補結構，兩種極性的 MOSFET（金屬氧化物半導體場效應管）一關一開，幾乎沒有靜態電流，適合於邏輯電路。首款 CMOS 電路晶片由 RCA（Radio Corporation of America）公司研製。**CMOS 電路技術為大型積體電路的發展奠定了堅實基礎**。今天，95% 以上的積體電路晶片都是基於 CMOS 製程製造的。

　　1964 年，Intel 公司創始人之一的高登‧莫爾（Gordon Moore），如圖 1-7 所示，提出了著名的**莫爾定律**（Moore's Law），預測晶片技術的未來發展趨勢是，當價格不變時，晶片上可容納的元件的數目，每隔 18~24 個月便會增加一倍，性能也將提升一倍。此後 50 多年晶片技術的發展證明了莫爾定律基本上是準確的。

　　1968 年，IBM 公司的羅伯特‧登納德（Robert H.Dennard），如圖 1-8 所示，發明了**單晶體管動態隨機存取記憶體（DRAM）**。單晶體管動態隨機記憶體是一個劃時代的發明，它後來成為了電腦記憶體的標準。登納德於 1997 年入選國家發明家名人堂；於 2009 年獲得 IEEE 榮譽勳章，這是電子電氣領域的最高榮譽。

▲ 圖 1-7 高登‧莫爾

▲ 圖 1-8 羅伯特‧登納德

3. 晶片技術發展的成長期

1971 年，美國 Intel 公司推出**全球第一個微處理器** 4004 晶片。它是一個 4 位元的中央處理器晶片，採用 MOS 製程製造，片上整合了 2250 個電晶體。這是晶片技術發展史上的里程碑。同年，Intel 公司推出 1KB 動態隨機記憶體，標誌著**大規模整合**（Large Scale Integrated，LSI）電路出現。

1978 年，Intel 公司發佈了新款 16 位元微處理器 8086。Intel 8086 開創了 x86 架構電腦時代，x86 架構是一種不斷擴充和完整的 CPU 指令集，也是一種 CPU 晶片內部架構，同時也是一種個人電腦（PC）的業界標準。同年，64KB 動態隨機記憶體誕生，不足 $0.5cm^2$ 的晶圓上整合了多達 15 萬個電晶體，線寬為 $3\mu m$，標誌著晶片技術進入了**超大規模整合**（Very Large Scale Integrated，VLSI）電路時代。

1980 年，日本 Toshiba 公司的舛岡富士雄（Fujio Muoka），如圖 1-9 所示，發明了 NOR 閃速記憶體（NOR Flash Memory），簡稱 NOR 快閃記憶體（NOR Flash）。1987 年，他又發明了 NAND 閃速記憶體（NAND Flash Memory），簡稱 NAND 快閃記憶體（NAND Flash），NOR 快閃記憶體和 NAND 快閃記憶體的對比如圖 1-10 所示。

▲ 圖 1-9　舛岡富士雄

	NAND	NOR
單元陣列	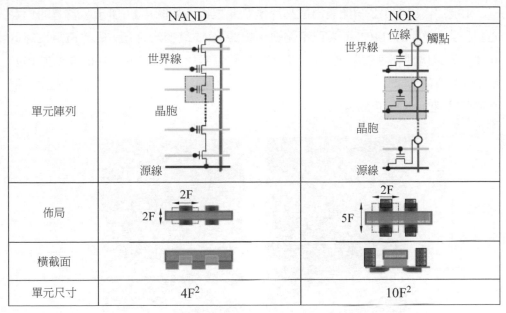	
佈局		
橫截面		
單元尺寸	$4F^2$	$10F^2$

▲ 圖 1-10 NOR 快閃記憶體和 NAND 快閃記憶體（F：技術節點）

1981 年，IBM 基於 8088 推出全球第一台 PC。從 IBM 公司的 PC 開始，PC 真正走進了人們的工作和生活，它標誌著電腦應用普及時代的開始，也標誌著 **PC 消費驅動晶片技術創新和產業發展** 的時代開啟。同年，256KB DRAM 和 64KB CMOS SRAM（Static Random Access Memory，靜態隨機記憶體）問世。

1988 年，Intel 公司看到了快閃記憶體的巨大潛力，推出了首款商用快閃記憶體晶片，成功取代了 EPROM（Erasable Programmable Read-Only Memory，可擦可程式化唯讀記憶體）產品，主要用於儲存電腦軟體。同年，16MB DRAM 問世，1cm² 大小的晶圓上可整合約 3500 萬個電晶體，標誌著晶片技術進入了**特大規模整合**（Ultra Large Scale Integrated，ULSI）電路階段。

1993 年，Intel 公司推出 Pentium CPU 晶片，電腦的「Pentium」時代到來。Pentium CPU 每個時鐘週期可以執行兩行指令，在相同的時鐘速度下，Pentium CPU 執行指令的速度大約比 80486 CPU 快 5 倍。1994 年，整合 1 億個元件的 1GB DRAM 的研製成功，標誌著晶片技術進入了**巨大規模整合**（Giga Scale Integrated，GSI）電路時代。

1997 年，IBM 公司開發出了晶片銅互連技術，如圖 1-11 所示。當時的鋁互連製程對 180nm CMOS 而言已不夠快。根據 IBM 最初的研究，銅的電阻比鋁低 40%，導致處理器速度暴增 15% 以上，銅的可靠性更是比鋁高 100 倍。在 1998 年生產出第一批 PowerPC 晶片時，與上一代 300MHz 的 PowerPC 晶片相比，銅互連版本速度提高了 33%。

▲ 圖 1-11　晶片銅互連技術

1999 年，胡正明教授開發出了鰭式場效電晶體（Fin Field-Effect Transistor，FinFET）技術，如圖 1-12 和圖 1-13 所示。胡正明教授被譽為 3D 電晶體之父。當電晶體的尺寸小於 25nm 時，傳統的平面電晶體尺寸已經無法縮小，FinFET 的出現將電晶體立體化，電晶體密度才能進一步加大，讓莫爾定律在今天延續傳奇，這項發明被公認是近 50 多年來半導體技術的重大創新。FinFET 是現代奈米電子半導體元件製造的基礎，現在 7nm 晶片使用的就是 FinFET 設計。

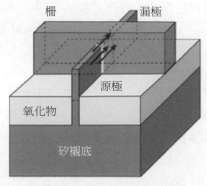

▲ 圖 1-12　胡正明教授　　　▲ 圖 1-13　FinFET 技術

2006 年 1 月，Intel 公司推出了命名為「酷睿（Core）」的微處理器晶片。2010 年，採用領先的 32nm 製程 Intel 酷睿 i 系列全新推出，其中包括 Core i3 系列（2 核心）、Core i5 系列（2 核心、4 核心）、Core i7 系列（2 核心、4 核心和 6 核心）、Core i9（最多 12 核心）系列等，下一代 22nm 製程的版本也陸續推出。

2011 年，Intel 公司推出了商業化的 FinFET 製程，用在了其 22nm 的製程節點。2012 年，SAMSUNG 公司發明了堆疊式 3D NAND Flash，晶片技術迎來了 3D 時代。2018 年，Intel 公司推出了伺服器 CPU 晶片 Xeon W-3175X。

4. 晶片技術發展的成熟期

行動終端極致地追求輕、薄、短、小，一般把盡可能多的週邊介面電路和中央處理器整合在一顆晶片中，形成所謂的單晶片系統（SoC）。例如智慧型手機、智慧喇叭、汽車導航儀、智慧家電等，都是用 SoC 晶片來實現的。行動終端晶片量大面廣，功能複雜，要求尺寸盡可能小和薄，功耗盡可能小，這對晶片的設計、製造和封裝提出了很高的要求。先進製造製程、多核心 CPU、低功耗設計、3D 製造和堆疊封裝等技術，在行動終端晶片上都有極其重要的應用。晶片製造製程沿莫爾定律演進年表如圖 1-14 所示。

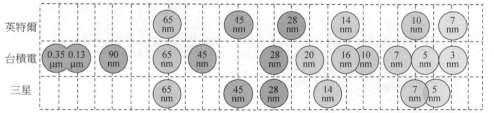

▲ 圖 1-14 晶片製造製程沿莫爾定律演進年表

2014 年，華為海思公司推出了第一款手機 SoC 晶片麒麟 910，使用了當時主流的 28nm HPM（High Performance Mobile，移動高能低功耗）製程製程，初次在手機 SoC 晶片市場嶄露頭角。同年 6 月，華為海思發佈了麒麟 920。

2016 年，華為海思公司推出了麒麟 960，該晶片的各方面綜合性能均達到業界一流水準，正式躋身產業頂級手機晶片市場。華為海思的手機晶片與 Qualcomm、Apple 形成三足鼎立的之勢。搭載麒麟 960 的 Mate 9 系列、P10 系列、榮耀 9、榮耀 V9 等手機在市場上獲得了巨大的成功。

　　2017 年，華為海思發佈了麒麟 970，麒麟 970 晶片是一款採用了台積電 10nm 製程的新一代晶片，是全球首款內建獨立 NPU（神經網路單元）的智慧型手機 AI 計算平臺。

　　2017 年 7 月，長江儲存公司研製成功了中國首顆 3D NAND 快閃記憶體晶片。2018 年第 3 季，32 層產品實現量產。2019 年第 3 季，64 層產品實現量產。目前已宣佈成功研發出 128 層 3D NAND 快閃記憶體晶片系列。長江儲存 3D NAND 快閃記憶體技術的快速發展，得益於其獨創的「把儲存陣列（Cell Array）和週邊控制電路（Periphery）分開製造，再合併封裝在一起」的 Xtacking™ 技術，如圖 1-15 所示。

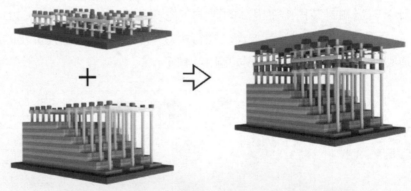

▲ 圖 1-15　長江儲存公司的 Xtacking™ 技術

　　2019 年，華為海思公司發佈了最新一代旗艦手機晶片麒麟 990 系列，包括麒麟 990 和麒麟 990 5G。麒麟 990 處理器採用台積電二代的 7nm 製程製造，內建巴龍 5000 基頻，可以實現真正的 5G 上網。

　　2020 年，美國 Micron 176 層 3D NAND Flash 已開始批量生產，其結構示意圖如圖 1-16 所示。它採用了將雙 88 層融合到一起的設計（堆疊 512Gbit TLC 快閃記憶體）。該晶片技術換用了電荷陷阱儲存單元的方案，似乎極大地降低

了每一層的厚度。目前 176 層的裸晶僅為 $45\mu m$，與 Micron 的 64 層浮動閘極 3D NAND 相同。16 層裸晶堆疊式封裝的厚度不到 1.5mm，適用於大多數移動 / 儲存卡使用場景。

▲ 圖 1-16 Micron 176 層 3D NAND Flash 結構示意圖

2020 年 7 月，CPU 廠商飛騰公司發佈了一款伺服器應用導向的多核心 CPU 晶片——騰雲 S2500。該晶片採用 16nm 製程製造，晶片面積達 400mm²，最多可設定 64 個 FTC663 架構的 CPU 核心。同年 10 月，華為公司發佈了基於 5nm 製程製程的手機 SoC 晶片麒麟 9000。該晶片上整合了 8 個 CPU 核心、3 個 NPU 核心和 24 個核心的 GPU，採用 5nm 的製造製程，其上整合了 153 億個電晶體。

2020 年 11 月，Apple 公司推出了搭載自研處理器晶片 M1 的 MacBook Air、MacBook Pro 和 MacBook mini。M1 是一顆 8 核心的 SoC 晶片，採用 5nm 製程製作，在大約 120mm² 的晶片上整合了約 160 億個電晶體。它基於 ARM 架構開發，擁有 4 個高性能的 Firestorm CPU 核心和 4 個高效率的 Icestorm CPU 核心，以及 8 核心的 GPU。與此同時，SAMSUNG 公司發佈了旗艦級晶片獵戶座 Exynos1080，採用 5nm 的製程製程和 ARM 最新的 CPU 架構 Cortex-A78，以及最新的 GPU 架構 Mali-G78。

截至 2023 年，快閃記憶體中擁有最多晶體管的是 Micron 的 2TB（3D 堆疊）16 晶片、232 層 V-NAND 快閃記憶體晶片，含有 53MB 個浮動閘極 MOSFET 電晶體。最多晶體管數量的 GPU 是 AMD 的 MI300X，採用 TSMC 的 N5 製程

製造，共有 1530 億個 MOSFET 電晶體。消費級微處理器中，電晶體數量最高的是蘋果的基於 ARM 架構的雙晶片 M2 Ultra 系統晶片，共有 1340 億個電晶體，使用 TSMC 的 5nm 半導體製造製程製造。

5. 回眸歷史，整理里程碑事件

　　晶片技術是人類智慧長期累積的結果，但是在關鍵時刻，一個重要的發明和創造可能改變晶片技術發展的走向。並且晶片技術在某一路徑上前進的時候，為了滿足實際的應用需求，還需要不斷進行技術攻關和技術創新，力求克服技術道路上的一道道難關。這些重要的技術發明、創造和突破都是晶片技術發展的里程碑，具體如圖 1-17 所示。

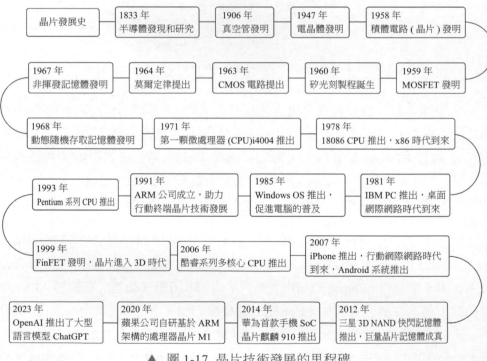

▲ 圖 1-17　晶片技術發展的里程碑

1.1.3 晶片產業的發展現狀

1. 全球半導體產業的發展現狀

美國半導體產業協會（SIA）資料顯示，2022 年全球半導體銷售額達 5735 億美金，創造了新紀錄。如今，美國公司的市佔率最大，達到 48%。其他國家的工業在全球市場的佔有率為 7%~20%，其中韓國佔 19%、歐洲佔 9%、日本佔 9%、台灣佔 8%。

按地區劃分，2022 年美洲市場的銷售額增幅最大，達到了 16.0%，中國仍然是最大的半導體市場，銷售額為 1803 億美金，但與 2021 年相比下降了 6.3%，歐洲和日本的年銷售額也有所增長，分別為 12.7% 和 10.0%。與 2022 年 11 月相比，12 月所有地區的銷售額均有所下降：歐洲下降了 0.7%、日本下降 0.8%，亞太/所有其他地區下降 3.5%，中國下降 5.7%，美洲下降了 6.5%。

中國市場相當重要，在許多美國半導體公司的收入中佔了相當人的比例。舉例來說，2018 年前 4 個月，中國市場佔 Qualcomm 收入的 60% 以上，佔 Micron 收入的 50% 以上，佔 Broadcom 收入的 45% 左右，佔 Texas Instruments 收入的 40% 以上，如圖 1-18 所示。2018 年，美國半導體公司收入的約 36%，即 750 億美金，來自對中國的銷售。公平、非歧視地進入中國市場，為企業提供了賺取收入的機會，這些收入可以再投資於未來幾代的創新。

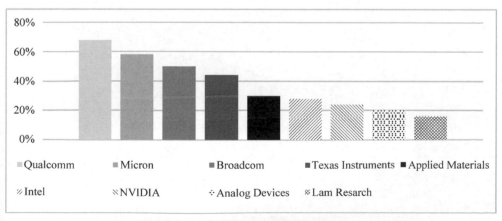

▲ 圖 1-18　中國市場在美國半導體公司的收入佔比[3]

當前，全球積體電路產業正進入重大調整變革期。一方面，全球市場格局加快調整，投資規模迅速攀升，市佔率加速向優勢企業集中；另一方面，行動智慧終端機及晶片呈爆發式增長，雲端運算、物聯網、巨量資料等新業態快速發展，積體電路技術演進出現新趨勢。

從製造製程方面看，預計 2019—2027 年，5nm 製程產品比例將逐年上升，7nm 製程產品佔比穩定，28nm 製程產品仍然會佔據較大比例。從應用市場方面看，2022 年，智慧型手機仍然是半導體產業最大應用市場，成長率最快的領域有汽車電子、記憶體以及物聯網相關產業。另外，AI 所帶動的智慧應用，包括傳輸、儲存、計算上的需求是真正半導體產業的動力。

2. 美國半導體產業的發展現狀

美國晶片目前居於全球領先地位，擁有一大批如 Intel、Texas Instruments、Qualcomm、Broadcom 等在全球擁有絕對影響力的晶片廠商。

1）美國晶片市場規模超 700 億美金

2013 年，美國國內約有 820 家公司涉足半導體或相關的裝置製造產業，其對美國經濟的價值貢獻到 2016 年已達到 655 億美金，持續增長在 2018 年，美國晶片產業市場規模突破 1000 億美金。根據 WSTS 以及芯謀研究的資料，如圖 1-19 所示，預計美國晶片產業市場規模將在 2024 年突破 1500 億美金的大關。

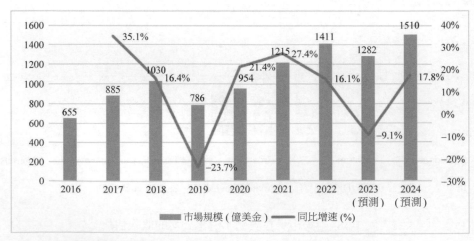

▲ 圖 1-19　2016—2024 年美國晶片市場規模增長情況
資料來源：SEMICONDUCTOR INDUSTRY ASSOCIATION FACTBOOK

2）全球前十晶片設計企業美國佔 6 席

全球十大晶片設計企業中，如表 1-3 所示，美國佔據 6 席，其中包括 Qualcomm、NVIDIA、Broadcom、AMD、Marvell、Cirrus Logic。

▼ 表 1-3　2022 年全球前十大設計企業營收排名　　　　　　　　單位：億美金

排名	企業名稱	2022 年營收	2021 年營收	增長率
1	Qualcomm	376.8	270.2	39.4%
2	NVIDIA	269.7	269.1	0.2%
3	Broadcom	258.2	203.8	26.7%
4	AMD	236.0	164.3	43.6%
5	Media Tek	184.1	176.6	4.2%
6	Marvell	59.2	44.6	32.7%
7	Realtek	37.5	37.8	-0.7%
8	Novatek	36.9	48.5	-23.9%
9	Will Semiconductor	24.4	31.6	-22.8%
10	Cirrus Logic	17.8	13.7	30.1%
總計		1500.6	1260.2	19.1%

資料來源：企業年報，SICA 整理，2023-04。

此外，美國晶片研發技術在全世界也處於領先地位，2017 年 4 月 18 日，美國食品與藥物管理局（FDA）宣佈，已經開始對一種肝臟晶片開展一系列測試，用於檢驗其能否可靠地模擬人類對食品和食源性疾病的生物反應。這是世界上第一次政府官方機構採取行動，確認能否透過晶片器官獲取新藥審核認可的實驗資料，從而取代動物模型。

3）科技先導與軍工帶動使產業領跑全球

美國晶片產業的發展離不開兩個導向：科技先導型和軍工帶動型。

科技先導型：美國晶片發展就技術模式而言屬於科技先導型，銷售收入的較大部分（10%）用於科學研究開發，美國政府加強了在戰略發展方向指導性政

策和資金方面的投入。在 20 世紀 80 年代後期實行了政府、企業、大學聯合投資，組成 SEMITECH，這是一個半民間型的顧問公司，聯合從事在半導體方面戰略性技術的發展研究。政府在戰略技術的發展上給予投資支援和指導，這個組織對後來美國半導體工業的發展造成了重要作用。

軍工帶動型：美國晶片業就生產發展模式而言為軍工帶動型，美國晶片工業是在軍事工業的帶動下發展起來的。早在 20 世紀 60 年代初，美國 80%~90% 的晶片產品都是國防部訂購的； 20 世紀 70 年代，軍用晶片的比重仍佔 42%；1989 年，軍用晶片市場達 16 億美金，佔晶片總市場的比重為 40%。

近來，美國以外半導體市場的成長表現，提醒了美國本地晶片業者擴充海外市場的重要性，美國半導體廠商對全球晶片產業總營收有近一半的貢獻，而美國半導體廠商有八成營收是來自海外市場。據預測，美國晶片產業市場規模將保持平均每年 5% 的增速，2023 年，美國晶片產業市場規模將超過 890 億美金。

3. 歐洲半導體產業發展現狀

歐洲作為全球半導體產業的重要組成部分，其在功率半導體、半導體 IP（Intellectual Property，智慧財產權）、光刻機等領域佔據明顯優勢，歐洲企業在功率半導體、光刻機、半導體 IP 領域的全球市場佔有率分別達到 26%、60% 和 41%。歐洲半導體的主要代表企業有 Infineon、NXP、STMicroelectronics 等，相關企業深耕車用和工業半導體細分市場，具備完整的設計、製造和封測系統。

1）歐洲在功率半導體等細分領域存在明顯優勢

全球半導體供應鏈主要包括基礎研究、EDA/IP（Electronic Design Automation/Intellectual Property，電子設計自動化 / 智慧財產權）、晶片設計〔邏輯元件、DAO（Discrete，Analog，Optoelectronics）和記憶體〕、半導體製造裝置和材料，以及製造（前段晶圓製造、後段封裝和測試）等細分領域。根據 BCG（The Boston Consulting Group，波士頓諮詢集團）統計，在 EDA/IP 領域，歐洲在全球市場的佔比達到 20%，而中國的佔比僅為 3%； 在 DAO（類比、光電等）方面，歐洲在全球市場的佔比為 19%，中國的佔比為 7%； 在半導體裝置領域，歐洲在全球市場的佔比則達到 18%。整體來看，歐洲相較中國在上述領域存在明顯優勢。

2）歐洲晶圓產能下降

STMicroelectronics、Infineon 和 NXP 近 5 年來把 9 成以上的晶圓廠都設在了歐洲以外，整個歐洲純晶圓廠銷售額在全球的佔比從 2010 年的 10% 降到 2020 年的 6%，如圖 1-20 所示。

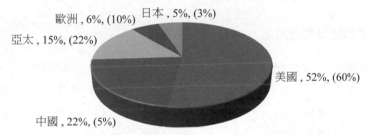

▲ 圖 1-20　2020 年度純晶圓代工各地區銷售額佔比（括號內為 2010 年佔比）[1]

根據近 10 年來各地區的每月晶圓產能情況，台灣、韓國、日本、中國等亞洲地區，以及美國的產能遙遙領先。歐洲晶圓產能較低，且近 10 年內幾無增長。此外，絕大多數歐洲晶圓代工廠都還只是較成熟的製程，先進製程推進緩慢。目前，歐洲沒有一家企業擁有 10nm 以下先進製程。歐洲最大的晶圓代工企業是格芯位於德國德累斯頓的工廠，還主要停留在 14nm 製程。這一局面有可能被 Intel 在 2022 年規劃的德國馬德格堡（Madgeburg）工廠所打破，Intel 公司稱該新工廠將有可能生產 3nm 甚至以下的先進製程。德國政府將從歐盟晶片法案中提供約 68 億歐元的補貼。Intel 公司期望該工廠能於 2023 年年底開始施工，並於 2027 年實現量產。

3）歐盟晶片法案

《歐盟晶片法案》（The European Chips Act）於 2022 年 2 月 8 日正式發佈。該法案期望透過投入 430 億歐元的公共和私有資金來支援歐盟的晶片製造、重點專案以及初創公司。目標是讓歐盟能在 2030 年實現產能在全球佔比在 20% 以上。以下是歐洲晶片法案的具體 5 項戰略目標。

- 加強歐洲在研究和技術上的領先優勢。
- 建立和加強歐洲在現今半導體的設計、生產、封裝等領域的創新能力。

[1] 資料來源：IC Insights。

- 建立一個能夠在 2030 年時大大增加歐洲產能的框架。

- 透過支持和吸引優秀的新人來解決整體技術的缺陷。

- 建立一個強大的知識系統來支持全球半導體的供應鏈。

4. 日、韓半導體產業的發展現狀

1）日本半導體產業的發展史

　　日本半導體產業的巔峰時期是 20 世紀 80 年代，以動態隨機記憶體為代表的晶片產品在世界市場的佔有率曾達 5 成以上。日美貿易戰後，日本半導體產業開始走下坡路。伴隨晶片技術的迭代發展，美國、韓國和台灣地區的新興企業紛紛崛起。20 世紀 80 年代之後，日本半導體研發力量和資金投入沒有得到高效整合，晶片產品逐漸喪失價格優勢，市佔率不斷萎縮，日本晶片廠商的國際地位持續下降，其半導體產業的發展史如圖 1-21 所示。

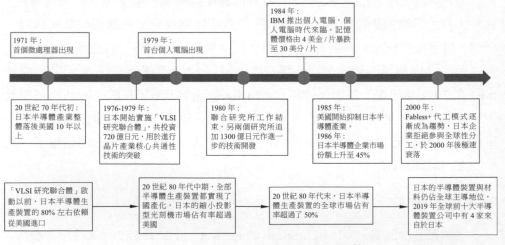

▲ 圖 1-21　日本半導體產業的發展史

　　1986 年，日本半導體產品已佔世界市場的 45%，超越美國成為全球第一的半導體生產大國。1989 年，在儲存晶片領域，日本企業的市佔率已達 53%，而美國為 37%。在日本企業的巔峰時期，NEC、Toshiba 和 HITACHI 三家企業在 RAM（Random Access Memory，動態隨機記憶體）領域位列全球前三，其市佔率甚至超過 90%，而美國 Texas Instruments 和 Micron 則苦苦支撐。

1990 年，日本半導體市場銷售額大約為 230 億美金，佔世界市場銷售總額的 37.4%，居首位，成為世界最大的半導體生產國。當時全球十大半導體公司中，日本佔 6 家，NEC、Toshiba 及 HITACHI 高居前三大半導體公司，Intel 僅居全球第四，SAMSUNG 尚未能進入前十。

2012 年，金融危機洗禮後的日本電子產業全線崩潰，ELPIDA 破產，RENESAS 陷入危機，Panasonic、Sony、Sharp 三大巨頭的虧損總額達到了創紀錄的 1.6 兆日元，整體電子產業的產值只有 12 兆日元左右，還不到 2000 年 26 兆日元的一半。

但在一些特定晶片領域，日本半導體廠商仍佔據優勢。舉例來說，Sony 在影像感測器晶片方面位居世界首位，由 NEC、HITACHI、Mitsubishi 半導體部門合併而成的 RENESAS 公司在車載半導體方面也具有全球領先優勢。

全球前十大半導體公司（1989—2019 年）如表 1-4 所示。

▼ 表 1-4 全球前十大半導體公司（1989—2019 年）

1989 年	1999 年	2009 年	2019 年
NEC	Intel	Intel	Intel
Toshiba	NEC	SAMSUNG	SAMSUNG
HITACHI	Toshiba	Toshiba	台積電
Motorola	SAMSUNG	Texas Instruments	Hynix
Texas Instruments	Texas Instruments	STMicroelectronics	Micron
Fujitsu	Motorola	Qualcomm	Broadcom
Mitsubishi	HITACHI	Hynix	Qualcomm
Intel	Infineon	AMD	Texas Instruments
Panasonic	STMicroelectronics	RENESAS	Toshiba
Philips	Philips	Sony	NVIDIA

2）日本半導體產業的轉型

　　雖然日本在半導體晶片及顯示面板領域沒落了，但是日本卻在更上游的半導體材料及裝置領域保持了極大的優勢。在全球半導體裝置市場的佔比接近 4 成，在半導體材料市場的佔比約為 6 成。

　　（1）半導體材料。

　　據 SEMI（Semiconductor Equipment and Materials International，國際半導體產業協會）推測，日本企業在全球半導體材料市場上所佔的份額約達到 52%，而北美和歐洲分別佔 15% 左右。日本的半導體材料產業在全世界佔有絕對優勢，半導體材料幾乎被日本企業壟斷，如 ShinEtsu、Mitsubishi、Sumitomo Bakelite、HITACHI、KYOCERA 等公司，在矽晶圓、光刻膠、鍵合引線、模壓樹脂及引線框架等重要材料方面佔有很高份額，如果沒有日本材料企業，全球的半導體製造業都會受挫。

　　靶材方面，全球前 6 大廠商市場佔有率超過 90%，其中前兩大是日本廠商 ShinEtsu 和 Mitsubishi，合計市場佔有率超過 50%。晶圓方面，ShinEtsu、Mitsubishi、台灣環球晶圓、德國世創和韓國 LG 五大供應商佔據全球超過 90% 的晶圓供應。其中，ShinEtsu 半導體佔 27%，日本 Mitsubishi 佔 26%。

　　光刻膠方面，目前半導體市場上主要使用的光刻膠包括 g 線、i 線、KrF、ArF 四類光刻膠，KrF 和 ArF 光刻膠的核心技術基本被日本和美國企業所壟斷，產品也基本出自日本和美國公司，包括 Dow Chemical、ShinEtsu 等企業。

　　關於晶圓方面，全球晶圓市場高度集中，主要由日本的 ShinEtsu、SUMCO，台灣的 Global Wafer，德國的 Siltronic 和韓國的 SK Siltron 這五家大型廠商佔據主導地位。在 2021 年到 2022 年期間，受益於持續旺盛的半導體晶片需求，新廠建設創下歷史紀錄，晶圓製造商積極布局新的產線，進一步擴大產能以滿足下游客戶的需求。從晶圓尺寸角度來看，12 英吋晶圓逐漸成為半導體晶圓市場的主流產品，這主要受益於行動通訊、電腦等終端市場的持續快速發展，因此，各大廠商的擴產計畫主要集中在 12 英吋產線上。12 英吋晶圓市佔率從 2000 年的 1.69% 已經提升至 2021 年的 68.48%。

ShinEtsu，作為 IC 電路板晶圓的主導企業，始終賓士在大口徑化及高平直度的最尖端。最早研製成功了最尖端的 300mm 晶圓，並實現了 SOI 晶圓的量產，並穩定供應著優質的產品。同時，一貫化生產發光二極體中的 GaP（磷化鎵）、GaAs（砷化鎵）、AlGaInP（磷化鋁鎵銦）系化合物半導體單晶與切片。ShinEtsu 能夠製造出 99.999999999％的純度與均勻的結晶構造的單晶矽，在全世界處於領先水準，其先進製程可以將單晶矽切成薄片並加以研磨而形成晶圓，其表面平坦度在 $1\mu m$ 以下。

（2）半導體裝置。

在半導體裝置領域，核心裝備集中於日本、歐洲、美國、韓國 4 個地區。Gartner 的資料顯示，列入統計的、規模以上全球晶圓製造裝置商共計 58 家，其中，日本企業最多，達到 21 家，佔 36%。其次是歐洲有 13 家、北美有 10 家、韓國有 7 家、中國有 4 家〔上海盛美、上海中微、Mattson（亦莊國投收購）和北方華創，僅佔不到 7%〕。

具體來說，美國、日本、荷蘭是半導體裝置領域最具競爭力的 3 個國家。從半導體裝置細分領域來看，日本企業具有非常強的競爭力，其中，市佔率超過 50% 的半導體裝置種類中，日本就有 10 種之多。日本佔全球半導體裝置整體市場的份額高達 37%。

雖然，在以極紫外光刻機（EUV）為代表的先進光刻裝置領域，荷蘭公司 ASML（Advanced Semiconductor Material Lithography）處於絕對壟斷地位，日本在光刻機方面則略遜一籌，特別是進入 EUV 時代以後，傳統日本光刻機雙雄 Nikon 和 Canon 公司已無法硬撐，ASML 公司從此奠定壟斷地位，Canon 公司直接退出了光刻機領域，僅保留低端的 i 線和 KrF 光刻機。

但是，在電子束光刻（Electron Beam Lithography，EBL）、塗布 / 顯影裝置、清洗裝置、氧化爐、低壓 CVD（Low Pressure Chemical Vapor Deposition，LPCVD）裝置等重要前端裝置、以劃片機為代表的重要後段封裝裝置和以探針測試機台為代表的重要測試裝置環節，日本企業處於壟斷地位，競爭力非常強。

在前段 15 類關鍵裝置中，日本企業平均市佔率為 38%，在 6 類產品中市佔率佔比超過 40%，在電子束、塗布顯影裝置中的市佔率超過 90%； 在後段 9 類關鍵裝置中，日本企業的平均市佔率為 41%，在劃片、成型、探針中的市佔率都超過 50%。

3）韓國半導體產業的發展現狀

韓國的半導體產業佔整個 GDP 總量的 5%，韓國的半導體實力是世界公認的，特別是在記憶體領域，韓國的 SAMSUNG 和 Hynix 兩大公司幾乎壟斷全球 2/3 的市佔率。根據 2016 年第三季的統計，SAMSUNG 在 DRAM 領域已拿下半壁江山，達到驚人的 50.2%，而另一家韓國企業 Hynix 則佔了 24.8% 的市佔率。根據 Statista 2022 年的統計，SAMSUNG 在 DRAM 的市佔率佔有 43%。而在 NAND Flash 這一領域，SAMSUNG 佔全球市場佔有率的 36.6%，Hynix 則佔了 10.4%。在全球半導體公司排名中，SAMSUNG 長期穩坐產業老二的位置，並透過進軍代工市場、汽車市場、類比晶片領域的方式正奮起直追產業老大 Intel，力壓只做代工的台灣半導體巨頭台積電。

韓國的半導體產業，從 SAMSUNG 的龍仁和華城晶圓生產基地，在建的平澤基地，再到 Hynix 利川基地，都位於京畿道。而 Hynix 的另一個晶圓生產基地在忠清北道的清州市。這些工廠周圍密佈著各種配套企業，因此水原、華城、龍仁、利川、平澤、安城等城市形成了一個又一個半導體產業基地。這些城市群類似於美國矽谷城市群，支撐著韓國的半導體產業。

韓國國內的半導體產業分工明確，從設計、製造、加工、包裝到運輸等，每一個環節都有非常細緻的企業分工，以至於一家半導體廠周圍往往聚集著為數眾多的配套企業。這種層層外包、層層代工的方式營造出龐大的半導體產業鏈。層層外包的業務有 5 級之多，甚至連簡單的排線也都有專門的企業來做。這也造就了韓國數量龐大的中小型技術強者，雖然不能和日本的中小企業相比，但是一些中小企業的技術水準還是能夠達到國際領先水準的。這種抱團取暖的方式造就了韓國半導體產業的奇蹟。韓國半導體產業的發展史如圖 1-22 所示。

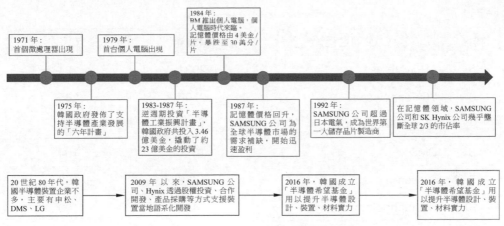

▲ 圖 1-22 韓國半導體產業的發展史

4）韓國半導體裝置

　　根據 SEMI 的研究報告，韓國和歐、美、日頂級裝置廠商的技術差距為 2 年，材料方面的差距是 3 年。而台灣同歐、美、日巨頭的半導體裝置技術差距為 3.5 年，材料方面的差距則是 1.5 年。目前，只有韓國和部分台灣的裝置能夠彌補歐、美、日裝置廠商的產能缺口，國內的裝置還需要些時日才能提高技術水準。

　　韓國的半導體終端設備廠商有幾百家，其中大部分是中小企業，由於大部分生產環節是外包的，其公司規模只有幾十人甚至幾個人。根據韓國 2015 年的統計，韓國的前十大半導體裝置廠商如表 1-5 所示。

▼ 表 1-5 韓國前十大半導體裝置廠商　　　　　　　　　　單位：億韓元

排名	公司名稱	銷售額	利潤
1	SEMES	11189	762
2	Wonik	6473	992
3	SFA	5118	547
4	KC TECH	4354	537

（續表）

排名	公司名稱	銷售額	利潤
5	AP Systems	2931	121
6	EO Technics	2700	285
7	Charm Engineering	1848	168
8	DMS	1822	164
9	Juseong	1756	152
10	HB Technology	1456	100

　　根據韓國中小企業廳的資料，韓國在冊的積體電路製造企業有 300 多家，PCB（Printed Circuit Board，印刷電路板）製造企業近 2000 家，半導體裝置企業 2000 多家，半導體材料企業 4000 多家，其他電子元件企業 10000 多家。共有 20000 多家企業形成整個半導體產業鏈。全部 2600 多家半導體裝置及其代工企業中有 1500 多家位於京畿道，近 60% 的半導體裝置相關企業聚集於此。

　　上市公司中，半導體生產廠商有 SAMSUNG、Hynix、DB HiTek。PCB 生產廠商有 21 家，比較知名的有 SIMMTECH、SAMSUNG、LG Innotek 等。半導體封測領域除了 SAMSUNG 和 Hynix 以外，韓國本土還有 Nepes、Hana Micron 等。在韓國的半導體裝置廠商中，上市的有 57 家，其中比較知名的有 Wonik、JUSUNG 等。半導體材料企業 31 家，其中比較知名的有 Wonik、SK、Soulbrain 等。

　　韓國的半導體裝置領域發展比較均衡，除極個別外幾乎所有的製程都有國產裝置。在此，對各國的半導體裝置廠商的製程進行比較，如表 1-6 所示。

▼ 表 1-6 各國半導體裝置廠商的產品與製程

製程	裝置類型	裝置型號說明	用途說明	國外供應商	中國潛在供應商
光刻	光刻機	I-Line	非關鍵層光刻曝光	ASML、Nikon、Canon	上海微電子
		KrF	次關鍵層光刻曝光	ASML、Nikon	上海微電子
		ArF（i）	最小線寬光刻曝光	ASML、Nikon	上海微電子
		EUV	最小線寬光刻曝光	ASML	NA
	塗膠顯影	塗膠顯影	塗膠、烘烤、顯影	東京電子、DNS	盛美、瀋陽芯源微電子
蝕刻	乾法蝕刻	金屬蝕刻	鋁等金屬薄膜蝕刻	TEL、AMAT、LAM	北方華創
		矽蝕刻	矽襯底蝕刻	TEL、AMAT、LAM	北方華創、中微
		多晶矽蝕刻	柵極及 SADP 製程用多晶矽蝕刻	TEL、AMAT、LAM	北方華創、中微
		介電層蝕刻	介電薄膜蝕刻	TEL、AMAT、LAM	北方華創、中微
		硬掩膜蝕刻	TiN 等硬掩膜層蝕刻	TEL、AMAT、LAM	北方華創、中微
		光刻膠灰化去膠	光刻膠灰化去膠	PSK	屹唐
清洗	清洗裝置	單片式	蝕刻、沉積等製程後清洗	LEL、LAM、DNS	盛美
		槽式	蝕刻、沉積等製程後清洗	LEL、LAM、DNS	盛美、瀋陽芯源微電子
		scrubber	蝕刻、沉積等製程後晶圓表面刷洗	AMAT	屹唐
外延	外延裝置	SiGe 外延	NMOS source-drain	AMAT、ASMI	北方華創
		SiP 外延	PMOS source-drain	AMAT、ASMI	北方華創

（續表）

製程	裝置類型	裝置型號說明	用途說明	國外供應商	中國潛在供應商
介電薄膜	CVD	氧化矽	前段中段介電薄膜	AMAT、LAM、TEL	北方華創、拓荊
		氮化矽	前段中段介電薄膜	AMAT、LAM、TEL	北方華創、拓荊
		氮氧化矽	光刻輔助抗反射層	AMAT、LAM、TEL	北方華創、拓荊
		low-k 材料	後段介電材料	AMAT	北方華創、拓荊
	ALD	SiO2 ALD	SADP/SAQP 製程側牆沉積	TEL、AMAT、KE、Veeco	拓荊、盛美
		SiN-ALD 裝置	SADP/SAQP 製程側牆沉積	TEL、AMAT、KE、Veeco	拓荊、盛美
		Hk-ALD	電晶體柵氧層沉積	TEL、AMAT、KE、Veeco	拓荊、盛美
金屬薄膜	CVD	W-CVD	Metal Gate 填充中段互聯	AMAT、LAM	北方華創
	PVD	Al-PVD	頂層金屬連線	AMAT	北方華創
		Ti PVD	W 薄膜的快取層 Source-drain 形成 Ti-silicide	AMAT	北方華創
		TiN PVD	W 薄膜的快取層	AMAT	北方華創
		Co PVD	Co 電鍍種子層	AMAT	北方華創
		Cu PVD	Cu 電鍍種子層	AMAT	北方華創
		Ta/TaN PVD	Cu 電鍍緩衝層	AMAT	北方華創
	電鍍	Cu 電鍍	後段金屬連線	AMAT	盛美
		Co 電鍍	中段局部互聯	AMAT	盛美

（續表）

製程	裝置類型	裝置型號說明	用途說明	國外供應商	中國潛在供應商
熱處理	LPCVD	多晶矽 LPCVD	柵極、SADP 等製程用多晶矽	TEL、KE	北方華創
		GOX	柵氧層薄膜	TEL、KE、AMAT	北方華創
	退火	雷射退火	離子汪入後退火	AMAT、Vccco	屹唐
		SPIKE 退火	離子注入後退火	AMAT、Veeco	屹唐
		爐管退火	離子注入及薄膜生長後退火	TEL、KE	北方華創、盛美
離子注入	離子注入機	大束流	元件電性能調整	AMAT、Axcelis、Nissin	凱世通、中科信
		高能	元件電性能調整	AMAT、Axcelis、Nissin	凱世通、中科信
		中束流	元件電性能調整	AMAT、Axcelis、Nissin	凱世通、中科信
		低溫大束流	元件電性能調整	AMAT、Axcelis、Nissin	凱世通、中科信
CMP	CMP	介電層 CMP	Low-k 材料、SiO 等薄膜 CMP	AMAT、Ebara	華海清科、中電科
		金屬 CMP	銅、鎢、鈷等薄膜材料 CMP	AMAT、Ebara	華海清科、中電科

（續表）

製程	裝置類型	裝置型號說明	用途說明	國外供應商	中國潛在供應商
製程檢測	缺陷檢測	BFI	明場缺陷檢測，探測最關鍵製程和結構的缺陷	KLA、AMAT、ONTO	中科飛測
		DFI	暗場缺陷檢測，探測關鍵製程和結構的缺陷	KLA、AMAT、ONTO	中科飛測
		E-beam	電子束探測，確定電性短路 / 斷路	KLA	東方晶源
		review-SEM	根據 BFI-DFI 等裝置輸出，觀察缺陷	AMAT、KLA	中科飛測
		平面 particle 檢測	檢測光片上污染顆粒	KLA、AMAT、ONTO	中科飛測
		掩膜版缺陷檢測	檢測掩膜版圖形損傷	KLA	NA
	膜厚檢測	光學膜厚檢測	介電層膜厚量測	AMAT、ONTO	中科飛測、精測、睿勵
		金屬膜厚	金屬薄膜膜厚量測	AMAT、ONTO	中科飛測、精測、睿勵
	結構量測	OCD	複雜薄膜層次膜厚量測，三維元件結構量測	KLA、ONTO	中科飛測、精測、睿勵
	線寬量測	CD-SEM	光刻及蝕刻後線寬尺寸量測	Hitachi、AMAT	東方晶源
	對準精度量測	Overlay Metrology	光刻及蝕刻後前層對準精度量測	KLA、ASML	中科飛測

（續表）

製程	裝置類型	裝置型號說明	用途說明	國外供應商	中國潛在供應商
電學測試裝置	WAT	WAT tester	製程結構電性量測	Keysight	廣立微
	CP	ATE tester	晶片功能測試	Teradyne、Advantest	加速科技、悦芯、華興源創
	探針台	Prober	配套 WAT/ATE 進行電性測試	TEL、TSK、SEMICS	長春光華、森美協爾

5. 台灣半導體產業的發展現狀

截至 2021 年 3 月，台灣三大科學園內共有半導體企業 400 家，其中積體電路企業 223 家，涵蓋積體電路設計、製造、封裝測試等環節。在全球前 50 大半導體廠商中，台灣就佔 8 家，包括積體電路製造企業——台積電、聯電，記憶體製造企業——南亞科技股份有限公司（簡稱「南亞科技」），積體電路設計企業——聯發科技股份有限公司（簡稱「聯發科」）、聯詠科技股份有限公司（簡稱「聯詠」），積體電路封裝測試企業——日月光集團（簡稱「日月光」）、矽品精密工業股份有限公司（簡稱「矽品精密」）、力成科技股份有限公司（簡稱「力成科技」）。

從量方面看，台灣積體電路產量居全球前列，專業晶圓代工產值持續高居世界第一（市場佔有率超過 70%）；專業封裝與測試也居全球第一（市場佔有率為 55%），在全球前 10 大專業封測企業中，台灣廠商超過一半；在積體電路設計方面，位居全球第二（市場佔有率約為 20%）；在記憶體製造方面，排名全球第四（市場佔有率為 12%）。2020 年，台灣半導體產值為 3.22 兆元新臺幣（約合 1156 億美金，同年，全球半導體產值為 4404 億美金），從業人口 23 萬餘人，在台灣經濟中的地位舉足輕重。

從質方面看，台灣積體電路製造業的優勢集中在製造製程，即晶片製程上。製程就是將設計好的積體電路蝕刻在晶圓上。單位面積的晶片上可容納的電晶體數目越多，晶片內部電路與電路之間的距離就越小，精細度就越高，功耗也

就越低，元件性能相應提升，同時也表示製作過程技術含量提高。當前，最高端製程已達 2~5nm 節點，全球內僅有台灣台積電和韓國 SAMSUNG 能實現量產。

2019—2021 年台灣 IC 產業的產值如表 1-7 所示。

台灣是全球半導體產業重地，其優勢集中在 IC 的設計、製造和封裝上，產業規模位居全球前列，僅台積電一家就佔全球半導體晶片代工市場總份額的 54% 和全球晶片產能的 1/5。

在晶片代工領域，全球十強中的台灣企業就有 4 家之多，除台積電外還有聯電（排名第 4）、力晶半導體股份有限公司（簡稱「力晶」）（排名第 7）、世界先進積體電路股份有限公司（簡稱「世界先進」）（排名第 8）。經過數十年的發展，台灣的晶片工業已經形成上下游全產業鏈布局，涵蓋矽晶圓、晶片設計、晶片製造、封測等諸多領域。根據 2020 年的資料，台灣半導體產業的總產值達 1156 億美金，超越韓國，居全球第二，僅次於美國。

在晶片製造方面，如果不把 Intel、Texas Instruments 這樣的整合元件製造商（Integrated Device Manufacturer，IDM）企業計算在內，在專業的晶片代工領域，台灣絕對是市場的領先者，台積電一家就佔據全球晶片代工市場的半壁江山，2018 年台積電的營收達到 334 億美金，其中最先進的 7nm 製程出貨已經佔到總金額的 23%。聯電與台積電一起被稱為「晶圓雙雄」，聯電雖然技術沒有台積電先進，不過旗下衍生出許多分支機構，包括聯發科、聯詠等，被稱為「聯家軍」，為台灣培養了許多半導體新生力量。2018 年聯電的總營收達到 49 億美金。

在晶片製造的上游，是矽晶圓製造商，這一領域日本的 ShinEtsu、SUMCO 公司佔據了主要的市佔率，而緊隨其後的就是台灣的環球晶圓股份有限公司（簡稱「環球晶圓」）。環球晶圓目前的市場佔有率約為 17%，是全球第三大晶圓廠。

在晶片設計領域，台灣也不乏優秀的設計公司，包括聯發科、聯詠、瑞昱半導體股份有限公司（簡稱「瑞昱」），根據市場研究公司 DIGITIMES 的資料，這 3 家企業都位居全球十大晶片設計公司，聯發科排名第 4，聯詠排名第 9，瑞昱排名第 10，另外華為旗下的華為海思排名第 5。聯發科手機晶片過去在中國手機品牌當中有相當大的市佔率，如今大多用於低端機型，2018 年，聯發科的營收額達到 79 億美金。

▼ 表 1-7 2019—2023 年台灣 IC 產業產值①

億新臺幣	2019年	2019年成長率	2020年	2020年成長率	2021年	2021年成長率	2022年	2022年成長率	2023年預測	2023年預測成長率
IC產業產值	26656	1.7%	32222	20.9%	40820	26.7%	48370	18.5%	42496	-12.1%
IC設計業	6928	8.0%	8529	23.1%	12147	42.4%	12320	1.4%	10760	-12.7%
IC製造業	14721	-0.9%	18203	23.7%	22289	22.4%	29203	31.0%	26060	-10.8%
晶圓代工	13125	2.1%	16297	2.1%	19410	19.1%	26847	38.3%	24380	-9.2%
記憶體與其他製造	1596	-20.4%	1906	19.4%	2879	51.0%	2356	-18.2%	1680	-28.7%
IC封裝業	3463	0.5%	3775	9.0%	4354	15.3%	4660	7.0%	3771	-19.1%
IC測試業	1544	4.0%	1715	11.1%	2030	18.4%	2187	7.7%	1905	-12.9%
IC產品充值	8524	1.3%	10435	22.4%	15026	44.0%	14676	-2.3%	12440	-15.2%
全球半導體市場（億美金）及成長率（%）	4123	-12.0%	4404	6.8%	5559	26.2%	5741	3.3%	5508	-4.1%

資料來源：TSIA；工研院產科國際所（2023/05）。

說明：

• IC 產業產值 =IC 設計業 +IC 製造業 +IC 封裝業 +IC 測試業。
• IC 產品產值 =IC 設計業 + 記憶體與其他製造。
• IC 製造產業值 = 晶圓代工 + 記憶體與其他製造。
• 上述產值計算是以總部設立在台灣的公司為基準。

①資料來源：台灣半導體產業協會。

在下游封裝測試領域，台灣企業的優勢同樣非常明顯，日月光是全球最大的封裝測試企業，市佔率接近 20%。根據 2019 年一季的資料，台灣有 5 家封裝測試企業進入世界十強，除日月光外，另外 4 家企業分別是矽品精密工業股份有限公司（簡稱「矽品」）、力成科技股份有限公司（簡稱「力成」）、京元電子股份有限公司（簡稱「京元電」）、頎邦科技股份有限公司（簡稱「頎邦」）。相對來說，台灣晶片領域最薄弱的環節當屬儲存晶片，無論是 DRAM還是 NAND 快閃記憶體，都被來自韓國的 SAMSUNG 和 Hynix，以及美國的Micron 三巨頭壟斷，台灣企業只能爭奪剩餘的市佔率。在 DRAM 產品方面，台灣的南亞科技位居三巨頭之後，排名第 4，市場佔有率不及 3%。

不過台灣儲存領域的缺陷如今已被外商公司 Micron 填上，Micron 先後在台灣展開一系列的收購，投資超過 6000 億新臺幣，建立了數座晶圓製造及封測工廠，現已成為台灣規模最大的外商公司之一。目前，Micron 旗下 2/3 的 DRAM生產出自台灣工廠。整體來看，台灣半導體企業具有非常強的競爭力，上下游垂直分工明確，喜歡以群眾力量參與國際競爭。不過除了台積電，大部分都是中小型企業，在面對 SAMSUNG、Micron 這樣的巨頭企業時，往往處於下風。近年來台灣半導體人才不斷湧入中國，為中國晶片企業的崛起做出了很大的貢獻，長遠來看，台灣半導體與中國合力才是最好的出路。

6. 中國半導體產業的發展現狀

1）中國積體電路的市場現狀

（1）產業規模。

在全球半導體市場快速增長的帶動下，中國積體電路的市場也逐漸地上升為全世界最大的消費市場。據中國半導體產業協會統計，2018 年，在中美貿易關係緊張及生產乏力的背景下，產業規模達 6532 億元人民幣（本小節同），同比增長 20.7%；2019 年，中國積體電路產業規模達 7562.3 億元，同比增長15.8%；2020 年，中國由於新冠病毒感染疫情（簡稱「疫情」）控制較好，產業規模繼續保持增長態勢，產業銷售額突破 8848 億元，同比增長 17%。2011—2021 年中國積體電路產業規模和同比增長率如圖 1-23 所示。

▲ 圖 1-23　2011—2021 年中國積體電路產業規模和同比增長率[1]

　　未來，新興應用場景將促進中國積體電路產業形成新發展，並將產生巨大的帶動效應，5G 通訊、V_R/AR（Virtual Reality/Augmented Reality，虛擬實境、擴增實境）、物聯網、人工智慧與類腦計算，以及自動駕駛等新興領域將成為積體電路市場發展的重要驅動力。

（2）進出口額。

　　承接了全世界電子產品的加工製造，每年需要大量進口晶片。晶片已經超過原油，成為進口的第一大品類，近幾年，中國積體電路進出口額均在增長。2020 年，中國積體電路進口金額達 3500.4 億美金，同比增長 14.6%；出口金額達 1166 億美金，同比增長 14.8%。2015—2020 年中國積體電路進出口額如圖 1-24 所示。

①資料來源：中國半導體產業協會。

▲　圖 1-24　2015—2020 年中國積體電路進出口額[①]

（3）產品結構。

① 標準 / 專用產品佔據主要市佔率。

2020 年，中國積體電路市場中標準 / 專用產品佔據主要市佔率，佔比達到 30.6%，已超過記憶體的市佔率。標準 / 專用產品市場規模達到 5004.8 億元，同比增長 6.0%。這主要得益於消費電子和通訊市場需求的增加。

② 記憶體市場恢復增長，處理器市場保持正增長。

2020 年，記憶體市佔率為 26.0%，同比增長 8.1%。MPU 市場增長得益於處理器價格的提升以及資料中心建設的增加，市場增速達到 12.9%，市佔率佔比達到 17.7%。

③ 邏輯電路市場受消費電子市場需求增加而快速增長。

基於 5G（5th Generation Mobile Communication Technology）和物聯網的新一輪結構與產品升級，促進了中國消費電子市場的增長，帶動了邏輯電路需求的快速增長。同時，中國工業從自動化向智慧化的發展促進了工業控制類積體電路市場的發展，從而帶動了邏輯電路的出貨。2020 年，邏輯電路市場規模為 1096.1 億元，同比增長 11.6%。2020 年中國積體電路市場產品結構如圖 1-25 所示。

①數據來源：海關總署，賽迪顧問整理。

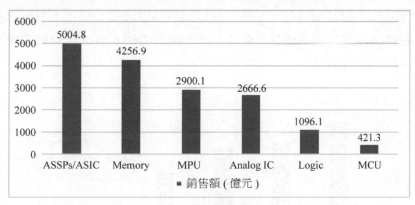

▲ 圖 1-25　2020 年中國積體電路市場產品結構[1]

（4）應用結構。

① 基站數目增長催生網路通訊市場增長。

2020 年，全國行動通訊共建立 931 萬個基站，新建基站淨增 90 萬個。城鎮地區的 4G（4th Generation Mobile Communication Technology）基站總數已達 575 萬個，新建 5G 基站超 60 萬個，全部已開通的 5G 基站超過 71.8 萬個。4G 網路已深度覆蓋城鎮，5G 網路已覆蓋全國地級及以上城市及重點縣市。5G 網路建設穩步推進，基站數目增長催生了網路通訊市場增長。

② 疫情居家辦公趨勢帶動電腦市場增長。

電腦領域的積體電路產品主要涉及 CPU、GPU（Graphics Processing Unit，圖形處理器）以及記憶體三大類。2020 年，中國電腦產量為 4.05 億台，同比增長 16%。疫情帶來的居家辦公趨勢，帶動電腦晶片市場同比增長 11.06%。廠商方面，Intel 在伺服器市場佔據壟斷地位，但在桌上型電腦和筆記型電腦式電腦領域，AMD 正在憑藉製程製程優勢快速先佔市佔率。

③ 工業及醫療電子裝置需求增加帶動市場增長。

2020 年，在工業晶片領域，快速增長的應用包括網路裝置、LED（Light-Emitting Diode）照明、數位標籤、數位視訊監控、氣候監控、智慧型儀器表、

①資料來源：賽迪顧問。ASSPs/ASIC——專用標準產品 / 專用積體電路；Memory——記憶體；Analog IC——類比積體電路；Logic——邏輯電路。

光伏變頻器和人機界面系統。另外，各種類型的醫療電子裝置（如測溫器、檢測儀）在疫情期間的需求增長也促進了該市場的增長。2020 年中國積體電路市場的應用結構如圖 1-26 所示。

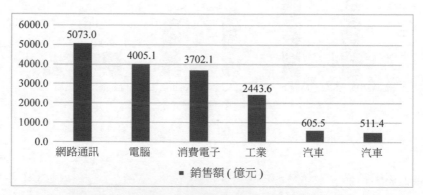

▲ 圖 1-26　2020 年中國積體電路市場應用結構[①]

2）中國積體電路的主要產地

長江三角洲地區是主要的積體電路開發和生產基地，在積體電路產業中佔有重要地位。長江三角洲地區的積體電路產業主要分佈在上海、無錫、蘇州、杭州等城市群，已初步形成了包括研究開發、設計、晶片製造、封裝測試及支撐業在內的較為完整的積體電路產業鏈。

整個長江三角洲地區的國家級積體電路設計業產業化基地在全國僅有的 7 個中就佔了 3 個，即上海、無錫、杭州；在全國國家級積體電路設計人才培訓基地中，長江三角洲地區內也佔 5 個，即上海交通大學、復旦大學、東南大學、浙江大學、同濟大學。

長江三角洲地區是中國積體電路產業基礎最紮實、技術最先進的區域，產業規模佔全國半壁江山，設計、製造、封測、裝備、材料等產業鏈全面發展。其中積體電路製造產業中，本土企業有中芯國際、華虹集團、合肥睿力、華潤微電子等。

①資料來源：賽迪顧問。

2015—2020 年，長江三角洲地區積體電路產量整體呈波動上升趨勢，但產量佔全國的比重呈現波動下降趨勢，從 2015 年的 60.04% 下跌至 2020 年的 51.98%，2015—2020 年長江三角洲地區積體電路產量增長及全國佔比情況如圖 1-27 所示。據國家統計局資料顯示，2020 年，長江三角洲地區「一市三省」積體電路產量共計為 1359.01 億塊。其中，江蘇省和上海市積體電路產量分別為 836.50 億塊和 288.67 億塊，浙江省和安徽省分別為 174.10 億塊和 59.74 億塊。

▲ 圖 1-27 2015—2020 年長江三角洲地區積體電路產量增長及全國佔比情況[1]

3）中國積體電路的技術現狀

（1）關鍵材料。

材料是晶片產業鏈的重要支撐產業，按應用環節劃分為晶圓製造材料和封裝材料。目前，全球晶片材料市場規模超 500 億美金，根據中國電子材料產業協會的統計，2022 年，中國晶片產業材料市場的規模將達到約 90 億美金，是全球唯一實現正增長的市場。當前美國、日本、韓國等跨國企業仍主導全球半導體材料產業，中國半導體材料對外依存度高，大晶圓、靶材、CMP（Chemical Mechanical Polishing，化學機械拋光）材料、高端光刻膠等晶片材料對外依存度高達 90% 以上。

---

①資料來源：國家統計局。

（2）製造裝置。

所有的生產都離不開裝置，積體電路對裝置的依賴性更強。裝置可分為晶圓製造裝置、封裝裝置和測試裝置等。晶圓製造裝置又分為蝕刻機、光刻機、薄膜沉裝置、CMP 裝置、檢測裝置等。以決定晶片製程製程的光刻機為例，目前世界上 80% 的光刻機市場被荷蘭公司佔據，尤其是高端光刻機領域。最精密的 EUV（極紫外光）光刻機是荷蘭 ASML 公司生產的，其他主要是美國生產的。7nm 製程光刻機目前只有荷蘭 ASML 公司能夠提供，售價 1 億美金以上，而且有錢還不一定能買到。除此，幾乎所有的晶圓代工廠都會用到美國的裝置，2019 年前 5 名晶片裝置生產商佔全球銷售額的 78%，其中 3 家來自美國，且 Applied Materials 已連續多年位列第一。

目前有北方華創、中微半導體、上海微電子等地方國有企業在蝕刻裝置、清洗裝置、光刻機等部分細分領域實現突破，但在提供尖端生產製程、高效服務和先進軟體產品方面與國際先進水準差距較大。

（3）積體電路設計業。

近年來，在國家政策扶持以及市場應用帶動下，中國積體電路產業保持快速增長，繼續保持增速全球領先的勢頭。受此帶動，在中國積體電路產業發展中，積體電路設計業始終是中國積體電路產業中最具發展活力的領域，增長也最為迅速。根據中國半導體產業協會統計，2020 年積體電路設計銷售規模為 3778 億元，較 2019 年同比增長 23.30%。

中國積體電路設計業不僅在企業數量上有進一步的提升，在發展品質上也獲得了顯著的成績。舉例來說，華為海思和清華紫光展銳這樣專注於新興市場的設計企業的迅速崛起，表示中國積體電路設計企業已逐漸接近世界領先水準。

據中國半導體協會積體電路設計分會資料顯示，2020 年中國十大積體電路設計企業分佈是珠三角地區有 3 家，長江三角洲地區有 6 家，京津環渤海地區有 1 家。進入全國十大積體電路設計企業榜單的門檻維持在 2019 年的 48 億元。十大企業的銷售之和為 1868.9 億元，佔全產業產業規模的比例為 48.9%，比 2019 年的 50.1% 降低了 1.2 個百分點。十大設計企業整體增長率為 20%，比全產業平均增長率低 3.8 個百分點。

（4）積體電路製造業。

積體電路製造產業基本被台灣的台積電等企業壟斷，但近年來隨著國外對中國積體電路製造光刻機等產品的封鎖，中國本土的積體電路企業開始發力，中芯國際已完成 14nm 晶片的研發，目前正朝著 7nm 晶片努力。隨著各個積體電路製造企業能力的提升，中國積體電路製造領域的市場規模也在不斷提高。

根據中國半導體協會資料顯示，2015—2020 年，中國積體電路製造產業銷售收入逐年增長，但從 2017 年開始，中國積體電路製造產業銷售收入同比增速呈下降趨勢，主要是由於中國積體電路製造產業逐漸走向成熟，需求趨於穩定，且中國積體電路產業正在朝著更核心的積體電路設計方向發展，導致積體電路製造產業增長率下降。2020 年，中國積體電路製造產業市場規模為 2560 億元，較 2019 年，同比增長 19.11%。

隨著中國積體電路製造技術的提高，中國積體電路的產品也越來越多。根據國家統計局統計資料顯示，2011—2020 年，中國積體電路製造產業總產量呈逐年上升趨勢。2020 年，中國積體電路製造產業實現產量累計值為 2614.70 億塊，較 2019 年同比增長 29.55%。

（5）積體電路封測業。

積體電路封測是中國切入積體電路產業的重要一環，但相較於積體電路設計的收益，積體電路封測產業的利潤要低得多。因此，近年來隨著中國在積體電路領域技術的提高，中國積體電路產業逐漸向利潤較高的方向靠近，導致中國積體電路封測產業市場規模的增長開始放緩。

據中國半導體協會統計，2015—2019 年，中國封裝測試產業銷售收入呈現逐年增長態勢。2017 年，中國封裝測試產業銷售收入增長率達到 20.77%，為 5 年來的最高水準，隨後增長率開始下降。2020 年，中國積體電路封測業市場規模為 2510 億元，較 2019 年同比增長 6.80%。

目前中國積體電路封裝產業已經形成了四大領軍企業，即長電科技、通富微電、華天科技和晶方科技，其中長電科技名列全球第三，位列全球第一的是台灣的日月光公司。在 02 專項（《極大型積體電路製造技術及成套製程》）專

案支援下，中國封裝企業圍繞三維高密度整合技術進行了研發，已接近領先水準。中國和台灣企業在技術上已經不存在代差。

1.1.4 晶片產業的發展趨勢

全球晶片產業已經經歷了兩次大的產業轉移與升級，目前正迎來第三次大的產業轉移與升級。第一次是從美國向日本的產業轉移，伴隨著全球家電市場的興起，美國將晶片裝配產業轉移到日本，日本從晶片裝配開始累積晶片技術，並將晶片技術與家電產業對接，培育了 Sony、Toshiba 等系統廠商。第二次是從美國、日本向韓國、台灣的產業轉移，第二次轉移與電腦產業的迅猛發展密切相關，第二次轉移時儲存晶片從美國轉向日本後又轉向了韓國，培育了 SAMSUNG 等廠商； 同時台灣從美國承接了晶圓代工環節，培育了台積電等廠商。目前伴隨著手機產業、人工智慧的快速發展，手機晶片、人工智慧晶片成為晶片產業的重要領域，全球晶片產業正迎來第三次產業轉移與升級，並培育了 Qualcomm 等廠商，國際晶片製造巨頭紛紛到中國建廠。

1. 市場規模的預測

近年來，中國和美國佔據了全球半導體市場的主要份額。中國對於全球半導體的貢獻率約為 33%，美國約為 20%。2019 年，美國半導體市場的收入走低使得 2020 年的比較基數更低以及 2020 年「疫情」引發的各產業數位化轉型對資料中心、高性能計算等市場的帶動，美國半導體企業在以上市場佔據明顯的壟斷性優勢。因此，從 2020 年 3 月開始，美國半導體市場便一直維持著 20% 以上的高增長，相比於歐洲、日本等區域的負增長，以及中國的低速增長，美國在 2020 年的表現顯得尤為突出。2021 年，「疫情」仍在全球蔓延，美國市場仍保持增長優勢，所佔份額仍保持在 20% 左右。歐洲、日本市場有望依靠汽車、工業半導體領域的復蘇而重新贏得正增長，中國市場仍會依靠強大的 5G、新基建等內需帶動，獲得比 2020 年更快的增速。2021—2023 年全球半導體市場規模及增速如表 1-8 所示。

▼ 表 1-8 2021—2023 年全球半導體市場規模及增速[1]

地區	市場規模 / 百萬美金			增長速度 /%		
	2021 年	2022 年	2023 年（預測）	2021 年	2022 年	2023 年（預測）
美國	121481	142138	143278	27.4	17.0	0.8
歐洲	47757	53774	54006	27.3	12.6	0.4
日本	43687	48064	48280	19.8	10.0	0.4
亞太	342967	336151	311005	26.5	-2.0	-7.5
全球	555893	580126	556568	26.2	4.4	-4.1

產品	市場規模 / 百萬美金			增長速度 /%		
	2021 年	2022 年	2023 年（預測）	2021 年	2022 年	2023 年（預測）
分立元件	30337	34098	35060	27.4	12.4	2.8
光電元件	43404	43777	45381	7.4	0.9	3.7
感測元件	19149	22262	23086	28.0	16.3	3.7
積體電路	463002	479988	453041	28.2	3.7	-5.6
類比元件	74105	89554	90952	33.1	20.8	1.6
微控制元件	80221	78790	75273	15.1	-1.8	-4.5
邏輯元件	154837	177238	175191	30.8	14.5	-1.2
記憶體件	153838	134407	111621	30.9	-12.6	-17.0
全部	555893	580126	556568	26.2	4.4	-4.1

[1]資料來源：全球半導體貿易統計組織（WSTS）。

2. 主要市場趨勢

1）5G 發展加速驅動產業數位化變革

　　2019 年是 5G 商用的元年，正式開啟了 5G 時代，各類 5G 應用終端推向市場。雖然 5G 應用終端的滲透率還在低位，但是隨著 5G 各類應用的充分挖掘以及應用場景的不斷落地，5G 應用終端在未來 3~5 年都可以持續地放量。5G 手機是最先發力的產品，其滲透率不斷提升，隨著中等價位 5G 晶片的相繼推出，將加速 5G 手機售價的親民化，2020 年，5G 手機全年生產數量仍達 2 億台左右，滲透率約為 16%，2021 年的滲透率超過 20%。另外，受「疫情」影響，全球 5G 基站建設會有所減緩，全球 5G 基站的覆蓋率要到 2025 年才可以過半。但是中國新基建的推出，加速了 5G 基站的建設，預計未來 5 年將有 450 萬座基站。美國也擬透過立法，鼓勵虛擬化蜂窩網路的發展和實施，有助促進虛擬無線電連線網生態系統的發展。

2）大容量、高速率儲存時代將至

　　2020 年，隨著 5G 技術的發展，全球資料量迎來了爆發性的增長，進入 ZB 級數據時代。隨著 5G 通訊、人工智慧、物聯網及巨量資料運算等技術的發展，大量終端應用資料由此產生，使得全球資料量迎來爆發性的增長。2020 年，資料中心等應用的增長帶動高端儲存晶片的需求增加。2021 年，全球三大記憶體廠陸續大規模量產下一代 DDR5 DRAM，預計記憶體市場將迎接下一個成長週期，這使得 SAMSUNG、Hynix 和 Micron 三大記憶體公司正在加緊技術開發，以在下一輪市場競爭中佔據有利位置。隨著 5G 技術的快速發展，存放裝置的需求增多，儲存市場也將迎來新的增長。儲存產業向著更高速、更巨量、更安全的方向持續發展，這也將助力人工智慧晶片、類比 IC 以及感測器市場的發展。

3）汽車智慧化與網聯化發展趨勢帶動半導體市場增長

　　汽車半導體領域是近年來增長最為迅速的板塊，未來 3~5 年裡會繼續保持這種趨勢，成為半導體收入的重要推動力。安全、互聯、智慧、節能的發展趨勢使得汽車價值鏈逐漸從機械動力結構轉向電子資訊系統，價值鏈重構使得汽車半導體新晉玩家不斷湧現。目前自動駕駛和整車電氣化是影響汽車半導體板

塊的兩大主流應用,而車載感測器、汽車智慧計算及通訊、功率半導體會表現出較高的創新活躍度。

汽車電子電氣架構從傳統分散式架構正在朝向域架構、中央計算架構轉變,其技術演進有 4 個關鍵趨勢:計算集中化、軟硬體解耦化、平臺標準化以及功能開發生態化。智慧化與網聯化共同推動了汽車電子電氣架構的變革,以動力電池、IGBT(Insulated Gate Bipolar Transistor,絕緣柵雙極性接面電晶體)、智慧感測器、自動駕駛系統為代表的汽車電子成本佔汽車總成本的比例逐年提升。可預計,車載晶片的數量將在未來 5 年增長 5~10 倍,晶片價值將增長 4 倍,全球車載晶片市場規模有望突破 1 兆元。

4)物聯網為半導體增長帶來希望,智慧邊緣成為趨勢

物聯網被認為是未來重要的增長領域,受到政府與各界人士的關注,美國、日本、中國等都將物聯網發展列入國家與區域資訊化發展戰略目標。預計 2025 年全球物聯網裝置數量將達到 1000 億台,而未來超過 70% 的資料和應用將在邊緣產生和處理,邊緣市場正在快速崛起。智慧邊緣以人工智慧和其他形式的互動式計算下沉到邊緣位置為主要特徵,能有效實現資料智慧化的本地分析,可有效減小資料傳輸頻寬和計算系統的延遲,緩解雲端運算中心壓力,保護資料安全與隱私。未來的物聯網系統一定是邊雲端協作的系統,讓物聯網在邊緣具備資料獲取、分析計算、通訊以及智慧功能,與雲端中心形成分散式的有機整體,讓資料在邊雲端協作中展現出蓬勃的活力與價值。此外,智慧邊緣的崛起會提供巨大的潛在資料,能更充分地發揮人工智慧的作用。中國政府一直透過政策引導、業界標準制定和協調促進等,大力推動物聯網相關技術發展和應用落地。

1.2 車載晶片概述

1.2.1 車載晶片的發展歷程

汽車電子發展是在電子技術進步和汽車工業需求的推進下逐漸展開的。20 世紀 50 年代初到同世紀 70 年代末,汽車電控技術逐步興起,電子裝置開始取

代部分機械元件，提高了整車的性能。20 世紀 70 年代末到同世紀 90 年代中，汽車電控技術已經初步形成系統，大型積體電路發展較快，大大減少了汽車零件的體積和重量，從最初的 8 位元處理器開始廣泛應用，大幅提高了電子控制系統所帶來的可靠性和穩定性。

20 世紀 70 年代末，早期的汽車晶片主要以 8 位元晶片為主，典型代表有 51 系列的微控制器。當時 8 位元微控制器的資料匯流排頻寬僅為 8 位元，通常直接只能處理 8 位元資料，只適合應用在一些簡單孤立的電子控制系統單元中，而且由於技術和製造製程的限制，使得微控制器成本昂貴，且性能不太穩定，造成系統開發成本非常高。

到了 21 世紀初，隨著電子工業的蓬勃發展，大大加速了汽車工業的處理程序，電源控制系統、車載感測器、自動變速箱等先進的電控裝置先後出現在整車當中，一方面需要處理大量的訊號資料，另一方面也要求更好、更快速且準確地實現複雜的邏輯演算法，於是 32 位元微處理器晶片登場了，它們在此發揮了巨大的作用，大大提高了整車安全性和舒適性，使汽車更加自動化和智慧化。

這幾年，環境問題和能源問題日益突出，如何提高燃油效率並更進一步地降低汽車尾氣中有害氣體及二氧化碳的排放，成為汽車領域急需要解決的新領域，該課題也極大地推動了汽車電子控制技術，尤其是引擎電子控制系統向更高層次發展。

1.2.2　車載晶片的高標準和高門檻

1. 車載晶片的基本要求

汽車晶片與其他消費類晶片最大的區別是需要滿足嚴格的車載要求，僅次於軍工級。

1）環境要求

環境要求中一個重要的要求是溫度要求，汽車對晶片和元件的工作溫度要求比較寬，根據不同的安裝位置等有不同的要求，但一般都要高於民用產品的

要求,如引擎艙的工作溫度要求在 -40℃ ~150℃;車身控制的工作溫度要求在 -40℃ ~125℃。而常規消費類晶片和元件的工作溫度只需要滿足 0℃ ~70℃。另外,其他環境要求,如濕度、發黴、粉塵、鹽鹼自然環境(如海邊、雪水、雨水等)、EMC(Electro Magnetic Compatibility,電磁相容),以及有害氣體侵蝕等,都遠高於消費類晶片的要求。

2)運行穩定性要求

汽車在行進過程中會遭遇更多的震動和衝擊,車載晶片必須滿足在高低溫交變、震動風擊、防水防曬、高速移動等各類變化中持續保證穩定工作。另外,汽車對元件的抗干擾性能要求極高,包括抗 ESD(Electro-Static Discharge,靜電釋放)、EFT(Electrical Fast Transient,電快速瞬變)群脈衝、RS(Radiated Susceptibility,輻射敏感度)傳導輻射、EMC、EMI(Electromagnetic Interference,電磁干擾)等分析,晶片在這些干擾下既不能不可控地影響工作,也不能干擾車內其他裝置(如控制匯流排、MCU、感測器、音響等)。

3)可靠性與一致性要求

(1)壽命週期要求。

一般的汽車設計壽命都在 15 年 /20 萬公里左右,遠大於消費電子產品的壽命要求。

(2)故障率要求。

零公里故障率是汽車廠商最重視的指標之一,而要保證整車達到相當的可靠性,對系統組成的每部分的要求是非常高的。由於半導體是汽車廠商故障排列中的首要問題,因此車廠對故障率的基本要求是個位數 PPM(Part Per Million,百萬分之一)量級,大部分車廠要求到 PPB(Part Per Billion,十億分之一)量級,可以說對車載晶片的故障率要求經常是 Zero Defect(故障零忍受)。相比之下,工業級晶片的故障率要求為小於百萬分之一,而消費類晶片的故障率要求僅為小於千分之三。

（3）一致性。

車載晶片在實現大規模量產的時候還要保證極高的產品一致性，對組成複雜的汽車來說，一致性差的半導體元件導致整車出現安全隱憂是肯定不能接受的，因此需要嚴格的良品率控制以及完整的產品追溯性系統管理，甚至需要實現對晶片產品封裝原材料的追溯。

4）處理訊號供貨週期要求

汽車晶片產品的生命週期通常會要求在 15 年以上（即整車生命週期均能正常執行），而供貨週期則可能長達 30 年。因此對汽車晶片企業在供應鏈設定及管理方面提出了很高的要求，即供應鏈要可靠且穩定，能全生命週期支持整車廠處理任何突發危機。

汽車晶片與手機晶片的要求對比如圖 1-28 所示。

手機晶片		汽車晶片
28nm～7nm	製程技術	>180nm～7nm
900MHz～2.7GHz	頻率	30MHz～5.9GHz
0.5V～1.8V	工作電壓	1V～>60V
0℃～40℃	工作溫度	−40℃～155℃
1～3年	工作壽命	10～15年
<10%	目標現場故障率	目標零故障

▲ 圖 1-28 汽車晶片與手機晶片的要求對比

2. 車載晶片的高門檻

由於車載晶片極其嚴苛的可靠性、一致性、安全穩定性和產品長效性等要求，大大提高了進入這個產業的標準與門檻。主要表現如下。

1）車規標準多

為滿足車載晶片對可靠性、一致性、安全性的高要求，企業要透過一系列車規標準和規範。最常見的包括晶片元件層面可靠性標準（Automotive Electronics Council-Qualification，AEC-Q）100、汽車產業品質管制系統（International Automotive Task Force，IATF）16949、功能安全標準 ISO 26262 等。自動駕駛系統需要滿足的預期功能安全（Safety Of The Intended Functionality，SOTIF）。其中，AEC-Q100 主要用於積體電路（分立元件為 AEC-Q101、功率模組為 AQG 324、無源元件為 AEC-Q200）。而 ISO 26262 則是用於汽車晶片開發過程中功能性安全的指導標準。近期，國際標準組織還更新了 ISO 26262: 2018。在這一版本中，新增了半導體在汽車功能安全環境中的設計和使用指南。此外，還有針對車載晶片製造相關的 VDA6.3 等標準。

2）研發週期長

一家從未涉足過汽車產業的半導體廠商，如果想進入車載市場，至少要花兩年左右時間自行完成相關的測試並提交測試檔案給車廠，並透過相關車載標準規範的認證和審核，只有透過嚴格考核心的企業才能進入汽車前裝供應鏈。此外，車載晶片廠商需要在產品研發初始階段就開展有效的設計失效模式及後果分析（Design Failure Mode and Effects Analysis，DFMEA）與製程失效模式及後果分析（Process Failure Mode and Effects Analysis，PFMEA）設計，無形中增加了車載晶片產品的研發週期。

3）隱性成本高

可靠性是車規產品最關鍵的指標，為提高可靠性而增加的品質管制投入也是車規產品成本高的原因之一，一般汽車產業的百萬產品失效率（Defect Part Per Million，DPPM）為個位數，需要非常有效的各級品質管制工具和方法才能實現，這些都是極其隱形但不可省略的投入和成本。

4）配套要求高

由於可靠性要求，對車載晶片生產和封裝的規範測試比消費級晶片的同類產品要嚴格得多。舉例來說，生產場所都要具備 IATF 16949 認證的專用車載生

產線。因此，對於汽車晶片廠商而言，只有設計部分符合車載標準還遠遠不夠，還需要找到符合車載認證，具備車載晶片產品生產經驗，以及長週期穩定供貨的製造及封裝產線，無形中提高了進入車載市場的難度。因此在汽車晶片產業，IDM 模式是廠商主要的發展模式。2019 年，全產業 IDM 企業貢獻的收入為 364.71 億美金，佔比達到 88.9%。

5）連帶責任大

如果由於汽車晶片導致出現安全問題，模組供應商甚至晶片廠商將承擔責任，支付包含產品更換、賠償、罰款等各類支出，對於資金實力相對較弱的中小企業而言，很可能因此而陷入困境，以至於再也不能進入汽車供應鏈。汽車晶片關於安全和可靠性的連帶責任問題，也會使許多廠商對做出進入車載市場的選擇慎之又慎。

由於上述汽車晶片產業的高標準和高門檻，把大量缺乏資金實力，缺乏產業配套資源，並且想要快速做出晶片投放市場取得效益的晶片廠商拒之門外。缺乏新玩家的進入，也使得現有汽車晶片企業（Tier2）、零件供應商（Tier1）、整車廠商（OEM）已形成強綁定的供應鏈關係，對新晉企業組成堅實的產業門檻。

1.2.3　車載晶片的分類和應用

汽車晶片是汽車電子的核心，廣泛應用於車身的多個系統中。在汽車電子元件中，晶片將是承擔功能實現的核心元件，汽車晶片按種類可分為微控制器（MCU、SoC 等）、功率半導體（IGBT、MOSFET、電源管理晶片等）、儲存晶片（NOR、NAND、DRAM 等）、感測器（壓力、雷達、電流、影像等）以及互聯晶片（射頻元件），使用範圍涵蓋車身、儀表 / 資訊娛樂系統、底盤 / 安全、動力總成和駕駛輔助系統五大板塊。主控晶片、儲存晶片、感測器在各個板塊都有需求，而互聯晶片主要用於車身及資訊系統方面。

1. 功率半導體

功率半導體是電子裝置電能轉換與電路控制的核心，透過利用半導體的單向導電性實現電源的開關和電力轉換。功率半導體在汽車中主要運用在動力控制系統、照明系統、燃油噴射、底盤安全系統中。在傳統汽車中，功率半導體主要應用於啟動、發電和安全領域，而新能源汽車普遍採用高壓電路，當電池輸出高壓時，需要頻繁變化電壓，對電壓轉換電路的需求提升。此外，還需要大量的 DC/AC 變頻器、變壓器、換流器等，使得對 IGBT、MOSFET、二極體等半導體元件的需求量很大。綜合來看，單輛汽車的功率轉換系統主要有：① 車載充電機；② DC/AC 系統，給汽車空調系統、車燈系統供電；③ DC/DC 轉換器（300V 轉為 14V），給車載小功率電子裝置供電；④ DC/DC 轉換器（300V 轉為 650V）；⑤ DC/AC 變頻器，給汽車馬達供電；⑥汽車發電機。

2. 主控晶片

當前汽車主控晶片主要是微控制單元（MCU），負責計算和控制。MCU 是把 CPU 的頻率與規格做適當縮減，並將記憶體（Memory）、計數器（Timer）、USB、A/D 轉換（Analog to Digital Converter）、UART（Universal Asynchronous Receiver/Transmitter，通用非同步收發傳輸器）、PLC（Programmable Logic Controller，可程式化邏輯控制器）、DMA（Direct Memory Access，直接記憶體存取）等週邊介面，甚至 LCD（Liquid Crystal Display，液晶顯示）驅動電路都整合在單一主機板上，形成能完整處理任務的微型電腦。MCU 主要作用於最核心的安全與駕駛，自動駕駛（輔助）系統的控制，中控系統的顯示與運算，引擎、底盤和車身控制等方面。

3. 儲存晶片

記憶體種類許多，是資訊技術中用於儲存資訊的記憶裝置，目前市場上 DRAM 和 NAND Flash 為主流記憶體，而 NOR Flash、SRAM、SLC（Single Level Cell，單級單元）NAND 等屬於利基型記憶體。DRAM 是最常見的系統記憶體，具有體積小、集成度高、功耗低等優點；Flash 具備電子可抹寫可程式化、斷電不遺失資料以及快速讀取資料等性能。

汽車儲存應用在汽車多個模組中，傳統汽車的需求較小。為實現自動駕駛汽車的互聯性，包括儀表板系統、導航系統、資訊娛樂系統、動力傳動系統、電話通訊系統、抬頭顯示（Head Up Display，HUD）、感測器、CPU、黑盒子等，都需要儲存技術為自動駕駛汽車提供基礎程式、資料和參數。汽車電子產業對儲存的需求主要來自 IVI（In-Vehicle Infotainment，車載資訊娛樂系統）、T-BOX（Telematics BOX，遠端通訊終端）和數位儀表板等產品，據統計，目前每台車對儲存的需求量平均在 32GB 左右。

4. 感測器

　　感測器是用於實現汽車智慧化的感知端裝置，分佈於車身各處。隨著自動駕駛技術的快速發展，越來越多的汽車廠商將感測器整合到 ADAS 或自動駕駛汽車中。汽車感測器分佈於車身內外，透過獲取車身狀態、外界環境資訊，將類比訊號轉為電訊號後，傳遞至汽車的中央處理單元中。汽車感測器分為車身感知和環境監測兩大類，而汽車自動駕駛技術將更多地帶動對環境監測類感測器需求量的增加。汽車環境監測類感測器包括超音波感測器、毫米波雷達、雷射雷達、攝影機等。

5. 互聯晶片

　　汽車的網聯化，即 V2X（Vehicle-to-Everything，車與外界的資訊交換），需要實現人車互動、車車互動等，這些通訊都離不開射頻晶片的發送和接收處理。從燃油汽車到油電混合汽車、再到純電動車，不僅對汽車電子的需求量增大，而且對汽車電子的要求也越來越高，更加需要能耐受高電壓、大電流的電子元件。互聯晶片也是如此，透過對資料的收集、處理、轉換，實現資訊互動。外界真實訊號被感測器感知，得到的類比訊號經過放大器、類比數位轉換器處理，最終由 MCU 控制其他系統的訊號的輸出。車載無線通訊系統需要用到大量互聯晶片，它是實現 C-V2X（Cellular-Vehicle to Everything，蜂窩車聯網）的關鍵元件，它包括功率放大器、濾波器、低雜訊放大器、天線開關、雙工器、調諧器等，主要應用於衛星通信、資訊娛樂、V2X 以及定位等功能中。

1.3 車載晶片產業的發展狀況

1.3.1 車載晶片產業的發展現狀

　　21 世紀初，汽車晶片僅用來監視車輪的旋轉，由此引入了早期的煞車與牽引力控制系統，彼時汽車電子成本佔整車成本的比重僅有 18%，20 多年後的今天，這一比重已經超過了 40%，預計到 2030 年，這一比例將進一步增加到45%，如圖 1-29 所示。

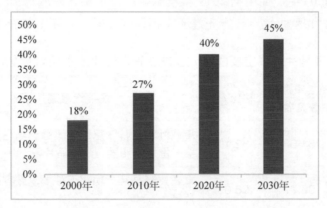

▲ 圖 1-29 汽車電子成本佔整車成本百分比

　　汽車晶片是汽車電子的核心，廣泛應用於車身多個系統。在汽車電子元件中，晶片是承擔功能實現的核心元件，根據 McKinsey 和 Company 的一份報告顯示，汽車廠商每年在晶片上的支出約為 240 億美金，儘管汽車領域每年以約 8%的速度增長，但某些領域增長得更快，如 ADAS 和自動駕駛（18%）、LED 照明（24%）和電動汽車（42%）。在普通車輛中，2/3 的半導體成分來自類比元件、功率元件和感測器。上述每個產品領域由越來越多推出的 ADAS、進一步的汽車功能電子化和精密的照明系統推動著不斷增長。如今，汽車晶片已經廣泛應用於動力、底盤、車身、智慧座艙和駕駛輔助五大系統中。汽車晶片產品的大量應用也造就了汽車晶片全球市場的快速增長。

1. 市場概要

　　從市場層面來看，2012—2015 年全球車載晶片市場處於低位增長，在 2016—2019 年，全球車載晶片市場規模處於高位增長，全球晶片市場 2019 年的銷售規模為 4123 億美金，車載晶片為 410 億美金，佔比 10% 左右，預計 2025 年全球汽車晶片市場規模將達到 740 億美金，年複合增長率達 10%。歐洲車載晶片 2019 年的產值達到 150.88 億美金，佔到全球車載晶片總產值的 36.79%，為全球第一；美國貢獻了全球第二大車載晶片的收入規模，達到 133.87 億美金，佔全球車載晶片總產值的 32.64%；日本車載晶片 2019 年的產值達到 106.77 億美金，佔比 26.03%；而中國 2019 年車載晶片實現銷售收入為 10 億美金左右，佔比不到 3%，和歐、美、日等先進國家相比存在較大差距，如表 1-9 所示。

▼ 表 1-9　汽車晶片產業主要國家 / 區域市佔率佔比及主要汽車晶片領域

主要國家 / 區域	銷售規模 / 億美金	佔比 /%	主要汽車晶片領域
美國	131.68	32.11	車載計算晶片、記憶體、通訊類晶片、影像感測器、雷達感測器、類比晶片等
日本	106.77	26.03	車載控制晶片、功率元件、車載容阻感、照明晶片等
歐洲	150.88	36.79	車載功率半導體、MEMS 感測器等
中國	10.06	2.45	車載功率元件、利基型記憶體等
其他	10.74	2.62	其中韓國 6.11 億美金，主要為車載記憶體等
合計	410.13	100.00	—

　　從產品結構來看，車載功率晶片以及計算晶片的市場規模最大，兩者合計規模達到 229.00 億美金，佔到了全部汽車晶片市場的 55% 以上。需求規模位於第三位的是車用感測器，規模為 76.70 億美金。而通訊及記憶體的市佔率相對較小，但隨著未來汽車安全、互聯、智慧、節能的發展趨勢，以及無人駕駛、ADAS、車聯網（V2X）等層出不窮的新產品和新功能逐漸提升滲透率，對通訊晶片及車用記憶體的需求將迎來快速增長。此外，迅速增長的新能源汽車市場

使得汽車電動化對執行層中動力、煞車、轉向、變速等系統的影響更為直接，其對功率半導體的需求相比傳統燃油車增長明顯，如表 1-10 所示。

▼ 表 1-10 汽車晶片的產品結構及市佔率

產品種類	銷售規模 / 億美金	佔比 /%	代表企業
記憶體晶片	25.54	6.20	Micron、Cypress、ISSI
計算晶片	107.53	26.20	RENESAS、NXP、Infineon、Texas Instruments、NVIDIA
感測器晶片	76.70	18.70	BOSCH、Infineon、NXP、DENSO
功率晶片	121.63	29.70	Infineon、ON Semiconductor、ROHM、STMicroelectronics、Texas Instruments、ADI、Maxim
通訊晶片	35.54	8.70	Qualcomm、Broadcom、STMicroelectronics、NXP
其他功能晶	片 43.19	10.50	SAMSUNG、Melexis、OSRAM、Toshiba、SANKEN
總計	410.13	100.00	—

　　就全球汽車半導體市場競爭格局來看，優勢企業主要集中在美國、德國、法國、荷蘭、瑞士，以及亞洲地區的日本、韓國等國家，在全球前二十大汽車半導體廠商中，美國企業數量達到 9 家，接近一半，歐洲和日本企業的數量各為 5 家，但歐洲汽車半導體企業綜合競爭力更強，5 家企業中有 3 家進入全球 TOP 5。NXP、RENESAS、Infineon、STMicroelectronics、Texas Instruments 等傳統車載晶片巨頭具備豐富的產品布局和領先的技術實力，2019 年佔據了全球汽車晶片 50% 的市佔率。由於設計、生產等方面的技術差距較大，至今中國未形成具備國際競爭力的汽車晶片供應商，整體在汽車晶片領域的市佔率極低。雖然目前全球領先汽車半導體廠商對於晶片的布局基本涉及全部的汽車模組分類，但是由於汽車半導體較長的開發週期和較高的技術門檻，NXP、Infineon、RENESAS、Texas Instruments、STMicroelectronics 等高端市場供應商能夠相對地專注於不同的產品和細分市場[9]。

NXP 近一半的汽車半導體銷售是針對特定應用的，均勻分佈在分立處理器（計算和控制類晶片）、功率半導體和射頻收發器等通訊類晶片上。Infineon 的汽車業務銷售目前主要由動力總成和安全領域推動，最大的優勢產品是功率半導體，在其完成對 Cypress 的收購後，將超越 NXP，成為全球規模最大、產品品類最全的汽車半導體廠商。安世半導體，是由中國企業（聞泰）收購了原 NXP 標準件業務而設立的汽車半導體企業，也是目前中國規模最大、水準最高的車載半導體廠商。全球前二十大汽車半導體企業如表 1-11 所示。

▼ 表 1-11　全球前二十大汽車半導體企業列表

排名	企業名稱	國家 / 區域	2019 年收入 / 億美金	市佔率 /%	主要產品
1	NXP	歐洲	42.12	10.30	控制及計算、感測器晶片
2	Infineon	歐洲	39.51	9.60	功率晶片
3	Renesas Electronics	日本	31.40	7.70	控制及計算晶片
4	Texas Instruments	美國	27.90	6.80	類比、功率晶片
5	STMicroelectronics	歐洲	27.52	6.70	功率、通訊晶片
6	Robert Bosch	歐洲	17.83	4.30	感測器晶片
7	ON Semiconductor	美國	17.83	4.30	感測器晶片
8	DENSO	日本	11.93	2.90	功率、感測器晶片
9	Micron	美國	10.53	2.60	記憶體晶片
10	ROHM	日本	10.28	2.50	功率晶片
11	Intel	美國	9.24	2.30	控制及計算晶片
12	ADI	美國	9.08	2.20	類比晶片
13	MIC	美國	8.35	2.00	類比晶片
14	CYPRESS	美國	8.20	2.00	記憶體、通訊晶片
15	OSRAM	歐洲	7.87	1.90	感測器晶片
16	Toshiba	日本	7.85	1.90	記憶體晶片

（續表）

排名	企業名稱	國家/區域	2019年收入/億美金	市佔率/%	主要產品
17	SANKEN	日本	6.89	1.70	類比、功率晶片
18	Qualcomm	美國	6.68	1.60	通訊晶片
19	NVIDIA	美國	6.26	1.50	控制及計算晶片
20	NEXPERIA	中國	5.89	1.40	功率晶片

幾十年來，全球汽車半導體產業格局非常穩定，車載晶片市場一直被NXP、Infineon、Texas Instruments、RENESAS 等汽車晶片巨頭所壟斷。但隨著汽車產業加速進入智慧化時代，塵封數十年的汽車晶片市場格局正在被打破，尤其是 Tesla 的 FSD（完全自動駕駛）晶片的推出，一場圍繞高等級自動駕駛的商業大戰已經打響。

整體來看，中國汽車晶片與世界領先水準的差距仍然很大。中國車載半導體在基礎環節、標準和驗證系統、車規產品驗證、產品配套方面能力薄弱，同時在半導體各個產品的自主率較低，與中國的消費電子半導體產業鏈相比，由於汽車半導體在可靠性、穩定性等領域的要求更高，中國企業在汽車半導體領域的整體市場佔有率更低，但同時也對應著可觀的替代空間。

中國汽車晶片產業的起步較晚，而且中國的晶片產業鏈也不夠頂尖和完善，這就造成了中國汽車晶片企業的競爭力遠不敵國外企業。但是，中國也有部分廠商開始攻克汽車晶片領域，布局產業鏈，成為中國汽車晶片的領先企業。

近年來，中國企業透過收購，將海外優質汽車半導體資產進行整合，為國產替代打開成長空間，成為中國汽車半導體產業快速發展的主要驅動力。而部分在消費級半導體領域做強做大的成熟企業，也在逐步開拓車載晶片市場的業務。同時部分中國傳統汽車廠商也開始注重產業鏈上下游的延拓，積極布局汽車半導體產業。另外，在 ADAS、智慧網聯這些汽車半導體新興領域，中國汽車半導體初創企業不斷湧現。外部收購、成熟企業布局車規半導體業務，以及新興領域創業，成為目前支撐中國汽車半導體發展的主要路徑。儘管中國在車載半導體的 IC 設計、封裝測試、晶圓製造、裝置製造等領域均有所突破，但短期仍然不足以扭轉高度進口依賴局面。中國汽車半導體企業如表 1-12 所示。

▼ 表 1-12　中國汽車半導體企業列表

成長途徑	主要企業	主要領域	企業介紹
外部收購	聞泰科技	車用分立元件	收購安世半導體，分立元件及 ESD 保護元件保持排名全球第一，車用功率 MOSFET 元件在全球市場的佔有率排名第二
	北京君正	車用記憶體、車載網路介面晶片	收購 ISSI 矽成半導體、全球車用 DRAM 排名第二、全球車用 SRAM 排名第一、全球車用 NOR Flash 排名第五
	韋爾半導體	車用影像感測器	收購豪威科技，汽車影像感測器排名全球第二
	四維圖新	車用 MCU、車載資訊娛樂晶片、車載功率電子晶片、胎壓監測晶片、智慧座艙以及 ADAS 晶片	收購傑發科技，前身為聯發科旗下的汽車電子事業
	錫產微芯	功率半導體、車載代工生產線	收購 LFoundry，具備車載晶片製造製程
	華燦光電	車用感測器	收購美新半導體，具備車用 MEMS 感測器的量產能力
成熟企業布局車規業務	華為	車載產品線	近年來透過自研和投資等方式積極布局車載通訊 / 介面晶片、計算 / 控制類晶片
	全志科技	車載智慧座艙 SoC 晶片	2014 年進入汽車晶片市場，推出車輛網中控晶片 T2；2017 年，推出了中國 SoC 晶片廠商中的首款車載晶片 T7，開始發力車機前裝市場
	兆易創新	車用 32 位元 MCU、車載 Nor Flash	中國 32 位元 MCU、Nor Flash 領先，2018 年開始切入車載 32 位元 MCU 市場
	比亞迪半導體	體車用功率半導體	2020 年比亞迪微電子完成內部重組，目前為中國最大的車載 IGBT 廠商
新興領域創業	賽騰微電子、芯馳科技、地平線、黑芝麻智慧、蘇州盛科、裕太車通、蘇州雄立、翰霖科技、中電昆辰、德賽微、福州福芯、馳啟科技		

2. 車載晶片的短缺問題

根據 HIS Markit 的資料，由於新冠病毒感染疫情的影響，2020 年全球車載晶片市場規模約為 380 億美金，同比下降約 9.6%，預計到 2026 年將達到 676 億美金。2019—2026 年的年複合增長率為 7%，2020 年，中國車載晶片市場規模約為 94 億美金，預計到 2030 年將達到 159 億美金，年複合增長率為 5.40%。

自「疫情」暴發以來，由於車載晶片短缺及其相應的車身電子穩定系統（ESP）供應不足，美國、德國、日本等國家的汽車企業紛紛停產減產，Ford、Volkswagen、Audi、General Motors、Toyota、Nissan、Honda 等在全球範圍放慢生產節奏，如表 1-13 所示。根據美國伯恩斯坦諮詢的統計，2021 年全世界的汽車晶片短缺造成 200~450 萬的汽車產量損失，相當於近十年以來全球汽車年產量的近 5%。

▼ 表 1-13 全球主要車企受到斷供風波影響

車企	措施
Honda	減少雅哥、喜美、Insight 三廂車、Odyssey、Acura RDX 的生產
Subaru	減少日本群馬工廠、印第安那州工廠的產量，每會計年度預計減產 48000 輛
Toyota	巴西四大工廠和捷克科林工廠停產
Volkswagen	部分車型停產，巴西生產基地停產 12 天
Ford	已停工 3 家 Ford 工廠，取消了兩家工廠 F-150 和 Edge SUVs 的生產計畫
Volvo	停產部分車型，中國工廠進行大幅度調整
General Motors	關閉密西根州蘭辛工廠
Tesla	美國弗里蒙特工廠停產 2 天，車輛銷售價格提高
蔚來汽車	江淮蔚來工廠暫停生產 5 天，2021 年一季預計產量下調 500~1000 輛

由於車載晶片處於供小於求的情況，中國汽車產量受到了車載晶片供應的嚴重影響，因此可以透過中國汽車的生產情況來推測中國車載晶片的供應情況和規模。

從中國汽車生產情況來看，2020 年 1 月 ~2 月，受到「疫情」影響，汽車產量一度巨幅下跌，汽車生產訂單減少，2 月汽車總產量一度減少到 28.50 萬輛。但在 3 月之後隨著中國疫情防控成效越來越好，市場恢復速度令人訝異，2020 年 6 月，汽車生產總數量就已經恢復到 232.50 萬輛，達到「疫情」前 2019 年 12 月產量的 87% 水準。

在 2020 年年末，隨著全球半導體晶片的斷供浪潮逐漸席捲，中國汽車生產再次受限，主要原因在於汽車用於 MCU 等重要模組的晶片缺貨嚴重，2020 年 12 月—2021 年 2 月，中國汽車產量直線下降，其中，2 月僅生產了 137.91 萬輛傳統汽車，環比減少 37.14%； 生產了 12.35 萬輛新能源汽車，環比減少 36.21%。

全球車載晶片短缺由多種因素共同導致，主要可分為商業因素、產業因素和環境因素三大類。

從商業模式看，車載晶片短缺是由於晶片應用市場導向的資源設定不均。目前車載晶片僅佔下游應用的 10%，近 76% 的晶片產能用於通訊、PC/ 平板以及電子消費類產品； 宅經濟時代晶片需求整體上漲，廠商技術發展及供貨偏向利潤和份額更高的下游應用產業，一定程度上擠壓了車載晶片的產能； 2020 年下半年開始，消費電子企業超預期囤貨，加劇了晶片整體的緊張程度。從整體產業看，晶片產業上游技術門檻過高，研發成本和裝置投資力度的要求一定程度上限制了全球晶片產業鏈的發展。晶片 EDA 及 IP 技術主要被美國壟斷，晶圓製造集中在台灣和日、韓，封測技術集中在東南亞，產能高度集中； 車載晶片主要使用的 8 英吋晶圓代工廠產能滿載，擴產所需裝置投資大且晶圓廠擴產週期長，一般為 12~24 個月； 車載晶片相比消費晶片和一般工業晶片，其開發難度更高，工作環境也更嚴苛。從設計到車型匯入測試驗證，流程久、難度高導致全球車載晶片產能主要集中在 Top 10 領先企業中。從環境因素來看，目前全球半導體產能緊張，例如新能源汽車對晶片的應用較燃油車有成倍的增長； 車企和供應鏈對汽車市場晶片需求的預估保守，然而汽車市場復蘇高於預期，車載晶片平均供應週期為 26~40 周，晶片供應無法短期大幅度提升； RENESAS 火災、北美暴雪、日本地震、東南亞疫情反撲等不可抗拒的因素增加了晶片生產和封測的不確定因素，在短期內削減了晶片生產的能力。

在當前缺「芯」的大背景下，海外汽車晶片廠商供應短缺增加了中國廠商供應鏈匯入的機會，車載晶片替代處理程序有望全面加速，目前中國車載晶片產業鏈中游已經湧現出以斯達半導、北京君正、士蘭微、韋爾股份、聞泰科技等為代表的企業。中國車載晶片優秀企業有望借產業景氣週期與替代共振迅速崛起，縮短在各領域的主要差距並不斷提升自主率。

1.3.2　車載晶片產業鏈介紹

車載晶片的產業鏈中，上游一般為半導體原材料、製造裝置以及晶圓製造流程（晶片設計、晶圓加工和封裝測試）；中游一般為車載晶片製造環節，包括智慧駕駛晶片製造（GPU、FPGA、ASIC）、輔助駕駛系統晶片製造（ADAS）、車身控制晶片製造（MCU）等；下游包含車用儀器製造、車載系統製造以及整車製造等環節，如圖 1-30 所示。

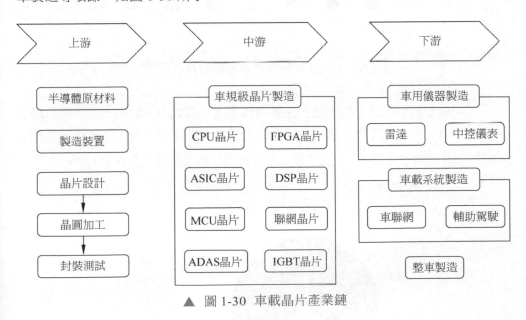

▲ 圖 1-30　車載晶片產業鏈

1. 車載晶片上游產業

原材料包括晶圓製造材料和封裝材料。晶圓製造材料包括晶圓、光罩、高純化學試劑、特種氣體、光刻膠、靶材、CMP 拋光液等。封裝材料包括引線框架、封裝基板、陶瓷封裝材料、鍵合絲、包裝材料、晶片黏結材料等。

半導體原材料市場處於寡頭壟斷局面。台灣、韓國、中國、日本、美國是全球最大的半導體材料市場，合計佔全球市場比重超 80%。中國在全球半導體材料市場上的銷售額佔比達到 17%，與韓國並列第二位，台灣因在晶圓代工、先進封裝領域的優勢，連續第 10 年成為全球最大的半導體材料市場，如圖 1-31 所示。

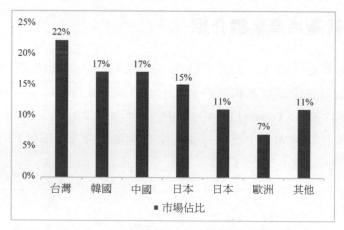

▲ 圖 1-31　2019 年全球半導體材料產業格局

在半導體材料市場組成方面，晶圓佔比最大，佔比為 32.9%。其次為氣體，佔比為 14.1%，光掩膜排名第三，佔比為 12.6%，其餘分別為拋光液和拋光墊、光刻膠配套試劑、光刻膠、濕化學品、濺射靶材，佔比分別為 7.2%、6.9%、6.1%、4% 和 3%，如圖 1-32 所示。

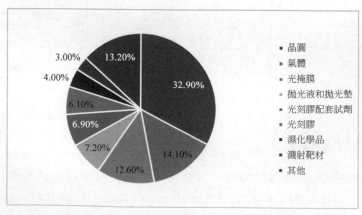

▲ 圖 1-32　半導體材料市場組成

晶圓製造工藝流程包括拉晶、切片、磨片、倒角、蝕刻、拋光、清洗、檢測，其中關鍵流程為拉晶、拋光、檢測。這些環節對應的裝置分別為單晶爐、滾磨機、切片機、倒角機、CMP 拋光機、清洗裝置、檢測裝置，具體如表 1-14 所示。

▼ 表 1-14 主要晶圓製造裝置

裝置名稱	用途	國外廠商	中國廠商
單晶爐	把半導體級多晶矽塊熔煉成單晶矽錠	Kayex、Ferrotec、Gcro	晶盛機電、京運通、漢虹、北方華創、七星電子
切片機	矽錠在單晶爐生長完成後，要經過系列處理達到切片前所需的狀態，包括去掉兩端、徑向研磨以及定位邊、定位槽的製作	ACCRETECH、HCT	晶盛機電、中國電子科技集團公司第四十五研究所
滾磨機	切片完成後，要進行雙面機械磨片以去除切片時留下的損傷，達到晶圓兩面高度的平行和平坦	SPEEDFAM、KEMET、PR Hoffman	晶盛機電、宇晶股份、赫瑞特
倒角機	透過晶圓邊緣拋光修整使得晶圓邊緣獲得平滑的半徑周線	SPEEDFAM、HITACHI、ACCRETECH、BOSCH	浙江博大
CMP 拋光機	得到高平整度的光滑表面	SPEEDFAM、FUJIKOSHI、Applied Materials	中國電子科技集團公司第四十五研究所、晶盛機電、赫瑞特
清洗裝置	為達到超潔淨狀態需要對晶圓進行清洗	JAC、Akrion、MEI	中國電子科技集團公司第四十五研究所、北方華創
晶圓檢測	包裝晶圓之前，檢測是否已經達到要求的品質標準	Advantest、Teradyne	華峰測控、長川科技

晶圓加工即把光罩上的電路圖轉移到晶圓上，主要工藝流程包括擴散
（Thermal Process）、薄膜生長（Dielectric Deposition）、光刻（Photo-Lithography）、
蝕刻（Etch）、離子注入（Ion Implant）、拋光（CMP）、金屬化（Metalization）。
晶圓加工裝置主要分為七大類，包括擴散爐、薄膜沉積裝置、光刻機、蝕刻機、
離子注入機、化學機械拋光機、清洗機。晶圓加工裝置中，光刻機、蝕刻機、
薄膜沉積裝置為核心裝置，這三類裝置佔據了大部分的晶圓加工裝置市場，如
圖 1-33 所示。晶圓加工裝置市場高度集中，其產出均集中於少數歐、美、日等
巨頭企業。

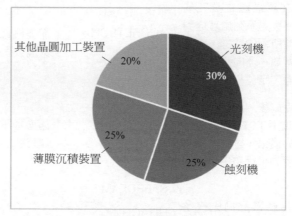

▲ 圖 1-33　晶圓加工裝置細分產品市場佔比情況

晶圓加工裝置市場集中度很高，以美國、荷蘭、日本為代表的 ToP 10 企業
壟斷了全球半導體裝置市場 75% 以上的份額。目前世界頂級的光刻機是荷蘭的
ASML。荷蘭 ASML 幾乎壟斷了高端領域的光刻機，市佔率高達 80%。除了荷
蘭的 ASML，主要光刻機供應商集中在美國和日本。主要晶圓加工裝置如表 1-6
所示。

封裝的流程大致為切割、貼上、焊接、模封 4 個過程。其中主要裝置包括
晶片減薄機、晶圓劃片機、貼片機、引線鍵合機、塑封機等。全球半導體封裝
裝置市場的格局相對集中，整體呈現寡頭壟斷態勢，如日本 DISCO 壟斷了全球
80% 以上的封裝關鍵裝置減薄機和劃片機的市場，如表 1-15 所示。

▼ 表 1-15 主要封裝裝置

設備名稱	用途	國外廠商	中國廠商
晶片減薄機	透過拋磨，把晶片厚度減薄	DISCO、G&N、OKAMOTO、Camtek	中國電子科技集團公司第四十五研究所、蘭州蘭新高科、深圳方達
晶圓劃片機	把晶圓切割成小片	OEG、DISCO	中國電子科技集團公司第四十五研究所、華工雷射、光力科技、大族雷射
貼片機	將晶片貼上到引線框架上	Besi、ASM Pacific、Hero hair、ESEC、Shinkawa	蘇州艾科瑞斯、大連佳峰
引線鍵合機	利用高純金線、銅線或鋁線，把晶片焊點（Pad）和接腳透過焊接的方式連接起來	K&S、SUSS、Besi、ASM Pacific、Shinkawa	大族雷射、中國電子科技集團公司第四十五研究所、上海微電子
塑封機	為防止外部環境的影響，利用環氧樹脂材料將鍵合完成後的產品封裝起來	ASM Pacific、Besi、Towa、YAMADA、Applied Materials、Murata Machinery、Daifuku	富仕三佳

　　半導體檢測貫穿整個製造過程，檢測裝置主要分為製程檢測裝置、晶圓檢測裝置和終測裝置三大類，測試裝置主要包括測試機、分選機和探針台等，如表 1-16 所示。

▼ 表 1-16 主要測試裝置

設備名稱	用途	國外廠商	中國廠商
測試機	用於各類分立元件、類比、數位、SoC、射頻和記憶體等半導體元件的功能和參數性能測試	Teradyne、Advantest、Cohu	華峰測控、長川科技、聯動科技

（續表）

設備名稱	用途	國外廠商	中國廠商
分選機	進行不同封裝外形的分立元件和積體電路的傳遞和分選，連接測試機完成封裝後的元件測試	Cohu、Advantest、Seiko Epson	長川科技、金海通、深科達
探針台	進行晶圓的輸送與定位，透過探針連接晶粒和測試機，完成電學功能和性能的測試	ACCRETECH、Tokyo Electron	矽電、長春光華、森美協爾

　　晶片設計、晶圓製造以及封裝測試三個環節中，晶片設計是最大的子市場，其次為晶圓製造，最後為封裝測試，如圖 1-34 所示。

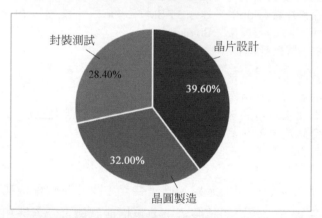

▲ 圖 1-34　晶片設計市場佔比情況

　　晶片設計產業已經成為中國半導體產業中最具有發展活力的領域之一。近年來，中國晶片設計產業在提升自給率、政策支援、規格升級與創新應用等要素的驅動下，保持高速成長的趨勢。

　　晶圓製造中的晶圓是指製作矽晶片所用的矽晶片，其原始材料是矽。高純度的多晶矽溶解後摻入矽晶體晶種，然後慢慢拉出，形成圓柱形的單晶矽。矽晶棒在經過研磨、拋光、切片後，形成矽晶圓片，也就是晶圓。矽晶圓作為製造晶片的基本材料，在產業中佔有舉足輕重的地位。

封裝測試是將生產出來的合格晶圓進行切割、焊線、塑封,使晶片電路與外部元件實現電氣連接,並為晶片提供機械物理保護,利用積體電路設計企業提供的測試工具,對封裝完畢的晶片進行功能和性能測試。晶片設計等技術領域的相關企業如表 1-17 所示。

▼ 表 1-17 晶片設計等技術領域的相關企業

技術領域	國外企業(部分)	中國企業(部分)
IP 授權	ARM、Cadence、Synopsys、SSI、Rambus	芯原股份、華大九天、芯動科技、芯啟源
Fabless	Nvidia、AMD、Qualcomm、Broadcom、Marvell	海思、兆易創新、地平線、寒武紀、瀾起科技
IDM	Intel、SAMSUNG、Infineon、Micron、SK Hynix、NXP	長江儲存、長鑫儲存、比亞迪半導體、格科微
Silicon Foundry	TSMC、UMC、Global Foundries、Tower	中芯國際、華虹、華潤微電子、上海積塔、紹興中芯
OAST	ASE、Amkor、PTI、Chipbond	長電科技、通富微電、華天科技

2. 車載晶片中游產業

中游一般為車載晶片製造環節,包括智慧駕駛晶片製造(GPU、FPGA、ASIC)、輔助駕駛系統晶片製造(ADAS)、車身控制晶片製造(MCU)等。

1)計算晶片

計算晶片是智慧汽車的「大腦」,主要分為功能晶片與主控晶片。

功能晶片指引擎控制器、變速箱控制器、整車控制器等各元件控制器中負責具體控制功能的微處理器(MCU),承擔著裝置內多種資料的處理診斷和運算,通常有 8 位元、16 位元、32 位元、64 位元等型號。

主控晶片指在智慧座艙控制器、自動駕駛控制器等關鍵控制器中承擔核心處理運算任務的 SoC,按應用主要可分為車載 SoC 和車控 SoC,內部整合了 CPU、GPU、NPU、ISP 等一系列運算單元。GPU、FPGA、ASIC 在自動駕駛

AI 運算領域各有所長。傳統意義上的 CPU 通常為晶片上的控制中心，優點在於排程管理、協調能力強，但 CPU 的運算能力相對有限。因此，對於 AI 高性能計算而言，通常用 GPU、FPGA、ASIC 來加強。FPGA 和 ASIC 在 ADAS、車身控制、雷射雷達、資訊娛樂系統等領域中均有較多應用。其中 2020 年度 FPGA 市場為 9.5 億美金，佔整個車載半導體市場僅不到 3%，提升空間巨大。

在功能晶片領域，Infineon、RENESAS、NXP、ST 等為領先企業，均覆蓋不同應用與功能的完整 MCU 產品線。中國企業目前與國外企業差距較大，中穎電子、兆易創新、比亞迪電子、傑發科技、芯旺微等都涉及汽車電子領域，但佔有率很低。

在主控晶片領域，RENESAS、Texas Instruments 等傳統車載晶片企業是主導力量，憑藉深厚的設計經驗，與汽車軟體、系統開發商深度綁定。NVIDIA、Qualcomm、Intel 等企業近年來也在汽車主控晶片領域布局，已躋身全球車載半導體前列，主打 ADAS、自動駕駛及智慧座艙領域的晶片設計，具備傳統車載晶片企業難以比擬的算力優勢，如 Intel Mobileye 的 EyeQ 系列晶片、Qualcomm 驍龍的 820A。中國近年來也湧現出了例如華為、地平線等企業，目前華為智慧座艙晶片已搭載入極狐阿爾法 S 華為 HI 版，地平線合作夥伴也以中國品牌為主，已經公佈搭載地平線徵程系列晶片的車型有長安 UNI-T、UNI-K、奇瑞螞蟻、智己 L7、廣汽埃安 Y、廣汽傳祺 GS4 Plus、嵐圖 FREE、思皓 QX、2021 款理想 ONE 等。

2）功率晶片

功率晶片是智慧汽車的「心臟」。功率晶片主要應用於汽車的動力系統、照明系統、底盤系統中。新能源汽車經常使用的功率元件有大功率電晶體、門極可關斷晶閘管（GTO）、功率場效應管（MOSFET）、絕緣柵雙極電晶體（IGBT）以及智慧功率模組（IPM）等。

歐、美、日企業佔據了絕大部分汽車功率晶片的份額，根據 Yole 資料統計，Texas Instruments、Qualcomm、類比元件、Maxim、Infineon、ON Semiconductor、NXP、戴洛格半導體、RENESAS 的合計市佔率超過 75％。中國產業長期面臨自給率嚴重不足的局面，目前聞泰科技、南芯半導體等企業正加速向功率晶片

拓展。IGBT 方面，以比亞迪半導體、斯達半導為代表的中國 IGBT 企業正在快速發展，並且已經具備了較強的競爭實力。

3）儲存晶片

儲存晶片是智慧汽車的「記憶」。包含 DRAM、SRAM、Flash 等。NOR Flash、SRAM、SLC NAND 等屬於利基型記憶體。DRAM 是最常見的系統記憶體，具有體積小、集成度高、功耗低等優點； Flash 具備電子可抹寫可程式化、斷電不遺失資料以及快速讀取資料等性能。傳統汽車上儲存產品多數應用在導航系統、儀表板等場景中，汽車智慧化趨勢下，智慧汽車產業對記憶體的需求與日俱增。

NAND 和 DRAM 是儲存市場的兩大主要產品類型，根據 Yole 資料統計，2018 年，SAMSUNG、Toshiba、WD、Hynix、Micron 在 NAND 市場的份額分別達到了 38%、19%、14%、11%、11%，前五大市佔率合計達 93%，而 DRAM 市場幾乎被 SAMSUNG、Hynix、Micron 三家瓜分，三家企業的市場佔有率合計達到了 95%，呈現寡頭壟斷格局。中國相關企業較少，此前儲存晶片供應商多聚焦於消費電子領域，2019 年年底，北京君正透過併購北京矽成（ISSI）進入了車載儲存晶片領域； 兆易創新與合肥長鑫密切合作，推出了 GD25 全系列 SPI NOR Flash，滿足 AEC-Q100 標準； 旺巨集半導體、聚辰股份等儲存晶片供應商也在加快向車載領域開拓。

4）感測器晶片

感測器晶片是智慧汽車的「眼睛」，主要用於探測和感受外界訊號，並將探知的資訊轉為電訊號或其他所需形式傳遞給其他裝置，主要包括 CMOS 影像感測器（CIS）、影像訊號處理器（ISP）、雷射雷達晶片等。CIS 晶片是車載攝影機中價值量最高的環節，根據 Countertpoint 資料統計，2019 年全球車規 CIS 市佔率前三的廠商分別為 ON Semiconductor（60%）、豪威科技（29%）、Sony（3%）。ISP 晶片方面，除了豪威科技之外，富瀚微也在 2018 年便發佈首款車載前裝 ISP 晶片，能夠支援前視、環視和車內攝影機等不應用場景； 北京君正也擬定增投 14 億元，其中 2.37 億元用於車載 ISP 系列晶片的研發與產業化專案。另有一部分專門從事雷射雷達晶片的企業，包括縱慧芯光和長光華

芯、南京芯視界、博升光電、睿熙科技等。縱慧芯光在車規晶片領域，已完成 AEC-Q102 車規認證，且公司自有外延產線； 長光華芯擬透過 IPO 發展 VCSEL 及光通訊雷射晶片專案；南京芯視界產品包括單光子雪崩二極體（SPAD）晶片，可實現超高靈敏度光電探測以及單光子元件陣列高密度集成度。

5）通訊晶片

通訊晶片是智慧汽車的「耳朵」，主要用於發送、接收以及傳輸通訊訊號，包括基頻晶片、射頻晶片、通道晶片、電力線載波通信晶片等。

車載通訊模組上，中國廠商具有絕對優勢。根據 Counterpoint 的資料統計，2020 年上半年，中國廠商在中國前裝通訊模組的市佔率超過 90％，其中移遠通訊（35.99％）、慧瀚微電子（17.53％）、SierraWireless（17.04％，廣和通收購其車載模組業務）位列前三，湧現出華為、大唐、高新興、移遠通訊等為代表的一大批 C-V2X 晶片模組企業。

乙太網晶片國外企業佔據絕對主導權。全球僅 NXP、Broadcom、Marvell、瑞昱、Microchip、Texas Instruments 等國外供應商能夠實現乙太網晶片的量產。中國裕太微電子等少數企業在進行研發。

3. 車載晶片下游產業

車載晶片下游主要包含中控儀表、雷達製造、車聯網系統、輔助駕駛以及整車製造等環節，主要為車載晶片的應用。從應用角度來看，汽車上小到胎壓監測系統（TMPS）、攝影機，大到整車控制器、自動駕駛網域控制站，都離不開各式各樣的晶片。可以說，汽車的智慧化就是晶片的智慧化。車用儀器、車載系統技術企業和車載晶片整車技術企業如表 1-18 和表 1-19 所示。

▼ 表 1-18　車用儀器、車載系統技術企業

技術領域	企業名稱
V2X	Comnsignia、Autotalks、SAVARI、NXP、Continental、BOSCH、Cohda Wireless、LG 電子、哈曼、Qualcomm、上海移遠、大唐高鴻、廣和通、蘑菇車聯、希迪智駕、金滋科技、四維智聯、華礪智行、千方科技、阿里巴巴、星雲互聯、均聯智行、東軟、華為、百度、中興、萬集科技、高新興物聯、納瓦電子、有為資訊、辰芯科技、博泰

（續表）

技術領域	企業名稱
HUD	VayRay、未來黑科技、樂駕科技、點石科技、華陽多媒體、衍視科技、京龍睿信、疆程、途行者、Pooneer、水晶光電、LG 電子、京東方、廣景視睿、福耀玻璃、Texas Instruments、天馬微電子、澤景電子
中控儀表	Continental、Nippon Seiki、DENSO、Visteon、友衷科技、YAZAKI、FAURECIA、德賽西威
顯示技術	Sharp、JDI、LG Display、天馬微電子、京東方 BOE、友達 AUO、群創光電 nnolux、維信諾、信利國際、德賽西威
語音	cerence、科大訊飛、思必馳、雲知聲、同行者、普強資訊、騰訊、車音網、Volkswagen、DuerOS、阿里、博泰
T-BOX	LG 電子、Continental、哈曼、BOSCH、DENSO、Valeo、華為、速銳得、慧翰微電子、英泰斯特、遠特科技、博泰、東軟、上海暢星、均聯智行、高新興、鐵將軍、鴻泉物聯、斯潤天朗、雅迅網路、有為資訊
車載 DMS	Valeo、DENSO、現代摩比斯、Visteon、BOSCH、維寧爾、OSRAM、Mitsubishi、APTIV、Continental、哈曼、自行科技、徑衛視覺、華芯技研、深圳佑駕、大華股份、海康威視、百度、Eyeris、Seeing Machines、Affectiva、Cipia、Snart Eye、FotoNation、未動科技、商湯、虹軟
智慧後視鏡	全志科技、瑞芯微、展訊、Qualcomm、聯詠、安霸、聯發科
車載顯示	Continental、Nippon Seiki、DENSO、Visteon、Magneti Marelli、BOSCH、YAZAKI、FAURECIA、德賽西威、華陽通用、友衷科技、中科領航、航盛電子、華一汽車、唯聯科技、威奇爾
顯示幕	JDI、LCD、天馬微電子、SAMSUNG、友達光電、群創光電、維信諾、京東方、華星光電、華映科技、瀚宇彩晶
智慧座艙設計	CANDERA、EB、中科創達、經緯恒潤、科尤特、東軟、Valeo、Visteon、BOSCH、FAURECIA
智慧表面方案	Canatu、Tacto Tek、科思創、延鋒、Continental、FAURECIA
汽車觸覺回饋	Tanvas、Boreas、TDK、Continentar、均勝電子、BOSCH
商用車車聯	網鴻泉物聯、雅訊網路、中交興路、啟明資訊、中襄衛星、天澤資訊、經緯恒潤、英泰斯特、有為資訊、勢航網路

▼ 表 1-19 車載晶片整車技術企業

技術領域	企業名稱
新興造車與新興品牌	蔚來汽車、小鵬汽車、恒大汽車、理想汽車、威馬汽車、零跑汽車、新特汽車、華人運通、廣汽埃安、東風嵐圖、智幾汽車、領克汽車、哪吒汽車
乘用車	Benz、BMW、Volkswagen、General Motors、Tesla、Audi、Volvo、Honda、Ford、Nissan、吉利汽車、觀致汽車、Toyota、起亞汽車、比亞迪、長城汽車、一汽集團、北汽集團、奇瑞汽車、上汽集團、FIAT、廣汽集團
專用車自動駕駛	EasyMile、Aurrigo、仙途智慧、智行者、深蘭科技、高現機器人、酷哇機器人、女媧機器人、天策機器人、馭勢科技、夏特拉、雷沃重工、中聯重機、豐疆智慧、Kubota、卡爾曼、司南導航、踏歌智行、北方股份、慧拓智慧
L4 自動駕駛	Waymo、GM Cruise、Nu Tonomy、Almotive、Voyage、ZMP、ArgoAI、Aurora、Pony.ai、Zoox、Waywe、AutoX、智行者、初速度科技、滴滴沃芽、輕舟智航、禾多科技、文遠知行、Apollo、深蘭科技、馭勢科技、元戎啟行
無人配送車	YOGO ROBOT、美團無人車、京東、菜鳥、蘇寧物流、新石器、智行者、馭勢科技、一清創新、行深智慧、優時科技
商用車自動駕駛	Thor Trucks、WABCO、Keep Truckin、Pronto、Kodiak Robotics、iSee、Outrider、inrix、Oxbotica、Peloton、BestMile、Embark、Elinride、waymo、PACCAR、Ike、Volvo、Volkswagen、福田、東風、上汽紅岩、斯堪尼亞、一汽、金龍客車、陝汽重卡、中國重汽、中車、宇通
網際網路汽車	百度、Uber、百度、Lyft、Waymo

1.3.3 車載晶片產業發展趨勢

　　四個相互連結的汽車趨勢，即電氣化、自動化、互聯性和移動即服務（MaaS），將極大地改變典型汽車的特性，加速車載晶片的需求。

　　汽車產業正在以飛快的速度從燃油動力轉向電動，雖然仍然存在一些爭議，但動力傳動系統的電氣化已經在進行中，隨著汽車動力系統從傳統內燃機轉向

電動，每輛車所需要的半導體數量將激增。自 20 世紀 90 年代 General Motors 推出 OnStar 系統以來，汽車製造商一直在生產能夠與外部世界連接的汽車。OnStar 系統包括緊急通訊和使用 GPS 與無線通訊的自動撞車通知。目前，車輛遠端資訊系統已經發展到提供導航、遠端車輛健康監測、艦隊車輛追蹤和其他基於通訊的服務，所以自動駕駛汽車將需要一個全新的通訊連接水準。舉例來說，Intel 公司估計一輛聯網的汽車每天至少可以產生 4TB 的資料，其中包括導航、資訊娛樂和其他類型的資訊。這些資料必須以最大的可靠性進行儲存、保護、傳輸和分析，以指導安全的車輛行駛。所有這些功能都驅動著半導體需求，不僅在汽車本身，而且在所需的基礎設施中。出行即服務（MaaS）產品正在重塑人們和商品的出行方式。第一批出行服務，如 Uber 等叫車平臺，已經改變了世界各地人們的出行方式。如今第二批出行服務正在快速發展，但目標由人變成了移動和運送貨物。儘管 MaaS 汽車不一定需要聯網，但前文中的四種趨勢是 MaaS 增長的關鍵觸發點，隨著 MaaS 汽車和其他先進汽車的需求不斷增長，車載晶片的需求也在迎來前所未有的增長。到 2040 年，車載晶片市場可能達到 2000 億美金。這還不包括用於非車載相關應用的半導體，例如充電站、V2X 基礎設施和雲端運算系統。

1. 計算晶片

隨著汽車線控系統和舒適功能的普及，引擎、變速箱等裝置的控制愈加細化，電動座椅、智慧燈光、遠端車控等多元功能愈加整合，控製程式行數增加的同時對 MCU 計算回應速度的要求更高，促使汽車 MCU 的應用從 8 位元、16 位元晶片向 32 位元演進。除了功能增加和處理性能提升外，MCU 處理器對安全和可拓展性的要求也越來越高。硬體、軟體和開發工具的重複使用性變得更好，使得一級供應商和主機廠使用者能夠縮短開發時間，加快新產品上市。目前基於 ARM Cortex 的 MCU 方案是產業應用的主流。

主控晶片在汽車計算中的核心地位和極高的技術水準要求使其成為汽車晶片的「價值皇冠」，受到傳統汽車晶片廠商和領域廠商競相推崇。在主控晶片領域，不同廠商有著不同的技術路線，主流方案為不同晶片構型的異質融合。CPU 負責邏輯運算和任務排程；GPU 作為通用加速器，可承擔 CNN/DNN 等神經網路計算與機器學習任務，將在較長時間內承擔主要計算工作；FPGA 作為

硬體加速器，具備可程式化的優點，在 RNN/LSTM（循環神經網路/長短期記憶）強化學習等順序類機器學習中表現優異，在部分成熟演算法領域發揮著突出作用； ASIC（專用積體電路）可實現性能和功耗最佳，作為全訂製的方案將在自動駕駛演算法成熟後成為最終選擇。

L3 等級自動駕駛需要 30TOPS（1TOPS 代表一秒內進行一兆次計算）的算力，未來車載計算晶片空間十分廣闊。根據中國自動駕駛晶片廠商地平線的資料，L1/L2 等級自動駕駛對算力需求不足 2TOPS，而 L3 等級自動駕駛需求激增，為了容錯設計的考慮，當前主流自動駕駛晶片的設計算力已達到幾十 TOPS，L4/L5 等級自動駕駛對算力的需求將更高。目前滿足 L3 等級自動駕駛的晶片已陸續流片，而 L3 等級的自動駕駛技術普及仍需時間，所以短期內自動駕駛晶片算力並沒有顯著再提升的需求。

2. 功率晶片

汽車是功率晶片下游應用中的主要領域，2019 年，汽車在功率晶片下游終端的市場佔比為 35.4%。根據 Omdia 的資料統計，由於「疫情」對汽車銷量的負面影響，2020 年全球汽車功率元件市場下降至 45 億美金，得益於汽車產業復蘇以及新能源汽車滲透率的快速提升，預計到 2025 年將提升至 92 億美金。

汽車馬達控制系統中 IGBT 的需求量快速增長，IGBT 佔據電控系統 40%~50% 的材料成本，佔新能源汽車總成本的 8%~10%。新能源汽車使用到 IGBT 的裝置主要有五項（包含變頻器、直流/交流電變流器、車載充電器、電力監控系統以及其他附屬系統），在配合高電壓、高功率的工作條件下，功率元件的採用需替換成 IGBT 元件或 IGBT 模組，對 IGBT 晶片的需求量較大。

新能源汽車充電樁對功率元件也將產生可觀的需求。與新能源汽車相配套的充電樁對功率半導體的需求也很大，新能源汽車充電樁分為直流 IGBT 充電樁和交流 MOSFET 充電樁，直流充電樁的優點在於充電速度快，缺點是價格高昂。

SiC MOSFET 性能優秀，對 Si IGBT 產生了部分替代效應。MOSFET 和 IGBT 都用作開關，不同點在於矽基 MOSFET 不耐高壓，只能用在低壓領域，開關頻率高、損耗低。IGBT 結合了 BJT 和 MOS 的優點，耐高壓性能較強，開

關頻率低於 MOSFET，損耗較高。SiC MOSFET 具有較高的擊穿電場強度，比傳統 Si MOSFET 更耐高壓，同時擁有更高的開關頻率和下降的通態電阻，開關速度比 Si IGBT 快，損耗比 Si IGBT 小，在高頻、高電壓領域正取代 Si IGBT 和 Si MOSFET，此外，SiC MOSFET 模組的體積可以大幅減小，由於電動車電池模組重量和體積較大，引入 SiC 可以節省部分電驅系統的體積，為整體空間布局的設計帶來更大優勢。

展望未來，純電動乘用車的工作電壓將以 350V 起步為主，在這個電壓下，大功率的 IGBT 仍能長期勝任，且在成本端具備優勢； 在中高端乘用車、客車以及貨車領域，對工作電壓有更高要求的情況下，例如 600V、800V 乃至 1000V，SiC MOSFET 性能優勢逐漸顯露，由於 SiC 產業化仍需要較長時間，目前來看成本下降到矽基晶片仍有較大難度，因此在相當長的時間內，Si IGBT 和 SiC MOSFET 將長期共存。

3. 感測器晶片

隨著智慧駕駛功能的完善和演進，汽車車身將至少需要設定前視、環視、後視、側視、內建攝影機，各部分還可能採用 2~3 個攝影機搭配使用。如 Tesla 的 Autopilot 1.0 只需採用前置和後置兩個攝影機，而 Tesla 的 Autopilot 2.0 就已經搭配「正常攝影機＋長焦攝影機＋廣角攝影機」，單車攝影機達到 8 個（傳統汽車 1~2 個）。

從數量角度看，目前單車攝影機平均搭載量為 1~2 顆，L2 等級正在普及為 2~6 顆，未來隨著智慧駕駛向無人駕駛發展，L3 等級的每輛汽車有望搭載 8+ 顆攝影機，L5 等級則接近 20 顆，從而車載 CIS 有望迎來快速增長期。

從功能角度看，車載 CIS 產品需要滿足不同於手機 CIS 的功能需求，例如需要支援 LFM、HDR（高動態範圍）、低照感光、全域快門等功能，其中，LED 閃爍抑制功能以確保正確辨識路面訊號燈及車燈； HDR 功能以應對複雜光照條件； 低照感光以滿足夜間開車或隧道環境的成像需求。車載產品相對於手機產品一般有更大的晶片面積。

從價格角度看，車載 CIS 平均單價一般達到手機的 3~5 倍，同時，目前車載 CIS 產品仍然以 1.3MB、1.7MB 為主，後續隨著對拍攝清晰度要求的提升，車載產品也有往高像素（如 8MB）發展的趨勢，將提升車載 CIS 產品的價格水準（預計 1.3MB 產品約 5 美金，而 8MB 產品預計超 10 美金）。根據 Mordor Intelligence 統計，2019 年車載攝影機出貨量達到 1.45 億顆，2021 年接近 2 億顆。未來隨著輔助駕駛及 ADAS 滲透率的持續提升，平均單車搭載量將進一步提升，帶動市場規模複合增速超 30%。

4. 儲存晶片

　　汽車儲存應用在汽車多個模組，傳統汽車需求較小。為實現自動駕駛汽車的互聯性，包括儀表板系統、導航系統、資訊娛樂系統、動力傳動系統、電話通訊系統、平視顯示器、感測器、CPU、黑盒子等，都需要儲存技術為自動駕駛汽車提供基礎程式、資料和參數。汽車電子產業對儲存的需求主要來自 IVI、TBOX 和數位儀表板等產品。

　　L3 等級自動駕駛將為汽車儲存帶來顯著增量。L1~L5 等級自動駕駛對記憶體和儲存產品分別提出了不同的需求：在 L1、L2 等級時，儲存頻寬大多數需求能夠由 LPDDR4 滿足，而隨著技術要求越來越高，未來更多將由 LPDDR5 和 GDDR6 產品來滿足更高的計算性能。同時，在儲存容量中，現有的 e.MMC 產品基本能滿足現有的應用需求（如 8GB、64GB、128GB），但未來對於儲存的寫入速率、容量要求和性能的要求將越來越高，會從 e.MMC 轉到 UFS 再轉到 Pcle。根據 Semico Research，對 L1、L2 等級而言，每車儲存容量差別不大，一般設定 8GB DRAM 和 8GB NAND，但是 L3、L4 等級的自動駕駛的高精度地圖、資料、演算法都需要大型存放區來支援，一輛 L3 等級的自動駕駛汽車將需要 16GB DRAM 和 256GB NAND，一輛 L5 等級的全自動駕駛汽車估計需要 74GB DRAM 和 1TB NAND。

　　根據 HIS 資料統計，2020 年，汽車儲存 IC 市場規模在 40 億美金左右，而根據 WSTS 資料統計，2020 年，全球儲存 IC 市場為 1175 億美金，汽車用儲存 IC 份額不足 4%。展望未來，隨著汽車自動駕駛功能的迭代，全球汽車儲存 IC 市場空間將快速增長，預計到 2025 年將至少加倍，超過 80 億美金，逐漸成為儲存 IC 市場中越來越重要的部分。

如今的汽車,既是一輛車,也是一個智慧終端機,還可能是一個基礎設施。因為汽車正在被賦予越來越多的能力,例如感知能力、運算能力、連接能力、互動能力等。功能愈加豐富,控制更加集中,軟體自由定義,開發實現解耦,車載晶片正在推動著汽車的技術變革,並改變著汽車產業的生態格局。

第 **2** 章

汽車電子與晶片

2.1 汽車電子電氣系統概述

　　汽車電子電氣系統指汽車電子控制系統、各類車載電子資訊網路裝置和電驅動系統等的統稱。近年來，隨著現代汽車電子技術的高速發展，汽車電子電氣裝置在汽車中所佔的比重進一步上升，不僅從引擎控制逐步深入底盤控制、車身舒適性控制以及安全與輔助駕駛控制，還擴充至資訊通訊和車載多媒體。汽車電子電氣系統不再是僅完成某一個任務的獨立系統，而是與其他子系統共同組成的多目標、多工的分散式綜合協調電子控制系統。汽車電子電氣系統的開發重點也從對單一的系統實現演變成了對一個分散式網路系統的實現。

2.1.1　汽車電子技術發展概況

　　汽車是當今社會的重要交通工具，如何滿足人們對汽車安全、清潔、節能、舒適的需求，一直是汽車設計師的重要課題。近十幾年來，汽車電子技術在解決汽車所面臨的各種問題方面起著越來越重要的作用，推動了汽車工業的發展。汽車電子技術水準已經成為衡量一個國家汽車技術水準高低的重要標識，同時也是各汽車生產廠商在競爭中掌握主動權的關鍵。節能與新能源汽車是明確的重點領域之一。中國將繼續支持電動汽車、燃料電池汽車的發展，提升汽車動力電池、驅動馬達、高效內燃機、先進變速器、輕量化材料、智慧控制等核心技術工程化和產業化的能力，形成從關鍵零件到整車的完整工業體系和創新系統，推動自主品牌節能與新能源汽車同國際先進水準接軌。

1. 汽車電子技術的發展史

　　隨著電子技術和資訊技術的迅猛發展，傳統汽車機械系統與電子技術、資訊技術不斷融合，汽車產品的電子化、網路化和智慧化水準不斷提高。汽車電子裝置的裝備數量和成本不斷增加，有的汽車電子裝置佔整車造價的 1/3，高級轎車有的裝有幾十個微控器、上百個感測器。電子化的程度已成為衡量汽車技術水準的主要標識之一。

　　汽車電子技術主要包括硬體和軟體兩方面內容：硬體包括微機及其介面、執行元件、感測器等；軟體主要是以組合語言及其他高階語言編制的各種資料獲取、計算判斷、警告、程式控制、最佳化控制、監控、自診斷系統等程式。

　　微控制器是整個系統的核心，負責指揮其他裝置工作。目前汽車上用的微控制器以通用微控制器和高抗干擾及耐振的汽車專用微處理器為主，其速度和精度要求不像計算用微機高，但抗干擾性能較強，能適應汽車震動大等惡劣的工作環境。有的汽車由單機控制向集中控制發展，而汽車集中控制也由原來的多個微控制器通訊向網路化管理過渡。

　　20 世紀 50 年代—70 年代末，主要用電子裝置改善部分機械元件的性能。汽車電子技術的發展及其大規模的應用是從 20 世紀 70 年代末開始的，大致經歷了 4 個發展階段。

第一個階段為 1971 年以前——零件時代，開始生產技術起點較低的交流發電機、電壓調節器、電子閃光器、電子喇叭、間歇刮水裝置、汽車收音機、電子點火裝置和數位鐘等。20 世紀 50 年代，汽車上開始安裝真空管收音機，這是汽車電子裝置的雛形。1953 年，美國汽車公司著手開發汽油電噴裝置，這是電子控制汽油噴射發展的起點；1955 年，晶體管收音機開始在汽車上安裝；1960 年，結構緊湊、故障少、成本低的二極體整流式交流發電機投入使用，取代了直流發電機；1963 年，美國公司採用 IC 調節器，並在汽車上安裝電晶體電壓調節器和電晶體點火裝置，接著又逐步實現其整合化；1969 年，開始研製汽車變速器的電子控制裝置，並於 1970 年裝車使用。

　　第二個階段為 1974—1982 年——多系統時代，汽車電子控制技術開始形成，大型積體電路得到廣泛應用，減小了汽車電子產品的體積，特別是 8 位元、16 位元微處理器的廣泛應用，提高了電子裝置的可靠性和穩定性。主要包括電子燃油噴射、自動門鎖、程式控制駕駛、高速警告系統、自動燈光系統、自動除霜控制、煞車防鎖死系統（ABS）、車軸導向、撞車預警感測器、電子正時、電子變速器、閉環排氣控制、自動巡航控制、防盜系統、實車故障診斷等電子產品。這期間最具代表性的是電子汽油噴射技術的發展和防鎖死（ABS）技術的成熟，解決了機械裝置無法解決的複雜的自動控制問題，實現了由電子技術來控制汽車的主要機械功能。1973 年，美國通用公司採用 IC 點火裝置並逐漸普及；1976 年，美國克萊斯勒公司研製出由模擬電腦對引擎點火時刻進行控制的電子控制點火系統；1977 年，美國通用公司開始採用數位式點火時刻控制系統，這就是電噴點火系統的雛形；20 世紀 80 年代，電噴技術在日本、美國和歐洲一些國家得到高速發展，並開始規模使用。

　　第三個階段為 1982—1990 年——網路化時代，以微處理器為核心的微機控制系統在汽車上大規模的應用趨於成熟和可靠，並向智慧化方向發展，汽車全面進入電子化時代。開發的產品有牽引力控制、全輪轉向控制、直視儀表板、聲音合成與辨識器、電子負荷調節器、電子道路監視器、蜂窩式電話、可加熱式擋風玻璃、倒車示警、胎壓監測、高速限制器、自動後視鏡系統、道路狀況指示器、電子冷卻控制和寄生功率控制等。

從 2005 年開始，可以說進入了汽車電子技術的第四個發展階段——智慧化
和網路化時代。微波系統、多路傳輸系統、ASKS-32 位元微處理器、數位訊號
處理方式的應用，自動防撞系統、動力最佳化系統、自動駕駛與電子地圖技術
得到發展，特別是汽車智慧化技術水準有了較大的提高。圖 2-1 展現了這 4 個階
段的發展過程。汽車電子技術的重點由解決汽車元件或總成問題開始向廣泛應
用電腦網路與資訊技術發展，使汽車更加自動化、智慧化，並向解決汽車與社
會融為一體等問題轉移。汽車電氣系統的發展歷程如圖 2-2 所示。

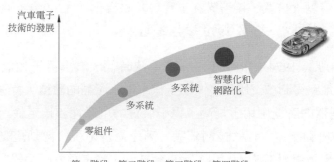

▲ 圖 2-1　汽車電子技術的發展階段

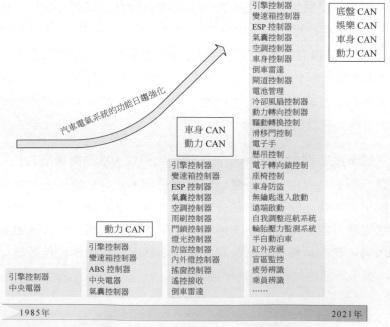

▲ 圖 2-2　汽車電氣系統的發展歷程

汽車電子技術發展的原因可以歸結為以下兩方面。

1）社會對汽車性能要求的不斷提高

汽車身為重要的交通運輸工具，為人類的發展做出了不可磨滅的貢獻。然而，汽車在造福人類的同時，也帶來了能源緊張、排氣污染、雜訊污染和交通安全等一系列社會問題，這成為限制汽車工業乃至人類社會可持續發展的主要障礙。因此，開展汽車電子技術的研究，改善與提高汽車性能，滿足日趨嚴格的汽車油耗法規、排放法規和安全法規的要求，已經成為當今社會和市場共同追求的目標。

2）電子技術的高速發展

經過一百多年的技術革新，汽車上應用的傳統機械裝置獲得了長足的發展，功能已經相當完善，若僅依靠對機械結構的改進來滿足人們不斷提升的對汽車性能的要求，則必將事倍功半。因此，只有在汽車的工作原理和結構上進行根本性變革，才有可能給汽車的發展帶來革命性變化，從而使汽車的性能滿足人們的要求。目前，汽車工業越來越多地從後工業時代的能源、電子、資訊科技中吸收新的元素，汽車電子化已經成為一種趨勢，而電子技術特別是大型積體電路、微型電腦和感測器等技術的發展，為汽車電子裝置的發展提供了必要的物質條件和技術保證。

中國由於汽車工業起步較晚，本土汽車電子廠商與本土整車廠商具有較為類似的發展情況，汽車電子廠商呈現斷代式發展歷程。在高附加值及高端汽車電子領域，中國本土汽車電子廠商在技術實力、產品性能及市佔率方面均與外資零件廠商存在較大差距。中國汽車電子廠商多集中在附加值較低的基礎元件及元件供應和通訊娛樂系統領域，而較為專業化的牽引力控制、車身控制、自我調整巡航和無人駕駛領域鮮有建樹，此類專業化汽車電子領域主要由歐美零件巨頭廠商把控，佔據絕大多數市佔率。

2. 汽車電子技術的特徵

汽車電子技術已從單一元件電子化，經歷了總成電子化與模組化，到目前的智慧化、網路化，以及車輛互聯。整車模組綜合化形成的控制器網路系統是

汽車電控技術發展的全新階段。目前，汽車電子控制技術在國際上正處於全面而快速發展階段，其主要特徵如下。

功能多樣化：從最初的引擎電子點火與噴油，發展到如今的各種控制功能，如自動巡航、自動啟停、自動避撞等，各電控系統的功能越來越多樣化。

技術一體化：從最初的機電元件鬆散組合到如今的機液電磁一體化，如直噴式引擎電控共軌燃料噴射系統，機電元件從最初的單一鬆散組合到如今的機電一體化。

系統集成化：從最初單一控制發展到如今的多變數、多目標綜合協調控制，減少汽車上過多的控制器數量，將多種功能集中到一個控制器中，如將引擎管理系統和自動變速器控制系統集成為動力總成控制模組 PCM；將煞車防鎖死控制系統、牽引力控制系統（TCS）和驅動防滑控制系統（ASR）綜合在一起進行煞車控制等。對各控制系統功能進行綜合整合的成果不斷湧現。

網路匯流排技術：汽車上的電控系統和感測器、執行器的不斷增加使點對點的聯結方式走到了盡頭，為簡化日益增加的汽車電控裝置的線路連接，提高系統可靠性和故障診斷水準，利於各電控裝置之間資料資源分享，並便於建成開放式的標準化、模組化結構，汽車網路匯流排技術獲得了很大的發展，在汽車上，以 CAN（Controller Area Network，控制器區域網路）匯流排應用以及無線通訊為基礎的遠端高頻網路通訊系統是一種主流模式。尤其要說明的是，匯流排技術的應用帶來了整車電氣系統設計的革新和最佳化。

線控技術：汽車內的各種操縱傳動系統向電子電動化方向發展，用線控代替了原來的機械傳動機構。線控技術將駕駛人的操作命令轉為電訊號，再以電子控制方式驅動執行機構，以實現對汽車的控制。汽車電子控制系統採用線控技術，這不僅可以大大簡化應用傳統操縱機構的機械或液壓傳動系統，還能使汽車的結構發生改變，尤其是利用新能源的電動汽車，其汽車底盤結構將發生革命性變化。

48V 供電系統：面對汽車電子控制裝置和電氣元件的急劇增加，所需要的電能也大幅增加。電流的增加使線徑增大，從而使電元件的體積和品質增加，

顯然現有的 12V（或 24V）電源系統難以滿足電氣系統的需要。為此，將採用 48 V供電系統（可能用鋰電池替代鉛酸電池，增加引擎啟停系統等）。

　　智慧化和車輛互聯：智慧化是指透過預先將經驗或最佳運行資料登錄車輛，並對車輛運行狀態進行監控，使車輛自動調整到穩定行駛、操縱靈活的狀態，並透過對車輛週邊環境的監測，將車輛自動調整到最佳車速，與週邊物體（行人、車輛等）保持適當距離，保證車輛行駛安全。智慧化的車輛控制系統，如車輛穩定性控制（VSC）系統、自我調整巡航控制（ACC）系統等將得到應用和發展，車聯網將得到普遍應用。隨著智慧化交通技術的迅速發展，汽車自身不僅是個複雜的系統，而且還將成為智慧交通大系統中的一員。基於衛星導航定位系統的汽車導航技術、行動電話和網際網路等都將在汽車上普及，汽車電子控制與資訊技術的結合也將更加緊密，將會成為汽車電子技術的重要發展方向。

3. 汽車電子系統的地位

　　汽車電子化被認為是汽車技術發展處理程序中的一次革命。汽車電子化的程度被看作衡量現代汽車水準的重要標識，是用來開發新車型、改進汽車性能最重要的技術措施。汽車製造商認為增加汽車電子裝置的數量、促進汽車電子化是奪取未來汽車市場重要的、有效的手段。汽車電子系統應用的優點如下。

　　（1）汽車動力性能提高，如液力機械式自動變速器（AT）或電控機械式自動變速器（AMT）技術的應用。

　　（2）汽車駕駛性能提高，如電動助力轉向系統（EPS）技術的應用。

　　（3）汽車節能性能提高，如透過提升引擎電控技術實現了更高的排放法規要求。

　　（4）汽車安全性能提高，如應用煞車防鎖死控制系統或安全氣囊等技術提升了駕駛的安全性。

　　（5）舒適性提高，如應用高性能汽車空調技術提升司乘人員的舒適性。

　　（6）智慧性提高，如透過採用多種網聯技術，最終實現無人駕駛。

近二三十年來，隨著電子資訊技術的快速發展和汽車製造業的不斷變革，汽車電子技術的應用和創新極大地推動了汽車工業的進步與發展，對提高汽車的動力性、經濟性、安全性，改善汽車行駛穩定性、舒適性，降低汽車排放污染、燃料消耗有著非常關鍵的作用，同時也使汽車具備了娛樂、辦公和通訊等豐富功能。在網際網路、娛樂、節能、安全四大趨勢的驅動下，汽車電子化水準日益提高，汽車電子在整車製造成本中的佔比不斷提高，預計 2030 年將接近 50%。

汽車電子產業覆蓋多個汽車用電子產品製造業，當前中國汽車上的電子裝置和系統的滲透率仍然有提升空間，尤其在 ADAS 執行系統、夜視系統、預警系統等高端和新型汽車電子系統上。以盲點偵測系統為例，2020 年，中國汽車前倒車雷達、倒車車側預警系統、並線輔助的滲透率仍相對較低，標準配備率分別為 37.46%、13.54% 及 20.79%，均有較大的提升空間。

從全球看，汽車工業向電子化發展的趨勢在 20 世紀 90 年代初已十分明顯，由於汽車工業是國民經濟發展的支柱產業，因而是國際經濟競爭的重要領域。而電子技術在汽車上的應用促進了汽車各項性能的發展，世界各大汽車公司紛紛投入鉅資開發自己的汽車電子產品以贏得更大的市場空間，因此，汽車電子化將是奪取汽車市場的重要手段。據統計，1991 年，一輛車上電子裝置的平均費用是 825 美金，1995 年上升到 1125 美金，2000 年達到 2000 美金，佔汽車成本的 30% 以上，且還在以 5% 的速度逐年遞增，甚至增長速度還會加快，儘管電子產品的成本還以每年 10%~30% 的比例下降。2000 年以後，全世界汽車電子產品的市場規模將突破 600 億美金，美、日、歐等先進國家汽車電子產品的價格佔整車價格的 10% 以上，高級轎車甚至達到 30% 以上。

德國汽車工業成功的決定性因素是電子技術的創造性應用。隨車輛等級和內部設定的不同，目前電氣和電子元件佔整車成本的 10%~30%，並且該比例將在今後 5 年內再增加 10%。因此，能確定汽車工業極大地影響了半導體製造商。如果忽略不計市佔率曲線中的汽車電氣部分，如蓄電池、啟動機、發電機、燈光系統等，僅考慮半導體的話，將看到一個相反的結果。與汽車技術相比，電子消費品，如 PC 和行動電話，在 1999—2000 年有非常明顯的增加。半導體市場中用於車輛的份額從 7% 降至 6%。

現代汽車電子控制技術的應用不僅提高了汽車的動力性、經濟性和安全性，改善了行駛過程中的穩定性和舒適性，推動了汽車工業的發展，還為電子產品開拓了廣闊的市場，從而推動了電子工業的發展。因此，發展汽車電子控制新技術，加快汽車電子化速度，是振興和發展汽車工業的重要手段。

　　汽車電子化是建立在電子學的基礎上發展起來的，如今的汽車電子化發展迅猛，有的汽車中電子裝置佔整車造價的 1/3，有的高級轎車加裝了十幾個微控制器、上百個感測器，可以說汽車電子化的程度是衡量汽車高檔與否的主要標識。1989 年至今，平均每輛車上安裝的電子裝置在整個汽車製造成本中所佔的比例由 16% 增至 30% 以上。在一些豪華轎車上，使用單片微型電腦的數量已達到 48 個，電子產品則佔到整車成本的 50%~60%，如圖 2-3 所示。

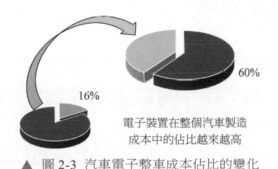

▲ 圖 2-3 汽車電子整車成本佔比的變化

2.1.2 汽車電子電氣系統的組成

　　汽車電子電氣技術是現代汽車發展的重要組成部分之一，對汽車的動力性、安全性、舒適性等影響較大。隨著智慧技術、資訊技術和控制技術的發展，汽車電子電氣技術獲得了進一步的發展。

1. 傳統汽車電子電氣系統的組成

　　傳統汽車一般由引擎、底盤、車身和電氣裝置 4 個基本部分組成。汽車電子電氣系統由七大部分組成，分別是充電系統、啟動系統、點火系統、照明與訊號系統、儀表與警告系統、輔助電器系統、電子控制系統。圖 2-4 所示為汽車電子電氣系統的組成與分佈。

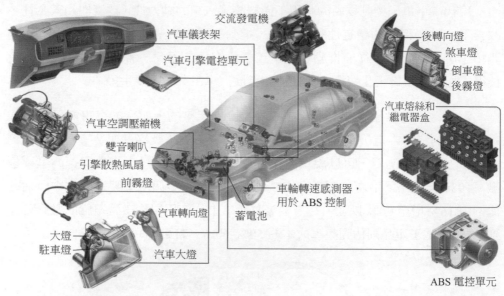

▲ 圖 2-4　汽車電子電氣系統的組成與分佈

　　充電系統由蓄電池、電壓調節器和交流發電機等組成，主要為汽車啟動和行駛時提供系統工作所需的電能。

　　啟動系統由蓄電池、點火開關、啟動機及其控制電路等組成，主要是為了給引擎曲軸提供足夠的啟動轉矩，以使引擎曲軸達到必需的啟動轉速，使引擎順利完成點火從而正常運行。

　　點火系統由點火線圈、火星塞、點火訊號發生器和分電器總成（無分電器點火系統則為微機控制單元）組成，主要作用為利用火星塞點燃缸內的混合氣，推動活塞做功，為引擎提供動力。

　　照明系統包括大燈、霧燈、方向燈、牌照燈、行李箱燈、頂燈和其他照明燈等，幫助駕駛人在夜間行車或惡劣天氣（雨、雪、霧天等）下，能獲取外界路況資訊，確保行駛安全；訊號系統包括轉向訊號燈、危險警示燈、煞車訊號燈、倒車燈、電喇叭等，在車輛行駛的過程中，提醒周圍其他駕駛人或行人獲取行駛車輛的資訊，及時避讓從而避免交通事故，確保交通安全。

輔助電器系統由雨刷系統、電動車窗系統、收音機、低溫啟動預熱裝置和點煙器等組成，主要用於提升汽車行駛過程中的安全性、舒適性和穩定性。

　　儀表與警告系統由機油壓力錶、冷卻液溫度錶、燃油表、車速里程表和引擎轉速表等組成，主要為駕駛人提供汽車怠速或行駛狀態下的車輛工況資訊，使駕駛人能及時發現車輛問題，避免事故發生。

　　電子控制系統由引擎控制單元、煞車防鎖死裝置、電控懸吊系統、自動空調和電控自動變速器等組成，與相應模組中的感測器和執行器實行互動，並按照汽車最佳設定參數進行系統控制，確保模組的正常運行。

2. 電動汽車電子電氣系統的組成

　　電子電氣系統是電動汽車的「神經」，承擔著能量與資訊傳遞的功能，對純電動汽車的動力性、經濟性和安全性等有很大的影響，是電動汽車的重要組成部分。電動汽車的電子電氣系統由低壓電氣系統、高壓電氣系統和整車網路化控制系統組成。

　　高壓電氣系統由動力電池、驅動馬達、功率變換器等高壓電氣裝置組成，主要為電動汽車提供動力。

　　低壓電氣系統主要由功率變換器、輔助蓄電池和若干低壓電氣裝置組成，一方面為燈光、雨刷等常規低壓電氣供電；另一方面為整車控制器、輔助元件、高壓電氣裝置的控制電路供電。

　　整車網路化控制系統由整車控制器、馬達控制器、電池管理系統、資訊顯示系統和通訊系統等組成，整車控制器是整車控制系統的核心，承擔了資料交換與管理、故障診斷、安全監控等功能。各系統之間的資訊傳遞透過網路通訊系統實現，目前各大汽車製造商採用的車載網路通訊協定有 CAN、LIN、FlexRay 等。

3. 汽車電子電氣系統的特點

現代汽車電子電氣裝置雖然種類繁多，功能各異，但其線路都應遵循一定的原則，了解這些原則對進行汽車電路分析是很有幫助的。汽車電子電氣系統的主要特點如下。

1）低壓

汽車電子電氣系統的額定電壓主要有 12V 和 24V 兩種。汽油車普遍採用 12V 電源，柴油車多採用 24V 電源（由兩個 12V 蓄電池串聯而成）。

2）直流

現代汽車引擎是靠電力啟動機啟動的，啟動機由蓄電池供電，而蓄電池充電又必須用直流電源，所以汽車電系為直流系統。

3）單線制

單線連接是汽車線路的特殊性，它是指汽車上所有電氣裝置的正極均採用導線相互連接，而所有的負極則直接或間接透過導線與車架或車身金屬部分相連，即搭鐵。任何一個電路中的電流都是從電源的正極出發經導線流入用電裝置後，再由電氣裝置自身或負極導線搭鐵，透過車架或車身流回電源負極而形成迴路的。由於單線制導線用量少，線路清晰，接線方便，因此廣為現代汽車所採用。

4）並聯連接

各用電裝置均並聯連接，汽車上的兩個電源（蓄電池與發電機）之間以及所有用電裝置之間，都是正極接正極，負極接負極。由於採用並聯連接，所以汽車在使用中，當某一支路用電裝置損壞時，並不影響其他支路用電裝置的正常執行。

5）負極搭鐵

採用單線制時，蓄電池一個電極需接至車架或車身上，俗稱「搭鐵」。蓄電池的負極接車架或車身稱為負極搭鐵； 蓄電池的正極接車架或車身稱為正極搭鐵。負極搭鐵對車架或車身金屬的化學腐蝕較輕，對無線電干擾小。中國標準規定汽車線路統一採用負極搭鐵。

6）設有保險裝置

為了使各用電裝置單獨工作，互不影響，防止電路或元件因短路或搭鐵而燒壞線束和用電裝置，汽車電路中均安裝有保護裝置防止產生過流，如熔斷器、易熔線，在裝置和導線燒壞前將電路切斷。

7）汽車線路有顏色和編號特徵

為了便於區別各線路的連接，汽車的所有低壓導線必須選用不同顏色的單色線或雙色線，並在每根導線上編號。

8）採用兩個電源

汽車上採用兩個電源，即蓄電池和發電機，它們以並聯的方式向用電裝置供電。蓄電池是輔助電源，在發電機未發電或電壓較低（低於蓄電池端電壓）時，由蓄電池向電用裝置供電；發電機是主電源，當引擎運轉到一定轉速後，發電機開始向車上的用電裝置供電，同時對蓄電池進行充電以補充蓄電池損失的電能。

2.1.3 汽車電子電氣架構概述

隨著電子電氣在汽車系統中扮演著越來越重要的角色，其開始處理越來越多複雜的功能性問題。將各類感測器、線束、控制器、各個系統的軟硬體有機地結合起來，組成整合化、功能化、智慧化的電子電氣系統已經成為必然趨勢。

1. 汽車電子電氣架構的發展

　　汽車電子電氣系統架構的發展，由 20 世紀 80 年代最初的分散式架構逐漸發展為當前的高度智慧和融合化。發展初期，不同的電子控制單元透過等效網路介面及通訊鏈路連接，實現有效通訊。而隨著技術的發展，不同電子控制單元的合併以及硬體系統的整合化設計，使得汽車電子電氣架構逐漸過渡到模組化和整合化，促進了不同電子控制單元之間的相互通訊和融合，這種變化趨勢隨著車輛智慧網聯化的需要會得到進一步的發展。而且，巨量資料和網際網路技術的愈發成熟，使得人 - 車 - 環境多維度融合互動通訊成為可能，使用巨量資料雲處理器控制車輛也逐漸成為可能。汽車電子電氣架構的演進方向如圖 2-5 所示。

2020 年以前	2020-2025 年	2025-2030 年	2030 年以後
分散式架構	域集中架構	準中央計算架構	中央計算架構
· 傳統閘道分散式架構，CAN 作為骨幹網 · 功能靠堆砌控制器來實現 · 軟硬體緊密耦合，控制器之間耦合較多，新技術和新功能的應用及更新受制於 EE 架構	· 網域控制站集中式架構，域內的部分功能由網域控制站來實現 · 乙太網作為骨幹網，網域控制器承載域內的路由功能 · 支撐 L3+ 智駕、大數據韌體升級以及跨域功能融合 · 局部域實現軟體 SOA	· 多個中央運算平臺力 + 區域架構 · 整車的絕大部分功能由 HPC[①] 來實現，區網域控制站負責區域下的軟體邏輯實現 · TSN[②] 乙太網成為骨幹網，支持 L4~L5 等級的智慧駕駛 · 全車實現軟體 SOA、軟體解耦、硬體 IO 標準化、硬體獨立動態加載、功能動態設定 · 區域架構在擴充性、重複使用性、成本性、線束輕量化上表現優勢	· 雲端控制 · 乙太網 & 高速無線網路作為骨幹網路 · 車輛功能在雲端 · 車載中央電腦覆蓋車身域、動力域、底盤域、安全域，計算晶片出現整合態勢

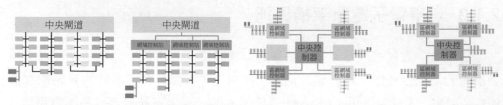

▲ 圖 2-5 汽車電子電氣架構的演進方向

① HPC：高性能計算。
② TSN：時間敏感網路。

車輛智慧網聯化的發展，帶來了車輛自身個體複雜程度的增加、車輛各系統之間互動通訊的增加、車輛之間互聯通訊的增加。這對電子電氣架構的通訊能力及延展性提出了更高的要求。車載電子電氣架構的設計和架設需要考慮的因素就更多，例如即時性需求、診斷服務請求等以整車功能導向為目標的要求。域集中架構將逐漸向準中央計算架構和中央計算架構演進，演進時間可能長達十年。

1）域集中架構階段

目前的車企處於域集中架構階段，如福斯的 E3 架構、長城 GEEP 3.0 架構、比亞迪的 E 平臺 3.0 架構、吉利的 SEA 架構、小鵬的 EE 2.0 架構等都是典型的域集中架構。

集中式 EEA 是汽車電子電氣架構發展的必然方向，從已經實現量產的車型看，現階段主要是域集中式 EEA，經典的五大網域控制器分別是動力域、底盤域、車身域、智駕域、座艙域。但是受技術門檻、多樣化設定梯度、消費習慣等因素的限制，完全實現標準域架構和中央架構存在一定困難，「分散式 ECU（電子控制單元）+ 網域控制站」的域混合架構會是短期內的一種常態。

目前福斯、寶馬、吉利極氪、華為、偉世通等公司的電子電氣架構採用三域 EEA 方案，主要包括智慧駕駛域、智慧座艙域、車輛控制器域。

福斯已經從 MQB（橫置引擎模組化平臺）分散式電子電氣架構升級到 MEB（模組化電氣工具）（E3）域集中電子電氣架構。E3 架構包括車輛控制（ICAS1）、智慧駕駛（ICAS2）、智慧座艙（ICAS3）3 個智慧網域控制站。E3 架構中的 ICAS1 微處理器採用了瑞薩科技 R-Car M3 解決方案，算力為 30000 DMIPS。ICAS1 涵蓋範圍與傳統汽車的功能沒有太大區別，包括高壓電源、低壓電源、里程資料、疲勞辨識、駕駛設定檔等，不具備整合能力的底盤、安全氣囊等模組掛在 ICAS1 下。而 E3 架構的 ICAS3 主要是針對網域控制站晶片做了升級，使用三星 Exynos 處理器，擁有 8 個 Cortex-A76 大核心，整合 QNX、Linux、Android 三大系統。ICAS3 主要覆蓋了抬頭顯示、液晶儀表、中控，強大的硬體帶來了更加絢麗的互動介面、更豐富的擴充性、更流暢的體驗。目前，ICAS1 和 ICAS3 已經開發完成，並在 ID.3、ID.4 等車型上搭載，ICAS2 尚

未開發完成。在軟體架構方面，E3 架構採用服務導向的架構（SOA），使用 CP
和 AP 服務中介軟體來實現 SOA 通訊； 在通訊架構方面，E3 的骨幹網採用乙
太網。

華為提出了一款 C-C 概念電子電氣架構（見圖 2-6 所示），即「分散式網
路＋網域控制站的架構」，該架構主要是將汽車分為智慧座艙域、整車控制域
以及智慧駕駛域 3 部分。在通訊架構方面，C-C 架構設置了 3~5 個 VIU（車輛
介面裝置），所有執行器和感測器連線分散式閘道，並組成環網，在單一環網
故障的情況下其他 3 個環網仍然可以保持運作，有效提升了安全性。透過華為
計畫未來透過網域控制站和作業系統打造的 C-C 架構可以做到軟體線上升級、
硬體線上更換升級以及擁有感測器的可拓展性，以達到軟體定義汽車的目標。

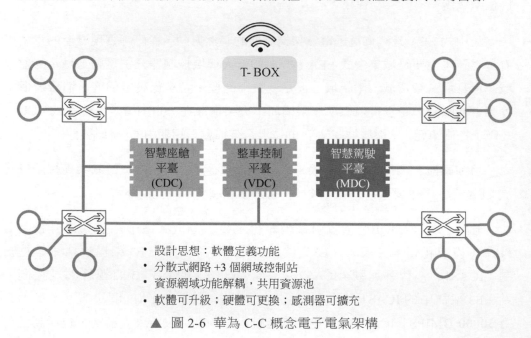

▲ 圖 2-6 華為 C-C 概念電子電氣架構

2）準中央計算架構階段

中央計算平臺＋區網域控制站的準中央架構是車企下一步的發力方向，透
過服務導向的架構將不同網域控制器進行算力共用，達到類似一個中央計算平
臺的作用，如長城汽車在 2022 年推出的 GEEP 4.0 架構、一汽紅旗汽車在 2021
年發佈的 FEEA 3.0 架構（2023 年量產）都屬於準中央架構。

特斯拉的電子電氣架構的發展最為領先，至少領先傳統車企 5 年，Model 3 的電子電氣架構已經標誌著特斯拉進入準中央架構階段，包括中央計算模組（CCM）、左車身控制模組（BCM LH）和右車身控制模組（BCM RH）三大控制模組（見圖 2-7），基本實現中央集中式架構的雛形。按照車輛的位置對車輛系統控制進行了區域劃分，這樣的控制器佈置簡化了線束，提高了系統效率。CCM 主要作為整車的決策中心，負責處理所有輔助駕駛相關的感測器。同時，對主要核心控制器進行資料處理、決策仲裁。各控制器之間透過共用匯流排系統進行通訊，及時將監測到的車輛資訊回饋給 CCM，保證與各控制器及 CCM 之間的即時通訊。自研的 Linux 作業系統，可實現整車軔體空中升級（FOTA）。

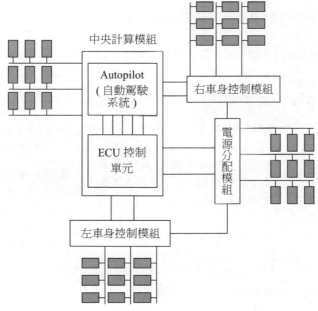

▲ 圖 2-7 特斯拉 Model 3 的電子電氣架構

特斯拉的準中央電子電氣架構已帶來了線束革命，Model S/Model X 整車線束的長度是 3km，Model 3 整車線束的長度縮短到了 1.5km，Model Y 進一步縮短到 1km 左右，特斯拉最終的計畫是將線束長度縮短至 100m。

3）中央計算架構階段

從發展趨勢看，汽車 E/E 架構最終會向中央計算架構演進，將功能邏輯集中到 1 個中央控制器。從主機廠的規劃看，長城汽車計畫在 2024 年推出中央計算架構 GEEP 5.0，長安汽車也計畫在 2025 年完成中央域架構的開發。

表 2-1 示出了部分 OEM 的新一代電子電氣架構及其特點。從傳統車企的 E/E 架構方案看，目前全球大部分主機廠已經從分散式架構演進到域集中架構，並紛紛將準中央架構作為未來 3~5 年的研發和布局的重點。準中央和中央集中式架構可以有效減少控制器和線束的數量，促使汽車的軟硬體進一步解耦，成本持續下降，為了跟上整車技術升級的節奏，OEM 加快布局準中央架構，引入 SOA 架構、布局中央計算平臺等成為重點發力方向。

▼ 表 2-1　部分 OEM 的新一代電子電氣架構及其特點

OEM	電子電氣架構名稱	硬體架構特點	軟體架構特點	通訊架構特點	量產車型及時間
豐田	TNGA 架構（準中央架構）	採用中央集中 + 區網域控制站相結合（按物理空間將整車對稱分為多個區域）架構，屬於典型的 Zonal-EEA，硬體上透過 ECU 整合降低成本	軟體上，使用基於 Adaptive AUTOSAR 和 Classic AUTOSAR 的 SOA 架構，實現便捷的軟體迭代和功能的可擴充性	大幅減少線束長度，降低線束設計複雜度，減重降本，提高產線自動化	
特斯拉	Model 3 架構（類似準中央架構）	按照物理空間形成三大區網域控制站，減少了線束，進一步實現了降本和減重；FSD 可進行硬體升級，硬體容錯度高	作業系統、中介軟體、應用軟體自主開發	採用乙太網 +CAN	Model 3（2017）

（續表）

OEM	電子電氣架構名稱	硬體架構特點	軟體架構特點	通訊架構特點	量產車型及時間
長城	GEEP 4.0（準中央架構）	中央計算、智慧座艙、選配高級自動駕駛平臺	整車軟體平臺是混合體，基於傳統 MCU 和 HPC 實現的融合，包括不同層級的 ECU 指計算平臺和專用控制器，會包含不同層級的軟體	將一些硬體的通訊方式轉變成乙太網原子服務，抽象化的解耦，改變了分配的結構；採用獨立閘道	WEY 摩卡（2021）
小鵬	EE 2.0（域架構）	大部分的車身功能已經可以遷移到所謂的網域控制站中；基本可以實現 SOA 的硬體基礎	SOA 架構（過渡階段），形成三層互動的整車軟體架構形態，其中包含車身功能層、應用層、互動層	干網路已經可以實現乙太網＋CANFD 的資料，中央處理器與另外幾個網域控制器基本是以乙太網互動為主，CANFD 為輔的方式	P5（2021）
紅旗	FEEA 3.0 架構（準中央架構）	透過中央計算＋區域控制簡化拓撲結構，使控制器數量減少 50%	引入 SOA 理念，設計開發整車級的分層軟體架構	線束長度減少50% 以上	紅旗 EV-Concept（2023）

　　長城汽車自主開發了 GEEP 電子電氣架構，目前演進到第三代（GEEP 3.0），屬於網域控制器架構，包含 4 個網域控制站，軟硬體進行集中整合，應用軟體自主開發，已成功應用到全系車型。目前長城汽車正在積極研發第四代電子電氣架構和第五代電子電氣架構。長城第四代電子電氣架構屬於中央計算平臺＋區網域控制站架構，包括 3 個大型計算平臺，即中央計算平臺、智慧座艙平臺、高級自動駕駛平臺。其中中央計算平臺整合車身、閘道、空調、EV、動力底盤、ADAS 功能，屬於跨域融合。而長城第五代電子電氣架構則是將整

車軟體高度集中在一個中央大腦，實現 100% SOA，計畫於 2024 年面世，圖 2-8 所示為長城電子電氣架構的演進過程。

2021 年 　　　　　　　　　2022 年 　　　　　　　　2023 年

第三代電子電氣架構

- 4 個網域控制站，應用軟體自主開發，已實現量產並應用於全系車型

第四代電子電氣架構

- 具備服務化、標準化、柔性化和夥伴化四大技術優勢 已進入產品開發階段，將率先搭載到全新的電動混動平臺，並陸續擴充到全系車型
- 中央計算 + 區域架構：形成涵蓋中央計算、智慧座艙及高階自動駕駛功能的計算平臺
- 採用獨立閘道

第五代電子電氣架構

- 整車軟體高度集中在一個中央大腦，完成整車標準化軟體平臺的架設
- 中央大腦架構、智慧區域控制

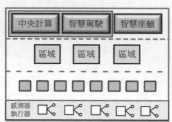

▲ 圖 2-8　長城電子電氣架構的演進過程

2. 汽車電子電氣架構的挑戰

　　未來，自動駕駛要求更高的算力和更多的感測元件，汽車內部的快速電子化讓電子架構不堪重負，對未來汽車電子架構來說，更應該做減法了。當然，網際網路技術（5G+）愈發成熟，將大大加快電子電氣架構在當前基礎上的進一步深度演進。但是，不可否認，車輛智慧網聯化發展對汽車電子電氣架構帶來了更高的要求和更大的挑戰，其中主要包括以下幾方面。

1）功能安全

　　電子電氣架構面臨的功能安全挑戰主要表現在感知容錯和自動駕駛控制容錯。車輛的電子電氣架構從最初的單雷射雷達單攝影機架構，到後來的多雷射雷達多攝影機架構及複合攝影機架構，這些架構中不同種類的攝影機、雷射雷達都需要進行安全容錯設計，以防止在感測器出現故障後，系統依靠容錯備份

的感測器進行工作，保證車輛的正常行駛。自動駕駛系統中，自動駕駛網域控制站主要是負責決策、路徑規劃控制。為了避免由於自動駕駛網域控制站失效引起的系統故障，自動駕駛網域控制站也要採用容錯設計（一般採用雙容錯設計），當主要自動駕駛網域控制站失效時，備用自動駕駛網域控制站工作。功能安全需要的容錯設計帶來更為複雜的電子電氣架構設計。

2）通訊架構升級

隨著汽車電子電氣架構的日益複雜化，其中感測器、控制器和介面越來越多，自動駕駛也需要巨量的資料用於即時分析決策，要求車內外通訊具有高吞吐速率、低延遲時間和多通訊鏈路，這對架構的通訊能力提出了更高的要求。通訊架構的升級是電子電氣架構亟須解決的問題，以滿足智慧網聯汽車資料的高速傳輸、低延遲等性能要求。

3）算力黑洞

智慧網聯汽車的發展對電子電氣架構的另外一個挑戰是控制器算力，智慧網聯汽車功能繁多，對汽車處理器性能的要求越來越高。有資料顯示，自動駕駛等級提高一級，網域控制站的算力要提高一個數量級。目前，L3 等級的自動駕駛需要 24 TOPS 的算力，L4 等級的自動駕駛需要 4000+ TOPS 的算力。如此巨大的算力需求，對電子電氣架構來說是巨大的考驗。

2.2 汽車電子分類的介紹

2.2.1 汽車電子的類別

汽車電子的產品種類較多，且有多種分類方式。常見的分類方式有根據對汽車行駛性能的影響劃分、根據汽車電子產品的用途劃分，以及根據電子產品在汽車上的所屬功能域劃分。

根據對汽車行駛性能的影響劃分，可以將汽車電子分為汽車電子控制系統和車載電子系統。其中，汽車電子控制系統是保證汽車完成基本行駛功能不可或缺的控制單元，往往需要與其他系統，如機械裝置、顯示裝置等執行機構配

合使用。汽車電子控制模組通常被劃分至汽車的子系統，如動力傳動系統、底盤電子控制系統、車身電子控制系統和其他控制系統中作為控制單元存在。車載電子系統與汽車的基本行駛功能無關，但是能提升汽車的舒適性和使用性，此類產品通常是從工業應用或消費電子產品轉化而來的。車載電子電器主要包括汽車資訊系統、導航系統和汽車娛樂系統等。

　　根據汽車電子產品的用途來劃分，可以將汽車電子分為感測器、控制器和執行器三類，圖 2-9 所示為典型汽車電子控制系統中的電路邏輯方塊圖。在汽車中，感測器的作用為測量距離、角度、加速度、壓力、力矩、溫度和空氣流量等資訊，並將這些資訊轉為電訊號傳輸給汽車電子控制器；控制器的作用為接收來自感測器的資訊，進行處理後，輸出相應的控制訊號給執行器；執行器的作用為根據控制器舉出的控制指令完成規定的動作，如實現相應的力、位移等。

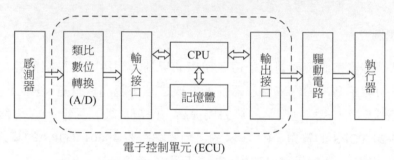

電子控制單元 (ECU)

▲ 圖 2-9 典型汽車電子控制系統中的電路邏輯方塊圖

　　根據電子產品在汽車上實現的不同功能，可以將汽車電子分為若干不同的功能域，不同企業或研究機構對此提出不同的分類，但各種分類方式大同小異，其中 BOSCH 公司的功能域分類在產業內具有較高的認可度。BOSCH 公司將汽車電子劃分至 5 個不同的功能域中，分別為動力域、底盤域、車身域、駕駛輔助域和資訊娛樂域，如圖 2-10 所示，以一輛具有 L3 等級輔助駕駛功能的純電動汽車為例，舉出了汽車電子功能域分類及各功能域具有的汽車電子產品。除此之外，汽車上還有在這 5 個功能域之外的其他電子產品，如纜線、閘道、OBD（車載自診斷系統）等。

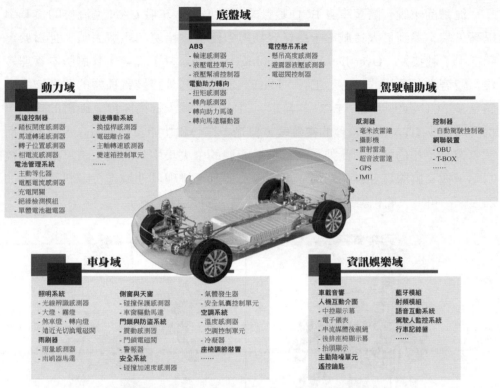

▲ 圖 2-10 汽車電子功能域分類及其電子產品

1. 車身域

　　車身域包含車身上使用的電子裝置及其控制系統，主要有照明系統、雨刷器、側窗與天窗、門鎖與防盜系統、安全系統、空調系統及座椅調節裝置等，主要用於實現車身電子電氣的控制功能。隨著汽車電子的發展，車身控制器越來越多，為了降低控制器的成本，減小整車品質，需要把所有的功能元件整合化，例如將車身各個部位的電子產品，如後剎車燈、後位置燈、尾門鎖，甚至雙撐桿統一連接到一個總的控制器裡，即車身網域控制站。車身網域控制站從分散化的功能組合，逐漸過渡到整合所有車身電子的大控制器。

從當前來說，隨著車身 ECU 數量的不斷增加，車載 CAN 匯流排的負載率提高，基本達到最大負載率，這樣容易導致匯流排堵塞和訊號丟幀，且對於車輛空中下載技術（Over-the-Air Technology，OTA）功能而言，軟體版本管理複雜。隨著當前晶片的核心、主頻、Flash、記憶體和外接裝置種類的逐漸增多，滿足多 ECU 合併至單一 ECU 的需求，這樣可以減少結構開模、硬體的費用，也可以減小 OTA 軟體管理的複雜度，但是多核心和功能安全的引入，對軟體而言會帶來不小的挑戰。此外，向車身功能域的中央集中式發展，讓車身網域控制站承擔資料處理和控制功能，再透過高速匯流排與其他域進行資料互動，如乙太網，可大大簡化線束的複雜程度和品質，如圖 2-11 所示。

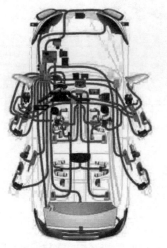

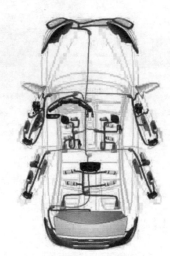

(a) 車身域現狀　　　　　　　　　(b) 向中央集中式發展的車身域

▲ 圖 2-11 車身域現狀與向中央集中式發展的車身域的對比

2. 動力域

　　動力域主要包括汽車動力傳動系統所具有的電子產品。對傳統的燃油車而言，動力域主要包括引擎控制單元、變速傳動系統、點火系統、冷卻系統以及溫度感測器、爆震感測器、氧氣感測器等，如圖 2-12 所示。引擎管理 ECU 是傳統汽車中要求最高的電子元件之一，由於引擎的狀態變化快速且複雜，對控制器即時性要求較高，因此在傳統燃油車中，引擎控制單元的運算能力通常是最強的，通常是 32 位元處理器。

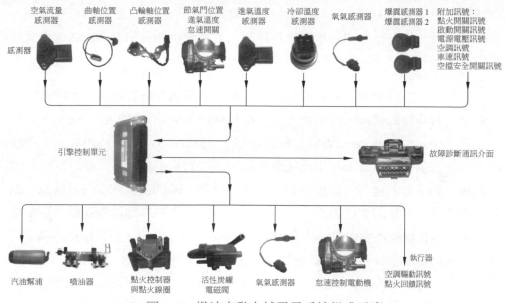

▲ 圖 2-12 燃油車動力域電子系統組成示意

對純電動汽車而言，動力域主要由馬達控制器與電池管理系統組成，少數純電動汽車上還包含自動變速箱。汽車動力系統的發展趨向於使用動力網域控制站進行集中管理，動力網域控制站是一種智慧化的動力總成管理單元，借助 CAN/FlexRay 管理變速器，並進行電池監控和交流發電機調節。其優勢在於能夠為多種動力系統單元（內燃機、電動機／發電機、電池、變速箱）提供計算和扭矩分配，透過預判駕駛策略實現動力總成的最佳化與控制，同時兼具電氣智慧故障診斷、智慧節電等功能。

3. 底盤域

底盤域主要包括一系列可以用於監控底盤各種參數和主動控制的子系統，主要有 ABS、EPS 和電控懸吊系統等。每個系統都由相應的感測器、控制器和執行器組成，以 ABS 為例，透過輪速感測器擷取四輪輪速，併發送給 ABS 的 ECU 進行處理，計算是否煞車及煞車強度，再將訊號發給煞車泵進行執行。隨著智慧汽車的發展，控制執行端，即驅動控制、轉向控制和煞車控制電子化程度的不斷升高，底盤電控產品數數量往往可以達到數十個。在此背景下，域集

中式電子電氣架構中採用底盤網域控制站實現轉向、智慧、懸吊的集中控制，軟硬體分離，使車輛的側縱垂向協作控制，更進一步地服務於 ADAS，全面提升整車性能。

　　底盤域作為自動駕駛系統的關鍵執行系統，透過電控實現代替駕駛人的手和腳來進行車輛的轉向、煞車和加速。線控轉向（Steer-By-Wire，SBW）、線控制動（Brake-By-Wire，BBW）和線控驅動（Drive-By-Wire，DBW）三項技術是線控底盤的關鍵技術，也是底盤域電子系統的主要組成，目前已經成為車企的核心競爭力。目前，線控驅動已經較為成熟，可以透過直接扭矩通訊、偽節氣門安裝、節氣門調節等方法實現。針對開放引擎和馬達扭矩通訊介面協定的車輛，線控驅動控制器直接透過 CAN 網路向引擎或馬達發送目標扭矩請求，實現整車加速度控制。線控制動處於量產應用及完善階段，ABS（防鎖死系統）、TCS（牽引力控制系統）、ESC（電子穩定性程式）等電子煞車系統已然發展成熟，極大提升了整車的安全性。然而，隨著汽車電子化、智慧化的發展，以及對節能環保的要求，車輛對於 BBW 系統有著越來越高的需求。近年來，整合式的線控制動系統是市場較為關注的一種 BBW 系統，這種 BBW 系統將真空助力器、電子真空泵，以及傳統的 ESC 等功能整合在了一起，使得整體體積和品質大大減小。當前適用於自動駕駛的主流方案是 eBooster+ESC 的方案，如圖 2-13 所示。線控轉向系統在廣義上講是一種將駕駛人輸入和前輪轉角解耦的轉向系統，目前也已有大量研究，但仍不夠成熟。當前自動駕駛系統中應用較為多的轉向系統仍然是傳統的 EPS，以及採用雙繞組馬達的 EPS，圖 2-14 所示的 SBW 系統為目前轉向系統發展的趨勢。

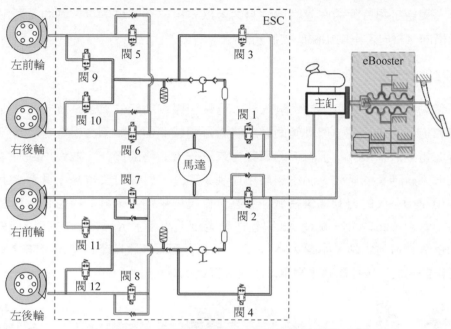

▲ 圖 2-13 基於 eBooster+ESC 的線控制動系統

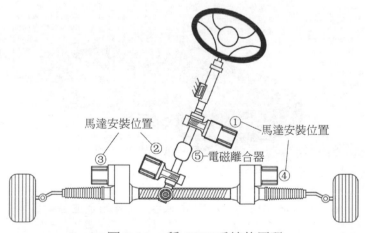

▲ 圖 2-14 一種 SBW 系統的原理

　　在汽車電子域集中式的發展方向下，作為車輛運行過程中安全性、舒適性、穩定性重要載體的底盤，網域控制站的解決方案也得到越來越多 OEM 的重視。底盤域可整合的功能多樣，常見的有空氣彈簧的控制、懸吊阻尼器的控制、後輪轉向功能、電子穩定桿功能、轉向柱位置控制功能等。透過與智慧執行器的

結合，預留足夠算力的底盤網域控制站可以支援整合整車煞車、轉向、懸吊等車輛橫向、縱向、垂向相關的控制功能。

4. 駕駛輔助域

　　駕駛輔助域是可以幫助駕駛人執行駕駛和停車功能的電子系統，能夠提高汽車和道路的安全性。駕駛輔助系統使用各種感測器，如攝影機、雷射雷達和超音波雷達，來檢測車輛附近的障礙物或駕駛人的錯誤操作，並做出回應。駕駛輔助系統涉及的感知、決策規劃和控制 3 部分，對算力要求高，量產車上往往採用算力強大的自動駕駛網域控制站，實現駕駛輔助系統的模組化、可移植和方便管理。2017 年，奧迪 A8 率先在量產車上使用了 Aptiv 公司生產的 zFAS 自動駕駛網域控制站，如圖 2-15 所示，此後，全球各種量產車型紛紛開始使用各種自動駕駛網域控制站來實現高級駕駛協助工具。

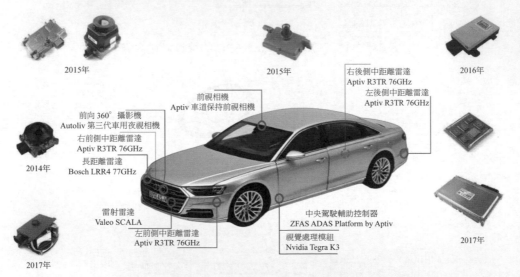

▲ 圖 2-15　奧迪 A8 的駕駛輔助系統傳感及運算平臺

　　自動駕駛是智慧車輛發展的大勢所趨，駕駛輔助域包含了實現自動駕駛功能的電子系統。自動駕駛輔助系統是依靠車載傳感系統進行環境感知並對駕駛人進行駕駛操作輔助的系統，目前已經得到大規模產業化發展，主要可以分為預警系統和控制系統兩類。其中，常見的預警系統包括前向碰撞預警（Forward Collision Warning，FCW）、車道偏離預警（Lane Departure Warning，LDW）、

盲區預警（Blind Spot Detection，BSD）、駕駛人疲勞預警（Driver Fatigue Warning，DFW）、全景環視（Top View System，TVS）、胎壓監測系統（Tire Pressure Monitoring System，TPMS）等；常見的控制類系統包括車道保持系統（Lane Keeping System，LKS）、自動泊車輔助系統（Auto Parking System，APS）、自動緊急刹車（Auto Emergency Braking，AEB）、自我調整巡航（Adaptive Cruise Control，ACC）等。

　　駕駛輔助域的主要任務是實現自動駕駛過程中的環境感知與自主決策，並透過車載匯流排將控制決策訊號發送給控制執行系統執行。環境感知系統的任務是利用攝影機、毫米波雷達、雷射雷達、超音波等主要車載感測器以及 V2X 通訊系統感知周圍環境，透過提取路況資訊、檢測障礙物，為駕駛輔助決策提供決策依據。智慧網聯汽車往往還配備用於通訊的車載單位（On Board Unit，OBU）或 Telematics-box（T-box）接收來自其他車輛或路側通訊單元的資訊。決策系統的任務是根據全域行車目標、自車狀態及環境資訊等，決定採用的駕駛行為及動作的時機。決策機制應在保證安全的前提下適應盡可能多的工況，進行舒適、節能、高效的正確決策。環境感知與自主決策技術目前常用的方法均會涉及深度學習模型，對於控制器的運算能力有較高的要求。因此，目前駕駛輔助網域控制站的主要特點為具有高算力且能夠處理異質資料，當前很多電子廠商在自動駕駛網域控制站上發力，業內有 NVIDIA、華為、瑞薩、NXP、TI、Mobileye、賽靈思、地平線等多個方案，圖 2-16 舉出了華為公司研製的自動駕駛網域控制站 MDC300 裝置。

5. 資訊娛樂域

　　近年來，資訊娛樂功能在汽車電子系統中的所佔比重也逐漸增加，逐漸成為一個單獨的功能域。傳統的汽車娛樂系統主要包括導航系統、車載音響。近年來，中控顯示幕、串流媒體後視鏡、抬頭顯示等功能也逐漸進入車輛系統中，「智慧座艙」的概念逐漸火熱，智慧座艙的抬頭顯示功能如圖 2-17 所示。目前，許多汽車廠商使用具備卓越的處理性能的資訊娛樂網域控制站，以支援座艙域的應用，同時提供優秀的顯示性能支援，並支援虛擬化技術，支援一芯多螢幕顯示，可滿足各種尺寸的儀表板及中控顯示幕的顯示需要，並將不同安全等級的應用進行隔離。

▲ 圖 2-16 華為公司研製的自動駕駛網域控制站 MDC300 裝置

▲ 圖 2-17 智慧座艙的抬頭顯示功能

2.2.2 汽車電子的功能介紹

汽車電子的主要功能可以概括為控制與調節功能、通訊功能兩方面。此外，還有舒適、娛樂等其他功能。

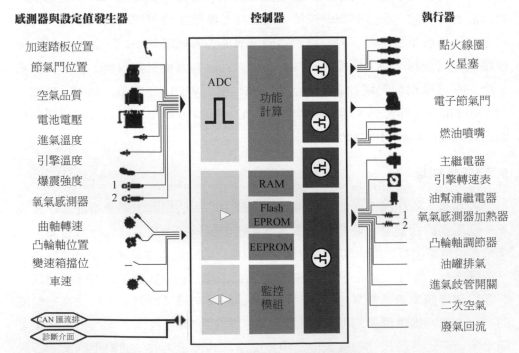

▲ 圖 2-18 引擎電控系統的功能簡介

1. 控制與調節功能

　　汽車電子系統的核心是控制單元。圖 2-18 舉出了引擎電控系統的功能簡圖，包括感測器與設定值發生器、控制器和執行器。控制器負責整個控制系統的管理和控制，它的核心是微處理器，記憶體中存放了程式碼。感測器與設定值發生器產生的訊號作為控制演算法的輸入量，程式根據這些輸入量計算發送到執行器的控制訊號。執行器負責將微處理器產生的控制訊號轉換成機械量，如由伺服馬達產生的用於控制車窗升降的機械力。

2. 通訊功能

　　車輛中的控制系統需要互相通訊。例如當輪胎打滑時，車身電子穩定系統在控制剎車的同時，會要求引擎管理系統降低引擎的扭矩，以降低車輪轉速；又如，自動變速箱控制器在換擋過程中，會要求引擎管理系統降低引擎扭矩，以減小換擋衝擊，完成平順換擋。系統之間的相互通訊是借助資料匯流排完成的，通訊用點對點的連線方式連成複雜的網路結構，稱為車載網路。車載網路與汽車電子的發展密切相關，現有主要車載網路類型及其最大傳送速率如表 2-2 所示。

▼ 表 2-2　主要車載網路類型及其最大傳送速率

車載網路類型	主要作用	最大傳送速率
CAN	控制資料傳輸	1Mb/s
LIN	車門、天窗、座椅等控制	20kb/s
MOST	多媒體串流資料傳輸	150Mb/s
FlexRay	可容錯線控制動等底盤系統應用、輔助駕駛應用	10Mb/s

　　CAN 是汽車專用匯流排標準，主要用於控制資料傳輸，是目前在汽車產業應用最廣泛的標準。本地網際網路絡（Local Interconnect Network，LIN）是一種低成本的通用序列匯流排，主要用於車門、天窗等的控制。媒體導向的系統傳輸匯流排（Media Ori7ented System Transport，MOST）主要用於多媒體串流資料的傳輸。FlexRay 車網路主要用於容錯環境下的線控制動等底盤系統的應用。

目前正在發展的新一代的集中式電子電氣架構中,乙太網通訊網路獲得了廣泛應用。乙太網具備高頻寬,採用靈活的星形連接拓撲,每條鏈路可專享100Mb/s 及以上的頻寬。乙太網標準開放、簡單,適應未來汽車與外界大量通訊和網路連接的發展趨勢。同時乙太網靈活、頻寬可擴充,適合連接各個子系統,促進車載系統的網路化營運管理。

3. 其他功能

除了控制與調節功能、通訊功能外,現代汽車往往裝備了更多的電子產品以改善駕駛人及乘車人的舒適性並增加娛樂功能,如空調系統、座椅加熱及調節裝置、車載影音娛樂系統等,這些電子產品賦予了車輛運載以外的功能,逐漸發展為新的生活空間。圖 2-19 舉出了未來自動駕駛車輛成為新的生活空間的一種構想。

▲ 圖 2-19　未來自動駕駛車輛的構想

2.3 車載電子與晶片的分類

2.3.1 車載電子與晶片概述

汽車電子是一個汽車技術和電子技術相結合的名詞術語,已被廣泛使用。汽車電子可以從功能性進行定義,即可以分為車身電子控制技術和車載電子技

術，分別執行基礎功能和擴充功能。車身電子控制技術是機電結合的汽車電子裝置，是車輛運動和安全防護控制的中樞，組成部分包含引擎控制系統、車身電子控制系統和底盤控制系統。它們透過感測器和執行器，以及發送指令以控制車輛，如引擎、變速箱、動力電池等關鍵元件的協作。車載汽車電子技術身為電子裝置和裝置，可以在汽車環境下單獨工作，包括汽車駕駛輔助系統、汽車導航及娛樂資訊系統等。由於其不直接參與汽車在行駛過程中的決策與控制，不會影響車輛行駛狀態和安全性能。汽車電子技術正在高速發展，汽車控制系統越來越複雜和智慧，也比家用消費電子更加獨立。

「新四化」——電動化、網聯化、智慧化、共用化，身為全球汽車產業的主流特徵趨勢，車載晶片在其中佔據重要地位，被廣泛應用於動力域、底盤域、駕駛輔助域、車身域和資訊娛樂域等多個汽車系統中。晶片對汽車智慧化處理程序將造成決定性的作用。在硬體上，汽車新動力將承載於三電系統，即電池、馬達、電控。在軟體上，汽車新算力將承載於感測器、晶片、網域控制站、中央控制器等。軟體定義汽車透過高頻更新迭代，將加速汽車產業的發展。汽車晶片支撐環境感知、決策控制、網路／通訊、人機互動、電力電氣等不同的功能需求，並應用於不同的場景，如圖 2-20 所示。

	環境感知	決策控制	網路／通訊	人機互動	電力電氣
上游晶片	CMOS/CCD 感光晶片、ToF 晶片、ISP、射頻晶片、MMIC、RFIC、雷達晶片、定位晶片……	MCU、CPU、GPU、NPU、ASIC、FPGA、儲存晶片、序列埠晶片	匯流排控制晶片、藍牙、WiFi 模塊、蜂窩晶片、C-V2X 晶片	車載 SoC 晶片、MCU	MOSFET、IGBT 晶片／模組
中游	攝影機、超音波雷達、毫米波雷達、雷射雷達、IMU、GPS……	ECU、網域控制站	車載閘道、OBU、T-BOX、天線	中控主機、數位儀表	車載充馬達、變頻器、馬達控制器…
下游	乘用車，商用車，特殊車輛等主機廠		OTA，資訊安全等應用服務		新能源充換電

▲ 圖 2-20 汽車晶片的應用

針對汽車電子以及車載晶片的分類，可以從不同的角度進行。下面將按照不同的分類方式對汽車電子及車載晶片的分類方式進行闡述。

1. 按電子元件分類

　　針對普遍意義上的電子元件，其包括元件和元件，如圖 2-21 所示。元件是加工時未改變原材料分子成分的產品，不需要能源，又稱無源元件。元件是加工時改變原材料分子結構的產品，需要外界電源，自身消耗電能，又稱有源元件。半導體元件是指導電性可受控制，範圍可從絕緣體至導體之間的電子元件。積體電路是指組成電路的有源元件、無源元件及其互聯在一起製作在半導體襯底上或絕緣基片上的電子電路。晶片是半導體元件產品的統稱，是積體電路的載體，由晶圓分割而成。

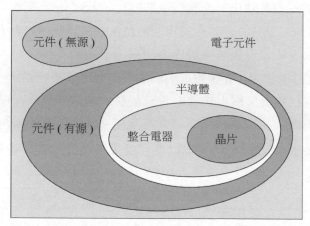

▲ 圖 2-21　電子元件、半導體、晶片、積體電路間的關係

　　針對本書中主要探討的汽車電子及車載晶片，汽車電子是由車載的電子元件組成的，其中包含了大量的各種功能的晶片。車載的電子元件同樣可以分為元件和元件。對於元件而言，又可以分為電路類元件和連接類元件。對於元件而言，又可分為主動元件和分離元件。車載電子元件的分類如表 2-3 所示。

▼ 表 2-3　車載電子元件分類

車載電子元件	元件	電路類	元件二極體、電阻器等
		連接元件	連接器、纜線、插座、印刷電路板等
	元件	主動元件	積體電路、功率元件等
		分離元件	雙極性晶體三極體、場效應管、可控矽等

2. 按處理訊號類型分類

按照處理訊號的類型對車載晶片進行分類，可以分為數位晶片、類比晶片和混合晶片，其中混合晶片通常指 A/D 轉換器，如表 2-4 所示。

▼ 表 2-4　車載晶片按訊號類型分類

訊號類型	數位晶片	CPU、FPGA、GPU、Flash 等
	類比晶片	PA（功率放大器）、RF（射頻晶片）、DC/DC（電源晶片）等
	混合晶片	ADC（數位類比轉換）、DAC（類比數位轉換）、PLL（鎖相環）等

3. 按功能域分類

根據汽車不同功能域用到的晶片進行劃分，可以分為動力域、底盤域、車身域、資訊娛樂域、駕駛輔助域以及其他應用晶片，如表 2-5 所示。

▼ 表 2-5　車載晶片按汽車功能域分類

汽車功能域	動力域	計算晶片、電源管理晶片、感測器晶片
	底盤域	計算晶片、電源管理晶片、通訊收發器晶片
	駕駛輔助域	計算晶片、儲存晶片、時鐘晶片
	車身域	計算晶片、通訊收發器晶片、感測器晶片
	資訊娛樂域	計算晶片、通訊收發器晶片、顯示驅動晶片

4. 按使用功能分類

按照晶片的使用功能，可以將車載晶片分為功率晶片、通訊晶片、計算晶片、儲存晶片、感測器晶片、電源晶片和其他功能晶片，如表 2-6 所示。其中，其他功能晶片又包括顯示晶片、時鐘晶片、保護晶片、驅動晶片。

▼ 表 2-6　車載晶片按使用功能分類

按使用功能分類	功率晶片		IGBT、MOSFET
	通訊晶片		射頻晶片、網路通訊晶片、無線通訊晶片、導航晶片
	計算晶片		微控制器、自動駕駛晶片、音視訊處理晶片、數位基頻晶片
	儲存晶片		EEPROM、DRAM、Flash
	感測器晶片		電壓檢測晶片、電流檢測晶片、馬達位置感應晶片
	電源晶片		DC/DC、LDO
	其他功能晶片	顯示晶片	LED 驅動器晶片、LED 背光驅動晶片、顯示驅動晶片
		時鐘晶片	平行介面時鐘晶片、序列介面時鐘晶片、三線介面時鐘晶片
		保護晶片	輸入保護晶片、反向電池保護晶片
		驅動晶片	動力系統驅動晶片、馬達驅動晶片、輸出驅動晶片

5. 按製程製程分類

　　晶片製程是指晶片電晶體柵極寬度的大小，奈米數字越小，電晶體密度越大，晶片性能就越高。逐漸縮小的晶片製程數字，代表著晶片技術進步的方向。按照製程製程，可以將車載晶片分為成熟製程和先進製程，如表 2-7 所示。

▼ 表 2-7　車載晶片按製程製程分類

製程		主要應用領域
成熟製程	0.25μm + 0.15/1.18μm	電源晶片、感測器晶片
	0.13μm	計算晶片（MCU）、通訊晶片、電源晶片、感測器、功率晶片
	90nm	通訊晶片（乙太網、CAN）、時鐘晶片、功率晶片、電源晶片
	55/65nm	計算晶片（MCU、CPU）、儲存晶片、電源晶片
	40/45nm	通訊晶片（WiFi、藍牙）、計算晶片（MCU、CPU、FPGA）、儲存晶片
	28nm	計算晶片（CPU、FPGA、GPU）、儲存晶片

（續表）

製程		主要應用領域
先進製程	22/14nm	計算晶片（CPU、FPGA、GPU）、儲存晶片、通訊晶片
	10/7/5/3nm	計算晶片（CPU、FPGA、GPU）、儲存晶片

下面將按汽車應用場景及使用功能對車載晶片進行分類。

2.3.2 按汽車應用場景分類

1. 動力域

汽車動力域主要包括馬達控制器、變速傳動系統、電池管理系統和整車控制器。其中，燃油車的動力域子系統包括引擎 ECU 和變速器 ECU； 電動車的動力域子系統包括馬達控制 ECU 和電池管理系統 BMS。各子系統涉及的車載晶片如表 2-8 所示。

▼ 表 2-8 汽車動力域中的車載晶片

動力域子系統		涉及晶片
燃油車	引擎 ECU	計算晶片（MCU）、電源管理晶片（SBC）、動力系統驅動晶片（點火塞、噴油器）、馬達驅動晶片、輸出驅動晶片、CAN 收發器晶片、感測器晶片等
	變速器 ECU	微控制器（MCU）輸入保護晶片、電源管理晶片（SBC）、馬達驅動晶片、電流檢測晶片、馬達位置感應晶片、負載開關檢測晶片、CAN 收發器晶片、FET 柵極驅動器晶片、感測器晶片等
電動車	馬達控制 ECU	輸入保護晶片、系統基礎晶片、微控制器、CAN 收發器晶片、電壓 & 電流檢測晶片、數位隔離器、馬達驅動芯、感測器晶片等
	電池管理系統 BMS	反向電池保護晶片、電池系統控制器、系統基礎晶片、CAN 收發器晶片、接觸器控制晶片、閥門控制晶片、電源管理晶片、隔離檢測晶片、過流檢測晶片、高壓診斷晶片、電池監測晶片、感測器晶片等

2. 底盤域

　　汽車的底盤域主要包括 ABS、電動助力轉向、電動懸吊系統和安全系統，各子系統涉及的車載晶片如表 2-9 所示。

▼ 表 2-9　汽車底盤域中的車載晶片

底盤域子系統	涉及晶片
ABS	微控制器（MCU）、系統基礎晶片（SBC）、資料收發器晶片、馬達驅動器晶片看門狗微控制器（MCU）、電源管理晶片
主動懸吊	電源管理晶片、閥門驅動器晶片、微控制器、通訊收發器晶片
電動助力轉向	反向電池保護晶片、電源管理晶片、多通道積體電路、CAN 收發器晶片、微控制器和處理器、馬達驅動器晶片、電壓 & 電流檢測晶片、FET 柵極驅動器晶片

3. 駕駛輔助域

　　駕駛輔助域主要由雷達系統、環視系統、駕駛人監控系統等組成，其中涉及的車載晶片如表 2-10 所示。

▼ 表 2-10　汽車駕駛輔助域中的車載晶片

駕駛輔助域子系統	涉及晶片
雷達系統	微控制器（MCU）、能源管理晶片、視頻界面晶片、通訊收發器晶片、儲存晶片、雷達接收器晶片、時鐘晶片
環視系統	電源管理晶片、微控制器、視頻界面晶片、通訊收發器晶片、儲存晶片、時鐘晶片、相機介面晶片
駕駛人監控系統	微控制器（MCU/MPU）、CAN 收發器晶片、FlexRay 收發器晶片、PHY 收發器晶片、能源管理晶片、儲存晶片、多通道積體電路

4. 車身域

　　車身域主要包括車外照明系統、雨刷器與清潔器、車門系統、安全氣囊，其中各子系統涉及的車載晶片如表 2-11 所示。

▼ 表 2-11　汽車車身域中的車載晶片

車身域子系統	涉及晶片
車外照明系統	微控制器、電源管理晶片、通訊介面晶片、LED 驅動器晶片、馬達驅動晶片、LED 矩陣管理器晶片
雨刷器與清潔器	微控制器、電源管理晶片、通訊介面晶片、馬達驅動晶片、電流檢測晶片
車門系統	微控制器、電源管理晶片、通訊介面晶片、多開關檢測介面晶片、馬達驅動器晶片、電流檢測晶片
安全氣囊	微控制器、點火驅動器晶片、通訊收發器晶片

5. 資訊娛樂域

　　資訊娛樂域主要包括車載音響、人機互動介面、主動降噪單元、遙控鑰匙、空調系統、座椅調節、行車記錄儀等，其中涉及的車載晶片如表 2-12 所示。

▼ 表 2-12　汽車資訊娛樂域中的車載晶片

資訊娛樂域子系統	涉及晶片
音響系統	微控制器、電源管理晶片、通訊收發器晶片、汽車音訊功放晶片
儀表板	微控制器、電源管理晶片、通訊收發器晶片、LED 背光驅動晶片、功放晶片、馬達驅動晶片、引擎監控晶片
顯示幕	微控制器、電源管理晶片、通訊收發器晶片、顯示驅動晶片、觸覺驅動晶片、無線連接晶片、背光控制晶片、顯示視頻界面晶片

2.3.3　按使用功能分類

1. 功率晶片

　　利用半導體的單向導電性原理，功率半導體元件可以快速實現電源開關和電力轉換功能，所以又被稱作電力電子元件，是電力電子裝置實現電能轉換、電路控制的核心元件。功率半導體主要包含二極體、晶閘管、MOSFET 和 IGBT 等，在整車的車載晶片用量上佔比在 20% 左右。功率晶片主要指其中的 MOSFET 和

IGBT功率半導體。IGBT（絕緣柵雙極性接面電晶體）主要用於電能變換和控制，作為核心功率元件被用於新能源汽車的電控系統和直流充電樁。其主要涉及的汽車子系統包括燃油車動力域中的引擎節氣門子系統，電動車動力域中的驅動馬達子系統，底盤域中的煞車系統 ABS、電動助力轉向系統、主動懸吊等子系統，車身域中負責空調與散熱的電動機控制子系統以及負責照明和訊號裝置的步進電動機控制子系統。

MOSFET 是一種工作頻率高、開關速度快的電子元件，也是一種電壓型驅動元件。在高壓環境下，其導通損耗大，升溫加快，所以在高壓、大功率環境下較少使用 MOSFET。在較低電壓環境下，其工作損耗小於 IGBT，更有優勢。

IGBT 是一種雙極型三極體和絕緣柵型場效應管組成的半導體元件，整合了三極體和 MOSFET 的優勢，具有良好的抗擊穿性，但其開關的速度較慢，損耗大，價格遠高於 MOSFET。作為電壓型驅動元件，IGBT 所需的驅動電壓更高。

2. 通訊晶片

通訊晶片是應用於各類車內資訊傳輸的晶片，其主要包括射頻前端晶片、網路通訊晶片、無線通訊晶片，以及導航晶片。其中車內網車載網路通訊晶片又涉及 CAN、FlexRay、LIN、MOST、LVDS、PHY 幾種汽車匯流排。車外網無線通訊晶片涉及的無線通訊技術包括藍牙、ZigBee、WiFi、DSRC、C-V2X 等。

汽車匯流排是指汽車內部導線採用匯流排控制的一種技術，是一種各模組公共的資料通道，利用匯流排控制器進行 ECU、感測器、執行機構之間傳輸通道的管理，不同於複雜的點對點通訊網狀結構。匯流排技術的發展適應了汽車電子化程度不斷提高的要求。目前汽車匯流排的種類很多，如 CAN 匯流排、LIN 匯流排、VAN 匯流排（法國車系專用）、IDB-M、MOST、USB 和 IEEE 1394 等。這些車用匯流排由於在應用物件和網路性能上各有特色，將在競爭中共存相當長一段時間，而且隨著車載網路技術的發展進步，一些特定用途的新型匯流排還會被陸續研發出來。

汽車娛樂域與高品質視訊傳輸需求逐漸提升，車聯網對通訊功能的需求與 5G 演進相適應。車聯網 V2X 通訊技術分為 DSRC 與 LTE-V 兩種：DSRC 發展早、技術成熟，但在路側基礎設施端投入較大，技術演進不明顯；LTE-V 可用 4G 網路應用於不同場景，通道寬，同步性好，但標準未定，缺乏市場驗證，主要分為集中式和分散式兩種技術。

　　目前，中國產業化處理程序逐步加快，產業鏈上下游企業已經圍繞 LTE-V2X 形成包括通訊晶片、通訊模組、終端設備、整車製造、營運服務、測試認證、高精度定位及地圖服務等為主導的完整產業鏈生態。在中國，C-V2X 技術即 5G 技術則一致被認為是更為先進的技術，政府大力支持 C-V2X 技術的戰略和標準化。

3. 計算晶片

　　計算晶片是指執行計算和控制功能的晶片，主要包括微控制器（MCU）、自動駕駛晶片（CPU、GPU、NPU、DSP、FPGA、ASIC、SoC）、音視訊處理晶片（ISP）和數位基頻晶片。其中，MCU 是車載晶片中使用最多的晶片，佔比將近 30%。可見，汽車中最核心的晶片是 MCU，而且用量很大，只要涉及控制相關的地方都需要用到，大到動力控制系統，小到一個雨刷的擺動控制。

　　MCU 是 ECU 的總控中心。它將中央處理器的頻率與規格壓縮，並將週邊介面，如記憶體、計數器、USB、A/D 轉換等都整合在單晶片上，即一種晶片級電腦，以適應不同應用場合的控制組合。一輛汽車通常有約 60 個分管不同功能的 ECU。MCU 在接收資訊後，透過運算處理輸出訊號，從而驅動電磁閥、電動機等被控硬體。

　　自動駕駛對感知和複雜決策的需求，使得傳統的規則建模難以支撐複雜場景的應用，也難以支援 OTA 等自我調整和自學習方式的演算法。基於以上背景，深度學習以其靈活的建模方式和複雜場景的適應性，被認為是解決高級自動駕駛的關鍵技術。其也與自動駕駛系統處理器選擇路線相適應。深度學習演算法的複雜性比較高，需要有相應的嵌入式計算平臺進行匹配，在應用過程中，

硬體技術路線主要有 GPU、SoC、FPGA、ASIC 等。CPU 由於在分支處理以及隨機記憶體讀取方面有優勢，在處理串聯工作方面較強；GPU 在處理大量有浮點運算的並行運算時優勢明顯，SoC 可以提供多種可程式化邏輯元件；FPGA 在硬體電路裡原生支援特殊的複雜指令而不需要對指令進行分解和模擬；ASIC 則是為某種特殊複雜指令訂製的專用晶片，擁有更強大的計算力和功耗性能，如 Google 公司為 TensorFlow 設計的 TPU（張量處理單元）。

目前，已商用的自動駕駛晶片基本處於高級駕駛輔助系統階段，可實現 L1、L2 等級的輔助駕駛，部分宣稱可實現 L3 等級的功能，L4、L5 等級導向的完全自動駕駛及全自動駕駛晶片離規模化商用仍有距離。算力和能效比是自動駕駛晶片最主要的評價指標，L1、L2 等級需要的晶片算力小於 10TOPS，L3 等級需要的晶片算力為 30~60TOPS，L4 等級需要的晶片算力大於 100TOPS，L5 等級需要的晶片算力為 500~1000TOPS。表 2-13 所示為自動駕駛晶片的主要廠商及產品。

▼ 表 2-13　自動駕駛晶片的主要廠商及產品

主要廠商	主要產品	單片晶片算力 /TOPS	功耗算力比 /（W/TOPS）
NVIDIA	ORIN	200	0.225
Intel Mobileye	EyeQ5	24	0.41
Tesla	FSD	72	1
華為	晟騰 310	64	1.05
地平線	徵程 3	5	0.5

計算力的評價指標主要有 MIPS、FLOPS、TOPS 等，分別表示處理器晶片處理指示、進行浮點型運算、進行整數運算的能力，主要透過常用基準程式測試計算，如 Dhrystone、Whetstone、Linpack 等。但是實際上 I／O 的效能、記憶體的架構、快取記憶體一致性、硬體能支援的指令等對晶片的處理速度都會產生影響。多核心平行計算過程中，因為處理器架構不同，也會對綜合性能產生影響，如 ARM 架構晶片在多核心平行計算中，根據應用不同會損失 20%~30%

的性能。而異質晶片在多核心整合過程中，也會受到製程的限制，例如 ARM 架構的 Cortex A72 目前最多組成 4 核心，通常應用以 2 個 A72 和 4 個 A53 形成 SoC。

　　計算力評價指標只是透過舉出比較直觀的計算力對比來提供相關指標參考，不能完全真實反映演算法部署對計算力的需求。ARM 架構晶片計算力對比分析如圖 2-22 所示。

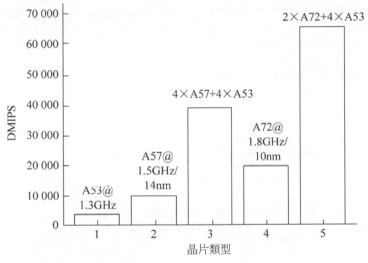

▲ 圖 2-22 ARM 架構晶片計算力對比分析

　　異質晶片身為更加多元的方案，將自動駕駛控制演算法進行分析拆解，並將其分層部署在晶片中，以滿足各類不同需求，達到如算力、功耗、安全等各性能指標的要求。在該晶片成熟度提升的過程中也降低了成本銷耗，並更加符合各性能指標的需求，從而進一步促進自動駕駛在功能和網域控制站上的迭代升級。根據自動駕駛控制系統在資訊處理上的資訊量需求進行劃分，如圖 2-23 所示為多元異質晶片組合的網域控制站整合方式對自動駕駛需求的對應分層。該組合方式平衡了性能、成本、功耗、功能等需求，且層級劃分透過模組化方式提升了迭代更新的便利性，是自動駕駛控制系統發展的必然趨勢。

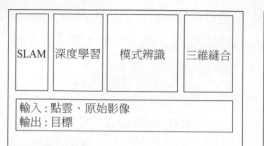

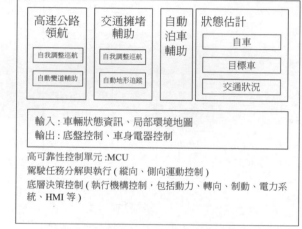

▲ 圖 2-23 多元異質晶片組合對應各層自動駕駛演算法需求

4. 儲存晶片

儲存晶片用來儲存資料，主要包括 EEPROM、DRAM、Flash 等類型，在汽車駕駛輔助域中的雷達子系統、環視子系統、駕駛人監控子系統中都有應用。

新能源汽車產業對記憶體的需求與日俱增，在後行動計算時代，車用儲存將成為儲存晶片中重要的新興增長點和決定市場格局的有生力量。DRAM、SRAM、Flash 未來將被廣泛地應用在新能源汽車的各個領域。隨著智慧駕駛等級與座艙功能的升級，單車儲存成本、儲存容量也隨之上升。2017 年，每輛汽車存放裝置硬體成本在 20 美金左右（不包括整合在 MCU 中的儲存單元）。當智慧駕駛到 L4/L5 等級時，存放裝置的硬體成本為 300~500 美金。

各類車載儲存晶片的適用範圍及特點如圖 2-24 所示。

儲存類型	應用	適用自動駕駛等級	特點
SLC NAND	• 行車記錄器 (EDR) 事件日誌 • 嵌入式系統程式儲存 • 儀表板資料儲存	L1~L5	• 最大容量為 4GB，容量較小 • 需要透過系統進行管理
EMMC/UFS	• 資訊娛樂系統 • 導航系統和 ADAS 程式儲存	L2~L4	• 有效兼顧性能、成本、資料安全性、耐用性、價格、容量 • MLC 已在 ADAS 中廣泛應用，後續 TLC 還可進一步節省成本
UFS/嵌入式 SSD	• 儲存高解析度地圖 • 無人駕駛汽車電腦 • AI 資料庫 • 黑盒資料記錄器	L3~L5	• SSD 的價格高於其他儲存系統 • 速度更快、容量更大且頻寬更高

（儲存進化方向）

▲ 圖 2-24 車載儲存晶片的適用範圍及特點

其中，SRAM 以及 EEPROM 儲存晶片有望獲得更大範圍的應用。

根據分析，SRAM 比 DRAM 的讀寫速度更高、功耗水準更低、性能比 DRAM 更可靠，該特性決定了其在汽車領域中被常用於高性能 SoC 中的資訊娛樂系統和資訊傳輸系統，如作為視訊處理快取。

另外，SRAM 還被廣泛地用於不需要高位元寬和高儲存密度，但對車輛安全性有要求的領域，如儲存汽車的引擎、剎車、運動感測器和駕駛人的控制訊號。

汽車級 EEPROM 則憑藉其耐久性高、可靠性高、溫度適應能力強、抗干擾能力強等特性，在引擎控制單元、車身控制模組、調光尾燈、煞車防鎖死系統、電動助力轉向、先進駕駛輔助系統、藍牙天線、汽車空調、資訊娛樂 / 導航、後視鏡倒車顯示等汽車電子產品中獲得了廣泛的應用。

5. 感測器晶片

車用感測器在汽車控制系統中檢測和傳遞回饋訊號。隨著汽車電子技術的日漸成熟，使得車用感測器的類型更豐富，功能更完善。目前市面車用感測器主要包括：①由感測器直觀反應傳遞的資訊訊號類型，如汽車中常用的溫度感測器、壓力感測器等；②由感測器輸出的訊號來分類，主要包括依託於 A/D 轉換器的數位式感測器和類比式感測器；③根據感測器工作原理來分類，主要包括光電式感測器、電阻式感測器等。

智慧感測器是安裝在現代汽車中的核心汽車電子技術之一，它根據性能指標的要求和規範，把所擷取的非電量訊號轉為電量訊號。同時汽車中的電子感測器還包括了轉換元件、敏感元件，透過數學計算方法把相應訊號進行轉換。智慧感測器包括了感測器整合化和微處理器技術，將對汽車行駛情況進行全自動診斷和分析，傳遞特殊情況相關資料給使用者，並採用科學處理方式傳遞資料資訊，確保汽車行駛安全。汽車智慧感測器類型許多，較為常見的有電控懸掛感測器、駕駛座位自動化調控感測器、轉向管控感測器等，其支援汽車自動化電子控制系統的運行，能夠形成資料封包表，向使用者回饋即時資訊。一般而言，一輛汽車所裝備的感測器數量許多。感測器裝置具有不同用途，主要包括汽車乾濕度的測量、汽車速度和光亮度的顯示、汽油濃度和汽車表面溫度的測定等功能。在未來，智慧感測器將經過長期演進擴大自身功能範圍，並被成熟地運用於汽車電子系統中。

　　對於自動駕駛功能架構，自動駕駛系統感知的來源有攝影機、毫米波雷達、雷射雷達、定位導航系統，將分別獲取環境照片、電磁回波、雷射雷達點雲端資料等。在環境感知系統中，常見感測器的組成和其大致的感知範圍如圖 2-25 所示。

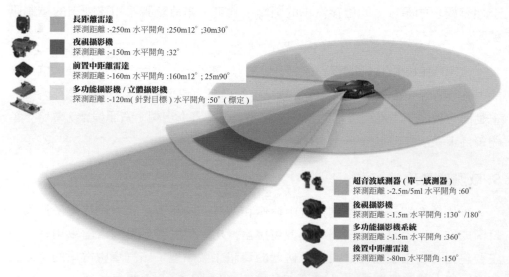

長距離雷達
探測距離 :-250m 水平開角 :250m12°;30m30°

夜視攝影機
探測距離 :-150m 水平開角 :32°

前置中距離雷達
探測距離 :-160m 水平開角 :160m12°;25m90°

多功能攝影機 / 立體攝影機
探測距離 :-120m(針對目標) 水平開角 :50°(標定)

超音波感測器 (單一感測器)
探測距離 :-2.5m/5ml 水平開角 :60°

後視攝影機
探測距離 :-1.5m 水平開角 :130°/180°

多功能攝影機系統
探測距離 :-1.5m 水平開角 :360°

後置中距離雷達
探測距離 :-80m 水平開角 :150°

▲ 圖 2-25 環境感知系統感測器的組成及感知範圍

自動駕駛系統感測器組成的資訊資料量和獲取方式如圖 2-26 所示。

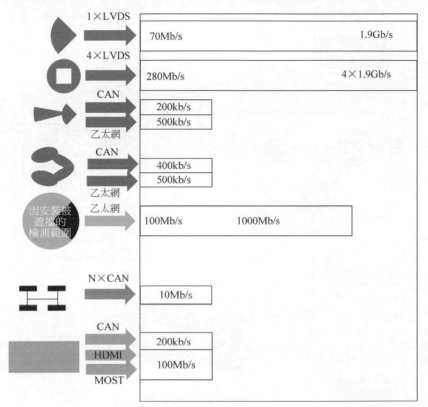

▲ 圖 2-26 自動駕駛系統感測器組成的資訊資料量和獲取方式

　　圖 2-27 所示為英飛淩 77GHz 汽車雷達方案，系統含有分離的收發模組，集成度高，採用具備一定靈活性的射頻前端。

6. 電源晶片

　　電源晶片在電子系統中具有電能轉換、控制、監測及管理功能，包括的類型主要有 DC/DC 和 LDO，應用於汽車燃油車動力域的引擎 ECU、變速器 ECU 子系統，電動車動力域中的電池管理 BMS 子系統，底盤域中的 ABS 和主動懸吊子系統等。常用的電源管理晶片有 LMG3410R050、UCC12050、BQ25790、HIP6301、IS6537、RT9237、ADP3168、KA7500、TL494 等。

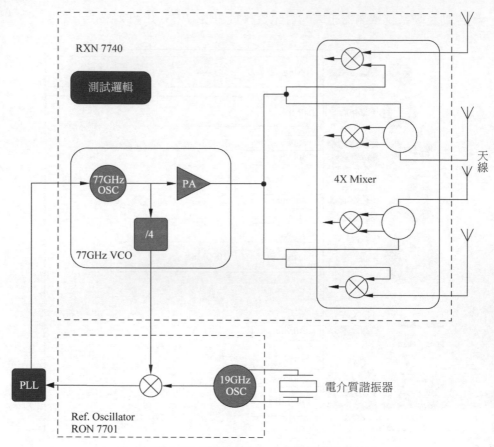

▲ 圖 2-27　英飛凌 77GHz 汽車雷達方案

　　未來，電源晶片將向更高精度和安全性方向發展，主要針對電能進行變換、分配、檢測以及電池管理，其性能指標主要有精度和安全性。在汽車電池管理系統中，必須對每節電池的電荷狀態進行精確測量和控制，這要求盡可能提高電池資料獲取的準確性，並消除環境雜訊的影響。

7. 其他功能晶片

　　除上述晶片以外，車載晶片還包括顯示晶片、時鐘晶片、保護晶片和驅動晶片。

顯示晶片（Display Chip）是提供顯示功能的晶片，主要包括 LED 驅動器晶片、LED 背光驅動晶片、顯示驅動晶片等，應用於汽車資訊娛樂域的儀表板、顯示幕子系統。

　　時鐘晶片是具有時鐘特性並能夠顯示時間的晶片，主要包括平行介面時鐘晶片、序列介面時鐘晶片、三線介面時鐘晶片，主要應用於汽車駕駛輔助域的雷達系統、環視系統等子系統。

　　保護晶片主要有輸入保護晶片和反向電池保護晶片，主要應用於汽車燃油車動力域的引擎 ECU 子系統和電動車動力域的電池管理系統子系統。

　　驅動晶片主要有動力系統驅動晶片、馬達驅動晶片、輸出驅動晶片、MOSFET 柵極驅動器晶片、點火驅動器晶片、觸覺驅動器晶片，應用於汽車燃油機動力域的引擎 ECU 子系統和變速器 ECU 子系統。

第 **3** 章

汽車電子可靠性要求

3.1 汽車可靠性要求

3.1.1 汽車可靠性的定義

　　根據汽車產品市場調研的結果，汽車使用者都希望自己的汽車具有高可靠性。對消費者來說，汽車的高可靠性常包括以下內容：汽車經久耐用、不容易出故障、隨時可以使用、維修費用低等。研究汽車可靠性對滿足消費者對汽車產品的需求具有重要意義。

目前世界上公認的產品可靠性定義是：產品在規定的條件下，在規定的時間內，完成規定功能的能力。該定義中包含以下 4 個關鍵要素。

（1）產品——對汽車可靠性而言，產品就是汽車。

（2）規定的條件——指產品工作的條件，例如承受的機械酬載、電壓、電流、工作溫度、濕度、腐蝕、維修保養、操作者的特性等。產品的工作條件對可靠性的影響很大，可靠性分析和比較應當以規定產品的工作條件為前提。

（3）規定的時間——在可靠性工程中，「時間」泛指廣義的時間，包括次數（如產品承受一定酬載的次數、開關的開閉次數等）、距離（汽車行駛的里程數）、時間（汽車引擎在規定條件下工作的小時數）等反映產品壽命的量。規定使用時間的長短，對可靠性是有影響的。對同一批產品，規定的使用時間（壽命）越長，到壽命後發生故障的產品比例就越高，即可靠性越低。

（4）規定的功能——在產品設計任務書、使用說明書、訂貨合約以及國家標準中規定的各種功能與性能要求。

產品不能實現規定的功能即被定義為失效。所以，失效的定義與規定功能的定義直接相關。舉例來說，如果把引擎能夠運轉定義為規定的功能，則引擎停止運轉就是失效；如果把引擎能夠提供一定轉矩作為規定功能，當引擎不能提供這樣的轉矩時就是失效，即使引擎能夠運轉也是失效。

產品的失效與施加於其上的負荷密切相關。對承受機械酬載的零件，當它們承受的酬載超過其承受能力時便發生失效。舉例來說，一個拉桿，當它承受的應力超過材料的強度極限時便會斷裂。對電子元件，當透過它們的電負荷超過其承受能力時也會失效。舉例來說，一個電晶體，當流過它的電流超過其承受能力時會因過熱而失效。在可靠性工程中，把施加給產品的負荷（力、應力、加速度、壓力、電壓、電流、溫度、濕度等）通稱為應力，把產品能夠承受這些應力的極限能力通稱為強度。所以可以說，當一個產品所承受的應力超過其強度時便會失效。在可靠性工程中，研究應力與強度的相互關係佔有重要地位。

然而，工業產品強度的分佈規律並不總是不變的。舉例來說，在產品承受疲勞酬載或腐蝕情況下，其強度的分佈規律隨著時間或酬載循環將發生變化。

由於產品的特徵（對汽車而言，包括各個元件的幾何形狀、尺寸、強度等）和工作條件（酬載、溫度、腐蝕、維修保養等）都是隨機變數，所以可靠性分析是借助於統計學的思想來進行的。可以說，可靠性工程屬於統計技術範圍。值得注意的是，可靠性分析與設計的基礎是可靠性資料，也就是產品從開發、製造、使用直至失效全過程的有關產品特徵、工作條件和工作時間等的資料，沒有它們就無法進行可靠性分析和設計。所以，必須十分注意這些資料的搜集和儲存。由此可見，為保證產品具有足夠高的可靠性，需要在產品的研製、設計、製造、試驗、使用、運輸、保管及保養維修等各個環節應用可靠性技術。

　　提升汽車產品的可靠性有著非常重要的意義。汽車產品作為耐用的消費品，消費者希望其能夠正常執行盡可能長的時間。此外，汽車產品如果可靠性不能得到保證，還有可能增加交通事故的發生次數。提升汽車產品可靠性可以減少在使用過程中出現故障乃至事故的次數，降低消費者的生命財產損失，延長汽車產品的壽命，提升汽車產品的可用率，帶來效益的提升。提升汽車產品可靠性還有助減少廠商的產品壽命週期成本。儘管保證良好的可靠性往往需要使用更高品質的零件和元件，並且在產品投入市場前進行充分的可靠性設計、分析、模擬和試驗驗證，這些環節會增加廠商的生產成本，但是如果未能在投產前充分考慮可靠性問題，則汽車產品使用過程中的維修費用、責任賠償費用、產品故障處理費用、保修費用等則會大大超過提升產品可靠性過程中的花費。而且若產品可靠性足夠好，廠商還會受到消費者的青睞，聲譽得到提升，從而擴大產品銷路，提升市佔率，綜合來看，對廠商還是十分有利的。

3.1.2 汽車可靠性的評價指標

1. 可修產品與不可修產品

　　在可靠性工程中，把產品分為可修產品和不可修產品兩種類型。不可修產品是指在使用中發生失效，其壽命即告終結的產品；可修產品是指在使用中發生故障後，可以透過維修的方法恢復其功能的產品。顯然，汽車屬於可維修產品，當汽車出現故障時，往往可以透過更換個別零件、重新調整等方法來恢復其原有功能。

2. 汽車整車使用可靠性的主要評價指標

作為可修產品,汽車整車使用可靠性的評價指標主要包含可靠度與不可靠度、故障機率密度、故障率、平均故障間隔里程和平均首次故障里程等。以下分別介紹。

可靠度 $R(t)$:指研究物件在規定的條件下和規定的運行里程時間 t 內圓滿完成規定功能的機率。可靠度本質上是可靠性的一種機率度量。舉例來說,某種產品的可靠度為 90%,就表示在一大批這種產品中,有 90% 的產品可以在規定的壽命 t 內完成規定的功能,而有 10% 的產品未達到規定壽命就失效了。顯然,可靠度是規定壽命 t 的函數。

不可靠度 $F(t)$:指研究物件在規定的條件下和規定的運行里程時間內不能完成規定功能的機率,也稱為故障分佈函數。不可靠度的大小直接反映故障發生的機率,反映故障在里程中累積的情況,也反映了故障與里程的函數關係,故又稱 $F(t)$ 為累積故障機率。在任何階段,可靠度與不可靠度都滿足:

$$R(t) + F(t) = 1 \tag{3-1}$$

圖 3-1 定性示出 $R(t)$ 和 $F(t)$ 隨工作時間 t 的變化情況。這種變化遵循以下規律:在產品剛開始工作時(i=0),所有產品都是完好的,從而有 $R(0)$=1,$F(0)$=0; 隨著工作時間的增加,產品的失效數也在增加,可靠度相應降低,與此同時不可靠度相應增大; 如果產品一直使用下去,當工作時間接近無限大時,可靠度等於 0,而不可靠度等於 1。因此,在時間區間〔0,∞〕內 $R(t)$ 為非增函數,且 0≤$R(t)$≤1; 而 $F(t)$ 為非減函數,且 0≤$F(t)$≤1。

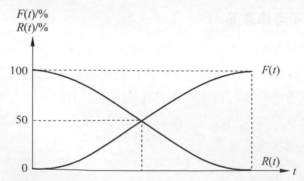

▲ 圖 3-1 可靠度和不可靠度隨工作時間的變化情況

故障機率密度 $f(t)$：指單位里程內出現故障的機率密度。在實驗中可透過對一組可靠性資料進行分析求出，並用機率密度函數表示。若不可靠度（累積故障機率）$F(t)$ 連續可導，則有：

$$f(t) = \frac{\mathrm{d}F(t)}{\mathrm{d}t} \qquad (3-2)$$

即 $f(t)$ 反映的是在運行里程時間為 t 時單位里程的累積故障機率的變化情況。圖 3-2 定性舉出了故障機率密度和不可靠度之間的關係。該關係和機率密度函數與機率分佈函數間的關係是一致的。

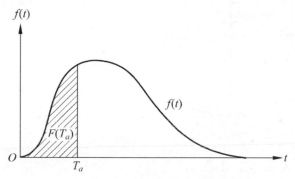

▲ 圖 3-2 故障機率密度與不可靠度之間的關係

故障率 $\lambda(t)$：汽車在單位里程內發生故障的機率，一般由故障率函數表示，即在某一時刻功能仍然完好的產品中下一瞬間發生失效的比率。故障率函數與故障機率密度函數、可靠度函數存在如式（3-3）所示的關係：

$$\lambda(t) = \frac{f(t)}{R(t)} \qquad (3-3)$$

也就是說，故障率 $\lambda(t)$ 可以視為工作到 t 時刻尚未失效的產品，在該時刻之後單位時間內失效機率的變化。而故障機率密度 $f(t)$ 可以視為開始工作（時刻 $t=0$）時的產品（所有產品），在時刻 t 單位時間內失效機率的變化。

一般來說，故障率曲線有 3 種類型，分別為①故障率隨著時間不斷減小；②故障率保持不變； ③故障率隨著時間不斷增大。故障率曲線的 3 種類型反映了產品工作過程中的 3 個不同階段或時期，如圖 3-3 所示。

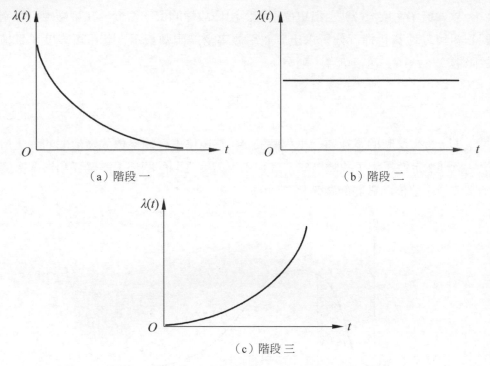

（a）階段一　　　　　　　　　　　（b）階段二

（c）階段三

▲ 圖 3-3　產品工作過程中不同階段的故障率曲線

　　將這 3 個時期繪成連續曲線，則得到「浴盆曲線」，這是由於其形狀與浴盆的剖面相似而得名，如圖 3-4 所示。

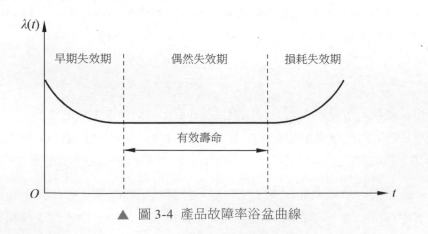

▲ 圖 3-4　產品故障率浴盆曲線

在浴盆曲線上可將失效分為以下 3 個時期。

（1）早期失效期。

早期失效期（故障率遞減型）對應圖 3-3（a）。其特徵是開始時故障率較高，隨著時間的延長，故障率逐漸減小。這往往是因為產品中混有不合格品和帶缺陷的產品，它們經過比較短時間的使用就發生失效現象，這使得最初的故障率較高，故障率逐漸下降。但隨著時間的演進，不合格品和缺陷品逐漸被淘汰（即發生失效），在剩下的未失效產品中所含的不合格品，缺陷品越來越少，從中再發生失效的越來越少，故障率即逐漸下降。

為提高產品的早期可靠性，可以採用的措施包括改進產品設計和生產品質控制，減少產品變差，減少不合格品和缺陷品，防止不合格品和缺陷品提交給顧客。

為提高產品的早期可靠性（使用初期的可靠性），一種廣泛採用的措施是預燒（Burn-In）篩選，即每個剛製造出來的產品都要在可以引起失效的條件（如一定的電負荷、溫度循環、震動等）下工作一個規定的時間。在這個過程中，大部分不合格品、缺陷品都發生了失效，可以被篩除掉。將能夠經受這種試驗而不發生失效的產品提供給顧客，它們的早期可靠性就會得到明顯提高。合理利用這種方法，可以基本上把早期失效期消化在生產廠商內部，而在顧客手中的產品基本上不表現出早期失效。

（2）偶然失效期。

偶然失效期（故障率恒定型）對應圖 3-3（b）。其特徵是故障率低且恒定。在此期間，失效是偶然發生的，何時發生無法預測，引起失效的原因一般是產品受到非正常的、超過其設計強度的外界衝擊。舉例來說，汽車上的收音機因發生撞車事故而損壞、汽車引擎因錯誤保養而損壞等。在偶然失效期，採取提前更換零件的方法不能提高可靠性。此期間是產品的有效工作期，所以總是希望其持續的時間（工作壽命）盡可能長一些，並且故障率盡可能低於要求值。

（3）耗損失效期。

耗損失效期（故障率遞增型）對應圖 3-3（c）。其特徵是故障率隨著時間的演進而增大。在此期間，老化失效佔據產品失效的主導地位，引起失效的原因一般有材料疲勞、腐蝕、材料擴散等。一旦進入故障率快速增長期，說明產品已到了設計壽命。如能在進入耗損失效期以前或在耗損失效期的前期更換零件、進行預防性維修，可以提高系統可靠性。

與產品可靠性相關的各項指標可以相互推導。在可靠度 $R(t)$、不可靠度 $F(t)$、故障機率密度 $f(t)$ 和故障率 $\lambda(t)$ 這些描述失效規律的指標當中，已知其中一個，便可根據前述關係確定其他 3 個指標。

平均故障間隔里程 MTBF：汽車在兩次相鄰的故障之間所行駛的里程稱為平均故障間隔里程，也稱為平均壽命。對於可修復系統，因為在發生故障以後仍可修復使用，所以最具有實際研究意義的就是 MTBF。當故障機率密度函數 $f(t)$ 為連續函數時，有：

$$\mathrm{MTBF} = \int_0^{+\infty} t f(t)\,\mathrm{d}t \tag{3-4}$$

當 $f(t)$ 為離散函數時，有：

$$\mathrm{MTBF} = \sum_{i=0}^{n} t_i f_i \tag{3-5}$$

平均首次故障里程 MTTFF：汽車在首次故障之前所行駛的平均里程稱為平均首次故障里程，對應於其他產品的平均壽命。對於不可修復系統，這一指標對應於一批產品從開始工作到發生失效時的平均工作時間，稱作平均壽命或失效前平均工作時間（MTTF），此時它與 MTBF 是同一個值。對於可修復系統，平均首次故障里程有固有的分佈類型，可通過點估計由樣本的平均值得到。

整體而言，汽車可靠性的主要要求集中表現在上述評價指標上。雖然具體的測評指標會隨測評需求、測評環境等發生變化，但這些具體指標總是與上述評價指標相連結。可靠的汽車產品應當具備較高的可靠度（即較低的不可靠度），較低的故障率和較長的平均故障間隔里程與平均首次故障里程。這些目標的實現需要汽車產品在出廠前經過系統的、滿足特定標準的可靠性測試。

3.1.3 汽車可靠性的測試場所

開展汽車可靠性測試的場所非常豐富，為實現不同的測試目的，全球測試機構、企業、大專院校和科學研究院所架設了一系列測試場所。依照測試場所的不同，汽車的可靠性測試可以分為實際道路可靠性測試、試驗場可靠性測試、特殊環境可靠性測試和實驗室可靠性測試等。

1. 實際道路可靠性測試

實際道路可靠性測試是指在選定的典型實際道路行駛試驗條件下進行的可靠性驗證或測定。為了充分驗證汽車在不同道路場景下的行駛可靠性，在進行實際道路可靠性測試時一般會選取多種典型道路，包括高速公路、環道、強化壞路、一般公路、山路、城市道路等。其中一般公路常指路面平整度為 C 級或 C 級以上的平原微丘公路，最大坡度小於 5%，路面寬闊平直，視野良好，汽車能持續以較高的車速行駛大於 50km 的距離；山路一般指平均坡度大於 4%，最大坡度達 15%，連續坡長大於 3km，路面平整度為 C 級以上的道路；城市道路一般指城市交通幹線街道，路面平整度要求為 C 級以上。在道路選取時，應使各種道路盡可能按照相應規程中的規定比例組成一定里程的循環。這類測試最真實反映實際的工作環境和工況，測試結果最為可信。缺點是耗資巨大，測試週期過長，重複性差，並且不利於損壞件的維修、更換和資料的整理。

2. 試驗場可靠性測試

試驗場可靠性測試是指在專門建設的汽車可靠性試驗場中進行可靠性測試。在試驗場中可以人工建造出不同的道路場景，集中測試汽車在各種道路場景下的可靠性。此外，汽車試驗場大都相對封閉，相比道路測試有更高的安全性。目前的試驗場可靠性測試已經比較成熟，許多國家和地區都興建起大規模的汽車試驗場來進行研究導向或消費級汽車產品導向的可靠性測試。中國典型的大規模汽車試驗場包括交通運輸部公路交通試驗場（見圖 3-5（a））和重慶長安汽車綜合試驗場（見圖 3-5（b））等，此處以這兩座試驗場為例，介紹汽車可靠性試驗場的組成和與之對應的主要測試項目。

（a）交通運輸部公路交通試驗場

（b）重慶長安汽車綜合試驗場

▲ 圖 3-5　中國典型汽車可靠性試驗場

　　交通運輸部公路交通試驗場是交通運輸部公路科學研究所所屬的，由國家立項，交通運輸部投資興建的中國第一家可同時進行汽車工程、交通工程及公路工程試驗研究的大型綜合性試驗基地，總佔地面積為 2.4km²，位於北京市通州區大杜社鄉，毗鄰京津塘高速公路。該試驗場擁有目前中國設計平衡車速最高（190km/h）的全封閉高速循環跑道、可進行 ABS 及路面抗滑等試驗的不同摩擦係數試驗路、長直線性能試驗路、可靠性與耐久性試驗路、操縱穩定性測

試廣場、外部雜訊測試廣場、6％~60％的 8 條標準坡道以及涉水池、濺水池等其他汽車性能試驗設施，試驗道路總里程達 28.6km。搓板路、卵石路、高速路、坡路、山路等各類整車測試路面都可以在試驗場裡見到，此外，尾氣排放、引擎性能、碰撞安全等專業試驗也都可以在該試驗場完成。

　　重慶長安汽車綜合試驗場由長安汽車投資興建，是面向全球汽車研發企業和全球汽車認證檢測機構開展產品研發和檢測的公共服務平臺。試驗場總佔地 2241356m^2，主要以道路場地試驗為測試項目，建設有中國領先的高速環道、基本性能道、動態廣場、煞車試驗道等常規路面，以及特有的整車商品性綜合評價路面、異響路面、舒適性路面等。試驗場試驗路面總長 50 餘公里，適用於乘用車（轎車）、商用車產品研發和型式認證試驗。場地中包含的主要測試道路及基本情況與功能如表 3-1 所示。

▼ 表 3-1　長安汽車綜合試驗場試驗道路介紹

道路類型	道路的基本情況	測試功能
煞車測試道	總長為 1300m，測試區域長度為 300m，6 條車道，寬度為 24m	用於對接試驗、對開試驗、鎖死順序檢查試驗、靜 / 動態管壓測試、靜態踏板特性試驗等車輛煞車匹配、測試、評價
舒適性道路	6 種特殊路面，測試路段長度為 400m，3 車道，寬度為 9m	用於車內雜訊 / 平順性測試試驗、異響測試評價等
車外雜訊測試道	總長約為 700m	用於車外加速雜訊測試、輪胎雜訊測試、透過雜訊試驗等
強化測試道	總長為 4300m，包含 30 餘種特殊路面	用於車輛底盤、懸吊、車身開發、可靠性測試等
綜合評價道路	車道總長約為 4280m，寬度為 8m，2 車道，含多種不同半徑彎道、不同縱向坡度坡道	主要用於整車性能主觀評價、一般性耐久試驗、磨合試驗等
操縱穩定性道路	車道總長約為 3000m，寬度為 7m，含乾燥路面及 1000m 的濕滑路面	用於懸吊匹配試驗、輪胎性能評價、轉向匹配試驗等車輛操控性能匹配、測試評價

（續表）

道路類型	道路的基本情況	測試功能
基本性能道	車道總長約為 2000m，寬度為 15m	用於動力性測試、燃油經濟性測試、雜訊測試評價、輪胎縱向附著性試驗、輪胎捲動阻力試驗、掛擋滑行測試、0~120km/h 加速性能測試、直接加速性能測試、最低穩定車速測試等
標準坡道	坡度有 10%、16.6 %、20%、30%、40%、60% 共 6	種用於 TCS 驗證試驗、ESP 驗證試驗、爬陡坡性能道測試等測試評價及離合器性能開發、測試等
越野試驗道	總長度為 1500m，車道寬度為 4~5m	用於四驅車透過性測試、評價
濕滑動態廣場	外圈直徑為 100m，中心不鋪裝（直徑為 70m）	用於車輛操控性能匹配、測試評價等
異響測試道	由角鋼條路等 13 種特殊路面組成，總長為 100m，路寬度為 3m	用於車內異響測試及評價等

3. 特殊環境可靠性測試

　　特殊環境可靠性測試是為評定汽車產品在各種惡劣環境條件下的性能及其穩定性而進行的測試，如高原測試、高溫測試、寒冷冰雪測試、鹽霧測試及暴曬測試等。高原測試指測試車輛在高原環境中的可靠性。高原環境具有空氣稀薄、氣溫氣壓低、晝夜溫差大等特徵，對內燃機等關鍵元件的工作狀態影響很大。合格的汽車產品應當具備在高原環境中保持正常行駛的能力。中國幅員遼闊，西部地區多山、多高原，汽車的高原測試對中國消費者而言格外重要。目前中國車企的整車高原測試通常在雲南、四川、青海、西藏等地開展，但尚缺乏已投入使用的高原專用可靠性測試場。2018 年 3 月，中國首個高原汽車測試基地——中汽中心雲南高原測試基地開工建設，預期填補中國高原測試專用場地的空白。高溫測試與寒冷冰雪測試也是汽車特殊環境可靠性測試的關鍵環節，高溫條件下的測試包括引擎熄火保護、引擎匹配試驗、共軌油壓系統和溫度測試、ECU 及各感測器溫度測試、高溫環境下整車品質等試驗項目。與高溫測試

相伴的還有暴曬測試、乾熱測試等。目前中國汽車產品的高溫、暴曬和乾熱測試主要在新疆吐魯番自然環境試驗研究中心進行。寒冷冰雪測試則檢驗汽車在極寒和冰雪霜凍條件下的可靠性，主要包括冷開機、冷開機下的駕駛性能、高寒環境下整車品質以及整車採暖、除霜和通風能力、內外飾材料抗寒效果、煞車性能、輪胎抓地能力等試驗項目。目前中國汽車產品的高寒測試普遍在黑龍江黑河、漠河和內蒙古牙克石進行。

4. 實驗室可靠性測試

實驗室可靠性測試是指模擬實際使用條件或在規定的工作及環境條件下進行的可靠性測試，如汽車的各種台架測試和室內道路模擬測試等。其優點包括測試條件可控、可重複進行和分解進行、可利用加速手段進一步明顯縮短測試時間等。在道路模擬試驗台（見圖 3-6 和圖 3-7）上既可以對整車，也可以對選擇的零件進行可靠性試驗。進行實驗室可靠性試驗一般包括以下步驟：①測取準確的、反映使用者實際使用工況的酬載資料——這些酬載資料一般是在車輛上感興趣部位上的力、應力、應變或加速度訊號。酬載資料可以在公共道路上測量，也可以在試驗場試驗道路上測量，目前一般多在試驗場上測量。②對測取的訊號進行分析處理，為進行加速試驗做準備——形成在道路模擬試驗中要複現的目標酬載訊號。③在道路模擬試驗臺上模擬複現目標酬載訊號，並且透過反覆施加這種訊號來進行可靠性和耐久性試驗。④利用原始道路酬載訊號和模擬試驗中測量的訊號來估計實驗室試驗與道路行駛里程之間的當量關係。

▲ 圖 3-6 比亞迪汽車工程研究院研發的 24 通道軸耦合模擬試驗台

▲ 圖 3-7　一種轉向中間軸的可靠性試驗台

　　汽車在使用過程中可能遇到的真實場景非常豐富。由於試驗條件有限，難以複現多種多樣的真實場景，在很多場景下為達到可靠性測試的需求，需要進行虛擬模擬測試。近年來，虛擬模擬測試技術憑藉其試驗週期短、研發成本低的優勢，逐步由試驗場測試的輔助驗證手段轉變為受主機廠和研究院所青睞的車輛可靠性測評方法。該方法透過在整車或零件的多體動力模型上施加與其工作環境相同的酬載，依據相應失效準則進行模擬分析，得出產品失效時間預測結果，找出潛在缺陷和薄弱環節，不斷最佳化設計以提高產品可靠性。目前已經有大批商用軟體投入整車的虛擬模擬可靠性試驗中（見圖 3-8）。隨著技術的進一步成熟，虛擬模擬測試在汽車可靠性測試中的地位將不斷提升。

（a）使用 Adams Car 模組進行煞車系統的虛擬模擬測試

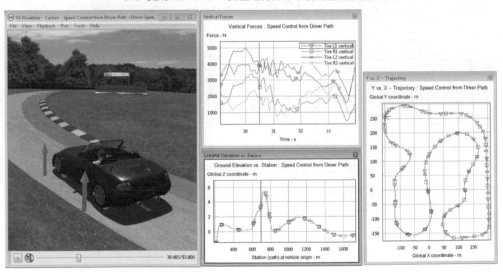

（b）使用 CarSim 模擬軟體進行速度控制測試

▲ 圖 3-8 可用於整車可靠性測試的商用虛擬模擬軟體

3.1.4　汽車可靠性的測試方法

　　汽車可靠性測試是取得汽車可靠性資料的最主要方法。透過對汽車進行可靠性的測試，可以實現以下 3 方面的目的：一是提供使用可靠度函數進行定量分析的基礎；二是為汽車研究、設計提供可靠性資料；三是可以透過對失效樣品進行分析，找出其失效原因和薄弱環節，透過改進設計等措施來提高汽車可靠性。因此，汽車可靠性測試既是汽車可靠性評價的手段，又是保證其可靠性水準的重要措施。

　　汽車可靠性的測試方法有很多，可以按照不同的標準進行分類。

1. 按測試目的分類

　　根據汽車可靠性測試目的的不同，可以將可靠性測試分為以可靠性增長為目標的工程測試和以可靠性評價為目標的統計測試兩大類。

　　工程測試的目的在於暴露汽車整車、總成或零件的可靠性缺陷，以便採用措施加以改進或排除。這種測試一般由承制方進行，以樣機為受試物件。工程測試包括環境應力篩選測試和可靠性增長測試。環境應力篩選測試是指為發現和排除不良元件、製程缺陷和防止出現早期失效等，在環境應力下所做的一系列試驗。典型的應力包括隨機震動、溫度循環和電應力。為暴露產品的薄弱環節，並證明改進措施能防止薄弱環節故障再現（或出現機率低於允許值）而進行的一系列測試，稱為可靠性增長測試。前者是對批生產的產品進行 100% 的試驗，後者則是對未定型產品進行的抽樣試驗。

　　統計測試均採用統計的方法進行，是以獲得可靠性壽命或參數為測試目的。常見的測試類型有可靠性鑑定測試、可靠性接受度測試、可靠性測定測試和耐久性測試等。由於這類測試一般要獲得產品的壽命，通常又被稱為壽命測試。可靠性鑑定測試為確定產品與設計要求的一致性，由訂購方用有代表性的產品在規定條件下進行，並以此作為批准定型的依據。可靠性接受度測試用已交付或可交付的產品在規定下進行測試，目的是確定產品是否符合規定的可靠性要求。可靠性測定測試是承制方為了解產品目前達到的可靠性水準而進行的測試，可以確定產品的壽命分佈、可靠性特徵值、安全餘量、環境適應性及耐久性等

資料。耐久性測試則是為測定產品在規定使用和維修條件下的使用壽命而進行的測試。

2. 按試驗單元分類

根據不同的試驗單元，可將可靠性測試分為系統級、分系統級、裝置級和零件級等。從可靠性驗證的角度看，在有條件的情況下，應盡可能進行高級別的可靠性驗證試驗。其優點是結果真實可信，無須綜合評價。值得注意的是，只有在無法或不能允分進行系統級可靠性驗證測試時，才允許分解為等級更低的可靠性驗證測試，然後綜合評估系統的可靠性。

從可靠性增長的角度看，低級別的可靠性增長測試具有方便、靈活、發現問題早、利於改進產品及縮短研製週期等優點。但分系統之間、元件之間的協調性、匹配性問題卻難以暴露。為此，在有條件的情況下，應適當進行高級別的可靠性增長測試。環境應力篩選測試應該從低級別到高等級，逐級進行，重點放在低級別。環境應力篩選測試示意圖如圖 3-9 所示。

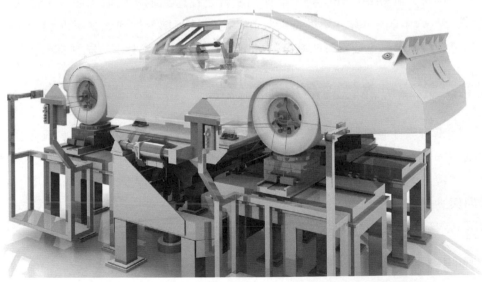

▲ 圖 3-9　環境應力篩選測試示意圖

3. 按測試手段分類

　　按測試採用的手段，可靠性測試可分為模擬測試和激發測試。模擬測試成功對產品進行使用環境模擬來驗證或測定其可靠性，以可靠性評價為目標。模擬測試從單環境因素發展到綜合環境因素，從常規應力發展到高於使用環境的加速應力。壽命測試、加速壽命測試、耐久性測試和實驗室內道路模擬測試等都屬於這一類。激發測試不以環境的真實性模擬為目標，而是透過惡化環境（強化環境）來進行試驗，以提高效率，降低消耗。這類測試一般不以可靠性評價為目標，而是採用加速應力環境快速激發產品潛在缺陷，使其以故障形式表現出來，透過故障原因分析、失效模式分析和改進措施消除缺陷，達到可靠性增長的目的。可靠性強化測試，如高加速壽命測試和高加速應力篩選屬於這一類。

4. 按測試樣本大小分類

　　按測試樣本大小，可靠性測試可分為全數測試與抽樣測試。全數測試是指對關鍵指標和項目進行 100％的測試或檢查。這種試驗所得的資料較為精確，可靠性水準高，缺點是工作量大。抽樣測試就是從產品批次中取出部分子樣進行測試，然後由子樣可靠性水準推斷整體的可靠性水準。抽樣試驗是保證產品品質和可靠性水準的重要手段，其優點是可縮短試驗時間和減少測試樣本數。

3.1.5　汽車可靠性的常用測試標準

　　汽車可靠性測試試驗在全球都有一系列測試標準，汽車產品應當滿足這些測試標準規定的要求。本節整理與整車可靠性和零件可靠性測試相關的國際標準，在規定的內容上，這些標準涉及汽車的行駛可靠性要求、在極端環境下的靜態與動態可靠性要求、針對企業的整車品質管制層面的內容以及與功能安全有關的內容。這些內容都和汽車的整車可靠性有著較強的聯繫。

1. 國際標準

　　目前與汽車可靠性相關的主要國際標準如表 3-2 所示，其中既包括適用於某一國家的標準，也包括一些國際通用的標準。實際上，國際通用的可靠性標準大都來源於西方先進國家的國家標準和企業標準的調整和擴充。

▼ 表 3-2 與汽車可靠性相關的主要國際標準

標準編號或簡稱	標準名稱	標準類別	標準國別
GMW 14872	通用汽車公司循環鹽霧測試標準	環境測試標準	美國
GM 9540P/B	通用汽車公司循環鹽霧試驗箱標準		美國
PV 1210	福斯汽車鹽霧測試標準		德國
M0158	日產工程標準——循環鹽霧試驗美國		日本
IATF 16949	品質管制系統——汽車產業生產件與相關服務件的組織實施 ISO 9001 的特殊要求	品質管制標準	國際
QS-9000	QS-9000 品質系統要求		美國
VDA6.1	德國汽車品質管制標準		德國
EAQF94	法國汽車品質管制標準		法國
AVSQ	義大利國家品質保證系統評估協會標準		義大利
ISO 26262	道路車輛功能安全	功能安全標準	國際

1）環境測試標準

（1）鹽霧測試標準——GMW 14872、PV 1210、M0158。

汽車上有很多使用金屬材料製造的元件，它們在鹽霧暴露環境中容易因受到腐蝕而損壞。對汽車的鹽霧環境測試是汽車特殊工作環境測試的重要內容，也是整車工作可靠性測試的關鍵環節。比較有代表性的汽車鹽霧測試標準包括美國通用汽車公司制定的 GMW 14872、德國福斯集團制定的 PV 1210 和日本日產公司制定的 M0158。

GMW 14872 規定了一種透過加速實驗室耐腐蝕性測試方法來評估汽車上的總成件和單例在鹽霧環境下的可靠性的測試試驗流程。該流程提供了綜合性的循環條件，包括鹽溶液、各種溫濕度和環境，來加速車用金屬元件的腐蝕。該流程能夠有效評估各類腐蝕機制，如一般腐蝕、電鍍腐蝕、縫隙腐蝕等。實驗者可以在標準的框架下自行設定暴露條件，以達到任何所期望的腐蝕暴露狀態。

這些不同的狀態在標準中也分屬不同的規定好的等級。此外，在標準中還含有由溫度、機械循環、電循環和其他應力等外界因素引發的協作效應。與該標準相匹配，通用公司還制定了 GM 9540P/B 標準來規定一種用於汽車鹽霧環境可靠性測試的循環鹽霧試驗箱，以及相應的鹽霧噴塗流程。

PV 1210 是德國福斯汽車公司的車身與附件循環鹽霧腐蝕標準，是應用較為廣泛的循環腐蝕試驗標準。它適用於有塗層的車身、車身薄板、結構元件等試驗樣品的腐蝕檢測，主要是靜態酬載下樣品防腐特性和防腐方法的評測。標準中規定的評測試驗分為噴灑鹽霧、標準氣候儲存、濕熱存放 3 個階段，試驗可以進行 15、30、60 或 90 個循環，然後評判樣本的腐蝕程度。

M0158 是日產公司制定的循環鹽霧試驗標準。這一標準針對汽車零件的不同腐蝕程度提供了中性鹽霧腐蝕、乾燥保持、潮濕保持 3 種不同的循環方法。3 種方法分別適用於一般腐蝕的零件、外板等腐蝕較嚴重的元件和內部腐蝕嚴重的元件。

（2）溫濕度測試標準——IEC 60068-2、EIA 364 等。

由於汽車上的不同零件需要滿足的環境溫度要求不盡相同，目前國際上與汽車溫濕度可靠性測試的標準大多圍繞不同零件制定，如汽車電纜、汽車安全玻璃等關鍵零件。極端溫濕度條件下的測試方式包括用來確定產品在高低溫氣候環境條件下儲存、運輸、使用的適應性的高低溫試驗，用於測試和確定產品及材料進行高溫、低溫、交變濕熱度或恒定試驗的溫度環境變化後的參數及性能的交變濕熱試驗，確定產品在溫度急劇變化的氣候環境下儲存、運輸、使用的適應性的溫度衝擊試驗以及用來確定產品在高溫、低溫快速或緩慢變化的氣候環境下的儲存、運輸、使用的適應性的快速溫變試驗等。國際電子電機委員會（IEC）制定的 IEC 60068-2 標準和美國電子工業協會制定的 EIA 364 標準等均對上述試驗方法進行了詳細的規定。

2）品質管制標準

（1）IATF 16949 品質管制系統。

IATF 16949 品質管制系統是汽車產業生產件與相關服務件的組織實施 ISO 9001 的特殊要求。

IATF 16949 是在 ISO 9001: 2015 的基礎上對整車的設計和開發、生產和服務的提供、監視和測量裝置的控制以及測量、分析和改進等方面提出的更詳細的要求。它在宗旨上強調持續改進、缺陷預防和降低偏差，減少供應鏈上存在的浪費，具體作用表現在整理公司管理流程，改進企業績效；提升產品品質，加強企業市場競爭力；用於向外界（包含客戶）證明公司的規範化與控制能力；用於滿足客戶驗廠要求。在認證註冊主體上，IATF 16949 只適用於汽車整車廠和其直接的零件製造商。這些廠商必須是直接與生產汽車有關的，具有加工製造能力，並透過這種能力的實現使產品增值。

（2）QS-9000 品質系統要求。

QS-9000 標準是與汽車品質管制有關的標準，其最初是美國汽車三巨頭克萊斯勒、福特和通用汽車用來確定對生產、服務元件和材料的內部和外部供應商的基本品質系統的期望。QS-9000 旨在成為汽車產業供應商和製造商之間建立品質倡議的共同基礎，如持續改進、缺陷預防、減少供應鏈中的變異和浪費，以及降低成本。總之，QS-9000 是汽車產業通用的品質系統要求的標準集，可以在客戶對客戶或產品對產品的基礎上進行擴充。

QS-9000 的內容大體分為 3 部分：① ISO 9001 品質管制系統中與汽車相關的要求，包括責任管理、品質系統、合約評審、設計控制、檔案和資料控制、採購、客戶提供產品的控制、產品標識和可追溯性、程序控制、檢驗和試驗、測量和試驗裝置的控制、檢查和測試狀態、不合格品控制、糾正和預防措施、搬運、儲存、包裝、儲存和運輸、品質記錄控制、內部品質審核、訓練、維修、統計技術等。②通用、福特和克萊斯勒各自訂的供自身使用的系統要求。其中克萊斯勒的具體要求包括元件標識、年度全尺寸檢驗、供應商年度內部品質審核、年度設計驗證和產品驗證、標準的克萊斯勒包裝和運輸與標籤格式、缺陷

標準；驗收標準和抽樣計畫。福特的特殊要求包括適用於控制項目零件的特殊要求，主要表現在具有可能影響車輛安全運行和符合政府法規的關鍵特性的元件、熱處理、工程規範（ES）測試、過程監控、驗收標準、產品資格和抽樣計畫等。通用汽車的特定要求包括客戶對控制計畫的批准，UPC（商品統一程式）標籤和 17 個額外的通用汽車標準。③客戶特定要求，這是每個汽車或卡車製造商獨有的要求。它包含了第一部分中沒有包含的汽車產業的特定要求，包括生產元件批准流程、持續改進計畫和製造能力計畫。

（3）德國 VDA6.1 汽車品質管制標準。

VDA6.1 是德國汽車工業聯合會（VDA）制定的德國汽車工業品質標準的第一部分，即有形產品的品質管制系統審核。該標準以 ISO 9001 為基礎，增加了一系列來自汽車工業實踐的特殊要求。標準包含兩個基本部分：管理職責和業務戰略，以及產品和過程要求，共 23 個要素。管理部分討論內部品質審核、培訓和人員、產品安全和公司戰略等問題。產品和過程描述了對專案的要求，包括設計控制、過程計畫、採購、程序控制、糾正和預防措施、品質記錄控制和統計技術。

（4）法國 EAQF 汽車品質管制標準。

EAQF 的前身是 1987 年法國汽車製造商雷諾、標緻和雪鐵龍簽署的品質保證通用檔案，規定了將品質責任全部移交給供應商的程式。現今，EAQF 標準透過授予供應商不同等級的遵從標準來對供應商進行分類。它同樣基於 ISO 9001，評估內容上也和 VDA6.1 的情況相似，但採用了另一種評估方法。已經透過 ISO 9001 認證的製造商還必須透過單獨的程式才能獲得 EAQF 的批准。法國汽車製造商認可由 AFAQ、UTAC 和 AENOR 等經批准的認證機構進行的 EAQF 評估。法國汽車製造商也認可其與德國和義大利同行之間形成的經過供應商系統審核的一系列協定。

（5）義大利 AVSQ 汽車品質管制標準。

義大利 AVSQ 汽車品質管制標準是義大利工業最大製造商的品質系統的基礎，如阿爾法·羅密歐、蘭吉雅、瑪莎拉蒂、飛雅特和法拉利等均採用此標準。

AVSQ 與 QS-9000 非常相似，也與其他歐洲汽車的要求有重疊。在具體內容上，AVSQ 與 QS-9000 的區別有 5 方面：客戶必須對供應商過程、產品和控制計畫建立品質系統資格；供應商必須讓客戶了解分包商提供的產品的品質水準；供應商必須在進行這些更改之前向其客戶傳達對流程和產品的擬議更改；供應商必須定義測試原型、試生產樣品和向客戶展示的程式；說明規格和產品規格變化的控制報告必須隨所有產品的樣品一起提供。

3）功能安全標準

ISO 26262 國際標準是有關道路車輛功能安全的國際標準，針對裝設在量產道路車輛（非機動車除外）中的電子電氣系統。該標準實施的目的包含以下幾方面：一是規定車用產品安全生命週期的各個階段（管理、開發、生產、運行、維修、退役等），並可以在各個階段訂制需要的活動；二是提供針對車用、以風險為基礎的風險確認方式；三是用上述風險確認方式確認，若殘餘風險達到了可接受的範圍，則應該滿足哪些安全需求；四是提供用於確保已達到足夠且可以接受安全性的驗證與確認方式。

ISO 26262 於 2011 年 11 月發佈第一版，於 2018 年 12 月發佈修訂後的第二版。第一版涉及的物件是 3500kg 以下的量產乘用車，第二版涉及的物件範圍擴大至卡車、公共汽車及兩輪機動車。汽車製造商透過根據 ISO 26262 設計電氣電子系統來證明能夠確保汽車的安全，而且設計應確保即使發生了電氣電子系統故障，也不會造成人身（不僅包括駕駛人和乘車人，還包括行人等）傷害。功能安全特性是每個汽車產業產品開發階段中不可缺少的一部分，包括規格制定、設計、實現、整合、驗證、確認以及產品上市等階段。ISO 26262 提供了汽車安全生命週期各階段的相應標準，以及汽車領域中決定風險等級的方法——汽車安全完整性等級（ASIL）認可和證明方法，來保證有效達到了合理的安全等級。在標準內容上，以 V 字模型作為產品開發各階段的參考流程模型，如圖 3-10 所示。

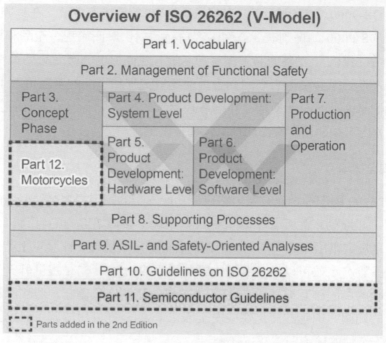

▲ 圖 3-10　ISO 26262 對產品開發各階段的參考流程模型
（來源：https://www.rohm.com/electronics-basics/standard/iso26262）

　　作為汽車功能安全相關的核心標準，ISO 26262 與汽車可靠性也有較強的連結。有關 ISO 26262 的更多內容將在第 6 章介紹。

2. 中國標準

　　中國標準中與汽車整車可靠性要求及可靠性測試試驗有關的主要標準如表 3-3 所示。下面對各標準的主要內容進行簡介。

▼ 表 3-3　汽車整車可靠性相關的主要國家標準

標準號	標準名稱	標準類別
GB/T 12678—2021	《汽車可靠性行駛試驗方法》	行駛試驗標準
GB/T 12679—1990	《汽車耐久性行駛試驗方法》	
JB/T 11224—2011	《三輪汽車可靠性考核心評定辦法》	特殊車輛標準

（續表）

標準號	標準名稱	標準類別
GB/T 40512—2021	《汽車整車大氣暴露試驗方法》	環境試驗標準
GB/T 28958—2012	《乘用車低溫性能試驗方法》	
GJB 7938—2012	《軍用汽車鹽霧環境道路強化腐蝕試驗方法》	
GJB 150A	《軍用裝備實驗室環境試驗方法》	
GB/T 18305—2016	《品質管制系統 汽車生產件及相關服務件組織應用》	品質管制標準
GB/T 34590	《道路車輛 功能安全》	功能安全標準

1）行駛試驗標準

（1）GB/T 12678—2021《汽車可靠性行駛試驗方法》。

GB/T 12678—2021《汽車可靠性行駛試驗方法》為與汽車可靠性測試連結最緊密的中國國家標準。該標準規定了汽車可靠性的行駛試驗方法，適用於各類汽車的定型和品質考核心時整車的可靠性行駛試驗，包括對試驗條件、試驗車輛準備、試驗方法、評價指標和試驗報告的規定。在試驗操作類別方面，該標準涉及如表 3-4 所示各類試驗操作的基本規定，包括常規可靠性試驗、快速可靠性試驗、預防維修和故障後維修等試驗操作。試驗道路條件對行駛可靠性的測試至關重要，事實上汽車行駛可靠性的考驗也往往來源於一系列特殊條件（如壞路、山路等非結構化）的道路。行駛試驗條件中對試驗道路類型及要求的規定如表 3-5 所示。

▼ 表 3-4 汽車可靠性行駛試驗方法規定的試驗操作類別

序號	試驗操作類別	操作含義
1	常規可靠性試驗	在公路和一般道路條件下，按一定規範進行的可靠性試驗
2	快速可靠性試驗	在試驗場道路上進行的具有一定快速係數的可靠性試驗
3	故障後維修	汽車發生故障後進行的維修
4	預防維修	根據汽車使用說明書規定的週期和項目進行的維修、保養

▼ 表 3-5　汽車可靠性行駛試驗方法規定的試驗道路類型及要求

序號	道路類別	道路類型	道路要求
1	常規可靠性試驗道路	平原公路	路面平整度為 C 級或 C 級以上的平原微丘公路，最大坡度小於 5%，路面寬闊平直，視野良好，汽車能持續以較高車速行駛的距離大於 50km
2		壞路	路基堅實，路面凸凹不平的道路。有明顯的搓板波，分佈均勻的魚鱗坑等。路面不平度為 E 級或 E 級以下，試驗車在這種路面上行駛時，應受到較強的震動和扭曲負荷，但不應有太大的衝擊
3		山路	平均坡度大於 4%，最大坡度為 15%，連續坡長大於 3km，路面平整度為 C 級以上
4		城市道路	大、中城市交通幹線街道，路面平整度為 C 級以上
5		無路地段	很少有車輛行駛的荒野地區，如沙漠、草地、泥濘地、灌木叢、冰雪地及水灘等
6	試驗場可靠性試驗道路	各類非結構化道路	一般應包括具有固定路形的特殊可靠性道路（如石塊路、卵石路、魚鱗坑路、搓板路、扭曲路、凸塊路、沙槽、水池、鹽水池等），高速跑道、坡道、砂土路等

（2）GB/T 12679—1990《汽車耐久性行駛試驗方法》。

　　汽車耐久性是指在規定的使用和維修條件下，達到某種技術或經濟指標極限時，完成功能的能力。該性質與汽車的可靠性連結得十分緊密。若汽車元件的疲勞損壞現象頻繁發生、汽車主要技術性能下降到已超過規定限值，如磨損超限、材料銹蝕老化等，汽車已經達到繼續使用時經濟上不合理或安全不能保證的情形，則認為汽車已經發生耐久性損壞。該標準的執行目的是使汽車出廠時具有合理的行駛耐久性，且延後汽車的耐久性損壞時限。

　　GB/T 12679—1990 提出了汽車耐久性測試試驗的項目和方法，其中試驗項目包括磨合行駛試驗、引擎性能試驗、主要零件初次精密測量、裝複汽車後 300km 磨合行駛、使用油耗測量、汽車性能初試、耐久性行駛試驗、引擎性能複試、汽車性能複試、主要零件的精密複測等。

2）特殊車輛標準

　　JB/T 11224—2011《二輪汽車可靠性考核心評定辦法》為中國機械業界標準，規定了三輪汽車的故障定義、分類及判定規則、可靠性評定方法和可靠性試驗方法等，是重要的民用特殊類型車輛可靠性考核心標準。該標準中使用的可靠性評定指標包括 3.1.2 節中涉及的平均首次故障里程（MTTFF）和平均故障間隔里程（MTBF），具體計算時涉及 MTTFF 和 MTBF 的點估計值與置信下限值。可靠性試驗項目包括性能試驗和行駛試驗，性能試驗包括動力性能試驗、煞車性能試驗、燃油經濟性試驗以及環境污染測定，行駛試驗包括行駛試驗里程和道路條件的規定，行駛試驗應當在平路、山路、壞路等各種道路上進行。試驗過程中觀察到的故障現象應當予以記錄。在該標準中對故障屬性分類的規定如表 3-6 所示。

▼ 表 3-6　三輪汽車可靠性考核心評定辦法對故障分類的規定

序號	故障類別	含義
1	本質故障	在規定的使用條件下，由於產品本身固有缺陷引起的故障，如零件的過度變形、斷裂、早期磨損和疲勞、非正常腐蝕和老化、緊軔體鬆動或失效、性能下降超限及「三漏」等
2	從屬故障	由本質故障導致產生的衍生故障，如由於螺紋鬆動，由本質故障引起的其他零件損壞均為從屬故障
3	誤用故障	由於使用者違章操作和不當使用引起的故障，如未按使用說明書的規定加油加水而導致引擎過熱、縮缸等

3）環境試驗標準

　　（1）GB/T 40512—2021《汽車整車大氣暴露試驗方法》。

　　環境條件對汽車的可靠性有著十分重要的影響。即使環境條件並不極端，汽車長期處於該環境下也會出現損耗。大氣暴露對整車上的塗層、橡膠、塑膠、人造革、纖維紡織品等材料的零件影響較大，該標準規定了汽車整車在典型自然環境大氣暴露試驗方法中的場地、試驗條件、儀器裝置、試驗樣品、測量方法及結果評價方法，適用於汽車自然環境大氣暴露試驗。

（2）GB/T 28958—2012《乘用車低溫性能試驗方法》。

隨著汽車保有量的不斷增加以及使用範圍的擴充，寒冷的冬季對汽車低溫性能的要求越來越高。GB/T 28958—2012 規定了乘用車低溫性能試驗的術語和定義、試驗條件、試驗方法等。檢驗項目中包括各艙車門、座椅結構、安全帶、開關機構、駐車煞車機構等受到大氣暴露影響較明顯的元件的檢測。該標準對整車製造廠商的要求能夠反映出中國機動車輛在寒冷地區性能方面所應達到的水準。

（3）GJB 7938—2012《軍用汽車鹽霧環境道路強化腐蝕試驗方法》。

鹽霧環境對汽車所使用的大量金屬結構有腐蝕作用，長期暴露在鹽霧環境下對汽車的可靠性也有很大影響。軍用車輛使用環境複雜，且多為惡劣條件，其中不乏高鹽霧環境。在這種環境下對軍用車輛進行可靠性測試是十分有必要的。GJB 7938—2012 規定了軍用汽車鹽霧環境道路強化腐蝕試驗的要求、程式、內容、試驗方法及試驗資料記錄和處理等內容。

（4）GJB 150A《軍用裝備實驗室環境試驗方法》。

GJB 150A 為一套測試軍用裝備（包括軍用車輛）在各類特殊環境下工作可靠性的實驗方法，包括高低溫、高低壓、溫度衝擊、太陽輻射、淋雨、濕熱、黴菌、沙塵、爆炸、浸漬、結冰、凍雨、酸鹼性等，對軍用裝備應對環境衝擊所應達到的指標做了系統且詳盡的規定。

4）品質管制標準

品質管制問題也與汽車可靠性息息相關。汽車的可靠性落實到消費者的角度，即表現在消費品的品質管制上。車企應當證實其產品具有滿足顧客要求並適用法律法規要求的能力，GB/T 18305—2016《品質管制系統 汽車生產件及相關服務件組織應用》的制定參考了 IATF 16949 這一國際標準，目的是在供應鏈中建立持續改進，強調缺陷預防，減少偏差和浪費的品質管制系統，並避免多重認證審核，為汽車生產件和相關服務件組織建立品質管制系統。

5）功能安全標準

　　GB/T 34590《道路車輛 功能安全》是以 ISO 26262 為基礎的汽車功能安全國家標準，它舉出了一個針對汽車功能安全的標準框架，在該框架內可考慮基於其他技術的汽車相關系統。具體而言，該標準與 ISO 26262 的內容有較大相似性，主要涉及以下要點：①該標準提供了一個可參考的汽車全生命週期流程，包括管理、開發、生產、運行、服務、報廢等，並支持在這些生命週期階段內對必要活動的剪裁；②提供了一種汽車特定的基於風險的分析方法以確定汽車安全完整性等級，以避免不合理的殘餘風險；③提供了與供應商相關的要求。

3.1.6　汽車電子電氣的可靠性管理工作

1. 電子電氣的可靠性管理

　　為滿足終端客戶使用階段的可靠性要求，汽車電子電氣的可靠性管理工作是十分必要的。良好的可靠性管理工作不僅能提高產品品質，同時也能合理控制開發成本。汽車電子產品可靠性管理工作從管理學的知識理論系統出發，以系統為主，對車載電子產品的各類系統進行壽命週期內的可靠性分析、組織、協調和管理等一些工程，是一項系統的工程，主要包括電子電氣可靠性需求分析、可靠性設計、可靠性試驗、可靠性製造及可靠性評價技術。

2. 影響汽車產品電子電氣可靠性的主要因素

　　現有的相關資料和中國汽車產業內可靠性驗證的技術應用現狀表明，影響汽車產品電子電氣可靠性的因素有以下幾方面。

　　（1）對中國車企產品的功能狀態、性能以及可靠性的理解尚淺，認識也較為模糊，存在許多不足，盲目重視可靠性的排名。

　　（2）中國的車企更加重視汽車產品電子電氣可靠性研究的技術層面，尤其重視新技術，但是一定程度上忽略了汽車產品電子電氣可靠性研究的系統方法和管理方法。

（3）在工作中，車企內部各個等級的專業技術人員對技術的應用可能比較熟練，但是對可靠性知識系統的了解卻不足，這也反映出了領導層缺乏對相關管理系統和技術的講解。

（4）在產品的生產過程中，可靠性要求的設計工作沒有得到應有的重視，管理工作也存在疏漏，評審程式有一定的漏洞。

（5）零件使用的材料不能滿足要求，加工時的製程精度也不能滿足產品的要求。

（6）零件品質本身存在問題。

（7）裝配的技術人員技術不足，裝配品質較低，檢驗不過關。

（8）對於使用者回饋的故障和錯誤資訊不能及時處理，故障分析和維修系統存在不足。

3. 電子電氣可靠性與品質的關係

可靠性是任何一種電子產品最重要的品質特性之一，是電子產品能夠發揮作用，達到應有的功能狀態的基本保障和前提。如果可靠性不滿足要求，那麼即使產品有再多的功能也無法發揮出來。可靠性管理的傳統方式是關注 $t = 0$ 時刻的產品合格率，其工作重點是保證產品生產過程中的一致性和產品可靠性的穩定性。可靠性分析的關注焦點是 $t > 0$ 以後產品不合格的具體原因，即故障原因的分析和維修。

4. 電子電氣產品的功能、性能與可靠性

電子電氣產品的功能、性能與可靠性是 3 個比較類似的概念。一般來說，功能是產品的特定用途或能達到的效果；性能是功能的具體表現，是一個相對比較確定的概念，性能可以透過專用的測試裝置進行測量，透過具體的真值來反映；可靠性主要和產品品質和壽命有關，如產品使用一段時間後是否會發生故障、使用多長時間後才會發生故障、故障的位置和類型等，是一個相對不確定的概念，一般使用機率和統計的相關知識來描述。

5. 汽車電子電氣可靠性管理的主要活動

1）成立管理機構

可靠性管理機構應當是一個專業的團隊，擁有一定的行政權力，並且同時也要在可靠性方面擁有一定的專業知識，不能是完全的行政機構，也不能是完全的技術諮詢小組。一般由專門的機構領導對可靠性工程管理、評審流程、標準和實驗方法進行研究。

2）可靠性大綱管理

可靠性大綱管理是可靠性管理機構需要設計的可靠性工程的整體規劃和職能分配，舉例來說，設置合理的可靠性工程需要的目標、管理的方案、實施的流程、結果的評審等。具體的計畫是根據大綱制定的方案以及實際情況確定的具體實施方案。

3）設計階段的可靠性管理

設計階段的可靠性管理工作主要是制定電子電氣設計研製階段的可靠性任務和實施細則，用定量的方法來預計、評定和驗證可靠性。規定設計人員必須採用可靠性設計的方法、標準和規範來進行設計。對任何新產品和變更較大的設計項目，都需要經過可靠性試驗、評價。新設計的關鍵零件都應制作近似的實物模型，在近似的工作環境條件下進行試驗，並且進行長期運轉的可靠性驗證試驗，有的甚至把樣機放到實際的工作環境下運行，以求找出薄弱環節，從而進行設計更改。鼓勵採用新技術，以保證和提高產品的可靠性。舉例來說，電源分配系統的試驗、音響系統的震動試驗、照明系統淋雨的模擬試驗等。要進行耐環境設計，包括熱設計、結構設計等。產品實際能達到的可靠性不可能超過所設計的可靠性，而在產品的設計研製階段的初期，能達到的可靠性遠低於目標值。因此，必須制訂和實施可靠性增長計畫，進行可靠性增長試驗，以暴露設計缺陷，採取糾正措施，儘快使可靠性水準增長到目標值。設計評審是可靠性管理的一項基本活動，其目的是審查設計是否符合可靠性要求，及早查出設計中的缺陷並及時補救。一般來說設計評審需要進行多次。

4）製造階段的可靠性管理

　　產品的電子電氣可靠性是由設計決定的，而由製造和管理來保證。忽視製造過程的管理（包括整車廠和供應商製造過程的管理要求），必然將導致產品的可靠性低於設計的目標值。

　　在所有的製造過程中，參數值的變異性（偏差）是固有的，如材料性質、零件尺寸、加工方法等。必須了解在零件和加工製程過程中可能有的變異性的原因、性質和程度，知道如何去測量和控制這種變異性，使其對產品的性能和可靠性影響最小。同時，要以「零缺陷」作為目標，盡力做到在出廠前檢驗出所有的不合格品。注意：如果不及時地、果斷地將正在加工的不合格零件停止輸送給下一道工序，則出廠的產品越多，損失越大。

　　製造階段的可靠性管理的主要內容有人員管理、裝置管理、材料管理、製程管理、環境管理、工序管理、檢驗管理。

3.2　汽車電子的可靠性要求

3.2.1　汽車電子進行環境可靠性測試的重要意義

　　隨著人工智慧產業的發展，汽車產業中的電子產品也開始向智慧化、自動化發展，汽車工業開始與資訊技術產業相融合，發展迅速的電子產品也開始越來越廣泛地應用在汽車產業中，使得汽車產業也開始邁開步伐，向著電子化、多媒體化和智慧化的道路前進。不僅如此，汽車產業的使用者基數大，需求多樣化，而新興發展的多媒體技術等應用在其他工業方面獲得了較大的成功，並且逐步可以滿足汽車使用者多樣化的需求。在這樣的背景下，汽車產業從模式和製程比較單一的傳統機械化工業逐步轉型為電子資訊技術和機械製程技術相結合的高級技術，以機械產品向融合電子資訊技術的機電一體化產品演變。汽車功能的多樣化和電子元件的自動化為汽車產業帶來了更加巨集遠的發展空間，但同時由於其結構複雜，是成千上萬的各種零件組成的複雜產品，並且在執行時期較為依賴其中的電子產品，因此汽車電子產品零件的可靠性就尤為重要。

汽車產品的電子系統有著較為嚴苛、惡劣的工作環境，如運輸過程、存放環境、工作中以及一些地方的特殊氣候等，無時無刻不考驗著汽車電子產品。目前，汽車產業中電子產品的使用率逐漸增加，電子元件在汽車整體價值量中的比例也在逐年上升，在高檔汽車中為 40%~50%。國外每輛汽車採用汽車電子裝置的費用在 1990 年時為 672 美金，2000 年已達到 2000 美金，而汽車的控制系統是以高端電子裝置為基礎，電子控制裝置的可靠性對整車的可靠性起主導作用，因而汽車運行的安全性也受到電子裝置的控制。

　　一般來說，電子產品的品質和電氣單元的耐久性會受到複雜環境因素的影響，惡劣的環境也會對電子產品的操作性能帶來不好的影響。汽車電子元件也不例外，目前汽車電子元件的環境可靠性問題成為汽車可靠性的核心問題之一。在汽車的日常運行過程中，汽車的電子系統往往會處於比較複雜和惡劣的環境中，為保證汽車電子產品在這些環境下也能正常執行，達到應有的效果，需要在這些環境下對電子產品進行可靠性測試。通常情況下，汽車電子標準的範圍涵蓋了電氣和電子環境裝置、電磁抗干擾能力等多方面的內容，舉例來說，汽車的連續、長期震動會造成一部分電子產品的元件引線與附件出現故障，並且不能夠實現溫度的循環； 溫度和氣候有時候會影響到一些材料的性能，因此有一些電子產品的材料對環境的適應能力很差，不適合在特殊的溫度和氣候下工作，一旦溫度氣候發生一定程度的變化，會影響電子元件的正常執行，嚴重時可能導致其失靈，出現失效的問題。目前，國家已經出臺了一些相應標準來約束汽車電子產品的品質，汽車電子產品在滿足這些國家制定的標準以外，還需要充分滿足汽車執行時期可能遇到的環境要求和各種條件要求，這就要切實提升電子產品本身的材料和工作性能。除此之外，不同電子產品的供電需求不同，這就使得供電輸出系統比較複雜，舉例來說，系統中有大電流的電磁閥和馬達，也有其他額定電流較低的電子產品，這時供電電壓通電後，較大的電壓脈衝容易引發一些產品的故障與損壞。這樣的電壓變化會對其他電子產品造成不良影響，將會直接影響汽車電子產品的正常使用和汽車本身的安全性能。由此看來，高度重視汽車電子產品運行環境的可靠性，從而提升其汽車電子產品的基本品質，以此促進汽車應用的多樣性發展，對當代汽車產業來說，是十分重要的。

3.2.2 汽車電子的使用環境

　　由於汽車的控制系統通常以高端電子裝置為基礎，因此，整車的可靠性方面起主導性作用的是電子控制裝置的可靠性。通常來說，電子裝置的使用環境會影響裝置以及單元的耐久性和相關的操作性能。由此，汽車電子元件的環境可靠性問題成為了汽車可靠性的核心問題之一，同時，這也是使用過程中需要面對的最大難題。在實際執行時期也可以發現，汽車電子產品的使用環境不僅會隨著汽車不停地運動發生改變，而且安裝在汽車不同位置上的相關產品也面臨著不同的環境挑戰。所以，汽車電子產品的環境可靠性測試變得極為重要且嚴格。這不僅可以確保產品在預期的壽命內能夠正常執行，還可以保證電子產品在經歷極端環境時不會出現相關問題，由此來看，這也是汽車電子產品比一般電子產品價格更貴的原因。以下是汽車電子產品的測試中需要考慮的幾項因素。

1. 氣候和地理的因素

　　幾乎在世界所有的陸地區域使用和運行的都是道路車輛。其中，氣候環境條件，包括可預期的每天的天氣變化以及季節的變化都是值得注意的。舉例來說，應考慮舉出使用環境內的濕度、溫度、降水以及相關大氣條件等的範圍，此外，灰塵、污染和海拔高度等因素也值得被關注。

　　由於地理環境一般受制於當地的地理條件，所以不會輕易發生改變。但是，氣候環境卻是在不斷地變化，舉例來說，每天的天氣變化和季節性的氣候變化。所以，汽車電子產品環境測試一般都會以模擬氣候環境變化為主。常見的環境測試有溫度濕度變化、雨雪天氣、沙塵天氣、海拔高度變化、霧霾天氣等。

2. 車輛類型

　　車輛的設計屬性通常決定了道路車輛的環境條件，舉例來說，引擎的類型和排氣量、懸掛的相關特性、車輛尺寸和自重以及車輛自身的供電電壓等。考慮到不同類型的汽車所面臨的工作環境和其對環境的適應性都有所不同，舉例來說，汽油車與柴油車、商用汽車與貨運汽車等，因此在測試時，汽車的類型和具體的性能也是需要考慮的。

3. 車輛的使用條件和運行模式

道路的品質、道路的地形、車輛的使用、路面的類型和駕駛人的駕駛習慣都是值得重視的環境條件因素。在運行方式方面，啟動、駕駛、儲存和停車等，都需要考慮。在汽車的行駛過程中，不同類型的汽車對道路的使用環境等都有著各自的使用要求，而且，不同的道路情況也會對汽車的行駛造成不同的環境影響，當然，也會對汽車設定的電子產品造成一定的影響。此外，不同的駕駛習慣也會對汽車電子產品的使用造成些許影響。根據汽車電子裝置中工作模式的不同，可以將其分為三大類，不同的工作模式也有著各自對應的運行環境。

工作模式 1：不向 DUT（被測裝置元件）供電。

工作模式 1.1：DUT 未連接到線束。

工作模式 1.2：DUT 模擬在車輛上的安裝位置，連接到線束。

工作模式 2：當車輛引擎關閉，且所有的電氣連接完好，DUT 以電壓 U_B 帶電運行。

工作模式 2.1：系統 / 元件功能不被啟動（如休眠模式）。

工作模式 2.2：系統 / 元件帶電運行並控制在典型的運行模式上。

工作模式 3：所有的電氣連接完好，DUT 以電壓 U_A 帶電運行。

工作模式 3.1：系統 / 元件功能不被啟動。

工作模式 3.2：系統 / 元件帶電運行並控制在典型的運行模式上。

其中，工作模式 2 和工作模式 3 的試驗電壓如表 3-7 所示。

▼ 表 3-7　工作模式 2 和工作模式 3 的試驗電壓

試驗電壓	U_N=12V 電系 /V	U_N=24V 電系 /V
U_A	14±0.2	28±0.2
U_B	12±0.2	24±0.2

註：U_A 為引擎 / 交流發電機（工作模式 3），U_B 為蓄電池電壓（工作模式 2）。

4. 電子裝置的壽命週期

　　汽車電子產品需要在汽車執行時期的環境下也能正常執行，能夠抵禦一定的惡劣環境條件，而且汽車電子產品需要經歷生產、裝運、操作、儲存、車輛裝配、車輛維護和修理等流程，也就是說，汽車電子產品從生產到裝配，再到汽車上的實際應用，會經歷很多中間過程，這些中間過程所處的環境條件也會對汽車電子產品產生一定的影響，因此，汽車電子產品也需要克服在這個過程中環境對產品造成的影響。

5. 車輛的供電電壓

　　車輛運行中的供電電壓和車輛的運行狀態、方式以及內部分配系統的設計有關，並且相應的氣候環境也會對此造成一定的影響。在不同氣候環境下，汽車總電源提供的供給電壓也會發生一定的變化，這就導致電子產品的供給電壓不是其正常情況下的額定電壓，會在一定程度上影響電子產品的正常執行，嚴重情況下會造成電壓超載，從而使得電子產品發生故障導致失靈，舉例來說，車輛電氣系統的故障可能是發電機電壓超載時的汽車內部連接系統斷路。因此，車載供電電壓的變換是汽車電子產品環境測試中必不可缺少的一項。

6. 電子裝置在車輛上的安裝位置

　　汽車電子產品通常以安裝位置為依據進行劃分，電子產品在車輛上的安裝位置決定了其使用環境。車輛上的環境負荷因素在每個位置都不相同，在大部分情況下，汽車的運行環境都比較複雜，這就使得電子產品要面臨極為嚴酷的環境考驗。對不同類型的環境負荷設計一種具體的量度標準是必要的。這樣就可以使得一輛車上的系統及其元件在這個標準下引申到其他車輛，極大減少了工作量。

　　一輛汽車上的電子產品有很多安裝的地方，根據其所處的位置不同，所需要的測試條件和項目也不盡相同。首先，是十分重要的引擎艙，引擎機艙的環境包括引擎本身的內外環境、一些非剛性連接的柔性進氣管的內外環境、變速器與減速器的內外環境，並且也會受到整車車體與車輛骨架的影響。其次，駕駛室中的環境包含陽光可以直射到和沒有陽光直射的部分，還有因為一些條件會受到熱輻射的部分。此外，後備箱內的電子產品主要安裝在後備廂內部，外

部很少會安裝電子產品。最後,有很多電子產品安裝在車體外部,如車架、車門、底盤和輪轂等,這一類比較特殊的安裝位置沒有舉出明確的規定,一般在 DUT 的說明書中規定。

　　從安裝位置就可以想像到,汽車電子產品的使用環境比一般的電子產品要更加惡劣和複雜,其中不可避免地會受到很多環境因素的影響,如汽車本身的震動、環境的溫度和濕度、磨損的耐老化能力,以及因為氣候不同而產生的供給電壓波動、超載等,因此汽車電子產品的品質和可靠性也有更加嚴格的要求。表 3-8~ 表 3-10 分別舉出了不同部位的汽車電子產品的溫度環境條件、濕度環境條件和震動環境條件。

▼ 表 3-8　汽車電子產品的溫度環境條件

部位	最大溫度 /℃
前儀表板上部	120
前儀表板底部	71
客艙地板	105
後架	117
頭枕	83

▼ 表 3-9　汽車電子產品的濕度環境條件

部位	最大濕度
引擎艙（引擎附近）	38℃ /95 %RH
引擎艙（輪片）	66℃ /80 %RH
座椅	66℃ /80 %RH
側門周圍	38℃ /95 %RH
儀表板前部	38℃ /95 %RH
地板	66℃ /80 %RH
後架	38℃ /95 %RH
行李箱	38℃ /95 %RH

註：RH——相對濕度。

▼ 表 3-10　汽車電子產品的震動環境條件

振動來源	頻率 /Hz
引擎轉矩波動導致的震動	2~10
離合器不正導致的震動	2~10
傳動軸夾角導致的震動	10~20
引擎轉矩波動導致的震動	20~50
旋轉失衡導致的震動	20~50
引擎旋轉慣性導致的震動	100~200
齒輪的嚙合導致的震動	400~2000

7. 按照功能狀態分類

　　汽車電子產品種類不同，其功能狀態也會不同，以其功能狀態為依據也可以進行分類。目前，大部分情況下的汽車電子產品的功能狀態有 A、B、C、D、E 這 5 個等級，A 級指的是經過一定的測試後，電子產品功能仍然可以符合使用的要求；B 級是在測試過程中存在一定的功能誤差，但是測試結束後，電子產品仍然符合使用要求；C 級是在測試過程中，有一些功能達不到設計時需要達到的標準，但測試結束後產品仍可以正常運行；D 級是測試前後，有一些功能不能達到設計所需的標準，測試結束後不能正常運行，需要重新進行啟動或調整；E 級是測試過程中有功能失效，無法自動恢復或重新啟動，只能更換。

3.2.3 汽車電子可靠性的常用測試標準

1. ISO 系列相關標準

　　國際標準組織（ISO）是國際上非常權威的標準組織，目前由 151 個國家的標準協會組織組成，是一個各國標準之間的協調機構。ISO 成員不是聯合國性質，各個成員代表國家，是來自自己國家的專門機構。

（1）ISO 16750《道路車輛電氣及電子裝置的環境條件和試驗》。

ISO 16750 測試標準是當前國際通用的汽車電子產品環境測試標準，該標準是由國際標準組織制定推出的，此標準的推出，在國際範圍內為汽車電子產品的環境可靠性測試確定了一套科學規範的測試標準。截至目前，國際上許多知名的汽車企業都以該套標準為主，並將其中的測試方法和測試結果的標準都應用在了生產上。在歐洲，該標準幾乎是產業的首要標準，應用非常廣泛，如 VM、GM 等知名公司都應用了該標準涵蓋的環境試驗項目，測試的方法和結果判斷的標準作為自己企業的標準，中國自己制定的標準——GB/T 28046 系列標準也是參考的本套標準。該系列標準包括 5 部分：① ISO 16750-1《道路車輛 - 電子電氣產品的環境條件和試驗：總則》； ② ISO 16750-2《道路車輛 - 電子電氣產品的環境條件和試驗：供電環境》； ③ ISO 16750-3《道路車輛 - 電子電氣產品的環境條件和試驗：機械環境》； ④ ISO 16750-4《道路車輛 - 電子電氣產品的環境條件和試驗：氣候環境》； ⑤ ISO 16750-5《道路車輛 - 電子電氣產品的環境條件和試驗：化學環境》。

ISO 16750-1：描述了潛在的環境壓力，並指定了建議用於車輛上 / 車內特定安裝位置的測試和要求，包含定義和一般說明。

ISO 16750-2：適用於道路車輛的電氣和電子系統 / 元件，描述了潛在的環境應力，並指定了對道路車輛上 / 內的特定安裝位置推薦的測試和要求； 還描述了電氣負載。電磁相容性（EMC）不屬於 ISO 16750 的這一部分。電氣負載與安裝位置無關，但會因車輛線束和連接系統中的電阻而發生變化。

ISO 16750-3：描述了直接安裝在道路車輛上或安裝在道路車輛上的可能影響電氣和電子系統和元件的機械酬載，並規定了相應的測試和要求。

ISO 16750-4：描述了安裝在車輛上 / 內特定位置的系統 / 元件可能的氣候環境負荷，且規定了試驗及要求。

ISO 16750-5：規定了可以影響直接安裝在車輛上或車輛裡的電氣、電子系統和元件化學環境，以及相應的試驗和要求。不包括電磁相容性。

ISO 16750 系列的標準是幫助其使用者系統地定義或應用一系列國際公認的環境條件、測試和操作要求，這些條件、測試和操作要求基於裝置在其生命週期中操作和暴露的預期實際環境。制定標準時考慮了以下環境因素：①世界地理和氣候：地球上幾乎所有的陸地區域都擁有營運道路和車輛。因此，由於氣候環境，包括晝夜循環和季節循環，環境條件的顯著變化是可以預料的。已經考慮到全世界的溫度、濕度、降水和大氣條件，包括灰塵、污染和海拔。②車輛類型：執行時期的汽車在車輛內部和車輛上的環境條件也和車輛本身的零件屬性有關，如引擎的類型、引擎相關元件尺寸的大小、不同材料的懸吊特性、整車品質、整車尺寸、電源額定電壓等。並且對包括商用車在內的典型車輛類型進行了考慮，如（重型）卡車、乘用車和卡車以及柴油和汽油引擎。③車輛使用條件和操作方式：車內和車上的環境條件因道路品質、路面類型、道路地形、車輛使用（如通勤、拖車、貨物運輸等）和駕駛習慣而存在顯著差異。如儲存、啟動、驅動、停止等已被考慮。④裝置生命週期：電氣和電子裝置還可以耐受製造、運輸、搬運、儲存、車輛組裝、車輛維護和修理過程中所經歷的環境條件。此類條件和測試（如處理跌落測試）在 ISO 16750 系列的範圍內。⑤車輛供電電壓：供電電壓隨車輛使用、運行模式、配電系統設計甚至氣候條件而變化。車輛電氣系統內的故障，如交流發電機過電壓和連接系統的間歇性，都可能發生。此類情況在 ISO 16750 系列的範圍內。⑥在車輛中的安裝位置：在目前的汽車工業中，系統及其元件的概念幾乎遍佈於汽車的各個位置。每個系統或零件對於應用環境的要求很大程度上和其安裝位置相關，因為不同的安裝位置會有不同的環境負荷集，如引擎艙和駕駛室內的溫度、濕度等都差異很大，震動酬載也完全不同，如車身上的電子產品會受到開關門造成的機械衝擊等。

目前，汽車工業中將不同類型和量值的環境負荷形成數量合理的標準的要求組合是可取的。這樣就可以使在某一輛車上的系統及其元件應用到另一輛不同的車上。不過，環境負荷並不是僅受到安裝位置一個因素的影響，它還與受到的應力等其他很多因素有關，並且精確的測量值要求在汽車的設計時通常還是未知的，這就給汽車電子產品的環境標準評定帶來了許多困難。

ISO 16750 的觀念是為離散的負荷類型定義要求的等級。該標準分供電環境、機械環境、氣候環境和化學環境負荷。對每種負荷類型定義若干等級。每一等級用一個字母程式定義。完整的環境要求由一組定義程式表達。程式由 ISO

16750 其他的有關部分定義。ISO 16750 的附錄 A 根據安裝位置分別舉出了程式的範例。對一般應用，可用這些程式。如果某應用非常特殊，這些程式的組合也無法表達時，可建立新的程式。當新的要求量值沒有適用的程式時，可以用「Z」程式建立。在此情況下，規定的要求應單獨定義，而且不應改變試驗方法。附錄 B 中，得出了關於壽命試驗的結論。

一般來說，壽命試驗結果會受到以下幾個因素的影響。

① 「失效效應」（Weibull 形式因數），是主要影響較高失效斜率，縮短試驗持續時間的因數；尤其對於低失效斜率，「DUT 數量」有較大的影響。②「信心值」，過度的信心值將導致要求較長的試驗持續時間和較多數量 DUT。如果有明顯的損耗或疲勞失效，若試驗允許增加較大的負荷，則描述的方法可以使操作變得順利。一般用於機械和機電產品。這種方法並不適用於單純的電子元件，因為大量的偶發失效（Weibull 形式因數接近 1）會從許多方面導致試驗無法接受，而增加負荷（如溫升）是僅有的緩解方法。

（2）ISO 20653《汽車電子裝置防護外物、水、接觸的等級》。

本國際標準適用於道路車輛電氣裝置外殼提供的防護等級（IP 程式）。它指定了以下內容：①電氣裝置外殼（IP 程式）為以下各項提供的類型和防護等級的名稱和定義——保護外殼內的電氣裝置免受異物入侵，包括灰塵（防止異物）；保護人員免於接觸外殼內的危險元件（防止接觸）；保護外殼內的電氣裝置免受進水的影響（防水）。②每個防護等級的要求。③為確認外殼符合相關防護等級的要求而進行的試驗。

2. 美國 SAE 系列測試標準

18 世紀初期，汽車工業的製造商企業都還是名不見經傳的小公司，他們從供應商處直接購買汽車所需的零件，自己加工組裝形成完整的汽車產品。車輛在需要維修時，就必須返回汽車製造商或零件製造的廠商，否則很難尋找到調配的零件。汽車維修的困難也嚴重阻礙了汽車工業的發展，1905 年，美國汽車工程師學會（SAE）開始逐漸致力於汽車零件的標準化工作。1912 年，在會長 Howard Coffin 的指導下，美國 SAE 公佈了第一個標準，其中的重點是鎖緊墊圈

零件，因為當時的美國工業上共有 300 多種該零件，汽車工業中使用繁多。按照該標準，鎖緊墊圈的數量減少了近 90%。到 1921 年，超過 200 種 SAE 標準在汽車工業領域使用，使得車輛的製造和修理都變得更加簡捷，節省了很大一筆成本。

時至今日，SAE 相關標準已經在美國汽車工業的很多工序中得以應用，汽車的製造和維修的許多標準都是 SAE 系列的，其中涵蓋的範圍小到維修用的扳手，大到維修使用的電子儀器的各種複雜參數，SAE 都有相關的標準予以規定。為了汽車工業能夠全球化發展，SAE 和 ISO 已經開始了很多相關合作，致力於制定各種國際標準。在美國汽車工業中，SAE 關於電子產品的測試標準至今仍然是主流標準，被很多企業參照，其中有 SAE J 1211 汽車電氣 / 電子模組耐用性標準、SAE J 1455 汽車電氣元件環境試驗標準，以及針對電動汽車電池的環境可靠性標準、SAE J 2464 電動汽車電池濫用試驗和 SAE J 2380 電動汽車電池的震動試驗等一系列標準。

（1）SAE J 1211《汽車電氣 / 電子模組耐用性》。

本耐用性驗證手冊為汽車電子產業提供了一種通用的資格認證方法，以證明實現所需可靠性所需的耐用性水準。耐用性驗證方法強調基於知識的工程分析和測試產品的故障或預先定義的退化等級，而不引入無效的故障機制。該方法偏重於評估客戶規範的外部限制與元件實際性能之間的穩健性裕度。這些實踐將穩健性設計方法（如測試失敗代替測試成功）整合到汽車電子設計和開發過程中。隨著耐用性驗證實踐的成功實施，生產者和消費者可以實現提高品質、成本和上市時間的目標。

該標準闡述了用於汽車應用的電氣電子模組的耐用性。在可行的情況下，還將討論外在可靠性檢測和預防方法。該標準主要涉及電氣電子模組（EEM），但可以輕鬆適用於機電一體化、感測器、執行器和開關。EEM 認證是該標準的主要範圍。其他解決隨機故障的程式在 CPL（元件過程互動）中。該標準將在零缺陷概念的上下文中用於元件製造和產品使用。

（2）SAE J 1455《重型車輛應用中電子裝置設計的推薦環境實踐》。

本標準的適用範圍包括對為重型公路和非公路車輛設計的電子裝置的可靠性要求，以及也使用這些車輛衍生元件的任何適當的固定應用。此類車輛的一些範例是公路和非公路卡車、拖車、公共汽車、建築裝置和包括農具在內的農業裝置。

該標準旨在透過提供可用於制定環境設計目標的指南來幫助商用車輛電子系統和元件的設計人員。具體的測試要求由客戶和供應商商定。其中 SAE J 1455 所提及的環境試驗主要有溫度試驗、濕度試驗、鹽霧試驗、化學試劑試驗、蒸汽清洗和高壓噴水試驗、黴菌試驗、防塵試驗、低氣壓試驗、震動試驗、機械衝擊試驗、一般重型汽車電氣環境試驗、穩態電氣特性試驗、雜訊和靜電干擾試驗、電磁相容試驗。

（3）SAE J 2380《電動汽車電池震動測試》。

SAE J 2380 提供了一個測試程式，用於描述長期道路誘導震動和衝擊對電動車輛蓄電池性能和使用壽命的影響。對於成熟、可生產的電池，本標準旨在鑑定電池的震動耐久性。掃頻正弦波震動或隨機震動通常用於此類測試。隨機震動是該標準測試的重點。

SAE J 2380 描述了由電動汽車電池模組或電動汽車電池組組成的單一電池（測試單元）的震動耐久性測試。出於統計目的，通常會對多個樣品進行此類測試。另外，某些測試單元可能會進行生命週期測試（在震動測試之後或期間）以確定震動對電池壽命的影響。此類壽命測試不在本標準中描述，SAE J 2288 可用於此目的（如適用）。

SAE J 2380 中定義的震動試驗基於在可能適合安裝電動汽車牽引蓄電池的位置進行的不平路面測量。對資料進行分析，以確定在車輛使用壽命期間，在各種給定 G 水準（即 G 值，是指加速度與重力加速度的比值，衡量加速度的大小）下衝擊脈衝發生的適當累積次數。此標準中包含的震動光譜設計用於近似累積曝光包絡線。為了測試效率，規定了時間壓縮震動狀態，以允許在至少 13min 內完成測試程式。

（4）SAE J 2464《電動和混合動力電動汽車可充電儲能系統（RESS）安全和濫用測試》。

SAE J 2464 旨在作為標準做法的指南，並且可能會隨著經驗和技術的進步而變化。它描述了一系列測試，這些測試可根據需要用於電動或混合動力車輛可充電能源儲存系統（RESS）的濫用測試，以確定此類電能儲存和控制系統對超出其正常執行範圍的條件或事件的響應。本標準中的濫用測試程式旨在涵蓋廣泛的車輛應用以及廣泛的電能存放裝置，包括單一 RESS 電池（電池或電容器）、模組和電池組。本標準適用於具有 60V 以上 RESS 電壓的車輛。該標準不適用於使用機械裝置儲存能量（如機電飛輪）的 RESS。

SAE J 2464 旨在提供一個通用的測試框架，以評估各種 RESS 技術對濫用條件的回應。這些測試旨在表徵 RESS 對不良濫用條件的回應，也稱為「由於操作員疏忽、車輛事故、裝置或系統缺陷、使用者或機械師資訊不足或培訓不足、特定 RESS 故障而可能出現的非正常條件或環境」 控制和支援硬體，或運輸 / 處理事故。

SAE J 2464 並非旨在證明 RESS 可用於運輸。這些測試來源自故障模式和影響分析、使用者輸入和歷史濫用測試。測試結果應形成檔案以供被測試 RESS 的潛在使用者使用。該標準的目的不是建立驗收標準，因為每個應用都有其獨特的安全要求。此外，電池安全只是安全方法的組成部分，它將採用主動和被動保護裝置，如熱和電子控制、健康狀態監測、自動斷開以及輔助支援系統。這些技術的使用者應自行決定採取何種措施來確保所述技術的良好應用。SAE J 2464 的測試資料可用作已開發的「電池安全和危害風險緩解」方法的輸入。

SAE J 2464 的範圍是評估 RESS 的電池、模組和電池組等級對濫用條件的回應。雖然本測試中開發的濫用條件旨在代表車輛環境中的潛在危險條件，但並非所有類型的車輛等級危險都在本標準的範圍內。該標準中描述的測試應根據他們對資料的需求和他們對技術最敏感條件的確定，補充額外的測試（由測試發起人或製造商自行決定執行）。測試的主要目的是收集回應資訊的外部、內部輸入。如果 RESS 使用者（或系統集成商）可以證明該測試不適用或結果將在其他測試中重複，則該標準中的特定測試和 / 或測量可能不適用於某些 RESS 技術和設計。

3. 歐洲相關標準

　　歐洲關於汽車電子產品的要求起步也比較早，20世紀50年代初，一些歐洲國家開始關注車輛的排放、燈光以及性能等各個方面，並制定了相關的技術標準。但是各個國家之間對於檢驗標準的試驗方法、結果的評價和一些情況的限制值始終沒有達成統一。而汽車的零件和電子產品在歐洲貿易中佔很大的比重，這就使歐洲各國之間關於車輛的貿易和對車輛的審查受到了很大的阻礙。為繼續開闢歐洲乃至全世界的汽車貿易，促進歐洲汽車工業的發展，歐洲經濟委員會在1958年簽訂了《關於採用統一條件批准機動車輛和元件互相承認批准的協定書》，各個成員國之間逐步形成了一套統一的機動車法規，也就是 ECE 系列的法規。透過這套統一的法規來驗證機動車性能及其零件、電子產品的品質，每個成員國對這套法規的評定結果都相互承認。起初，ECE 相關法規由隸屬於聯合國歐洲經濟委員會的道路運輸委員會車輛結構專家組（WP29）來起草，專家組根據不同功能需要自行分配了很多專項小組，如雜訊、安全保護裝置、車輛安全性能、車輛骨架和底盤、排放和能源消耗、車輛執行時期狀態、車輛燈光技術、客車和火車的安全小組等，每個成員國都可以提出自己的意見來修改草案，對於無法統一的部分，每個國家都可以自行決定是否使用這部分的 ECE 法規，因此 ECE 法規在歐洲基本都是自願採用的，各國根據自己國家具體的情況，選擇或完全採用這套法規。目前，ECE 法規已經具有了很大的國際影響力，很多條件充足的國家基本都盡可能採用這套法規，以此促進和歐洲國家的汽車貿易和技術交流。

　　各個國家可以在檢測機構對車輛按照 ECE 相關法規進行檢驗，對於合格的產品，國家政府的有關部門會授予相關合格證書，並且製造商也可以在產品上進行相應的標識，表明產品符合 ECE 相關法規，這樣的產品也便於在歐洲市場獲准銷售。隨著 ECE 法規的發展和完善，越來越多的國家意識到了這種統一標準的重要性，20世紀80年代到90年代，美國、歐洲和日本聯合提出制訂全球統一的汽車工業法規標準的計畫，ECE 的協定書也被修改為全球通用。全球任何一個國家都可以在簽署協定書後採用 ECE 的相關法規，靈活性較大。2000年10月10日，中國簽署全球機動車技術法規 UN/ECE 協定書。成功成為第9個簽署該協定書的國家，標誌著中國也逐漸致力於制定全球統一的機動車技術法規。

隨著時代的發展，ECE 法規從制定以來根據現實情況經歷著不斷的修改和補充，時至今日已經有 89 項規定汽車及其元件的標準法規系統，在近年推行環保的趨勢下，如何減少排放及環境保護也被逐漸納入這套法規。

（1）ECE R1《關於發射不對稱近光和 / 或遠光並裝有 R2/ 或 HS1 類燈絲燈泡的機動車大燈的統一規定》。

歐盟 ECE R1 標準適用於車輛裝備有玻璃配光鏡或塑膠材料配光鏡的大燈。符合以下定義的內容適用於此標準法規：「配光鏡」指安裝在大燈（組）最前面並透過其發光面傳遞光束的元件。「塗層」指塗在配光鏡外表面的一層或多層保護膜的一種或幾種材料。「不同型式的大燈」指那些在以下主要方面有差異的大燈：①商品名稱或商標；②光學系統的特性；③加入能夠在使用過程中，透過反射、折射、吸收或／和形變引起光學效果變化的元件；④適用於右座駕駛交通或左座駕駛交通，或同時適用於兩類交通系統；⑤產生光束的類型（近光、遠光、近光和遠光）；⑥配光鏡和塗層的材料（如果有）。並且，在該標準法規中，明確提出了申請認證的要求、認證標識的要求、認證過程的要求以及所有有關大燈的一般技術要求等。

（2）德國 DIN 系列標準。

德國標準化學會（Deutsches Institut für Normung e.V.，DIN）於 1917 年成立，總部位於德國首都柏林。DIN 是德國國內最具有代表性的標準化機構，並且是公益性的民間機構，DIN 的目標是為了公眾的利益，透過和政府有關方面的合作，制定並且發佈了一些德國工業中的標準，促進了德國汽車工業的發展。

DIN 的前身是德國工程師協會（VDI），1917 年，VDI 在柏林召開會議，決定成立關於機械製造的通用標準委員會，目標是制定在機械製造中的統一標準。隨後，在標準制定的過程中，委員會決定將各個不同的工業協會制定的標準合併，再進行擴充和修改，DIN 系列的標準就誕生了。

1918 年 3 月，DIN 制定並發佈了第一個德國工業標準：DI-Norm I 錐形銷。隨著 DIN 的不斷發展以及德國工業的進步，DIN 系列的標準目前涉及了很多領域，包括建築、冶金、製造、化工、電氣、環保、消防、運輸等。在 1998 年年底，DIN 制定並發佈的標準就多達 2.5 萬個，並且其中 80% 的標準被歐洲其他國家參考或採用。

　　1951 年，DIN 宣佈加入國際標準組織，並且在國際電子電機委員會中，DIN 也和國內的電工組織組成了德國電工委員會（DKE），不僅如此，DIN 也是歐洲標準化委員會（CEN）、歐洲電工標準化委員會（CENELEC）和歐洲電信標準學會（ETSI）的積極參加國，在各個組織中都有著十分重要的貢獻。1979 年，中國標準化協會和 DIN 簽訂了雙邊合作協定，雙方開展了相關標準的討論和合作。

　　（3）DIN 40050-9 道路車輛 IP 防護程式。

　　DIN 40050-9 適用於道路車輛電氣裝置的 IP 防護分級。該標準的目的是規定下列道路車輛電氣裝置外殼的 IP 防護方式和等級的名稱與定義：①防止固體雜質（包括灰塵）進入殼體內，對電氣裝置加以防護（雜防質）；②防止水進入殼內而對電氣裝置加以防護（防水）；③防止人體接近殼內危險元件（防接觸）。該標準規定了對各防護等級的要求和證實外殼是否符合各防護等級要求的實驗，最主要的是規定了 IP 程式的組成，由第一位特徵數字（0～6 或字母 X）、第二位特徵數字（0～6 或字母 X）、附加字母（可選擇）（可選字母 A、B、C、D）、補充字母（可選擇）（可選字母 M、S、K）不要求規定特徵數字時，該處由字母「X」代替，如兩個字元線都省略，則用「XX」表示。附加字母和（或）補充字母可省略，不需代替。當使用一個以上的字母時，應按字母順序排列（除 K 外）。如一部分外殼或電氣裝置的防護等級不同於其他部分的防護等級，則應將這兩種防護等級分別註明。該標準中規定的 IP 代替組成和各類防護等級如表 3-11~ 表 3-14 所示。

▼ 表 3-11 IP 代替組成總表

組成	數字或字母	對電氣裝置防護的含義	對人員防護的含義
第一位特徵數字		防止固體異物進入	防止接近危險元件（如不用補充字母說明）
	0	無防護	無防護
	1	$\phi \geq 50.0mm$	手背
	2	$\phi \geq 12.5mm$	手指
	3	$\phi \geq 2.5mm$	工具
	4	$\phi \geq 1.0mm$	金屬線
	5X	防塵	金屬線
	6X	塵密	金屬線
第二位特徵數字 / 補充字母	0	無防護	
	1	垂直滴水	
	2	15°滴水	
	3	60°滴水	
	4	任何方向潑水	
	4X	高壓潑水	
	5	噴水	
	6	猛烈噴水	
	6X	高壓猛烈噴水	
	7	短時間浸水	
	8	連續浸水	
	9X	高壓 / 蒸汽噴射清洗	

組成	數字或字母	對電氣裝置防護的含義	對人員防護的含義
附加字母 （可選擇）			防止接近危險元件（如不用補充字母說明）
	A		手背
	B		手指
	C		工具
	D		金屬線
補充字母 （可選擇）	M	檢驗水時活動元件移動	
	S	檢驗水時活動元件靜止	
	K	專用於道路車輛的電氣裝置	

▼ 表 3-12 防止固體異物進入的防護等級

第一位特徵數字	簡要說明	
	防止	要求
0	無防護	無
1	固體異物 $\phi \geq 50mm$	$\phi 50mm$ 的球不能完全壓入
2	固體異物 $\phi \geq 12.5mm$	$\phi 12.5mm$ 的球不能完全壓入
3	固體異物 $\phi \geq 2.5mm$	$\phi 2.5mm$ 的球不能完全壓入
4	固體異物 $\phi \geq 1.0mm$	$\phi 1.0mm$ 的球不能完全壓入
5X	防塵	進入的灰塵量不會影響到功能和安全
6X	塵密	灰塵不得進入

▼ 表 3-13 防止接近危險元件的防護等級

第一位特徵數字	補充字母	簡要說明	
或		防止接近	要求
0	-	無防護	無
1	A	手背（不對有意接觸防護）	φ50mm 的球不能完全壓入，與危險元件有足夠間隙
2	B	手指	φ12.5mm 的球不能完全壓入，與危險元件有足夠間隙
3	C	工具(如螺釘旋具)	φ2.5mm，100mm 的桿可插入，與危險元件有足夠間隙
4	D	金屬線	φ1.0mm，100mm 的桿可插入，與危險元件有足夠間隙
5	D	金屬線	
6	D	金屬線	

▼ 表 3-14 防水進入的防護等級

第二位特徵數字 / 補充字母	防止進入	要求
0	無防護	無
1	垂直滴水	垂直方向滴水應無有害影響
2	15°滴水	15°範圍內滴水應無有害影響
3	60°滴水	各垂直面在 60°範圍內淋水，無有害影響
4	任何方向濺水	向外殼各方向濺水無有害影響
4X	高壓濺水	向外殼各方向高壓濺水無有害影響
5	噴水	向外殼各方向噴水無有害影響
6	猛烈噴水	向外殼各方向強烈噴水無有害影響
6X	高壓猛烈噴水	向外殼各方向高壓強烈噴水無有害影響
7	短時間浸水	浸入規定壓力的水中經規定時間後外殼進水量不致達有害程度

（續表）

第二位特徵數字 / 補充字母	防止進入	要求
8	連續浸水	浸入規定條件下持續潛水後外殼進水量不致達有害程度
9X	高壓 / 蒸汽噴射清洗	在對向外殼各方向加強烈高壓下濺水無有害影響

4. 日本 JIS 系列相關標準

日本工業標準（Japanese Industrial Standards，JIS）是日本國家級標準中最重要、最權威的標準，由日本工業標準調查會（JISC）制定。JIS 標準可以細分為土木建築、一般機械、電子儀器及電氣機械、汽車、鐵路、船舶、鋼鐵、非鐵金屬、化學、纖維、礦山、紙漿及紙、管理系統、陶瓷、日用品、醫療安全用具、航空、資訊技術、其他共 19 項。截至 2007 年 2 月 7 日，共有現行 JIS 標準 10124 個。

（1）JIS C 0023《環境試驗方法（電氣、電子）鹽霧試驗方法》。

鹽霧腐蝕試驗箱 JIS C 0023 標準適用於類似的結構零件、機器或其他產品在鹽霧環境中的耐老化性能試驗。本試驗方法的目的在於檢查保護膜的品質和均勻性。

在試驗的應用或應用的研討之際，必須考慮下列事項。一是本試驗不適合一般的鹽霧腐蝕試驗，二是不適合在含鹽分的大氣中驗證並判斷試件的判斷。因此，對於裝置和元件而言，規定了現實條件及各種判斷方法的 JIS C 0024 環境試驗方法（電氣、電子）鹽霧（循環）試驗方法則更為確切。但是，在產品標準中需要按認證目的應用本試驗方法時，各個試件最好以機器整體或裝置的一部分用某種保護殼、保護罩、保護層等加以保護後使用為條件進行試驗。鹽霧腐蝕試驗箱被廣泛應用於對電子、電工及汽車、摩托車、五金工具等產品 / 零件 / 金屬材料與製品的鍍和塗層等進行鹽霧腐蝕試驗。

（2）JIS C 0912《馬達與裝置的衝擊試驗》。

JIS C 0912 規定了小型馬達和裝置的衝擊試驗程式，用於承受非重複機械衝擊的場所，用於判斷適用性和評估結構完整性。

（3）JIS C 1102《直接動作指示模擬電氣測量儀器及其附件測試》。

JIS C 1102 適用於具有模擬顯示的直動式指示電氣測量儀表，如電流錶和電壓表；瓦特表和無功表；指標式和彈簧式頻率表；相位計、功率因數表和同步器；歐姆表、阻抗表和電導儀表；上述類型的多功能儀表。該標準也適用於與這些儀器配套使用的某些附件，如分流器、串聯電阻和阻抗元件。如果其他附件與儀器相連結，該標準適用於儀器與附件的組合，前提是已對這個組合進行了調整。該標準還適用於刻度標記與其電輸入量不直接對應的直動式指示電測量儀表，只要它們之間的關係是已知的。

JIS C 1102 不適用於其自身的 IEC 標準所涵蓋的專用儀器，不適用於作為附件使用的特殊用途裝置。它既不包含對環境條件的防護要求，也不包含相關的試驗。但是，必要時，只有經製造商和使用者同意，才能從 IEC 68 中選擇近似使用條件的試驗。

5. 中國相關標準

（1）GB/T 21437《道路車輛，由傳導和耦合引起的電騷擾》。

GB/T 21437 的整體目標和實際應用：GB/T 21437 所關注的是道路車輛及其掛車中電瞬態騷擾的問題。它涉及瞬態發射、沿電線的瞬態傳導以及電子元件對電瞬態的潛在敏感性。各個部分中舉出的測試方法和過程、試驗儀器和限值都旨在簡化由傳導和耦合引起的零件電騷擾的標準規範，提供一個旨在幫助而非約束的，車輛製造商和零件供應商之間雙方協定的依據。出於對原型車或大量不同車型保密的原因，整車的抗擾性測試通常只能由車輛製造商來進行。因而試驗室測試方法就被車輛製造商和裝置製造商用於試驗電子元件的研究開發和品質控制過程中。不同部分中指定的試驗稱為「台架試驗」。台架試驗方法中有些需要使用人工網路，可以提供不同試驗室之間的可比性結果。同時，這些測試也舉出了裝置和系統開發的依據，並可應用在生產階段。保護系統免受潛在的騷擾應該被認為是整車確認的一部分。了解試驗室測試與實車測試的相關性是很重要的。採用試驗脈衝發生器進行的台架試驗，可用來評價裝置對電源線或資料線的瞬態抗擾性。該方法不能涵蓋車輛中產生的所有瞬態形式，不同部分中描述的試驗脈衝只是典型脈衝的特性。某些裝置對電騷擾的一些特性，

如脈衝重複率、脈寬以及相對其他訊號的時間特別敏感。一個標準的測試不可能適用於所有的情況。對於這種特殊的、潛在的敏感性裝置，設計者有必要透過對其設計和功能的深層了解來預先考慮合適的試驗條件。被測裝置應進行 GB/T 21437 相關部分中規定的適用於該裝置的試驗。對於那些需要複現被測裝置的使用和安裝位置的試驗，應寫入試驗計畫中，這有助確保潛在的敏感元件和系統在技術和經濟上進行最佳化設計。

GB/T 21437 的第一部分定義了基礎術語，並舉出了通用資訊。主要定義了與傳導和耦合的電騷擾相關的，在其他部分中使用的術語。第二部分規定了安裝在乘用車及 12V 電氣系統的輕型商用車或 24V 電氣系統的商用車上裝置的傳導電瞬態電磁相容性測試的台架試驗，包括瞬態注入和測量。本部分還規定了瞬態抗擾性失效模式的嚴重程度分類。第三部分建立一種台架試驗方法，以評價 DUTs 對耦合到非電源線路的電瞬態發射的抗干擾性能。試驗瞬態脈衝類比快速電瞬態騷擾和慢速電瞬態騷擾，如感性負載切換、繼電器觸點跳起等引起的瞬態騷擾。

GB/T 21437 還提供了 3 種試驗方法：容性耦合鉗（CCC）方法、直接電容器耦合（DCC）方法、感性耦合鉗（ICC）方法。

（2）GB/T 28045—2011《道路車輛 42V 供電電壓的電器和電子裝置 電器負荷》。

GB/T 28045—2011 描述了 42V 供電電壓的電氣和電子系統及元件的電氣負荷，規定了單一或多個電壓系統的試驗和要求。該標準還提供了 42V 與其他電壓系統相互影響的設計指導，適用於汽車 42V 電氣電子系統 / 元件。該標準是根據 GB/T 1.1—2009 舉出的規則以及 ISO 21848: 2005 重新起草的。

（3）GB/T 28046—2011《道路車輛電氣及電子裝置的環境條件和試驗》。

GB/T 28046—2011 包括 5 部分：第一部分是一般規定，第二部分是電氣負荷，第三部分是機械負荷，第四部分是氣候負荷，第五部分是化學負荷。因此，需要在全球不同環境條件下考慮。

① 世界地理和氣候條件：車輛幾乎可在世界的所有陸地區域使用和運行。由於外界氣候的變化，包括可以預測的每天和季節的變化，使車輛的運行環境條件有重大變化。按地理範圍考慮溫度、濕度、降水和大氣條件，還包括灰塵、污染和海拔高度。

② 車輛類型：車輛的特徵決定了車輛內（和車輛上）的環境條件，如引擎類型、引擎尺寸、懸掛特性、車輛自重、車輛尺寸、供電電壓等。

③ 車輛使用條件和工作模式：由道路品質、路面類型、道路地形、車輛使用（如通訊、牽引，貨物運輸等）和駕駛習慣引起的車輛內／上環境條件的變化值得重視。工作模式如儲存、啟動、行駛、停車等都予以考慮。

④ 裝置壽命週期：在製造、運輸、裝卸、儲存、車輛裝配、車輛保養和維修過程中，電氣、電子裝置耐受的環境條件。

⑤ 車輛供電電壓：車輛使用、工作模式，電氣分佈系統設計、甚至氣候條件會導致供電電壓變化，引起車輛電氣系統的故障，如可能發生的交流發電機過電壓和連接系統的斷路。

⑥ 在車輛內的安裝位置：在目前或未來的車輛中，系統／元件可能安裝在車輛的任何位置，每一特定應用的環境要求通常取決於安裝位置。車輛的每個位置都有特定的環境負荷。舉例來說，引擎艙的溫度範圍不同於乘客艙，震動負荷也是如此。此時不僅震動的量級不同，震動的類型也不同。安裝在底盤上的元件承受的是典型的隨機震動，而安裝在引擎上的系統／元件，還應考慮來自發動機的正弦震動。又如，安裝在門上的裝置因受門的撞擊要經受大量的機械衝擊。

本系列標準對幾種負荷類型定義了要求等級，分別有電氣、機械、溫度、氣候和化學負荷。對每種負荷類型定義若干要求等級，每一個要求等級用一個特定的字母程式表示，全部環境要求由被定義的字母程式組合表示。字母程式由本系列標準的其他有關部分定義，每部分附錄的表內包括常規的安裝位置和它們各自字母程式的定義範例。對於一般應用，這些字母程式是適用的。如有特殊應用且這些程式組合無法表達時，可建立新的字母程式組合。當新的要求

量級沒有適用的字母程式時,可以用字母程式「Z」建立。在此情況下,特殊要求需單獨定義但不應改變試驗方法。

本系列標準的使用者應注意受試裝置試驗時車載系統和元件的安裝位置所處的溫度、機械、氣候和化學負荷情況。

① 對製造商責任的適用性:在設計階段由於技術限制或變化,車輛製造商要求將元件放置在不能承受本系列標準環境條件的位置,製造商有責任提供必要的環境防護。

② 對線束、電纜和電氣連接器的適用性:儘管本系列標準的一些環境條件和試驗與車輛的線束、電纜和電氣連接器有關,但將其作為完整標準來使用,其範圍是不夠的,因此不推薦本系列標準直接用於這些裝置和裝置,應考慮採用其他適用的標準。

③ 對裝置元件或總成的適用性:本系列標準描述了直接安裝在車輛內 / 上的電氣和電子裝置的環境條件和試驗,不直接用於組成裝置的元件或總成。舉例來說,本系列標準不直接用於嵌入裝置的積體電路(ICs)或分立元件、電氣連接器、印刷電路板(PCBs)、量表、顯示器、控制器等。這些元件或總成的電氣、機械、氣候和化學負荷與本系列標準的描述可能是完全不同的。此外,對打算用於車輛裝置的元件和總成可參考本系列標準得到預期的環境條件和試驗要求。舉例來說,裝置溫度的範圍為 -40℃ ~70℃,內裝件總成定義的溫度範圍為 -40℃ ~90℃,有 20℃的溫升。

④ 對系統集成和驗證的適用性:本系列標準的使用者應注意標準的範圍在條件和試驗上有侷限,不能反映車輛系統所有認證和驗證所需的條件和試驗,裝置元件和車輛系統可能需要進行其他環境和可靠性試驗。舉例來說,本系列標準不直接對焊接、非焊連接、積體電路等規定環境和可靠性要求,但是這些項目應由零件、材料或整合階段的驗證來保證。在車輛上使用的裝置需在整車和系統級進行驗證。

在具體內容上,第一部分描述了安裝在車輛上 / 內特定位置的系統 / 元件可能的環境負荷,且規定了試驗及要求。該部分適用於汽車電氣電子系統 / 元件,

包括定義、安裝位置、工作模式等一般規定，不包括電磁相容性。第二部分描述了安裝在車輛上／內特定位置的系統／元件可能的電氣環境負荷，且規定了試驗及要求。該部分適用於汽車電氣電子系統／元件，其中電氣負荷與安裝位置無關，但可能因車內線束和連接系統的阻抗而有所改變。第三部分描述了安裝在車輛上／內特定位置的系統／元件可能的機械環境負荷，且規定了試驗及要求。該部分適用於汽車電氣電子系統／元件。第四部分描述了安裝在車輛上／內特定位置的系統／元件可能的氣候環境負荷，且規定了試驗及要求。該部分適用於汽車電氣電子系統／元件。第五部分描述了安裝在車輛上／內特定位置的系統／元件可能接觸到的化學負荷，且規定了試驗及要求。該部分適用於汽車電氣電子系統／元件。該部分不適用於持續接觸化學試劑的電氣電子系統／元件（如長期浸沒在燃油中的燃油泵）。

6. 其他相關標準

目前，汽車工業發展相對成熟，並且關於汽車電子產品的測試方法和測試標準也已經逐步完善，但是有一些知名的大企業或汽車生產商在製造車載電子產品的同時，會由於自身產品特殊的使用功能或企業有更加嚴格的要求，除了國際採用的標準以外，還會制定並且採用一些符合自身要求的測試方法和標準。

1）MIL-STD-202 電子零件測試方法標準

MIL-STD-202 標準是由美國哥倫布國防中心制定，是用於測試電子及電氣元件的標準方法試驗。目前，汽車電子產業某些可移動電觸點的電氣和電子元件中的觸點顫動，如繼電器、開關、斷路器等也應用這個標準來檢測。

MIL-STD-202 標準的設立旨在檢測具有可移動電觸點的電氣和電子元件中的觸點顫動，如繼電器、開關、斷路器等，其中要求觸點不會瞬間打開或關閉。該測試方法提供了用於監控此類「閉合觸點的斷開」或「斷開觸點的閉合」兩種測試電路的標準測試程式。測試電路的選擇在很大程度上取決於要測試的電觸點的類型。在可能的情況下，使用的測試電路最好避免由於在觸點上形成碳質沉積物而造成的觸點污染。

2）MIL-STD-750 半導體元件測試方法標準

　　MIL-STD-750 建立了測試半導體元件的統一方法，包括確定對自然元素和軍事行動周圍條件有害影響的抵抗力的基本環境測試，以及物理和電氣測試。就該標準而言，術語「元件」包括電晶體、二極體、穩壓器、整流器、隧道二極體和其他相關元件。該標準僅適用於半導體元件。此處描述的測試方法為實現以下幾個目標。

　　（1）指定可在實驗室中獲得的合適條件，以提供與現場實際使用條件相同的測試結果，並獲得測試結果的可重複性。此處描述的測試不應被解釋為任何一個地理位置的實際服務運行的準確和結論性表示，因為已知在特定位置運行的唯一真實測試是該點的實際服務測試。

　　（2）將各種半導體元件規範中所有具有相似特徵的測試方法統一描述在一個標準中，從而節省裝置、工時和測試設施。為實現這一目標，應當提升每個通用測試用例的裝置適用性。

　　MIL-STD-750 包含的試驗分為 5 方面：試驗方法編號為 1001~1999 的環境試驗；編號為 2001~2999 的機械特性測試；編號為 3001~3999 的電晶體測試，編號為 4001~4999 的二極體測試；編號為 5000~5599 的適用於高可靠性空間應用的測試。

　　目前，在汽車電子產業中，汽車上的半導體電子零件，如二極體、穩壓器、整流器、隧道二極體和其他相關元件也會採用該標準進行測試。

3）MIL-STD-883 微電路元件測試方法標準

　　MIL-STD-883 建立了根據微電路因暴露於靜電放電（Electrostatic Discharge，ESD）而受到損壞或退化的敏感性對微電路進行分類的程式。此分類用於根據 MIL-PRF-38535 指定適當的包裝和處理要求，並提供分類資料以滿足 MIL-STD-1686 的要求。測試方法中涉及以下定義：靜電放電，靜電電荷在不同靜電電位的兩個物體之間轉移。

以前，MIL-STD-883 一直是滿足高可靠性應用的通用標準，但是隨著 COTS 的推廣，軍用規範的使用開始減少，很多軍用和航空專案開始轉向用提高商用元件等級的方法來滿足專用需求。成功提高 IC 等級（現在也稱作向上篩選）的關鍵在於明確應用的準確需求。還有一個重要的問題就是，了解預期供應商在元件級高可靠性方面的傳統情況，最好選擇一個在其設計和生產過程以 MIL-STD-883 為基礎的廠商。目前很多 IC 廠商在過程流程中都採用了 MIL-STD-883 的部分規範，很多 IC 產品也會應用在含有積體電路的汽車電子零件上。MIL-STD-883 仍然是積體電路可靠性升級的最好依據。

4）EIA-364 系列

　　美國電子工業協會（EIA）建立於 1924 年，當時名為無線電製造商協會（Radio Manufacturers' Association，RMA），而今，代表美國 2000 億美金產值的電子工業製造商成為純服務性的全國貿易組織，總部設在維吉尼亞的阿靈頓。EIA 廣泛代表了設計生產電子元件、元件、通訊系統和裝置的製造商以及工業界、政府和使用者的利益，在提高美國製造商的競爭力方面有著重要的作用。

　　EIA-364 系列已成為電子連接器領域在國際上普遍接受的規範，成為提升電子連接器水準的基本依據。EIA-364 系列標準共有 53 個標準，其中有些汽車上能用的電子連接元件就是參考的本系列標準。EIA-364 系列標準主要有電氣類測試標準、機械類測試標準。

　　（1）電氣類測試標準。

　　①耐電壓測試：指在一定電壓下，允許透過一定的漏電流，評價裝置是否滿足在一定時間內連接器上任意兩支端之間無放電現象的測試。②絕緣阻抗測試：是提供直流電壓（DC）與連接器或銅軸接頭，透過一定的漏電流，在一定時間內得知絕緣素材阻抗的測試。③接觸電阻測試：指在用低功率電流刺激公頭或母頭觸點時測量接觸電阻值大小的測試。另接觸電阻的大小由以下幾方面來確定：接觸面積越大，阻抗越小； 夾持接觸點的力量越大，阻抗越小； 接觸面電鍍粗糙程度越光滑，接觸電阻越小。

（2）機械類測試標準。

①正向力測試：正向力是測量連接器端子最重要的參數之一，視接點材質的電鍍面不同，有不同的要求，一般錫鉛表面要求約 200g 的正向力，而鍍金表面則需要 100g 作業，由此正向力會衍生出與接觸阻抗及其他參數的關係。②抽換力測試：評估連接器在正常位置下，端子插入和拔出所需的力量。③保持力測試：決定在連接器端子拔出時易於從其適當位置行動端子的抵抗力量。④抽換耐久性測試：評估連接器經多次配合分離後，是否可達預期的壽命效果。⑤震動試驗測試：評估產品的效果，在各種震動及可能在使用過程中遭遇的震動壽命。⑥機械衝擊試驗：是評估電連接器承受額定機械衝擊程度的能力。⑦鹽水噴霧試驗：測試當連接器暴露在充滿鹽分的大氣中時，所獲得的其成分、表面、結構及電氣的變化。⑧高溫試驗：測試在連接器經過一段時間的高溫後，電氣等特性的變化。⑨溫濕度循環試驗：將連接器在高溫高濕環境下所產生的反應和受損程度與正常條件下的測試結果作比較，分析每項資料，從而確認它們是否在有效範圍內。⑩蒸汽老化測試：電子連接器或插座接點端了軟焊接性的前置處理。

7. 主流車企的試驗標準

目前，一些發展比較快或是製程很成熟的車企，對自己品牌的車輛上採用的電子產品都有更加嚴格的要求，因此會制定更加嚴格的標準。一般來說，企業制定的相關標準與目前國際通用的相關標準大同小異，測試方法也都比較類似，只是在評價結果上要更加嚴格一些，有部分特殊的產品會有一些獨特的試驗項目。表 3-15 舉出了主流車企的相關試驗標準。

▼ 表 3-15 主流車企的相關試驗標準

汽車廠商	相關標準
福斯（Volkswagen）	VM 80101 電氣電子安裝元件檢測條件； VW TL 226 汽車內飾噴塗件技術要求
通用（General Motors）	GMW 3172 電氣電子零件環境可靠性分析設計以及驗證程式要求 GMN 10083 塑膠噴塗件內飾可靠性

（續表）

汽車廠商	相關標準
馬自達（Mazda）	MES PW 67600 電子元件技術要求
福特（Ford）	FLTM BI 系列標準

　　福斯汽車作為目前人盡皆知的著名車企，在可靠性測試標準中十分注重功能狀態的評估，他們在參照目前主流汽車電子產品環境可靠性測試標準的同時，結合自身產品主打的功能特性，制定了自己品牌關於汽車電子的相關標準 VW 80101《電氣電子安裝元件檢測條件》與 VW TL 226《汽車內飾噴塗件技術要求》。其中針對規範功能狀態的評估，制定了不同層次功能狀態的等級，如功能狀態 A 就是指試樣的所有功能在暴露於試驗參數期間以及之後，仍然符合規定與要求，並且在使用診斷的控制器時，也沒有出現錯誤的記錄項目。而功能狀態 B 則指的是試樣的所有功能能夠滿足規定，但是其中的一種或多種功能存在著偏差，但是實驗參數暴露結束之後，功能又能夠恢復到狀態 A，這種功能狀態稱為 B。根據存在的偏差，還會有功能狀態 C、D 和 E。透過特殊的試驗和測量手段，根據結果評判電子產品的功能狀態，由此來決定汽車產品是否合格。這種方式可以直接測試不同環境條件下產品可能會發生的故障和擁有的不同狀態，如老化、磨損、高溫等條件導致電子元件失效。汽車電子產品滿足了這些更加嚴格的測試，才能從根本上提升電子產品的可靠性，使汽車電子產品能夠放心地被運用。

　　美國通用公司結合自己品牌和車輛的要求也發佈了 GMW 3172《電氣電子零件環境可靠性分析設計以及驗證程式要求》的標準。其目的為：規定的電子 / 電氣元件的環境試驗和耐久性試驗根據元件的安裝位置確定。此標準適用於載人汽車、商務汽車和卡車上的電子、電氣元件。適用性方面，該標準指定的，在汽車環境中使用的電子 / 電氣元件的環境 / 耐久性試驗要求和與之相關的分析、開發、確認（A/D/V）活動，目的在於確保汽車的終身可靠性。該標準包含的各項測試為確保在顧客的使用年限內，對汽車電子 / 電氣元件的性能保持較高的滿意度，其中包括顧客將車輛暴露在如震動、撞擊、高溫、高濕、高壓等環境中，以及在裝配製造或運輸過程中受到外力損害的情況下。該標準適用於包含電氣內容的獨立操作元件（如車身控制模組），該標準也適用於包含在或

裝配在一個較大元件上的元件（如照明燈模組內的水平控制馬達），該標準還適用於任何連接到汽車電氣系統的元件或汽車電氣系統的分元件。除非有一個特定元件的測試標準，如一個機械角或白熾燈泡。GMN 10083《塑膠噴塗件內飾可靠性》標準取代了 GM 4349M 標準。該標準涵蓋了應用於塑膠基材的油漆飾面的內部耐久性要求和耐化學性，適用於柔性或剛性基材或整體表皮泡沫系統。在特殊情況下，反向衝擊要求應透過在規範程式中增加 RI 尾碼來指定，即GMN 10083（RI80）規定反向衝擊中的總能量保留 80%。其中的擴充耐久性測試是所有新內牆塗料產品的企業批准所必需的。一旦公司批准了新的油漆系統，GM 4350M 應涵蓋對零件上使用的油漆進行的例行測試。已在塑膠上獲得批准的塗裝系統需要對零件進行驗證，以完全獲得批准並包含在已批准的塑膠塗裝系統（GM APOPS）資料庫中。自 2005 年 6 月 3 日起，所有內牆塗料系統認證必須滿足 GMN 10033《內部塗層的防曬乳液抗性》的要求。在油漆表面透過固化測試 persec 3.3 和防曬乳液測試 persec 3.8.2 之前，不得進行其他測試。注意，如果零件由預塗漆材料製成，漆膜應能夠承受所有必要的製造過程，包括成型溫度，除了以下詳述的規定要求外，沒有任何不利的外觀或性能變化。

馬自達汽車發佈的 MES PW 67600《電子元件技術要求》標準旨在透過規範來確保適當的品質，該標準規定了用於汽車的電子元件。其中包含了馬自達汽車中電子元件的草稿規範方式、評價要求、評價方法等內容。福特汽平採用的 FLTM BI 系列標準主要用於規範福特汽車油漆等塗層物對汽車電子的影響。如 FLTM BI 106-01 中的試驗用於測量油漆對鋼、鋁、鍍鋅鋼、塑膠或其他基材的相對附著力。FLTM BI 113-05 中的試驗用於確定塗漆面板或成品零件對酸斑的抵抗力。

3.2.4 汽車電子環境測試項目

目前已有的汽車電子產品可靠性標準中制定的測試方法主要以產品的功能狀態以及產品的技術條件要求為依據。國際上應用最為廣泛的汽車電子產品可靠性標準 ISO 16750 主要設立了以下幾項環境測試。

1）供電環境試驗

　　供電環境試驗部分的內容包括直流電壓和交流電壓、超載電壓、疊加交流電壓、車輛供電電壓的升降以及中斷、開路短路等意外情況的試驗和保護、絕緣性能、耐電壓、電子相容性能等。

2）機械環境試驗

　　機械環境試驗部分的內容主要是規律與無規律震動、自由落體、表面磨損、遭受各種衝擊的試驗等。這些試驗的方法會根據車輛的應用場景和用途以及電子產品放置的位置有不同的試驗項目的組合，不同組合實驗的條件和限制都有差異。

3）氣候環境試驗

　　氣候環境試驗部分的內容包括對於氣候的溫度和濕度的試驗，其中有恒定的溫濕度以及變化的溫濕度試驗； 此外還有冰水衝擊的試驗、鹽霧試驗、混合氣體溢位腐蝕試驗和太陽輻射試驗等。

　　表 3-16 列出了 ISO 16750-4 標準的氣候環境試驗項目的情況。

▼ 表 3-16　ISO 16750-4 標準的氣候環境試驗項目

試驗項目	標準	試驗條件
低溫儲存	IEC 60068-2-1	-40℃，24h
低溫工作	IEC 60068-2-1	T_{min}，24h
高溫儲存	IEC 60068-2-2	85℃，48h
高溫工作	IEC 60068-2-2	T_{max}，96h
溫度步進	/	20℃到 T_{min} 到 T_{max}（步進值：5℃）
溫度循環	IEC 60068-2-14：Nb Na	/
冰水衝擊	/	去離子水

（續表）

試驗項目	標準	試驗條件
鹽霧	IEC 60068-2-52 KbIEC 60068-2-11 Ka	/
交變濕熱	IEC 60068-2-30 Db IEC 60068-2-38 Z/AD	55℃，6 個循環或 Z/AD 10 個循環
恒定濕熱	IEC 60068-2-78 Cab	
混合氣體腐蝕	IEC 60068-2-60 Ke	10 天或 21 天
防塵防水	ISO 20653	最嚴酷為：IP6K9K

4）化學環境試驗

化學環境試驗部分的內容是根據汽車可能接觸到的化學試劑來規定電子零件需要達到的抵抗這些試劑的腐蝕的能力。試驗的方法主要是將電子零件塗上化學試劑，在規定的溫度下放置 24h 左右，再驗證電子零件是否還能夠達到功能標準的要求。其中常見的化學試劑包括柴油、車用生物柴油、油 / 無鉛汽油、FAM（環氧丙烷與空氣組成的燃料混合物）試驗燃料、蓄電池液、煞車液、添加劑（未稀釋的）、防護漆和機油（多級油）等近 20 種化學試劑。

除了 ISO 16750 系列標準以外，SAE 系列的相關標準也被廣泛應用，但是 SAE 的相關標準沒有形成完整的系統，不過目前仍然廣泛採用的有 SAE J1211《汽車電氣元件環境試驗標準》、SAE J 1455《汽車電氣元件環境試驗標準以及針對電動汽車電池的環境可靠性》、SAE J 2464《電動汽車電池濫用試驗和 SAE J 2380 電動汽車電池的震動試驗》等標準。圖 3-11 舉出了 SAE J 2464 的試驗方法概要。

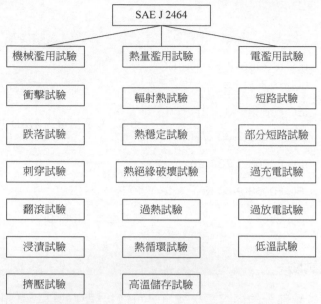

▲ 圖 3-11　SAE J 2464 的試驗方法概要

　　設計與製造品質試驗的內容並不是民用車企通常採用的測試方法，而是美國軍方對電子產品測試進行的試驗，與傳統方法相比，該試驗方法的優勢有更加良好的便捷性和高效性，減少了汽車電子產品可靠性測試需要的時間成本。目前，由於該試驗具備的優勢，已經被很多車企所應用，逐漸成為汽車工業內電子產品的重要測試項目之一。

　　不僅如此，高加速極限試驗和高加速應力篩選（HALT/HASS）技術也逐步地在汽車電子產品的環境試驗中發揮明顯的作用。

　　車企對車載電子產品環境通用的可靠性，一般都是在研發時透過常用的溫度濕度箱來進行環境可靠性的試驗驗證，生產線上也基本使用傳統的壽命老化試驗來測試，但是這些傳統的測試方法所需的時間成本較高，且與國外先進技術水準差距過大，存在一定的不足。在這種背景下，HALT/HASS 技術逐漸被車企所採用。該技術由美國 QUALMARK 公司先行提出並採用。這種方法相較於傳統方法更加有效，可提高產品可靠性結果的準確性。該方法由美國軍方採用的設計與製造品質試驗衍生而出，已成為美國汽車電氣可靠性標準測試的主要方法之一。該方法將花費時間很長的產品可靠性驗證過程極大地減少，舉例來

說，需要花費半年到一年的傳統試驗過程縮短至一周左右，並且結果和發現的品質問題與原時間試驗的結果和所發現的品質問題幾乎一致，因此 HALT/HASS 試驗已成為新產品可靠性驗證的重要方式。目前 HALT/HASS 試驗方法和相關技術已經在全球被廣泛應用，受到越來越多的知名企業關注。

現如今，汽車電子產品在分類上按照功能的不同可以分為功率、顯示、通訊、計算和儲存、發光元件、MEMS 及其感測器、ADAS 及其感測器等。這些產品由於用途和安裝位置的不同，進行環境可靠性測試的參照標準也不同。因此，要先明確車載電子產品的種類及參照標準，才能進行試驗，從而考核心汽車電子產品的有效性。

常見的各類車載電子產品試驗如表 3-17 - 表 3-28 所示。

▼ 表 3-17　車載電子產品試驗

圖示	試驗條件	建議機型
	機車用 IC：-40℃ ~125℃、風吹、日曬、高震動	綜合環境試驗裝置
	儀表板操作試驗溫度為 -40℃ ~ 85℃	父變濕熱試驗箱
	引擎控制器試驗條件： 操作試驗溫度為 40℃ ~ 110℃	交變濕熱試驗箱
	車用藍牙耳機試驗條件： 儲存試驗溫度為 -40℃ ~85℃，操作試驗溫度為 -20℃ ~65℃	交變濕熱試驗箱
	衛星定位（GPS）試驗條件： 高溫操作試驗溫度為 85℃； 低溫操作試驗溫度為 -40℃→常溫→ 70℃（2h）→ -20℃（2h）→常溫	交變濕熱試驗箱
	胎壓感測器： 高溫操作試驗溫度為 125℃，低溫操作試驗溫度為 -40℃	交變濕熱試驗箱

▼ 表 3-18 車用液晶螢幕試驗

	試驗條件	建議機型
	高溫儲存試驗溫度： 70℃、80℃、85℃、105℃，300Hrs	交變濕熱試驗箱
	低溫儲存試驗溫度： -20℃、-30℃、-40℃，300Hrs	交變濕熱試驗箱
	高溫高濕試驗操作： 40℃/90%RH（不結露），300Hrs	交變濕熱試驗箱
	高溫操作試驗溫度： 50℃、60℃、80℃、85℃，300Hrs	交變濕熱試驗箱
	低溫操作試驗溫度： 0℃、-20℃、-30℃，300Hrs	交變濕熱試驗箱
	溫度循環試驗： -20℃（1h）← RT（10min）→ 60℃（1h）， 5cycles	高低溫冷熱衝擊試驗箱
	凝結、高溫、防塵、震動	

註：RT——室內溫度。

▼ 表 3-19 汽車儀表背光板操作試驗

圖示	試驗條件	建議機型
	RT（1h）→ RAMP（2h）→ 65℃/90±5% （4h）→ RAMP（2h）→ 40℃/90±5% RH（10h）→ RAMP（2h）→ -30℃（2h） RAMP（1h）→ RT（1h）	交變濕熱試驗箱

▼ 表 3-20 車用電纜電線測試

圖示	試驗條件	建議機型
	高溫操作試驗溫度：150℃	交變濕熱試驗箱
	低溫操作試驗溫度：40℃	交變濕熱試驗箱

▼ 表 3-21 車用鋰電池試驗

圖示	試驗條件	建議機型
	12℃，放電速率為 94%	交變濕熱試驗箱
	-10℃，可充入或放出大於 50% 的電容量	交變濕熱試驗箱
	180℃ /1h 加熱安全測試	交變濕熱試驗箱

▼ 表 3-22 電動汽車用馬達及控制器試驗方法

圖示	試驗條件	建議機型
	40℃ /95%RH 48h，測試馬達與控制器的絕緣電阻值	交變濕熱試驗箱
	-20℃ 30min 穩定，通電檢測馬達是否正常運行 4h	交變濕熱試驗箱
	絕緣電阻按照 GB/T 12665 的規定進行	交變濕熱試驗箱
	凝結、高溫、防塵、震動	交變濕熱試驗箱

▼ 表 3-23 衛星定位（GPS）試驗條件

圖示	試驗條件	建議機型
	低溫操作試驗：-40℃→常溫→ 70℃（2h）→ -20℃（2h）→常溫	交變濕熱試驗箱
	高溫操作試驗：85℃	

▼ 表 3-24 室內燈試驗

圖示	試驗條件	建議機型
	高溫儲存 110℃，放置 6h	交變濕熱試驗箱
	高溫操作 70℃ /13.2V 點燈，連續 12h	交變濕熱試驗箱
	複合式震動：-40℃ ~80℃，振幅為 2mm，頻率為 33.3Hz，上下震動 4h	交變濕熱試驗箱
		綜合環境試驗裝置

▼ 表 3-25　車外燈操作試驗

圖示	試驗條件	建議機型
	車外燈複合式操作： RT（2h）→ RAMP（1h）→ 80℃（2h）→ RAMP（2h） → -30℃（2h）→ RAMP（1h）→ RT（2h）	交變濕熱試驗箱
	振幅為 2mm，頻率為 33.3Hz，加速度為 4.4g	交變濕熱試驗箱
	車外燈溫度循環： RT（2h）→ RAMP（45min）→ -30℃（2h） → RAMP（1.5h）　→ 80 ℃（3h）→ RAMP（45min）	交變濕熱試驗箱

▼ 表 3-26　汽車壓力感測器的環境實驗

測試項目	條件	持續時間
高溫、偏壓	100℃、5V	1000h
溫度衝擊	-40℃ ~125℃	1000 次
高溫高濕	85℃、85%RH、無偏壓	1000h
壓力、功率和溫度循環	20kPa~Patm 5V、-40℃ ~125℃	3000h
熱儲存	125℃	1000h
冷儲存	-40℃	1000h
壓力循環	20kPa~Patm	200 萬次
壓力超載	2Patm	
震動	5~10g 掃頻	30h
衝擊	50g、100ms 脈衝	3 個面，每個 100 次
流體 / 媒體相容性	空氣、水、有腐蝕性水、汽油、甲醇、乙醇、柴油、機油等	各種應用

▼ 表 3-27 車用 DVR 試驗條件

圖示	試驗條件	建議機型
	低溫操作試驗溫度：0℃，4h	交變濕熱試驗箱
	低溫儲存試驗溫度：-20℃，72h	交變濕熱試驗箱
	高溫操作試驗溫度循環： 25 ℃（11.5h） ← RAMP（30min） → 55℃（11.5h），合計：72h	交變濕熱試驗箱
	高溫儲存試驗溫度循環： 25 ℃（11.25h） ← RAMP（45min） → 70℃（11.25h） 合計：168h	交變濕熱試驗箱

▼ 表 3-28 汽車零件之合成塑脂溫濕度試驗

試驗條件	建議機型
第 1 步：90℃，4h	
第 2 步：室溫，0.5h	
第 3 步：-40℃，1.5h	
第 4 步：室溫，0.5h	交變濕熱試驗箱
第 5 步：70℃ /95%RH，3h	
第 6 步：室溫，0.5h	
循環數：1、2、4、10	

3.2.5 發展動態

SAE 在最近幾年依然著力於制定汽車電子的可靠性標準和試驗方法，他們提出了 ASAP（Accelerated Stress Assurance Plan，加速應力保證計畫）的全新概念，這個概念的重點是利用失效來驗證電子產品的可靠性，透過剖析電子產品失效的各種原因，設計出避免這些失效發生的試驗方法。目前各個領域，包括電子電氣、機械、軟體和汽車產業的專家正在一起努力制定。

ASAP 的意義是提出一種更加有效且準確的車載電子產品設計驗證試驗方案，該方案強調在產品設計開發時應當更加嚴格，用一些方法驗證產品的相關強度，對薄弱環節進行重點試驗和補足，與傳統方案相比，這種方案的優勢在於對產品的樣品數量和試驗裝置的要求降低，也有效地降低了這方面的成本。ASAP 的具體流程如圖 3-12 所示，不久的未來該方案可能會被廣泛應用。

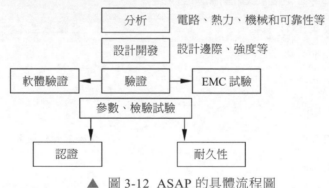

▲ 圖 3-12 ASAP 的具體流程圖

第 4 章

車載晶片標準介紹

4.1 車載晶片標準整體說明

4.1.1 全球汽車晶片相關標準的發展分析

汽車晶片是汽車電子模組的核心，在汽車使用過程中常處於複雜、惡劣的環境中，其安全性和可靠性十分關鍵，因此對溫度、品質、使用壽命等要求極高，需要透過嚴苛的汽車認證標準（技術規範）才能進入整車企業及車電模組企業的供應鏈，這些標準（技術規範）主要包括可靠性標準 AEC-Q100、AEC-Q101、AEC-Q102、AEC-Q103、AEC-Q104 及 AQG 324。

隨著汽車產業對品質要求的提升，加強汽車在各種環境狀況下的安全性、準確性及可靠性成為各廠商如今需重點考慮的問題。因此需要建立車載晶片生產製造標準，目前得到公認的是 AEC（Automotive Electronics Council，汽車電子協會），它由美國主要汽車製造商克萊斯勒、福特、通用發起並於 1994 年創立。AEC 是以車載電子零件的可靠性以及認定標準的規格化為目的的團體，旨在提高車載電子的穩定性和標準化。

　　美國汽車電子協會作為車載晶片驗證標準的制定團體，其中的標準包括 AEC-Q100、AEC-Q101、AEC-Q102、AEC-Q103、AEC-Q104、AEC-Q200，其測試條件比消費型晶片更規範且嚴苛。AEC-Q 系列中，AEC-Q100 是針對積體電路發佈的品質認定標準，AEC-Q101 是針對分立半導體元件發佈的品質認定標準，AEC-Q102 是針對汽車電子所有內外使用的分立光電半導體元件的應力測試標準，AEC-Q103 是針對車載感測器應力測試的認證規範，AEC-Q104 是針對車用多晶片模組的可靠性測試，而 AEC-Q200 則是針對被動元件發佈的品質認定標準。

　　AEC-Q100 是對積體電路的可靠性測試，AEC 制定了一系列嚴格的測試環境和測試標準來保證產品在車用環境中的可靠性。AEC-Q100 可以進一步細分為加速環境應力可靠性、加速壽命模擬可靠性、封裝可靠性、晶圓製造可靠性、電學參數驗證、缺陷篩選、包裝完整性試驗，且需要根據元件所能承受的溫度等級選擇測試條件。AEC-Q100 標準的目標是提高產品的良品率，這對晶片供應商來說，不論是在產品的尺寸、合格率還是成本控制上都面臨很大的挑戰。對車企和一級供應商來說，使用透過 AEC-Q 認證的電子元件，風險更小； 對電子元件供應商來說，其電子元件透過 AEC-Q 認證，可提高產品的競爭力及溢價率。

　　基於分立半導體元件應力測試的失效機制，AEC-Q101 包含了分立半導體元件（如電晶體、二極體等）最低應力測試要求的定義和參考測試條件。AEC-Q101 主要包括 AEC-Q101-001 人體模式靜電放電測試、AEC-Q101-003 鍵合點切應力測試、AEC-Q101-004 同步性測試方法、AEC-Q101-005 帶電元件模式的靜電放電測試、AEC-Q101-006 為 12V 系統靈敏功率裝置的短路可靠性描述。

　　AEC-Q102 是針對汽車電子所有內外使用的分立光電半導體元件的應力測試標準。AEC 於 2017 年 3 月正式發表 AEC-Q102 REV 標準，此規範主要為離散

光電元件產品進入車用市場制定的判斷標準，同時也是目前最新針對車用 LED 通用的國際標準。其驗證封裝含實驗樣品數量的重新定義、LED T_j（Junction Temperature，結點溫度）控制的方式、氣體腐蝕的增加等，每項都是針車用 LED 所可能遭遇的環境來設計，以保護行車時的安全性。對光電元件的可靠性展開了嚴格的測試要求，大大提升了光電元件的使用性能。AEC-Q102 測試項目：應力測試前後（電學測試）、前置處理、目檢、參數驗證、高溫反向偏壓、高溫柵偏壓、溫度循環、無偏高加速度應力、高加速度應力測試、高溫高濕反向偏壓、間歇運行壽命、功率和溫度循環、靜電放電特性、破壞性物理分析、物理尺寸、端子強度、耐溶劑性、恒定加速度、變頻震動、機械衝擊、氣密性、耐焊性、熱阻、鍵合點剪貼、晶片剪片、雪崩擊穿、絕緣、短路可靠性、無鉛。產品範圍包括 LED 燈珠、光電二極體、光電電晶體、雷射元件。

AEC-Q103 為 AEC 根據車載 MEMS 特性而制定出的最新標準，由於之前 MEMS 做車載認證一直參照 AEC-Q100，此次制定的標準無疑是為產業提供了更具針對性的要求，對於 MEMS 做車載認證也更加合理。AEC-Q103 的制定標準為車規感測器產業提供了更具針對性的要求，完善且提高了對車載感測器的測試標準。其中 AEC-Q103-002 為 MEMS 壓力感測器元件應力測試、AEC-Q103-003 為 MEMS 麥克風元件應力測試。AEC-Q103 標準針對的產品範圍包括 MEMS 壓力感測器、MEMS 麥克風、氧氣感測器、溫度感測器、空氣流量感測器、爆震感測器、速度感測器、轉速感測器、ABS 感測器、觸發碰撞感測器、防護碰撞感測器、轉矩感測器、液壓感測器等。

AEC-Q104 是針對車用多晶片模組的可靠性測試，進一步可細分為加速環境應力可靠性、加速壽命模擬可靠性、封裝可靠性、晶圓製程可靠性、電學參數驗證、缺陷篩查、包裝完整性試驗，且需要根據元件所能承受的溫度等級選擇測試條件。需要注意的是，第三方難以獨立完成 AEC-Q104 的驗證，需要晶圓供應商與封測廠相互配合來完成，這更加考驗測試機構對認證試驗的整體把控能力。

除了上述的 AEC-Q 系列標準，還有用於車規功率模組認證的 AQG 324 測試認證（Automotive Qualification Guideline，AQG）。AQG 324 標準由歐洲電力電子中心（ECPE）「汽車電力電子模組認證」工作群組頒佈，適用範圍包括電力電子模組和基於分立元件的等效特殊設計。標準中定義的測試項目是基於

當前已知的模組失效機制和機動車輛功率模組的特定使用說明文件進行撰寫的。本標準所列測試條件、測試要求以及測試項目，適用於矽基功率半導體模組。後續發行版本本將涉及第三代半導體技術，如碳化矽（SiC）或氮化鎵（GaN），以及新的組裝和互連技術。

4.1.2 汽車晶片在標準及測試認證方面面臨的形勢

1. 全球測試認證資質欠缺

目前 AEC 沒有對任何第三方機構授予測試認證的資質，通常國外汽車晶片供應商會尋找第三方機構對產品按標準要求進行試驗測試。所有試驗測試成功後，在產品資料手冊中自宣告符合 AEC-Q100 標準要求，沒有針對 AEC 可靠性標準的符合性認證環節。

由於中國在此領域起步較晚，目前中國晶片設計、製造企業及整車企業大都對汽車晶片可靠性要求及試驗測試方法了解較少。中國一些標準化研究院等少數第三方機構開展了針對 AEC 汽車晶片可靠性標準及試驗測試方法的先期研究工作，並與部分國內晶片企業合作開展了針對 AEC-Q100 標準的晶片符合性測試工作。中國目前也未開展汽車晶片可靠性認證。

2. 對汽車晶片可靠性測試方法研究不足

一直以來，中國汽車晶片產業較弱，市場佔有率低，沒有相應的標準，導致對此方面測試技術的研究不足。雖然目前有相近標準，但是由於應用領域的差別，對測試要求、分類等級、分組數量及方法等具體實施要求等仍有較大差別，因此急需開展對汽車晶片可靠性測試方法深入、系統的研究。目前對於晶片企業來說，尋找到具有相關經驗的實驗室，協助其了解汽車晶片測試要求，制定相對應 AEC-Q100 標準的驗證步驟與方法並完成全套測試，以順利進入整車企業及車電模組企業供應鏈，成為當務之急。

3. 尚未開展相關認證工作

國外目前沒有針對 AEC 可靠性標準的符合性認證環節，基本由晶片企業自行或委託第三方實驗室開展可靠性測試，並向整車企業及車電模組企業提供全

套測試報告及相關證明檔案來證明產品符合可靠性標準要求，以獲得認可。但中國晶片企業規模普遍較小，基本不具備自行進行汽車電子可靠性標準符合性測試的軟硬體能力，同時由於目前中國商業誠信系統尚未全面建立，自宣告產品符合相關標準的做法顯然無法得到整車企業及車電模組企業的認可。因此如果不針對中國國情結合第三方測試開展相關認證，中國晶片很難增強其標準符合性的公信力，無法打入整車企業及車電模組企業供應鏈。

以上標準中包含的整車試驗方法均為整車試驗的常規試驗方法，試驗方法的內容和晶片的功能具有強相關性或直接相關性，在試驗過程中最重要的環節是晶片資料獲取部分的工作，獲取的晶片資料可以對應車輛試驗工況進行晶片性能評估。

4.2　美國車載晶片標準

車載晶片需要經過可靠性標準 AEC-Q100、品質管制標準 QS-9000、功能安全標準 ISO 26262 等的認證。

4.2.1　AEC-Q 標準概述

1. 什麼是 AEC-Q 認證

克萊斯勒、福特和通用汽車為建立一套通用的零件資質及品質系統標準而設立了 AEC，主要是汽車製造商與美國的主要元件製造商匯聚一起成立的，以車載電子元件的可靠性以及認定標準的規格化為目的的團體，AEC 建立了品質控制的標準。從一開始，AEC 就由兩個委員會組成：品質系統委員會和元件技術委員會。今天，委員會由支持成員〔目前為 Aptiv、Bose Corporation、Continental Corporation、 康 明 斯、Delphi Technologies、Denso International America、Gentex Corporation、Harman、Hella、John Deere Electronics Solutions（Phoenix International）、Kostal Automotive、Lear Corporation、Magna Electronics、Sirius XM、Valeo、Veoneer、Visteon Corporation 和 ZF〕、其他技術成員、助理成員和來賓成員組成。符合 AEC 規範的零件均可被上述三家車企同時採用，促進了零件製造商交換其產品特性資料的意願，並推動了汽車零

件通用性的實施，為汽車零件市場的快速成長打下基礎。

2. AEC-Q 系列認證的測試內容

AEC-Q 的測試條件如下。

（1）加速環境應力測試的條件：偏高濕度、溫度循環、功率溫度循環、高溫儲存壽命。

（2）加速壽命模擬測試的條件：高溫工作壽命、早期失效率。

（3）可靠性測試的條件：震動、衝擊、恒加速應力、跌落、扭力、切應力、拉力。

（4）電氣特性確認測試的條件：靜電放電、電分配、電磁相容。

（5）密封性測試的條件：粗細漏檢、內部水氣含量。

（6）篩選監控測試的條件：元件平均測試、統計良率分析。

（7）破壞性物理分析（DPA）。

4.2.2 AEC-Q100 標準

1. AEC-Q100 的概述

AEC-Q100 基於應力測試的封裝積體電路失效機制測試方法參考了車載 AEC-Q001 零件平均測試指南、AEC-Q002 統計產量分析指南、AEC-Q003 電氣性能特徵指南、AEC-Q004 零缺陷指南、AEC-Q005 無鉛要求、SAE J 1752/3 積體電路輻射排放測量程式標準、軍工級的 MIL-STD-883 標準微電子學的測試方法和程式、工業級的 JEDEC JESD-22 封裝元件可靠性測試方法、EIA/JESD78 積體電路閂鎖效應測試、UL-STD-94 元件和器具元件塑膠材料的易燃性測試、IPC/JEDEC J-STD-020 塑性材料積體電路表面貼封元件的濕氣 / 回流焊敏感性分類、JESD89 測量和報告半導體元件中的阿爾法粒子和地球宇宙射線引起的軟錯誤、JESD89-1 系統軟錯誤率測試方法、JESD89-2 Alpha 來源加速的軟錯誤率的測試方法、JESD89-3 光線加速的軟錯誤率的測試方法。

如果成功透過 AEC-Q100 中所列出的測試，那麼將允許供應商聲稱他們的零件通過了 AEC-Q100 認證。如表 4-1 所示 AEC-Q100 包含 4 個溫度等級，數字越小，等級越高。

▼ 表 4-1 工作溫度等級

等級	溫度範圍
0 等級	-40℃ ~150℃
1 等級	-40℃ ~125℃
2 等級	-40℃ ~105℃
3 等級	-40℃ ~85℃

AEC-Q100 測試內容主要分為 7 個模組：A 組——加速環境應力測試、B 組——加速壽命模擬測試、C 組——封裝組裝完整性測試、D 組——晶片製造可靠性測試、E 組——電氣特性驗證測試、F 組　缺陷篩選測試分析、G 組——腔封裝完整性測試，測試組的具體內容如表 4-2 所示。

▼ 表 4-2 測試組的具體內容

類別	測試內容	包含項目
A 組	加速環境測試	PC、THB、HAST、AC、UHST、TH、TC、PTC、HTSL
B 組	加速生命週期模擬測試	HTOL、ELFR、EDR
C 組	封裝組裝完整性測試	WBS、WBP、SD、PD、SBS、LI
D 組	晶片製造可靠性測試	EM、TDDB、HCI、NBTI、SM
E 組	電性驗證測試	TEST、FG、HBM/MM、CDM、LU、ED、CHAR、GL、EMC、SC、SER
F 組	缺陷篩選測試	PAT、SBA
G 組	腔封裝完整性測試	MS、VFV、CA、GFL、DROP、LT、DS、IWV

註：表中英文縮寫的含義見表 4-3。

AEC-Q100 共有 41 項試驗項目，其產品驗證流程如圖 4-1 所示。晶片設計、晶片製作完成後，首先需要對晶片的電性能、缺陷篩選、封裝可靠性等基礎性能進行檢測。主要開展封裝 / 組裝完整性測試、晶片製造可靠性測試、電氣特性驗證測試、缺陷篩選測試分析等相關的測試，其測試結果也會回饋至晶片設計端。後續再開展與加速環境應力、加速壽命模擬、電氣特性驗證、腔封裝完整性等相關的測試。

　　這 41 個試驗項目中有一些對元件類型、元件封裝類型等有限制。舉例來說，在加速環境應力測試模組中，前置處理僅適用於表面貼裝元件，而且是需要在有偏濕度或高加速應力（THB/HAST）、高壓或無偏高加速應力測試或無偏溫濕度（AC/UHST/TH）、溫度循環（TC）及功率溫度循環（PTC）測試之前進行；在腔封裝完整性測試模組中，蓋板扭力、內部水蒸氣含量測試則僅適用於陶瓷封裝凹陷元件，晶片剪貼試驗則需要凹陷元件在蓋裝或密封前就完成該項測試。因此，對車載晶片的檢測認證而言，並不是必須完成 AEC-Q100 的所有測試。

　　此外，AEC-Q100 標準中有很多測試項是需要晶圓供應商、封測廠、元件生產廠商、終端廠商等多方配合才能完成的。如在電氣特性驗證測試時，電分配測試就需要產品供應商及終端廠商根據具體情況協商決定測量的電性參數；電磁相容測試也需要供應商及終端廠商協商具體的測試標準。

2. AEC-Q100 的通用要求

　　AEC-Q100 的目的是建立一個標準，定義積體電路的工作溫度等級，以最低的一組資格要求為基礎。如果 AEC-Q100 的要求與其他任何檔案的要求發生衝突則按照採購訂單（或主採購協定條款和條件）、（雙方同意的）單一裝置規格、AEC-Q100 標準、AEC-Q100 所參考的標準、供應商的資料表的優先順序滿足客戶的要求。

　　在使用通用資料以滿足確認與再確認的要求時，強烈鼓勵使用通用資料來簡化鑑定過程。一旦通用資料可用，就可以提交給使用者，以確定是否需要進行任何額外的測試。要考慮的是，通用資料必須基於與裝置和製造製程的每個特性相關的具體要求矩陣。如果通用資料封包含任何故障，則該資料不能作為通用資料使用，除非供應商已記錄並實施針對故障條件的糾正措施或遏制措施，且該故障條件是使用者可以接受的。

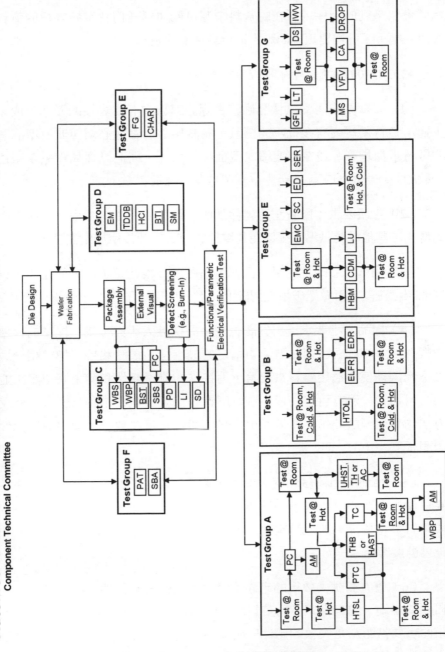

▲ 圖 4-1 AEC-Q100 產品驗證流程圖

（來源：http://aecouncil.com/AECDocuments.html）

註：圖中英文縮寫的含義見表 4-3。

通用資料的可接受性沒有時間限制。該資料必須來自特定的元件，或來自相同資格系列的元件。潛在的資料來源可能包括任何特定於客戶的資料（保留客戶名稱）、過程變更確認和定期可靠性監視資料。

AEC-Q100 的測試樣品認證要求如下。

（1）批次要求：測試樣品應該由認證家族中有代表性的元件組成，由於缺少通用資料就需要有多批次的測試，測試樣品的數量必須與非連續晶圓批次中的數量近似均等，並在非連續成型批次中裝配。即測試樣品在生產廠裡必須是分散的，或裝配加工線中至少有一個是非認證批次。

（2）生產要求：所有認證元件都應在製造場所加工處理，有助量產時零件的傳輸。其他電測試場所可以在其電性質證實有效後用於電測量。

（3）測試樣品的再利用：已經用來做非破壞性認證測試的元件可以用來做其他認證測試，而做過破壞性認證測試的元件則除了工程分析外不能再使用。

（4）樣品大小要求：用於認證測試的樣品大小與（或）提交的通用資料必須與 AEC-Q100 認證測試方法中指定的最小樣品尺寸和接受標準相一致。如果供應商選擇使用通用資料來認證，則特殊的測試條件和結果必須記錄並對使用者有可用性。現有可用的通用資料應首先滿足這些要求和 AEC-Q100 認證測試方法的每個測試要求。如果通用資料不能滿足這些要求，就要進行元件特殊認證測試。

（5）預前應力測試和應力測試後要求：AEC-Q100 認證測試方法中的附加要求欄為每個測試指定了終端測試溫度（室溫、高溫和低溫）。溫度特殊值必須設有最差情況，即每個測試中用至少一個批次的通用資料和元件特殊資料來設置溫度等級。

（6）應力測試失效後的定義：測試失效定義為元件不符合測試的元件規範和標準規範，或是供應商的資料表，任何由於環境測試導致的外部物理破壞的元件也要被認為是失效的元件。如果失效的原因被廠商和使用者認為是非正確運轉、靜電放電或一些其他與測試條件不相關的原因，就不算失效，但作為資料提交的一部分上報。

3. 零件的認證與重新認證

1）新零件應具有的資格

　　圖 4-1 顯示了用於確認新零件的應力測試流程，表 4-3 中定義了相應的測試條件。對於每個認證，供應商必須擁有所有測試的可用資料，包括待認證元件上的壓力測試結果以及任何可接受的通用資料。還應對同一通用系列中的其他元件進行審查，以確保該系列中不存在常見故障機制。

　　對於每個元件的確認，供應商必須具備以下材料：①設計、建造和認證的證書； ②壓力認證的測試資料； ③每個 AEC-Q100-007 中指出的用於認證（適用於該元件類型）的軟體的故障分級資料，以便在客戶需要時提供給使用者。

2）元件改變後的重新認證

　　當供應商對產品或（和）製程作出了改變，從而影響（或潛在影響）了元件的外形、安裝、功能、品質和（或）可靠性時，該元件就需要重新進行認證。產品任何最小的改變，都要用表 4-3 來決定重新認證的測試計畫，需要進行表 4-3 中列出的可適用的測試。表 4-3 應該身為指導，用以決定哪種測試可以用來作為特殊零件改變的認證，或對於那些測試，是否相當於通用資料來提交。所有重新認證都應分析根本原因，根據需要確定糾正的和預防性的行動。如果最低程度的適當的遏止方式獲得了使用者的論證和承認，元件和（或）認證家族可以暫被承認為「認證狀態」，一直到有適當糾正的和預防性的行動為止。一種改變不會影響元件的工作溫度等級，但是會影響其應用時的性能。對於一些使用者的特別應用將需要其對製程改變有單獨的授權許可，而許可方式則超出了該標準的範圍。

3）無鉛元件的資格鑑定

　　AEC-Q005 無鉛要求中規定了額外的要求，以解決使用無鉛加工時產生的特殊品質和可靠性問題。無鉛加工中使用的材料包括終端電鍍和板附（焊料）。這些新材料通常要求較高的板附溫度，以獲得可接受的焊點品質和可靠性。這些較高的溫度可能會影響塑膠封裝半導體的水分敏感性水準。因此，可能需要新的、更堅固的模具化合物。如果需要更改封裝材料以保證裝置無鉛處理的足

夠堅固性，供應商應參考本規範中的製程更改確認要求。在環境應力測試前，應在 IPC/JEDEC J-STD-020《非密封固態表面安裝裝置水分 / 回流敏感性分類》中描述的無鉛回流分類溫度下進行前置處理。

4. AEC-Q100 的認證測試

1）通用測試

　　圖 4-2 顯示了測試流程，表 4-3 舉出了測試細節。並非所有的測試都適用於所有元件。舉例來說，某些測試僅適用於陶瓷封裝的零件，其他測試僅適用於具有非揮發性記憶體（NVM）的零件。適用於特定元件類型的試驗在表 4-3 的「附加說明」欄中說明。表 4-3 的「附加說明」一欄也強調了替代參考測試方法中描述的測試需求。另外，任何使用者要求但本檔案未說明的獨特鑑定測試或條件，應由要求測試的供應商和使用者協商。

2）零件特殊測試

　　對於所有密封和塑膠封裝元件，待認證元件必須透過以下測試。這些測試不允許使用通用資料。

　　（1）靜電放電（ESD）：所有產品。

　　（2）鎖存（LU）：所有產品。

　　（3）配電：供應商必須證明，在工作溫度等級、電壓和頻率下，元件能夠滿足裝置規格的參數限制。該資料必須來自至少三個批次，或來自同一個矩陣（或傾斜）製程批次，並且必須代表足夠多的樣本以在統計意義上有效，具體要求可參考 AEC-Q100-009。強烈建議使用 AEC-Q001《部分平均測試指南》確定最終測試極限。

　　（4）其他測試：使用者可能根據其與某一特定供應商的合作經驗，要求使用其他測試來代替通用資料。

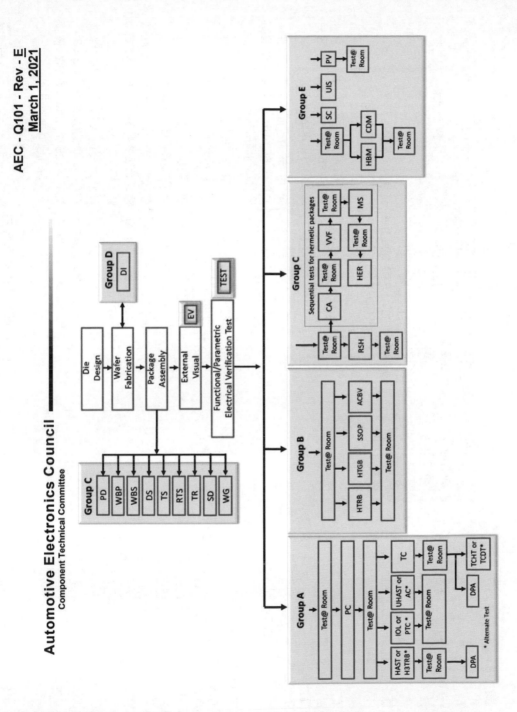

▲ 圖 4-2 AEC-Q101 產品的測試流程圖

① (來源:http://aecouncil.com/AECDocuments.html)

▶ 表 4-3 資格測試方法

試驗項目	縮寫	編號	備註	每批樣品個數	批數	接受標準	測試方法	附加要求
				測試組 A 加速環境應力測試				
前置處理	PC	A1	P、B、S、N、G	適用於 SMD，所有要求做前置處理的應力試驗的全部樣品		0 失效	JEDEC 標準系統中的 J-STD-020 和 JESD22-A113	僅適用於表面貼裝元件
偏置溫濕度或偏置高加速度應力測試	THB	A2	P、B、D、G	77	3	0 失效	JEDEC 標準系統中的 JESD22-A101	適用於表面貼裝元件，85℃/85%RH，偏置條件按客戶給定的應用電路，1000h
	HSAT						JEDEC 標準系統中的 JESD22-A110	適用於表面貼裝元件，110℃/85%RH，偏置條件按客戶給定的應用電路，265h
高壓、無偏高加速度應力測試或無偏溫度混合測試	AC、UAST	A3	P、B、D、G	77	3	0 失效	JEDEC 標準系統中的 JESD22-A118	適用於表面貼裝元件，110℃/85%RH，264h
	TH		P、B、D、G				JEDEC 標準系統中的 JESD22-A101	適用於表面貼裝元件，85℃/85%RH，1000h
溫度循環	TC	A4	H、P、B、D、G	77	3	0 失效	JEDEC 標準系統中的 JESD22-A104 和 Appendix 3	等級 2：-55℃~125℃，1000 個循環等級 3：-55℃~125℃，500 個循環
功率溫度循環	PTC	A5	H、P、B、D、G	45	1	0 失效	JEDEC 標準系統中的 JESD22-A106	只適用於最大額定功率 ≥1W 或 $\Delta T_J \geq 40$℃ 的元件等級 2、3：-40℃~105℃，1000 個循環，偏置條件按客戶給定應用電路
高溫儲存循環	HTSL	A6	H、P、B、D、K	45	4	0 失效	JEDEC 標準系統中的 JESD22-A103	等級 2、3：125℃，1000 個循環

測試組 B 加速壽命模擬測試

試驗項目	縮寫	編號	備註	每批樣品個數	批數	接受標準	遵循的測試規範	說明
高溫工作壽命	HTOL	B1	H、P、B、D、G、K	77	3	0 失效	JEDEC 標準系統中的 JESD22-A108	對於包含 NVM 的元件，必須在 HTOL 前根據 AEC-Q100-005 進行耐久性前置處理。 等級 2：105℃、1000h； 等級 3：85℃、1000h。 在最大 Vcc 電壓下施加直流和交流參數，偏置條件按客戶給定的應用電路
早期壽命失效率	ELFR	B2	H、P、B、N、G	800	3	0 失效	AEC-Q100-005	等級 2：105℃、48h、偏置條件按客戶給定的應用電路； 等級 3：85℃、48h、偏置條件按客戶給定的應用電路
NVM 耐久性、資料保持和工作壽命	(EDR)	B3	H、P、B、D、G、K	77	3	0 失效	AEC-Q100-008	高溫資料保持、低溫資料保持

測試組 C 封裝完整性測試

試驗項目	縮寫	編號	備註	每批樣品個數	批數	接受標準	遵循的測試規範	說明
鍵合點切應力	WBS	C1	H、P、D、G	最少對 5 個元件中的 30 個鍵合點進行測試		Cpk>1.67	AEC-Q100-001	DAGE4000 測試

第 **4** 章 車載晶片標準介紹

測試組 C 封裝完整性測試

試驗項目	縮寫	編號	備註	每批樣品個數	批數	接受標準	遵循的測試規範	說明
鍵合點拉力	WBP	C2	H、P、D、G	最少對 5 個元件中的 30 個鍵合點進行測試		Cpk>1.67 或溫度循環後；0 失效	MIL-STD883 Method 2011	DAGE4000 測試
可焊性	SD	C3	H、P、D、G	15	1	>95% 接腳覆蓋	JEDEC 標準系統中的 JESD22-B102	—
物理尺寸	PD	C4	H、P、D、G	10	3	Cpk>1.67	JEDEC 標準系統中的 JESD22-B100 和 JESD22-B108	—
錫球切應力	SBS	C5	B	最少對 10 個元件中的 5 個錫球進行測試	3	Cpk>1.67	AEC-Q100-010	—
引線完整性	LI	C6	H、P、D、G	5 個零件，每個有 10 條引線	1	無破損或開裂	JEDEC 標準系統中的 JESD22-B105	表面貼裝元件（球柵陣列封裝）不作要求，僅對針腳導通孔元件作要求

4-16

測試組 D 晶片可靠性測試

試驗項目	縮寫	編號	每批樣品個數	批數	接受標準	遵循的測試規範	說明
電遷移	EM	D1	—	—	—	—	應根據使用者對新技術的要求提供資料、測試方法、計算和內部標準
經過媒體擊穿	TDDB	D2	—	—	—	—	應根據使用者對新技術的要求提供資料、測試方法、計算和內部標準
熱載流子注入	HCI	D3	—	—	—	—	應根據使用者對新技術的要求提供資料、測試方法、計算和內部標準
負偏壓溫度不穩定性	NBTI	D4	—	—	—	—	應根據使用者對新技術的要求提供資料、測試方法、計算和內部標準
應力遷移	SM	D5	—	—	—	—	應根據使用者對新技術的要求提供資料、測試方法、計算和內部標準

測試組 E 電學驗證測試

試驗項目	縮寫	編號	備註	每批樣品個數	批數	接受標準	遵循的測試規範	附加要求
應力試驗前、後功能/參數電學測試	TEST	E1	H、P、B、N、G	所有要求做電學測試的應力試驗的全部樣品		0失效	供應商資料表或使用者規範撰寫測試程式	所使用的測試軟體應符合 AEC-Q100-007 的要求。在確認應力之前和之後的所有電氣測試都是在溫度和極限值的個別裝置規格的限制下進行的
人體模式/機器模式靜電放電	HBM	E2	H、P、B、D	30	1	0失效。透過2kV HBM 或更高等級測試	AEC-Q100-002	在 ESD 試驗前後均應在室溫和高溫下進行

測試組 E 電學驗證測試

試驗項目	縮寫	編號	備註	每批樣品個數	批數	接受標準	遵循的測試規範	附加要求
帶電元件模式靜電放電	CDM	E3	H、P、B、D	30	1	0 失效。700V 邊角接腳、500V 其他接腳或更高	AEC-Q100-011	有 ESD 試驗前後均應在室溫和高溫下進行
閂鎖效應	LU	E4	H、P、B、D	6	1	0 失效 AEC-Q100-004	在 LU 試驗前後均應在室溫和高溫下進行	—
電學分佈	ED	E5	H、P、B、D	30	3	見 AEC-Q100-009	AEC-Q100-009	供應商和使用者相互協商將要測量的電參數及接受標準。測試在室溫、高溫和低溫下進行
故障分級	FG	E6	—	—	—	見 AEC-Q100-007 中的第 4 章	AEC-Q100-007	生產測試見 AEC-Q100-007 中第 4 章的測試要求
特性	CHAR	E7	—	—	—	—	AEC-Q003	新技術與零件家族進行
電磁相容	ENC	E8	—	1	1	—	SAE J1752/3-輻射	測試和其可接受標準由使用者和供應商根據具體情況協商
軟錯誤率	SER	E9	—	3	1	—	JEDEC 無加速：JESD89-1；加速：JESD89-2 或 JESD89-3	適用於大於 1MB 儲存量的靜態和動態隨機記憶體基本單元的元件。根據參考規格，可以選擇兩種測試之一（無加速的或加速的），測試和其可接受標準由使用者和供應商根據具體情況。終測報告包括詳細的測試裝置場所和高度資料

測試組 F 缺陷篩選測試

試驗項目	縮寫	編號	每批樣品個數	批數	接受標準	遵循的測試規範	附加要求
過程平均測試	PAT	F1	—	—	—	AEC-Q001	供應商根據測試方法確定樣品尺寸和接受標準。如果這些測試對於一個給定的元件是不可能的，供應商必須提供理由
統計成本／收益分析	SBA	F2	—	—	—	AEC-Q002	

測試組 G 空腔封裝完整性測試

試驗項目	縮寫	編號	備註	每批樣品個數	批數	接受標準	遵循的測試規範	附加要求
過程平均測試	MS	G1	H、D、G	15	1	0失效	JEDEC 標準系統中的 JESD22-B104	在室溫下測試
統計成本／收益分析	VFV	G2	H、D、G	15	1	0失效	JEDEC 標準系統中的 JESD22-B103	在室溫下測試
恒加速度測試	CA	G3	H、D、G	15	1	0失效	MIL-STD-883 的方法 2001	在室溫下測試
洩漏測試	GFL	G4	H、D、G	5	1	0失效	MIL-STD-883 的方法 1014	任意針對單一元件的精檢後應進行粗檢
跌落測試	DROP	G5	H、D、G	5	1	0失效	—	在室溫下測試
封蓋扭矩測試	LT	G6	H、D、G	5	1	0失效	MIL-STD-883 的方法 2024	僅適用於陶瓷封裝腔體元件

測試組 G 空腔封裝完整性測試

試驗項目	縮寫	編號	備註	每批樣品個數	批數	接受標準	遵循的測試規範	附加要求
晶片剪貼力測試	DS	G7	H、D、G	5	1	0 失效	MIL-STD-883 的方法 2019	在所有空腔裝置蓋/密封之前執行
內部水蒸氣測試	IWV	G8	H、D、G	5	1	0 失效	MIL-STD-883 的方法 1018	僅適用於陶瓷封裝腔體元件

註：H──僅適用於密封封裝的元件；P──僅適用於塑膠包裝的元件；B──只適用於焊接球表面貼裝封裝（BGA）元件；N──非破壞性測試，元件可用於其他測試或用於生產；D──破壞性試驗，元件不得重複用於生產；S──僅適用於認證或生產；G──允許使用通用資料；K──需使用 AEC-Q100-005 方法對獨立的非揮發性記憶體積體電路或具有非揮發性記憶體積體電路的積體電路模組進行前置處理；L──僅適用於無鉛元件；Cpk──製程能力指數。

3）磨損可靠性測試

與適當的磨損失效機制相關的新技術或材料要透過認證，就必須向使用者提供以下所列失效機制的測試。資料、測試方法、計算和內部標準不需要在每個新元件的認證上進行執行，但應在使用者要求時提供給使用者。

（1）電遷移。

（2）隨時間變化的介電擊穿（或柵氧化物完整性測試）——適用於所有 MOS 技術。

（3）熱載流子注入——適用於所有低於 1μm 的 MOS 技術。

（4）負偏置溫度不穩定性。

（5）壓力遷移。

4.2.3 AEC-Q101 標準

1. AEC-Q101 的概述

AEC-Q101 定義了分立半導體元件（如電晶體、二極體等）的最小壓力測試驅動的合格要求和參考測試條件。AEC-Q101 不免除供應商滿足其公司內部資格認證程式的責任。此外，AEC-Q101 並不免除供應商滿足 AEC-Q101 範圍之外的任何使用者要求的責任。任何在生產中開發或使用分立半導體元件的公司**有責任確認和驗證所有認證和測試資料與 AEC-Q101 的要求是否一致。**

AEC-Q101 分立半導體元件的測試方法是參考軍用級的 MIL-STD-750 標準，工業級的 UL-STD-94 標準用於元件中的塑性材料易燃性試驗，JEDEC JESD-22 主要用於測試元件包裝的可靠性、J-STD-002 用來測試元件引線、端子、耳片、端子和導線的可焊性，J-STD-020 提供了非密封固態表面貼裝元件的水分 / 回流焊靈敏度分類的定義，JESD22-A113 用於非密封表面貼裝元件可靠性測試前的前置處理，汽車級的 AEC-Q001 零件平均測試指南； AEC-Q005 無鉛測試要求； AEC-Q101-001 ESD（人體模型）； AEC-Q101-003 鍵合點切應力測試；AEC-Q101-004 同步性測試方法、鉗位感應開關、電介質完整性、破壞性物理分

析； AEC-Q101-005 ESD（帶電元件模型）； AEC-Q101-00612V 系統靈敏功率裝置的短路可靠性描述； AEC-Q101-005 ESD（帶電元件模型）； AEC-Q101-00612V 系統靈敏功率裝置的短路可靠性描述以及 QS-9000 和 ISO-TS-16969。

如果成功完成根據 AEC-Q101 各要點需要的測試，那麼將允許供應商宣告其零件通過了 AEC-Q101 認證。只有滿足所有要求時才能認為該元件通過了 AEC-Q101 認證。AEC-Q101 標準規定分立半導體元件的最小環境溫度範圍應為 -40℃ ~125℃，所有 LED 的最小環境溫度範圍應為 40℃ ~85℃。

2. AEC-Q101 的通用要求

如果 AEC-Q101 標準的要求與其他任何檔案的要求發生衝突，應按照購買的訂單、個人規定的規範、AEC-Q101、AEC-Q100 參考的文件、供應商資料表的優先順序滿足客戶的要求。對於根據本標準被認為合格的元件，採購訂單和 / 或單一元件規格不能放棄或減少本標準的要求。

透過使用通用資料來簡化認證過程非常值得提倡，需要考慮到的是，通用資料必須基於一系列特殊要求：①表 4-4 中的元件認證要求； ②每個零件的特性相關的具體要求矩陣和製造製程； ③認證家族定義； ④有代表性的隨機樣本。透過這些特殊要求，各個成員可以組成這個認證家族，為的是所有家族成員的資料對於質疑的元件認證都能是均等的和普遍接受的。

適當注意這些認證家族指南，可以累積部分適用於同種類其他元件的資訊。這些資訊可用於一系列元件的通用可靠性，並且最大限度減少對特定元件的資格認證程式。這可以透過以下途徑實現：認證和監測認證家族中最複雜的元件（如高 / 低電壓、極大 / 極小晶片），對後來加入此認證家族中不太複雜的元件應用這些資訊資料。通用資料的來源應該是供應商經過鑑定的測試實驗室，它包括內部供應商認證、客戶特殊認證，以及供應商過程監控。提交的通用資料必須達到或超過表 4-4 中列出的測試條件。根據該標準提供的指南，表明部分合適的測試資料可用於減少很多認證要求。特殊使用者元件必須完成電氣特性測試，通用性能資料在認證呈報時是不允許的。由使用者最終決定是否接受使用通用資料代替特殊測試資料。

AEC-Q101 測試樣品的要求如下。

（1）批次要求（見表 4-4）。

（2）所有認證元件都應在製造場所加工處理，這樣有助量產時零件的傳輸。

（3）已被用於非破壞性測試的元件還可用來進行其他認證測試；已被用於破壞性認證的元件，除工程分析外，不得再作他用。

（4）樣本用於測試和 / 或通用資料的提交必須符合指定的最小樣品量和表 4-4 中的接受標準。如果供應商選擇使用通用資料來認證，則特殊的測試條件和結果必須記錄。現有適用的通用資料應該首先被用來滿足表 4-4 中的每個測試條件。如果通用資料不能滿足這些要求，應進行元件特定的認證測試。供應商必須執行待認證的特定元件或可接受的通用元件的任何組合，數量不少於 3 批次並且每個批次不少於 77 片。

（5）從初始認證的所有可靠性資料被呈交給客戶評估起，通用資料的可接受性就不存在時間上的限制。

（6）所有的預前應力測試和應力後測試都必須在室溫條件下，根據使用者元件詳細規範定義的電氣特性來進行。

有以下任一表現的元件即定義為測試失效。

（1）元件不符合使用者的元件規範定義的電氣測試限制或合適的供應商通用規範。最小測試參數要求在 AEC-Q101 中有規定。

（2）在完成環境測試後，未保持在每次測試初始讀數的 ±20% 以內的部分。對於低於 100nA 的洩漏，測試儀的準確性可能會阻止後應力分析到初始讀數。

▼ 表 4-4 資格測試方法

測試組 A 加速度環境應力測試

試驗項目	簡稱	編號	資料類型	備註	測試條件 樣品數 / 批	測試條件 批次數量	接受標準	參考檔案	附加要求
前置處理	PC	A1	1	G、S	所有 SMD 元件在測試 A2、A3、A4、A5、A8 前應測試		0 失效	JEDEC/IPC；J-STD-020；JESD22-A-113	僅在 A2、A3、A4、A5 和 C8 測試之前對表面貼裝元件進行測試。PC 前後測試。任何元件的更換都必須報告
高加速應力測試	HAST	A2	1	D、G、U、V、3	77	3（滿足備註 B 要求）	0 失效	JEDEC 標準系統中的 JESD22-A-110	96h，T_A=130°C /85%RH，或 264h，T_A=110°C /85%RH，部分反向偏壓，80% 的額定電壓，超過電壓可能在室中發生電弧（通常為 42V）。在 H³TRB 前後進行 TEST 測試
高濕度、高溫度、反向偏置	H³TRB	A2alt	1	D、G、U、V、3	77	3（滿足備註 B 要求）	0 失效	JEDEC 標準系統中的 JESD22-A-101	在 T_A=85°C /85% RH 條件下工作 1000h，部分反向偏置，額定擊穿電壓 80%，最高可達 100V 或室限。在 H³TRB 前後進行 TEST 測試

測試組 A 加速度環境應力測試

試驗項目	簡稱	編號	資料類型	備註	測試條件		接受標準	參考檔案	附加要求
					樣品數/批	批次數量			
無偏置的告訴應力測試	UHAST	A3	1	D、G、U	77	3（滿足備註B要求）	0失效	JEDEC 標準系統中的 JESD22-A-118 或 JESD22-A-101	T_A=130°C/85%RH 時 96h 或 T_A=110°C/85%RH 時 264h。在 UHAST 前後進行 TEST 測試
高壓測試	AC	A3alt	1	D、G、U	77	3（滿足備註B要求；）	0失效	JEDEC 標準系統中的 JESD22-A-102	T_A=121°C/85%RH，RH=100%，大氣壓力為 103351Pa。96h。高壓前後進行 TEST 測試
溫度循環	TC	A4	1	D、G、U、3	77	3（滿足備註B要求）	0失效	JEDEC 標準系統中的 JESD22-A-104，Appendi x 6	1000 次循環（T_A=最小範圍為-55°C至最大額定結溫，不超過 150°C）。當部分最大額定結溫超過 25°C 時，使用 T_A（max）=25°C，或當最大額定結溫超過 150°C 時使用 T_A（max）=175°C，可將持續時間減少到 400 個循環。在溫度循環前後進行 TEST 測試

測試組 A 加速度環境應力測試

試驗項目	簡稱	編號	資料類型	備註	測試條件		接受標準	參考檔案	附加要求
					樣品數/批	批次數量			
溫度循環熱測試	TCHT	A4a	1	D、G、U、1、2	77	3（滿足備註 B 要求）	0 失效	JEDEC 標準系統中的 JESD22-A-104；Appendix 6	在 T_C 後 125°C測試應力，然後開封、檢驗、線拉力（根據 AEC-Q101 的附錄 6，內部焊線直徑小於或等於 5mil 的同時拉 5 個元件的所有線）
溫度循環分層測試	TCDT	A4alt	1	D、G、U、1、2	77	3（滿足備註 B 要求）	0 失效	JEDEC 標準系統中的 JESD22-A-104；Appendix 6；J-STD-035	T_C 後 100% C-SAM 檢驗、然後開封、線拉力（根據 AEC-Q101 附錄 6，同時拉 5 個高分層元件的所有線），如果 C-SAM 無分層、無開蓋/溶膠，則檢驗和線拉力是必須要求做的
間歇運行壽命	IOL	A5	1	D、G、P、T、U、W、3	77	3（滿足備註 B 要求）	0 失效	MIL-STD-750 Method 1037	測試持續時間見 AEC-Q101 的表 2A，T_A=25°C，元件通電以確保 $\Delta T_J \geq 100$°C（不要超過絕對最大額定值）。IOL 前後測試應力

測試組 A 加速度環境應力測試

試驗項目	簡稱	編號	資料類型	備註	測試條件		接受標準	參考檔案	附加要求
					樣品數/批	批次數量			
功率和溫度循環	PTC	A5alt	1	D、G、T、U、W	77	3（滿足備註 B 要求）	0失效	JEDEC 標準系統中的 JESD22-A-105	如果 IOL 測試中 $\triangle T_J$ ≥100℃達不到，則進行 PTC，測試持續時間見 AEC-Q101 的表 2A 要求。元件通電和室內循環以確保 $\triangle T_J$ ≥100℃（不要超過絕對最大額定值）。PTC 前後測試應力

測試 B 組加速壽命模擬試驗

試驗項目	簡稱	編號	資料類型	備註	測試條件		接受標準	參考檔案	附加要求
					樣品數/批	批次數量			
高溫反向偏壓	HTRB	B1	1	D、G、K、P、U、V、X、3	77	3（滿足備註 B 要求）	0 失效	MIL-STD-750-1；M1038；M1039	1000h，最高直流反向額定電壓，溫度接點參考客戶/供應商規範。周圍環境溫度 T_A 要根據電損耗做調整。在 HTRB 前後都要進行應力測試
交流開鎖電壓	ACBV	B1a	1	D、G、P、U、Y	77	3（滿足備註 B 要求）	0 失效	MIL-STD-750-1；M1040 條件 A	在使用者/供應商規範中規定的最大交流隔離電壓和結溫下 1000h。調整環境溫度 T_A 以補償電流洩漏。在 ACBV 之前和之後測試作為最小值
穩態運行	SSOP	B1b	1	D、G、O、U	77	3（滿足備註 B 要求）	0 失效	MIL-STD-750-1；M1038 條件 B（齊納二極體）	額定 I_Z 最大值下工作，1000h，T_A 至 T_J，SSOP 前後測試作為最小值

測試 B 組加速壽命模擬試驗

試驗項目	簡稱	編號	資料類型	備註	測試條件 樣品數/批	測試條件 批次數量	接受標準	參考檔案	附加要求
高溫柵偏壓	HTGB	B2	1	D、G、M、P、U、3	77	3（滿足備註B要求）	0失效	JEDED 標準系統中的 JESD22-A-108	在指定的 T_J 下為 1000h，柵極電壓偏置為元件關閉時的最大額定電壓值的 100%（正或負取決於技術要求），T_J 增加 25°C 時，循環時間可以減至 500h，HTGB 前後都要測試應力

測試組 C 包組裝完整性測試

試驗項目	簡稱	編號	資料類型	備註	測試條件 樣品數/批	測試條件 批次數量	接受標準	參考檔案	附加要求
破壞性物理分析	DPA	C1	1	D、G	2	1（滿足備註B要求）	0失效	AEC-Q101-004 Section 4	隨機所取的樣品已成功透過 H³TRB、HAST 和 TC
物理尺寸	PD	C2	2	G、N	30	1	0失效	JEDEC 的 JESD22-B-100	透過驗證物理尺寸來滿足客戶零件包裝規範的尺寸和公差

測試組 C 包組裝完整性測試

試驗項目	簡稱	編號	資料類型	備註	測試條件 樣品數 / 批	測試條件 批次數量	接受標準	參考檔案	附加要求
鍵合點抗拉強度	WBP	C3	3	D、G、E	最少 5 個元件的 10 條焊線		0 失效	MIL-STD-750 的方法 2037	前置處理和後處理變比較來評估製程變更的穩健性
鍵合點剪貼強度	WBS	C4	3	D、G、E			0 失效	JEDEC 標準系統中的 JESD22-A-118 或 JESD22-A-101	T_A=130℃ /85%RH 時 96h 或 T_A=110℃ /85%RH 時 264h。在 UHAST 前後進行測試
晶片剪片	DS	C5	3	D、G	5	1	0 失效	MIL-STD-750-2 的方法 2017	根據 AEC-Q101 中的表 3（C5 測試指南），還需要進行前後製程變化對比，以評估與模具相關的製程變化穩健性
端子強度	TS	C6	2	D、G、L	30	1	0 失效	MIL-STD-750-2 的方法 2036	只對導通孔引鉛件的引鉛件完整性進行評估
耐溶劑性	RTS	C7	2	D、G	30	1	0 失效	JEDEC 標準系統中的 JESD22-A-104；Appendix 6	檢查是否存在在永久標記

測試組 C 包裝完整性測試

試驗項目	簡稱	編號	資料類型	備註	測試條件		接受標準	參考檔案	附加要求
					樣品數/批	批次數量			
耐焊接熱	RSH	C8	2	D、G	30	1	0失效	JEDEC標準系統中的JESD22-A-111（SMD）；B-106（PTH）	檢查 RSH 前後。SMD 在測試期間應完全浸沒在水中，並根據濕氣等級進行前置處理
熱阻抗	TR	C9	3	D、G	10	1	0失效	ESD24-3、24-4、24-6	測量 TR 以確保符合規範，並提供過程改變對比資料
可焊性	SD	C10	2	D、G	10	1（滿足備註B要求）	0失效	JEDEC標準系統中的J-STD-002	放大 50X，參考表 4-6 中的焊接條件。對於直外掛程式，採用 A 測試方法。對於 SMD，採用測試方法 B 和 D
晶鬚生長評價	WG	C11	3	—	—	—	—	AEC-Q005	在系列基礎上進行的測試（電鍍金屬化，鉛設定）
恆定加速度	CA	C12	2	D、G、H（1）	30	1（滿足備註B要求）	0失效	MIL-STD-750-2的方法2006	僅適用於Y1裝置，15kg力量。CA前後測試應力

測試組 C 包組裝完整性測試

試驗項目	簡稱	編號	資料類型	備註	測試條件 樣品數/批	測試條件 批次數量	接受標準	參考檔案	附加要求
變頻震動	VVF	C13	2	D、G、H（2）				JEDEC 標準系統中的 JESD2-B-103	採用恆定位移 0.06inch（2 倍振幅），震動頻率為 20~100Hz，恆定峰值加速度為 50g，頻率為 100~2000Hz。VVF 前後測試應力
機械衝擊	MS	C14	2	D、G、H（3）	—	—	—	JEDEC 標準系統中的 JESD22-B-104	1500g's 持續 0.5ms，5 次擊打，3 個方位。MS 試驗前後都要測試應力
氣密性	HER	C15	2	D、G、H（4）				JEDEC 標準系統中的 JESD22-A-109	根據每個使用者的具體規格進行精檢和粗檢

測試組 D 包裝完整性測試

試驗項目	簡稱	編號	資料類型	備註	樣品數/批	批次數量	接受標準	參考檔案	附加要求
介電性	DI	D1	3	D、M	5	1	0失效	AEC-Q101-004 的第3章	透過前置處理和後處理的變更比較來評估製程變更的穩健性，所有的元件必須超過最小的擊穿電壓（僅適用於 MOS 和 IGBT）

測試組 E 電子驗證測試

試驗項目	簡稱	編號	資料類型	備註	樣品數/批	批次數量	接受標準	參考檔案	附加要求
目檢	EV	E0	1	G、N	所有認證元件都要進行外觀檢驗		0失效	JESD22 B-101	檢查零件的結構、標記和製程
應力測試前後功能/參數	TEST	E1	1	D、N	所有認證元件的測試依適用的元件規範要求		0失效	客戶規範或依廠商標準規範	此測試依據適用的應力參考並在室溫下進行
參數驗證	PV	E2	1	N	25	3（滿足備註 A 的要求）	—	個別 AEC 客戶規範	根據使用者要求，在零件內參考溫度範圍內測試所有規格要求

測試組 E 電子驗證測試

試驗項目	簡稱	編號	資料類型	備註	樣品數 / 批	批次數量	接受標準	參考檔案	附加要求
ESD HBM 的特徵	ESDH	E3	1	D、W	30HBM	1	—	AEC-Q101-001	在靜電防護前後進行 TEST 測試
ESD CDM 的特徵	ESDC	E4	2	D、W	30CDM	1	—	AEC-Q101-005	在靜電防護前後進行 TEST 測試
鉗位感應開關	UIS	E5	3	D	5	1	0 失效	AEC-Q101-004 的第 2 章	透過前置處理和後處理的變更比較評估製程變更的穩健性（僅適用於功率 MOS 和內部鉗位 IGBT）
短路可靠性	SC	E6	3	D、P	10	3（滿足備註 B 要求）	0 失效	AEC-Q101-006	僅適用於小功率元件

註：

A：對參數驗證資料，有些情況使用者只需要一批可接受，隨後的客戶應決定採用先前客戶認證透過的結論，但隨後的客戶將有權決定可接受的批次數。

B：當採用通用資料取代特殊資料時，要求 3 批次。

C：不適用於 LED、三極體和其他光學元件。

D：破壞性試驗後，元件不可再用於認證或生產。

E：確保每個樣品部具有代表性。

F：僅適用於不同焊接金屬（金／鉛）。

G：容許通用資料。

H：僅要求密封封裝元件。項目 C12~C15 是速價測試評價內部及封裝機械強度。

K: 並不適用於電壓調節器（齊納二極體）。

L: 僅適用於合銘元件。

M: 僅適用於 MOS&IGBT。

N: 非破壞性試驗後，元件可再用於認證或生產。

O: 僅適用於電壓調節器（齊納二極體）。

P: 應考慮是否將此測試應用於智慧電源元件或用等效的 Q100 測試代替。需要考慮的因素包括晶片上的邏輯運算器或感測器數量，預期的使用者用途，晶片的開關速度，功耗和接腳腳數。

S: 僅適用於表面貼裝元件。

T: 當測試二極體時，在間歇運作壽命運行條件下，100°C 的結點溫度增量可能無法實現。若本條件存在，功率溫度循環（項目 A5 alt）試驗應取代間歇運作壽命（A5）的使用（參考表 4-5），以確保適當的結點溫度發生變化。所有其他元件應採用 IOL。

U: 在這些測試中，可以接受的是使用未成形的接腳的對裝（如 IPAK）來判定新晶片將等效包裝（如 DPAK），提供的晶片尺寸在等效包裝合格的範圍內。

V: 對於雙向瞬態電壓抑制器（TVS）裝置，每個方向應進行一半的測試時間。

W: 不適用於暫態電壓抑制器（TVS）元件。對於 TVS 元件，PV 試驗的資料將是在執行到額定峰值脈衝電流之後的 100% 峰值脈衝功率（Pppm）。

X: 開關元件（如快速，超快速整流器，肖特基二極體）的使用者/供應者指的是應用模式的應用條件。對那些可以承受 HTRB 中直流反向電壓的元件，在應用規範以及試驗條件中沒有規定的最大額定直流反向電壓，應在認證測試計量/報告中說明。舉例來說，一個 100V 肖特基二極體，100V 被應用於 T_A 的調整，直到達到最大的 T_j 而有導致元件熱失控的電壓，T_A 和 T_j 應作為測試條件記錄在認證計量/報告中。

Y: 僅適用於 LEDs。

Z: 僅適用於晶體閘流管。

1: 僅適用於內部封裝線直徑小於 5mil 的 MOSFET 元件。

2: A4A 和 A4Aalt 試驗不在銅線鍵合產品上進行，請按照 AEC-Q006 的要求進行。

3: 對銅綜合格零件的要求參照 AEC-Q006。

▼ 表 4-5　間歇運作壽命（測試項 A5）或功率溫度循環（測試項 A5alt）的時間
要求

封裝形式	循環次數要求	循環次數要求	一次循環的時間
所有	60000/（x+y）； 15000 次	30000/（x+y）； 7500 次	最快（最少 2min，開 / 關 x min 開 +y min 關

（3）允許的洩漏限制不超過濕氣測試初始值的 10 倍和所有其他測試初始
值的 5 倍。

（4）任何由於環境測試導致的外部物理破壞。

　　透過表 4-4 中規定的所有適當的合格測試，不論是對特定元件進行測試（使
用指定的最小樣本數接受 0 失效），還是展示可接受的家族通用資料（使用
AEC-Q101 附錄中定義的家族定義指南和總所需批次和樣本數），都可以根據
AEC-Q101 確定該元件是否合格。

　　未達到本檔案所要求的測試驗收標準的元件，要求供應商確定根本原因，
實施並驗證糾正措施，以向使用者保證故障機制已被理解和控制。在確定失效
的根本原因並確認糾正和預防措施有效之前，不能認為該元件通過了應力測試。
如果通用資料封包含任何故障，除非供應商驗證了故障情況的糾正措施，否則
該資料不能作為通用資料使用。提交合格資料後，使用者可要求供應商證明糾
正措施的有效性。

　　使用者要求的任何 AEC-Q101 未規定的特殊可靠性測試或條件應由要求測
試的供應商和使用者商定，並且不可替代裝置透過 AEC-Q101 規定的壓力測試
認證。

3. 零件的認證和重新認證

　　表 4-4 描述了新元件認證的應力試驗項目和附加要求。對於每個認證，無論
是特殊元件的應力測試結果還是通用資料，供應商都必須有這些所有的資料。
重新認證時所用的元件也應由同類家族的元件組成，以確保在這個家族中沒有
存在普遍的失效機制。無論何時認為通用資料的可用性，都要得到供應商的論
證和使用者的核准。

當供應商對產品或（和）製程做出了改變，從而影響（或潛在影響）了元件的外形、安裝、功能、品質和（或）可靠性時（見 AEC-Q101 的指導原則），該元件就需要重新進行認證。在這個過程中供應商將滿足雙方商定對產品／製程改變的要求。根據 AEC-Q101 描述的，產品任何最小的變更，都要用 AEC-Q101 來決定重新認證的測試計畫，需要進行表 4-4 中列出的可適用的測試。AEC-Q101 表 4-4 應該身為指導，用以決定哪種測試可以用來作為特殊元件改變的認證，或對於那些測試，是否相當於通用資料來提交。並且所有重新認證都應分析根本原因，根據需要確定糾正的和預防性的行動。如果最低程度的適當的遏止方式獲得了使用者的論證和承認，元件和（或）認證家族可以暫被承認為「認證狀態」，一直到有適當糾正的和預防性的行動為止。一種更可能不會影響元件的工作溫度等級，但是會影響其應用時的性能。製程改變更獨的授權許可應基於供應商和使用者的相互溝通，而許可方式則超出了 AEC-Q101 的範圍。

在作出新元件供應商選擇後，供應商要求啟動與每個使用者的討論，儘快完成簽署認證測試方案協定，該通知時間應早於製程變化。

4. AEC-Q101 的認證測試

（1）通用測試：測試細節如圖 4-2 所示，並不是所有的測試都適用於一切元件，舉例來說，某些測試只適用於密封封裝件，其他測試只適用於 MOS 電場效應電晶體等。表 4-4 的「備註」欄中指定了適用於特殊元件類型的測試。表 4-4 的「附加要求」欄中也提供了重點測試要求，取代了參考測試的那些要求。

（2）元件特殊測試：對於特殊元件，必須進行以下測試（通用資料不允許用在這些測試上）：①靜電放電特性（表 4-4，測試項目 E3 和 E4）；②參數驗證（表 4-4，測試項目 E2）。供應商必須證明元件能夠滿足特定使用者零件規格定義的參數限制。

（3）資料提交類型：提交給使用者的資料可分為三類。第一類資料是通用還是特殊的資料應按該標準中的規定來確定，應提交資料整理，原始資料提交還是長條圖提交則根據個人使用者的要求。供應商應當對所有的資料和檔案（包括無過失的不完美實驗）加以維護，以保持符合 QS-9000 和／或 TS 16949 的要求，且包含在認證呈報中。第二類資料是封裝具體類資料，此類資料不應在認

證呈報中，為替代這部分資料，供應商可以參考先前成功執行的、沒明顯改變的特定測試，提交一份「竣工檔案」。竣工檔案應參考適當的使用者封裝規範來完成。第三類資料應按照該標準附錄的要求包含在資格提交中。對於新元件，資料應按照表 4-4 的要求包含在資格認證提交中。供應商應在重新確認計畫制定期間將這些測試視為有用的工具，為新元件確認（包括新套件）和 / 或製程變更提供支援的理由。供應商有責任提出不需要執行這些測試的理由。

（4）無鉛測試要求：供應商應遵循 AEC-Q005 無鉛測試要求，所有元件引線和端子的鍍層的含鉛量應小於 1000ppm。

例 1：當 $\triangle T_J \geq 100\,^\circ\text{C}$ 時，一個封裝能承受 2min 開 /4min 關則需要循環 10000 次〔算式為 60000/（2+4）〕；當 $\triangle T_J \geq 125\,^\circ\text{C}$ 時，需要循環 5000 次。

例 2：當 $\triangle T_J \geq 100\,^\circ\text{C}$ 時，一個封裝能承受 1min 開 /1min 關則需要循環 15000 次；當 $\triangle T_J \geq 125\,^\circ\text{C}$ 時，需要循環 7500 次。

x = 該元件從周圍的環境溫度達到要求的 $\triangle T_J$ 所需要的最少時間。y= 該元件從要求的 $\triangle T_J$ 到周圍的環境溫度所需要的最少時間。測試板上的儀器、元件安裝和散熱方式將影響每個封裝的 x 和 y。

4.2.4 AEC-Q102 標準

1. AEC-Q102 概述

AEC-Q102 為基於失效機制的車用光電半導體壓力試驗認證標準。該標準定義了所有汽車外部和內部應用的光電半導體（如發光二極體、光電二極體、雷射元件，見圖 4-3（a）和（b））的最小壓力試驗驅動的合格要求和參考試驗條件。該標準結合了各種檔案（如固態技術協會的 JEDEC 系列標準、國際電工協會的 IEC 系列標準、美國常用軍用標準 MIL-STD）中記錄的最先進的資格試驗和製造商資格標準。根據該標準中概述的要求成功完成試驗並記錄試驗結果，供應商便可以宣告其元件是經過 AEC-Q102 認證的。供應商經使用者同意，可以在比該標準要求更寬鬆的樣品尺寸和條件下進行鑑定，但是只有當該標準提出的產品性能要求得到滿足時，產品才可稱為經過 AEC-Q102 認證。

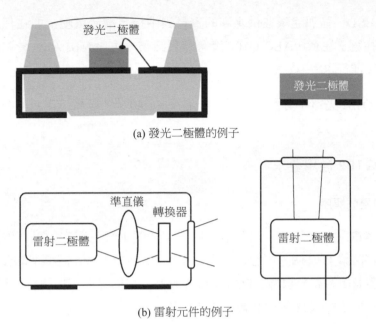

(a) 發光二極體的例子

(b) 雷射元件的例子

▲ 圖 4-3 發光二極體與雷射元件範例

　　AEC-Q102 的制定參考了汽車級的 AEC-Q001《零件平均測試指南》、AEC-Q002《統計產量分析指南》、AEC-Q005《無鉛含量測試要求》、SAE/USCAR-33 LED《模組測試規範》、ZVEI《汽車應用電子元件產品和／或製程變更（PCN）客戶通知指南》、AEC-Q101-005《靜電放電試驗充電裝置型號》、工業級的 JEDEC JESD-22《封裝元件的可靠性測試方法》、J-STD-002《元件引線、端子、接線片、端子和電線的可焊性測試》、JESD51-50《單晶片與多晶片、單 PN 結與多 PN 結發光二極體（LED）熱測量方法概述》、JESD51-51《電氣測試方法的實施》（用於測量具有暴露冷卻的發光二極體的實際熱阻和阻抗）、JESD51-52 將《CIE 127-2007 總通量測量與具有外露冷卻表面的 LED 的熱測量相結合的指南》、ANSI/ESDA/JEDEC JS-001《人體模型（HBM）- 元件級》、IEC 60068-2-43《觸點和連接的硫化氫測試》、IEC 60068-2-20《帶引線元件的可焊性和焊接熱耐受性的測試方法》、IEC 60068-2-58《表面貼裝元件（SMD）的可焊性、抗金屬化溶解和焊接熱的測試方法》、IEC 60068-2-60《流動混合氣體腐蝕試驗》、軍工級的 MIL-STD-750-1《半導體元件的環境測試方法》、MIL-STD-750-2《半導體元件機械測試方法》，以及 IATF 16949《汽車生產及相關服務零件組織的品質管制系統要求》。

對於 ESD，強烈建議在供應商的資料表中指定透過電壓，並在任何接腳例外處加上註腳。注意，AEC-Q102 沒有資質證書，也沒有由 AEC 營運的認證委員會對零件進行認證。

AEC-Q102 光電半導體的最低工作溫度為 -40℃，最高工作溫度在零件規格中定義。

2. AEC-Q102 通用要求

1）要求的優先順序

如果 AEC-Q102 的要求與其他任何檔案的要求發生衝突，以下優先順序適用：①採購訂單；②個人同意的部分規範；③本標準；④該標準的參考標準；⑤供應商資料表。對於根據 AEC-Q102 被認為合格的元件，採購訂單和 / 或個別元件規格不能放棄或減少該標準的要求。

2）測試樣品的要求

（1）批次要求。

批次要求在表 4-1 中指定。如果需要多個批次，所有批次必須從模具製造和裝配中隨機選擇（如果可能）。

（2）生產要求。

所有合格元件應在生產現場使用工具和製程生產，用於支持按預計產量交付的元件。

（3）測試樣本的再使用性。

用於無損鑑定測試的元件可以用於填充其他鑑定測試。除工程分析外，已用於破壞性鑑定試驗的元件不得進一步使用。

（4）樣本容量需求。

用於資格測試和 / 或一般資料提交的樣本數必須與表 4-3 中規定的最小樣本數和接受標準一致。如果供應商選擇提交認證 / 再認證的通用資料，則必須報告

具體的測試條件和結果。現有適用的通用資料應首先用於滿足這些要求和表 4-3 中每個測試的要求。如果一般資料不滿足這些要求，應進行零件特定資格測試。供應商必須對特定元件進行任意組合，以獲得合格和 / 或可接受的通用元件，且至少包含表 4-4 中定義的元件。

（5）通用資料的接受期限。

只要將適當的可靠性資料提交給使用者進行評估，通用資料的可接受性就沒有時間限制。可靠性資料必須來自特定的元件，或來自 AEC-Q102 附錄 1 中定義的相同資格系列的元件。資料的潛在來源包括任何使用者指定的資料、製程變更確認及週期性的可靠性監視資料。

（6）在測試板上裝配。

如果零件必須安裝在測試板上，供應商應做出適當的製程和材料選擇，並在測試報告中記錄。建議在應力測試之前，透過適當的方法（如 X 射線、Rth 測量、Vf 測量等）證明互連的品質。

（7）壓力測試前和壓力測試後要求。

AEC-Q102 附錄 5 中定義的電氣和光學參數必須在應力測試之前和之後，在適當的元件規格中提到的名義測試條件下進行測量。對於 LED 和雷射元件，正向電壓也必須在最小（或更低）和最大指定的驅動電流下測量。如果沒有指定最小驅動電流，則應選擇額定電流的 10% 或 1mA。對於光電二極體和光電電晶體元件，反向暗電流必須在適當的元件規格中提到的指定反向電壓下測量。所有應力前和應力後測試元件都必須在室溫下按照個別使用者元件詳細規範中定義的電氣特性進行測試。

此外，根據製造商的資料表，在最小和最大允許溫度下（允許公差為 ±5°C）進行簡單的功能／無功能測試（如 LED: 亮／不亮、光電二極體：開／短路）是下列壓力測試的強制要求：WHTOL/H3TRB、TC、PTC/IOL、CA-VVF-MS、H2S 和 FMG。

功能 / 無功能測試不適用於沒有鑄造的雷射元件（如密封金屬罐）和多鍵合導線在高電流下工作的脈衝雷射元件。對於所有其他雷射元件，功能 / 無功能測試可以簡單地透過設定值以下的開 / 短路檢查來驗證。

光電二極體的功能 / 無功能測試可以透過一個簡單的開 / 短路驗證來驗證。

光電電晶體的功能 / 無功能測試可透過使用簡單實用的照明（如燈泡、手電筒）來驗證。不需要定量的結果。

功能 / 無功能測試必須在壓力測試之後進行。或，在壓力測試期間可以進行故障檢測。

3）試驗失效的定義

零件出現以下任意一種情況時即被定義為試驗失效。

（1）不符合零件規格書中規定的電氣和光學測試極限的零件。最小試驗參數要求應參考 AEC-Q102 附錄 5。

（2）環境試驗完成後，零件的參數不保持在初始讀數 ±x%（定義參考 AEC-Q102 附錄 5）的部分。零件超出要求的部分必須得到供應商的證明和使用者的批准。對於低於 100nA 的洩漏，試驗儀器的精度可能會使基於初始讀數的壓力試驗後分析失效。

（3）任何零件都可能在環境試驗中出現物理損傷（如遷移、腐蝕、機械損傷、分層等）。檢測應使用放大倍數達到 50 倍的光學顯微鏡。注意，一些物理損壞可能是由供應商和使用者共同同意的，只是非功能缺陷，對零件沒有影響。

如果故障原因（由製造商和使用者）一致認為是由於處理不當、與試驗板互連、ESD 或其他與測試條件無關的原因造成的，則在故障分析後對故障進行折算，但作為資料提交的一部分報告。儘管如此，仍有必要透過表 4-6 中定義的樣本數的測試。這就是為什麼建議用比需要更多的樣品開始試驗和 / 或選擇一個合適的試驗板。如果試驗的樣品多於要求，且至少有一部分不合格，則必須報告。

4）溫度測量位置

對於 SMD 零件，試驗中的 T_{solder} 定義為在零件和用於裝配的板之間的最熱焊點處測量的溫度，見圖 4-4；對一些零件類型，如晶片上的 LED 或鉛雷射元件，以及一些用組裝方法組裝的零件，如旋入或緊固組裝零件，可能難以測量 T_{solder}，這種情況下，可以用在零件適當位置測量的 T_{case} 代替 T_{solder}。對某些包裝設計來說，在壓力測試中直接測量焊錫是非常困難的。在這種情況下，可以選擇一個合適的位置來測量 T_{board}。T_{board} 的測量位置應該選擇其到 T_{solder} 位置的熱阻盡可能低的位置。供應商必須定義並提供使用的定義。此外，供應商必須提供測量或計算的 T_{solder} 和 $T_{junction}$。

3. AEC-Q102 標準試驗內容

AEC-Q102 舉出了基於失效機制的車用光電半導體壓力試驗認證的流程圖，見圖 4-5。AEC-Q102 的試驗內容主要包括以下幾部分。A 組：加速環境壓力試驗；B 組：加速壽命壓力試驗；C 組：元件完整性試驗；E 組：光電驗證試驗；G 組：封裝完整性試驗。

試驗內容及額外要求分別如表 4-6 所示。

4.2.5 AEC-Q103 標準

1. AEC-Q103 概述

AEC-Q103 是基於失效機制的 MEMS 壓力試驗認證標準（包括針對壓力感測器的 AEC-Q103-002、針對麥克風的 AEC-Q103-003 等）。該標準應與 AEC-Q100 配合使用。MEMS 元件的電路元件容易受到與標準 IC 相同的失效機制的影響，因此必須滿足 AEC-Q100 中定義的要求。這些裝置的 MEMS 部分，包括電路和封裝互動，必須滿足該標準定義的要求。

▼ 表 4-6 AEC-Q102 加速環境壓力試驗

測試組 A：加速環境壓力試驗

編號	壓力試驗	縮寫	樣本大小/批	批次數量	接受標準	參考檔案	附加要求
A1	前置處理	PC	—	—	0 失效	JEDECJ 的 ESD22-A113	至少在 A2a-c、A3a-b 和 A4 測試之前，在 SMD 上進行測試。在適用的情況下在進行 PC 和／或試驗時，必須報告 PC 水準和峰值回流溫度。更換任何零件都必須報告。根據零件規格使用焊接型材： • 額定的最高溫度。 • 額定在峰值溫度 -5℃ 內的時間。 • 額定超過液相線最高溫度的時間。 • 額定的升溫溫度梯度。 • 額定的下降溫度梯度。 在 PC 前後應進行 TEST 試驗
A2a	潮濕高溫環境使用壽命	WHTOL1	26	3	0 失效	JESD22 的 JEDEC-A101	僅適用於 LED 和雷射元件。 在 WHTOL1 前需要進行 PC。 在 $T_{ambient}$=85 ℃ /85% RH 下 持 續 1000h，最大驅動電流根據零件規格中定義的降額曲線。脈衝操作的雷射元件應根據零件規格在最大壓力工作下工作（脈衝電流、脈衝寬度和工作週期比）。使用多個發射器（如 RGB）的 LED 和雷射元件必須與所有發射器同時驅動。電源運行循環 30min 開 /30min 關。 在 WHTOL1 前後應進行 TEST 試驗，在 WHTOL1 後應進行 DPA 試驗

測試組 A：加速環境壓力試驗

編號	壓力試驗	縮寫	樣本大小/批	批次數量	接受標準	參考檔案	附加要求
A2b	潮濕高溫環境使用壽命	WHTOL2	26	3	0 失效	JESD22 的 JEDEC-A101	僅適用於 LED 和連續波雷射元件，不適用於脈衝操作的雷射元件。 在 WHTOL1 前需要進行 PC。 在 $T_{ambient}$= 85°C /85% RH，根據零件規格決定的最小驅動電流下持續 1000h。如果沒有規定最小額定驅動電流，則驅動電流應使 T_J 的升高不超過 3K。 在 WHTOL2 前後應進行 TEST 試驗，在 WHTOL2 後應進行 DPA 試驗
A2c	高濕度高溫反向偏壓	H³TRB	26	3	0 失效	JEDEC 標準系統中的 JESD22-A101	僅適用於光電二極體和光電電晶體。 在 $T_{ambient}$=85°C /85% RH 和連續反向偏置操作下持續 1000h: ① 光電二極體：V_r =0.8 倍零件規格規定的最大額定反向電壓。 ② 光電電晶體：V_{ce}=0.8 倍零件規格規定的集電極和發射極額定電壓。 根據負荷降負載曲線規定最大化規定功率耗散，不曝光 在 H³TRB 前後應進行 TEST 試驗，在 H₃TRB 後應進行 DPA 試驗

測試組 A：加速環境壓力試驗

編號	壓力試驗	縮寫	樣本大小/批	批次數量	接受標準	參考檔案	附加要求
A3a	電源溫度循環試驗	PTC	26	3	0 失效	JESD22 的 JEDEC-A105	PTC 前先進行 PC。 持續 1000 次溫度循環，最大驅動電流根據零件規格中規定的在最大 T_{solder} 下的降負荷曲線確定。最高溫度選擇： PTC 條件 1：最大 T_{solder}= 85°C。 PTC 條件 2：最大 T_{solder}=105°C。 PTC 條件 3：最大 T_{solder}=125°C。 PTC 條件應選擇在適當的零件規格內最接近操作溫度範圍。最小溫度（斷電期間）根據零件規格確定。PTC 狀態循環 5min 開 /5min 關。PTC 應在電源應應循環試驗報告中報告。 脈衝操作的雷射元件應根據零件規格在最大壓力條件下工作；工作週期比）。使用多個寬度和放大器（脈衝電流、脈衝發射器（如 RGB）的 LED 和雷射元件必須與所有發射器同時驅動。 在 PTC 前後應進行 TEST 試驗，在 PTC 後應進行 DPA 試驗。另外，對於密封裝置，TC 後進行 HER 試驗。

測試組 A：加速環境壓力試驗

編號	壓力試驗	縮寫	樣本大小/批	批次數量	接受標準	參考檔案	附加要求
A3b	間歇使用壽命	IOL	26	3	0 失效	MIL-STD-750-1 Method 1037	僅適用於光電二極體和光電電晶體。只有當能產生的功率足夠使 $\triangle T_J {\geq} 50^{\circ}C$ 時才執行。在 $T_{ambient}{=}25^{\circ}C$，在光照下進行，並且：① 光電二極體的 $V_r =$ 零件規格規定的最大額定反向電壓。② 光電電晶體的 $V_{ce} =$ 零件規格規定的集電極和發射極額定電壓。但不超過最高指標。所需的循環次數為 60000/（$x+y$），其中 x 為從環境溫度下零件達到要求的 $\triangle T_J$ 所需的最小分鐘數，y 為元件從要求的 $\triangle T_J$ 冷卻到所需環境溫度所需的最短時間。在 IOL 前後應進行 TEST 試驗，在 IOL 後應進行 DPA 試驗。另外，對於密封裝置，TC 後進行 HER 試驗。

測試組 **A**：加速環境壓力試驗

編號	壓力試驗	縮寫	樣本大小 / 批	批次數量	接受標準	參考檔案	附加要求
A4	溫度循環	TC	26	3	0 失效	JESD22 的 JEDEC-A104	在進行 TC 試驗前進行 PC 試驗。 進行 1000 個循環，最小持續時間為 15min。最小和最大溫度根據零件規格確定。如果以下推薦的標準溫度超過或等於零件規定的儲存溫度，供應商可以使用其他溫度作為測試溫度： TC 溫度 1：最大 T_{solder}=85℃。 TC 溫度 2：最大 T_{solder}=85℃。 TC 溫度 3：最大 T_{solder}=85℃。 TC 溫度 4：最大 T_{solder}=85℃。 TC 溫度 5：最大 T_{solder}=85℃。 TC 條件以及轉換時間應在試驗報告中報告。 在 IOL 前後應進行 TEST 試驗。另外，僅對於密封裝置，TC 後進行 HER 試驗。

B 組：加速壽命壓力試驗

編號	壓力試驗	縮寫	樣本大小/批	批次數量	接受標準	參考檔案	附加要求
B1a	高溫使用壽命		26	3	0 失效	JESD22 的 JEDEC-A108	僅適用於 LED 和雷射元件。 在規定的 T_{solder} 下運行 1000h。對於 LED 和 CW 雷射元件，根據零件說明書中定義的降負荷曲線選擇相應的最大驅動電流。脈衝負荷，等效零於 B1b。脈衝操作的雷射元件應根據零件規格在最大壓力條件下工作（脈衝電流、脈衝寬度和放大器；工作週期比）。使用多個晶片（如 RGB）的 LED 和雷射元件必須與所有發射器同時驅動。在特殊情況下使用，可能需要更長的測試持續時間來確保應用程式生命週期中的可靠性。 在 HTOL1 試驗前後應進行 TEST 試驗，在 HTOL1 試驗後應應進行 DPA 試驗
B1b	高溫使用壽命	HTRB	26	3	0 失效	JESD22 的 JEDEC-A108	僅適用於 LED 和連續波雷射元件，不適用於脈衝操作的雷射元件。在規定的驅動電流下運行 1000h。根據零件規格中的降負荷曲線選擇最大對應的 T_{solder} 如果降負荷，測試 B1b 等價於 B1a 使用多個雷射器（如 RGB）的 LED 和雷射元件必須與所有發射器同時驅動。在特殊情況下使用，可能需要更長的測試持續時間來確保應用程式生命週期中的可靠性 在 HTOL2 試驗前後應進行 TEST 試驗，在 HTOL2 試驗後應應進行 DPA 試驗

B 組：加速壽命力試驗

編號	壓力試驗	縮寫	樣本大小/批	批次數量	接受標準	參考檔案	附加要求
B1c	高溫反向偏壓老化	ACBV	26	3	0 失效	JESD22 的 JEDEC-A108	僅適用於光電二極體和光電晶體晶體。 在規定的 T_{solder} 下運行 1000h（相當於 $T_{ambient}$，因為沒有光照時不會自熱）。連續反向偏置操作： ① 光電二極體的 V_r = 零件規格規定的最大額定反向電壓。 ② 光電晶體的 V_{ce} = 零件規格規定的集電極和發射極額定電壓。 沒有曝光 光晶用於雪崩光電二極體。 在 HTRB 試驗前後進行 TEST 試驗
B2	低溫使用壽命	SSOP	26	3	0 失效	JESD22 的 JEDEC-A108	僅適用於雷射元件。 在 $T_{ambient}$ 為最小工作溫度下運行 500h。對於連續雷射元件，根據零件規格中定義的最大降額曲線選擇相應的最大驅動電流。脈衝操作的雷射元件應根據零件規格在最大壓力條件（脈衝電流、脈寬及脈衝比）下工作；運行電源循環 5min 開/5min 關。如果達到循環焊點的最低溫度，則要求較長的循環時間。 在 LTO 試驗前後進行 TEST 試驗

B 組：加速壽命壓力試驗

編號	壓力試驗	縮寫	樣本大小 / 批	批次 數量	接受標準	參考檔案	附加要求
B3	脈衝壽命	HTGB	26	3	0 失效	JESD22 的 JEDEC-A108	僅適用於 LED 和雷射元件在恆定模式下工作，但同時也適用於脈衝長度較長的脈衝操作，通常是毫秒或以上。不適用於脈衝操作的雷射元件。 在 T_{solder}=55℃ 下運行 1000h（對於內部 LED，T_{solder} 可選為 25℃）。 脈衝寬度為 100μs，工作週期比為 3%。 根據零件規格確定最大脈衝高度。使用多個發射器（如 RGB）的 LED 和雷射元件必須與所有發射器同時驅動。 在 PLT 試驗前後進行 TEST 試驗

C 組：元件完整性試驗

編號	壓力試驗	縮寫	樣本大小 / 批	批次 數量	接受標準	參考檔案	附加要求
C1	破壞物理	DPA	2	1	0 失效	AEC-Q102 的附錄 6	對已成功完成 TC、PTC/IOL、HTOL、WHTOL/H TRB、H2S 和 FMG 的零件進行隨機抽樣（每個樣本 2 個）。同時提供參考圖片
C2	外形尺寸	PD	10	3	0 失效	JESD22 的 JEDEC-B100	驗證物理尺寸包裝規範的尺寸和公差

C 組：元件完整性試驗

編號	壓力試驗	縮寫	樣本大小/批	批次數量	接受標準	參考檔案	附加要求
C3	焊線拉力	WBP	最少 5 個零件的 10 個焊線	3	0 失效	MIL-STD-750-2 Method 2037	資料可以在 PPAP 內提供（Cpk>1.67）
C4	焊線剪貼力	WBS	最少 5 個零件的 10 個焊線	3	0 失效	JESD22-B116	資料可以在 PPAP(Cpk>1.67)內提供。驗收標準：（最小剪貼力值÷球黏合面積）>61N/mm² 或 4gf/mil²
C5	晶片剪貼力	DS	5	3	0 失效	MIL-STD-750-2 Method 2017	資料可以在 PPAP 內提供（Cpk>1.67）
C6	終端強度	TS	10	3	0 失效	MIL-STD-750-2 Method 2036	只評估通孔含鉛元件的鉛的完整性
							僅適用於 LED 和雷射元件，不適用於密包裝。
CC7	結露	DEW	26	3	0 失效	AEC-Q102-001	根據零件規格，以最小的驅動電流運行。如果沒有規定最小額定驅動電流，則驅動電流應使 T_j 升高不超過 3K。連續波雷射元件應在設定值以下操作，以避免雷射元件模具發熱。對於脈衝雷射元件，不建議功率操作或在最大壓力下操作。使用多個發射器（如 RGB）的 LED 和雷射元件必須與所有發射器同時驅動。 在 DEW 試驗前後進行 TEST 試驗

C 組：元件完整性試驗

編號	壓力試驗	縮寫	樣本大小／批	批次數量	接受標準	參考檔案	附加要求
C8	焊錫耐熱性	RSH	10	3	0 失效	含鉛裝置符合 JESD22-B106；無鉛裝置符合 AEC-Q005	不需要單獨的 RSH（回流）測試，因為已經包含在測試 A1（前置處理）中。僅適用於導通孔含鉛零件，且供應商宣告該零件可透過波過峰焊焊接。在 RSH 試驗前後進行 TEST 試驗。另外，僅對密封元件對元件 RSH 試驗後進行 HER 試驗
C9	熱電阻	TR	10	1	0 失效	JEDEC 標準系統中的 JESD51-50、JESD51-51、JESD51-52	適用於 LED 和雷射元件。只對具有足夠功率使得 △Tj ≥60℃ 的光電二極體和光電電晶體進行。根據 JESD51-50、JESD51-51 和 JESD D51-52 測量熱阻，確保符合規範
C10	可焊性	SD	10	3	0 失效	JEDEC 標準系統中的 J-STD-002 或 IEC 60068-2-58（SMD）IEC 60068-2-20（導通孔）	需要前置處理／加速老化。使用 155℃ 乾熱 4h（JEDEC J-STD-002 條件類別 E 或 IEC 60068-2-20 老化 3a）。對於 SMD 用途，採用以下標準中的試驗：JEDEC J-STD-002 的測試 S1——表面安裝過程模擬。IEC 60028-2-58 的方法 2——回流

C 組：元件完整性試驗

編號	壓力試驗	縮寫	樣本大小/批	批次數量	接受標準	參考檔案	附加要求
C11	晶鬚生長	WG	見試驗方法	見試驗方法	見試驗方法	AEC-Q005	僅適用於帶有錫基鉛飾面的零件。在系列基礎上進行測試（電鍍金屬化、鉛設定）
C12	二氧化硫	H₂S	26	3	0 失效	IEC 60068-2-43	腐蝕等級 A（優先）：在 40℃和 90% RH 條件下持續 336h。硫化氫濃度：15ppm。腐蝕等級 B（適用於某些應用）：在 25℃和 75% RH 條件下持續 500h。H2S 濃度：10ppm 腐蝕等級必須在測試報告中明確註明。腐蝕等級必須在測試報告中明確註明。不允許腐蝕。如果供應商可以透過額外的測試或分析表明腐蝕對產品的可靠性和壽命沒有影響，則該裝置可以被認為是透過測試的。然而，腐蝕必須在測試報告中提到。如果使用者要求，必須提供額外測試或分析的詳細資訊。在 H₂S 試驗前後進行 TEST 試驗。在 H₂S 試驗後進行 DPA 試驗

C 組：元件完整性試驗

編號	壓力試驗	縮寫	樣本大小 / 批	批次數量	接受標準	參考檔案	附加要求
C13	流動混合氣體腐蝕	FMG	26	3	0 失效	IEC 60068 測試方法 4-2-60	持續時間為 500h，25℃和 75% FH。 硫化氫濃度：10ppb。 二氧化硫濃度：200ppb。 二氧化氮濃度：200ppb。 氯濃度：10ppb。 不允許腐蝕。如果供應商可以透過額外的測試或分析表明腐蝕對產品的可靠性和壽命沒有影響，則該裝置可以被認為是透過測試的。然而，腐蝕必須在測試報告中提到。如果使用者要求，必須提供額外測試或分析的詳細資訊。 在 FMG 試驗前後進行 TEST，在 FMG 試驗後進行 DPA 試驗
C14	板撓曲	BF	10	3	0 失效	AEC-Q102-002	不適用於通孔引線元件。 如果由於整合在測試板上的電子電路損壞而無法對脈衝雷射元件進行電氣測試，則只進行電氣測試即可

E 組：光電驗證試驗

編號	壓力試驗	縮寫	樣本大小 / 批	批次數量	接受標準	參考檔案	附加要求
E0	外觀檢查	EV	除 DPA 和 PD 外的所有合格零件的提交測試		0 失效	JEDEC 標準系統中的 JESD22-B101	檢查零件結構、標記和製程
E1	壓力前和壓力後電學和光度學測試	TEST	所有合格的零件都按照相應的零件規格進行測試		0 失效	AEC-Q 102 中的 2.3.7 節以及使用者指定的方法或供應商標準指定的方法	試驗按照適用的壓力參考標準進行
E2	參數驗證	PV	26	3	0 失效	由 AEC 使用者決定	根據零件溫度範圍測試所有參數，以確保零件符合規格要求
E3	靜電放電人體模型	HBM	10	3	0 失效	ANSI/ESDA/ JEDEC JS-001	在 HBM 試驗前後進行 TEST 試驗
E4	靜電放電充電裝置模型	CDM	10	3	0 失效	AEC Q101-005	在 CDM 前後進行 TEST 試驗

G 組：封裝完整性試驗

編號	壓力試驗	縮寫	樣本大小/批	批次數量	接受標準	參考檔案	附加要求
G1	恆加速度	CA	樣品大小：G1~G4 的 3 個批次，每個批次 10 件，對未封裝的包裝進行順序測試(seq1~seq4)		0 失效	MIL-STD-750-2 Method 2006	2000g（重力單位）1min。壓力應施加在正負方向上 3 個相互垂直的軸上。 在 CA 測試之前和之後進行 TEST 試驗，或只在 CA 之前和 MS 之後進行 TEST 測試。 如果由於整合在測試板上的電子電路損壞而無法對衝擊雷射元件進行電氣試驗，則只進行電氣試驗即可
G2	變頻震動測試	VVF			0 失效	JESD22 JEDEC-B103 的 Condition 1	VVF 試驗前後進行 TEST 試驗，或只在 CA 試驗前和 MS 試驗後進行 TEST 試驗
G3	機械衝擊	MS			0 失效	JESD22 的 JEDEC-B110	1500g，0.5ms，5 次打擊，3 個方向。 在 MS 試驗前後進行 TEST 試驗。或只在 CA 試驗前和 MS 試驗後進行 TEST 試驗
G4	氣密性	HER			0 失效	JESD22 的 JEDEC-A109	根據每個使用者規格進行精細和粗略測試

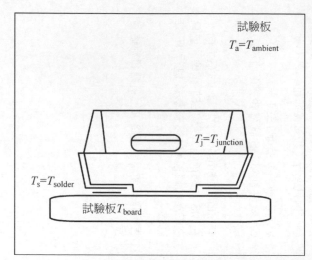

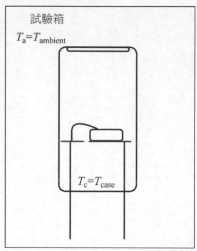

▲ 圖 4-4　$T_{ambient}$、T_{solder}、Tcase 和 $T_{junction}$ 的定義

註：ambient——環境，solder——焊料，case——箱子，board——板，

junction——介面。

　　該標準的目的是以一種比使用條件更快的方式使故障發生，或模擬極端事件以引出設計或內在製程缺陷。不應該不加區別地使用這組測試。每個認證項目都應對以下幾個點進行檢測：①任何潛在的新的獨特的故障機制；②任何存在可能造成失效的條件以及測試的場景，即使這些場景可能在實際應用中十分罕見；③任何可能造成加速失效的極端的使用條件或應用場景。

1）AEC-Q103-002《MEMS 壓力感測器壓力測試認證》

　　AEC-Q103-002 的目的是確定 MEMS 壓力感測器裝置能否透過指定的壓力測試，從而可以在應用中提供一定水準的品質 / 可靠性。

AEC-Q103-002 在開發過程中考慮的 MEMS 壓力感測器裝置技術包括多晶矽表面微加工、單晶矽深反應離子蝕刻（DRIE）、批次微加工、封蓋製程（包括玻璃料、共晶接合、熔合接合、陽極接合）。包含在該標準範圍內的 MEMS 壓力感測器的元件類型如下：整合到安裝在開放式腔體（凝膠覆蓋或無凝膠）封裝中的訊號調節 IC（「共整合」）中的壓力傳感元件；堆疊晶片 / 並排設定，其中壓力傳感元件安裝在開腔（凝膠覆蓋或無凝膠）封裝中的訊號調節 IC 上 / 旁邊；在訊號調節 IC 包覆成型後，將壓力傳感元件安裝到預成型腔（凝膠覆蓋或無凝膠）中；封裝成型後安裝在預成型腔（凝膠覆蓋或無凝膠）中的壓力傳感元件；由未封裝的矽微機械壓阻式壓力傳感元件組成的純壓力傳感元件（即裸晶交付）。MEMS 壓力感測器封裝包括但不限於以下：非密封空腔封裝；非氣密引線框空腔封裝；包覆成型的引線框架封裝；包覆成型的層壓板包裝。

AEC-Q103-002 的參考標準包括汽車的 AEC-Q100《基於失效機制的積體電路應力測試認證》；軍工的 MIL-STD-202《測試方法標準：電子和電氣元件》、MIL-STD-883《測試方法標準：微電路》、工業的 JEDEC JESD22《封裝裝置的可靠性測試方法》、DIN 50018《在二氧化硫存在的飽和氣氛中測試》、EN 60068-2-60《環境試驗 - 流動混合氣體腐蝕試驗》、ISO 16750-5《道路車輛 - 電氣和電子裝置的環境條件和測試 - 第 5 部分：化學負荷》。

（1）MEMS 壓力感測器元件工作溫度等級的定義。

零件的工作溫度等級在 AEC-Q100 中已有定義。適用於 MEMS 壓力感測器裝置的額外溫度等級定義如表 4-7 所示。

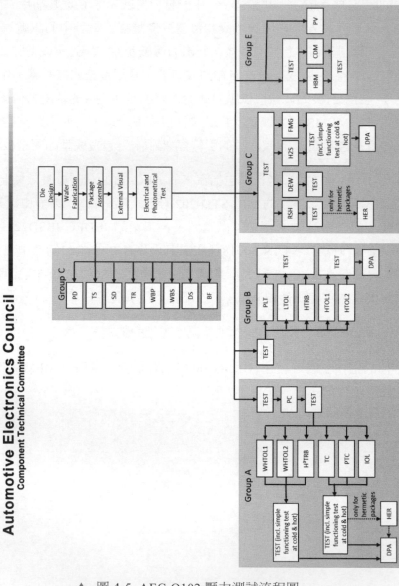

▲ 圖 4-5　AEC-Q102 壓力測試流程圖

（來源：http://aecouncil.com/AECDocuments.html）

▼ 表 4-7 MEMS 壓力感測器裝置的額外溫度等級

等級	工作環境溫度
0A	-40℃ ~165℃
0B	-40℃ ~175℃

以上的等級僅當工作環境溫度超過 AEC-Q100 等級要求時才需要。對於 AEC-Q103 和 AEC-Q100 的所有偏置測試,試驗時 MEMS 壓力感測器的連接點溫度應等於或大於該等級溫度。

(2)MEMS 壓力感測器部分機械等級的定義。

MEMS 壓力感測器的部分機械等級定義見表 4-8。

▼ 表 4-8 MEMS 壓力感測器的部分機械等級

等級	應用需求
M1	通用壓力感測器
M2	輪胎壓力監測系統(Tire Pressure Monitoring System,TPMS),安裝於輪轂

2)AEC-Q103-002《MEMS 麥克風壓力測試認證》

AEC-Q103-002 的目的是確定 MEMS 麥克風裝置能夠透過指定的壓力測試,從而可以在應用中提供一定水準的品質 / 可靠性。

AEC-Q103-002 的參考標準包括汽車的 AEC-Q100《基於失效機制的積體電路應力測試認證》;軍工的 MIL-STD-202《測試方法標準:電子和電氣元件》、MIL-STD-883《測試方法標準:微電路》;工業的 JEDEC JESD22《封裝裝置的可靠性測試方法》、DIN 50018《在二氧化硫存在的飽和氣氛中測試》、EN 60068-2-60《環境試驗 - 流動混合氣體腐蝕試驗》、ISO 16750-5《道路車輛 - 電氣和電子裝置的環境條件和測試 - 第 5 部分:化學負荷》。

2. AEC-Q103 試驗通用要求

1）AEC-Q103-002《MEMS 壓力感測器壓力測試認證》

要求的優先順序：如果 AEC-Q103-002 的要求與任何其他檔案的要求發生衝突，以下優先順序適用：a. 採購訂單（或主採購協定條款和條件）；b.（共同商定的）單一裝置規範；c. 該標準；d.AEC-Q100；e. 該標準的參考標準；f. 供應商的資料表。對於根據該標準被視為合格元件的裝置，採購訂單和 / 或單一裝置規範不能放棄或減損該標準的要求。

試驗失效定義：除了 AEC-Q100 的要求，測試組 PS 應使用來自 AEC-Q100 不是加速失效機制的溫度循環或加速濕氣應力的失效件。

2）AEC-Q103-002《MEMS 麥克風壓力測試認證》

要求的優先順序：如果 AEC-Q103-002 的要求與任何其他檔案的要求發生衝突，以下優先順序適用：a. 採購訂單（或主採購協定條款和條件）；b.（共同商定的）單一裝置規範；c. 該標準；d.AEC-Q100；e. 該標準的參考標準；f. 供應商的資料表。對於根據該標準被視為合格元件的裝置，採購訂單和 / 或單一裝置規範不能放棄或減損該標準的要求。

3. AEC-Q103 試驗內容

1）AEC-Q103-002《MEMS 壓力感測器壓力測試認證試驗內容》

AEC-Q103-002 中舉出了 MEMS 壓力感測器元件認證的流程圖，如圖 4-6 所示。AEC-Q103 的 MEMS 壓力感測器試驗內容主要包括以下幾部分。PS 組：MEMS 壓力感測器專項壓力試驗；基於 AEC-Q100 A 組試驗更新的加速環境壓力試驗；基於 AEC-Q100 G 組試驗更新的封裝性試驗。試驗的具體內容參見表 4-9 和表 4-10。

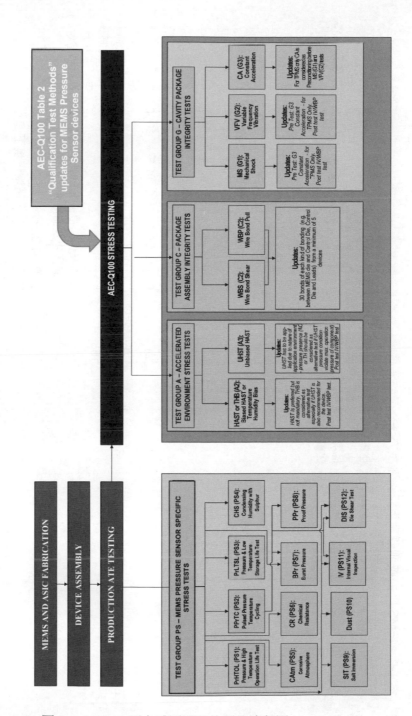

▲ 圖 4-6 MEMS 壓力感測器元件認證流程圖

（來源：http://aecouncil.com/AECDocuments.html）

▼ 表 4-9 MEMS 壓力感測器專用認證測試方法

測試組 PS-MEMS 壓力感測器特定的壓力測試

壓力測試	縮寫	編號	樣本大小 / 批	批次數量	接受標準	測試方法	額外說明	目標 MEMS 失效機制
							該測試及其條件是根據使用者和供應商之間的協定以及具體情況確定的。	
							前置處理：按照每個 AEC-Q100 的 A1 試驗要求進行前置處理。	
							對每個 AEC-Q100 的 B1 試驗要求進行 HTOL 試驗，並考慮以下增加的 MEMS 溫度等級：	
壓力和高溫工作壽命試驗	PrHTOL	PS1	77	3	0 失效	按照客戶要求加 JEDEC JESD22-A108	Grade 0A：165℃ Ta 持續 1000 h； Grade 0B：175℃ Ta 持續 1000 h。 壓力條件：根據 MEMS 元件的壓力範圍決定的最大工作壓力。 在 PrHTOL 試驗前後需要分別在室溫、低溫、高溫環境下進行 TEST 測試（按順序）。 建議持續監測壓力感測器的輸出。 （PrHTOL 代替了 AEC-Q100 的 B1 測試 HTOL）	晶片缺陷、膜穩定性和離子污染、表面電荷擴散、機械端變、膜疲勞、參數穩定性

測試組 PS-MEMS 壓力感測器特定的壓力測試

壓力測試	縮寫	編號	樣本大小 / 批	批次數量	接受標準	測試方法	額外說明	目標 MEMS 失效機制
偏置脈衝壓力溫度循環	BPPtTc	PS2	77	3	C 失效	按照客戶要求添加 JEDEC JESD22-A104	該測試及其條件是根據使用者和供應商之間的協定以及具體情況確定的。 前置處理：按照每個 AEC-Q100 的 A1 試驗要求進行前置處理。 按照每個 AEC-Q100 的 A4 試驗測試要求進行 TC 試驗，並考慮以下增加的 MEMS 溫度等級： Grade 0A：-55℃ ~165℃ 進行 2000 個循環； Grade 0B：-55℃ ~175℃ 進行 2000 個循環。 壓力循環：壓力循環的頻率為 0.5Hz，在最小工作壓力 P_{min} 和最大工作壓力 P_{max} 之間變化（壓力範圍（壓力上升和下降時間）應用於元件參數中的壓力任務曲線圖，或根據應用情況進行調整）。 電壓條件：施加可以使直流和交流參數得到保證的最大電壓。 在 BPPtTCL 試驗前後需要分別在低溫、高溫環境下進行 TEST 測試。 建議持續監測壓力感測器的輸出。 後測試：對 5 個元件進行 IV（PS11）和 WBP（C2）測試；對 5 個元件進行 DIS（PS12）測試；對一個批次進行破損壓力試驗（PS7）和耐壓試驗（PS8）。 （PrHTOL 代替了 AEC-Q100 的 A4 測試 TC）	導線黏結、導線或模具黏結、表面電荷效應、封裝應力、凝膠體擴散、凝膠變化、膜變形、機械疲勞、膜波定、參數震定性

測試組 PS-MEMS 壓力感測器特定的壓力測試

壓力測試	縮寫	編號	樣本大小/批	批次數量	接受標準	測試方法	額外說明	目標 MEMS 失效機制
壓力和低溫工作壽命測試	PrLTOL	PS3	77	1	0 失效	MIL-STD-883 方法 1005.9	前置處理：按照每個 AEC-Q100 的 A1 試驗要求進行前置處理。 按照每個 MIL-STD-883 方法 1005.9 的要求進行 LTOL 試驗。 溫度條件：在最小工作溫度 T_{min} 下持續 1000h。 壓力條件：最大工作壓力 P_{max}，根據 MEMS 裝置壓力範圍確定。 在 PrLTOL 試驗前後需要分別在室溫、低溫、高溫環境下進行 TEST 測試。 建議持續監測壓力感測器的輸出	晶片缺陷、膜層穩定性和離子污染、表面電荷擴散、機械應變、膜疲勞、參數穩定性

測試組 PS-MEMS 壓力感測器特定的壓力測試

壓力測試	縮寫	編號	樣本大小/批	批次數量	接受標準	測試方法	額外說明	目標 MEMS 失效機制
含硫濕氣冷凝試驗	CHS	PS4	45	1	0失效	DIN 50018	該測試及其條件是根據使用者和供應商之間的協定以及具體情況確定的。 前置處理：對每個 AEC-Q100 的 A1 試驗要求進行前置處理。 偏置循環工況：電壓條件為元件參數提供的 Vddmax 參數，按照 1h 開，1h 關循環工作。 試驗循環條件：根據 DIN-50018 進行試驗，進行 10 次循環（次/24h）。 硫條件：每個測試週期開始時的 SO_2 濃度體積百分比為 33%。 在 CHS 前需要在室溫環境下進行 TEST 測試。 後試驗：對 5 個元件進行 IV（PS11）和 WBP（C2）試驗。 注意：某些應用可能需要修改測試條件	腐蝕、導線 黏結、導線 污染、凝膠 體積變化、 參數穩定性

測試組 PS-MEMS 壓力感測器特定的壓力測試

壓力測試	縮寫	編號	樣本大小/批	批次數量	接受標準	測試方法	額外說明	目標 MEMS 失效機制
腐蝕性空氣	CAtm	PS5	10	1	0 失效	EN 60068-2-60/方法 4	該測試及其條件是根據使用者和應商之間的協定以及具體情況確定的。 前置處理：按照每個 AEC-Q100 的 A1 試驗要求進行前置處理。 溫度條件：25℃。 濕度條件：75%。 流速：1m³/h。 氣體：二氧化硫 0.20ppm；硫化氫 0.01ppm；NO₂ 0.20ppm；氯氣 0.01ppm。 持續時間：14 天。 在 CAtm 前後需要在室溫環境下進行 TEST 測試。 後試驗：對 5 個元件進行 IV（PS11）和 WBP（C2）試驗。 注意：某些應用可能需要修改測試條件件	凝膠膨脹、凝膠體積變化、腐蝕、導線黏結、導線污染參、數穩定性

測試組 PS-MEMS 壓力感測器特定的壓力測試

壓力測試	縮寫	編號	樣本大小／批	批次數量	接受標準	測試方法	額外說明	目標 MEMS 失效機制
耐化學性（也可浸在溶劑中）	CR	PS6	每種化學品 5 個	1	0 失效	按照客戶要求加 ISO 16750-5	該測試及其條件是根據使用者和供應商之間的協定以及具體情況確定的。 前置處理：按照每個 AEC-Q100 的 A1 試驗要求進行前置處理。 根據 ISO 16750-5 要求的化學試劑（或溶劑）、持續時間和溫度對樣品進行測試。 在 CR 前後需要在室溫環境下進行 TEST 測試。 後試驗：至少每個化學品對 5 個元件和 1 個元件進行 IV（PS11）和 WBP（C2）試驗。 注意：某些應用可能需要修改測試條件	凝膠膨脹、凝膠體積漬變化、腐蝕、電線結、電線黏染、污染、參數穩定性

測試組 PS-MEMS 壓力感測器特定的壓力測試

壓力測試	縮寫	編號	樣本大小/批	批次數量	接受標準	測試方法	額外說明	目標 MEMS 失效機制
爆破壓力	BPr	PS7	15	3	0 失效 5 倍 $P_{\text{full-scale}}$	按照客戶要求	該測試及其條件是根據使用者和供應商之間的協定以及具體情況確定的。 爆破壓力:在不發生災難性故障的情況下,可以施加在感測器上的最大壓力。 壓力條件:5 × $P_{\text{full-scale}}$ = 5 × [$P_{\text{max(op)}}$ − $P_{\text{min(op)}}$]。 持續時間:10min,1 次。 對於相對壓力感測器,從背面和正面分別施加壓力(即進行正面爆破壓力測試和背面爆破壓力測試)。由於測試的破壞性,每次測試必須使用單獨的裝置。 裝置應根據最大承受壓力等級進行分類。裝置應以 0.5 倍的 $P_{\text{full-state}}$ 增量的壓力步進。供應商資料表中應記錄所有小於 5 倍 $P_{\text{full-state}}$ 的資料。 在 BPr 前後需要在室溫環境下進行 TEST 測試。 注意:某些應用可能需要修改測試條件。	隔膜斷裂、黏結或模具黏結失效

測試組 PS-MEMS 壓力感測器特定的壓力測試

壓力測試	縮寫	編號	樣本大小/批	批次數量	接受標準	測試方法	額外說明	目標 MEMS 失效機制
耐受壓力	PPr	PS8	15	3	0 失效 3 倍 $P_{full-scale}$	按照客戶要求	該測試及其條件是根據使用者和供應商之間的協定以及具體情況下確定的。 耐受壓力：施加在感測器上而不會引起性能的變化的最大壓力（舉例來說，感測器可以在不永久性改變輸出的情況下常規看到的壓力）。 溫度條件：最高工作溫度 $T_{max\,(op)}$。 壓力狀態：3 倍 $P_{full\text{-}scale}$＝3 × [$P_{max\,(op)}$ - $P_{min\,(op)}$]。 持續時間：10min，10 次。 對於相對壓力感測器，從背面和正面分別施加壓力（即進行正面耐受壓力測試和背面耐受壓力測試）。由於測試的破壞性，每次測試必須使用單獨的裝置。 裝置應根據最大承受壓力等級進行分類。裝置應以 0.5 倍 $P_{full\text{-}state}$ 增量的壓力步進。供應商資料表中應記錄所有小於 3 倍 $P_{full\text{-}state}$ 的資料。 在 PPr 前後需要在室溫環境下進行 TEST 測試。 注意：某些應用可能需要修改測試條件。	隔膜斷裂、黏結或模具黏結失效

測試組 PS-MEMS 壓力感測器特定的壓力測試

壓力測試	縮寫	編號	樣本大小 小/批	批次 數量	接受標準	測試方法	額外說明	目標 MEMS 失效機制
鹽水浸漬試驗	STI	PS9	15	1	0 失效	MIL-STD-883 方法 10	前置處理：按照每個 AEC-Q100 的 A1 試驗要求進行前置處理。試驗條件：在 65°C 的去離子水（停留 60min）和 0°C 的飽和鹽水（停留 60min）之間浸泡 5 個循環，最大轉移時間為 10s。5 個循環後浸入去離子水 10s。在 SIT 前後需要在室溫環境下進行 TEST 測試。後試驗：對 5 個元件進行 IV（PS11）和 WBP（C2）試驗。注意：某些應用可能需要修改測試條件。	封裝失效、腐蝕、污染
灰塵試驗	DST	PS10	15	1	0 失效	MIL-STD-202G 方法 110A	根據要求檔案（如有防護等級）確定測試條件。在 DST 前後需要在室溫環境下進行 TEST 測試。注意：某些應用可能需要修改測試條件。	顆粒物污染
內部目視檢查	IV	PS11	5	3	0 失效	MIL-STD-883 方法 2013	原始元件和 PS2、PS4、PS6、PS8、PS9、A2、A3、G1 和 G2 測試後的內部目視檢查	—

測試組 PS-MEMS 壓力感測器特定的壓力測試

壓力測試	縮寫	編號	樣本大小/批	批次數量	接受標準	測試方法	額外說明	目標 MEMS 失效機制
晶片剪貼試驗	DIS	PS12	5	3	CPK>1.67 或 B_PPRTC 後 0 失效	MIL-STD-883 方法 2019	MEMS 壓力感測器模切測試條件：晶圓鍵合不需要進行 DIS 測試。適用於與介面晶片整合的壓力敏元件的模具，或在疊模或並排模設計的情況下，適用於壓力敏元件	—

▼ 表 4-10 MEMS 壓力感測器 AEC-Q100 認證測試方法更新

更新的測試組 A 加速環境壓力測試

壓力測試	縮寫	編號	樣本大小/批	批次數量	接受標準	測試方法	額外說明	目標 MEMS 失效機制
偏置溫度或高溫度加速偏壓試驗	HAST 或 THB	A2	77	3	0 失效	JEDEC JESD22-A110 或 ESD22-A101	前置處理：在 HAST 試驗（130℃ 85% RH 持續 96h 或 110 ℃ /85%RH 持續 264h）或 THB 試驗（85℃ /85%RH 持續 1000h）前按照每個 AEC-Q100 的 A1 試驗要求進行前置處理。在 HAST（或 THB）前後需要在室溫和高溫環境下進行 TEST 測試。HAST 是首選，但不是強制性的。THB 被認為是一種替代測試，特別是在裝置也需要執行 UHST 的情況下。後試驗：對 5 個元件進行 IV（PS11）和 WBP（C2）試驗	離子效應、水分侵入、導線鍵合失效、封裝膠膨脹、凝膠失效、參數穩定性的轉變

更新的測試組 **A** 加速環境壓力測試

壓力測試	縮寫	編號	樣本大小 / 批	批次數量	接受標準	測試方法	額外說明	目標 MEMS 失效機制
高加速度壓力或高溫無偏濕度試驗	UHST 或 AC 或 TH	A3	77	3	0 失效	JEDECJESD22-A118 或 JESD22-A102 或 JESD22-A110	前置處理：在無偏 HAST (130 ℃ 85%RH 持續 96h 或 110℃ /85%RH 持續 264h) 或 AC 特殊條件 (121 ℃ 15psig 持續 96h) 或 TH(85℃ /85%RH 持續 1000h) 前按照每個 AEC-Q100 的 A1 試驗要求進行前置處理。在 HAST (或 AC 或 TH) 前後需要在室溫環境下進行 TEST 測試。由於應用環境的性質（即壓力存在）,非偏置的 HAST 應用於 MEMS 壓力感測器元件。如果 HAST 壓力條件達裝置的最大工作壓力，AC 應被視為備用測試。對於非壓力敏感的封裝，TH 應被視為一種替代試驗。後試驗：對 5 個元件進行 IV (PS11) 和 WBP (C2) 試驗。	線黏結、包裝失效、凝膠膨脹、參數穩定性

更新的測試組 C 封裝完整性測試

壓力測試	縮寫	編號	樣本大小/批	批次數量	接受標準	測試方法	額外說明	目標 MEMS 失效機制
鍵合點切應力	WBS	C1	最少 5 個元件中的 30 個鍵合點		Cpk>1.67	AEC Q100-001 和 AEC-Q003	參考 AEC-Q100 表 2 的試驗 C1、C2。對於原件進行 WBS 試驗。	—
鍵合點拉力	WBP	C2			Cpk>1.67 或溫度循環後 0 失效	MIL-STD-883 方法 2011 和 AEC Q003	對於原件和經過 PS2、PS4、PS6、PS8、PS9、A2、A3、G1、G2 試驗的元件進行 WBP 試驗	—

更新的測試組 G 空腔封裝完整性測試

壓力測試	縮寫	編號	樣本大小/批	批次數量	接受標準	測試方法	額外說明	目標 MEMS 失效機制
機械衝擊	MS	G1	39	3	0 失效	JEDEC JESD22-B110	M1 級： • 測試條件：每個軸向兩個方向 5 個脈衝，每個脈衝持續時間 0.3ms，峰值加速度需要達到 6000g。 M2 級： • 預測試：按照恆定加速度（CA）測試（編號 G3）下的要求進行測試； • 測試條件：每個軸向兩個方向 10 個脈衝，每個脈衝持續時間 0.3ms，峰值加速度需要達到 6000g。 可選試驗條件：根據要求檔案（機械條件由安裝位置定義）。 在 MS 前和後需要至室溫環境下進行 TEST 測試。 後試驗：對 5 個元件進行 IV（PS11）和 WBP（C2）試驗。	隔膜斷裂、封裝失效、模具和導線鬆結

更新的測試組 G 空腔封裝完整性測試

壓力測試	縮寫	編號	樣本大小 / 批	批次數量	接受標準	測試方法	額外說明	目標 MEMS 失效機制
變頻震動	VFV	G2	39	3	0 失效	JEDEC JESD22-B103	M1 級： • 測試條件：按照每個 AEC-Q100 指出的測試條件（50g、20Hz~2kHz）進行測試，應力應施加在 3 個相互垂直的軸的正負方向上。 M2 級： • 預測試：按照恆定加速度（CA）測試（編號 G3）下的要求進行測試； • 測試條件：按照每個 AEC-Q100 中的要求進行測試（50g，在 1h 內 10Hz~2kHz），壓力應施加到 3 個相互垂直的軸的正負方向上。 可選試驗條件：根據任務檔案（機械條件由安裝位置定義）。 在 VFV 前後要在室溫環境下進行 TEST 測試。 後試驗：對 5 個元件進行 IV（PS11）和 WBP（C2）試驗	隔膜斷裂、封裝失效、模具和導線黏結

更新的測試組 G 空腔封裝完整性測試

壓力測試	縮寫	編號	樣本大小 / 批	批次數量	接受標準	測試方法	額外說明	目標 MEMS 失效機制
恒加速度	CA	G3	39（僅對 TPMS 為 78）	3	0 失效	MIL-STD -883 Method 2001	M1 級： • 測試條件：按照每個 AEC-Q100 指出的條件進行（2000g，1min），壓力應施加在 3 個相互垂直的軸的正負方向上。 M2 級： • 測試條件：按照每個 AEC-Q100 指出的條件進行（2500g，1h），壓力應施加在 3 個相互垂直的軸的正負方向上。 可選試驗條件：根據任務檔案（機械條件由安裝位置定義）。 在 VFV 前後需要至室溫環境下進行 TEST 測試	隔膜斷裂、封裝失效、模具和導線黏結

2）AEC-Q103-003 MEMS 麥克風壓力測試認證試驗內容

　　AEC-Q103-003 定義了對 MEMS 麥克風裝置的認證要求。它應與 AEC-Q100 結合使用，而非代替使用。AEC-Q100 應用於驗證裝置的有源電路和基本封裝的完整性。除了 AEC-Q100 中眾所皆知的 IC 故障機制之外，MEMS 麥克風裝置還需要特定的資格認證來驗證其性能。這些獨特的資格認證和 / 或測試序列在表 4-11 和圖 4-7 中有詳細說明。表 4-12 列出了更新後的 AEC-Q100 測試以解決 MEMS 麥克風裝置故障機制。並非所有的 AEC-Q100 測試都適用於 MEMS 麥克風元件、其特定的封裝結構或 MEMS 應用環境。這些測試在表 4-13 中詳述。

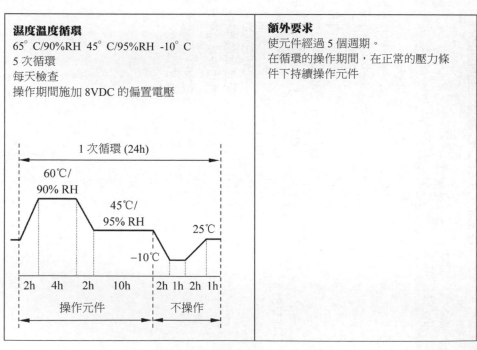

▲ 圖 4-7 濕度溫度循環測試

4.2.6 AEC-Q104 標準

1. AEC-Q104 概述

AEC-Q104 是基於失效機制的汽車多晶片模組（見圖 4-8）應力測試鑑定標準。對多晶片模組的可靠性測試可細分為加速環境應力可靠性、加速壽命模擬可靠性、封裝可靠性、晶圓製程可靠性、電學參數驗證、缺陷篩查及包裝完整性試驗，且需要根據元件所能承受的溫度等級選擇測試條件。

AEC-Q104 標準中包含 AEC-Q104 的使用範圍、一般要求、認證與再認證、認證測試 4 部分內容。其中，使用範圍中描述了該標準的目的、參考檔案（AEC-Q 系列的其他標準、軍事和工業的相關標準）與相關的一些定義；一般要求中介紹了 AEC-Q104 的適用性、目標、要求的優先順序、測試時的通用資料說明及測試樣品說明；認證與再認證中對新的汽車多晶片模組資格和更改後的多晶片重新認證的要求介紹；認證測試中對汽車多晶片模組一般測試和特殊測試說明。

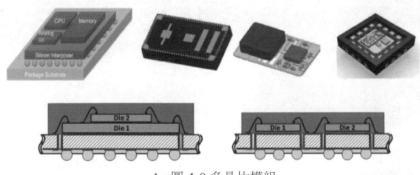

▲ 圖 4-8 多晶片模組

AEC-Q104 包含一組基於失效機制的應力測試，定義了最小應力測試驅動的鑑定要求，並參考了多晶片模組鑑定的測試條件。單一多晶片模組由封裝在單一封裝中的多個電子元件組成，這些元件執行電子功能。本標準僅適用於直接焊接到印刷電路板元件上的多晶片模組，旨在確定多晶片模組能夠透過規定的應力測試，從而在應用中達到一定的可靠性。本標準中使用的裝配批次是一批透過相同製程步驟分組在一起的多晶片模組。組裝批次包括所有製程和測試步驟。同一材料集包括多個子元件批次的可追溯組合。圖 4-9 為一個具有代表性的流程。

▶ 表 4-11 MEMS 麥克風專用認證試驗方法

測試組 MMEMS 麥克風專用壓力測試

壓力測試	縮寫	編號	樣本大小/批	批次數量	接受標準	測試方法	額外說明
濕度溫度循環試驗	HTC	M1	77	3	0 失效	JEDEC JESD22-A108 和 IEC 60068-2-2，試驗 BA	對於表面貼裝裝置，在 HTC 試驗之前進行前置處理。測試條件：溫度、濕度和已定義的持續時間。HTC 的注意點：（1）使用裝置 5 個週期，每個週期持續 24 小時。（2）在循環的運行部分，裝置在正常負載應力條件下連續運行：• 65℃/90%RH，上升 2 小時，溫度/濕度保持 4 小時，下降 2 小時（共 8 小時）；• 45℃/95%RH，在溫度/濕度下保持 10 小時。（3）循環的非運行部分：• 2 小時下降到 -10℃/不控制 RH，1 小時保持溫度；• 2 小時上升到 25℃/不控制 RH，1 小時保持溫度。（4）操作直流偏置的應用取決於使用者和供應商在具體情況下達成的協議。（5）在 HTC 前後在室溫和高溫下進行 TEST 測試

測試組 MMEMS 麥克風專用壓力測試

壓力測試	縮寫	編號	樣本大小／批	批次數量	接受標準	測試方法	額外說明
低溫工作壽命試驗	LTOL	M2	77	3	0 失效	JEDEC JESD22-A108 和 IEC 60068-2-2，試驗 AA	-40℃ Ta 保持 1000 小時。 對於以前合格的製程技術，這種測試及其接受標準只能根據使用者和供應商之間的協定以及具體情況確定。 在 LTOL 前後在室溫下進行 TEST 測試
低溫儲存試驗	LTS	M3	77	3	0 失效	JEDEC JESD 22-A119 和 IEC 60068-2-2，試驗 AA	-40℃ Ta 保持 1000 小時。 在 LTS 前後在室溫下進行 TEST 測試
最大壓力試驗	MPT	M4	77	3	—	—	施加 160dB SPL 正弦波 10 個週期。只要保持 160dB，任何可聽到的頻率都可以使用。這種測試及其接受標準只能根據使用者和供應商之間的協定以及具體情況確定。 在 MPT 前後在室溫、高溫下進行 TEST 測試
持久性試驗	ELT	M5	77	3	—	—	透過電脈衝刺激薄膜或透過揚聲器向 MEMS 麥克風裝置連續施加 96 小時的 130dB 壓力波。 這種測試及其接受標準只能根據使用者和供應商之間的協定以及具體情況確定。 在 ELT 前後在室溫、高溫下進行 TEST 測試
霜凍濕熱循環試驗	DHCF	M6	—	—	—	—	這種測試及其接受標準只能根據使用者和供應商之間的協定以及具體情況確定

測試組 MMEMS 麥克風專用壓力測試

壓力測試	縮寫	編號	樣本大小/批	批次數量	接受標準	測試方法	額外說明
鹽霧試驗	SMT	M7	—	—	—	—	這種測試及其接受標準只能根據使用者和供應商之間的協定以及具體情況以確定
塵粒污染試驗	DST	M8	—	—	—	—	這種測試及其接受標準只能根據使用者和供應商之間的協定以及具體情況以確定

▶ 表 4-12　MEMS 麥克風裝置 AEC-Q100 認證測試方法更新

更新的測試組 A 加速環境壓力測試

壓力測試	縮寫	編號	樣本大小/批	批次數量	接受標準	測試方法	額外說明
偏置溫濕度試驗	THB	A2	77	3	0失效	JEDEC JESD22-A101	對於表面貼裝裝置，THB（85℃/85%RH 1000小時）前進行前置處理。在 THB 前後在室溫和高溫環境下進行 TEST 試驗。對於 MEMS 麥克風：根據應用環境的性質（即無壓力存在），應採用 THB。「HAST 測試」不應視為另一項測試
高加速度高壓力或無偏溫濕度試驗	UHST 或 AC 或 TH	A3	77	3	0失效	JEDEC JESD22-A101	對於表面貼裝元件，PC 後接 TH（85℃/85%RH，1000小時）。在 TH 前後在室溫環境下進行 TEST 試驗。對於 MEMS 麥克風：應根據應用環境的性質（即無壓力）使用 TH。AC 測試或 UHST 測試不應被視為替代測試

更新的測試組 G 空腔封裝完整性測試

壓力測試	縮寫	編號	樣本大小/批	批次數量	接受標準	測試方法	額外說明
機械衝擊	MS	G1	12	3	0失效	JEDEC JESD22-B104	施加 3 個脈衝，每個 0.5 msec 持續時間，峰值加速度在 X、Y 和 Z 平面均需要達到 10000g。測試前後在室溫環境下進行 TEST 試驗
變頻震動	VFV	G2	12	3	0失效	JEDEC JESD22-B104	震動頻率在 12 分鐘從 20Hz 變化到 2kHz 再變化到 20Hz（對數變化），在每個方向循環 4 次，峰值加速度需要達到 20g。測試前後在室溫環境下進行 TEST 試驗
封裝跌落測試	DROP	G5	10	3	0失效	—	從 1.2m 高的混凝土表面沿著 6 個軸的方向的各落 10 次（共 60 次掉落）。測試前後在室溫環境下進行 TEST 試驗

▶ 表 4-13 不適用於 MEMS 麥克風的 AEC-Q100 測試

測試組	縮寫	編號	壓力測試	註釋
A 組 加速環境壓力測試	HAST	A2	偏置 HAST	使用 THB 代替 HAST。MEMS 麥克風採月帶孔的空腔封裝，不適用 HAST 測試
	AC 或 UHST	A3	高壓或無偏 HAST	MEMS 麥克風採用帶孔的空腔封裝，不適用 HAST 測試
	PTC	A5	功率溫度循環	MEMS 麥克風是低功耗元件（遠速小於 1W）

測試組	縮寫	編號	壓力測試	註釋
B 組 加速壽命模擬測試	EDR	B3	NVM 耐久性、資料保持和工作壽命	記憶體體相關測試 0; MEMS 麥克風不使用片內記憶體
C 組 封裝完整性測試	LI	C6	引線完整性	僅導通孔元件需要; MEMS 麥克風採用表面貼裝腔體封裝
E 組 電學驗證測試	FG	E6	故障分級	MEMS 麥克風不使用大量數位模組
	SC	E10	短路特性	MEMS 麥克風不是智慧電源裝置
	SER	E11	軟錯誤率	MEMS 麥克風不嵌入 SRAM 或 DRAM
G 組 空腔封裝完整性試驗	CA	G3	恆加速度	僅適用於陶瓷封裝腔體元件; MEMS 麥克風採用塑膠封裝。MS 和 DROP 足以覆蓋所有 MEMS。麥克風相關的潛在故障模式
	GFL	G4	密封性測試	僅適用於陶瓷封裝腔體元件; MEMS 麥克風採用塑膠封裝
	LT	G6	蓋子轉矩	僅適用於陶瓷封裝腔體元件; MEMS 麥克風採用塑膠封裝
	IWV	G8	內部水氣含量	僅適用於陶瓷封裝腔體元件; MEMS 麥克風採用塑膠封裝

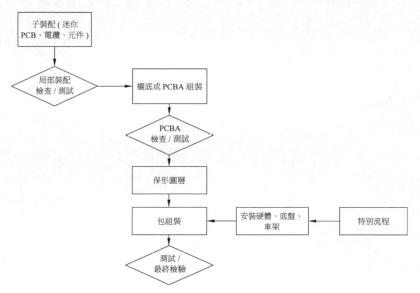

▲ 圖 4-9 一個具有代表性的通用多晶片模組製造製程的流程

2. AEC-Q104 的通用要求

多晶片模組結構中使用的每個子元件的額定值應達到或超過多晶片模組的額定值，包括最終使用者應用程式使用的工作溫度。所選子元件應能夠承受多晶片模組的溫度、電壓、電流等，並在最終測試後運行而不會降級。

AEC-Q104 適用於不能完全透過以下方式之一鑑定的多晶片模組。

（1）基於 AEC-Q100 失效機制的積體電路應力測試鑑定。

（2）AEC-Q101 基於失效機制的分立半導體元件應力測試鑑定。

（3）AEC-Q200 無源元件的應力試驗鑑定。

多晶片模組的可靠性測試方法可利用 AEC-Q100、AEC-Q101 或 AEC-Q200 中制定的現有指南。但是，必須考慮按照 AEC-Q104 中的 H 組進行附加試驗，如圖 4-10 所示。本標準僅關注已完成 MCM 元件的鑑定。它沒有涉及用於建立 MCM 的每個子元件的鑑定。但是作為 MCM 的製造商，應利用 AEC 認證的子元件，以提高 MCM 的品質。這些測試能夠促使半導體元件的封裝故障，目標是與應用條件相比，以加速的方式促成故障。

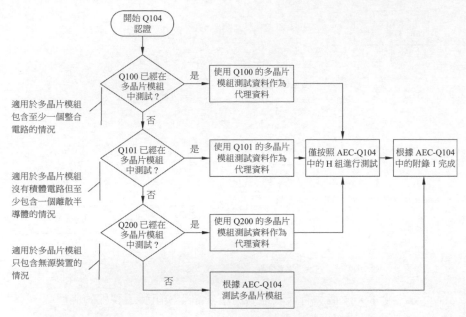

▲ 圖 4-10　多晶片模組的鑑定試驗方法選項

AEC-Q104 的認證與再認證包括新的汽車多晶片模組的認證和更改後的汽車多晶片模組的再認證。

新多晶片模組的測試要求和測試條件如圖 4-11 和表 4-14 所示。對於每個測試認證，供應商必須有可用於所有測試的資料。無論多晶片模組的壓力測試結果是合格的還是可接受的通用資料，還應審查同一通用系列中的其他多晶片模組，以保證該系列中沒有共同的故障機制。

汽車多晶片模組的再認證包括流程變更通知、需要重新認證的修改、透過再認證的標準、使用者批准、多晶片模組要求 PB 板附件的認證等內容。

3. AEC-Q104 的測試認證

測試認證包含一般測試、特殊測試和磨損可靠性測試。

一般測試中的測試流程和測試細節如圖 4-11 和表 4-14 所示。特殊測試是對特定的 MCM 執行以下測試，這些測試一般不使用通用資料。

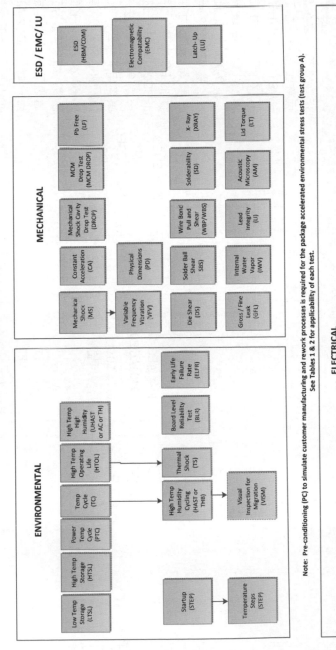
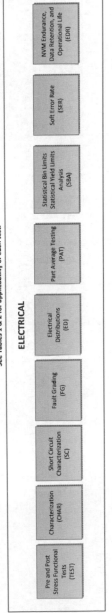

▲ 圖 4-11 測試認證流程

（來源：http://aecouncil.com/AECDocuments.html）

▶ 表 4-14　測試認證方法

實現項目	縮寫	編號	水平測試	備註	樣品數量 / 批次	晶圓數量	接受標準	參考檔案	附加要求
					A 組加速環境應力測試				
前置處理	PC	A1	適用於多晶片元件	P、B、S、N、G	根據 AEC-Q100 /Q101/ Q200；最低 30/ 批次或與客戶協商	3	0 失效	IPC/JEDEC 的 J-STD-020；JEDEC 的 JESD22-A113	僅在表面貼裝多晶片元件上執行。在 THB/HAST、AC/UHST、TC 和 PTC 應力之前執行 PC。建議執行 J-STD-020，以確定根據 JESD22-A113 在實際預應力中執行的 PC 水準。根據行的 PC 水準。最低合格等級為 3 級。如果適用 PC 和 / 或 MSL 時，必須報告 PC 水準和峰值回流溫度。如果後續晶片元件通過了後續的鑑定測試，則 JESD22-A113/ J-STD-020 中的晶片表面脫層是可以接受的。任何多晶片元件的更換都必須報告。室溫下 PC 前後進行 TEST

A 組加速環境應力測試

實驗項目	縮寫	編號	水平測試	備註	樣品數量/批次	晶圓數量	接受標準	參考檔案	附加要求
有偏溫濕度或有偏高加速應力測試	THB 或 HAST	A2	適用於多晶片元件	P、D、G	77	3	0失效	JEDEC標準系統中的JESD22-A101或A110	對於表面貼裝多晶片元件，在THB（85℃/85%RH，1000h）或HAST（130℃/85%RH，96h，或110℃/85%RH，264h）之前的PC。在室溫和高溫下，在THB或HAST前後進行TEST
高壓/無偏高加速應力測試/無偏溫濕度測試	AC/UHST/TH	A3	適用於多晶片元件	P、B、D、G	77	3	0失效	JEDEC標準系統中的JESD22-A102、A118或A101	對於表面貼裝多晶片元件，在交流電之前的電腦（121℃/15℃ 96h）或無偏置的HAST（130℃/85%RH96h或110℃/85%RH264h）。對於對高溫和高壓敏感的多晶片元件（如對BGA和複雜的多晶片元件，可以替換PC，然後是TH（85℃/85%RH）1000h。室溫下在交流電、超高壓交流電或交流電之前和之後進行TEST

A 組加速環境應力測試

實現項目	縮寫	編號	水平測試	備註	樣品數量/批次	晶圓數量	接受標準	參考檔案	附加要求
溫度循環測試	TC	A4	適用於多晶片元件	D、G	77	3	0 失效	JEDEC 標準系統中的 JESD22-A104	對於表面貼裝多晶片元件，先 PC 後 TC。 在環境工作溫度範圍內循環 1000 次。在高溫下 TC 前後進行測試。對於封裝的包裝，包括聲學顯微鏡檢查前和檢查後（見 AM）。 注：在多晶片元件等級，從熱最大到冷最小循環之間快速熱換的「快速熱衝擊」可稱為「熱衝擊」（類似於 MIL-STD-883 中的測試方法 1010）。 完成 TC 後，從一個批次中開封 5 個多晶片模組，並對每個元件上的角焊（每個角 2 個焊接）和每側一個中間焊接執行 WBP 和 WPS 測試。參見 AEC-Q100 中的附錄 3，了解將損壞和錯誤資料降至最低的首選開封程式

實現項目	縮寫	編號	水平測試	備註	樣品數量/批次	晶圓數量	接受標準	參考檔案	附加要求
A 組加速環境應力測試									
功率負載溫度循環	PTC	A5	適用於多晶片元件	D、G	45	1	0失效	JEDEC標準系統中的JESD22-A105	用於表面貼裝多晶片元件的PC之前的PC。僅要求在最大額定功率≥1W或T_J≥40°C的多晶片模組或設計用於驅動感性負載的多晶片模組上進行測試。在該試驗過程中，不得出現熱關閉。室溫和高溫下進行PTC前後的測試
高溫儲存壽命測試	HSL	A6	適用於多晶片元件	D、G、K	根據AEC-Q100/Q101/Q200最低30/批次或與客戶協商	1	0失效	JEDEC標準系統中的JESD22-A103	最高環境工作溫度下1000h。最高室溫和高溫下進行HTSL前後測試

實現項目	縮寫	編號	水平測試	備註	樣品數量/批次	晶圓數量	接受標準	參考檔案	附加要求
					B組加速壽命模擬測試				
高溫工作壽命	HTOL	B1	適用於多晶片元件	D、G、K	根據AEC-Q100/Q101/Q200 最低30/批次或與客戶協商	3	0失效	JEDEC標準系統中的JESD22-A108	最高環境工作溫度下1000h。電壓在V_{cc}最大。在HTOL之前和之後，按照室溫、低溫和高溫的順序進行TEST測試
早期壽命失效率	ELFR	B2	適用於多晶片元件	N、G	231	1	0失效	見檔案AEC-Q104的附錄2	最高環境工作溫度下48h。電壓在V_{cc}最大。電氣驗證測試需要在壓力結束後48h內完成。透過這種壓力的多晶片模組可以用於填充其他壓力測試。適用資料適用。在室溫下進行ELFR前後的測試。詳見AEC-Q104中的附錄2
資料抹寫	EDR	B3	每個AEC-Q100的多晶片元件或單一子元件等級	D、G、K	按照AEC-Q100最低30個/批次或與客戶協商	3	0失效	AEC-Q100-005	根據AEC-Q100要求進行測試。注意對於可能對X光敏感的儲存單元、X光應力可能適用。對於控制器韌體管理的多晶片元件、可根據AEC-Q100-005在多晶片鑑定中執行耐久性和工作壽命部分。可以根據AEC-Q100對單一元件進行資料保留

實現項目	縮寫	編號	水平測試	備註	樣品數量/批次	晶圓數量	接受標準	參考檔案	附加要求
C組封裝組合完整性測試									
鍵合點剪貼	WBS	C1	應用於多晶片模組內的導線	H、P、D、G	至少5個元件的30個焊點。	30	Cpk> 1.67	AEC-Q100-001；AEC-Q003	每台焊接機以適當的時間間隔使用
鍵合點拉力	WBP	C2	應用於多晶片模組內的導線	H、P、D、G	將對多晶片元件結構中的每種類型元件焊接進行取樣。每條鍵合線直徑和矽獨特的焊合介面可以複製。重要結構不需要取樣		Cpk> 1.67 或TC試驗後0失效	MIL-STD-883；Method 2011；AEC-Q003	條件C或D。注意：對於先前已在封裝內合格的焊線，不需要焊線牽引/焊線剪貼。目的是評估多晶片元件製造過程中產生的額外焊線
可焊性	SD	C3	用於多晶片元件外部引線/球	H、P、D、G	15	1	多晶片元件的外部引線覆蓋率>95%	JEDEC標準系統中的J-STD-002	如果在裝運前通常在元件上進行老化晶片篩選，則樣品必須首先進行老化。測試前乾烤進行8h老化。請注意，根據汽車某些情況下，在某蒸汽級可靠性測試板等IPC-9701可靠性測試可以替代該測試
物理尺寸	PD	C4	適用於多晶片元件	D、G	10	3	Cpk>1.67	JEDEC標準系統中的JESD22-B100和B108；AEC-Q003	重要尺寸和公差見適用的JEDEC標準中元件規和單一多晶片外形規格

C 組封裝組合完整性測試

實現項目	縮寫	編號	水平測試	備註	樣品數量 / 批次	晶圓數量	接受標準	參考檔案	附加要求
錫球剪貼	SBS	C5	適用於外部多晶片元件焊球	B	10 個 MCM 中各 5 個錫球	3	Cpk> 1.67	JEDEC 標準系統中的 JESD22-B117	根據 JESD22-A113 的前提條件
接腳完整性	LI	C6	適用於多晶片元件引線 / 接腳	D、G	5 個多晶片元件各 10 條引線	1	無引線斷裂或裂紋	JEDEC 標準系統中的 JESD22-B105	對表面貼裝的多晶片元件無要求。僅適用於導通引裝置
X 射線	XRAY	C7	適用於多晶片元件		每個批次 5 個 MCM	—	—	—	需要記錄多晶片元件結構。不是資格測試
聲學顯微鏡	AM	C8	適用於多晶片元件	P	每個批次 10 個 MCM	3	—	—	僅適用於具有單晶片結構適用於表面貼裝的多晶片元件，如 IPC/JEDEC J-STD020 中所述。TC 後進行分層檢查。每批 10 個樣品。如果分層發生在引線結合互連區域，或如果分層以某種方式改變了多晶片元件的熱行為，則不允許分層。因為分層超出了規格

實現項目	縮寫	編號	水平測試	備註	樣品數量 / 批次	晶圓數量	接受標準	參考檔案	附加要求
					D 組晶片製造可靠性測試				
電遷移	EM	D1	應用於模具	—	—	—	—	JEDEC 標準系統中的 JEP001	就晶圓級製程特性和 / 或晶片級鑑定資料（測試方法、取樣、標準）諮詢供應商
媒體擊穿	TDDB	D2	應用於模具	—	—	—	—	JEDEC 標準系統中的 JEP001	就晶圓級製程特性和 / 或晶片級鑑定資料（測試方法、取樣、標準）諮詢供應商
熱載流子注入效應	HCI	D3	應用於模具	—	—	—	—	JEDEC 標準系統中的 JEP001	就晶圓級製程特性和 / 或晶片級鑑定資料（測試方法、取樣、標準）諮詢供應商
負偏壓溫度不穩定性	NBT1	D4	應用於模具	—	—	—	—	JEDEC 標準系統中的 JEP001	就晶圓級製程特性和 / 或晶片級鑑定資料（測試方法、取樣、標準）諮詢供應商。注：正偏差也可能適用
應力遷移	SM	D5	應用於模具	—	—	—	—	JEDEC 標準系統中的 JEP001	就晶圓級製程特性和 / 或晶片級鑑定資料（測試方法、取樣、標準）諮詢供應商

實現項目	縮寫	編號	水平測試	備註	樣品數量 /批次	晶圓數量	接受標準	參考檔案	附加要求
E 組電氣特性驗證測試									
應力測試前後功能參數測試	TEST	E1	適用於多晶片元件	H、P、B、N、G	全部	全部	0 失效	供應商資料表或使用者規範的測試程式	按照適用應力參考和附加要求中的規定進行試驗。鑑定應力前後的所有電氣測試都在多晶片元件規範和溫度範圍值內進行
靜電放電人體模式	HBM	E2	適用於多晶片元件	D	依據測試方法	1	目標：0 失效；≥1000V	AEC-Q100-002 或 ANSI/ESDA/JEDEC JS-001 在	室溫和高溫下進行靜電放電前後的測試。多晶片模組根據最大耐受電壓等級進行分類。HBM < 1000V 需要客戶通知
靜電放電帶電元件模式	CDM	E3	適用於多晶片元件	D	依據測試方法	1	目標：0 失效；≥500V	AEC-Q100-011 或 ANSI/ESDA/JEDEC JS-002	在室溫和高溫下進行靜電放電前後的測試。多晶片模組根據最大耐受電壓等級發展進行分類。清潔機 CDM< 500V 需要客戶通知

實現項目	縮寫	編號	水平測試	備註	樣品數量/批次	晶圓數量	接受標準	參考檔案	附加要求
E組電氣特性驗證測試									
門鎖效應	LU	E4	應用於活動裝置	D	6	1	0失效	AEC-Q100-004；JESD78	在室溫和高溫下進行邏輯單元前後的測試。元件級門鎖測試接腳見JESD78適用性
電分配	ED	E5	應用於多晶片模組功能	D	30	3	Cpk >1.67	AEC-Q100-009；AEC-Q003	供應商和使用者應就待測量的電氣參數達成一致，並接受數據標準。在室溫、高溫和低溫下測試
故障等級	FG	E6	應用於多晶片模組功能	—	—	—	除非另有說明，否則參考AEC-Q100-007	AEC-Q100-007	對於生產測試，測試要求見AEC-Q100-007。在控制器管理的多晶片模組中，控制器的功能模組覆蓋多晶片模組
特性描述	CHAR	E7	應用於多晶片模組功能	—	—	—	—	AEC-QC03	關鍵性能參數的多晶片元件資料表電壓/溫度特性

實現項目	縮寫	編號	水平測試	備註	樣品數量/批次	晶圓數量	接受標準	參考檔案	附加要求
E 組電氣特性驗證測試									
電磁相容	EMC	E8	應用於多晶片模組功能	—	1	1	—	SAE-J1752/3-Radiated Emissions（輻射干擾）	該測試及其接受標準是根據使用者和供應商之間的協定逐案進行的。詳見 AEC-Q100 中的附錄 5
軟誤差率	SER	E9	適用於多晶片元件或可以從子元件資料中推斷出來	D、G	3	1	—	JEDEC Un-accelerated（非加速）：JESD89-1 或 Accelerated（加速）：JESD89-2 &JESD89-3	適用於基於靜態隨機記憶體和/或動態隨機記憶體的記憶體尺寸 ≥1Mb 的多晶片元件。根據參考規範，可以執行任一測試選項（非加速或加速）。對於控制器管理的多晶體/控制器件，考慮到韌體故障的能力，可以根據遮罩故障資料、可以確定多晶片元件的加速或接受標準。該測試和供應商之間的協定是個案基礎上制定的。最終測試報告應包括詳細的測試設施位置和高度資料
無鉛	LF	E10	適用於多晶片元件	L	依據測試方法	依據測試方法	依據測試方法	AEC-Q005	適用於所有無鉛多晶片元件

實現項目	縮寫	編號	水平測試	備註	樣品數量/批次	晶圓數量	接受標準	參考檔案	附加要求
F 組缺陷篩選測試									
過程平均	PAT	F1	應用於單一了元件或多晶片模組功能	—	—	—	—	AEC-Q001	這些測試皆用於生產中的多晶片元件。
統計良率分析	SBA	F2	應用於單一了元件或多晶片模組功能	—	—	—	—	AEC-Q002	供應商必須執行某種符合指南意圖的 PAT 和 SBA 變形

實現項目	縮寫	編號	水平測試	備註	樣品數量/批次	晶圓數量	接受標準	參考檔案	附加要求
G 組腔體封裝完整性測試									
機械衝擊	MS	G1	適用於多晶片元件	H、D、G	15	1	0 失效	JEDEC 標準系統中的 JESD22-B104	僅 Y1 平面，5 個脈衝，0.5ms 持續時間，1500g 峰值加速度。MS 試驗前後應在室溫下進行 TEST 試驗
變頻震動	VFV	G2	適用於多晶片元件	H、D、G	15	1	0 失效	JEDEC 標準系統中的 JESD22-B103	在超過 4min 的時間裡施加 20Hz~2kHz~20Hz 的震動（對數變化），每個方向 4 次，為 50g 峰值加速度。VFV 試驗前後應在室溫下進行 TEST 試驗

實現項目	縮寫	編號	水平測試	備註	樣品數量/批次	晶圓數量	接受標準	參考檔案	附加要求
G 組腔體封裝完整性測試									
恒加速	CA	G3	適用於多晶片元件	H、D、G	15	1	0 失效	MIL-STD-883 Method 2001	僅 Y1 平面，30kg 力適用於 < 40 接腳的封裝，20kg 力適用於 ≥40 接腳的封裝。CA 試驗前後應在室溫下進行 TEST 試驗
氣密性測試	GFL	G4	適用於多晶片元件	H、D、G	15	1	0 失效	MIL-STD-883 Method 1014	任何單一指定精細測試，然後後視任何單一指定的整體測試。僅適用於密封封裝空腔多晶片元件
自由跌落	DROP	G5	適用於多晶片元件	H、D、G	5	1	0 失效	—	如果氣密性要求不能得到證明，多晶片元件應被設蓋為故障。機械損壞，如包裝的破裂、碎裂或斷裂，也將被視為故障。前提是此類損壞不是由固定或搬運造成的，並且該損壞對於特定應用中的多晶片元件的性能至關重要
蓋板扭力測試	LT	G6	適用於多晶片元件	H、D、G	5	1	0 失效	MIL-STD-883 Method 2024	僅適用於陶瓷封裝空腔多晶片元件

G 組腔體封裝完整性測試

實現項目	縮寫	編號	水平測試	備註	樣品數量／批次	晶圓數量	接受標準	參考檔案	附加要求
晶片剪貼	DS	G7	適用於多晶片元件	H、D、G	5	1	0失效	MIL-STD-883 Method 2019	在蓋／密封所有空腔多晶片元件之前進行
內部水氣含量分析	IWV	G8	適用於多晶片元件	H、D、G	5	1	0失效	MIL-STD-883 Method 1018	僅適用於密封封裝空腔多晶片元件

H 組模組特定測試

實現項目	縮寫	編號	水平測試	備註	樣品數量／批次	晶圓數量	接受標準	參考檔案	附加要求
電路板等級可靠性驗證	BLR	H1	適用於多晶片元件	D、G	IPC-9701	1	根據 IPC-9701 報告元件開始故障和 50% 元件故障的循環次數	IPC-9701；根據預期的使用環境選擇 TC 水準以及 NTC 要求	溫度循環測試，說明所用的 IPC-9701 測試條件。注意：所使用的 TC 循環條件需要與 MCM 預期使用條件一致（舉例來說，引擎下使用可能要求對元件進行 TC3 和 TC4 試驗）。同樣，熱循環（NTC）的數量需要與預期的使用月環境保持一致。試驗應當根據 IPC-9701 的定義選取斜率、停留時間和持續時間。如果 MCM 角焊料附件和具模具代表性的外側樣品和主要模具位置下或附近的焊料附件可以用電測量，則 MCM 可以用來代替 IPC-9701 中的菊輪鍊要求

實現項目	縮寫	編號	水平測試	備註	樣品數量/批次	晶圓數量	接受標準	參考檔案	附加要求
H 組模組特定測試									
低溫儲存	LTSL	H2	適用於多晶片元件	H、P、B、D、G、K	≥30	1	0失效	JEDEC標準系統中的JESD22-A119	最低環境工作溫度下1000h。LTSL後在MCM資料表（低溫、高溫和室溫）溫度下進行TEST測試
高低溫步階	STEP	H3	適用於多晶片元件	—	5MCMs	1	0失效	ISO 16750-4	在冷熱溫度下啟動，並以10℃的增量上升。在裝置規定的操作範圍內，確認每一步的功能
跌落	DROP	H4	適用於多晶片元件	D、G	6MCMs	1	0失效	JEDEC標準系統中的JESD22-B111	條件B（1500g、0.5ms半正弦脈衝，等效跌落高度112 cm），如JESD22-B110B中所列。為了便於參考，建議使用30滴
破壞性分析	DPA	H5	適用於多晶片元件	D、G	5MCMs	1	—	MIL-STD-1580	在多晶片元件熱循環暴露後，根據多晶片元件熱循環暴露和PFME檢查關鍵風險
X射線檢查	XRAY	H6	適用於多晶片元件	—	5MCMs	—	—	—	如果在測試組C中進行X射線測試，則不需要進行X射線測試。有關詳細資訊，請參見測試組C中的X射線（XRAY）
超音波掃描分析	AM	H7	適用於多晶片元件	P、G	10MCMs	—	—	—	如果在測試組C中進行聲學顯微鏡測試，則不需要聲學顯微鏡測試。詳情見測試組C中的聲學顯微鏡（AM）

（1）靜電放電（ESD）：所有產品多晶片模組。

（2）鎖存（LU）：包括活動子元件的所有多晶片模組。詳見 JESD78 附錄。

（3）配電：供應商必須在工作溫度範圍、電壓和頻率範圍內證明多晶片模組能夠滿足多晶片模組規範的參數限制。該資料必須來自至少 3 個批次，或一個矩陣（或傾斜）製程批次，並且必須代表足夠的樣本以在統計意義上有效，參見 AEC-Q100-009。強烈建議使用 AEC-Q001 部分平均測試指南確定最終測試極限。

4.3 歐洲車載晶片標準——AQG 324

AQG 324 標準由歐洲電力電子中心（ECPE）「汽車電力電子模組認證」工作群組頒佈，該工作群組由活躍於汽車市場的 ECPE 成員公司組成。原始版本基於供應規範 LV 324，該規範由德國汽車原始裝置製造商與電力電子供應商產業的代表在 ECPE 和德國 ZVEI 協會的聯合工作群組中共同制定。該標準的適用範圍包括電力電子模組和基於分立半導體元件的等效特殊設計。AQG 324 標準是機動車輛電力電子轉換器單元（PCU）功率模組的測試標準。本標準定義了功率模組所需驗證的測試項目、測試要求以及測試條件。

AQG 324 包含 9 部分內容：①範圍，②概述，③參考標準，④術語和定義，⑤總則，⑥模組測試，⑦模組特性測試，⑧環境測試，⑨壽命測試。另外還包含 3 個附錄：附錄 1——規範性補充檔案，附錄 2——資料性補充，附錄 3——基於 WBG 的電源模組的鑑定。AQG 324 所述測試用於驗證汽車工業中使用的電力電子模組的性能和壽命，定義的測試基於當前已知的故障機制和電源模組的機動車特定使用情況。AQG 324 測試按照表 4-15 中的步驟進行。

▼ 表 4-15　AQG 324 的測試項目

測試章節	測試項目
QM- 模組測試	柵射極設定值電壓； 柵射極漏電流； 集射極反向漏電流； 飽和壓降； 連接層檢測（SAM）； 內部檢查（IPI）/ 目檢（VI）、光學顯微鏡評估（OMA）
QC- 模組特性測試	寄生雜散電感； 熱阻值； 短路耐量； 絕緣測試； 機械參數檢測
QE- 環境測試	熱衝擊； 機械震動； 機械衝擊
QL- 壽命測試	功率循環（PCsec）； 功率循環（PCmin）； 高溫儲存； 低溫儲存； 高溫反偏； 高溫柵偏置； 高溫高濕反偏

　　模組特性測試用於驗證電源模組的基本電氣功能特性和機械資料。除其他事項外，這些測試可提供設計中與退化無關的弱點（幾何佈置、組裝和互連技術、半導體品質）的早期檢測和評估，這些弱點在可靠性和性能方面可能在退化影響下獲得進一步的重要性。

　　環境試驗用於驗證機動車輛中使用的電力電子模組的適用性。物理分析、電氣和機械參數驗證以及絕緣性能用於驗證。

壽命測試的目標是觸發電力電子模組的典型退化機制。該過程主要區分兩種失效機制——近晶片互連（晶片附近）的疲勞和距離晶片較遠的互連（晶片遠端）的疲勞。在每種情況下，兩種失效機制都是由不同材料（具有不同的熱膨脹係數）之間的熱機械應力觸發的。

　　AQG 324 的使用需要如表 4-16 所示的參考檔案。對於帶有日期的引用，需要參考相應的版本。對於沒有日期的引用檔案，引用檔案的最新版本有效。

▼ 表 4-16　AQG 324 參考檔案

標準	內容
ISO/IEC 17025	測試和校準實驗室能力的一般要求
IEC 60747-2: 2016	半導體元件 第 2 部分：分立元件整流二極體
IEC 60747-8: 2010	半導體元件——分立元件 第 8 部分：場效應電晶體
IEC 60747-9: 2007	半導體元件——分立元件 第 9 部分：絕緣柵雙極電晶體（IGBT）
IEC 60747-15: 2010	半導體元件——分立元件 第 15 部分：隔離功率半導體元件
IEC 60749-5: 2017	半導體元件——機械和氣候試驗方法 第 5 部分：穩態溫濕度偏置壽命試驗
IEC 60749-6: 2017	半導體元件——機械和氣候試驗方法 第 6 部分：高溫儲存
IEC 60749-23: 2011	半導體元件——機械和氣候試驗方法 第 23 部分：高溫工作壽命
IEC 60749-25: 2003	半導體元件——機械和氣候試驗方法 第 25 部分：溫度循環
IEC 60749-34: 2010	半導體元件——機械和氣候試驗方法 第 34 部分：功率循環
IEC 60068-2-6: 2007	環境試驗 第 2-6 部分：試驗 Fc——震動（正弦）

標準	內容
IEC 60068-2-27: 2008	環境試驗 第 2-27 部分：試驗 - 試驗 Ea 和指南——衝擊
IEC 60068-2-64: 2008	環境試驗 第 2-64 部分：試驗 - 試驗 Fh——震動、寬頻和隨機指南
IEC 60664-1: 2007	低壓系統內裝置的絕緣配合第 1 部分：原則、要求和試驗
DIN EN 60664-1 Addendum 1	低壓系統內裝置的絕緣配合 第 2-1 部分：應用指南 IEC 60664 系列應用説明、尺寸標注範例和介電測試（IEC/TR 60664-2-1: 2011 Cor: 2011）
IEC 60664-4: 2005	低壓系統內裝置的絕緣配合 第 4 部分：高頻電壓應力的考慮
JESD22-A104F: 2020	溫度循環
JESD22-A119: 2015	低溫儲存壽命

　　功率模組中使用的功率半導體的成熟度等級必須透過事先進行的晶片技術鑑定來顯示。必須採用適當的鑑定程式，該程式必須由供應商揭露並經客戶同意。如果模組中的晶片元件需要擴充半導體堆疊的額外製程步驟（如雙面接觸的晶片後處理），則必須驗證這種新設計的穩健性和適用性。必須透過實驗設計（DoE）結果、TCAD 模擬和半導體製造商的審查確認來進行驗證。驗證必須記錄在案。

　　特殊設計的鑑定必須使用縮小的試驗範圍。相應組裝的分立封裝半導體開關必須符合 AEC-Q101 的要求，積體電路（如外殼中的驅動器積體電路）符合 AEC-Q100 的要求，無源元件符合 AEC-Q200 的要求。對於特殊設計，只需執行測試 QC-01（雜散電感）、QC-02（熱阻）和 QC-03（短路能力）。對於 QC-01，必須透過模擬並與半導體製造商協商，對不同電流路徑的差異進行標記、評估和記錄，以確保分立半導體元件開關可靠運行。對於 QC-02，必須提供熱管理概念，以驗證每個工作點是否符合半導體規範。這也適用於動態情況。如有必要，必須相應調整測量設置。對於特殊設計，還必須測試 QC-03 中描述的短路能力要求。測試必須由元件製造商或 PCU 的積分器進行。

1. 模組測試

模組測試主要針對功率模組基礎電學及機械性能參數進行測量，此外還包括外觀缺陷檢測。模組特徵參數可能因生產波動和獨立測試期間施加的應力而變化。目的是確保功率模組功能完整、確保功率模組參數符合要求和驗證功率模組的功能行為與準確性。

模組測試是功率模組的基礎實驗，在進行後續 QC/QE/QL 實驗的前 / 後，均需要進行 QM 模組測試，即保證在測試前 / 後，功率模組功能符合標準，模組本身無品質問題。

2. 模組特性測試

模組特性測試主要用於驗證功率模組的基本電氣功能特性和機械資料。除此之外，這些測試可以針對設計中與功能退化（功能失效）無關的薄弱點進行早期探測和評估，包括元件的幾何佈置、組裝、互連技術和半導體品質。換言之，這部分重點評估 IGBT 模組在設計、生產環節中決定的產品品質，與使用中的功能退化無關。模組特性測試主要包括 QC-01 測定寄生雜散電感、QC-02 測定熱阻（Rth 值）、QC-03 確定短路能力、QC-04 絕緣試驗、QC-05 測定機械資料。其測試流程如圖 4-12 所示。

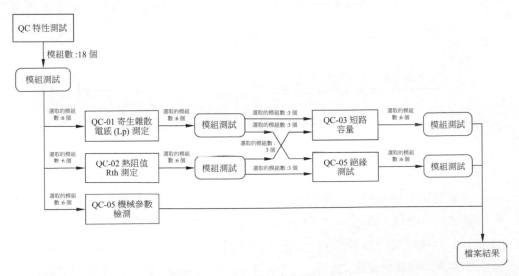

▲ 圖 4-12 QC 的測試流程

模組特性測試是後續 QE 和 QL 的基礎。在試驗中不允許使用通用資料來表徵模組特徵參數。

3. 環境測試

　　環境測試主要用於驗證電力電子模組在機動車輛中的適用性，包括物理分析、電氣和機械參數驗證以及測試絕緣屬性。對於環境測試，允許使用通用資料進行試驗。在模組鑑定的框架內，允許在每次試驗中使用通用資料，只要記錄了待鑑定模組和參考模組之間的差異，並且可以提供證據證明，參考模組和待鑑定模組之間的差異不會導致模組屬性發生變化。環境測試的主要內容包括 QE-01 熱衝擊試驗（TST）、QE-02 接觸性（CO）、QE-03 震動（V）、QE-04 機械衝擊（MS）4 項內容。其測試流程如圖 4-13 所示。

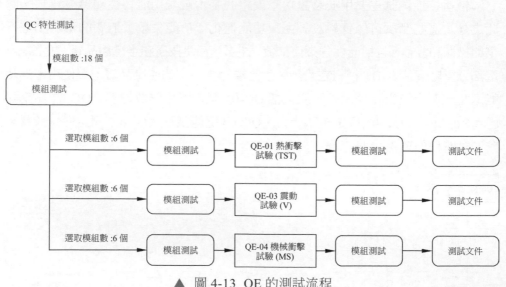

▲ 圖 4-13　QE 的測試流程

4. 壽命測試

　　壽命測試主要是觸發 / 激發電力電子模組的典型退化機制。該過程主要區分為兩種失效機制：靠近晶片（Chip-Near）互連的疲勞失效和距離晶片（Chip-Remote）互連較遠的疲勞失效。兩種失效機制均由不同材料（具有不同的熱膨脹係數）之間的熱機械應力引發。主要測試內容包括 QL-01 功率循環（PC_{sec}）、QL-02 功率循環（PC_{min}）、QL-03 高溫儲存（HTS）、QL-04 低溫儲存（LTS）、

QL-05 高溫反向偏置（HTRB）、QL-06 高溫柵偏壓（HTGB）、QL-07 高濕度、
高溫反向偏置（H^{3}TRB）7 項內容。其測試流程如圖 4-14 所示。

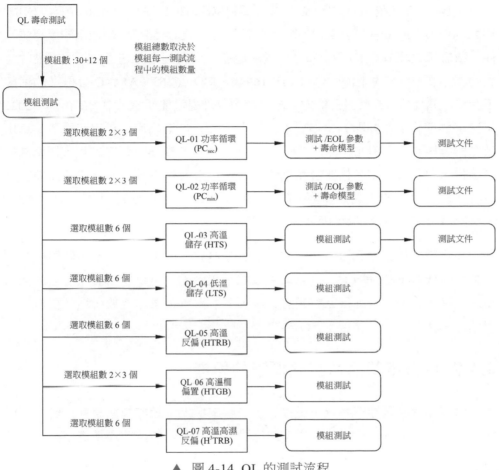

▲ 圖 4-14 QL 的測試流程

4.4 中國車載晶片試驗標準

4.4.1 中國車載晶片試驗標準的現狀

　　汽車種類較多，整車系統的組成、電子電控架構及工況不盡相同，且目前
國家標準中尚無「車載晶片」的準確定義，以致沒有基於車載晶片的系統測評

標準，使得中國車用半導體長期處於缺乏平臺與國外晶片做公平競爭。導致國產晶片，尤其是控制類、通訊類晶片無法應用在車上。

中國目前車載晶片的認證主要依靠 ISO 26262、AEC-Q100/101/102/103/104/200、IATF 16949 等國際標準。半導體元件的國家標準則是通用的半導體元件、積體電路標準 GB/T 12750。中國國產晶片產業鏈中存在著缺乏中國晶片認證的基本標準，針對國際標準 IATF 16949、ISO 26262、AEC-Q 等標準的理解不合格，晶片的可靠性設計能力欠缺等問題。針對這種問題，中國工信部《2021年汽車標準化工作要點》中指出：「要深入開展車用晶片、車用記憶體、車用感測器等核心半導體和元件標準研究； 統籌推進基礎通用類電磁相容標準制修訂工作，啟動電磁相容性要求和試驗方法、整車天線系統性能評價等標準的制修訂預研； 有序推進功能安全、預期功能安全、功能安全審核評估方法、ASIL等級確定方法等基礎支撐類標準的制修訂工作」。

在車載晶片試驗認證方面，目前中國還沒有一個平臺或一家測評機構能夠完整地完成汽車晶片層面、汽車電子電控系統層面、整車應用測試層面的汽車晶片測評工作。只有進行完整測評之後，下游汽車企業才能放心地選用自主汽車晶片產品。

4.4.2　中國車載晶片試驗標準的思考

汽車晶片測試標準系統是銜接、統一產業鏈上下游的技術語言，建立了標準系統，產業上游就可以按照標準進行設計，下游才能按照標準選用晶片。目前沒有統一的標準系統，上下游銜接就總會出現問題，因此中國需要儘快建立自己的汽車晶片測試標準，適應中國汽車產業（特別是新能源汽車）的高速發展，促進智慧汽車安全系統進一步提升。

汽車晶片試驗認證環節是不可或缺的，中國對汽車安全性相關的零件都有國家強制標準，要進行產品認證。晶片產業和汽車產業之間需要一個共同的測試評價平臺，並且與之前的標準相連接，用標準和測評支撐完成產品認證。

第 **5** 章

晶片設計基礎

　　本章分三部分介紹與晶片設計相關的基礎知識。第一部分介紹各類晶片的結構和功能,第二部分對這些分類進行設計方法學的介紹,第三部分介紹晶片設計使用到的電子設計自動化工具。本章介紹晶片設計的主要內容,車載晶片涉及的功能安全和可靠性方面的內容不在本章介紹。

5.1　晶片功能與組成

本節將從以下幾方面介紹一台智慧汽車中各種晶片的內部結構和功能設計。5.1.1 節介紹兩種數位 SoC 晶片，一種作為各種車內電子控制功能的主要載體，一種作為整車（尤其是自動駕駛功能）的主要算力裝置；5.1.2 節介紹數位 SoC 晶片重要的外部設備和記憶體；5.1.3 節介紹半導體感測器；5.1.4 介紹類比數位混合電路、資料轉換器；5.1.5 介紹電源管理晶片；5.1.6 介紹功率半導體元件；5.1.7 介紹射頻前端晶片。

5.1.1　計算與控制處理器

1. 微控制器

分散式電子電氣架構中的電子控制單元（ECU），或域集中電子電氣架構中的網域控制站，一般稱為微控制器（MCU）或微電腦的系統單晶片（SoC）晶片。所有 MCU 都組成了車上通訊網路的一部分，不同位置、不同功能的 MCU 參與了不同網路的建構。汽車上的主要網路是 CAN、LIN、FlexRay、MOST 和 AVB（乙太網音視訊橋接技術）。

不和位置 MCU 的差別也可以表現在和這些網路的連線方式，以及在這些網路中行使的功能上。下面以某汽車 MCU 供應商的產品為例講解這顆 SoC 晶片涉及的模組功能。

圖 5-1 所示是某 MCU 供應商的動力域 MCU，內建多種實現功能安全的功能（ISO 26262）。MCU 的最高工作頻率為 240MHz。透過兩個 A/D 轉換器（SAR 和 delta-sigma）、一個數位濾波器引擎、一個高級計時器單元（ATU-IV）等，該 MCU 實現了高精度複雜的動力系統控制。

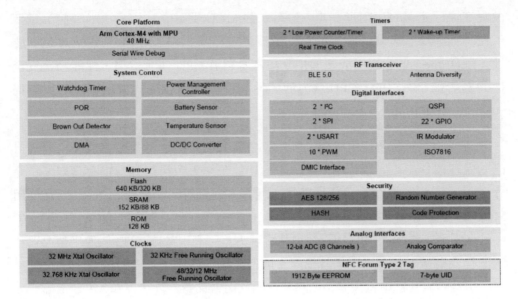

▲ 圖 5-1 某 MCU 供應商的動力域 MCU（來源：digikey.tw）

典型的單片系統具有以下幾部分。①至少一個 MCU 或微處理器、數位訊號處理器，但是也可以有多個中央控制核心。②記憶體、片上、片外均分佈有性能不同、功能有所差別的記憶體（本部分內容將在 5.1.3 節單獨介紹）。③外部設備，包括計時器、不同標準的通訊介面，用於在數位訊號和類比訊號之間轉換的類比 - 數位（A/D）轉換器和數位 - 類比（D/A）轉換器等（資料轉換器將在 5.1.5 節單獨介紹）。

1）CPU

車用 MCU 和其他安全等級較低的 MCU 最大的區別之一就在於對 CPU 部分運行安全性和準確性的追求。車用 MCU 往往會使用容錯的雙核心鎖步 CPU 來行使單顆 CPU 的功能，並在各級記憶體中都部署嚴密的資料驗證功能。有些 CPU 在鎖步之外還需要額外的檢查器（Checker）進一步提升安全性。

除此之外，單一 CPU 的功能和組成與電腦領域常見的低功耗 CPU 類似。基於這些 MCU 做開發時，使用者撰寫好的高階語言程式（一般是 C 語言），經過編譯連結等步驟之後生成的機器碼正是主要由 CPU 來執行。CPU 所執行的機器碼集稱為指令集架構（Instruction Set Architecture，ISA），有些車用 MCU

供應商自己定義的封閉指令集，也有一些 MCU 供應商（如意法半導體）選擇了在其他領域也有廣泛應用的第三方授權指令集，如 ARM-R。其中 R 是即時性（Realtime）的意思。成熟的指令集本身對於 CPU 運行效率、性能乃至安全性的影響都是有限的。CPU 各方面的性能指標更多取決於實現 ISA 的微架構（Micro Architecture）。

　　時下的處理器多採用管線、亂序、多發射和多核心等並行化技術來提升自己的處理器性能和能量效率。管線中的功能分類大致可以分為指令獲取、指令分發、暫存器堆積存取、執行、存取記憶體和寫回等。如表 5-1 所示是一個商用 MCU 的暫存器堆積功能列表。這顆 MCU 採取了一個比較經典的 32 位元 RISC（精簡指令集電腦）CPU 暫存器堆積實現方案。表中放出了 32 個通用暫存器和一個程式計數器暫存器，用於指向當前指令記憶體中正在運行的指令的位址。除了這些程式運行中會頻繁存取和執行的通用暫存器之外，這顆 MCU 還擁有大量用來儲存 MCU 狀態的狀態暫存器。

▼ 表 5-1　某商用 MCU 的暫存器堆積功能列表

程式暫存器	名稱	功能	描述
通用暫存器	R0	0 暫存器	永遠保持 0
	R1	組合語言器	保留暫存器用於生成位址的中間暫存器
	R2	位址和資料變數暫存器	僅當即時操作系統不用時使用
	R3	堆疊指標	函數呼叫時用於生成堆疊幀
	R4	全域指標	用於在 data 域中存取一個全域變數
	R5	文字指標	用於指示 text 域的起始位址（存放程式的域）
	R6~R29	位址和資料變數暫存器	
	R30	元素指標	存取記憶體時用作生成位址的基指標
	R31	連結指標	當編譯器呼叫函數時使用
程式計數器暫存器	PC	程式執行過程中儲存指令位址	

CPU 和程式快閃記憶體之間通常會存在一個指令快取。執行級存取記憶體
單元和資料快閃記憶體之間也會存在一個資料快取。CPU 的使用者永遠希望擁
有一個容量無限、存取延遲為 0 的記憶體。但現實是存取速度越快的記憶體，
其成本往往越高，容量越大的記憶體往往其存取速度越慢。但是如果在大而慢
的記憶體和快而小的記憶體之間用速度和面積都介於兩者之間的記憶體建構起
一個分層結構，並且及時地將所需要的資料在各級之間交換，從而保證使用者
所使用的資料總是在小而快的記憶體中被存取到，那樣就能為 CPU 的使用者提
供一種擁有了「存取延遲低、總容量大」的記憶體的錯覺。

圖 5-2 中是一個應用在商用 MCU 上的組相聯指令快取。該 8KB 的 4 路組
連結快取記憶體由具備 128 個入口的組組成，每行 4 個字，總容量為 8KB。路
分為兩組，路組 0 由路 0 和路 1 組成，路組 1 由路 2 和路 3 組成。路組可以透過
對存取目的地的位址資訊進行解碼來選擇和使用。如果發生快取遺失，即 CPU
執行級所要求的資料不存在於快取而是存在於更低層的記憶體中，每行都使用
Least Recently Used（最近最少使用）替換演算法重新填充。

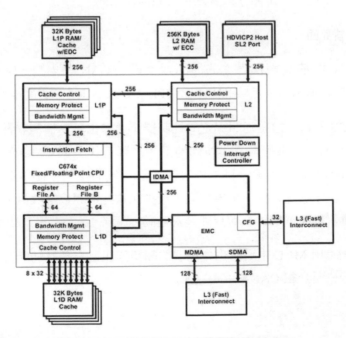

▲ 圖 5-2 某商用 MCU 指令快取示意圖

（來源：https://www.digikey.hk/zh/articles/using-your-mcus-memory-architecture-to-boost-application-efficiency）

資料快取的設計通常比指令快取更複雜一些。因為指令快取對 CPU 管線來說是唯讀的,但是資料快取要考慮來自 CPU 管線的資料返回更低層記憶體的事務。

為了配合控制應用的需求,車用 MCU 和其他複雜 MCU 系統一樣,一般都支援中斷。瑞薩公司 RH580 系列 MCU 將中斷要求分為兩類:可恢復中斷和不可恢復中斷。前者表示系統中出現嚴重的運行錯誤,後者大部分是一種正常的程式列為。後者的來源可以是 MCU 的外部中斷輸入、軟體中斷、計時器、DMA,或通訊匯流排、A/D 轉換器、D/A 轉換器等外接裝置。不同的中斷要求具備不同的優先順序,該優先順序由使用者可設定的暫存器來設置。

2)直接記憶體存取

直接記憶體存取(Direct Memory Access,DMA)也是現代 MCU 的常規元件之一。該裝置可以替代 CPU 完成資料在系統中的搬移,從而減少 CPU 的工作負擔,CPU 在此期間可以處理其他事物。當 CPU 初始化這個傳輸動作時,傳輸動作本身是由 DMA 控制器來實行和完成的。典型的例子是移動一塊外部記憶體的資料到 SoC 系統中的某個外接裝置自己的儲存空間。

3)通訊匯流排界面

車用 MCU 中最具備代表性的通訊匯流排是 CAN,較之一些能在嵌入式 MCU 中常見的簡單通訊協定,如 UART、SPI、I^2C,CAN 是一個複雜得多的協定。

對於 MCU 而言,這些通訊協定的控制器(通常也可以稱為收發器),一般是作為從機(Slave)透過匯流排並列地下掛在匯流排主機(Master)的控制下的。CPU 和 DMA 在片上匯流排中一般都扮演主機的角色。從本節開始所介紹的片上裝置,主要都是從機。主機透過匯流排和這些通訊協定收發機交換資訊,再透過片外匯流排(或專線)與片外裝置互動。

這裡先對車用 MCU 中通常也會部署的簡單通訊協定及其功能實現做一個簡單介紹,然後主要介紹 CAN。

UART 是一種非同步收發傳輸協定。UART 把資料的位元組按照位元順序發送。另一端的 UART 把位元組裝為位元組。每個 UART 包含一個移位暫存器，如圖 5-3 所示。透過一根線或其他媒介的串列通訊比透過多根線的並行通訊具有更低成本。

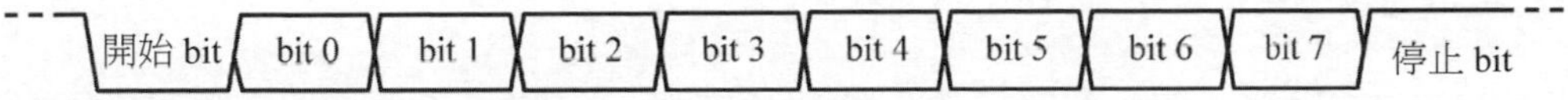

| 開始 bit | bit 0 | bit 1 | bit 2 | bit 3 | bit 4 | bit 5 | bit 6 | bit 7 | 停止 bit |

▲ 圖 5-3　UART 資料幀結構

　　UART 通常並不直接產生或接收其他裝置的外部訊號。獨立周邊設備用於轉換訊號的邏輯電位給 UART。通訊可以是單工、全雙工或半雙工。

　　UART 使用資料幀作為最小資料傳輸單元。UART 匯流排在空閒狀態下，即沒有資料傳輸時，是高電位。這是（有線）電報時代的歷史遺存。線路保持高電位表明線路與傳輸裝置沒有損壞。每個字元表示為一個幀，以邏輯低電位為開始位元，然後是資料位元，可選的同位位元，最後是一個或多個停止位元（邏輯高電位）。大部分應用都是先傳最低位元的資料位元，但也有例外。如果線路長期（至少大於傳輸一幀的時間）保持低電位，這被 UART 檢測為線路損壞。

　　UART 接收器硬體受一個內部時鐘訊號控制。該時鐘訊號是資料傳輸率的倍頻，典型的是取樣率的 8 或 16 倍。接收器在每個時鐘脈衝時測試接收到的訊號狀態是否為開始位元。如果開始位元的低電位持續傳輸 1 個位元所需時間的一半以上，則認為開始了一個資料幀的傳輸；不然則認為是突波脈衝並忽略。到了下一個位元時間後，線路狀態被採樣並送入移位暫存器。約定表示一個字元的所有資料位元（典型為 5~8bit）接收後，移位暫存器可被接收系統使用。UART 將設置一個標記指出新資料可用，並產生一個處理器中斷要求主機處理器取走接收到的資料。

　　簡化的 UART 在開始位元下降沿開始重新同步時間，然後在每個資料位元的中心時刻採樣。

UART 的標準特性之一是在接收下一個字元時在緩衝區儲存上一個接收到的字元。這種「雙緩衝區」允許接收電腦用一個字元的傳輸時段來獲取緩衝區內的上一個字元。許多 UART 有更大的 FIFO（先進先出）緩衝區，允許主機一次處理多個字元，這特別適用於處理器中斷頻率有限，但是傳輸資料率高的串列通訊通常中斷間隔大於 1ms。

　　UART 發送器把一個字元放入移位暫存器，就開始產生一個資料幀。對於全雙工通訊，發送與接收使用不同的移位暫存器。使用更大的 FIFO 使得主機處理器或 DMA 放置多個位元組後由 UART 自主完成傳輸。UART 用一個標識位元表示 busy。

　　在實際應用中，接收與發送的 UART 必須達成資料幀協定。如果接收方發現這方面錯誤，會向主機報告「幀錯誤」標識。

　　比起 UART 這樣一個點對點、低速率的極簡通訊協定，CAN 匯流排本身就帶有網路二字，其整體實現思想甚至也可以像網路架構一樣劃分出物理層、鏈路層和應用層等。按照這種劃分，MCU 中運行的 CAN 相關程式便是網路的應用層，片上外部設備中的 CAN 通訊收發器便作為管理通訊協定的鏈路層。CAN 匯流排的物理實體是兩根阻抗為上百歐姆的粗銅雙絞線，這樣的導線顯然不是交給 MCU 本身的接腳去驅動的。在 MCU 和 CAN 導線之間還需要增強驅動能力，將差分類比訊號轉為數位資訊的收發器作為中轉。CAN 匯流排的差分導線和中轉收發器共同組成了 CAN 的物理層，CAN 網路的分層如圖 5-4 所示。CAN 自誕生就定位為用於連接 ECU 的多主機串列匯流排標準。ECU 有時也被稱作節點。

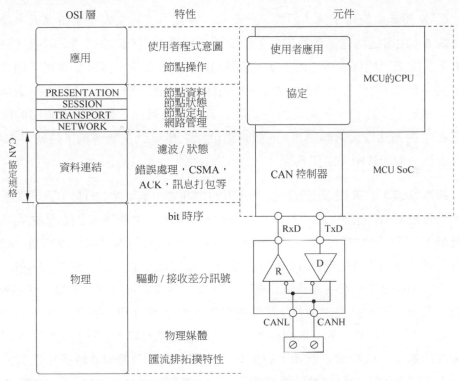

▲ 圖 5-4 CAN 網路的分層

　　CAN 網路上需要至少有兩個節點才可進行通訊。節點的複雜程度可以只是簡單的輸入 / 輸出裝置，也可以是包含 CAN 互動器的 MCU。節點還可能是一個閘道，允許普通電腦透過 USB 或乙太網通訊埠與 CAN 網路上的裝置通訊。CAN 匯流排的標準 ISO 11898-1 定義了鏈路層的行為，ISO 11898-2 和 ISO 11898-3 定義了兩種 CAN 匯流排的物理層規範。這裡由於 CAN 匯流排的物理層已經屬於 MCU 之外的話題，讀者可以參考，本章不予討論。所有車用 MCU 的 CAN 控制器必須相容 ISO 11898-1 協定。

　　這裡簡單介紹 CAN 資料傳輸的方式及其中優先順序仲裁的相關內容。CAN 資料傳輸如果出現爭執，將使用無損位元仲裁解決辦法。該仲裁法要求 CAN 網路上的所有節點同步，對每一位元的採樣都在同一時間。這就是為什麼有人稱之為 CAN 同步的原因。然而，同步這個術語在此並不精確，因為資料以非同步格式傳輸而不包含時鐘訊號。

CAN 規範中使用術語「顯性」位元和「隱性」位元來表示邏輯高低。顯性是邏輯 0（由發送器驅動到高電位）而隱性是邏輯 1（被動地透過電阻返回到低電壓）。閒置狀態代表隱性的水準，也就是邏輯 1。如果一個節點發送了顯性位元而另一個節點發送一個隱性位元，那麼匯流排上就有衝突，最終結果是顯性位元「獲勝」。這表示，更高優先順序的資訊沒有延遲。較低優先順序的節點資訊自動在顯性位元傳輸結束，6 個時鐘位元之後嘗試重新傳輸。這使得 CAN 適合成為一個即時優先通訊系統。

　　邏輯 0 或 1 的確切電壓取決於所使用的物理層，但 CAN 的基本原則要求每個節點監聽 CAN 網路上的資料，包括發信節點本身。如果所有節點都在同時發送邏輯 1，所有節點都會看到這個邏輯 1 訊號，包括發信節點和接收節點。如果所有發信節點同時發送邏輯 0 訊號，那麼所有節點都會看到這個邏輯 0 訊號。當一個或多個發信節點發送邏輯 0 訊號，但是有一個或多個發信節點發送了邏輯 1 訊號，所有節點包括發送邏輯 1 訊號的節點也會看到邏輯 0 訊號。當一個節點發送邏輯 1 訊號但是看到一個邏輯 0 訊號，它會意識到線上有爭執並退出發射。透過這個過程，任何傳送邏輯 1 的節點在其他節點傳送邏輯 0 時退出或失去仲裁。失去仲裁的節點會在稍後把資訊重新加入佇列，CAN 幀的位元流保持沒有故障繼續進行直到只剩下一個發信節點。這表示傳送第一個邏輯 1 的節點喪失仲裁。由於所有節點在開始 CAN 幀時傳輸 11 位元（或 CAN 2.0 B 中是 29 位元）識別字，擁有最低識別字的發信節點在起始處擁有更多 0。那個節點贏得仲裁並且擁有最高優先順序。

　　CAN 網路可以設定為使用兩種不同的訊息（或「幀」）格式：標準或基本框架格式（在 CAN 2.0 A 和 CAN 2.0 B 中描述）和擴充框架格式（僅由 CAN 2.0 B 描述）。兩種格式之間的唯一區別是，「CAN 基本幀」支持識別字長度為 11 位元，「CAN 擴充幀」支持識別字長度為 29 位元，由 11 位元識別字（基本識別字）和一個 18 位元擴充（識別字擴充）組成。CAN 基本框架格式和 CAN 擴充框架格式之間是透過使用 IDE 位元進行區分的，該位元在傳輸顯性時為 11 位元幀，而在傳輸隱性時使用 29 位元幀。支持擴充框架格式訊息的 CAN 控制器也能夠發送和接收 CAN 基本框架格式資訊。所有的幀都以開始位元（SOF）作為資訊傳輸的起始。

CAN 有 4 種框架類型：資料幀、遠端幀、錯誤幀、超載幀。這裡以資料幀為例簡單介紹幀的大概組成，如圖 5-5 和表 5-2 所示。

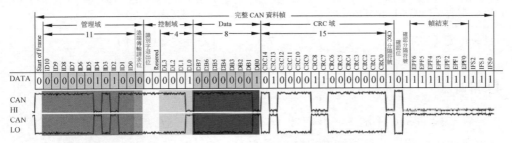

▲ 圖 5-5　CAN 資料幀結構示意

▼ 表 5-2　CAN 資料幀結構

欄位名稱	位元組長度 / 位元	作用
起始位元（SOF）	1	表示幀的傳輸開始
辨識碼（ID/ 綠色）	11	唯一辨識碼，同樣代表了優先順序
遠端傳輸請求（RTR/ 藍色）	1	資料幀時一定是顯性（0），遠端請求幀時一定是隱性（1）
識別字擴充位元（IDE）	1	對於只有 11 位元識別字的基本框架格式，此段為顯性（0）
預留位元（R0）	1	預留位元一定是顯性（0），但是隱性（1）同樣是可接受的
資料長度程式（DLC/ 黃色）	4	資料的位元組數（0~8 位元組）
資料區段(Data Field/ 紅色)	0~64	待傳輸資料（長度由資料長度碼 DLC 指定）
循環容錯驗證（CRC）	15	循環容錯驗證
循環容錯驗證定界碼	1	一定是隱性（1）
確認槽（ACK）	1	發信器發送隱性（1），但是任何接收器可以宣示顯性（0）

（續表）

欄位名稱	位元組長度 / 位元	作用
確認定界碼(ACK Delimiter)	1	一定是隱性（1）
結束位元（EOF）	7	一定是隱性（1）

4）計時器

　　在一般的 SoC 系統中，計時器（Timer）都是一個常見的設定。舉例來說，至少有用於檢測程式是否跑進無窮循環的看門狗計時器。但在車用 MCU 中，這一外部設備的重要性有顯著提升，這一點可以從圖 5-1 中計數器的種類和數量看出來。圖 5-1 中僅 ATU（高級時鐘單元）一項就具備多達 10 類總計超過數百個可以獨立工作的計數器。這與車用 MCU 需要參與控制的工作息息相關。

　　但具體到某一個計時器的工作原理，大同小異。本節從了解大多數類型計時器的共同特徵開始。

　　圖 5-6 中是一個常見的計時器。每個計時器都需要一個時鐘來源或基準時鐘。通常有多種可能的時鐘來源，然後透過開關或多工器選擇。為了增加計數範圍，所選時鐘進入「預分頻器」，在進入主計數器之前對時鐘進行分頻。預分頻器的輸出進入一個主計數器，計數器的位元寬決定了計數的最長範圍，瑞薩 RH850 的這顆 MCU 中 10 類計數器涵蓋了多個不同的計數器位元寬：16 位元、20 位元、24 位元、32 位元，不一而足。有時兩個甚至更多計數器還可以組合成一個位元寬更寬的計數器。計數器的計數方式可以由一些來自 CPU 控制的暫存器來決定：遞增、遞減、起始計數值、終止計數值等。

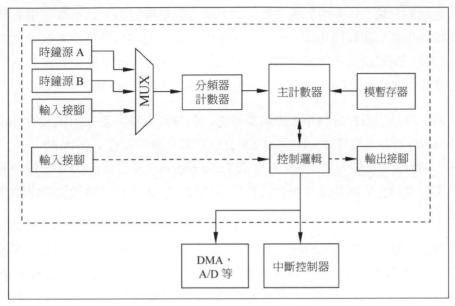

▲ 圖 5-6 一個簡單計時器的結構

　　主程式和計時器是非同步的，這表示計時器獨立於程式流程運行。程式可以輪詢計時器以獲取計時器資訊。輪詢是定期讀取狀態暫存器以檢測計時器事件或計數器的當前值。但一般會使用中斷來完成計時器和 CPU 的互動，這樣 CPU 可以在任務佈置給計時器之後開展其他工作。

5）其他外接裝置

　　一顆功能完整的 MCU 還會包含很多其他的外部設備，其中甚至有些不是數位電路。例如電源管理、鎖相環、D/A 轉換器和 A/D 轉換器。

　　車用MCU有一些有特色的外部設備是嵌入式MCU或行動端SoC所沒有的，如 CRC（循環容錯驗證碼）驗證單元。這類特殊外接裝置出現在車用 MCU 中是異質計算思想的一種表現。這類訊號處理應用在車用 MCU 中出現得比較多，所以用專用硬體加速這類演算法的運算，而非擠佔 CPU 的通用算力。

2. 自動駕駛晶片

　　第 2 章中提到，汽車電子電氣架構經歷了從分散式、域集中到中央整合的演進趨勢。具備強大計算和控制能力的中央處理器，是智慧汽車工業產業鏈各

級供應商的共識。這一中央處理器同時具備自動駕駛算力,以及電子電氣架構主要功能域控制演算法功能。但這一中央處理器的名字目前還沒有統一定義。考慮到這一處理器比起傳統汽車中的網域控制站,主要的功能變動是對自動駕駛的支援,並且佔據晶片中最主要的面積和功能,故以自動駕駛晶片為名介紹。

目前業界中最接近整車中央處理器的自動駕駛處理器是 NVIDIA 的 Xavier 和 Tesla 的 FSD。前者在 2018 年 CES 消費者電子展中發佈,在 2020 年前後的智慧汽車市場中已經大量出貨。後者是 Tesla Model 3 車型 AP 3.0 中央控制域搭載的主要晶片。這兩款晶片最大的特性都是對 L2/L3 等級自動駕駛功能的算力支援。

圖 5-7 是 NVIDIA Xavier 晶片的拍攝圖,以及功能區域的劃分。Xavier 的設計目標和架構始於 2014 年,採用 TSMC 12nm 製程製造,晶圓面積為 350mm^2。晶片本身包括一個八核心 CPU 叢集、對神經網路推理做了額外最佳化的 GPU、深度學習加速器(DLA)、視覺加速器(PVA)、一組提供機器學習額外支援的多媒體加速器,以及提供本地 HDR(高動態範圍成像)支援、更高精度的數學運算,而無須將工作負載轉移到 GPU 的 ISP(影像訊號處理器)。Xavier 具有大量 I/O,旨在實現安全性和可靠性,支持各種標準,如功能安全 ISO 26262 和 ASIL C 級。CPU 叢集使用一致性快取,並且該一致性會擴充到所有其他片上加速器。

▲ 圖 5-7　NVIDIA Xavier 晶片

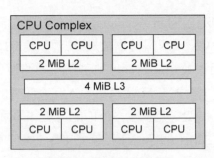

▲ 圖 5-8 Xavier CPU

Xavier 具有 8 個 CPU 核心，負責整晶片任務的控制和管理，如圖 5-8 所示。NVIDIA 稱其架構為 Carmel，是 NVIDIA 自己的訂製 64 位元 ARM 核心。這些核心實現了內建安全性的 ARM v8.2 指令集，包括雙執行模式。該叢集由 4 個雙工組成，每個雙工共用 2MB 的二級快取。

Xavier 部署了 NVIDIA Volta GPU 變種產品（Volta 是 NVIDIA 桌面級 / 伺服器級 GPU 某一代微架構），如圖 5-9 所示，並進行了一系列更精細的更改，以滿足機器學習市場的需求，特別是提高了推理性能。它有 8 個 Volta 串流多處理器，以及標準的 128KB 的一級快取和 512KB 的共用二級快取。這些 GPU 在最佳化之前，既適用於神經網路訓練也適用於神經網路推理。所以 Xavier 對推理性能的最佳化包括，為每個 Volta 串流多處理器增加 8 個張量核心，每個核心的每個週期可以執行 64 個 16 位元浮點乘加運算或 128 個 8 位元整數乘加運算。所有這些提供了最高 22.6TOPS（8 位元整數）（兆次操作每秒）的算力。

上文提到的另外 4 種加速器，旨在提供一種能更有效地實現一些常見演算法集的方法。雖然 GPU+CPU 的組合理論上也可以實現這些功能，但使用專用的加速器可以使這兩者的工作負擔減輕，整晶片的工作效率變高。

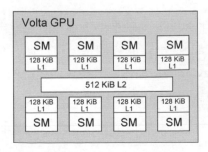

▲ 圖 5-9 Xavier Volta GPU

PVA（Programmable Vision Accelerator，可程式化視覺加速器）用於視覺計算。實際上，片上 PVA 有兩個獨立的實例，如圖 5-10 所示，每個實例都可以鎖步使用或獨立使用，並且能夠實現一些常見的濾波器環路和其他檢測演算法（如 Harris 角、FFT）。對於每個 PVA，都有一個 ARM Cortex-R5 核心和兩個專用向量處理單元，每個單元都有自己的記憶體和 DMA。PVA 上的 DMA 旨在對區塊操作。為此，DMA 執行位址計算並可以在處理管線執行時期執行預先存取。這是由 2 個標量槽、2 個向量槽和 3 個記憶體操作組成的 7 槽 VLIW（超長指令字）架構。管線是 256 位元寬（實際略寬於 256，因為需要保護位元保持操作的精度），並且所有類型都可以以全輸送量（32 個 8 位元、16 個 16 位元和 8 個 32 位元向量數學）運行。管道支持向量之外的其他操作，如用於表查詢和硬體循環的自訂邏輯。由於整車的自動駕駛系統大量使用各種影像擷取裝置，PVA 的作用就是為全部這些攝影機提供 HDR 即時編碼。

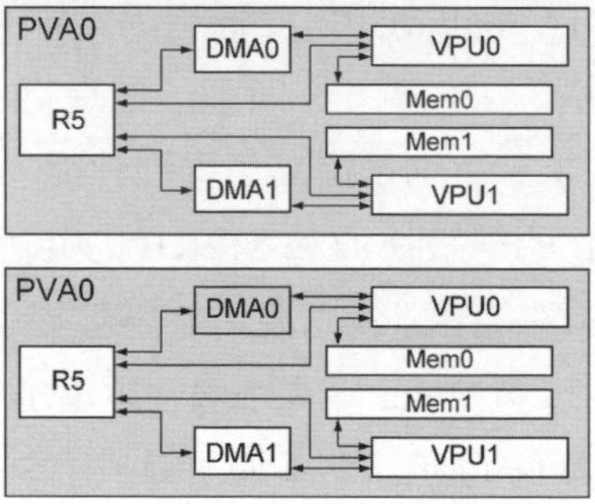

▲ 圖 5-10 Xavier PVA

DLA（Deep Learning Accelerator，深度學習加速器）是開放原始碼 NVIDIA NVDLA 架構的物理實現。Xavier 具有兩個 NVDLA 實例，能提供最大 5.7TOPS（16 位元浮點）或 11.4TOPS（8 位元整數）的算力。

Tesla 的 FSD 晶片比 Xavier 要晚推出一年，並且只搭載在 Tesla 自家的車型上，符合 AEC-Q100 Grade-2 汽車品質標準。這一晶片的主要功能和 Xavier 高度相似，推出時也以 Xavier 的指標作為尺規說明自己的各項指標。Tesla 的野心相對更大，聲稱這一晶片面向 L4/L5 等級自動駕駛。

圖 5-11 是 FSD 晶片的拍攝圖，以及功能區域的劃分。這一晶片採用三星 14nm 製程，晶片面積 260mm^2。FSD 晶片包含 3 個四核心 Cortex-A72 叢集，共有 12 個 CPU，運行頻率為 2.2GHz，一個 MaliG71 MP12 GPU，運行頻率為 1GHz，2 個神經處理單元，運行頻率為 2GHz，以及各種其他硬體加速器。FSD 最多支援 128 位元 LPDDR4-4266 記憶體。

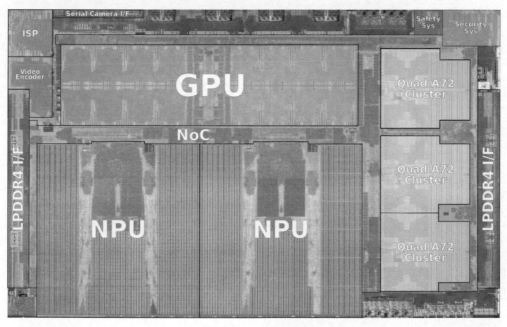

▲ 圖 5-11 Tesla FSD

由於晶片本身是專門為 Tesla 自己的汽車和他們自己的要求而設計的，神經處理器和其他元件的大部分通用功能已從 FSD 晶片中剝離，只留下設計所需的硬體。所以可以明顯看出，在製程節點沒有更先進的情況下，Tesla 宣稱 FSD 具備 Xavier 數倍的算力，面積卻比 Xavier 小 25%。

圖 5-11 的右上角有兩個不同的「安全」系統，一個是用於 CPU 雙核心鎖步的 Safety Sys，對汽車執行器進行最終仲裁。該系統用於確定 FSD 電腦上的兩個 FSD 晶片生成的兩個計畫是否匹配，以及驅動執行器是否安全。另一個是 Security Sys，用來確保晶片所執行的程式來源是安全的。

圖 5-11 左上角的 H.265（HEVC）視訊轉碼器可用於各種應用，如倒車攝影機顯示、行車記錄儀和雲剪輯記錄。影像訊號處理器（ISP）旨在處理 Tesla 汽車上配備的 8 個 HDR 感測器，每秒能夠處理 10 億個像素。ISP 具有一些影像處理功能，可以暴露亮點或暗點的更多細節。此外，ISP 具有降噪功能。

FSD 晶片整合了兩個訂製設計的神經處理單元（NPU）。每個 NPU 包含 32MB 的 SRAM，專用於儲存臨時網路結果，減少向主記憶體的資料移動。整體設計非常簡單。每個週期，256 位元組的啟動資料和另外 128 位元組的權重資料從 SRAM 中讀取到乘加單元（MAC）陣列中，然後將它們組合起來。每個 NPU 都有一個 96×96 的乘法累加陣列，共有 9216 個 MAC 和 18432 個操作，Tesla 使用了 8 位元乘 8 位元整數乘法和 32 位元整數加法。這兩種資料型態的選擇很大程度上來自於低功耗考慮（舉例來說，32 位元浮點加法的消耗大約是 32 位元整數加法的 9 倍）。在 2GHz 頻率下執行時期，每個 NPU 都有一個峰值 36.86TOPS 的性能。每個晶片上有兩個 NPU，FSD 晶片能夠達到 73.7TOPS 的綜合峰值性能。在點積操作之後，資料被轉移到啟動硬體、池化硬體，最後進入聚合結果的寫入緩衝區。FSD 支援許多啟動函數，包括整流線性單元（ReLU）、Sigmoid 線性單元（SiLU）和 tanh。每個週期，將 128 位元組的結果資料寫回 SRAM。所有操作同時且連續地進行，循環往復，直到整個網路完成。

FSD 的神經網路加速器比起許多通用商業產品來說（如 Xavier），簡化了不少，將會複雜性遷移到軟體上。這樣做是為了降低矽的成本，以支援稍微複雜的軟體。因此 Tesla 的軟體工具需要對部署在自家硬體上的演算法進行很多方面的深度最佳化。在正常操作下，神經網路程式在開始時被載入，並在晶片通電的整個持續時間內儲存在記憶體中。運行是透過設置輸入緩衝區位址（如新拍攝的影像感測器照片）、設置輸出緩衝區位址和權重緩衝區位址（如網路權重）、設置程式位址並運行來完成的。NPU 將自己非同步運行整個神經網路模型，直到到達觸發中斷的停止指令，讓 CPU 對結果進行後處理。

看過 FSD 和 Xavier 兩個晶片方案之後，在兩個方案之間進行一個簡單的對比，然後再把它們和桌面級 CPU、智慧型手機應用處理器和前文所述的網域控制站 MCU 做一個對比。

FSD 和 Xavier 具有很多共通性。首先，除開用於鎖步的容錯設定，兩套系統都仍然持有數目許多的 CPU 核心。其次，兩者都十分強調對神經網路演算法的支援。這一點並不難想像，自動駕駛是深度神經網路演算法問世以來頗受關注，並且比較實際的應用場景之一。第三，兩者都有一些專門的影像 / 視訊流處理單元及 GPU。

　　不過 FSD 和 Xavier 的差異點更值得關注。FSD 和 Xavier 支援神經網路演算法的方式有所區別。FSD 的神經網路功能幾乎全部由 NPU 實現，而 Xavier 的神經網路功能是由 GPU 和 DLA 共同參與的。從 Xavier 統計算力的口徑來看，應該主要是由 GPU，尤其是其中的張量核心實現的。FSD 中也有 GPU，但是其圖形著色能力並不突出，這一 GPU 應該用於 Model 3 等車型駕駛人中央大螢幕的顯示驅動。而且 Tesla 在晶片發佈中明確表示，後續版本的 FSD 晶片中 GPU 的地位會被繼續削弱。NVIDIA 並不一定會選擇走相同的技術路線，畢竟 GPU 是 NVIDIA 公司的主要業務。無論是業界還是學術界都能看到一種明顯的趨勢：專用的神經網路加速器能效比遠高於 GPU。但自從深度神經網路問世以來，NVIDIA 公司的 GPU 產品卻一直是神經網路演算法研發和部署的熱門選擇。因為各種神經網路加速器目前並沒有統一的架構和程式設計模型，程式設計性不如 GPU。

　　雖然在本章中看到了 Tesla 和 NVIDIA 這兩家公司同類產品的同台競技，但如果回顧一下兩家公司的主要業務，就不難找到兩家公司會選擇不同技術路線的原因。NVIDIA 是一家電子裝置供應商，它的產品需要被汽車產業不同的原始裝置製造商（OEM）採購和使用。因此 NVIDIA 的產品需要保證通用性和好用性，從而便於各汽車廠商在其基礎上開發自己的產品和特性。但 Tesla 正是一家汽車製造商，設計和製造 FSD 晶片的行為，類似於智慧型手機領域的蘋果公司向產業鏈上游延伸，製造 A 系列手機應用處理器（與之相對，NVIDIA 在自動駕駛處理器領域相當於 Qualcomm 驍龍系列手機應用處理器）。這種延伸可以築高他們在自己原有領域的技術門檻，為消費者提供無可替代的使用體驗。在進行這種設計時，Tesla 可以切割產業同類產品中他們認為不需要的功能，從而在相同甚至更低的成本下提供更強勁的性能表現。

把 FSD 和 Xavier 等車用處理器和消費者級處理器，如跟桌面級處理器或手機應用處理器進行橫向對比，又能提供一些對自動駕駛處理器（或考慮域控制功能的整車中央控制器）的洞見。首先，自動駕駛處理器並不追求 CPU 的極致性能。不像手機或電腦處理器，CPU 的性能十分影響整機的表現及價格。這一點在 FSD 上尤其明顯，FSD 的推出比 Xavier 晚整整一年，使用的製程節點卻並不比 Xavier 先進；而且 FSD 所採用的 ARM Cortex-A72 也是很多年前的微架構。但是自動駕駛處理器的 CPU 數量卻並不少於手機應用處理器，這說明自動駕駛和整車控制演算法的併發處理程序數量較多。其次，FSD 和 Xavier 都沒有嵌入式匯流排和數量繁多的外接裝置，這一點不同於 MCU 和手機應用處理器，卻和桌面級處理器風格相像。這是因為 FSD 所在的 AP 3.0 系統把這部分控制任務下放給了板上的另一個網域控制站 MCU。

下面再對自動駕駛晶片中兩類主要模組：圖形處理單元（GPU）和神經網路處理單元（NPU）做一個介紹。

1）圖形處理單元

將 GPU 應用於圖形著色領域以外的通用計算任務有著數十年的發展歷史。GPU 本身就是為圖形著色而生的，擁有非常多的著色管線，能夠滿足短時間內計算一幀大量像素點並輸出的需求，具有非常高的並行度和資料吞吐能力。因此，早在 GPU 的發展初期，人們便已經嘗試將數位訊號處理等領域的程式映射到圖形著色操作上，交由 GPU 著色管線操作和處理。而後，NVIDIA 公司改進設計，將 GPU 中各種不同的著色管線元件轉為相同的可程式化著色器單元，並開發出配套的軟體開發平臺，由此實現了 GPU 上的通用計算，這也就是目前NVIDIA GPU 的串流處理器架構與 CUDA 平臺（NVIDIA 推出的運算平臺）的雛形。NVIDIA 公司的這套系統也是目前在人工智慧、高性能計算等領域應用最為廣泛的 GPU 通用計算方案。

傳統意義上，單核心的 CPU 可以認為是單指令流單資料流程架構（SISD），而 GPU 則是典型的單指令流多資料流程架構（SIMD）。如圖 5-12 所示，GPU 的最小單元（NVIDIA 稱之為串流多處理器，Streaming Multiprocessor 或 SM）

中，可能含有 16 個、32 個或更多的計算核心，每一個計算核心與 CPU 中的
ALU 相當，都能夠執行單一資料的運算操作。但每個 SM 中指令快取和發射單
元顯著地少於計算核心的數量。發射指令時，每行指令會發射到一組若干計算
核心上，計算核心便會對不同的資料進行相同的操作，由此形成 SIMD 管線。
由於這一特性，GPU 程式設計中也常用「執行緒束」這一概念，以對應於 CPU
中「執行緒」的概念。此外，在 CPU 中，實現執行緒間的切換需要將暫存器資
料全部儲存至記憶體，再切換程式計數器的值；而在 GPU 上，每個 SM 內都含
有巨量的暫存器堆積，可以同時存放數十個執行緒束的暫存器資訊。因此，在
GPU 上切換執行緒束是一件非常簡便的操作，因而當某個執行緒需要等待存取
記憶體時，GPU 可以直接切換到其他執行緒進行運算，以掩蓋存取記憶體造成
的延遲時間。與 CPU 相似，GPU 的 SM 單元同樣含有 L1 快取。

▲ 圖 5-12 NVIDIA Pascal GP100 單一流多處理器原理示意圖

完整的 GPU 如圖 5-13 所示,通常含有若干 SM,它們還會共用 L2 快取、排程器、片外 DRAM 等元件。作為提高計算單元密度和並行度的代價,GPU 並不具有記憶體預先存取、分支預測、亂序執行等 CPU 上常見的高級控制特性,SM 內不同計算核心之間、SM 與 SM 之間的資料交換也常常需要經過快取和 DRAM 進行,而非直接通訊。

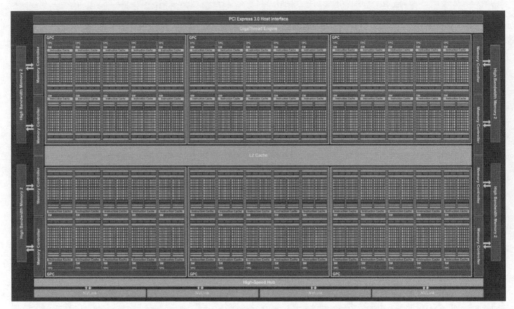

▲ 圖 5-13 NVIDIA Pascal GP100 整體架構圖

　　NVIDIA 的 CUDA 平臺設計了一種與其 GPU 硬體相匹配的程式設計模型。所有執行緒並存執行的程式被稱為核心函數(Kernel),雖然執行緒執行的操作相同,但透過執行緒編號、執行緒束編號等保留字,不同的執行緒能夠存取它們所操作的不同資料。在呼叫核心函數時,所有的執行緒首先被打包並組織為若干執行緒區塊(Block),而後這些執行緒區塊又被組織為一個執行緒網格(Grid)。CPU 將執行緒網格發送到 GPU 上準備計算,而後 GPU 上的排程器將各個執行緒區塊下發至空閒的 SM,SM 以執行緒束的組織方式(一般為 32 執行緒一組)並存執行核心函數,直到執行緒區塊內所有執行緒均被執行完畢。同一執行緒區塊內的執行緒透過 SM 內的共用儲存交換資料,而執行緒網格則直接存取顯存。

2）神經網路處理單元

首先需要指出的是，雖然神經網路處理單元已經大規模商用在消費類和商業類電子產品中，但仍然不像歷經數十年發展的 GPU 一樣有業界統一的稱謂，標題中的「處理單元」有時也稱為「處理器」「加速器」「加速單元」「計算引擎」等；標題中的「神經網路」有時用「深度學習」「機器學習」等稱呼替代。

與沒有統一稱謂對應，NPU 也沒有成熟統一的參考架構。這一領域在幾年前（2016—2020 年）仍是系統結構和固態電路領域的學術熱點。

本節就 NPU 產品一般具備的共通性特徵做一個簡單介紹。首先 NPU 的應用目的是較為明確的，專用於類神經網路演算法的計算任務。有些 NPU 只支援部分類別甚至部分特定演算法的計算；有些 NPU 則有通用性的追求，希望可以支持儘量多的網路和網路類型，甚至簡化程式設計師從通用計算平臺遷移到 NPU 產品上的程式。

現有 NPU 大都採用基於 CMOS 製程的馮‧諾依曼系統結構，這類 NPU 設計注重 2 個模組：運算單元和儲存單元。

以卷積神經網路為例，網路中絕大部分計算任務可以由以下公式描述：

輸出像素 @（x,y,Nof）=

$$\sum_{\text{Nif}=0}^{\text{Nif}} [\sum_{y'=0}^{\text{Nky}} \sum_{x'=0}^{\text{Nkx}} \text{輸入像素 @（}x+x',y+y',\text{Nif）} \times \text{核心權重 @（}x',y',\text{Nif,Nof）} + \text{偏置 @（Nof）}$$

其中，Nkx 為卷積核心的寬度；Nky 為卷積核心的高度；Nif 為卷積核心的深度；Nof 為卷積核心的組數。

一個常見的卷積層由一組輸入特徵圖譜和一組卷積核心組成，其中特徵圖譜往往也稱為影像，卷積核心也稱為篩檢程式。**特徵圖譜具有 3 個維度**，分別是圖譜的寬度（Nix）、高度（Niy）和深度（Nif），其中深度在影像中即通道數，或直接稱為特徵圖譜的數量。舉例來說，一張 1280×720×3 的彩色圖片，就因此包含 2764800 個像素點數據。而**卷積核心具有 4 個維度**，分別是卷積核心的

寬度（Nkx）、高度（Nky）、深度（Nif）和組數（Nof）。其中深度和對應卷積層的輸入特徵圖譜深度等同。組數則和對應卷積層的輸出特徵圖譜深度等同。卷積核心的寬度和高度一般相等，呈正方形，常見設定值有 2、3、5、7 和 11。

　　進一步觀察上面的公式中所涉及的計算類型，主要是乘法和加法，而且乘法和加法同時出現。所以這種計算類型就被稱為乘（累）加運算。單一乘加運算單元如何組織成向量或陣列，就是 NPU 運算單元設計的核心問題。

　　有兩種組織方式：樹狀結構和陣列結構。圖 5-14 展示了中科院計算技術研究所 DianNao 等作品使用的樹狀結構示意圖。陣列結構的資源使用率上限通常更高，其本質是數位訊號處理領域中脈動陣列（Systolic Array）結構。圖 5-15 中展示了 Google TPU 中矩陣乘法單元的脈動資料流程。權重由上向下流動，輸入特徵圖的資料從左向右流動。在最下方有一些累加單元，主要用於權重矩陣或輸入特徵圖超出矩陣運算單元範圍時儲存部分結果。控制單元負責資料的組織，具體來說就是控制權重和輸入特徵圖的數據傳入脈動陣列以及在脈動陣列中進行處理和流動。

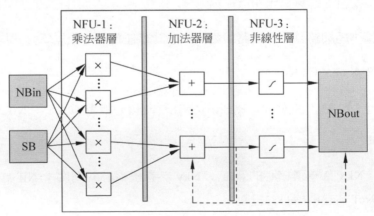

▲ 圖 5-14 中科院計算技術研究所 DianNao 樹狀結構運算單元示意圖

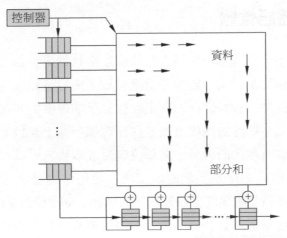

▲ 圖 5-15 Google TPU 脈動陣列運算單元示意圖

因為資料存取的速度大大低於資料處理的速度，因此儲存單元的設計直接影響到 NPU 的性能。2021 年和 2022 年在系統結構和固態電路學術會議中大量湧現出近存計算和記憶體內計算的學術論文。但這種前端的概念暫時不會應用在汽車產品上，所以在車載晶片中的儲存瓶頸仍然主要靠片內的 SRAM 來克服。其中一個重要方面就是 SRAM 的規模。圖 5-16 是 Tesla FSD 晶片的神經網路處理單元，其中 MAC 就是實現乘加的運算單元，其面積比起周圍許多的 SRAM 顯得並不起眼。而 SRAM 和運算陣列的連接方式，也是組織運算陣列時需要著重考慮的方面。

▲ 圖 5-16 Tesla FSD 晶片的神經網路處理單元

5.1.2 半導體記憶體

在電腦系統中，僅具有一顆高性能的處理器是遠遠不夠的。為了與處理器的資料處理能力相匹配，記憶體也必須擁有較大的容量和較高的速度，以及較低的存取延遲，此外，資料儲存的穩定性也是至關重要的。遺憾的是，以現有的科技水準，以上這些性能指標無法在同一塊儲存器上都做到非常好。磁碟、光碟等媒體能夠具有較大的容量，且單位容量成本較低，但存取速度和存取延遲與處理器的工作頻率相差了數個數量級。使用半導體技術製作的 SRAM、DRAM 具有與處理器相媲美的工作頻率和低至數十毫微秒的延遲，但成本高昂，難以做到較大的容量，並且它們的儲存必須依賴電源進行維持，斷電則會導致資料的全部遺失。近年來流行的快閃記憶體，同樣使用半導體技術製造，解決了斷電遺失資料的問題，存取速度和延遲相比磁碟有了很大的飛躍，但在壽命上與磁碟和 DRAM 還會有一定的差距。

為了解決記憶體在指標上的矛盾，人們利用了電腦程式的局部性原理。局部性原理包含以下兩種情況。

（1）時間局部性：如果記憶體中的資料項目被處理器使用，那麼在不久的將來它很可能再次被處理器使用。舉例來說，在一段計算累計值的程式中，求得的和會在每次加法時寫入同一個結果資料項目中。

（2）空間局部性：如果記憶體中的資料項目被處理器使用，那麼與它相鄰、接近的那些資料項目在不久的將來也很可能被使用。舉例來說，在一段循環遍歷陣列元素的程式中，陣列元素在記憶體中連續儲存，它們便會依次被存取。

借助局部性原理，人們為電腦系統設計了層次化的儲存結構。一般而言，最接近處理器的是快取，一般使用 SRAM，多數情況下它和處理器一同設計並製作，容量最小，速度也最快。下一層級是記憶體，一般使用 DRAM，它的速度稍慢，但容量比 SRAM 大許多。再下一層級則是外存（包含磁碟和快閃記憶體），速度更慢，但容量更大。在這一層次結構中，系統會根據一些策略，將處理器頻繁使用或可能將要使用的資料提前載入更靠近處理器的記憶體中；將處理器很久沒有使用，或可能不再使用的資料從較近的記憶體移出到較遠的記

憶體。具體的策略設計和層次結構設計會在計算機組成原理、系統結構相關的書籍中介紹，因此這裡不再贅述。由此，記憶體系統在容量和速度上都獲得了優秀的表現。

半導體記憶體在汽車電子中具有廣泛的用途：不論是引擎控制還是煞車系統控制，只要是需要用到處理器的場合，大多都需要若干配套的記憶體，用以儲存控製程式、接收感測器獲得的資料，以及緩衝輸出資料和控制訊號。隨著車機系統、智慧感知系統、自動駕駛、電子儀表板等系統的引入和普及，汽車變得越來越智慧化。這不僅要求汽車具有強大的處理器，也要求汽車具有容量更大、性能更好的記憶體，用以處理巨量的資料。

對汽車以及一些嵌入式應用而言，層次化的儲存結構可以在一定程度上省略、簡化某些層次。車機系統與手機、電腦等產品類似，需要較為完整的儲存結構，但考慮到工況環境，外存不宜選擇對機械震動敏感的磁碟，而應選擇快閃記憶體。對引擎控制、剎車控制等系統，處理器的功能單一，程式也相對簡單固定，因此可以完全省略記憶體層級，此時的外存層級則可以使用小容量、高壽命的快閃記憶體或是 ROM 儲存控製程式作為替代。在這些場景中，快取也存在進行簡化的可能，舉例來說，與處理器的暫存器堆積合併，使得處理器的設計更為簡單。

根據記憶體的功能，半導體記憶體可以分為唯讀記憶體和讀寫記憶體兩類。而根據斷電後是否能儲存資料的區別，又可以分為揮發性記憶體和非揮發性記憶體兩類。以下將簡介各類半導體記憶體的原理、特點以及應用。

1. 唯讀記憶體

唯讀記憶體（ROM）透過電路的拓撲結構儲存資料，因而電路一旦製造完成，便幾乎無法修改。此外，也使得它具有極高的穩定性，難以出現儲存內容發生預料外變化的情況。ROM 單元可以設計成當它的字元線有效時，0 或 1 就會出現在它的位元線上。因此，一個 ROM 陣列的樣式大致為若干字元線和若干位元線交織組成的陣列，透過二極體或有電源的 MOS 管連接一根字元線和一根位元線，即可使得該處的字元線與位元線導通。由此，這些導通關係表示了存放的邏輯 1 或 0。根據結構的不同，唯讀記憶體還可以分為 NOR ROM 和 NAND ROM 等不同結構。圖 5-17 所示的 ROM 中，同一字元線上作為儲存單元的若干

MOS 管,共同組成了或閘的輸入端,底部的 NMOS 則為相應的下拉負載,因而被稱為 OR ROM。

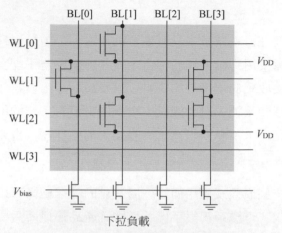

▲ 圖 5-17 4×4 OR ROM 單元陣列

由於 ROM 記憶體較高的穩定性,它經常被用於儲存具有特定功能且不會修改的程式,如電腦的引導程式等。在車載領域,它可以被用於儲存引擎控製程式等一旦完成便很少修改的程式。而 ROM 陣列的版圖實現則有多種方法。圖 5-18 展示了一個使用 PMOS 作為上拉元件的 ROM(即 NOR ROM),其中有 MOS 管的位置被程式設計為 0,反之為 1。在 ROM 的版圖中,多晶矽條和金屬條分別作為字元線和位元線交織以形成記憶體陣列,其中奇數單元相對水平軸成鏡像,以共用地線,節省面積。

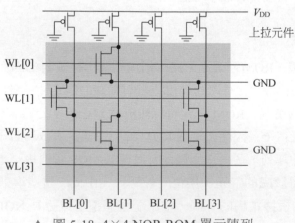

▲ 圖 5-18 4×4 NOR ROM 單元陣列

若要對這一 NOR ROM 進行程式設計，一種方式是在擴散層進行有選擇的程式設計。如圖 5-19（a）所示，需要佈置 MOS 管的位置，對應的位元線金屬下方進行了擴散，以形成 MOS 管結構。另一種方式則如圖 5-19（b）所示。在所有位置佈置 MOS 管，但僅在需要的位置佈置導通孔以連接 MOS 管與位元線，從而組成一個「0」單元。

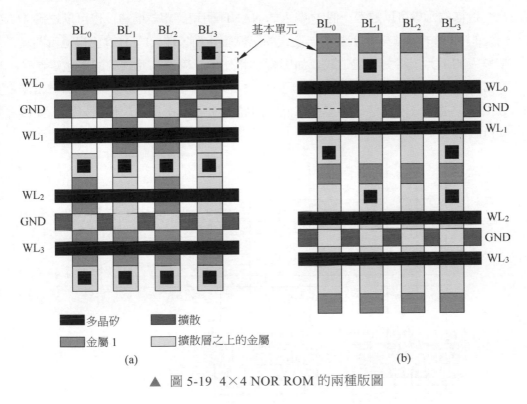

多晶矽	擴散
金屬 1	擴散層之上的金屬

(a)　　　　　　　　　　　　　　　　(b)

▲ 圖 5-19　4×4 NOR ROM 的兩種版圖

　　通常而言，在相同的製程條件下，使用擴散層進行程式設計可以獲得更小的面積。此外，使用導通孔進行程式設計時，由於接觸層一般是積體電路製程中較為靠後的步驟，因此程式設計這一步驟得以推遲，這使得晶圓可以先完成直到接觸層之前的所有製程製造過程並存放起來。當程式設計內容確定後，記憶體的後續製造過程可以很快完成，由此縮短了交付所需的時間。

　　此外，為了隨機根據位址存取資料，記憶體必須配備位址解碼器，本節後續所介紹的其他記憶體亦是如此。行解碼器的任務是從 2^M 個儲存行中確定一行，而列或區塊解碼器則表現為 2^K 個輸入端的多路開關。在一個 2^M 行解碼器中，輸

入端為 M 位元的位址，透過 2^M 個 M 輸入的邏輯門變為能夠驅動字元線的輸出訊號。舉例來說，在一個 8 位元位址的記憶體中，位址為 127 的行所需的邏輯門對應的函數如下所示：

$$\mathrm{WL}_{127} = \overline{A}_0 A_1 A_2 A_3 A_4 A_5 A_6 A_7$$

這樣的函數可以透過一個 M 輸入的 NAND 門和反相器構造，也可以透過 M 輸入的 NOR 門構造。但對於更為龐大的記憶體陣列，較大的 M 會使得邏輯門具有較大的扇入，將對性能造成負面影響。此外，記憶體字元線的間距也限制了邏輯門版圖的範圍。為解決這一問題，圖 5-20 舉出了一種想法，將解碼邏輯函數重組，透過分段預解碼再產生字元線訊號的方式減小扇入、傳播延遲，並改善負載。

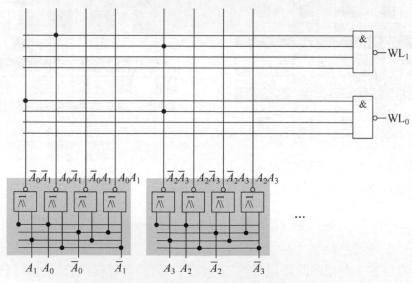

▲ 圖 5-20 使用 2 輸入預解碼器進行解碼

對於一個 2^K 列的列或區塊解碼器，有如圖 5-21 所示的兩種實現方式。一種是構造一個 $K\sim2^K$ 的多路選擇器，每個輸出端透過傳輸管或互補傳輸門的方式控制位元線的導通與否；另一種是構造樹狀解碼器，能夠以更少的電晶體數量完成解碼工作。但由於控制位元線的訊號需要經過 K 個傳輸門組成的鏈，在較大的記憶體中可能會造成更長的延遲。此外，也可以將兩種方式進行結合，一部分採用多路選擇器進行預解碼，另一部分採用樹狀解碼器進行解碼。

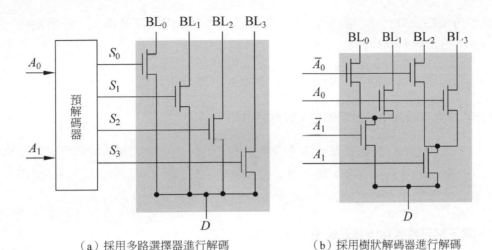

(a) 採用多路選擇器進行解碼　　　（b）採用樹狀解碼器進行解碼

▲ 圖 5-21　多路選擇器解碼和樹狀解碼

2. 非揮發性讀寫（NVRW）記憶體

　　NVRW 記憶體的陣列結構與 ROM 類似，和樣是放在字元線和位元線網路中的電晶體陣列。與之不同的是，NVRW 記憶體中使用的是浮動閘極電晶體，能夠透過某些方式改變設定值電壓，因而可以透過設定值電壓的差別儲存資料，而非透過物理結構儲存資料。

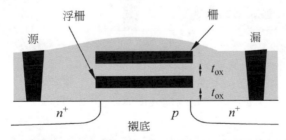

▲ 圖 5-22　浮動閘極電晶體的橫截面

　　圖 5-22 是浮動閘極電晶體的橫截面，其結構與普通的 MOSFET 元件類似，但在柵與閘極通道之間增加了一層不與它們連接的多晶矽浮動閘極。它除去擁有多數與 MOSFET 同樣的特性，還具備了改變設定值電壓的能力：在源和柵 - 漏端之間加一個較高的電壓，會引發電子的雪崩注入，並聚集在浮動閘極上。為克服浮動閘極上的負電荷，柵極需要更高的電壓以導通電晶體，由此增加了

設定值電壓。此外，浮動閘極被二氧化矽包裹，即使電源被移去，浮動閘極上的電子也可以長時間存放，從而形成了非揮發性儲存。

根據資料抹寫機制，NVRW 記憶體又可分為以下幾類。

1）可抹寫可程式化唯讀記憶體（EPROM）

EPROM 的封裝上具有一個透明視窗，使用紫外光透過透明視窗照射儲存單元，在氧化物中產生電子 - 空穴對，稍稍導通，使浮動閘極上的電子得以離開。但該抹寫過程需要較長的時間，同時記憶體也具有較短的抹寫壽命。

2）電抹寫可程式化唯讀記憶體（EEPROM）

在 EEPROM 中，浮動閘極的形狀進行了微調，其靠近漏端一側與閘極通道間的絕緣媒體較薄，如圖 5-23 所示。當向此處施加一個較大的電壓時，電子可以隧穿進入或離開浮動閘極，從而實現抹寫。但這一抹寫過程必須將記憶體移出系統進行。

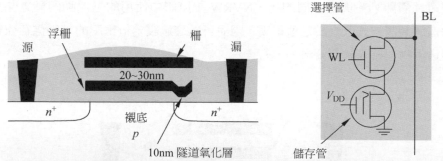

▲ 圖 5-23　EEPROM 使用的浮動閘極隧道氧化（FLOTOX）電晶體及其單元結構

3）快閃記憶體（Flash）

快閃記憶體結合了 EPROM 的高密度和 EEPROM 的靈活性。它與 EEPROM 最大的不同是，抹寫操作是對儲存晶片的子部分進行的，而非 EEPROM 那樣精確到一個單元。

借助 3D 堆疊等技術，現今的 NAND Flash 能夠做到有很高的儲存密度，已經被廣泛應用於電子電腦、手機等裝置的外存中。相比於機械結構的磁碟，它具有更佳的讀寫速度以及抗震性能，但讀寫壽命略短。在車載領域，它可以用於車機系統、影音娛樂等安全等級要求一般的場合。

3. 讀寫記憶體

1）靜態隨機讀寫記憶體（SRAM）

如圖 5-24 所示，一個標準的 SRAM 基本單元由 6 個 MOSFET 組成，其中 4 個組成了一對交叉耦合的反相器，兩個反相器的輸出各自連接到另一個反相器的輸入端；另外 2 個則控制用於讀寫的一對位元線，它們的柵極由一條字元線控制。反相器對具有兩個穩態，因而每個基本單元可以儲存 1bit 的資料。

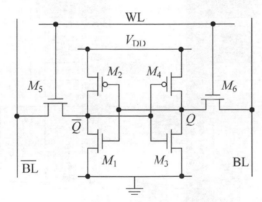

▲ 圖 5-24 6 管 SRAM 單元

當讀取 SRAM 中的內容時，兩條位元線會首先預充為邏輯 1，此後字元線拉高電位以接通位元線。接通位元線後，由於反相器對的兩端邏輯值並不相同，其中為 0 的一端將拉低相應的位元線電位，從而使得兩根位元線上產生電位差，經由放大電路辨識出哪一根位元線電壓出現下降，即可判定讀取結果為 1 還是 0。若向 SRAM 中寫入內容，則控制電路先將需要寫入的狀態載入合格線上，即一根驅動為邏輯 1，一根驅動為邏輯 0。隨後字元線拉高電位，接通位元線，一般而言，用於接通位元線的 2 個 MOSFET 的驅動能力更強，從而使得位元線上的電位能夠覆蓋交叉耦合反相器的狀態，完成寫入操作。

從以上的原理不難看出，SRAM 的基本單元屬於有源電路，需要保持電源電壓才能保持資料，因而屬於揮發性記憶體。不過得益於 CMOS 反相器較小的靜態功耗，SRAM 在空閒以及低頻場景下也非常省電。它具有較為簡單的控制邏輯，讀寫速度也足夠快，因而不僅可以組成處理器中的暫存器和快取，也可以作為資料緩衝。但此外，由於 SRAM 的基本單元含有 6 個電晶體，因而需要較大的版圖面積，連線也相對更為複雜。此外，將兩個 PMOS 管佈置在 N 阱中也會佔用額外的面積。圖 5-25 舉出了 SRAM 版圖的範例。相比於 DRAM，更加難以達到較高的儲存密度，同時也比較昂貴。

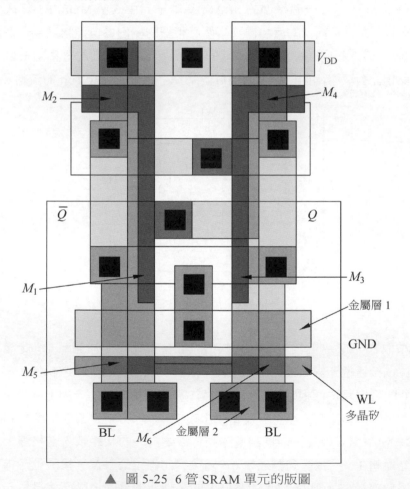

▲ 圖 5-25　6 管 SRAM 單元的版圖

2）動態隨機讀寫記憶體（DRAM）

如圖 5-26（a）所示，單管 DRAM 單元一般由一個電容和一個電晶體組成，電容上儲存電荷的多少標識了該單元儲存的是邏輯 1 還是 0，MOSFET 的其中兩端連接了字元線和位元線。若進行寫入操作，則將資料放在位元線上，拉高字元線電位導通電晶體，此時電容借由位元線被充電或放電，完成寫入操作。在進行讀取操作時，位元線首先預充到操作電壓的一半，而後字元線拉高電位，控制電晶體導通。此時電容和電晶體會進行電荷的重新分配，導致位元線電壓發生變化，而這一變化的方向被放大電路辨識，從而獲得存放資料的值。圖 5-26（b）展示了這兩個過程的電位變化。由於讀取過程會破壞電容上的電荷，還需要將放大電路的輸出加合格線上，同時保持字元線的高電位，以刷新電容上的電荷。此外，由於電容上的電荷會不斷流失，DRAM 陣列還需週期性地對電容重新進行充放電操作，以刷新電荷。由於單管 DRAM 陣列的結構足夠簡單，它能夠獲得較高的儲存密度，因而被廣泛地作為電腦的記憶體使用。

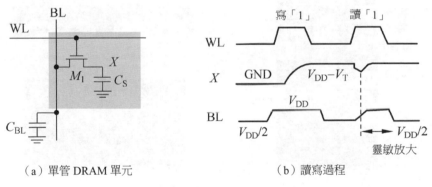

（a）單管 DRAM 單元　　　（b）讀寫過程

▲ 圖 5-26 單管 DRAM 單元及其讀寫過程

DRAM 單元雖然僅有 1 個電晶體，但必須配備一個較大的電容。圖 5-27 舉出了 DRAM 單元橫截面和版圖的範例。因此，將這樣一個大電容放置在盡可能小的面積內是 DRAM 設計的關鍵挑戰。為提高 DRAM 的儲存密度，儲存電容已經轉向了三維結構。如圖 5-28 所示，例如在襯底中垂直實現電容，或是將電容疊落在電晶體的頂部。

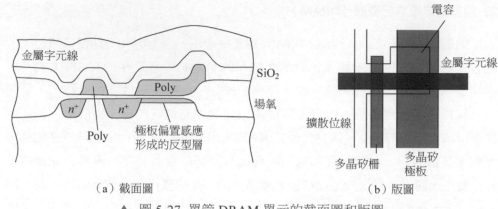

（a）截面圖 　　　　　　　　　　　（b）版圖

▲ 圖 5-27 單管 DRAM 單元的截面圖和版圖

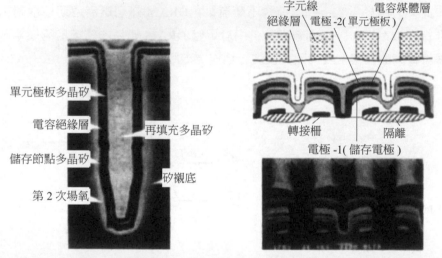

▲ 圖 5-28 溝槽電容和堆疊電容

　　在先前的車載領域中，安全關鍵方面的計算需求主要是處理引擎、剎車、運動感測器和駕駛人輸入的資料，並以此控制引擎和剎車系統，使用 SRAM 足以滿足，同時還能夠獲得較好的可靠性及即時性。而隨著自動駕駛的發展，對攝影機、雷達等高頻寬感測器的資料進行處理要求了更大容量和頻寬的儲存；自動駕駛系統需要進行更高強度的運算用以進行駕駛控制。這些應用的出現，使得 DRAM 在車載領域獲得了更加廣泛的應用。

5.1.3 半導體感測器

半導體感測器分為兩類：一類主要是利用半導體本身的各種電學相關效應，如熱敏電阻和光敏電阻製成的溫度、亮度感測器；另一類是微機電系統（MEMS）感測器。這是一種機械元件和電子電路結合形成的微型裝置，尺寸從幾十微米到幾百微米。

MEMS 的常見應用包括感測器（Sensor）、執行器（Actuator）和程序控制單元。這些也是 MEMS 在汽車電子系統中的主要出現場合，尤其是感測器。

感測器的本質上是現實世界中其他物理量（如速度、加速度、壓力、溫度等）向汽車電子系統中電訊號轉換的通路。執行器則相反，是汽車電子系統控制其他物理量的手段（如力、光）。

MEMS 在當下日常生活中的應用相當廣泛。以個人電子裝置為例，智慧型手機中已經普遍安裝了以 MEMS 技術為基礎的慣性感測器、麥克風、射頻天線陣列等裝置。21 世紀初，民用旋翼無人機的推廣與慣性感測器的小型化緊密相關，其背後也是 MEMS 技術的成功商業化。然而，在 20 世紀 80 年代，MEMS 技術最早的主要商業化目標之一，正是汽車安全相關市場。初代 MEMS 慣性感測器產品參與了安全氣囊展開時機的判斷。

MEMS 的製造過程，使用了與微電子或說半導體製造過程相同或接近的製程和裝置，製造微型化的機械結構，如圖 5-29 所示。一般同時還會借用矽基製程的便利將與之相關的電路和機械結構連接、整合在一起。所以這些機械結構比起它們在宏觀世界的對應物便要精巧和小型得多。不同功能的 MEMS 元件往往在結構上也大相徑庭，所以在不同種類的 MEMS 元件之間並不存在統一的設計方法學。不過不同種類的 MEMS 元件在製造製程方面有互通之處。

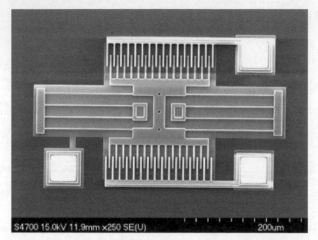

▲ 圖 5-29 某經典 MEMS 加速度感測器結構

　　MEMS 感測器和執行器的工作原理，本質上是其他實體訊號和電訊號的相互轉換。MEMS 感測器將工作環境中的各種其他物理量，如加速度、氣壓、震動、光，經由機械結構感知之後，轉為矽基電路能夠辨識的電訊號，如電壓、電流。而 MEMS 致動器則與之相反，將電訊號變化轉換成其他實體訊號變化。換句話說，電路部分控制著機械部分做出運動，或其他變化。

　　按照所實現的功能劃分，MEMS 已經出現了很多類別。除了傳統的感測器和致動器，還有生物 MEMS（如微流體 MEMS）、射頻 MEMS 等。本節將把目光主要聚焦在汽車安全領域應用廣泛的傳統感測器 MEMS 上。

1. 壓力感測器

　　氣壓感測器在汽車系統中應用廣泛，如引擎的燃燒壓、吸入壓、致動壓、胎壓等。這裡以一個實際商用化的燃燒壓 MEMS 感測器為例介紹一種壓力傳感方式。

　　稀薄燃燒是一種眾所皆知的提高引擎燃料效率和改善廢氣排放的方法。燃燒壓感測器是檢測燃燒狀態的關鍵感測器。燃燒壓感測器直接安裝在引擎上，需要承受燃燒引起的高溫。

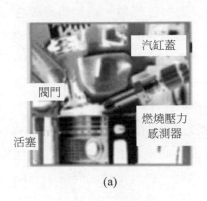

(a)

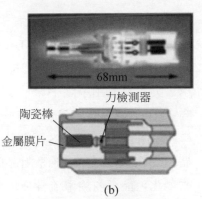

(b)

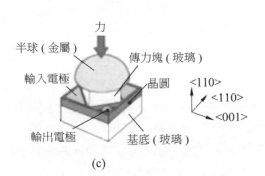

(c)

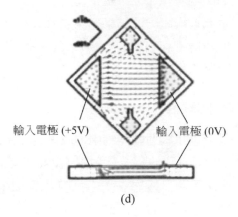

(d)

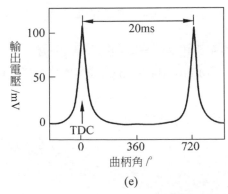

(e)

▲ 圖 5-30 一種氣壓感測器

圖 5-30（a）是一個已經安裝在引擎上的燃燒壓力感測器。感測器需要在 700~1200℃ 的高溫下測量 1~2MPa 的缸內壓力。如圖 5-30（b）所示，該燃燒壓感測器由金屬膜片、陶瓷棒、力檢測器組成，總長 68mm。如圖 5-30（c）所示，力探測器由金屬半球、玻璃傳力區塊、矽晶片和玻璃底座組成。晶圓為取向 <110> 的單晶。其表面有兩個輸入電極和兩個輸出電極。這是一種利用了半導體壓阻效應的 MEMS 壓力計。圖 5-30（d）是壓力施加時的電流分佈示意圖。晶圓受到壓力時，由於壓阻晶體的各向異性，各部分的電阻值會發生各向異性的變化，晶圓內的電流分佈也會對應發生變化。因此，輸入電極之間的中心兩端出現了電位差，這一電位差可以被輸出電極檢測到。燃燒壓力感測器測量引擎氣缸內壓力的結果如圖 5-30（e）所示。6000rpm 的旋轉速度下，每個 720 曲柄角處都可以觀察到燃燒（Combustion）引起的壓力峰值，這正是一個四衝程引擎的特點。

2. 陀螺儀

　　以車輛運動控制中造成重要作用的偏航率感測器為例，介紹 MEMS 陀螺儀的原理。汽車穩定性控制（VSC）和車輛動力學整合管理（VDIM）被稱為豐田汽車的防滑系統。該系統可以防止車輛在下雪、結冰、潮濕和 / 或泥濘的道路上發生事故。將由偏航率感測器檢測到的車輛轉速與透過轉向實現的轉速進行比較。如果旋轉速度過快，相應的車輪會自動煞車，產生反自旋力，防止打滑。

　　偏航率感測器有一個由單一石英晶體製成的 h 型音叉，如圖 5-31 所示。石英是一種適用於微加工（Micro Machining）的壓電材料。該音叉上半部分用於激勵，下半部分用於檢測。由於石英晶體是自發極化的，它可以透過附加電極施加交流電壓來激發震動。當施加角速度時，感測器產生寇里奧利力，並產生與電流激發震動方向上正交的震動。下音叉產生的這一正交震動被檢測為電荷變化。

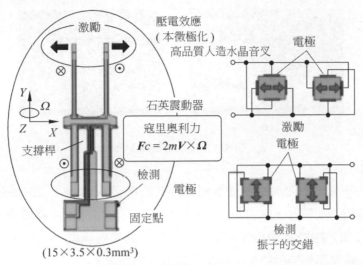

▲ 圖 5-31 偏航率感測器的結構

圖 5-32 是一個晶體偏航率感測器元件和初級訊號放大器安裝在一起的封裝。

▲ 圖 5-32 偏航率感測器封裝

如今，SoI（Silicon on Insulator, 絕緣體上矽）製程製作的偏航率感測器逐漸成為主流，如圖 5-33（a）所示。SoI 偏航率感測器由單晶矽製成。它有兩個平衡品質和多個梳狀電極，如圖 5-33（b）所示。感測器結構是使用深反應離子蝕刻（DRIE）製程製作的，其配重塊由靜電力驅動。透過電容變化檢測偏航率訊號。

(a)　　　　　　　　　　　　　　(b)

▲ 圖 5-33　SoI 偏航率感測器

　　目前的研究熱點是頻率調變型和積分型陀螺儀感測器。通常採用環型激振器在同一個簡並激振器上產生 x 軸和 y 軸的震動。為了達到高靈敏度，必須穩定地驅動高 Q 值（振盪器的品質因數）和高頻率的簡並模式。這類感測器高度依賴數位訊號處理器的回饋控制，以實現高精度和穩定。

　　慣性導航系統需要加速度感測器和陀螺儀。圖 5-34 是一種全差分三軸加速度感測器。

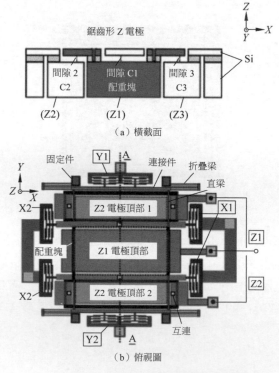

▲ 圖 5-34　全差分三軸加速度感測器

全差分三軸加速度感測器採用 SoI 和 DRIE 技術製作。該感測器有一個鋸齒形 Z 電極和一個用於檢測 Z 軸加速度的大配重塊。鋸齒形電極實現了 Z 方向全差分檢測。該元件的掃描電鏡（SEM）照片如圖 5-34（a）所示。大配重塊在 X 軸方向上的邊緣有 4 個 x 電極。在 Y 軸的邊緣也有 4 個 y 電極。在 X 軸和 Y 軸，4 個 x 電極和 4 個 y 電極分別獲得全差分訊號。X、Y、Z 三個軸在差分前的輸出如圖 5-34（b）所示。三軸方向上在差分前的輸出特性都很規整。

為了獲得高精度的加速度訊號，可以採用數位訊號處理技術對所獲取的訊號進行加強。

3. 光學掃描器

光學掃描器是一類相對較新的車用感測器類型。在自動駕駛中，道路、建築、汽車和人的檢測是很重要的。無線電探測和測距、雷射雷達（LIDAR）、聲音導航和測距以及攝影機都是眾所皆知的車外感測器。由於雷射雷達可以辨識人的形狀，人們對雷射雷達的期望很高。雷射雷達發射光，檢測從物體反射的光，並根據光的飛行時間測量距離。距離資料是透過對雷射的受激輻射（LASER）光放大進行二維掃描得到的二維影像。上述測量原理中，有使用旋轉鏡（多邊形鏡）或使用震動鏡（MEMS 鏡）兩種光掃描方法。

雷射雷達由 3 個雷射二極體、1 個 MEMS 反射鏡、多個透鏡和 1 個 CMOS 單光子雪崩二極體（SPADS）成像儀組成，如圖 5-35 所示。MEMS 反射鏡是一個雙框架結構的二維掃描器，採用矽材料製成，反射鏡尺寸為 $8 \times 4mm^2$。反射鏡需要足夠大，以放射出有足夠光斑直徑的雷射光束去辨識 100~400m 以外的物體。如圖 5-35 所示，一束雷射在方位角 15°、仰角 11° 的區域中掃描；因此，一個反射鏡的 3 條雷射可以掃描總大小為 45°×11° 的區域。MEMS 鏡子的背面有一塊小磁鐵。如圖 5-36（a）所示，它由兩個電磁鐵（動磁鐵型）進行二維驅動。動磁鐵驅動適用於大幅度的掃描，透過諧振和非諧振模式實現大振幅光柵模式掃描。低速掃描軸的掃描頻率為 30Hz，無共振；高速掃描軸的掃描頻率為 1.3kHz，有共振。利用霍爾元件檢測和控制鏡面的運動。圖 5-36（b）展示了這樣一個由反射鏡和幀驅動電磁線圈組合在一起的 MEMS 掃描器的照片。掃描器

尺寸為 $14 \times 17 \times 25mm^3$。使用 MEMS 掃描器獲得的二維距離影像如圖 5-37 所示。人們和建築物被清楚地辨識出來,距離也被精確地測量出來。

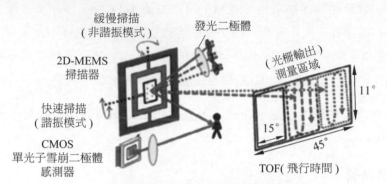

▲ 圖 5-35 MEMS 雷射雷達

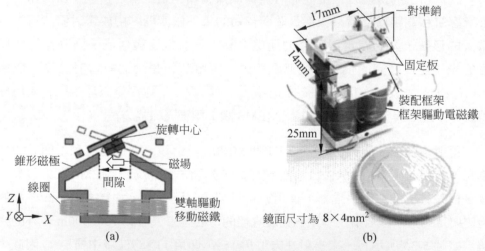

(a)

(b)

鏡面尺寸為 $8 \times 4mm^2$

▲ 圖 5-36 LIDAR 的動磁鐵 MEMS 掃描器

▲ 圖 5-37 LIDAR 的 MEMS 的深度影像

5.1.4 資料轉換器

A/D 轉換器和 D/A 轉換器是 SoC 系統中最常見的類比數位混合電路。在電路中，正如圖 5-38 所示，它們是類比訊號和數位訊號之間的橋樑。A/D 轉換器將類比訊號轉為數位訊號，D/A 轉換器則是完成相反的轉換過程。雖然兩者完成對偶的逆向過程，但 A/D 轉換器在電子系統中出現的頻率遠遠高於 D/A 轉換器，因為越來越多的系統已經不需要一個類比的輸出來呈現資訊處理結果。但是系統從所處環境中擷取的訊號仍然需要從類比訊號轉為數位訊號。

▲ 圖 5-38 類比世界和數位處理器之間的介面

和嵌入式系統中的廣泛應用場景一樣，車用 A/D 轉換器在系統中的主要作用是將感測器擷取到的連續的、類比的電訊號轉為數位訊號。目前各種類型的商用感測器在連入數位系統之前，都需要經過 A/D 轉換器的處理。根據感測器所擷取訊號的重要性、串列傳輸速率、工作環境等情況的不同，可以使用不同規格的 A/D 轉換器。下面簡單介紹一下 A/D 轉換器和 D/A 轉換器的工作原理。

A/D 轉換器將連續幅度、連續時間的輸入訊號轉為離散幅度、離散時間的輸出訊號。圖 5-39 更詳細地顯示了這個過程。首先，類比的低通濾波器限制類比輸入訊號頻寬，以便後續採樣不會將任何不需要的雜訊或訊號成分混疊到實際訊號所處的頻帶中。接下來，對濾波器輸出進行採樣以產生離散時間訊號。然後對該波形的幅度進行「量化」，即用一組固定參考的電位近似，從而生成離散幅度訊號。最後，在輸出端建立該電位的數字表示。

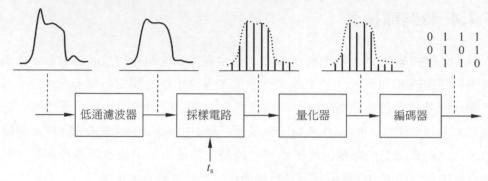

▲ 圖 5-39　類比 - 數位訊號轉換的具體細節

　　D/A 轉換器將離散幅度、離散時間的輸入訊號轉為連續幅度、連續時間的輸出訊號。D/A 轉換器在圖 5-40 中有更詳細的描述。首先，D/A 轉換器根據數位輸入從一組固定參考中選擇並產生類比電位。如果 D/A 轉換器在從一種電位切換到另一種電位時產生了大突波，那麼跟隨一個「去突波」電路（通常是採樣 - 保持放大器）就可以造成遮罩突波的作用。最後，由於 D/A 轉換器執行的重建功能會在波形中引入尖銳邊緣以及在頻域中引入正弦包絡，因此需要一個反正弦濾波器和一個低通濾波器來抑制這些影響。不過，如果 D/A 轉換器就被設計為具有小突波，則去突波電路可能會被移除。此外，反正弦濾波可以在進入 D/A 轉換器之前的數位域中執行。

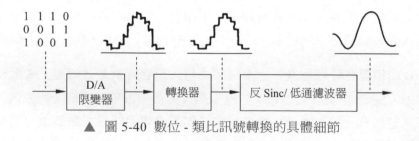

▲ 圖 5-40　數位 - 類比訊號轉換的具體細節

5.1.5　電源管理晶片

　　在電子系統中，不同的部分經常需要電壓不一的電源。此外，在以可充電電池為電源的系統中，電池的充放電也必須得到控制。電源管理晶片（Power Management Integrated Circuit，PMIC）能夠以較高的集成度實現多路輸出，滿足系統內其他晶片、裝置的供電需求，並控制電池的充放電。

本節將以 Texas Instruments 公司的 TPS65919-Q1 電源管理晶片舉例。其是一款滿足 ISO 26262 標準，適用於汽車電子的電源管理晶片。它提供了四路可程式化的開關電源（SMPS）降壓轉換輸出，其中兩路能夠組合輸出，以及四路低壓差線性穩壓器（LDO）輸出。此外，這款晶片還提供了帶有兩個外部通道的 12bit 通用 A/D 轉換器、兩個 I²C 或一個 SPI 通訊介面、用於外部時鐘同步和相位延遲的鎖相環等單元。

為滿足安全關鍵設計的需要，TPS65919-Q1 提供了多種操作模式和機制用於處理系統故障和隨機故障。該晶片具有一個嵌入式電源控制器，對輸入的 ON、OFF、WAKE、SLEEP 請求進行仲裁排序，根據系統的工作狀態（電源、溫度等）轉為對電源的控制。它提供了若干外部接腳，能夠配合控制暫存器實現對各路電源工作模式的分配，也可以繞過電源控制器立刻切換工作模式，以實現緊急關閉等功能。它具有通電重置（POR）、硬體重置（HWRST）、關機重置（SWORST）3 種不同的重置等級，作用範圍依次減小，能夠提供更靈活的重置控制，此外也提供重新載入預設設定而不關閉電源的熱重置操作，以將晶片從鎖定或未知狀態恢復。

該晶片的各個功能區塊也包含了若干安全機制，包括了中斷訊號預警、一次性可程式化（OTP）暫存器的自檢、輸入電壓監測、防止所接處理器進入無窮循環的看門狗計時器、開關電源負載電流監控、開關電源正常輸出（POWERGOOD）指示訊號、通用 A/D 轉換器輔助監控、開關電源和 LDO 的短路監控、溫度監控等。

5.1.6 功率半導體元件

功率半導體元件是一類可以被直接使用在功率處理電路中，用以控制或轉換功率的電子元件。功率半導體在功率電路中最主要的作用是開關。在功率半導體元件問世之前，早期的電子電路使用真空管和氣體放電管來行使這一功能。更早的傳統機電裝置則使用含有可移動元件的繼電器或開關。功率半導體元件因此也被稱為固態元件，它們的電荷流被限制在固態材料中。

功率半導體不像大多數半導體元件一樣工作在訊號通路上，它把電當作能源而非訊號。除了工作環境和目標的差異，功率半導體元件在組成上也和其他節出現的半導體元件有所區別。功率半導體元件大多數隻由一個或數個分立元件組成，不能稱之為「積體電路」。但這並不表示總是可以憑藉外觀輕易區分出功率半導體和積體電路。圖 5-41 是一個工作電壓為 100V 的 MOSFET 產品，可以看到，其俯視圖和普通小型數位晶片或類比晶片並無二致。但是 100V 的工作電壓遠超所有消費電子產品訊號通路的電壓標準，這一點在其背面視圖中有所表現：用來導通高壓和大電流的接腳面積巨大。

▲ 圖 5-41 功率半導體元件的典型封裝樣式

組成功率半導體元件的分立元件，大多數與積體電路中所用到的基礎元件相同，如邏輯電路主流製程的金屬 - 氧化物 - 半導體場效應電晶體（Metal-Oxide-Semiconductor Field Effect Transistor，MOSFET），以及在 20 世紀邏輯電路問世時曾使用過的雙極結型電晶體（Bipolar Junction Transistor，BJT）。除了這些有源三端元件，還有一些無源兩端半導體元件也會在討論功率半導體元件時提到，如二極體。功率半導體元件不在本書的討論範圍。

由於在實際場景中，應用功率差異廣泛，從家用充電器的幾瓦、幾十瓦，到汽車驅動馬達的上千瓦。有些應用場景導通電流大，但電壓差不大； 有些應用要求不導通時能承受的耐壓值足夠高； 還有一些應用的導通、關斷工作狀態切換頻繁。鑑於這種功率水準和應用的多樣性，不同的功率半導體開關更適合每種情況。圖 5-42 涵蓋了單一元件可實現的所有可能開關頻率和裝機功率範圍。

對於更大的功率水準，多個轉換器可以硬體並聯連接。現代功率半導體元件，尤其是高功率元件，需要對其電壓隨時間和電流隨時間的變化有很好的了解和控制。這些可以透過柵極控制以及電路設計來實現。下面簡介圖中應用範圍較廣的功率 MOSFET 和絕緣門控雙極性接面電晶體（IGBT）。

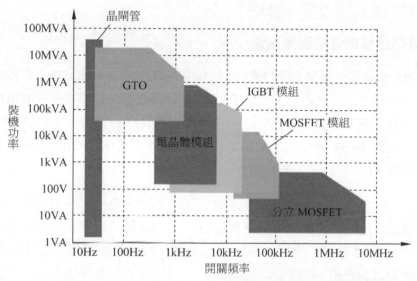

▲ 圖 5-42 不同開關頻率和功率下適用的不同元件類型

1. 功率 MOSFET

功率 MOSFET 元件比 BJT 元件支援更高的開關頻率。因為它們在導通狀態和關斷狀態切換間，沒有過剩少子的移動。在柵極電路施加正電壓時，閘極通道導通。等效柵極電容透過外部柵極電阻充電。當該柵極電壓上升到設定值電壓以上時，電流開始在漏極電路中循環，其電流隨時間的變化速率由內部半導體結構和外部電路共同決定。在此時間間隔內，電荷儲存在漏源電容和柵源電容中。當漏極電流達到由外部電路確定的電流水準時，該狀態結束，電流被鉗位在負載電流保持大小不變。由於電流不可能發生變化，因此柵極 - 源極電路兩端的電壓保持恒定在取決於負載電路電流的水準。這個水準被稱為米勒平臺。

關斷時，柵極電壓變為零，柵極的等效電容開始透過柵極電阻放電。柵漏電容和柵源電容都在第一個時間間隔放電。當柵極電壓達到米勒平臺時，被鉗位，直到漏極電壓增加到匯流排電壓。在此期間，電荷僅隨柵漏電容變化。最後，電流在最後一個時間間隔減小到零，而漏源電壓保持在匯流排電壓電位。當柵極電壓低於設定值電壓時，可以認為元件已關閉。

2. 絕緣門控雙極性接面電晶體

IGBT 結合了雙極電晶體的優點，如低傳導損耗，以及 MOSFET 的優點（如更短的開關時間）。因此，可以根據前面介紹的 MOSFET 模型分析 IGBT 的開關行為。用飽和雙極電晶體的特性更進一步地類比導通間隔。由於導通時的壓降較小，因此 IGBT 元件的使用電壓高於 MOSFET 元件。IGBT 在結構上也可以看作 BJT 和 MOSFET 的電路組合。

圖 5-43 是 IGBT 的等效電路原理圖。這一等效電路中，將 IGBT 視為主要 MOSFET 元件和 PNP 型 BJT 的達林頓組合。與傳統的達林頓不同，MOSFET 元件承載大部分電流。寄生 PNP 型 BJT 與來自 MOSFET 結構的寄生電晶體具有相同的起源和作用。

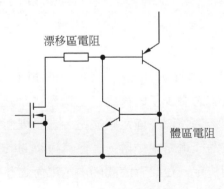

▲ 圖 5-43　IGBT 的等效電路原理圖

3. 寬禁帶半導體

　　寬禁帶半導體是一種材料方面的新突破，而非電路或元件結構上的區分，寬禁帶半導體也可以做成 MOSFET 或 BJT，在分類標準上有別於功率 MOSFET 和 IGBT。但由於終末應用上會顯示出明顯的特性區別，仍把寬禁帶半導體的各種大功率特性作為一個單獨的部分在此介紹。電力轉換過程中，矽基元件在擊穿電壓、工作溫度、轉換頻率等方面具有明顯的劣勢。相比之下，以 SiC（碳化矽）和 GaN（氮化鎵）為代表的寬禁帶半導體材料具有比矽材料更優異的特性，其工作溫度更高、擊穿電壓更大、開關頻率更快，因此更適合製備更高性能的電力電子元件。擊穿電壓和比導通電阻是半導體功率開關極為重要的 2 個參數。不同材料電力電子元件的擊穿電壓與比導通電阻的關係如圖 5-44 所示。

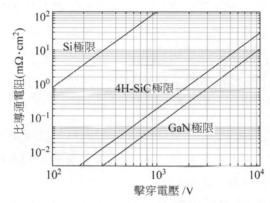

▲ 圖 5-44 不同材料電力電子元件的擊穿電壓與比導通電阻的關係

　　這兩個特性方面的提升，表示寬禁帶半導體可以用簡單的電路結構（如單一元件）替代矽基功率元件中的電路組合，同時還可以得到更低的損耗或耐壓能力。

5.1.7 射頻前端晶片

　　射頻（RF）是 Radio Frequency 的簡寫，一般指能夠經空氣進行傳播的電磁波，其頻率範圍為 300kHz~300GHz。為進行無線通訊，通常採用的方式是將具有較低頻率分量的原始資料訊號透過各種調變方式變換為頻率高得多的訊號，

並將變換後以電磁波的形式發送。而在接收端，接收系統則嘗試捕捉這一訊號並進行相應的逆變換。類比調變主要有幅度調變（AM）、頻率調變（FM）、相位調變（PM）等方法，數位調變則有幅度鍵控（ASK）、頻移鍵控（FSK）、相移鍵控（PSK）和正交幅度調變（QAM）等。

1. 發射機

在發送資料時，為高效利用通道，常常需要對輸入資料進行編碼。此後，一種常用的處理方法是透過唯讀記憶體實現基頻訊號的整形。唯讀記憶體根據輸入的編碼讀取對應的資料，並輸出一串電位不一的脈衝。脈衝串再經過 D/A 轉換器和濾波轉換成類比訊號波形，由此實現從原始資料到基頻訊號的變換。

為發送基頻訊號，一般需要使用上變頻器，透過與高頻餘弦載波訊號時域相乘的方式混頻，將基頻頻譜搬移到載波所在位置。特別地，在許多調變方式中，還會用到對兩路訊號分別使用同頻率正弦和餘弦載波相乘的正交調變。由於基頻訊號本身具有足夠的強度，混頻器引入的雜訊並不明顯，不過如果混頻器的線性度不佳，則可能破壞訊號，或是在相鄰通道產生一定的干擾。

上變頻完成的訊號經過功率放大器和匹配網路，以電磁波的形式發送。對於功率放大器，較理想的狀況是功率放大器具有儘量大的增益，同時前級的輸出擺幅儘量小，以保證輸出端的線性度。此外，功率放大器的輸出端具有非常大的擺幅，這可能會與發射機電路產生耦合，進而牽引振盪器的頻率。因此，現代的發射機常常使用工作頻率與發射頻率相差甚遠的振盪器，透過分頻器或倍頻器等方式得到載波，但同樣也需要在布局和隔離上精心設計，以儘量避免對振盪器的牽引。

2. 接收機

接收資料時，電磁波的遠距離傳輸使得接收到的訊號較為微弱，因此需要將訊號連線放大器。同時，後級的下變頻等操作也要求這一放大器具有較低的雜訊，即低雜訊放大器（LNA）。

在無線通訊中每個使用者被分配的頻寬是有限的，如 WiFi 在 2.4GHz 頻帶下工作，每個通道寬度為 20MHz，而 GSM 的通道頻寬為 200kHz。這表示接收

機必須能夠抑制干擾，以處理期望通道的訊號。為了降低對於濾波器選擇性和可調中心頻率的要求，一般在接收機前端使用一個頻帶選擇濾波器，僅接收工作頻帶範圍內所有通道的訊號，濾除頻外干擾。

　　此後則可以使用混頻器，其簡略的原理是將接收訊號與本地振盪器產生的高頻餘弦訊號在時域上相乘，將期望通道的頻譜搬移到較低頻率。該訊號再經過一個低通濾波器，進而只留下了期望通道的頻譜。這一過程被稱為下變頻。在實際中，則一般採用額外進行鏡像抑制的超外差接收機，或將訊號正交解調、直接搬移到基頻的零中頻接收機等形式。最後，基頻訊號被送入 A/D 轉換器轉為數位形式，並由基頻處理器進行解碼。

3. 雙工器

　　接收機和發射機共用天線時，為避免二者的耦合，一種方式是要求在任意時間僅能啟動其中一個，發射和接收使用相同頻率，即簡單的時分雙工（TDD）。另一種方式是要求發射和接收使用不同頻率，並在系統中加入雙工器。雙工器包括兩個帶通濾波器，將發射和接收通道隔離開來，從而確保發射和接收可以同時進行，這被稱為頻分雙工（FDD）。圖 5-45 是一個通用射頻收發機結構的範例。

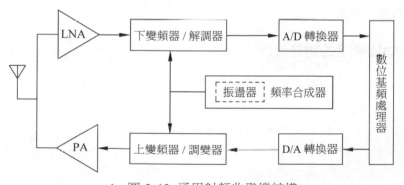

▲ 圖 5-45　通用射頻收發機結構

　　無線通訊具有多種協定和規範，其中一些已然在手機等行動裝置中廣泛應用：長距離行動通訊使用的制式有 GSM（2G）、WCDMA（3G）、TD-LTE（4G），其頻率主要集中在 800MHz~2.3GHz 範圍內，5G 網路則使用 6GHz 以下的部分

頻段以及數十 GHz 的毫米波波段。短距離的無線區域網連線使用 WiFi（IEEE 802.11 系列標準），頻率在 2.4GHz 或 5GHz 附近。手機與其他行動終端之間，也可以借助藍牙在 2.4GHz 頻段進行短距離的連接和通訊。此外，還有衛星導航定位系統以及射頻辨識（RFID、NFC）等無線通訊應用。為實現對於所有這些不同頻段的支持，在射頻前端中需要設置多組放大器、濾波器、雙工器，這使得射頻前端的設計尤為複雜。

5.2　晶片設計方法

5.2.1　SoC 設計方法

　　如今設計一顆 MCU 就是一顆 SoC。SoC 是一個已經經歷了約 30 年延續的產業概念。其本質即整合全部或大部分元件的獨立電腦。SoC 由於將系統的大部分元件集中到同一枚晶圓之內，在應用層面可以帶來性能（延遲和吞吐量）、面積、功耗、成本、可靠性幾乎全方位的提升。

　　但與此同時，設計方法學在近些年的快速發展也讓傳統的 VLSI 設計流程在全系統設計中只能扮演一個配角。系統設計已經變成了一組在專案不同階段交織進行的設計流程。

1. 數位功能模組的開發流程

　　通常來說，SoC 產品都會有區別於其他類似產品的差異化因素，往往是一些具備特殊功能的數位功能核心。其開發流程是標準的 ASIC 設計流程或標準單元設計流程。圖 5-46 以流程圖的形式做出了總結。

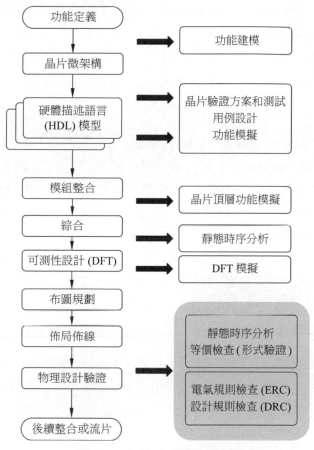

▲ 圖 5-46 數位功能模組開發流程

　　根據功能，核心被劃分為若干子模組，每部分分別詳細定義設計要點。這稱為設計文件或微架構設計。這可以在模組 / 子模組或晶片頂層，具體取決於複雜度。任何子模組或模組的設計細節包括內部方塊圖、介面訊號描述、時序圖和內部狀態機細節，以及嵌入式記憶體 /FIFO 要求（如果有）。設計文件還指定了驗證設計核心所需的一些特殊策略，突出顯示測試台中的任何特定要求以及在類比過程中要針對的設計邊緣情況。

　　一旦模組 / 塊或晶片核心的設計文件或微架構準備就緒，就會使用 Verilog 和 VHDL 等硬體描述語言（HDL）對其進行行為建模。需要注意的是，建模的 RTL（Register-Transfer-Level 暫存器傳輸級）設計必須符合標準設計指南才能

接受它進行下一步的流程。舉例來說，設計的 HDL 模型必須是可綜合的。HDL 建模設計透過使用模擬環境的測試台進行模擬來驗證其功能的正確性。此過程需要使用到模擬工具。然後將設計與適當的設計約束進行綜合。設計約束是綜合工具用於使用標準單元庫中的特定單元並以特定方式將它們互聯以滿足設計的特定面積、時序和功率目標的規則。

綜合（Synthesis）是讀取 HDL 行為級模組並將其轉為稱為網路表的閘級設計抽象的過程。網路表表示是一組互連的標準門／單元／觸發器，以實現設計的 HDL 模型中描述的特定功能。這是使用綜合工具完成的。在綜合過程中，設計網路表中推斷的 D 觸發器被替換為可測試性設計（Design For Testability，DFT）過程的掃描觸發器。DFT 的目的是確保可以追溯和辨識由於製造過程導致的模組故障，將其和設計過程引入的功能故障區分開。該設計由 DFT 工具進一步修改，用於嵌入式記憶體、D 觸發器和輸入／輸出焊接端點的附加測試結構。最終設計網路表發佈到通常稱為後端流程的物理設計流程。物理設計流程將表示為網路表的設計轉為能表現座標和尺寸的 CMOS 特徵和互連的物理結構。

布局規劃是物理設計的第一步，即考慮 IO 焊接端點放置、電源要求、嵌入式記憶體以及布局佈線（Placement and Routing，PR）邊界內子模組的互連性。物理設計工具中的布局是建立方格的過程，這些方格將容納子模組、片上記憶體等，最終映射到實際的矽晶片中。平面圖之後是模組的實際放置。一旦放置了所有功能區塊／模組，它們就會透過稱為佈線的過程互連。時鐘樹綜合（Clock Tree Synthesis，CTS）會在佈線前開展，以確保將時鐘訊號適當地饋送到整個設計。路由分兩步完成，稱為全域路由和詳細路由。全域佈線是粗布線，其中為佈線建立通道，顯示壅塞（如果有），在完成詳細佈線之後透過適當的布局調整來糾正壅塞。物理設計流程會通過從布局佈線之後的資料庫中提取網路表，並將其與原始網路表進行比較來驗證物理設計的正確性。物理設計會針對訊號完整性、串擾、天線效應和 IR 壓降進行驗證。在物理設計期間設計轉換的每一步都會進行靜態時序分析（Static Timing Analysis，STA），以確保滿足時序目標。一旦物理設計通過了所有驗證目標，檔案就可以寫出為函數庫檔案和 GDS II 檔案格式。在 SoC 設計中，在不同核心設計的每個階段都有並行的活動流程，舉例來說，透過模擬進行設計驗證、靜態時序分析、DFT 模擬、邏輯等效性檢查和物理設計驗證必須在設計開始之前圓滿完成，以保證整個 SoC 專案如期進行。

2. SoC 整合設計流程

SoC 設計流程與標準 VLSI 設計流程的不同之處僅在於整合流程。它可以被視為一種混合設計流程，其中整合了不同設計階段和不同設計抽象的多個子系統設計。要整合的設計區塊 / 巨集和 IP 核心將以不同類型提供：軟核心（RTL 原始程式碼）或網路表、硬巨集（LIB）檔案或布局（GDS II）檔案。舉例來說，最好按照全訂製設計流程設計模擬 /RF 核心，而使用基於標準單元的 ASIC 設計流程設計處理器子系統以實現高性能。這些模組在 SoC 設計階段根據抽象和設計類型在不同等級整合。圖 5-47 顯示了 SoC 設計中可能的整合階段。在任何設計階段，都會將額外的核心整合到 SoC 設計資料庫中；必須進行適當的整合驗證，以確保整合設計按預期工作並滿足設計目標。SoC 設計在 IP 核心整合後繼續進行，對修改後的設計進行適當的設計約束修改和更新的整合驗證。

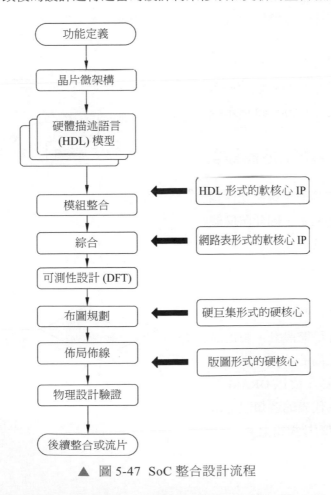

▲ 圖 5-47 SoC 整合設計流程

3. 軟體開發流程

在早期，SoC 軟體開發通常是在 SoC 的硬體平臺可用後才開始的。但是，隨著帶有處理器子系統和高密度 FPGA 的開發板的出現，在其上開發目標 SoC 的應用軟體成為可能。軟體團隊可以在 SoC 設計週期中提前很多時間開發 SoC 軟體。嵌入式軟體包括許多智慧演算法，運行這些演算法，以即時做出設定決策，以動態適應 SoC 運行的環境條件。很多時候，從許多可用演算法中選擇出正確的演算法可以證明是 SoC 產品本身的獨特賣點。嵌入式軟體開發流程如圖 5-48 所示。

5.2.2　半導體記憶體設計

記憶體與其他半導體元件相比，結構較為固定，因此記憶體的發展主要是透過儲存單元件結構與儲存方式的最佳化，以在較低的成本下獲得較高的容量與更快的速度。經過數十年的研究與發展，各大記憶體設計、製造商已經建立了很高的技術門檻。因此，本節主要介紹以 DRAM 和快閃記憶體為代表的各類記憶體的發展與採取的技術路線。

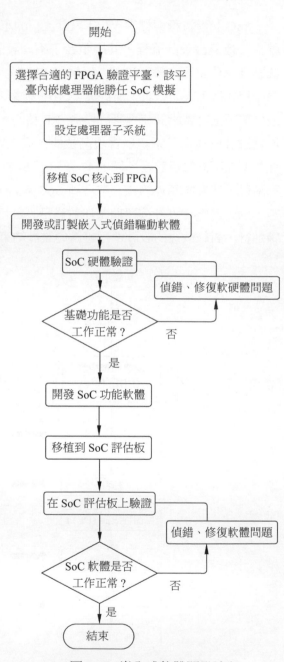

▲ 圖 5-48 嵌入式軟體開發流程

1. DRAM

與數位電路類似，DRAM 同樣也透過單元尺寸的等比例縮小來達到更高的儲存密度。此外，維持可靠的記憶體工作需要的最小電荷量卻變化不大。換言之，在等比例縮小的同時，記憶體的電容仍需要保持基本不變。因此，DRAM 開始採用溝槽電容等技術，在較小的面積上製作大電容。

現今電腦系統使用的 DRAM 主要為 DDR SDRAM，DDR（Double Data Rate）代表雙倍數據速率，對於第一代 DDR，記憶體內部會將讀取選中位置的兩個相鄰資料，分別在時鐘的上昇緣和下降沿送出，這被稱為 2bit 預先存取。目前，DDR 技術已經發展到了第五代。DDR1~DDR3 每代的預先存取 bit 數都翻了一番，外部時鐘的頻率也相應地進行了加倍，以對應資料的輸出。由此，在記憶體位元寬和記憶體內部頻率基本不變的前提下，實現了資料速率的不斷提升，並且成本提升不高。從 DDR3 到 DDR4，由於快取位元寬的限制，預先存取寬度不再增加，取而代之的是內部頻率的提升。但 DDR4 到 DDR5，則再次加倍了預先存取寬度以實現資料速率的提升。

在 GPU 等需要高位元寬的場合，則會使用 GDDR DRAM，目前已發展到 GDDR6。與普通的 DDR 記憶體相比，其單顆顆粒便能提供 32bit 的位元寬。此外，從 GDDR3 開始，資料選通訊號便根據讀寫分離為兩條，進一步提高讀寫速度。此外，GDDR5X 和 GDDR6 引入了 QDR（四倍數據速率），借助兩路時鐘實現每時鐘週期 4bit 資料的傳輸。

2. 快閃記憶體

現今的商用大容量快閃記憶體以 NAND 快閃記憶體為主。透過將單元串聯在一條位元線和字元線之間，減少了接觸孔的數量，實現了更高的儲存密度。不過此外，其抹寫操作只能選中記憶體中的某區塊進行抹寫。高密度的 NAND 儲存主要採用了三維堆疊（3D NAND）和多電位單元（MLC）兩種技術。

三維堆疊技術可以將儲存單元在垂直方向上也進行堆疊，有效地利用垂直空間成倍地增加儲存密度。早期的 3D 堆疊製程只是將傳統的平面結構在垂直方向上組合，每增加一層堆疊，就要增加與平面製程幾乎一致的工作量。因

此，在三維堆疊技術中，需要探索更新的結構。此後的堆疊方法中，出現了垂直柵和垂直通道兩種方案。在垂直柵結構中，同一字元線上的各個單元柵極相連，並與半導體基底垂直；同一位元線的源漏通道之間串聯，並平行於基底。垂直通道結構中，同一位元線的源漏通道串聯，並垂直於基底。Toshiba 公司於 2009 年發佈的 P-BiCS 結構屬於後者。所有源漏通道圓柱體在基底上豎立置放，形成陣列，每根圓柱為 16 個儲存單元的連接，即對應於 16 層堆疊。在此後，SAMSUNG 公司的 3D V-NAND 等技術也採用了類似的結構。堆疊帶來的好處之一是，相比平面結構，同容量的 3D NAND 可以使用更低的製程，單元之間間距更大，干擾更小。如今，3D 堆疊的層數已經從初期的 16 層發展到了當下主流的 64 層乃至 96 層，128 層堆疊也已經在開發當中。

多電位單元技術能夠讓一個儲存單元儲存 2 個乃至更多 bit。在 1996 年，SAMSUNG 就已經製作出了 128Mb 容量的 MLC NAND 快閃記憶體樣品。在該樣品中，每一浮動閘極電晶體可以被寫入 4 種不同的設定值電壓，由低到高分別代表二進位數字 11、10、01、00，從而實現了在一個儲存單元中儲存多位元資訊。經過 20 餘年的發展，MLC 技術從最初的 2bit/4 種狀態，發展到了 3bit/8 種狀態的 TLC，乃至 4bit/16 種狀態的 QLC。狀態數越來越多，在帶來更高儲存密度的同時，也帶來了一些其他難題。狀態數越多，表示狀態之間的裕度越小，越容易因為寫入、耗損等原因發生電荷變化和設定值電壓的偏移，從而使得儲存內容發生錯誤。同時裕度的減小，也導致氧化層耗損之後，不同狀態之間發生交疊，使得儲存單元失效。狀態數的增加，也增加了寫入和驗證的銷耗，在一定程度上影響了 NAND 快閃記憶體的讀寫速度。

此外，在製作大容量的 NAND 快閃記憶體時，還會使用矽穿孔（TSV）技術等，將多個晶圓疊落，置於同一封裝內。2017 年，Toshiba 公司借助 TSV 技術，將最多 16 片 48 層堆疊的 BiCS 3D NAND 快閃記憶體晶圓疊落並封裝在一個快閃記憶體顆粒中，使得單顆粒的容量多達 1TB。如此大容量的顆粒，表示諸如智慧型手機等內部空間寸土寸金的裝置，也能夠進一步提高儲存容量。

5.2.3 半導體感測器的設計

本節主要關注 MEMS 感測器的設計方法。需要指出，不同種類的 MEMS 晶片，其各自的市場空間並不大，不同種類之間也沒有固定統一的設計流程，更像是每種元件都獨特設計和製造。比起一些已經有了廣泛適用的工程流程的產品門類，某種功能的 MEMS 結構探索往往是從學術界出發，然後產業化成產品。

在 MEMS 設計領域，研究人員面臨著一些特殊的挑戰。其中之一是分析在微小幾何結構中運行的 MEMS 元件之間相互連結的物理現象。微機電系統涉及力學、電學、電子學、流體力學、光學、化學等諸多學科，而且還是一個尚不完整的年輕領域。許多物理現象是未知的或並沒有以科學的方式得到充分解釋。因此，一些在成熟領域廣泛使用的方法，如微分方程，往往更難應用於 MEMS 設計領域。另一個難題是設計的搜索空間如此龐大和複雜，以至於傳統的最佳化方法往往陷入局部最佳，很難在搜索空間中尋找全域最佳設計方案。

設計過程的核心部分通常可以表述為最佳化問題。然而，在 MEMS 的複雜設計空間中，傳統的最佳化演算法很難找到全域最佳解集。因此啟發式搜索方法，特別是進化計算（EC），被廣泛認為是一種替代和有前途的方法。EC 已成功應用於許多工程最佳化應用中。它具有處理複雜多模態搜索區域和不連續設計變數的能力。將為 MEMS 自動化設計領域的合理快速最佳化設計帶來有意義的思考。

MEMS 設計模型被分為 4 個層次：系統層、元件層、物理層和製程層。鍵合圖 -（BG）為動態系統（尤其是混合多域系統）的建模和分析提供了統一的方法。在系統層，結合遺傳演算法和鍵合圖，可以實現 MEMS 元件和電子元件的互動建模和模擬。物理版圖的綜合包括系統層和元件層。在元件層，有一些拓撲成熟的微機電元件可以選用，並根據實際應用場合進行參數微調。在這種過程之後，設計問題就變成了一種公式化的約束最佳化問題，遺傳演算法可以用來求解。

元件層需要具有基本二維結構的布局，包括懸樑等元件。在某些情況下，如果 MEMS 基於表面微加工製程並且不表現出顯著的三維（3D）特性，則該層

的設計將在一個迭代內完成。然而，一般情況下，有必要對 MEMS 進行高效的 3D 建模和分析。從元件和系統的製造細節和功能設計的角度來看，自動掩膜設計和相關的工業過程綜合對於緩解設計困難非常有幫助。

由於 MEMS 設計的複雜特性，很多情況下往往要考慮多個目標。MEMS 的最佳化設計通常可以看作一個多目標最佳化問題。舉例來說，設計曲折諧振器的設計目標包括最小化與諧振頻率目標值的差異和各個方向的足部剛度，同時最小化表面積。

在當前的微機加工條件下，MEMS 製造製程帶來的偏差是不可忽視的。因此 MEMS 產品對製程偏差的敏感度成為了一個重要問題。穩健性的概念因此被引入，以幫助研究在過程中存在重大不確定性時如何提高產品品質。一些研究小組在 MEMS 最佳化設計中嘗試了穩健性設計。

5.2.4 混合訊號電路設計

取樣速率 f_s 與訊號頻寬之比區分了兩類 A/D 轉換器。在奈奎斯特速率 A/D 轉換器中，採樣頻率原則上略高於類比訊號頻寬的兩倍，以允許準確再現原始資料。另一種轉換器稱為「過採樣」轉換器，訊號以奈奎斯特速率的許多倍進行採樣，隨後利用數位濾波去除訊號頻寬之外的雜訊。前者的典型代表是逐次逼近型 A/D 轉換器和 Flash A/D 轉換器，後者的典型代表是 sigma-delta A/D 轉換器。這兩個類需要截然不同的架構和設計技術。5.1.1 節中所展示的車用 MCU 中，分別整合了這兩類不同的 A/D 轉換器。簡單地說，這兩類 A/D 轉換器主要在採樣速率和採樣精度之間做出了權衡。本小節將分別介紹 SAR A/D 轉換器和 sigma-delta A/D 轉換器兩類。

圖 5-49 為逐次逼近 A/D 轉換器的架構。該轉換器由一個比較器、一個 D/A 轉換器 和數位控制邏輯組成。數位控制邏輯的功能是根據比較器的輸出按順序確定每個位元的值。為了說明轉換過程，假設轉換器是單極性的（只能應用一種極性的類比訊號）。轉換週期從對要轉換的類比輸入訊號進行採樣開始。接下來，數位控制電路假定 MSB 為 1，所有其他位元都為零。該數位應用於 D/A 轉換器，D/A 轉換器生成 0.5VREF 的類比對數訊號。然後將其與採樣的類比輸

入進行比較。如果比較器輸出為高電位,則數位控制邏輯使 MSB 為 1;如果比較器輸出為低電位,則數位控制邏輯使 MSB 為 0。這完成了逼近序列的第一步。此時,MSB 的值是已知的。近似過程繼續向 D/A 轉換器再次應用一個數字,其中 MSB 具有其已證明的值,下一個較低位元的「猜測」為 1,所有其他剩餘位元的值為 0。再次,採樣的輸入與應用此數字的 D/A 轉換器輸出進行比較。如果比較器為高,則證明第二位元為 1;如果比較器為低,則第二位元為 0。以這種方式繼續該過程,直到透過逐次逼近確定數字的所有位元。

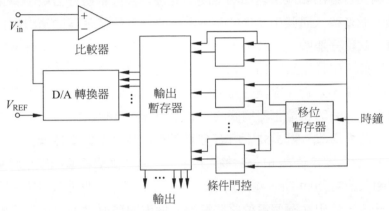

▲ 圖 5-49 逐次逼近 A/D 轉換器的架構

圖 5-50 顯示了逐次逼近序列如何收斂到最接近採樣類比輸入的 D/A 轉換器類比輸出。可以看出,轉為 N 位元字的週期數為 N。還觀察到,隨著 N 的變大,比較器區分幾乎相同訊號的能力必須增加。雙極性類比數位轉換可以透過使用符號位元來選擇 +VREF 或 -VREF 來實現。

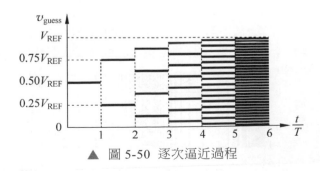

▲ 圖 5-50 逐次逼近過程

delta-sigma A/D 轉換器由兩個主要元件區塊組成，即類比 delta sigma 調變器部分和數位取出器部分，它們通常佔據 A/D 轉換器晶片的大部分面積，並且比調變器部分消耗更多的功率。delta-sigma 調變器的操作可以透過檢查這些調變器中最簡單的來解釋，即圖 5-52 中描繪的一階 delta-sigma 調變器。它由一個積分器和一個位於反饋回路中的粗量化器（通常是兩級量化器）組成。一階名稱源於這樣一個事實，即電路中只有一個積分器，位於前饋路徑中。對於兩級量化器的情況，圖 5-51 中的 A/D 轉換器和 D/A 轉換器分別簡化為一個簡單的比較器以及調變器輸出和減法器節點之間的直接連接。當積分器輸出為正時，量化器回饋一個從輸入訊號中減去的正參考訊號，以使積分器的輸出向負方向移動。同理，當積分器輸出為負時，量化器回饋負參考訊號，該訊號增加到輸入訊號中。因此，積分器累積輸入訊號和量化輸出訊號之間的差異，並試圖將積分器輸出保持在零附近。零積分器輸出表示輸入訊號和量化輸出之間的差異為零。事實上，積分器和量化器周圍的回饋迫使量化器輸出的局部平均值跟隨輸入訊號的局部平均值。圖 5-52 演示了正弦波輸入訊號的調變器操作。正弦波的幅度為 0.9，量化器電位為 61。當輸入接近 0.9 時，調變器輸出以正脈衝為主。此外，當輸入約為 20.9 時，輸出幾乎沒有正脈衝。它主要由負脈衝組成。對於零附近的輸入，輸出在兩個電位之間振盪。輸出的局部平均值可以透過取出器有效地計算。

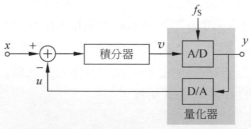

▲ 圖 5-51 一階 delta-sigma 調變器

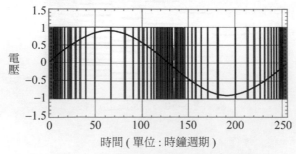

▲ 圖 5-52 正弦波輸入的一階調變器輸出

5.2.5 電源管理晶片的設計

電源管理晶片中的核心元件是開關電源（SMPS）和低壓差線性穩壓器（LDO），它們被用於從供電到輸出的降壓轉換。其示意圖如圖 5-53 所示。

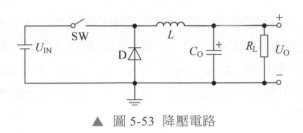

▲ 圖 5-53 降壓電路

依電路結構的不同，開關電源可以將輸入的直流電轉為電壓更低的直流電，或是電壓更高的直流電，這裡以 DC-DC 降壓轉換（Buck 電路）為例介紹開關電源的一種原理。

此處假設開關 SW 以較高的頻率進行週期性的斷開和導通。在開關由斷開到導通的瞬間，二極體截止，輸入端對電感和電容進行充電，由於電感上感應出的電勢，負載上分到的電壓逐漸增加，假如開關導通的時間足夠長，則電容上的電壓最終會與輸入電壓一致。但在此之前，開關斷開，電感感應出的電勢為負載供電，並經過二極體形成迴路。隨著時間的增加，電感上的能量逐漸被消耗，負載上的電壓逐漸下降，同樣地，假如這一階段持續得足夠長，負載上的電壓最終將降為 0。由此，開關不斷地交替斷開和導通，可以使得負載上的電壓在某個範圍內週期性波動。可以證明，在理想元件的條件下，開關每次導通的時間佔開關週期的比例，即工作週期比，決定了輸出端的平均電壓。

在實際的電路設計中，開關一般由電晶體代替，由柵極電壓控制電晶體導通以實現開關功能。這一電壓訊號可以透過回饋的方式實現：透過採樣電阻獲取輸出電壓，使用放大器與參考電壓進行比較，所得到的誤差電壓被輸入到脈寬調變器（PWM），另一輸入為鋸齒波，由此，PWM 可以輸出矩形波脈衝，能夠用以控制電晶體的導通。此外，這一過程也可以被證明是負反饋，輸出電壓趨於穩定，並可以由採樣電壓控制。

這一方式相比於電阻分壓等方案的線性調整器具有更高的效率。在使用理想元件的前提下，開關電源的損耗幾乎為 0，而線性調整器仍然有功率損耗。在實際應用中，開關電源的二極體和電晶體會產生導通損耗，電感磁芯上會產生渦流等損耗，儘管如此，開關電源仍然能達到非常高的轉換效率。

儘管如此，開關電源的輸出依然具有週期性的波動，這被稱為紋波。為了減小紋波，獲得更加純淨的直流電，一種較好的解決方式是在開關電源的輸出端使用低壓差線性穩壓器（Low Dropout Regulator，LDO Regulator）進行處理。圖 5-54 展示了使用 PMOS 的 LDO 穩壓器的基本結構。放大器對輸出端進行電壓採樣，與參考電壓比較，並驅動 PMOS 柵極，降低柵極電壓，減小 PMOS 源漏電阻，並實現穩壓。PMOS 上較低的壓降也使得該電路具有較小的功耗。

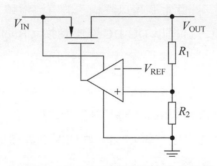

▲ 圖 5-54 LDO 穩壓器的基本結構

5.2.6 功率半導體元件的設計

功率半導體元件與本章中各類數位、類比積體電路的設計過程完全不同。功率半導體元件的設計通常只關注個數有限的元件。每個元件的尺寸相較積體電路中的元件大了許多，很多在大型積體電路中忽略的、線性化近似的物理現象變得顯著甚至佔據主導。比起積體電路設計關注電訊號的傳遞，功率半導體元件的設計倒不如說是設計一個物理模型。

功率半導體的設計流程和 MEMS 感測器有相通之處，兩者借助的電學分析工具也有重合。

功率半導體的設計也從確立指標開始，確定好基本的電路和物理結構之後，這些指標被工程師轉為一些具體的電學、熱學的量化參數。TCAD 是一種工程電腦輔助工具，可以對半導體元件及其製造過程進行基於物理的建模。由於出色的預測能力，半導體製程和裝置工程師使用 TCAD 進行虛擬原型設計和裝置最佳化，以減少製程實驗的次數，從而降低開發成本。現代 TCAD 套件由多種工具編譯，通常包括元件設計、製程模擬和元件模擬。

元件建模和製程模擬是不斷迭代的兩個過程，元件建模的結果指導製造製程的目標，製程模擬的結果再匯入元件模擬來驗證其電學性能是否達到最初的設計指標。

直到元件和製程的模擬有了初步確定的結果之後，就可以把「實驗設計」（Design of Experiment，DOE）拿到製造廠進行一系列的製造。舉例來說，某次模擬結果告知柵極的寬度設置為 155nm，在 DOE 中可以設置一系列寬度分別為 140~170nm 的梯度。

DOE 的製造完成後，根據測試結果，可以在梯度中選取一個範圍內更小的區域進行下一次 DOE。同時可能也會有一些沒有滿足設計要求的設計點需要返回到 TCAD 模擬中重新設計。

在這一不斷迭代中，最終達到最初的設計要求。

5.3 電子設計自動化（EDA）工具

積體電路主要可以分為數位積體電路和類比積體電路兩類，它們的設計流程存在一定的差別，但整體上遵循「電原理→版圖→晶片」的流程。

5.3.1 數位電路

在完成對於數位電路的功能和行為的定義與設計後，就需要透過硬體描述語言等方式對電路進行建模。相比於一般的程式語言，硬體描述語言（Hardware Descrpition Language，HDL）需要能夠描述許多並行運轉的最小邏輯門結構，

同時也必須擁有時序的概念。HDL 既需要對人而言的可讀性，又要能夠被電腦辨識，支援後續的驗證、綜合、測試等設計流程。

　　常用的 HDL 包括 Verilog HDL 和 VHDL 等。建模的第一步就是使用這些語言，用若干暫存器、組合邏輯裝置和它們之間的傳輸關係描述出硬體的行為，也就是所謂的 RTL 模型。此外，Verilog 等語言也提供一些無法直接對應到硬體的語法，能夠更方便地描述出硬體的功能與行為，使用了這些語法的設計被稱為行為級設計。圖 5-55 是一個實現常見循環計數器電路的 Verilog 程式部分和它所描述的電路原理圖。使用 HDL 完成硬體描述後，可以使用相應的程式對其進行編譯，並輸入測試激勵進行行為級的模擬。在這一階段，驗證的僅是理想狀態下電路的功能是否正確，並不包含與實際硬體相關的時序、延遲、具體電路版圖等資訊。以 Verilog 為例，常用的工具包括 Mentor Graphics 公司的 ModelSim、Xilinx 公司的 Vivado、Synopsys 公司的 VCS、開放原始碼的 Icarus Verilog 等。圖 5-56 就是一個使用 GTKWave 工具透過觀察模擬波形判斷電路功能是否正確的例子。

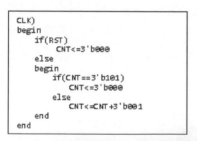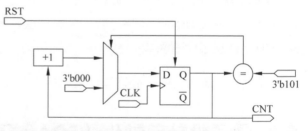

▲ 圖 5-55 0~5 循環計數器的 Verilog 描述（局部）與對應硬體

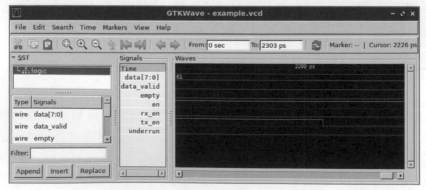

▲ 圖 5-56 使用 Icarus Verilog 模擬並用 GTKWave 觀察波形

邏輯電路的綜合能夠將電路從 RTL 模型轉為由邏輯門和觸發器組成的網路表。各類綜合工具能夠自動化地快速處理複雜的數位電路設計。簡略而言，綜合過程分為兩步：第一步是將 HDL 描述的設計轉為由通用邏輯門組成的網路表，第二步則是使用指定的標準單元庫將這些邏輯門轉為某一特定製程下的邏輯門。標準單元庫因各個代工廠的製程而異，一般包含有標準單元的行為模型、時序模型、物理模型（功耗、尺寸等）。此外，FPGA 導向的綜合工具不僅會將 HDL 描述轉為 FPGA 可實現的邏輯門網路表，也能夠辨識設計中使用的 FPGA 資源（如記憶體、DSP 等模組）。主流的綜合工具有 Synopsys 公司的 Design Compiler、Cadence 公司的 Genus Synthesis Solution 等，FPGA 導向的工具則有 Intel/Altera 的 Quartus、Xilinx 的 Vivado 等。綜合過程中，綜合工具會對網路表進行最佳化，舉例來說，去除和精簡容錯的邏輯、辨識暫存器和標準設計單元等，此外也有 Lint 工具用於檢查 HDL 描述的可綜合性。在綜合工具中可以設定延遲、功耗、面積等方面的約束條件，綜合工具則依照這些條件選取不同尺寸的標準單元，以盡可能滿足要求。綜合工具也會採用靜態時序分析等方法計算不同路徑的延遲，檢查和修復設計中的時序違例問題與訊號完整性。這些綜合工具往往使用指令稿或圖形介面接收設計者的輸入，然後向設計者回饋設計結果。圖 5-57 是一個用於 Design Compiler 的指令稿部分。常用的靜態時序分析和訊號完整性檢查工具有 Synopsys 的 PrimeTime 等。時序分析的結果也可以被反標回先前的 HDL 描述中，於是先前的 Vcrilog 工具也能夠用於設計的後模擬。

```
current_design top                      # 設定要綜合的設計
set_units -time 1000.0ps                # 設定時間精度
set_units -capacitance 1000.0fF         # 設定電容精度
set_clock_gating_check -setup 0.0       # 門控時鐘的建立時間要求
create_clock -name "clk" -add -period 7.0 -waveform {0.0 3.5} 〔get_ports clk〕
                                        # 設定時鐘週期為 7ns，工作週期比為 50%
set_input_delay -clock 〔get_clocks clk〕 -add_delay 0.3 〔get_ports clk〕
                                        # 設置時鐘輸入延遲 0.3ns
```

▲ 圖 5-57 包含約束條件的 Design Compiler 綜合指令稿（部分）

形式驗證工具能夠讀取 RTL 設計和閘級網路表，並驗證它們之間的等價性，以確定綜合生成的電路在功能上與 RTL 設計完全一致。在每次綜合時，都應當使用這些工具驗證綜合的正確性。此類工具有 Synopsys 公司的 Formality、Cadence 公司的 Conformal 等。

　　綜合完成後，數位電路的設計進入了物理設計階段，這包含了時鐘樹綜合、布局佈線、電源佈線等多個步驟。這一階段常常需要最佳化放置並連接數以百萬計的電晶體，屬於計算密集型過程，一般使用高性能的工作站進行。常用的工具有 Synopsys 公司的 IC Compiler、Cadence 公司的 SoC encounter 等。圖 5-58 是一個經由這些工具完成設計的小型數位積體電路的版圖全貌。對於物理設計的檢查包括了 DRC 和 LVS 兩方面。前者用於檢查版圖圖形的尺寸和間距是否滿足代工廠的製造要求，後者則檢查版圖與先前的設計是否一致。常用的 DRC 工具有 Mentor Graphics 的 Calibre 等。圖 5-59 是 LVS 檢查透過後的常見介面。

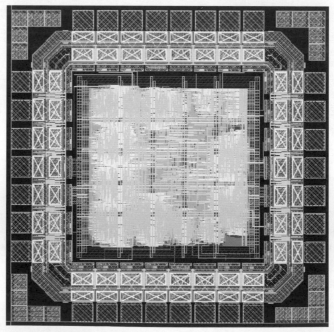

▲ 圖 5-58　使用 IC Compiler 完成的版圖

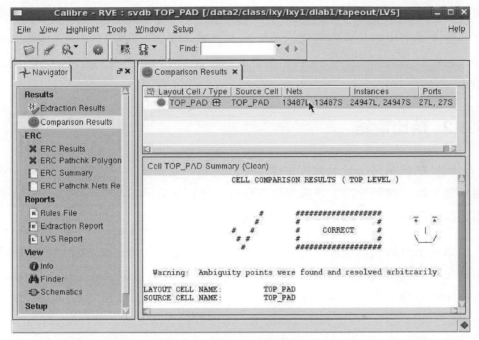

▲ 圖 5-59 LVS 檢查透過後的常見介面

　　此外，在設計過程中，為便於對晶片產品進行測試，還需要插入掃描鏈等可測試結構，增加電路內部的可觀測性。這一步被稱為可測性設計（Design for Test），它還包括了內建自測試（Built-in Self Test）等技術。晶片產品測試時使用的激勵和正確輸出也會由自動測試向量生成（Automatic Test Pattern Generation）工具提供。測試向量需要針對電路的結構進行生成，使得晶片產品中的盡可能多的各種電路錯誤均能被盡可能少的測試向量檢出，即較高的錯誤覆蓋率。在 DFT、ATPG 這些領域常用的工具有 Synopsys 的 DFT Compiler、TetraMAX，以及 MentorGraphics 的 Tessent 等。

　　隨著電路複雜度的不斷上升，在傳統的數位電路設計流程之外，人們也開始使用更高的抽象層次對電路進行建模，舉例來說，透過 C/C++、System C 等語言描述電路行為，再由專門的高層次綜合（High Level Synthesis，HLS）工具綜合形成電路的 RTL 描述。如西門子 /Mentor 的 Catapult HLS、Xilinx 的 Vivado HLS 等工具，都可以實現將使用 C++/System C 等語言的高層次電路建

模轉為使用 Verilog/VHDL 等語言的 RTL 描述。另外，也有一些在其他高階語言基礎上開發出用於電路描述的函數庫，利用高階語言的物件導向、函數式等程式設計特性提高電路設計效率的嘗試，如基於 Scala 語言的 Chisel 和 Spinal HDL。

5.3.2 類比電路

類比積體電路的設計流程包括了系統定義、電路設計、電路類比模擬、版圖實現、版圖物理驗證、參數提取後模擬等階段。這一設計流程在電路設計描述、電路模擬與版圖實現等階段上與數位電路存在差異。

類比電路的設計描述主要採用網路表的方式實現，網路表中定義了各個元件的尺寸、功能特性等元件參數，以及元件之間的連接關係。Spice 是積體電路類比的基礎，它能夠在電路層級上分析電阻、電容、電感、獨立或受控的電壓 / 電流源等元件，對每個節點的電壓、電流關係進行求解，進行精確的類比計算。目前較為成熟的商業應用包括了 Cadence 公司的 Spectre、Synopsys 公司的 Hspice 等。此外，為滿足類比精度要求，還需要獲得呼叫精確的電晶體電腦模型，目前常用的電腦模型為不同等級和版本的 BSIM 模型，它能夠透過數十個參數在一定範圍內極佳地反映 MOS 電晶體的電學特性。

在版圖實現方面，類比電路通常以全訂製的方法進行手工版圖設計，在設計版圖的過程中還要考慮到串擾、寄生效應、匹配性等影響電路性能的因素，即使有 EDA 工具的輔助，也依然難以做到面面俱到。類比電路版圖實現最主要的工具是 Cadence 公司的 Virtuoso Layout Editor，它支持原理圖驅動版圖、物理或電氣約束驅動版圖等功能，實現輔助或自動實現全訂製版圖，並能夠與原理圖設計、物理驗證等設計環節的 EDA 工具無縫銜接。

此後的版圖物理驗證、後模擬等階段與數位電路中的流程相近，故此處不再贅述。

5.3.3 半導體元件

圖 5-60 以圖解方式描述了 TCAD 套件的典型範例，它由以下元素組成。

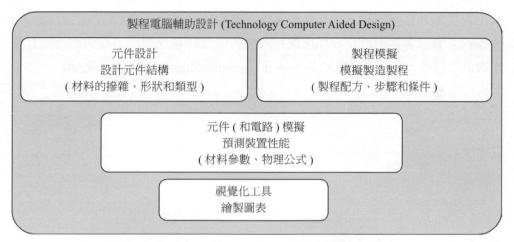

▲ 圖 5-60　TCAD 套件的典型範例

1. 元件設計工具

　　元件設計工具允許透過使用指令碼語言或圖形化使用者介面快速建立裝置結構，而無須了解製程配方。 在這個階段，定義了元件的幾何形狀、材料和摻雜分佈以及區域的濃度。商業工具包括 Synopsys Sentaurus Structure Editor 和 SilvacoDevEdit。 這些工具允許裝置設計人員參數化裝置方面和特性，以最佳化他們的設計或評估性能對問題參數的依賴性。

2. 製程模擬工具

　　製程模擬工具允許裝置的虛擬製造以及製造步驟和條件的模擬。這些工具通常使用指令碼語言並需要了解流程配方。這些工具允許製程工程師微調他們的配方，並分析每個製程步驟和條件對最終元件結構的影響。商業工具包括 Synopsys Sentaurus Process 和 Silvaco Athena。

3. 元件模擬工具

　　元件模擬工具能夠模擬元件的電氣、熱、光學特性和性能,還可以描述在實際應用中圍繞元件的電路。因此,元件模擬工具通常也具有 SPICE 功能。這些工具透過執行有限元分析和求解基本半導體物理方程式來預測元件性能。元件模擬工具能夠建模製作元件所使用的材料,包括包含物理方程式和等效材料參數的資料庫。商業工具包括 Synopsys Sentaurus Device 和 Silvaco Atlas。

第 **6** 章

車載晶片功能安全設計

6.1　車輛功能安全

　　安全是關係到道路車輛發展的關鍵問題之一，功能安全特性的研發是每個汽車產業產品開發階段中不可缺少的一部分，包括規格訂定、設計、實現、整合、驗證、確認以及產品上市等階段。車輛功能的開發和集成度的增加附帶著系統故障和隨機硬體故障風險的逐漸上升，對車輛功能安全帶來更大的挑戰。為了避免這些風險，ISO 26262 系列標準包括其指南都提供了具有可行性的要求和驗證流程。為車輛的各部分設立功能安全目標，在開發過程中，驗證並確保這些目標都得到滿足是車輛功能安全的基礎。

IEC 61508 是由國際電子電機委員會於 2000 年 5 月正式發佈的電氣和電子元件產業相關標準，為滿足道路車輛中的電氣 / 電子系統的特殊需求，在此標準上進行了改進，提出了其子標準 ISO 26262。ISO 26262 與 IEC 61508 均是以風險為基礎的安全標準，會針對有危害操作情形的風險進行定性評估，並且定義安全對策來避免或控制系統性失效，偵測或控制隨機性的硬體失效，並減少其影響。

ISO 26262 適用於由電氣、電子和軟體元件組成的安全相關系統的安全生命週期中的所有活動[1]。ISO 26262 為實現車輛功能安全提供了以下支援。

（1）為車輛安全生命週期的各階段提供參考以及對特定活動提供支援。

（2）提供針對車用、以風險為基礎的風險確認方式（車輛安全完整性等級，ASIL）。

（3）使用 ASIL 確定 ISO 26262 的哪些要求可適用於避免不合理的殘餘風險。

（4）對功能安全管理、設計、實施、驗證、確認和確認措施提出要求。

（5）對客戶和供應商之間的關係提出要求。

車輛功能安全的實現受到開發過程（包括需求規範、設計、實現、整合、驗證和設定等活動）、生產過程、服務過程和管理過程的影響。以功能為導向和以品質為導向的活動與產品都涉及安全相關需求，ISO 26262 系列標準為其提供了具體參考和要求。

ISO 26262: 2018 包含 12 章，其中第 1~9 章和第 12 章為安全規範，第 10 章和第 11 章為指南，各章內容分別如下。

（1）ISO 26262-1：名詞解釋。

（2）ISO 26262-2：功能安全管理。

（3）ISO 26262-3：概念階段。

（4）ISO 26262-4：產品開發——系統層級。

（5）ISO 26262-5：產品開發——硬體層級。

（6）ISO 26262-6：產品開發——軟體層級。

（7）ISO 26262-7：生產、運行、維護和退役。

（8）ISO 26262-8：支持過程（Supporting processes）。

（9）ISO 26262-9：基於 ASIL 和安全的分析。

（10）ISO 26262-10：ISO 26262 指南（Guideline on ISO 26262）。

（11）ISO 26262-11：將 ISO 26262 應用在半導體上的指南。

（12）ISO 26262-12：摩托車上的應用。

6.1.1　各主要國家的功能安全標準

ISO 26262 標準最初是由歐洲整車廠推動成立，繼 ISO 26262 國際標準推出以後，中國結合國情，對 ISO 26262 進行修改改編，推出了國標 GB/T 34590—2017《道路車輛 功能安全》，該項標準針對汽車電子電氣安全相關系統，為降低車輛電控系統因故障而導致車輛失控、人員傷亡等事故的風險，提出了電控系統在全生命週期（設計、開發、生產、運行、拆解）內的功能安全要求，可有效地降低由於汽車電子電氣系統的隨機硬體失效和系統性失效所帶來的風險，確保車輛和乘客的道路交通安全。該系列標準在中國汽車產業獲得了廣泛且深入的應用，對於提升中國傳統汽車、新能源汽車、自動駕駛汽車整車及電控產品的安全性和產業技術管理水準具有重要的指導意義。

2020 年，由國家市場監督管理總局、國家標準化管理委員會頒發，中國汽車技術研究中心有限公司牽頭制定的國家標準 GB/T 34590—2017（《道路車輛 功能安全》，共 10 部分）獲中國標準創新貢獻獎三等獎。

此外，歐盟也根據國際標準 ISO 26262 進行改編，推出了歐盟標準 BS-ISO 26262。目前，美國、日本、韓國、中國都在跟進這一標準。

ISO 26262 標準受到了中國整車、零件企業的高度重視，各企業積極引入該項標準，在企業技術研發和流程系統上提出了功能安全的要求。滿足功能安全要求已成為保證汽車電控系統和整車安全運行的產業共識。當前國際主流 OEM，如寶馬、賓士、通用、福斯等，以及中國主流 OEM，如長城、上汽、吉利、比亞迪等都已對重要控制系統提出了功能安全開發要求，並將供應商的功能安全開發能力和產品功能安全能力作為供應鏈認證的準則之一。

6.1.2　安全管理生命週期

ISO 26262 提出了安全生命週期的概念，該週期包括了概念階段、產品開發、生產、營運、服務和報廢階段的主要安全活動。安全管理的主要任務是計畫、協調和追蹤整個生命週期中與功能安全有關的活動，並對開發過程和產物進行評估和確認。

與安全生命週期相關的管理活動如圖 6-1 所示。

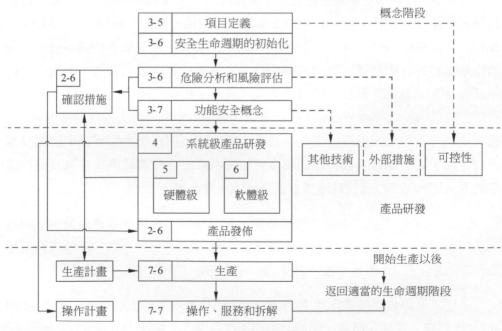

▲ 圖 6-1　與安全生命週期相關的管理活動

（1）專案定義：作為安全生命週期的初始任務，專案定義階段主要對產品的功能、介面、環境條件、法律要求、已知危害等進行描述。專案的邊界條件及其介面，以及關於其他專案、元件或外部措施的假設都在此階段被確定。

（2）安全生命週期的初始化：根據專案定義階段的描述，本階段區分該專案是研發新產品，還是對既有產品進行更改。

（3）危險分析和風險評估：危險分析和風險評估階段首先對該專案的暴露率、可控性和危害事件的嚴重程度進行評估，這些參數共同決定了危險事件的 ASIL。隨後，為該專案確定安全目標，作為該專案的最高安全要求，隨後，為該專案確定安全目標，作為該專案的最高安全要求，為危險事件確定的 ASIL 被確定為其安全目標。ASIL 中涉及的各項人類行為（包括可控性和人類反應）、功能安全概念、技術安全概念和技術假設等都是經過驗證的。

（4）功能安全概念：基於安全目標，以及考慮到初步的系統結構假設，開發了功能安全概念。功能安全概念指透過從安全目標中得出具體的功能安全需求，並將這些功能安全需求分配到各個子系統或元件中。功能安全概念還可能包括其他技術或依賴外部措施。這些情況下，相應的假設或預期行為是需要經過驗證的。

要理解功能安全的概念，需要重點理解以下概念。

① 功能異常：指系統的表現與設計預期不相符或無法實現功能，即系統失效，非預期表現或失效一般由系統故障導致的錯誤引起。

② 危害：傷害事件的潛在來源，由相關項的功能異常引起。

③ 傷害：使人的心理或身體等方面受到損傷。

④ 風險：傷害事件發生的機率及其嚴重度的組合。

（5）系統級產品研發：功能安全概念明確後，將對專案進行系統級產品研發。系統開發過程基於 V 型模型的概念，左側是技術安全要求、系統系統結構、系統設計和實施的規範，右側是整合、驗證和安全驗證。本階段規定了軟體層和硬體層之間的介面，硬體元件和軟體元件之間的介面在後續的硬體和軟體開

發過程中更新。此外,系統開發包括其他安全生命週期階段內發生的活動的安全驗證任務,包括與 ASIL 分類相關的技術假設、驗證有關人類行為的假設,包括可控性和人類反應、透過其他技術實現的功能安全概念的各方面以及關於外部措施的有效性和性能假設的驗證。

理解系統級產品研發,需要關注以下概念。

① 技術安全要求:該要求綜合考慮專案定義和系統系統結構設計,並解決潛在故障檢測、故障避免、安全完整性以及操作和服務方面的問題,規定了功能安全要求在各個層級的技術實現。

② 技術安全概念:是技術安全要求和相應的系統系統結構設計的集合。

③ 系統系統結構設計:系統系統結構設計是由技術系統實施的選定系統級解決方案。系統系統結構設計旨在滿足分配的技術安全要求和非安全要求。

(6)硬體級產品研發:在系統級產品研發的基礎上,硬體開發過程基於 V型模型的概念,左側是硬體需求說明書和硬體的設計與實現,右側是硬體的整合與驗證。

(7)軟體級產品研發:在系統級產品研發的基礎上,軟體開發過程基於 V型模型的概念,左側是軟體需求說明書和軟體系統結構的設計與實現,右側是軟體的整合與驗證。

(8)生產、操作計畫:包括生產和操作計畫以及相關的需求規範等。

(9)產品發佈:產品研發的最後一個子階段。

(10)產品的操作、服務和拆解:該階段的規劃和相關要求的規範從系統級產品研發開始,並與系統級產品研發、硬體和軟體產品的研發並行進行。該階段強調的流程、方法和說明用於確保專案安全生命週期(生產、運行、服務和拆解)的功能安全。

(11)可控性:在危險分析和風險評估中,可以對駕駛人或其他處於危險中的人員(如行人、自行車手、乘車人、其他車輛的駕駛人)避免特定傷害的能

力進行評分，這可能需要外部措施的支援。危險分析和風險評估中，關於可控性的假設是經過驗證的。

（12）外部措施：外部措施是指專案邊界以外的措施，這些措施可減少或減輕專案故障行為造成的潛在危險。外部措施可以包括額外的車內裝置，如動態穩定性控制器或防爆輪胎，也可以包括車輛外部裝置，如防撞護欄或隧道消防系統。專案定義、危險分析和風險評估以及功能和技術安全概念階段中有關外部措施的假設是經過驗證的。在危險分析和風險評估階段中可以考慮外部措施，但如果在該階段考慮了外部措施帶來的風險降低，則在功能安全概念階段不能重複考慮。

（13）其他技術：其他技術是指不在 ISO 26262 範圍之內的非 E/E 技術，如機械和液壓技術。這些都要在功能安全概念的規範中或在制定安全要求時加以考慮。其他技術（如機械和液壓技術）指非電氣電子技術的技術，可以在安全要求細化分配時考慮，或作為外部措施。換句話說，由其他技術實現的元件可以在專案中實現，也可以指定為外部措施。

6.1.3 ASIL

危險分析和風險評估階段確定了危險事件的 ASIL（Automotive Safety Integrity Level，汽車安全完整性等級），並為車輛的各種系統和子系統根據危險事件的 ASIL 確立了安全目標，從低到高依次為 ASIL A、B、C、D。

舉例來說，在車輛行駛過程中，轉向控制系統在發生故障時具有很高的受傷風險，屬於高度安全關鍵的 ASIL D；資訊娛樂系統（如收音機或視訊播放機）的元件故障不會對任何人造成嚴重傷害，屬於 ASIL A；電池管理系統的 ASIL 目標隨著車輛運行條件的變化而變化，電池管理系統在低速行駛（低於 10km/h）時出現故障，可能不會像高速行駛時出現同樣的故障那樣嚴重，高速行駛時引擎過熱和可能發生火災的安全後果將非常嚴重。

車輛出現功能故障並不一定會釀成傷亡事件，而是需要結合特定的駕駛場景，以汽車雨刷器為例，當雨刷器功能失效時，如果車輛在晴天行駛，則該功能故障並不會造成不利影響；但如果在雨天且車輛行駛在路況較為複雜的交通

場景中，則很容易因為駕駛人視線不清而發生交通事故，引起傷害事件。所以在分析車輛功能故障時，需要結合具體的駕駛場景，辨識此故障能夠引起危險事件的駕駛場景，舉例來說，車輛的行駛速度：極低速、低速、中速或高速等；天氣情況：雨天、大風天、雪天等；路面條件：平坦或泥濘、乾燥或濕滑等；車輛狀態：直行、轉彎、上坡、下坡、加速、減速等；交通狀況：擁堵、順暢等。

由上所述，並不是所有的事件都是危險事件，同時滿足以下兩個元素的事件才被看作危險事件：一是車輛出現功能故障；二是該功能故障在當前的駕駛場景可能發生危險。危險事件確定後，需要確定該事件的嚴重度（Severity）、暴露率（Exposure）和可控性（Controllability）等級，根據這 3 個因數的等級來對危險事件的風險等級進行評估，以確定 ASIL。

為了描述嚴重度，使用到了 AIS 殘損分級。AIS 代表了受傷害的嚴重程度的分類，由汽車醫學發展協會（AAAM）發佈，作為國際通用的嚴重比較準則，量表分為 7 個等級。AIS0 代表不造成傷害。AIS1~AIS6 的傷害程度依次增加，AIS1 代表輕傷，如皮膚表層傷口、肌肉疼痛等；AIS2 代表輕微的傷害，如深度皮肉傷、腦震盪長達 15min 的無意識狀態等；AIS3 代表嚴重但不危及生命的傷害；AIS4 代表有生命威脅且大機率存活的嚴重傷害；AIS5 代表有生命威脅以及不確定能否存活的危險傷害；AIS6 代表極其嚴重或致命的損傷。根據造成 AIS 殘損等級的機率將危險事件的嚴重程度劃分為 S0、S1、S2 和 S3。

S0：危險事件造成的受傷嚴重程度為 AIS（無傷害）或造成 AIS1~6 等級的傷害的機率低於 10%，如撞上路邊的基礎設施、撞倒路邊的柱子、到車燈、進入 / 離開泊車位時發生的危險事件等。

S3：危險事件造成殘損分級 ASI5~6 的傷害的機率高於 10%，如載客車以中等速度撞上樹，或以中等速度與另一輛車前 / 後相撞等。

S2：危險事件造成殘損分級 ASI3~6 的傷害的機率高於 10%（嚴重程度低於 S3），如載客車低速撞樹或與另一輛載客車發生前 / 後碰撞等。

S1：危險事件造成殘損分級 ASI1~6 的傷害的機率高於 10%（嚴重程度低於 S2），如載客車以很低的速度撞樹或與另一輛載客車發生前 / 後碰撞等。

對暴露率的估計需要評估造成危害發生的環境因素的相關情況，需要評估的情形包括廣泛的駕駛或操作場景。暴露率由低到高可劃分為 5 個等級：E0（最低暴露等級）、E1、E2、E3 和 E4（最高暴露等級），E0 代表地震、天災等不尋常情況，在分析中一般不予考慮，E1、E2、E3 和 E4 等級是根據場景的持續時間或出現頻率分配衡量人員暴露在該場景中的機率等級。暴露率（E）可以採用兩種方法進行估計：一是基於一種情況的持續時間，暴露率通常是根據所考慮的情況的持續時間與總操作時間（如點火時間）的比例估計的；二是基於遇到這種情況的頻率，對於某些場景使用相關駕駛情況發生的頻率來確定暴露率更為合適，如預先存在的電子電氣系統故障在情況發生後的短時間內便會導致危險事件。

　　為了確定給定危險的可控性等級，對駕駛人或其他相關人員的應對行為能夠避免傷害發生的機率進行了估計。這種機率估計包括考慮如果發生危險，駕駛人能夠持續或重新控制車輛的可能性，或附近的人員透過他們的行動使得危險得以避免的可能性。這一考慮是基於對危險情景中所涉及的個人為保持或重新控制局勢而採取的必要控制行動的假設。

　　嚴重度、暴露率和可控性的分類如表 6-1 所示。

▼ 表 6-1　嚴重度、暴露率和可控性的分類

嚴重度		暴露率		可控性	
S0	無傷害	E1	很低的機率	C0	完全可控
S1	輕度和中度傷害	E2	低機率（1%）	C1	簡單可控 （>99% 駕駛人）
S2	重度傷害 （有生還可能）	E3	中度機率 （1%-10%）	C2	一般可控 （>90% 駕駛人）
S3	致命傷害	E4	高機率（>10%）	C3	很難控制 （<90% 駕駛人）

　　如表 6-2 所示，根據嚴重度、暴露率和可控性的等級，確定每個危險事件的 ASIL，品質管制（QM）表示不需要遵守 ISO 26262 的規定，但相應的危險事件

仍可能會對安全產生影響，在這種情況下，可以透過制定安全要求規避危險，品質管制等級表明按照品質管制系統開發系統或功能足以管理該等級的風險。

▼ 表 6-2　ASIL 的確定

嚴重度	暴露率	可控性		
		C1	C2	C3
S1	E1	QM	QM	QM
	E2	QM	QM	QM
	E3	QM	QM	A
	E4	QM	A	B
S2	E1	QM	QM	QM
	E2	QM	QM	A
	E3	QM	A	B
	E4	A	B	C
S3	E1	QM	QM	A[a]
	E2	QM	A	B
	E3	A	B	C
	E4	B	C	D

　　下面以車輛的遠光燈系統為例，介紹如何透過確定 S、E、C 三個因數來確定 ASIL。

　　根據中國道路交通安全法規定：在走山路或野外等道路時，為了避免發生意外，要在夜幕降臨後提前開啟遠光燈。如果遠光燈系統發生故障導致遠光燈不能按照預期打開，在表 6-3 中，我們考慮的駕駛場景是駕駛人駕駛車輛在夜晚的山路上行駛，駕駛人可以透過減速、靠邊停車或鳴喇叭提醒前後方來車等操作規避危險，因此具備一定可控性，確定可控性等級為 C2；如果前後方來車未能成功避讓，發生的交通事故嚴重可致命，鑑於要確定系統的最高 ASIL 安全目標，此處應選擇最高可能的傷害嚴重程度等級 S3；　假設駕駛場景的持續時間佔

據車輛行駛壽命的 10% 以上，可確定暴露率等級 E4，透過查詢表 6-2，可以確定遠光燈系統的 ASIL 目標為：防止遠光燈開關失效，ASIL 為 C。

▼ 表 6-3 EPB 風險評估

危害	遠光燈系統不能按照預期打開	
駕駛場景	車在夜晚的山路上行駛	
可控性	分類說明	駕駛人在車上，具備可控性
	分類值	C2
嚴重度	分類說明	可能導致前後方來車避讓不及釀成事故
	分類值	S3
暴露率	分類說明	駕駛場景佔車整個行駛壽命的比例 >10%
	分類值	E4
ASIL	C	

6.1.4 功能安全要求

功能安全概念的目標包括以下幾點。

（1）根據危險分析和風險評估階段得到的安全目標，明確產品的功能性行為。

（2）根據安全目標，制定適當、即時監測和控制相關故障的約束條件。

（3）指定專案級策略或措施，以實現所需的容錯能力，或透過專案本身、駕駛人或外部措施充分減輕相關故障的影響。

（4）將功能安全要求分配給系統系統結構設計或外部措施。

（5）驗證功能安全概念，並指定安全驗證標準。

為了符合安全目標（ASIL），功能安全概念包括含安全機制等在內的安全措施，安全措施在專案的系統結構元件中實現，並在功能安全要求中詳細說明，

功能安全要求是為了滿足所需的功能安全等級對系統、子系統或元件在功能安全方面的要求。

圖 6-2 所示為安全目標和功能安全需求的層次結構：首先透過危險分析和風險評估確認專案的安全目標，將安全目標作為安全需求的最高層次，從專案安全目標層面開始進行 ASIL 的繼承和衍生；其次，為子系統分別分配安全目標，指定 ASIL，安全要求應分配給能夠實現這些要求的子系統或元件； 再依據子系統的安全目標，為更下層的子系統或元件分配安全目標。透過這種方法，安全目標是由危險分析和風險評估的結果確定的，然後，功能安全需求從安全目標中衍生出來，並分配給系統系統結構設計。

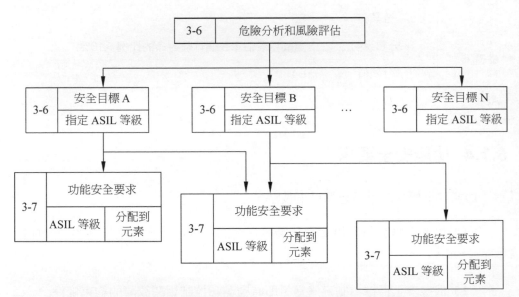

▲ 圖 6-2 安全目標和功能安全要求的層次結構

6.1.5 功能安全性和可靠性的區別與聯繫

3.1 節中描述了「可靠性」相關的概念以及設計方法，本章描述了功能安全性的概念和設計方法，在此，對功能安全性與可靠性之間的區別與聯繫進行簡單總結。可靠性和功能安全性之間的關係並沒有定論，可靠性與功能安全性之間並沒有明確的界限和區別，絕大部分系統都必須同時具備功能安全性和可靠

性，然而，可靠性和功能安全性對系統的要求可能會有很大的不同，而且如果考慮總成本固定——可靠性和功能安全性的實現程度常常是互斥的。

理論上，功能安全性是指在系統運行過程中不發生災難性事故的機率，功能安全偏重於檢測潛在的危險，並採用自動保護機制或糾正措施來防止危險事件造成不必要的傷害或降低其嚴重性。

系統的可靠性是在規定的環境條件下和在規定的時間內完成某一功能的機率，是系統導向的目的和預期的動作的要求，它是一個系統按照期望執行指定任務的程度，可靠性要求與使系統無故障有關。實際設計中，安全的系統可能不可靠，而可靠的系統可能不安全，儘管如此，系統也可以設計成既安全又可靠，但可靠性和功能安全性的兩種需求對系統的重要性通常是不同的。

下面列舉了 3 個具備不同功能安全性和可靠性的系統。

① 安全但不可靠：會產生許多錯誤的警示煙霧探測器。只要可靠地檢測到潛在的危險煙霧，就可以認為煙霧探測器是具有功能安全性的。煙霧探測器會產生很多誤報，是不可靠的，因為它會錯誤地將安全情況顯示為危險情況。這種煙霧探測器的感測器元素可能過於敏感，在不影響安全性的前提下可以稍微降低感測器的靈敏度，可以提高可靠性。

② 可靠但不安全：一個老式樹籬修剪器。樹籬修剪器只有一個開關，如果按下，修剪器立即全速啟動。由於它的簡單，這種修剪器的電氣部分可能會比現在的修剪器更可靠。現代的修剪器通常至少有兩個開關，而且可能還有一些額外的電子裝置。以操作現代的修剪器為例，必須同時打開兩個開關，且需要雙手按次序操作開關。此外，為了提醒操作人員，現代修剪器具有軟啟動模式。這些特點使得現代的樹籬修剪器更加安全，但由於涉及更多的電氣元件，現代修剪器可能不太可靠。

③ 既安全又可靠：由 3 個獨立的容錯控制器控制的鐵路道口。每個控制員都可以獨自處理鐵路過境。正常情況下，這 3 個控制器會根據相同的輸入資料產生相同的輸出訊號。如果一個控制器發生故障，仍然有兩個控制器產生相同的輸出訊號，因此系統仍然能夠保持鐵路交叉口處於安全狀態。具體操作如下：3 個控制器都產生相同的輸出訊號視為正常情況； 如果其中一個控制器的輸出

與另外兩個控制器的輸出不同,必須在 24 小時內完成修復,與此同時,鐵路過境點繼續運行; 如果 3 個控制器都產生不同的輸出訊號(這是極不可能的),鐵路道口就會進入停用狀態,直到修復完畢。該系統同時具備了功能安全性和可靠性。

　　功能安全設計的目標在於透過必要的措施降低系統風險,使系統達到安全目標,避免發生危險事件造成人員傷亡和財產損失。功能安全與風險之間的關係如圖 6-3 所示,橫軸代表造成傷害的嚴重程度,縱軸表示傷害事件發生的可能性,臨界風險分界線將平面劃分為兩部分,右上角為不可接受的風險區域,左下角為可接受的風險區域,功能安全設計就是透過必要的措施降低風險,將系統的風險從不可接受區域降至可接受的風險區域。功能安全偏重於在車輛發生功能故障後,設計容錯設計、診斷設計和警告設計等安全機制,在故障發生後運行故障診斷和故障響應,使系統進入安全狀態或緊急狀態,儘量降低功能故障發生後造成人身傷害的機率。

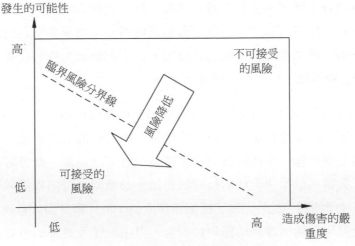

▲ 圖 6-3　功能安全與風險之間的關係

　　可靠性關注的重點是系統的功能,設計的側重點是提高系統的正常執行壽命,設計的目的是要維持系統的功能,確保系統可以長時間工作而不發生故障。可靠性應偏重應對故障發生之前的狀態,要採取容錯設計、降額設計、容差設計等策略設法降低故障發生機率。

功能安全性和可靠性在分析方法、驗證方法、管理方法、度量指標和評價方法等方面都有所不同,但除此之外,二者仍然有緊密聯繫的方面:可靠性是功能安全的基礎,只有在系統能夠正常執行的基礎上考慮功能安全性才有意義;可靠性和功能安全性具有共同的理論基礎; 具有部分共同的設計方法,如容錯設計等; 具有部分共同的分析方法、驗證方法、開發工具等。

6.2 車載晶片功能的安全分析

　　在 2018 年發佈的第二版 ISO 26262 標準中,車載半導體元件和晶片的功能安全指南被單獨作為標準的第 11 部分發佈。由於第 11 部分只是一個指導方針,不需要任何要求或工作交付成果,但它確實能在半導體設計時更清楚地理解第 5 部分(硬體設計)和第 6 部分(軟體設計)中規定的內容。與第一版沒有說明在使用半導體設計時如何回應不同,第二版包含了許多根據 ISO 26262 促進半導體設計的範例。

　　如果車載晶片是作為符合 ISO 26262 系列標準的專案開發的一部分,則它應該基於源自專案頂級安全目標的硬體安全要求,透過技術安全概念(Technical Safty Concept)進行開發。相關故障模式的硬體系統結構指標、隨機硬體故障的機率指標(PMHF)以及每個安全目標違反原因評估(EEC)被分配給專案,在這種情況下,半導體元件、車載晶片等只是其中的元素。

6.2.1 晶片級功能安全分析方法

1. 車載晶片的層次劃分

　　根據 ISO 26262 中相關術語的定義,一個車載晶片可以被劃分為多個層次,如圖 6-4 所示。整個車載晶片可以看作一個元件(Component),下一個層級如 CPU、A/D 轉換器等可以看作一個部分(Part),以下的層次結構作為子部分(Sub-Part),直到最基本的子部分,如內部暫存器和相關邏輯。

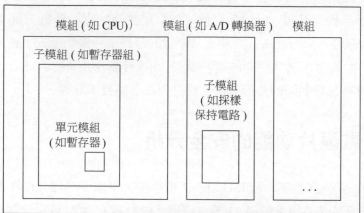

▲ 圖 6-4 車載晶片的層次劃分

　　車載晶片的安全分析（從最基本的子部分的故障到系統級的失效）是透過以下方式完成的——將半導體元素的詳細故障模式轉為系統級分析時所需的高級故障模式，如圖 6-5 所示。透過結合從上往下和自下而上的方法，可以辨識詳細的半導體元件故障模式並將它們結合到元件等級。

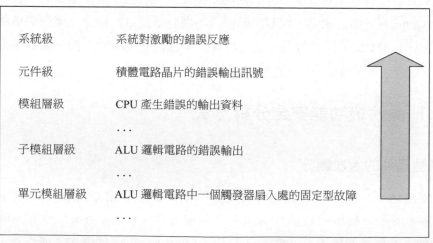

▲ 圖 6-5 自下而上推導系統級故障模式的方法範例

2. 硬體故障、錯誤和失效模式

積體電路的故障（Fault）和最終的硬體失效模式（Failure Mode）是聯繫在一起的，如圖 6-6 所示。失效模式可以是抽象的，也可以進行修改以適應特定的實現，舉例來說，可以是和元件、部分或子部分的接腳相關的。而本文中描述的故障（Fault）和錯誤（Error）與給定的車載晶片的物理實現有關。

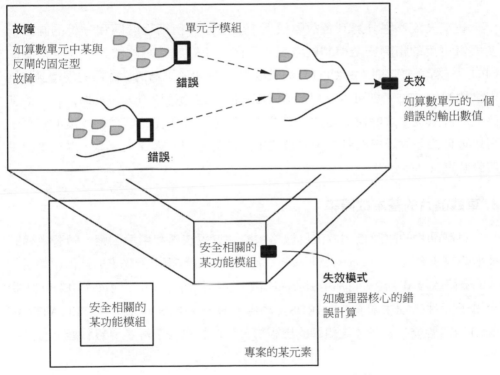

▲ 圖 6-6 車載晶片的故障、錯誤和失效

故障模型（Fault Mode）是對物理故障的抽象表示。在車載晶片中，相關的故障模型是基於技術和電路實現來辨識的。由於故障的數量較大和所需的層次等級非常詳細，通常不可能單獨評估每一個可能的物理故障。失效模式（Failure Mode）通常在與安全概念和相關安全機制相稱的等級上進行描述，如對於具有硬體鎖步安全機制的 CPU，可以透過把 CPU 的功能作為一個整體來定義失效模式；再如對於以結構性軟體的硬體測試為安全機制的 CPU，由於軟體測試將涵

蓋不同的失效模式，CPU 失效模式的定義會比前一例更細節化。定義失效模式時，如果適用，則應使用關鍵字，如錯誤程式流執行、資料損壞、存取意外位置、鎖死、活鎖、錯誤指令執行等。在特殊情況下，更接近物理實現的失效模式可能更有幫助。已辨識的失效模式與電路實現的故障模型之間的連結應得到證據支持，該證據確保每個失效模式被分配到元件的部分 / 子部分，並且每個相關部分 / 子部分至少有一種失效模式，目標是確保電路實現和列出的失效模式之間沒有不匹配的地方。

基本失效率應分解到各故障模型中。該分解精細程度應和分析的詳細程度與對可用的相關安全機制的考慮相匹配。如對於具有硬體鎖步安全機制的 CPU，沒有必要詳細分解 CPU 的失效模式；而對於以結構性軟體的硬體測試為安全機制的 CPU，則可以分解得更詳細，因為透過這種方式，可以以足夠的準確性估計失效模式的覆蓋範圍。如果缺少用於計算所需分解精細程度的資料，可以近似假設故障率在各種失效模式中是均勻分佈的來簡化計算，以提供給系統設計專家判斷參考。

3. 車載晶片的基本故障率

車載晶片的故障機制取決於電路類型、實現技術和環境因素。隨著半導體技術的快速發展，已公佈的公認故障率產業來源很難跟上最先進的技術水準所引入的實際故障率來源，特別是對於深次微米製程技術。因此，可參考 JEDEC（聯合電子元件工程委員會）、IRDS（國際元件和系統路線圖）和 SEMATECH/ISMI 可靠性委員會等產業組織的出版物，它們對更加了解半導體狀態是有幫助的。

有許多不同的技術可用於基本故障率的估計。總得來說，這些技術可以總結如下。

（1）來自試驗測試的失效率，如溫度、偏置和運行壽命測試（TBOL），用於測試產品的固有運行可靠性。

（2）來自現場事故觀察的故障率，如分析現場故障返回的材料。

（3）應用產業可靠性資料手冊估計的失效率；或結合相關專家判斷的失效率。

（4）由國際裝置和系統路線圖維護的檔案，如國際半導體技術路線圖提供了每一代軟錯誤率的預測值。

這裡介紹一種電子元素可靠性預測模型（原 IEC TR 62380），用於計算永久基本失效率，這也是 ISO 26262 文件中使用的數學模型，如下所示：

$$\lambda_{\text{die}} = (\lambda_1 \times N^{0.35 \times a} + \lambda_2) \times \frac{\sum_{i=1}^{y} (\pi_t)_i \times \tau_i}{\tau_{\text{on}} + \tau_{\text{off}}}$$

$$\lambda_{\text{package}} = 2.75 \times 10^{-3} \times \pi_a \times \left(\sum_{i=1}^{z} (\pi_n)_i \times (\Delta \tau_i)^{0.68} \right) \times \lambda_3$$

$$\lambda_{\text{overstress}} = \pi_I \times \lambda_{\text{EOS}}$$

$$\lambda = (\lambda_{\text{die}} + \lambda_{\text{package}} + \lambda_{\text{overstress}}) \times 10^{-9}/h$$

其中，部分參數的含義如下：

λ_1 是和積體電路製造製程與每個電晶體相關的參數。

λ_2 是和積體電路製造製程相關的參數，和晶片上整合電晶體數目無關。

N 是和晶片整合的電晶體數目相關的參數。

a 是和積體電路製造製程發佈 / 升級的年份與一個參考年份（1998 年）之間的差值相關的參數。

τ_i、τ_{on} 和 τ_{off} 是和硬體角度下工作週期和非工作週期相關的參數。

$(\pi_t)_i$ 是和溫度、應力因數相關的參數，適用於晶片的管芯（Die）部分。

λ_{EOS} 是和積體電路暴露在電器超載（EOS）下的可能性相關的參數。

n_i 和 $\Delta \tau_i$ 是和硬體角度下溫度循環的次數和幅度相關的參數。

λ_3 是和晶片的封裝相關的參數。

更詳細的參數資訊以及不同條件下各參數的設定值或計算公式可參考 ISO 26262 的第 11 部分。

4. 半導體相關失效分析

相關失效分析（Dependent Failure Analysis，DFA）是以汽車安全完整性等級為導向和以安全為導向的重要分析工作之一；旨在辨識出可繞開給定元素（硬體 / 軟體 / 軔體等）間所要求的獨立性、繞開免於干擾、使獨立性無效或使免於干擾無效，並違背安全要求或安全目標的單一事件或原因。在 ISO 26262 標準的第 11 部分中，針對在一個矽晶片內實現的硬體元素之間以及硬體和軟體元素之間的相關故障分析（DFA）提供了指南，所考慮的元素通常是硬體元素及其安全機制。

相關故障的場景如圖 6-7 所示，A 和 B 兩元素可能由於外部根原因而失效。根原因可能與隨機硬體故障或系統故障有關。

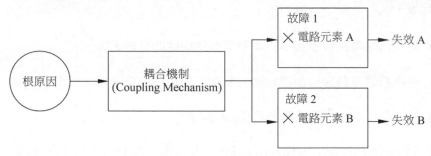

▲ 圖 6-7　相關故障的場景

圖 6-7 中的耦合機制（Coupling Mechanism）旨在表徵由給定根原因造成干擾的一些範例屬性，此類屬性有助指定緩解措施並定義可用於驗證緩解措施有效性的適當模型，有以下幾種。

（1）當來源和接收器之間的耦合路徑透過與導體（如傳輸線、電線、電纜或 PCB 跡線）直接接觸而形成時發生的傳導耦合（電或熱）。

（2）發生在來源和接收器相隔很短距離（通常小於一個波長）的近場耦合。嚴格來說，「近場耦合」可以分為電感應和磁感應兩種。通常將電感應稱為電容耦合，將磁感應稱為電感耦合。

（3）當機械力或應力透過物理媒體從來源傳遞到接收器時，就會發生機械耦合。

（4）輻射耦合或電磁耦合發生在來源和接收器相隔較遠距離（通常超過一個波長）時。來源和接收元件充當無線電天線：來源發射或輻射電磁波，該電磁波在兩者之間的開放空間中傳播並被接收元件拾取或接收。

此外，在耦合過程中還有傳播媒體、局部性和時序會影響耦合的效果。

（1）傳播媒體：表徵了干擾透過半導體元素使用的耦合路徑，包括訊號線、時鐘網路、供電網路、襯底、封裝等。

（2）局部性：表徵擾動是否有可能影響多個元素或僅限於單一元素。在後一種情況下，假設受影響的元素產生錯誤的輸出，並傳播到與其相連的多個元素（串聯效應）。

（3）時序：表徵了與傳播延遲（如溫度梯度的傳播）或其時序行為（舉例來說，在電源上的紋波雜訊的情況下）等相關的干擾的一些特性。

根據相關故障發起者（DFI）的不同，可以採取不同的措施來進行緩解。舉例來說，對於常見的時鐘元素故障、測試邏輯故障、電源元素故障、共用模組（如RAM、快閃記憶體、A/D 轉換器、計時器等），可以採取以下措施。

（1）設置專用獨立監控（如時鐘監控、電壓監控、記憶體 ECC、設定暫存器內容的 CRC 等）。

（2）針對軟錯誤或選定容錯進行選擇性強化。

（3）在啟動或運行後，以及共用資源運行期間進行自檢。

（4）共用資源故障的間接檢測（如在共用資源故障的情況下會失效的功能的循環自檢）。

更詳細的 DFI 列表以及對應的緩解措施可參考 ISO 26262 的第 11 部分。

5. 故障注入

半導體晶片層級的故障注入（Fault Injection）是一種當安全概念涉及半導體元件時，可用於支援生命週期的多個活動的方法。故障注入的結果可用於驗證安全概念和基本假設（如安全機制的有效性、診斷範圍和安全故障的數量）。

針對半導體晶片，故障注入可用於：

（1）支援硬體系統結構指標的評估。

（2）評估安全機制的診斷範圍。

（3）評估診斷時間間隔和故障反應時間間隔。

（4）確認故障影響。

（5）支持安全機制在其要求方面的矽前驗證，包括檢測故障和控制其影響（故障反應）的能力。

在進行故障注入時，應考慮以下內容來驗證：

（1）故障模型的描述和基本原理，以及相關的抽象等級。

（2）安全機制類型，包括所需的置信水準。

（3）觀察點和診斷點。

（4）故障位置、故障清單。

（5）故障注入期間使用的工作負載。

6.2.2　數位晶片和記憶體的功能安全

數位晶片包括微控制器、系統單晶片（SoC）裝置和專用積體電路（ASIC）等晶片的數位部分。常用非記憶體類數位晶片的故障模型有永久的故障和瞬態的故障。

1. 永久的故障

固定故障：電路中的故障，其特徵是節點保持在邏輯高或邏輯低狀態，而不管輸入激勵如何變化。

開路故障：透過將一個節點分成兩個或更多節點來改變電路節點數量的故障。

橋接故障：無意連接的兩個訊號（短路）。根據所採用的邏輯電路，這可能會產生線或和線與的邏輯功能。通常僅限於在設計中物理上相鄰的訊號。

單一事件硬錯誤（SHE）：由單一輻射事件導致的不可逆操作變化，通常與元件的或多個元素的永久損壞有關（如柵極氧化層破裂）。

2. 瞬態的故障

單事件瞬態（SET）：由單　高能粒子透過引起的積體電路節點處的暫態電壓偏移（如電壓尖峰）。

單事件翻轉（SEU）：由單一高能粒子透過引起的訊號的軟錯誤。

單位元翻轉（SBU）：單一事件導致單一儲存位元翻轉。

多單元翻轉（MCU）：導致 IC 中多個位元同時失效的單一事件。錯誤位元通常但不總是在物理上相鄰。

多位元翻轉（MBU）：兩個或多個單事件引起的位元錯誤發生在同一個半位元組、位元組或字。MBU 不能透過簡單的 ECC（如單位元校正）來糾正。

記憶體故障模型可能因記憶體系統結構和記憶體技術而異。半導體記憶體的典型故障模型如表 6-4 所示。

▼ 表 6-4　半導體記憶體的典型故障模型

硬件元素	故障模型
Flash 記憶體	固定型故障模型、附加故障模型、軟錯誤模型
ROM、OTP、eFUSE	固定型故障模型、附加故障模型
EEPROM	固定型故障模型、附加故障模型
嵌入式 RAM	固定型故障模型、附加故障模型、軟錯誤模型
DRAM	固定型故障模型、附加故障模型、軟錯誤模型

說明：表中的附加故障模型，如常開故障（Stuck-Open Faults），是一種耦合故障，還有一些基於記憶體結構的附加故障，如定址故障（AF）、定址延遲故障（ADF）、瞬態故障（TFs）、相鄰模式敏感故障（NPSFs）、字元線抹寫干擾（WED）、位元線抹寫干擾（BED）等。這些故障模型適用於 RAM，但可以表明，相同的故障模型對嵌入式 Flash 或 NAND Flash 也有效，即使是由不同的現象引起的

對於數位單元的任何功能，失效模式可以建模為以下類型。

（1）功能省略（Function Omission）：在需要時不提供功能。

（2）功能委託（function commission）：在不需要時提供了功能。

（3）功能失序（function timing）：功能提供的時序不正確。

（4）功能誤值（function value）：功能提供的輸出值不正確。

失效模式可適用於任何邏輯功能。一般來說，IP 的失效模式可以在不同的抽象層次上描述，並基於對單元的正常行為和失效行為的對比加以描述。失效模式集的選擇會影響安全分析的可行性、工作量和可信度。失效模式集的合理和客觀定義的標準如下。

（1）失效模式能夠將底層的技術故障映射到失效模式上。

（2）失效模式支援應用安全機制的診斷覆蓋率的評估。

（3）理想的失效模式是分離的，即理想情況下，每個來源故障僅導致一種特定的失效模式。

6.2.3 類比和混合晶片的功能安全

如果在元素（元件、元件或子元件）中處理的訊號不限於數位訊號，則該元素被視為類比元素。物理世界的每個測量介面都是這種情況，包括感測器、激勵輸出和電源等。

對於類比模組，其中每個子元素都是類比元素，不包括數位元素。混合訊號分量至少由一個類比模組和一個數位模組組成。由於類比和數位模組在設計、布局、驗證和測試方面需要不同的方法和工具，因此建議明確劃分類比和數位模組，如圖 6-8 所示。類比模組的邊界可以透過其功能及其相關的故障模型和故障模式來定義。

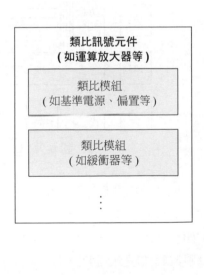

▲ 圖 6-8 明確劃分類比模組和數位模組

分析的詳細程度取決於相關的安全要求、安全機制和提供安全機制獨立性證據的需要。更高的粒度並不一定會給安全分析帶來顯著的好處。

6.2.4 可程式化邏輯元素的功能安全

如圖 6-9 所示，可程式化邏輯（PLD）可以看作可設定 I/O、非固定功能的組合（由邏輯區塊和使用者記憶體組成，並具有相關的設定技術來設定它們），連接這些邏輯區塊和固定邏輯功能的訊號來實現功能。

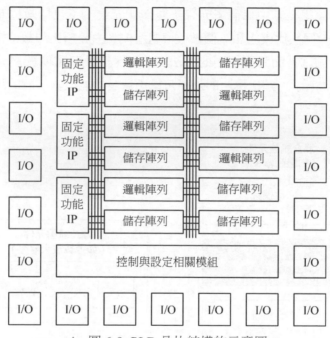

▲ 圖 6-9 PLD 晶片結構的示意圖

PLD 的共同特點是使用者可以使用適合特定應用需求的功能對其進行設定。裝置的設計或設定可以使用各種工具完成，從非常簡單的開發套件到支援複雜功能（如設計的時序分析和最佳化）的完整開發套件。一旦使用者設計完成，就可以將其程式設計到裝置中。不同的技術支援一次性可程式化性或多次重新程式設計裝置。這些方法可以透過提供揮發性或非揮發性功能來進一步區分。其分類如表 6-5 所示。

▼ 表 6-5 PLD 的類型

PLD 的類型	描述
可程式化陣列邏輯 （Programmable Array Logic，PAL）	由可程式化的與邏輯陣列、固定的或邏輯陣列和輸出電路 3 部分組成；透過對與邏輯陣列程式設計（一次性）可以獲得不同形式的組合邏輯函數
閘陣列邏輯 （Gate Array Logic，GAL）	類似於 PAL 的功能，但具有多次可程式化的特點
複雜可程式化邏輯（Complex Programmable Logic Device，CPLD）	類似於 PAL 的功能，但它是非揮發性元件，具有更高的整合率和額外的複雜回饋路徑
現場可程式化閘陣列（Field Programmable Gate Array，FPGA）	利用小型查閱資料表來實現邏輯，每個查閱資料表連接到一個 D 觸發器的輸入端，觸發器再來驅動其他邏輯電路或驅動 I/O

PLD 的失效模式如表 6-6 所示。

▼ 表 6-6 PLD 的失效模式

PLD 電路的元素	可用於分析的失效模式
固定功能的 IP 和數位 I/O	可參見數位晶片的失效模式
邏輯區塊	該邏輯區塊實現的功能永久失效；該邏輯區塊實現的功能瞬態失效 [a]
控制與設定相關模組	邏輯區塊設定的無意永久改變；邏輯區塊設定的無意瞬態改變 [b]
類比 I/O	可參見類比晶片的失效模式
儲存陣列	可參見記憶體的失效模式
訊號路由 [c]	由一組邏輯區塊實現的功能的永久失效，包括邏輯的總延遲； 由一組邏輯區塊實現的功能的瞬態失效
a. 這種故障模式的相關性取決於 PLD 技術的類型和邏輯區塊的類型；	
b. 這種故障模式的相關性取決於 PLD 技術的類型和邏輯區塊的類型；	
c. 互連線和設定訊號的路由在這一項目中考慮	

6.2.5 感測器和換能器元素的功能安全

換能器（Transducer）是將能量從一種形式轉為另一種形式的硬體元件，因此，它是汽車功能安全方面需要考慮的關鍵元素。與輸入能量形式相比，輸出能量形式的量化取決於換能器的靈敏度。感測器（Sensor）是至少包括換能器和支持、調節或進一步處理換能器輸出以用於 E/E 系統的硬體元素，如圖 6-10 所示。

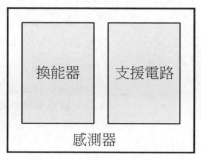

▲ 圖 6-10 感測器和換能器關係的示意圖

感測器的故障模式表現為與額定感測器輸出的偏差。感測器的故障模式也源於換能器輸出和感測器輸出之間的訊號路徑中的支援電路中的故障。具體故障模式如表 6-7 所示。

▼ 表 6-7 具體故障模式

技術規範	失效模式	描述
偏移	偏移超出指定範圍	在沒有激勵（輸入能量）時，換能器輸出偏離規定範圍
	溫度偏移誤差	超過溫度的偏移誤差超出了規定的限制
	偏移漂移	偏移值隨時間發生變化
動態範圍	超出範圍	換能器的輸出值超出了規定的工作範圍

（續表）

技術規範	失效模式	描述
靈敏度（增益）	靈敏度過高／低	靈敏度超出了規定的範圍
	輸出固定	由於機械和電氣故障（如顆粒短接、黏結），靈敏度為零
	非參數靈敏度	靈敏度偏離了指定範圍內的數學關係，包括回應的不連續等
	雜訊重複性差	克服動態雜訊所需的設定值變化
	靈敏度溫偏錯誤	靈敏度隨溫度的變化超出了規定範圍

註：上述失效在系統層面可能產生的影響包括不準確的開關設定值、開關設定值隨溫度的變化、開關設定值隨時間的變化、功能的喪失、不準確的開關設定值、相移（領先、落後）、工作週期比的變化、輸出切換設定值的變化、開關設定值隨溫度的變化、隨溫度的相移、工作週期比隨溫度的變化

6.3 車載晶片功能安全設計

　　功能安全是汽車應用的關鍵要求，為了解決由資料損壞引起的災難性故障，汽車應用需要達到 ISO 26262 標準中規定的 ASIL 等級要求。

　　與通常認為只有大型且功能強大的系統單晶片才包含圍繞 ISO 26262 標準建構的功能安全性的看法相反，用於下一代汽車系統結構的 MCU 正越來越多地整合功能安全性功能。它們是新的軟體和資料導向的系統結構的一部分，並在傳動系、底盤和高級駕駛輔助系統中提供網域控制站所要求的即時性能。

　　MCU 可以運行嵌入式軟體解決方案，以滿足 ISO 26262 對道路車輛的要求，透過整合具有鎖步機制的 CPU 和記憶體容量劃分為多個分區的大型非揮發性記憶體，以實現確定性即時計算。使 MCU 能夠促進功能安全特性的另一個特性是虛擬化，這有助在單一 MCU 上運行多個軟體元件，而不會相互干擾。

圖 6-11 說明了功能安全在汽車設計中的實現方式。

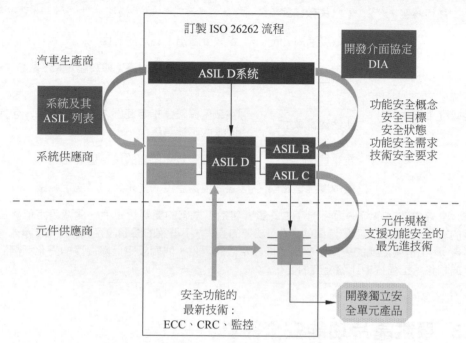

▲ 圖 6-11　功能安全在汽車設計中的實現方式

6.3.1　功能安全設計案例

1. 車用 MCU 功能安全設計方法

下面以車用 MCU 這一種車載晶片為例，介紹部分通用的功能安全設計方法。

（1）CPU 鎖步：鎖步模式為處理和計算提供環境，以促進功能安全的診斷。多核心微控制器具備鎖步功能，能夠加速自我診斷和故障檢測等功能安全任務的執行。透過在單一的 MCU 上整合多個 ECU 以支援多個功能，則形成了多核心 MCU 結構。這些多核心 MCU 不僅能提供特定應用程式的加速，同時也能提升鎖步能力。

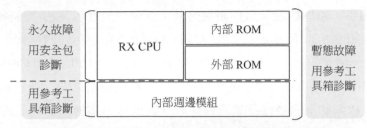

▲ 圖 6-12 提供診斷覆蓋鎖定步驟的雙核心裝置示意圖

（2）非揮發性記憶體：充足的片上非揮發性記憶體使 MCU 克服了非整合記憶體的延遲，並有助確保即時應用（如馬達控制）的精確和確定性控制。充足的儲存空間有助即時存取安全關鍵操作，如混合動力系統，從而大幅確保可靠性。穩定的記憶體至關重要，記憶體需要允許頻繁的資料寫入，並能夠防止資料損壞造成的故障。許多 MCU 供應商正在增加快閃記憶體內容，以確保具有不同 ASIL 等級的軟體元件可以獨立運行。也有一些 MCU 供應商正在引入新的記憶體技術，如相變記憶體（PCM）。

（3）微控制器虛擬化：功能安全型 MCU 也採用基於硬體的虛擬化技術來提高診斷覆蓋率。與基於軟體的管理程式相比，這些具備充足記憶體空間的 MCU 提高了即時回應能力，而後者需要更多的處理時間來改變 CPU 的狀態和提供中斷。

（4）測試和認證：MCU 製造商也在採取措施，簡化測試和診斷流程及功能安全認證流程，以最佳化實施汽車安全功能的成本。這使得汽車設計師能夠在遵守 ISO 26262 標準的同時，節省更多時間和成本。一些 MCU 甚至增加了用於故障檢測的內建自測試（BIST）功能，允許 MCU 在執行時期執行自診斷。BIST 功能還可以使 MCU 避免干擾 CPU 的處理週期；MCU 可以在其進入待機狀態和恢復操作之間的時間內執行自診斷。

2. 車用 MCU 功能安全設計方法案例

下面以 ARM 公司的車用 MCU 晶片 Cortex-A76AE 為例，分析具體的功能安全設計方法，包括鎖步雙核心、ECC 驗證、硬體自檢機制 BIST 等。

（1）鎖步：鎖步核能夠檢測錯誤的發生情況，是實現高水準診斷覆蓋率的傳統方法。如圖 6-13 所示，主 CPU 和副 CPU 運行完全相同的程式，且輸出結果都將輸入一個比較器，比較器負責比較每個週期下主 CPU 和副 CPU 的輸出，只要輸出相同，則表明主 CPU 正常執行，如果輸出結果之間存在差異，這表示可能出現了故障狀況，應進行調查或採取應對措施。這種鎖步核心的設計是固定在晶片中的，所以欠缺靈活性。此外，鎖步核心雖然使用了兩個 CPU 核心，但僅實現了單核心的功能。這種方法已經在 MCU 和複雜度較低的 MCU 領域經過多年的成功驗證。

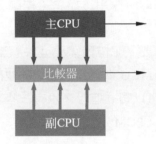

▲ 圖 6-13　雙核心鎖步 CPU

（2）容錯執行：可提供更高性能能力的 CPU 通常更加複雜，確定性更低，因此鎖步的實現更為困難，這就促使出現了更多的奇特的方法來解決上述挑戰。容錯執行是用來應對該挑戰的一種選擇，如圖 6-14 所示，這種方法假設正在執行兩個獨立的應用程式，可能是在不同的 CPU 核心上執行，如果實現了虛擬化，甚至可能是在不同的虛擬機器內執行。當這兩個應用程式的結果輸出後，由一個額外的高安全完整性的處理器對其進行比較，以保證其正確性，由於其獨立的時鐘和電源供應，通常被稱為安全島（Safety Island）。這個安全島將負責最後的決定和啟動階段。這種方法可以降低高計算叢集上的診斷覆蓋需求，並且在實現中能夠提高效率和靈活性，但也大大增加了系統複雜性。不同於鎖步核心的比較機制固化在晶片中，安全島作為一個單獨的核心，具有更高的軟體靈活性，可能在未來幾年中更廣泛地應用於某些需要安全性和高計算性能的應用程式中。

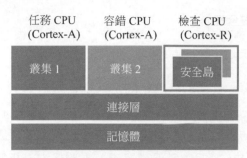

▲ 圖 6-14 容錯執行

（3）可分核心：ARM 在 Cortex-A76AE 上整合了一種叫可分核心（Split-Lock）的技術，該技術整合了高計算性能和高安全完整性的優點。可分核心可以被設定成兩種模式：分離模式下兩個 CPU 可以獨立執行不同的程式或任務；鎖步模式下兩個 CPU 執行鎖步模式，用於高安全完整性應用程式。如果兩個 CPU 中的損壞，系統可以在降級模式下繼續運行，即只運行未損壞的 CPU，這對自動駕駛系統來說是很重要的能力。

3. 系統級功能安全設計方法

下面以故障容忍（Fault Tolerant）為出發點，簡要討論其在汽車安全關鍵性系統裡的設計實施。

故障容忍指的是系統在出現故障的情況下仍能保持某種既定的系統功能。在汽車安全關鍵性應用中，這種容錯功能是保證電子電氣系統功能安全的一種措施，應當在系統系統結構設計中儘早考慮，並需要在系統不同層級設置監控或容錯等安全機制。這些安全設計在電子電氣系統系統結構層面可以表現在以下幾方面。

1）感測器訊號的合理性

感測器訊號的合理性驗證除了包括一般意義上的感測器訊號線電氣故障的診斷外，同時，對於多路感測器輸入，需要檢測訊號組的漂移、偏移以及卡滯來避免系統性的故障。

2）主控單元運行的安全性

主控單元運行的安全性由以下 4 部分組成。

（1）安全的計算：安全的計算指的是系統系統結構上，執行安全相關軟體程式的計算單元是安全的。安全計算單元通常會採用雙核心鎖步的方式來保證 CPU 指令層級運算結果的容錯從而規避計算單元永久或暫態的硬體錯誤，同時應借助基於硬體的 MPU（記憶體保護單元）來確保安全相關的軟體在執行過程中，CPU 不會被非法存取。

（2）安全的擷取：安全的擷取通常可以透過多路通道輸入處理做比較，或是借助內建測試樣本（Test-Pattern）的通道來確保擷取訊號的可靠性。

（3）安全的輸出：安全的輸出則需要對主控單元的輸出進行回讀，確認一致性和時效性。

（4）安全的資料：安全的資料首先需要在系統設計上辨識主控單元中與安全功能存在連結的資源，從而確認主控單元上哪些記憶體（Cache/RAM/Flash）需要使用改錯碼（ECC）來檢測或修復資料的錯誤。如果 DMA（直接記憶體存取）被用於安全資料的搬運，也應當增加循環容錯驗證碼（CRC）來確保傳輸資料的完整性。

3）執行器（包括預驅電路）的回饋驗證或備份

對於執行器的回饋驗證，不同安全相關應用會具備不同形式的回饋，如電流、電壓、位置、扭矩、著色影像循環容錯驗證等。即時的執行器回饋通常需要與一些預期目標值進行比較，從而判斷執行控制是否存在故障，並最終透過物理或時間上的設定值來確認失效是否會導致違背安全目標。可以透過設置容錯功能執行路徑，甚至是增加等效執行的最小子系統來執行備份，以在系統失效後，增加進入安全狀態的可靠性。

4）安全的通訊

感測器、控制器和執行器之間與安全功能相關的資料通信同樣需要被監控，以避免錯誤的資訊被用於預期的功能鏈路。通訊過程中資料資訊非預期的重複、延遲、掩飾、崩壞或是遺失，都應當屬於被監控的範圍。系統方可以透過 AUTOSAR 定義的點對點的通訊保護或是增加額外的驗證機制來確認通訊類的故障。

5）供電保護與監控

供電正常是整個安全關鍵性系統預期運行的前提條件。任何供電的漂移震盪、過欠壓或尖峰，都可能引起系統上電子單元的工作異常。相關的失效都應當被保護或是監控，並透過特定的安全措施說明系統進入安全狀態。

根據不同的系統應用場景，容錯功能在現代汽車電子電氣系統結構中可分為以下兩類。

（1）Fail Safe（失效安全）：對應的系統結構如圖 6-15 所示，在出現一個（或多個）失效之後，系統可以直接進入安全狀態，或是借助一些外部手段進入安全狀態。

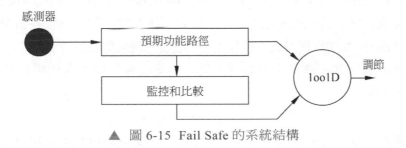

▲ 圖 6-15 Fail Safe 的系統結構

（2）Fail Operational（失效運行）：對應的系統結構如圖 6-16 所示，在出現一個（或多個）失效之後，系統仍然需要維持一定程度的功能，並且在失效清除以後，系統能立即恢復到正常運行狀態。

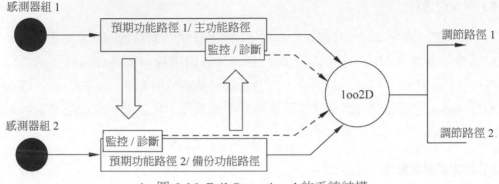

感測器組 1

預期功能路徑 1/ 主功能路徑

監控 / 診斷

感測器組 2

監控 / 診斷

預期功能路徑 2/ 備份功能路徑

1oo2D

調節路徑 1

調節路徑 2

▲ 圖 6-16　Fail Operational 的系統結構

對於 Fail Safe 的安全關鍵性汽車電子系統，為了兼顧成本與功能，設計上通常會建議採用 1oo1D 系統結構。1oo1D 系統結構設計會先建構一條預期功能路徑，然後透過安全分析，去辨識預期功能路徑上失效影響系統安全的功能元件，再針對相關元件的失效模式設計增加額外的監控或容錯等安全機制，確保系統失效後能直接關閉功能，進入安全狀態。

Fail Operational 的系統結構常見於 ADAS/AD 相關的應用中。當系統組成部分的故障引起系統安全相關的功能失效時，系統仍然需要保持一定的功能，而不能直接停機進入安全狀態。對於 Fail Operational 的容錯設計，1oo2D 系統結構（見圖 6-16）是一種典型的系統結構。系統基本系統結構會包括兩條獨立的功能鏈路，兩條功能鏈路能夠協作工作，組成一個完整的系統應用（Symmetric 1oo2D）；或是某一路負責主功能，另一路隻負責保證安全的備份功能運行（Asymmetric 1oo2D）。每條鏈路上具備獨立的診斷監控系統，同時，也會互相監控對方鏈路的健康狀態。每條功能鏈路會要求被設計為 Fail Silent，即出現自我診斷的失效或是被對方檢測確認失效後，不會對系統其他正常執行的模組造成影響，同時，整個系統應執行正常鏈路的備份功能，備份功能可以是主功能的降級或是系統執行特定的應急操作來進入指定的安全狀態。

前面中提到的 Symmetric 1oo2D 的系統結構，常見於支援 Fail Operational 的電子助力轉向系統。而 Asymmetric 1oo2D 的系統結構，常見於需要支援 Fail Operational 的 ADAS/AD 控制系統中。

無論是 Fail Safe 系統或是 Fail Operational 系統，都需要晶片廠商提供符合功能安全標準的各種半導體元件來打造可靠的傳感、控制、執行、供電等系統，在智慧化、電動化、網聯化的趨勢下，為愈加複雜的汽車應用保駕護航。

4. 系統級功能安全設計方法案例

　　下面以 ROHM 半導體公司的顯示系統和 ECU 電源電路系統為例，介紹在車載晶片的系統應用中，可保證功能安全的一些設計方法。

1）車載顯示裝置系統

　　車內的顯示裝置，除了車速表、轉速表、水溫 / 油量表等儀表組外，現在較新的車輛通常還包括導航系統，一些高端汽車中儀表板被液晶顯示器（LCD）取代，側後視鏡被電子後視鏡取代，如圖 6-17 所示。

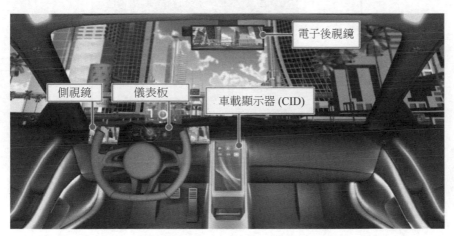

▲ 圖 6-17　車載顯示裝置範例

　　這些顯示裝置透過向駕駛人傳遞各種資訊來發揮重要作用，因此如果顯示器失效或螢幕變暗，就會出現嚴重的問題，如果儀表板和電子後視鏡顯示錯誤資訊或發生卡滯，則會更加危險。舉例來說，顯示器螢幕關閉，駕駛人會立刻意識到發生了故障並進行處理； 但如果速度表顯示低於實際速度，駕駛人很可能不會意識到自己的超速駕駛行為； 如果電子後視鏡顯示遲滯，無法即時顯示從側面接近的車輛，可能會導致駕駛人認為可以變道，從而可能導致事故發生。

為了防止這些類型的故障，儀表板和電子後視鏡必須整合失效安全設計，因為即使在處理高可靠性電子裝置的資訊時，系統也總是有可能因如上所述的某種類型的故障而崩潰。失效安全設計的一種方式是持續監視要顯示的資料並透過顯示螢幕關閉或警告畫面提示異常情況，如果顯示器卡滯或發生錯誤顯示，則提示駕駛人發生故障，透過這種方式，即使在發生故障時也能防止事故發生，實現了功能安全。

儀表板和電子後視鏡等車用顯示裝置的實際電路設定如圖 6-18 所示。

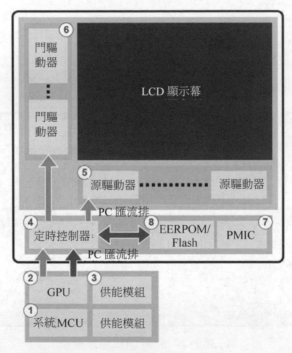

▲ 圖 6-18 典型車輛顯示系統方塊圖

① 該系統由系統 MCU 控制，MCU 充當「大腦」並為整個系統執行處理。

② 執行與 MCU 相同功能但可以用於顯示的晶片稱為 GPU。與 CPU 不同，GPU 通常是專門用於圖形處理的積體電路。

③ 電源晶片為整個系統提供必要的電源。

④ 定時控制器（T-CON）將從 GPU 發送的圖像資料發送到來源驅動器，以在 LCD 面板上顯示，並根據顯示結果控制門驅動器。

⑤ 來源驅動器根據要顯示在 LCD 上的圖像資料，透過調整到來源放大電路的電流來確定像素的亮度。

⑥ 門驅動器根據來自來源驅動器的顯示資料一次顯示一行。

⑦ 電源管理晶片（PMIC）產生 LCD 面板顯示所需的電壓。

⑧ EEPROM/Flash 儲存定時控制器、查閱資料表、指示器影像等資訊的初始化資料，並可用指示器影像覆蓋從 GPU 發送的影像。

在圖 6-18 所示的應用方塊圖中，若定時控制器控制兩個驅動器，並且簡單地將從 GPU 發送的圖像資料原樣顯示在 LCD 面板上，如果發生顯示錯誤，則無法執行任何操作，可能導致事故發生。

ROHM 公司透過在故障發生時提示駕駛人來解決這個問題，舉例來說，透過向 MCU 發送訊號並在螢幕上顯示一個錯誤警告，或監控定時控制器從 GPU 發送的影像，並在資料或輸入訊號異常時顯示螢幕關閉。具體來說，ROHM 公司為 LCD 面板提供支援完整功能安全的晶片組，如表 6-8 所示，包括控制每個 LCD 驅動器的定時控制器（BU90AL210/BU90AL211/BU90AD410）、驅動 LCD 面板的來源 / 門驅動器（ML9882/ML9873/ML9872）、多功能電源晶片（BM81810MUV），以及用於影像校正的伽馬校正晶片（BD81849MUV）。

▼ 表 6-8 LCD 面板功能安全晶片組範例

產品類型	功能	HD720（1280×720）		FHD（1920×720）		FHD1080（1920×1080）		3K(2880×1080)	
		編號	量	編號	量	編號	量	編號	量
定時控制器	LCD驅動控制器	BU90AL211	1	BU90AL211	1	BU90AL210	1	BU90AL211/BU90AD410	1
來源驅動器	LCD驅動器	ML9882（1440ch）	3	ML9882（1440ch）	4	ML9882（1440ch）	4	ML9882（1440ch）	6
門驅動器	LCD驅動器	ML9873（960ch）	1	ML9873（960ch）	1	ML9872（540ch）	2	ML9872（540ch）	2
PMIC	多功能供能模組	BM81810MUV	1	BM81810MUV	1	BM81810MUV	1	BM81810MUV	1
伽馬校正模組	影像校正	BD81849MUV	1	BD81849MUV	1	BD81849MUV	1	BD81849MUV	1

　　該 LCD 面板功能安全晶片組除了包括車輛顯示器的必要安全功能，還可以檢測各種問題。晶片組中包含的每個晶片都包含相互檢測可能的故障模式的功能，除了上面提到的定時控制器功能之外，來源（門）驅動器的資訊以及輸入 LCD 的訊號都會根據需要進行驗證和回饋，以便進行補充故障檢測。透過整合功能安全設計，可以避免由於速度表、側視鏡或其他系統中所用顯示裝置發生故障而引發的嚴重事故。

　　圖 6-19 列出了可檢測的故障範例。

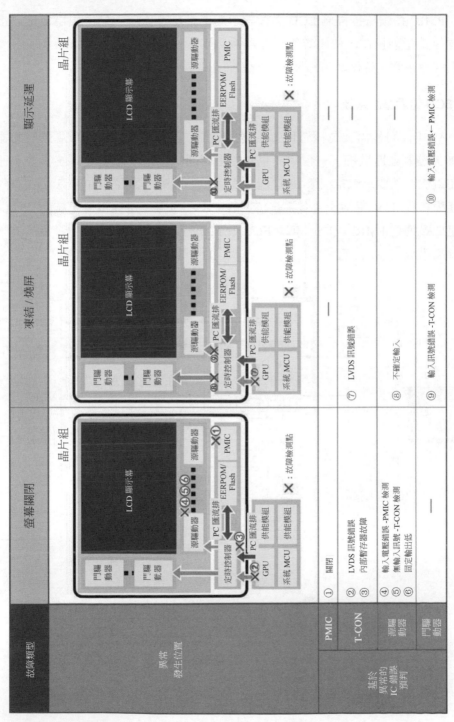

故障類型	螢幕關閉	凍結／拖屏	顯示延遲
異常 發生位置	晶片組	晶片組	晶片組

基於異常的 IC 錯誤預判

	PMIC	T-CON	源極驅動器	閘極驅動器
螢幕關閉	① 關閉	② LVDS 訊號錯誤 ③ 內部暫存器故障	④ 輸入電壓錯誤 -PMIC 檢測 ⑤ 無輸入訊號 -T-CON 檢測 ⑥ 固定輸出低	—
凍結／拖屏	—	⑦ LVDS 訊號錯誤	⑧ 不確定輸入	⑨ 輸入訊號錯誤 -T-CON 檢測
顯示延遲	—	—	—	⑩ 輸入電壓錯誤← PMIC 檢測

▲ 圖 6-19 可檢測的故障範例

PMIC 持續監控控制 LCD 面板顯示的電壓是否正確，如果出現電壓異常，能夠停止當前操作，使用容錯暫存器檢測異常，並啟用自動刷新功能使得異常電壓恢復正常，確保高可靠性，以應對雜訊等意外影響。

2）ECU 電源電路系統

MCU（可能需要為核心和 I/O 提供單獨的電源）、感測器、馬達驅動器、CAN（控制器區域網，一種用於車輛的串列通訊協定）和其他系統需要多種電壓和電流，故要求汽車引擎 ECU 能夠產生多種電源。如圖 6-20 所示，在車內，供能模組從 12V 電池產生各系統需要的電壓和電流。這些電源系統由多個供能模組或多通道 PMIC 組成，車輛 ECU 在工作時，這些電源系統中發生的異常可能導致事故。

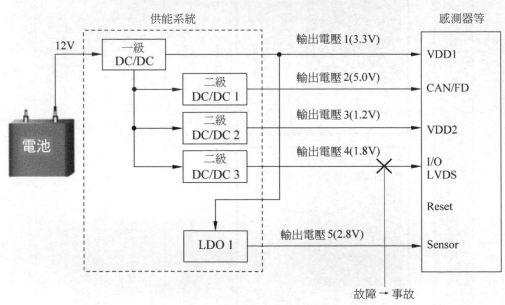

▲ 圖 6-20　電源設定範例

因此，有必要對 ECU 內的多個電源進行監控並在發生異常時執行處理，以防止事故的發生。電源監控晶片也有著監控這些電壓的作用，並在發生異常時通知 MCU，提示使用者採取適當的措施。

　　ROHM 公司大規模生產電源監控晶片，透過在電源系統外單獨整合一些監控功能和自診斷功能，可以輕鬆地為現有電源增加功能安全性，表 6-9 中列出了 ROHM 公司的兩款電源監控 IC 產品。BD39040MUF 是一款可以監控多個電源的電源監控晶片，而 BD39042MUF 具有更高的檢測精度。

▼ 表 6-9　ROHM 公司電源監控 IC 的產品範例

產品編號	結構	檢出水準	檢測精度	封裝	狀態
BD39040MUF	4 通道電源監控 + 看門狗計時器	±10%	±3%	VQFN16FV3030	生產中
BD39042MUF	4 通道電源監控 + 看門狗計時器	±6%	±1.4%	VQFN16FV3030	開發中

　　ROHM BD39040MUF 的 IC 方塊圖如圖 6-21 所示，BD39040MUF 整合了電源電壓 VDD 監控重置功能，支持四通道電源同時監控，能夠獨立檢測電源異常（欠壓 / 過壓）。此外，視窗型看門狗計時器能夠檢測 ECU 內的 MCU 異常以及 ECU 安全工作所需的所有功能，包括容錯參考電壓的自我監控功能、看門狗計時器時鐘振盪器的監控功能，以及自診斷功能，用於檢查電源監控晶片中的檢測功能是否在啟動時正常運行。

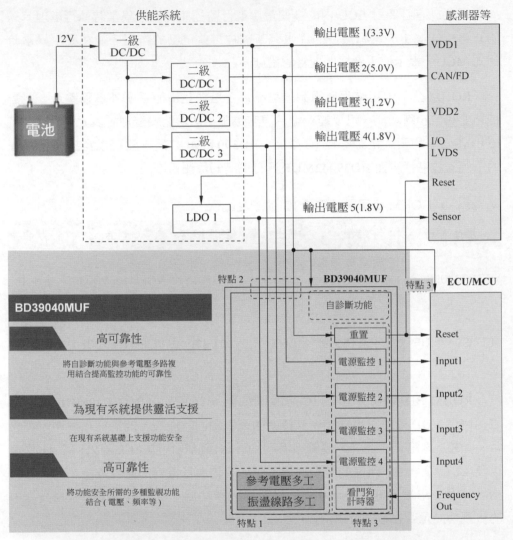

▲ 圖 6-21 ROHM BD39040MUF 電源監控 IC 方塊圖

6.3.2 基於軟體的安全機制——STL

1. STL 的簡介

軟體測試函數庫（Software Test Libraries，STL）是一種基於軟體的安全機制，對汽車、工業和其他市場中要求必須證明功能性安全才能運行應用程式的

安全相關設計來說，STL 是一個重要的組成部分。STL 為永久性故障提供診斷能力，基於可實現的診斷覆蓋水準，非常適合安全完整性要求較低的情況，如 ISO 26262 ASIL B 等級的汽車應用。此外，與內建自檢（BIST）相比，STL 的部署通常不那麼複雜，且使用的晶圓面積更小且功耗更少。

　　ASIL 是根據車輛的安全目標和功能安全要求來確定的。對每個功能安全要求，對應的技術安全要求產生並被分配到組成系統的單一硬體和軟體元件中。舉例來說，為了保持更高的安全完整性，硬體元件（如處理器）必須透過其連續的監視和報告能力（分配給 CPU 的技術安全要求）對隨機硬體故障有更高的覆蓋率。用於高覆蓋率、持續監控和報告的一種常用方法是雙核心鎖步（DCLS）。使用這種方法，主 CPU 和容錯 CPU 同步運行，並連續比較輸出，以確保在操作過程中任意一個處理器從傳播到輸出的過程中所產生的任何隨機硬體故障都可以被檢測和報告。雖然這種類型的系統價格昂貴（CPU 面積幾乎加倍），但仍然在許多安全性至關重要的應用程式中被使用，特別是那些必須滿足 ISO 26262 汽車安全完整性 ASIL D（具有最高安全等級需求）的產品。然而，在駕駛人通常對車輛有更多控制的安全應用（如車道監控、自我調整前燈系統等）中，安全性要求往往較低（如 ASIL B），在這種情況下，以 STL 為代表的安全自檢技術被經常使用。

　　在開發 STL 時，通常考慮的安全性要求如下。

　　（1）實現技術安全概念要求的 STL 診斷覆蓋率（Diagnostic Coverage，DC）目標，或 IP 提供商設定的 STL 診斷覆蓋率目標。

　　（2）報告失敗資訊，包括從測試到系統級應用程式的任何已辨識的錯誤。

　　（3）避免干擾應用軟體。

　　（4）執行時間在為受保護 IP 定義的診斷測試時間間隔（DTTI）內。

　　（5）執行時期維護 IP 的使用假設。

　　在開發 STL 時，通常考慮的功能要求如下。

（1）靈活的測試深度，以便在某個時間點運行選擇的測試和測試數量。

（2）能夠透過選擇不同的測試集對特定的邏輯區塊進行目標測試。

（3）適用於不同的 IP 設定。

（4）程式大小在定義的總記憶體佔用百分比內。

（5）可重新定位，具體取決於系統記憶體映射。

（6）可中斷的最大定義延遲。

開發 STL 系統結構時需要考慮的原則如下。

（1）簡化整合——可用一個簡單的應用程式設計發展介面（API）來呼叫 STL。

（2）能夠根據系統級技術安全概念，在可用的時間預算範圍內，選擇 STL 所需的具體零件和零件數量。

（3）使客戶能夠具有執行自己的數位和故障模擬的能力。

（4）在任何特定時間根據所選設定和可用記憶體選擇測試的靈活性。

（5）額外的硬體應限制在增加診斷覆蓋率所需的最低限度內。

（6）滿足隨機硬體故障和相關硬體系統結構度量的基本定義。

2. 隨機硬體故障和相關硬體系統結構度量的基本定義

一個項目中的電氣 / 電子系統的故障行為可能是由系統故障和隨機硬體故障（Random Hardware Faults，RHWF）在其一個或多個單元中發生的。對於隨機硬體故障，ISO 26262 和其他功能安全標準定義了幾個硬體系統結構度量，為每個定義的完整性等級推薦目標值。必須實現硬體系統結構度量的這些目標，以確認與安全相關的系統能夠在一定程度上應對隨機硬體故障，而不會導致危險情況的危險系統發生故障。ISO 26262 標準定義了一個絕對的硬體系統結構度量〔單位：故障時間（FIT）〕和兩個相對的硬體系統結構度量（單位：1 或 %）。

（1）隨機硬體故障機率度量（Probabilistic Metric for Random Hardware Failure，PMHF）：存在違反安全目標的可能性（Potential to Violate a Safety Goal，PVSG）的不可控的隨機硬體故障的絕對故障率。

（2）單點故障度量（Single Point Fault Metric，SPFM）：相對於系統或元素中所有安全相關的隨機硬體故障的不受控的 PVSG 故障的比例（單位：1 或 %）。

（3）潛在故障度量（LFM）：相對於所有安全相關隨機硬體故障（不受控制的 PVSG 故障）的比例（單位：1 或 %）。

ISO 26262-5§8.4.5、ISO 26262-5§8.4.6 和 ISO 26262-5§9.4.2.2 定義了 3 個硬體系統結構度量：PMHF、SPFM 和 LFM 的 ASIL 相關目標值，如表 6-10 所示。這些目標值是為系統級定義的，並且必須在系統級實現（舉例來說，對於一個完整的煞車或轉向系統）。請注意，ASIL A 沒有定義目標值，而 ASIL B 的目標值僅由 ISO 26262 標準推薦。

▼ 表 6-10 ISO 26262 度量目標值

ASIL	SPFM	LFM	PMHF
ASIL B	≥90%	≥60%	$\leq 10^{-7}h^{-1}$（100FIT）
ASIL C	≥97%	≥80%	$\leq 10^{-7}h^{-1}$（100FIT）
ASIL D	≥99%	≥90%	$\leq 10^{-8}h^{-1}$（10FIT）

另一個相對度量通常用於表徵檢測和控制故障的安全機制的有效性。

診斷覆蓋率（Diagnostic Coverage，DC，單位：1）定義為由安全機制檢測和控制的硬體元素故障率或故障模式的百分比，安全機制的診斷覆蓋率直接影響安全機制有效的單元的硬體系統結構度量——SPFM 和 PMHF。圖 6-22 演示了一個硬體元素的總故障率（Failure Rates）或基本故障率（Total），由安全故障率和 PVSG 故障率兩部分組成，此處，我們只考慮安全故障和 PVSG 故障。安全機制能夠檢測和控制一部分 PVSG 故障，不可檢測和控制的 PVSG 故障率稱為殘餘風險。圖 6-22 中的等式 1~5 顯示了如何定義不同的硬體系統結構度量以及如何計算它們。

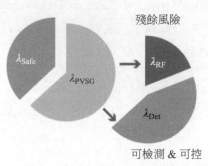

等式1	$\lambda_{Total} = \lambda_{Safe} + \lambda_{PVSG}$
等式2	$\lambda_{PVSG} = \lambda_{RF} + \lambda_{Det}$
等式3	$DC = 1 - \dfrac{\lambda_{RF}}{\lambda_{FR}} = \dfrac{\lambda_{Det}}{\lambda_{FR}}$
等式4	$SPFM = 1 - \dfrac{\lambda_{RF}}{\lambda_{Total}} = \dfrac{\lambda_{Safe} + \lambda_{Det}}{\lambda_{Total}}$
等式5	$PMHF = \lambda_{RF} = (1 - DC) \cdot \lambda_{PVSG}$

▲ 圖 6-22　硬體元素的故障率

註：λ_{FR} 表示硬體元素的故障率；λ_{RF} 表示殘餘風險；λ_{Total} 表示基本故障率；λ_{PVSG} 表示 PVSG 故障率；λ_{Det} 表示可檢測和可控的 PVSG 故障率。

3. 為安全機制確定範圍和診斷覆蓋率目標

當指定安全機制作為 IC 或 IP 安全概念的一部分時，除其他要求外，應定義安全機制的範圍和診斷覆蓋率目標。範圍界定應考慮以下幾個問題：安全機制應該覆蓋哪些硬體區塊？ 是否有任何子區塊預期不包括在安全機制中？ 硬體區塊的失效模式是什麼？ 安全機制應涵蓋硬體區塊的所有失效模式，還是只涵蓋選定的失效模式？

應該為整個硬體區塊定義或為個別故障模式單獨定義診斷覆蓋率目標，後者也被稱為故障模式覆蓋（FMC）目標。無論哪種情況，都應考慮下列問題：硬體區塊的 SPFM 目標是什麼？ 與 SPFM 目標相比，是否存在大量的安全故障，從而降低了所需的診斷覆蓋率？ 是否有其他安全機制計畫覆蓋相同的區塊和故障模式，以正交或重疊的方式，從而降低相對於 SPFM 目標的每個安全機制所需的診斷覆蓋率？

什麼診斷覆蓋率目標被認為是可以實現的？

如果沒有詳細的資訊來支持更精確的診斷覆蓋率規範，那麼定義一個與表 6-10 中 ASIL 相關的 SPFM 目標相等的診斷覆蓋率是合理的。換句話說，如果安全機制是為應用程式用例不清楚的 SEooC 開發的，那麼可以假設 DC 目標等於表 6-10 中依賴 ASIL 的 SPFM 目標。

4. CPU 的 STL 開發

1）CPU STL 的範圍和診斷覆蓋率目標

以 ARM CPU 核心的 STL 為例，適用範圍和診斷覆蓋率目標的定義可能會提出對 STL 的以下要求。

（1）STL 應針對 CPU 核心中的所有永久性故障，非安全相關區塊除外。

（2）STL 應實現 90%DC 的診斷覆蓋率目標（基於假定的 CPU 核心 ASIL B 用例）。

STL 是根據這些假設需求和診斷覆蓋率目標開發的。

2）STL 系統結構

STL 的系統結構如圖 6-23 所示。該系統結構分為 4 個元件，分別是簡單的 API ；排程器（Scheduler）；硬體區塊（Block）：表示處理器硬體區塊（如核心、MPU 等）的邏輯元件組，以確保 STL 的可設定性符合 CPU 設定；元件（Parts）：由受約束的隨機測試生成器或針對特定邏輯撰寫的定向測試生成。約束隨機測試主要針對特定的功能，舉例來說，一個深度學習處理器（Deep learning Processing Unit，DPU）元件沒有浮點計算單元（Floating Processing Unit，FPU）指令，因此即使在 FPU 不存在的情況下，它也可以被執行。這些測試是用組合語言程式碼撰寫的，以實現高效執行，並避免 C 語言程式編譯時被編譯器最佳化。

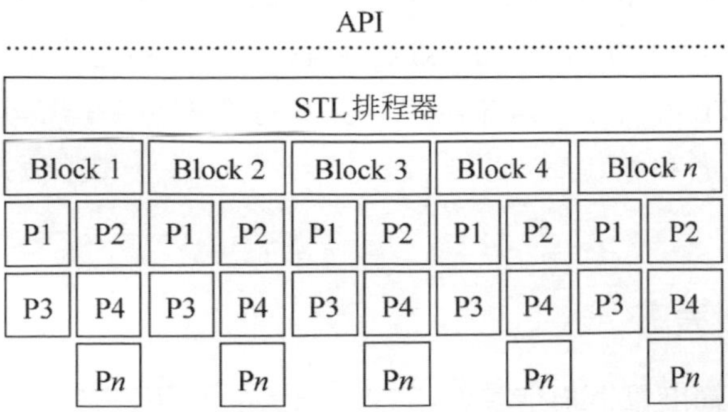

API				
STL 排程器				
Block 1	Block 2	Block 3	Block 4	Block n
P1 P2	P1 P2	P1 P2	P1 P2	P1 P2
P3 P4	P3 P4	P3 P4	P3 P4	P3 P4
Pn	Pn	Pn	Pn	Pn

▲ 圖 6-23 STL 的系統結構

建構 ARM STL 系統結構的主要原則是「簡單性」。有一個基於 C 語言的 API 用於呼叫函數庫，然後執行預定的測試。完成後，將控制項返回給函數庫的呼叫者，並返回執行測試的結果。如果測試導致失敗，則提供關於失敗的測試及其可能原因的附加資訊。

可以設定從單一 API 呼叫運行的測試數量，這取決於可用的時間和記憶體。

3）STL 的流程

STL 的流程分為以下階段。

（1）探索：探索 CPU 中對整個 SPFM 影響最大的安全相關區域，如指令執行單元。首先實現對診斷覆蓋率有最大影響的單元的檢查和處理，可能會間接地使其他影響較小的單元受益。

（2）測試撰寫：在可能的情況下使用工具生成偽隨機測試，舉例來說，針對執行指令的測試單元。這是透過建立隨機指令序列來完成的，舉例來說，為記憶體系統或中斷控制器生成測試。此外，定向測試還用於擊中某些難以到達的區域或隨機測試無法擊中的區域。

（3）故障模擬：通常透過執行故障模擬以驗證所撰寫的測試的品質。這是由一個合格的故障模擬器完成的。根據所獲得的診斷覆蓋率度量，對組成 STL 的零件和硬體區塊的品質進行了驗證。如果沒有實現所需的診斷覆蓋率，IP 開發人員需要返回測試撰寫階段，直到實現覆蓋目標。

（4）結束確認：在整個 CPU 上運行完整的測試集，以證明達到了預期的覆蓋率，便可確認結束 STL 流程。在 STL 開發結束時，驗證範圍定義的實現情況，並測量或評估 STL 的實際診斷覆蓋率。實際的診斷覆蓋率度量被記錄並報告給 CPU 核心的使用者和整合商，以支援對整合 CPU 核心和整個系統的 IC 的定量分析。

5. IP 和 IC 等級考慮

硬體系統結構度量目標值是在系統級定義的，並且必須為系統的整個硬體實現它們。這就提出了一個問題：如果一個人沒有開發一個完整的系統，而只是

開發一個 IC 或 IP（如系統中的元件或子元件），那麼度量目標是什麼呢？遺憾的是，ISO 26262 沒有提供任何要求，關於這個主題只有很少的指導。這些目標由 IC 或 IP 的開發人員來指定，舉例來說，作為 SEooC 定義的一部分，對於 IC 或 IP 級度量目標值的規範，應考慮以下指導方針。

（1）SPFM：IC 或 IP 採用系統級 SPFM 目標值，基於目標 ASIL。

（2）LFM：IC 或 IP 應採用基於目標 ASIL 的系統級 LFM 目標值。

（3）IC 的 PMHF: 對於 IC，建議假設 PMHF 目標為依賴於 ASIL 的整體系統等級 PMHF 目標值的 1%~10%。

（4）IP 的 PMHF：IP 不應該定義 PMHF 目標。

（5）DC: 對於 IC/IP 安全機制的 DC 沒有一般的目標。

ISO 26262 規定了實現相對和絕對硬體系統結構度量的要求（ISO 26262-5[3]，第 8 和第 9 項）。必須滿足所有要求才能符合 ISO 26262。這表示不關心絕對的 PMHF 度量，而僅滿足相對的硬體系統結構度量 SPFM 和 LFM 是不夠的。這就是提出 ISO 26262 標準的動機：PMHF 度量代表汽車產品的剩餘風險絕對值，必須加以限制。此外，相對的硬體系統結構量度代表了人們在減少系統殘留風險方面應該投入的精力。對於具有較高固有風險（ASIL 較高）的系統，即使絕對剩餘風險水準可能已經相對較低，投入的精力預計也會更高。

對一個項目中的 PVSG 故障，必須同時滿足 PMHF 和 SPFM 目標，這兩種硬體系統結構度量中的一種將佔主導地位。如果系統基本故障率較低，則可以使用預設 SPFM 目標來實現 PMHF 目標，如表 6-10 所示。然而，如果基本故障率非常高，這個預設 SPFM 目標可能不足以同時實現 PMHF 目標。在這種情況下，有必要達到更高的 SPFM。建議儘早執行 PMHF 預算和 SPFM 目標調整（舉例來說，在 SEooC 定義或 IC 水準的安全概念規範期間）。

分別滿足不同故障類型的硬體系統結構度量目標，不同的故障類型應分別進行分析，避免隱藏故障，降低故障率。對於 IC 或 IP，這表示對於晶圓上的永久故障和瞬態故障，以及與封裝相關的永久故障，應分別指定和實現度量目標值。

6. 系統層級考慮

如果在 IP 或 IC 等級（如透過 STL）實現的實際 SPFM 低於目標要求，可透過以下方式改善：辨識額外的環境敏感的安全故障並採取措施； 在系統層面使用額外的安全機制或措施。

安全故障包括系統結構安全故障和依賴於應用程式的安全故障。系統結構安全故障指某些設定根據 IP 和網路表被錯誤判為安全的故障，舉例來說，及閘一個輸入端發生故障，而由於另一個輸入端接地，故障被阻塞從而無法被辨識。

依賴於應用程式的安全故障取決於最終的應用程式工作負載和活動模式。在安全關鍵功能期間，部分 IP 中的損壞結果可能永遠不會被應用程式讀取，或某個資料路徑或完整區塊可能永遠不會被執行。舉例來說，如果實現中存在浮點單元（FPU），但該應用程式從未運行過浮點程式，那麼如果 FPU 中的故障不干擾 IP 的其他活動部分，則可以認為是安全的。

如圖 6-22 所示，故障總數是安全故障和可能違反安全目標或安全要求的故障的組合，安全故障數量的增加也表示可能違反安全目標的故障數量的減少。基於各種因素在系統級辨識額外的安全故障，有助增強系統級的 SPFM。

STL 測試模式通常是為 IP 中的每個硬體區塊或硬體子區塊生成的。可以生成這樣的測試模式：透過建立特定的場景來針對特定的邏輯或介面，系統地（即定向測試）或隨機地〔舉例來說，透過使用隨機指令集（RIS）生成工具〕生成。

從 SEooC IP 或 IC 的角度來看，可以假設一個通用應用軟體正在隨機地運行和測試 IP 的整個部分或子部分，如 CPU。根據 ISO 26262 Part 6[6] 推薦的整合式軟體安全機制，系統地為安全關鍵應用程式開發的應用軟體可以為隨機硬體故障提供診斷功能。這些用於錯誤檢測的軟體安全機制的例子（ISO 26262-6: 2018 7.4.12 Note 2[6]）包括以下幾個。

（1）輸入 / 輸出資料的範圍檢查。舉例來說，如果 ALU 有隨機硬體故障並產生超出範圍的結果，則下一個範圍檢查將檢測到這一點。

（2）合理性檢查。舉例來說，使用所需行為的參考模型，包括斷言檢查，或比較來白不同來源的訊號。

（3）在軟體中實現的存取違規控制機制，用於授予或拒絕存取與安全相關的共用資源。它們可以檢測定址邏輯、記憶體保護單元（MPU）等方面的隨機硬體故障。

（4）細粒度的程式流監控，結合逾時或視窗看門狗，實現對程式序列的時間和邏輯監控。這可以檢測隨機硬體故障，影響適當的程式流程。

7. 總結

對 STL 供應商來說，STL 供應商在開發 STL 時，應努力實現 ISO 26262 為 ASIL 設定的相關硬體系統結構度量。然而，在 IP 等級的 SPFM 較低的情況下，系統集成商和系統開發人員可以在系統等級考慮特定應用，採用附加安全機制、測試或技術，以改進 IP 的 SPFM，以滿足標準設定的預設 SPFM 目標。

對整合商或使用者的來說，在 IP 或 IC 等級不滿足 DC 和 SPFM 目標的 STL，仍然可以用於針對特定 ASIL（如 ASIL B）的應用程式中，因為硬體系統結構度量可以在系統等級上得到增強，在確定 IP 等級的 SPFM 時，不會考慮特定應用安全故障。此外，可在系統層面實施額外的安全機制、措施或測試，以彌合 IP 目標中的任何進一步差距。

6.4 車載晶片軟體安全設計

6.4.1 軟體安全設計的簡介

軟體功能安全開發中主要解決的是軟體的系統性失效問題，避免軟體系統性失效的流程如圖 6-24 所示。主要是針對各階段的開發活動提出了相應的規範性要求，並對不同 ASIL 軟體開發所需要進行的具體測試方法和內容介紹。

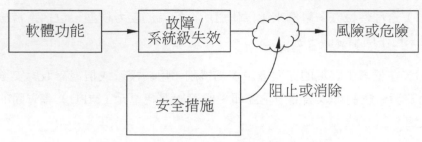

▲ 圖 6-24 避免軟體系統性失效的流程

軟體功能開發遵循圖 6-25 所示的 V 型模型開發原理,即從需求開始,分層次進行軟體的系統結構設計、單元設計和具體的程式開發。與每階段設計開發對應的是相應的整合和測試工作。

▲ 圖 6-25 軟體的 V 型模型開發原理

ISO 26262 中對軟體開發的具體規範性要求有很多,並且比較詳細。但對這些規範的符合規範性檢查就是不太容易操作的事情了。對於程式的靜態分析和語義程式分析,在開發中可以借助專業工具依據具體的規範標準(如 MISRA-C 等)進行檢查,工具可以幫助查詢所有錯誤和不符合項。而對於一些設計規則(如軟體系統結構設計要注意層次性、高內聚、低耦合),這種指導性的要求,在實際開發中,開發者不太容易對開發產物進行準確評價。這裡簡單介紹一下業界使用比較廣泛的系統結構設計標準和設計想法。

6.4.2 AUTOSAR 簡介

AUTOSAR（Automotive Open System Architecture）是汽車電子領域最常用的軟體系統結構設計標準之一，是主流汽車原始裝置製造商、主流供應商和晶片企業等聯合制定的軟體開發系統，目標是實現供應商之間、整車應用之間和車輛平臺之間的可互換性。AUTOSAR 採用了分層式的設計，實現了軟硬體的分離重複使用。

AUTOSAR 的系統結構如圖 6-26 所示，透過將中間層 RTE（RunTime Enviroment，執行時期環境）作為虛擬匯流排，成功地實現上層應用軟體層（Application Software Layer）和下層基於硬體的基礎軟體層（Basic Software Layer）的分離。在 AUTOSAR 系統結構下，進行應用層軟體開發時，可以不考慮底層的軟硬體，從而提高軟體的可攜性。應用軟體被劃分為各個元件，透過系統組態，軟體元件會被映射到指定的 ECU 上，而元件間的虛擬連接也同時映射到 CAN、FlexRay、MOST 等匯流排上。軟體元件與 RTE 通訊，是透過預先定義好的通訊埠來實現的。各軟體元件之間不允許直接互相通訊，RTE 層封裝好 COM 等通訊層 BSW 後，為上層應用軟體提供 RTE API，軟體元件再使用通訊埠的方式進行通訊。

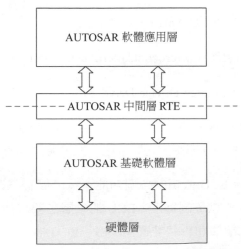

▲ 圖 6-26 AUTOSAR 的系統結構

從更細緻的角度來說，AUTOSAR 系統結構共分為 6 層，如圖 6-27 所示。

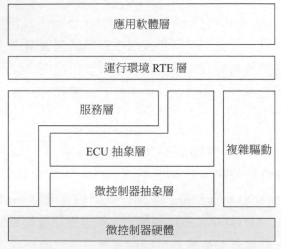

▲ 圖 6-27 AUTOSAR 系統結構的層次結構

（1）應用軟體層。

（2）運行環境 RTE 層。

（3）服務層（Services Layer）。

（4）ECU 抽象層（ECU Abstraction Layer）。

（5）微控制器抽象層（Microcontroller Abstraction Layer）。

（6）複雜驅動（Complex Device Drivers）。

微控制器抽象層相當於傳統嵌入式開發中的底層驅動，用於實現處理控制器依賴的各功能，包括 I/O 驅動、通訊驅動、記憶體驅動等。

ECU 抽象層基於 ECU 依賴的各個功能，這一層經過微控制器抽象層的隔離，已經不依賴特定的微控制器了。ECU 抽象層主要包括 I/O 硬體抽象層、通訊抽象層、記憶體抽象層和車載裝置抽象層。ECU 抽象層將微控制器抽象層的各個功能抽象為 ECU 層的功能。

服務層主要包括通訊服務、記憶體服務和系統服務。這一層可以隔離大部分 ECU 依賴的功能。

　　而在開發中，一些極高即時性的感測器採樣、執行器控制等功能，需要透過專門的複雜驅動來實現。

　　軟體開發中透過採用 AUTOSAR 系統結構成功地將應用層與底層隔離開了。從而車企或 Tier1[①]可以專心進行與產品功能直接相關的應用層開發，在應用層上建立起區別於對手的特徵。對於中間層和底層，可以交由專業的供應商來完成，而且這一部分有越來越趨同的現象。中間層和底層對使用者是不可見的，車企對於這部分工作甚至可以採用共同的平臺供應商，這樣對成本和產品成熟、穩定性都是有很大幫助的。

　　當然，上面提到的 AUTOSAR 的優勢只是理論上的。在實際產品開發中，應用層開發方或最終產品負責方是不可能真的做到完全不管中間層和底層實現的，只是這種參與和投入程度相比傳統的方式大大降低。作為系統開發和整合方，對於功能安全產品開發，其負責的工作不僅包括軟體開發，也包括達到標準對硬體度量的要求。

　　而對於硬體設計，其是與採用的控制器型號、週邊驅動和通訊裝置，甚至電容電阻直接相關的。對於硬體相關的診斷，大多需要相應的軟體功能來呼叫和實現；對於很多軟體功能的診斷，同樣會對硬體裝置提出要求。

---

① 在汽車產業中，Tire1 和 Tire2 通常指汽車供應鏈中的兩個等級。Tire1 通常指直接與汽車製造商合作的一級供應商，他們提供給汽車製造商零件和元件。而 Tire2 則是指直接向 Tire1 供應零件和元件的二級供應商。Tire2 經常是 Tire1 的子供應商，也有可能是獨立的供應商。Tire2 的產品和服務通常不會直接被汽車製造商使用，而是在 Tire1 的加工和裝配後被使用。汽車電子模組通常屬於汽車供應鏈中的 Tire1 等級。因為汽車晶片的關鍵性和重要性，汽車製造商通常會直接與晶片製造商合作，以確保晶片供應的品質和穩定性。但是，晶片製造商也需要從 Tire2 等級的供應商那裡獲得原材料和零件。因此，汽車晶片作為 Tire1 等級的供應商，也需要與 Tire2 等級的供應商進行合作，以確保零件和原材料的供應穩定。

在系統系統結構設計上，需要兼顧軟、硬體的需求，合理設計系統系統結構。汽車設計中常採用的系統結構包括從傳統引擎設計演變而來的如圖 6-28 所示的 EGAS（電子油門系統）三層系統結構。在功能安全的系統系統結構設計中，可以考慮參考類似 EGAS 這種業界比較成熟的系統結構設計想法。

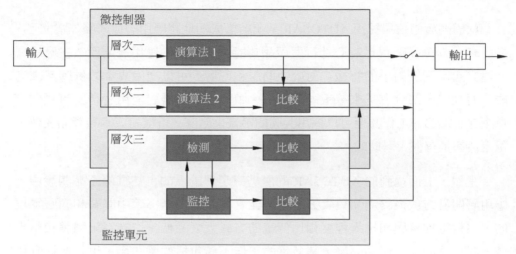

▲ 圖 6-28　EGAS 三層系統結構

6.4.3　軟體系統結構功能安全設計

　　軟體開發的流程與硬體類似，由軟體技術安全需求和系統需求可以確定軟體的基本系統結構。軟體安全要求以及與安全相關的其他軟體要求需要與軟體系統結構一起實施。在軟體系統結構中，由於軟體單元獲得了分配給它們的不同軟體安全性要求，需要考慮這些不同 ASILs 的要求是否可以共存在同一軟體單元中。如果不能共存，則需要根據所有分配的安全要求的最高 ASIL 開發和測試軟體。

　　軟體系統結構包含靜態和動態兩方面。靜態方面的要求涉及：軟體結構，包括其分級層次；資料處理的邏輯順序；資料型態和它們的特徵參數；軟體元件的外部介面；軟體的外部介面及約束（包括系統結構的範圍和外部依賴）。動態方面的要求則涉及：功能性和行為；控制流和併發處理程序；軟體元件間的資料流程；對外介面的資料流程時間的限制。圖 6-29 所示為軟體系統結構設計範例。

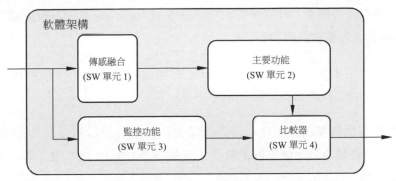

▲ 圖 6-29 軟體系統結構設計範例

　　為了說明這兩方面,軟體系統結構所用到的標記法有非正式標記法、半正式標記法和正式標記法; ASIL 越高,標記法越正式。

　　在軟體系統結構設計中,需要重點考慮軟體的可維護性及可測試性。在汽車產業,可維護性在軟體的整個產品週期內都應當加以考慮。在 ISO 26262 標準中,測試是非常重要的一方面,任何設計都應該同時考慮到測試的方便性和容易性。

　　為避免因高度複雜性導致出現系統性故障,ISO 26262 列出了一些推薦的標準:設計的軟體應具備層次性,軟體模組應具備高內聚性,軟體模組大小應被限制; 軟體模組之間的介面應當儘量少且簡單,可以透過限制軟體模組的耦合度實現; 為確保軟體單元的執行時間,軟體排程應當避免使用中斷,如果使用了中斷,要注意考慮中斷的優先順序。

　　在軟體系統結構層面,應具備檢測不同軟體單元之間的錯誤的能力。ASIL越高,要求的安全機制越多。下面是 ISO 26262 中提到的一些安全機制,部分安全機制之間可能存在重複。

　　(1)資料範圍檢查:資料在不同的軟體模組讀寫時,這個簡單方法可以確保資料在正常合理範圍之內。任何超出這個範圍的資料,都可以被認為是錯誤的資料。

　　(2)真實性檢查:軟體模組之間的訊號傳遞可以採用這種類型的合理性檢查。同時可以採用參考模型或其他來源資訊來評估訊號的合理性。

（3）資料錯誤檢查：有許多方法可以檢查資料的正確性，如數據驗證（Data Checksums），容錯資料備份等。

（4）控制流監控：透過監控軟體單元的執行流程，可以檢測到某些故障，包括跳過的指令和軟體卡在無限循環中。

（5）多樣化軟體設計：在軟體設計中使用多樣性設計可以高效率地檢測軟體故障。該方法是設計兩個不同的軟體單元進行互相監控；如果二者行為不同，那麼說明其中一個故障。

一旦軟體錯誤被檢測到，應該有相應的錯誤處理機制。在軟體系統結構等級 ISO 26262 詳列的錯誤處理安全機制如下。

（1）靜態恢復機制：目的是從破壞的狀態回到可以繼續正常運行的狀態。

（2）適度降級：當發生故障時，該方法使系統進入一個安全運行模式。汽車軟體的通常做法是亮起警示燈通知駕駛人某元件出現了問題。

（3）獨立並行容錯：該安全機制可能會需要硬體容錯，因此成本相對而言較高。這個概念假設基於兩個容錯硬體同時發生錯誤的機率相對很低，並且有一個硬體一直處於正常無故障運行模式。

（4）資料改錯碼：對於資料錯誤，有機制可以糾正這些錯誤，這些機制都是基於增加容錯資料來提供不同等級的保護，使用的容錯資料越多，可以更正的錯誤就越多。這通常用於光碟（CD、DVD）隨機存取記憶體（RAM）等，但也可以在汽車領域使用。

一旦軟體系統結構設計結束後，就需要對軟體系統結構的需求進行測試。ISO 26262 詳列了以下一些方法。

（1）設計走查：一種同行審查的形式，軟體系統結構設計者將這種系統結構描述為一組審查人員，目的是檢測任何潛在的問題。

（2）設計檢查：與走查相比，檢查更正式。它包括幾個步驟：規劃、離線檢查、檢查會議、返工和更改後續工作。

（3）模擬：如果軟體系統結構可以透過軟體進行模擬，那麼模擬是一種有效的方法，特別是在系統結構的動態部分找到故障。

（4）生成原型：與模擬一樣，原型設計對動態元件來說也是非常有效的。分析原型和預期目標之間的任何差異也是很重要的。

（5）形式驗證：這種方法用數學證明或反駁正確性，很少用於汽車產業。它可用於確保預期的行為，排除意外行為，並證明安全要求。

（6）控制流分析：這種類型的分析可以用在靜態程式分析中。目的是在系統結構層的軟體執行中找到安全關鍵路徑。

（7）資料流程分析：這種類型的分析可以用在靜態程式分析。目的是在軟體系統結構層面找到任何安全相關的關鍵變數。

6.4.4 軟體功能安全測試

一旦軟體安全要求確定了，單元等級的軟體系統結構已完成，那麼就可以開始軟體單元的設計和實施。ISO 26262 支援手動撰寫的程式（Manually Written Code）和自動生成的程式。如果生成程式，則可以省略對軟體單元的要求，前提是使用的工具已經透過 ASIL 認證。

與軟體系統結構的規範一樣，ISO 26262 規定了應用於軟體單元設計的符號。ISO 26262 要求適當組合所使用的符號，並且始終強烈推薦自然語言。此外，該標準建議使用非正式符號、半正式符號和正式符號。

關於軟體單元實施，ISO 26262 中提到了以下設計原則，有些可能不適用，取決於開發過程。有些也可能被使用的程式設計指南所涵蓋。

（1）副程式和函數採用一個入口和一個出口：多個出口點透過程式使控制流複雜化，程式難以理解和維護。

（2）無動態物件或動態變數，在其產生過程中也沒有線上測試：動態物件和變數存在兩個主要挑戰：不可預測的行為和記憶體洩漏。兩者都可能對安全產生負面影響。

（3）變數初始化：沒有初始化變數，變數可能是任何值，包括不安全的和非法的值。這兩者都可能對安全產生負面影響。

（4）不能重複使用變數名稱：使用相同名稱的不同變數有風險。

（5）避免全域變數，否則需證明對全域變數的使用是合理的：全域變數從兩方面來說都是壞的，它們可以被任何人讀取並被任何人寫入。開發安全相關的程式，強烈建議從這兩方面控制變數。有時可能存在全域變數優先的情況，如果全域變數的相關風險的使用可以被證明是安全的，則 ISO 26262 允許這些情況。

（6）限制使用指標：使用指標的兩個重大風險是變數值的破壞和程式的崩潰，兩者都應該避免。

（7）無隱式類型轉換：即使編譯器支援某些程式語言，也應避免這種情況，因為它可能導致意外的行為，包括資料丟失。

（8）無隱藏資料流程或控制流：隱藏的流程使程式更難以理解和維護。

（9）沒有無條件跳躍：無條件跳躍使得程式更難以分析和理解。

（10）無遞迴：遞迴是一種強大的方法。然而，它使程式複雜化，難以理解和驗證。

在軟體單元設計和實現時，需要驗證硬體 - 軟體介面和軟體安全要求是否滿足安全需求。此外，應確保軟體程式符合程式設計準則，軟體單元設計與預期硬體相容。ISO 推薦的方法基本和軟體系統結構的一樣。包括靜態程式分析和語義程式分析。

① 靜態程式分析：分析的基礎是偵錯原始程式碼而不執行它。通常包括語法和語義的分析、檢查程式設計指南（如 MISRA-C）、變數估計、控制流和資料流程的分析。

② 語義程式分析：該分析一般考慮到的是原始程式碼的語義方面，是一種靜態程式分析。可以檢測包括未正確定義和以不正確方式使用的變數和函數等。

6.4.5 符合功能安全標準的軟體開發流程

1. 細化軟體安全需求

細化軟體安全需求子階段的目標如下。

（1）指定或完善軟體安全需求，這些需求源自技術安全概念和系統系統結構設計規範。

（2）定義運行軟體所需的安全相關功能和屬性。

（3）完善軟硬體介面要求。

（4）驗證軟體安全要求和軟硬體介面要求是否適合軟體開發，是否符合技術安全概念和系統系統結構設計規範。

在系統系統結構設計階段，對技術安全要求進行了細化，並將其分配給硬體和軟體。軟體安全要求的規範特別考慮了硬體的約束以及這些約束對軟體的影響。該子階段需要細化軟體安全要求，以支援後續階段的設計工作。

軟體安全要求應符合被分配的安全目標 ASIL，軟體安全要求的細化應考慮到軟體安全相關功能和特性，若軟體安全相關功能和特性發生故障可能導致系統違反分配給軟體的技術安全要求。軟體安全要求有兩類：一類直接源自分配給軟體的技術安全要求；另一類是對軟體功能和安全相關屬性的要求。如果不滿足這些要求，可能會導致違反分配給軟體的技術安全要求。軟體的安全相關屬性包括對錯誤輸入的穩健性、不同功能之間的獨立性或無干擾性，或軟體的容錯能力等。軟體的安全相關功能包括：使系統達到或保持安全狀態 / 降級狀態的功能；安全相關硬體元素與故障檢測、故障指示和故障緩解相關的功能；與作業系統、基本軟體或應用軟體本身的故障檢測、指示和故障緩解相關的自檢或監控功能；允許在生產和服務期間對軟體進行修改的功能等。

從技術安全要求、技術安全概念和系統系統結構設計衍生細化軟體安全要求規範應考慮以下幾點。

（1）安全規範和管理要求符合 ISO 26262.8.6 中的規定。

（2）指定的系統和硬體規格，如設定參數包括增益控制、帶通頻率和時鐘預分器。

（3）軟硬體介面規範。

（4）硬體設計規範的相關要求。

（5）時序約束，舉例來說，從系統級回應時間得出的執行時間或反應時間。

（6）外部介面，如通訊或使用者介面。

（7）每個操作模式以及車輛、系統或硬體操作模式之間的每個轉換都會對軟體產生影響，操作模式包括關閉或休眠、初始化、正常操作、降級和高級模式等。

2. 軟體系統結構設計

軟體系統結構設計子階段的目標如下。

（1）開發滿足軟體安全要求和其他軟體要求的軟體系統結構設計。

（2）驗證軟體系統結構設計能夠滿足其安全目標 ASIL 的軟體安全要求。

（3）支援軟體的運行和驗證。

軟體系統結構設計描述了軟體系統結構元件及其互動的層次結構，在靜態方面描述了如軟體元件之間的介面，動態方面描述了如過程序列和時序行為。

軟體系統結構設計能夠滿足軟體安全要求以及其他軟體要求。因此，在此子階段，安全相關和非安全相關的軟體要求應在一個開發過程中進行處理。軟體系統結構設計提供了實現軟體要求和為達到 ASIL 安全目標提出的軟體安全要求的方法，以及管理系統結構具體設計和軟體運行的複雜系統的方法。

為了避免軟體系統結構設計以及後續開發活動中的系統性錯誤，軟體系統結構設計的描述應該強調以下特徵：可理解性、一致性、簡潔性、可驗證性、

模組性、抽象化（可透過使用層次結構、分組方案等來支援，以涵蓋系統結構設計的靜態和動態方面）、封裝性和易維護性。為了滿足這些特徵，軟體系統結構設計需遵循表 6-11 中列出的原則。

▼ 表 6-11 軟體系統結構設計的原則

原則	ASIL			
	A	B	C	D
1　軟體元件具有適當的層次結構	++	++	++	++
2　限制軟體元件的大小和複雜性	++	++	++	++
3　限制介面大小	+	+	+	++
4　軟體元件之間具有高內聚性	+	++	++	++
5　軟體元件之間具有低耦合性	+	++	++	++
6　具有適當的排程特性	++	++	++	++
7　限制中斷的使用	+	+	+	++
8　軟體元件間有適當的空間分隔	+	+	+	++
9　適當管理共用資源	++	++	++	++

表 6-11 中，「++」表示該 ASIL 強烈推薦該原則；「+」表示該 ASIL 推薦該原則。

在軟體系統結構設計的開發過程中，應該考慮以下幾點。

（1）軟體系統結構設計的可驗證性，這表示軟體系統結構設計和軟體安全需求之間具有雙向可追溯性。

（2）可設定軟體的適用性。

（3）軟體整合測試過程中軟體系統結構的可測試性。

（4）軟體系統結構設計的易維護性。

軟體系統結構設計應包括以下兩方面。

（1）軟體架構元素的靜態設計方面，包括軟體結構、資料型態和特徵、軟體元件的外部介面、嵌入式軟體的外部介面、全域變數和約束等。

（2）軟體架構元素的動態方面，包括事件和行為的功能鏈、資料處理的邏輯順序、處理程序的控制流和併發性、透過介面和全域變數的資料流程以及時序約束等。

軟體系統結構設計應該向下發展到能夠辨識軟體單元的等級，軟體安全需求應逐級分配到軟體元件，再分配到軟體單元。每個軟體元件都應按照分配給它的任何要求中最高的 ASIL 進行開發。

軟體系統結構應使用表 6-12 中列出的軟體架構設計驗證方法，驗證軟體架構實現了以下目標。

（1）軟體系統結構設計符合軟體要求，能達到相應的 ASIL 目標。

（2）設計具有適用性，能滿足 ASIL 安全目標指定的安全要求。

（3）與目標環境相容。

（4）遵循設計指南。

▼ 表 6-12　驗證方法

方法		ASIL			
		A	B	C	D
1	遍覽設計	++	+	○	○
2	檢查設計	+	++	++	++
3	設計的動態行為模擬	+	+	+	++
4	原型生成	○	○	++	++
5	形式驗證	○	○	++	++
6	控制流分析	+	+	++	++

（續表）

方法	ASIL			
	A	B	C	D
7　資料流程分析	+	+	+	++
8　排程分析	+	+	+	++

表 6-12 中，「++」表示該 ASIL 強烈推薦該方法；「+」表示該 ASIL 推薦該方法；「○」表示該方法不適用或不推薦用於該 ASIL。

3. 軟體單元設計和實現

軟體單元設計和實現子階段的目標如下。

（1）根據軟體架構設計、設計標準和分配的軟體需求開發軟體單元設計，以支援軟體單元的實施和驗證。

（2）實現指定的軟體單元。

在軟體系統結構設計的基礎上進行了軟體單元的詳細設計。詳細設計可以用模型的形式表示。原始程式碼等級的實現可以根據軟體開發環境從設計中手動或自動生成。在單一軟體單元設計階段，軟體安全要求和非安全相關需求都需被實現。因此，在此子階段中，安全相關和非安全相關需求在一個開發過程中處理。

軟體單元設計和實現需要滿足以下要求。

（1）能夠適用於滿足分配給安全單元的 ASIL 目標所指定的安全要求。

（2）與安全系統結構設計規範保持一致。

（3）與軟硬體介面規範保持一致。

為了避免系統級故障，確保軟體單元設計具有一致性、可理解性、易維護性和可驗證性，軟體單元應該使用表 6-13 中列出的標記法進行描述。其中，自然語言可以補充標記法的使用，舉例來說，某些問題可以更容易地用自然語言

表達，在設計複雜元素時，為了避免自然語言可能出現的歧義，可以使用活動圖與自然語言結合說明。半正式標記法可以包括虛擬程式碼、UML、Simulink 或 Stateflow。

▼ 表 6-13　各安全等級的標記法

標記法		ASIL			
		A	B	C	D
1	自然語言	++	+	++	++
2	非正式標記法	+	++	+	+
3	半正式標記法	+	+	++	++
4	正式標記法	+	+	+	+

表 6-13 中，「++」表示該 ASIL 強烈推薦該標記法；「+」表示該 ASIL 推薦該標記法。

軟體單元的說明文檔應描述其實現的功能行為和詳細的內部設計，原始程式級應使用表 6-14 中列出的軟體單元設計原則，以實現以下特性。

▼ 表 6-14　符合標準的設計原則

標記法		ASIL			
		A	B	C	D
1	副程式和函數只有一個入口和一個出口	++	++	++	++
2	無動態物件或變數，或建立過程中的線上測試	+	++	++	++
3	變數初始化	++	++	++	++
4	變數名稱不重複使用	++	++	++	++
5	避免使用全域變數	+	+	++	++
6	限制使用指標	+	++	++	++
7	無隱式類型轉換	+	++	++	++

（續表）

	標記法	ASIL			
		A	B	C	D
8	無隱藏的資料流程或控制流	+	++	++	++
9	無條件跳躍	++	++	++	++
10	無遞迴	+	+	++	++

表 6-14 中，「++」表示該 ASIL 強烈推薦該標記法；「+」表示該 ASIL 推薦該標記法。

（1）根據軟體系統結構設計，正確安排軟體單元內副程式和功能的執行順序。

（2）軟體單元之間介面的一致性。

（3）軟體單元內部及軟體單元之間的資料流程和控制流的正確性。

（4）簡潔性。

（5）可讀性和可理解性。

（6）穩健性，舉例來說，能夠防止資料流程和控制流出錯、運行出錯、除以零等錯誤情況發生。

（7）軟體修改的適用性。

（8）可驗證性。

4. 軟體單元驗證

軟體單元驗證子階段的目標如下。

（1）證明軟體單元設計滿足分配的軟體要求。

（2）驗證安全措施是否得到正確實施。

（3）證明實現的軟體單元符合單元設計，並滿足 ASIL 分配的軟體需求。

（4）提供足夠的證據證明軟體單元既沒有不需要的功能，也沒有不需要的功能安全屬性。

為了驗證單一軟體單元設計，同時考慮到軟體安全需求和所有非安全相關需求，在此子階段中，安全相關和非安全相關要求在一個開發過程中處理。如果軟體單元為安全相關元素，則應滿足以下要求。

軟體單元設計和已經實現的單元應該按照表 6-15 所示的方法適當組合以進行驗證，以證明以下幾點。

（1）符合關於單元設計和實現的要求。

（2）原始程式碼與設計規範保持一致。

（3）與軟硬體設計介面規範保持一致。

（4）確保沒有預期之外的功能和屬性。

（5）有足夠的資源支援其功能和屬性。

（6）安全導向分析得到的安全措施的實施符合軟體結構系設計要求。

▼ 表 6-15　單元驗證方法

	方法	ASIL			
		A	B	C	D
1	整體瀏覽	++	+	○	○
2	結對程式設計	+	+	+	+
3	檢查 +	++	++	++	++
4	正式驗證	+	+	++	++
5	半正式驗證	○	○	+	+
6	控制流分析	+	+	++	++
7	資料流程分析	+	+	++	++
8	靜態程式設計分析	++	++	++	++

（續表）

方法		ASIL			
		A	B	C	D
9	基於抽象解釋的靜態分析	+	+	+	+
10	基於需求的測試	++	++	++	++
11	介面測試	++	++	++	++
12	故障注入測試	+	+	+	++
13	資源使用評估	+	+	+	++
14	模型和程式的背對背比較測試	+	+	++	++

表 6-15 中，「++」表示該 ASIL 強烈推薦該方法；「+」表示該 ASIL 推薦
該方法；「〇」表示該方法不適用或不推薦用於該 ASIL。

5. 軟體整合和驗證

軟體整合和驗證子階段的目標如下。

（1）定義整合步驟及整合式軟體元素，直至嵌入式軟體完全整合為止。

（2）驗證由軟體架構等級的安全分析所定義的安全措施是否得到適當實現。

（3）證明整合的軟體單元和軟體元件按照軟體架構設計實現各自的要求。

（4）充分證明整合式軟體既不包含不需要的功能，也沒有不需要的功能安
全屬性。

在這個子階段，特定的整合層級和軟體元素之間的介面根據軟體架構設計
進行驗證。軟體元素的整合和驗證步驟與軟體的層次結構有關。嵌入式軟體可
以由安全相關和非安全相關的軟體元素組成。

軟體整合方法應定義並描述將單一軟體單元逐級整合成軟體元件，直至嵌
入式軟體完全整合為止的步驟。軟體整合應該結合使用表 6-16 中的方法，以證
明實現了軟體單元、軟體元件和嵌入式軟體的層次化整合。

▼ 表 6-16　軟體整合驗證方法

方法	ASIL			
	A	**B**	**C**	**D**
1　基於需求的測試	++	++	++	++
2　介面測試	++	++	++	++
3　故障注入測試	+	+	++	++
4　資源佔用評估	++	++	++	++
5　模型和程式的背對背比較測試	+	+	++	++
6　控制流和資料流程分析	+	+	++	++
7　靜態變成分析	++	++	++	++
8　基於抽象說明的靜態分析	+	+	+	+

表 6-16 中，「++」表示該 ASIL 強烈推薦該方法；「+」表示該 ASIL 推薦該方法。

6. 嵌入式軟體測試

嵌入式軟體測試子階段的目標是證明嵌入式軟體：

（1）在目標環境中執行時期滿足安全相關要求。

（2）既不包含不需要的功能，也不包含有關功能安全性的不需要的屬性。

為驗證嵌入式軟體在目標環境中滿足軟體安全要求，應在表 6-17 列出的合適的測試環境中進行測試。

▼ 表 6-17　用於進行軟體測試的測試環境

方法		ASIL			
		A	B	C	D
1	硬體在環模擬	++	++	++	++
2	電子控制單元網路環境	++	++	++	++
3	車輛	+	+	++	++

表 6-17 中，「++」表示該 ASIL 強烈推薦該方法；「+」表示該 ASIL 推薦該方法。

為驗證嵌入式軟體滿足各自 ASIL 要求的軟體要求，應使用表 6-18 中所列的方法對嵌入式軟體進行測試。

▼ 表 6-18　嵌入式軟體的測試方法

方法		ASIL			
		A	B	C	D
1	基於需求的測試	++	++	++	++
2	故障注入測試	+	+	+	++

表 6-18 中，「++」表示該 ASIL 強烈推薦該方法；「+」表示該 ASIL 推薦該方法。

第 7 章

晶片可靠性問題

7.1 晶片可靠性問題簡介

〰〰〰〰〰〰〰〰〰〰〰〰〰〰〰〰〰〰〰〰〰〰〰〰〰〰〰〰〰〰〰〰〰〰〰〰

　　汽車的安全性能與零件的品質息息相關。對用在汽車裡的晶片來說，衡量其品質高低的重要因素就是其可靠性。本節將首先介紹晶片中存在的一些典型的可靠性問題，接下來將引入可靠性模型的概念並講解如何透過這些模型來衡量晶片是否滿足汽車裡的可靠性要求。

7.1.1　可靠性問題的分類

　　可以把晶片的可靠性問題分類為與晶圓相關的可靠性問題，以及與封裝相關的可靠性問題。在晶圓的層面又可以繼續分類為與電晶體相關的和與金屬互連相關的可靠性問題。

1. 與封裝相關的可靠性問題

　　封裝對晶片來說是必需的，也是至關重要的。因為大多數情況下晶片必須與外界隔離，以防止空氣中的雜質、水氣對晶片電路的腐蝕而造成電氣性能下降。此外，封裝後的晶片也更便於安裝和運輸。由於封裝技術的好壞還直接影響晶片自身性能的發揮和與之連接的 PCB（印刷電路板）的設計和製造，因此它是至關重要的。不同應用、不同大小、不同應用環境的晶片採用不同的封裝形式，但是大多數封裝類型都是需要將晶片貼裝到基板，並透過不同的連接方式將晶圓表面電路連接到封裝接腳端。也需要使用密封材料將晶圓與電路連接處包裹以達到絕緣性要求並提高封裝的可靠性。封裝相關的可靠性問題主要發生在晶圓連接的貼片材料、表面電路連接材料和密封材料中。由於這些材料具有不同的膨脹收縮率，溫度變化會引起封裝結構內部產生應力而引起失效。以下是一些常見的與封裝相關的可靠性問題。

1）貼片的可靠性（Die Bond Reliability）問題

　　無論封裝形式如何，在晶片封裝的過程中通常需要將晶粒貼裝到基板，而這一步驟為貼片。貼片的材料和製程有很多種，而晶粒、基板以及貼片材料由於各自不同的材料特性，在工作條件下可能出現問題，導致晶片失效。

2）引線鍵合的可靠性（Wire Bond Reliability）問題

　　引線鍵合是封裝中的常用方式，用來連接晶粒表面電極到封裝接腳。電極和引線間的結合處可能由於熱應力的原因導致鍵合面出現疲勞而引起晶片失效。

3）水氣引發的可靠性問題

封裝中的有機物高分子材料的特點是多孔性和親水性，當聚合物處在潮濕環境中時會吸收環境中的濕氣。而封裝內部的濕氣則帶來了例如短路、分層以及高溫下產生蒸汽壓力而造成的「爆米花」失效等風險。

4）熱應力引起的鈍化層的破裂

晶粒表面通常會覆蓋一層或多層緻密的鈍化層以防止濕氣或移動離子等侵入晶粒內部導致電性能失效。在晶片工作的過程中由於溫度的變化而產生的熱應力可能導致鈍化層發生斷裂，進而導致晶片的電性能失效。

用在汽車中的晶片由於以上列舉的任何可靠性問題引起的失效均有可能帶來非常嚴重的後果，因此如何評估晶片的可靠性的高低則異常重要。而量化晶片可靠性不可或缺的則是可靠性模型，將在 7.1.2 節介紹可靠性模型的基本概念，以及用於衡量晶片可靠性的一些常見的模型。

2. 電晶體相關的可靠性問題

1）電介質擊穿問題

時間相關電介質擊穿（Time Dependent Dielectric Breakdown）問題的來源是柵極媒體層在偏壓情況下產生缺陷，在缺陷數量累積足夠多後造成了媒體層的短路而引起失效。

2）負偏置溫度不穩定性問題

負偏置溫度不穩定性（Negative Bias Temperature Instability）問題主要在 PMOS 中發生，在柵極反向偏壓情況下觀察到電晶體的設定值電壓 V_{th} 與飽和電流 I_{Dss} 發生漂移。

3）熱載流子注入（Hot Carrier Injection）問題

當電晶體導通時，閘極通道裡的電子會在電場作用下獲得足夠的能量成為熱載流子。這些熱載流子有可能隧穿過媒體層的門檻，並在媒體層的表面產生新的陷阱，進而影響電晶體的設定值電壓，使電晶體的性能發生退化。

4）偏置溫度不穩定性問題

與負偏置溫度不穩定性問題類似，在正偏壓的條件下電晶體也會顯示出設定值電壓等性能的漂移。早期的偏置溫度不穩定性（Bias Temperature Instability，BTI）問題多來自於游離陽離子，這些離子在電場的作用下產生漂移，並在媒體層裡重新分佈，影響電晶體的性能。透過對晶圓製造過程和環境的管控，可以將陽離子沾汙降到最低。BTI 對現代電晶體的影響已經逐漸變小。

3. 金屬互連相關的可靠性問題

1）電遷移（Electro-Migration）問題

金屬互聯中由於在電流作用下造成的金屬離子的遷移，不均勻的金屬離子的遷移會造成導線裡局部的金屬堆積或耗盡。一方面，由於金屬離子耗盡產生的空洞帶來導線電阻升高甚至造成開路引起失效。另一方面，由於局部金屬離子的堆積產生的應力可能導致晶須或小丘的出現，造成相鄰金屬導線間的短路而引起失效。

2）應力遷移（Stress Migration）問題

通常晶片裡金屬互聯被包圍在媒體層內，在溫度循環的條件下，由於不同材料間的熱膨脹係數的不同，在金屬和媒體層裡會產生很大的應力。這時可能會引起例如分層或形成空洞，造成晶片在實際應用環境裡的可靠性問題。

3）互聯媒體層擊穿

互聯媒體層擊穿（Inter-level Dielectric Breakdown）問題現象與柵極電介質擊穿類似，只不過短路發生於不同金屬層間的媒體層間。該現象同樣會造成晶片的失效。

7.1.2　可靠性的經驗、統計和物理模型

可靠性模型是用來估算產品可靠性所建立的數學模型。20 世紀以前，可靠性的模型是基於實驗資料的。舉例來說，愛迪生發明燈泡也是基於大量的實驗與試錯，這種模型可以稱作經驗模型。這種經驗模型需要透過實驗產生大量的

實驗資料，非常耗時間，因此在 20 世紀後，人們利用統計理論發展了基於統計資料的可靠性模型。基於統計理論的模型大大提高了可靠性的可預測性，並被用於增強系統的可靠性設計中。在 1970 年以後，人們開始致力於開發基於物理模型的可靠性模型。這樣的模型從失效的物理原理出發，並分析系統可靠性受哪些因素影響。電腦和計算軟體的出現進一步幫助人們應用此類模型，因此它被廣泛應用在諸如航太航空設計等領域。在微電子領域，隨著半導體製程的不斷進步，新的可靠性問題也隨之出現，工業和科學研究機構都投入了大量的精力開發新的可靠性模型來理解和改善元件的可靠性。

7.1.3 加速老化實驗與可靠性模型

在微電子領域，可靠性模型最重要的用途是設計加速老化實驗來驗證晶片是否可以滿足實際工況下的產品壽命要求。加速老化實驗通常是將元件置於比正常執行條件更為嚴苛的條件下，因此可以在更短的時間內引起產品的失效。再透過可靠性模型獲得的加速因數來估算出在正常執行條件下元件的壽命分佈。一個合理的加速老化實驗必須考慮到設計合適的加速條件和足夠數量的樣本，以便可以同時獲得平均壽命資訊和統計分佈。通常可以選擇的加速的條件包含溫度、電壓、電流等，並且可以透過選擇恒定、遞增或循環等方法對元件施壓。在選擇施壓條件時要注意避免在更嚴酷的條件下產生其他的失效模式，不然這樣獲得的資料再透過模型推算出的壽命就不準確了。

在 7.1 節中已經列舉了晶片中可能出現的典型的可靠性問題。對一個晶片廠商來說，如何確保自己的產品的可靠性，一直是一個很重要的考量。相對於平均壽命只有 1~2 年的消費類電子產品而言，車載晶片 10 年以上的使用壽命使得科學且合理的可靠性測試顯得尤為重要。就現在的工業界而言，可靠性的測試大多是在實驗室裡透過加速老化實驗來實現的。這類實驗一般透過改變環境中的某一參數以達到透過若干小時的實驗以模擬若干年的晶片老化過程，並且不同廠商也會有不同的標準，其中最為廣泛接受且最基礎的是 2014 年由汽車電子委員會指定的 AEC-Q100-REV-H 標準。後文中將該可靠性測試標準簡稱為 AEC-Q100。

AEC-Q100 車規可靠性測試標準裡定義了 A~G 等測試組。其中測試組 A 被稱為加速環境應力測試。測試組 A 中的 6 項測試項均為加速老化測試項目，其目的主要是衡量高溫、溫度循環以及高濕度等嚴苛環境下產品的可靠性。這些測試通常是不帶電的，因此在測試中衡量的主要是封裝的可靠性。測試組 B 被稱為加速壽命模擬測試，該組中的測試項目也均為加速老化測試項目。與測試組 A 不同的是，該組中的測試是針對處於工作條件下元件的性能，因此均為帶電的測試。通常所有的新產品在釋放之前都要進行測試組 A 和 B 裡的可靠性評估。另外，晶片廠商在對產品進行任何變更時，也需要評估是否需要重新對某些具體的測試項目做評估。在 AEC-Q100 標準裡也舉出了對應不同變更推薦的具體測試項目。針對測試組 A 和 B 裡的加速測試，AEC-Q100 裡列舉了加速測試用到加速模型，以及推薦的加速測試條件。根據典型工況下的工作條件和壽命要求，可以進一步利用加速模型推算出加速條件下的測試要求。表 7-1 列出了幾個典型加速測試中使用的加速模型及其詳細參數。

1. 高溫工作壽命測試（HTOL）

　　某一環境下，溫度成為影響產品使用壽命的絕對主要因素時，採用單純考慮熱加速因數（Acceleration Factor）效應而推導出的阿倫尼烏斯（Arrhenius）模型來描述測試，其預估到的結果會更接近真實值，模擬試驗的效果會更好。在 1889 年，阿倫尼烏斯在總結了大量實驗結果的基礎上，提出了下列經驗公式：

$$A(T) = A_0 \cdot e^{-E_a/(kT)} \tag{7-1}$$

其中：

$A(T)$——溫度 T 時的反應速度常數；

A_0——指前因數，也稱為阿倫尼烏斯常數；

E_a——實驗活化能，一般可視為與溫度無關的常數，其單位為 J/mol 或 kJ/mol；

T——絕對溫度，單位為 K；

k——波爾茲曼常數。

假設引起晶片失效的反應速率 A 透過上述公式決定，由此可以得到高溫下的加速因數 A_f：

$$A_f = \exp\left[\frac{E_\mathrm{a}}{k} \cdot \left(\frac{1}{T_\mathrm{u}} - \frac{1}{T_\mathrm{a}}\right)\right] \tag{7-2}$$

　　其中，T_u 是在實際應用場景裡的環境溫度；T_a 代表在加速測試裡採用的溫度。

　　有了該加速因數，則可以透過應用場景中的環境條件和壽命要求計算出加速條下的晶片壽命要求。表 7-1 中的「高溫工作壽命測試」例子裡，汽車在典型的工況下要求滿足 15 年的壽命。在 15 年的壽命中，晶片有約有 9% 的時間處於工作狀態，並且平均的晶片溫度為 87℃。即晶片在 87℃ 的工作條件下，需要滿足約 12000h 的壽命要求。根據阿倫尼烏斯的加速模型，可以等效得到晶片在 125℃ 的條件需要滿足 1393h 的壽命要求。而 AEC-Q100 根據這一加速模型則定義 1000h 為高溫工作壽命的可靠性及格的要求。

　　阿倫尼烏斯模型是一個經驗模型，最早被用於描述化學反應速率與溫度的關係。阿倫尼烏斯賦予了以下的物理上的解釋：反應物在發生某化學反應的條件時要獲得一個最小的能量 E_a，即前面提到的活化能。在某溫度 T 的條件下，反應物中具有大於 E_a 的動能的分子

　　比例可以透過統計熱力學的方法計算得到。而這一結果由著名的麥克斯韋 - 波爾茲曼分佈來決定，這一分佈則決定了阿倫尼烏斯模型裡的指數關係。顯然，當我們將阿倫尼烏斯模型用於晶片可靠性的加速實驗時，僅假設造成失效的物理機制是單一的，並且與化學反應速率一樣類似地由溫度加速，而不關心具體的造成失效的物理機制。因此在運用該公式進行晶片可靠性壽命估計時還是需要保持謹慎。

▼ 表 7-1 AEC-Q100 標準裡的可靠性測試項目以及相應的加速模型

應力來源	典型工況條件	可靠性測試項目	加速測試條件	加速模型	模型參數	根據模型換算的加速測試下等效時間	AEC-Q100 測試要求
元件處於工作條件狀態	汽車 15 年壽命中元件工作的平均時間為 12000h，平均結溫為 87℃	高溫工作壽命測試（HTOL）	結溫 125℃	Arrhenius 模型 加速因數見式（7-2）	$E_a=0.7$ eV；$k=8.61733 \times 10^{-5}$ eV/K	1393h	1000h
熱機械應力	汽車 15 年壽命中引擎平均開關 54750 次，工作和非工作狀態下平均溫度差為 76℃	溫度循環測試（TC）	測試環境溫度變化範圍為 -55℃ ~ 150℃	Coffin Manson 模型 加速因數見式（7-6）	$m=4$	1034 次循環	1000 次循環
濕氣（選項一）	汽車 15 年（15 年 = 131400h）壽命；使用條件下平均相對濕度為 74%；	濕度偏壓測試（THB）	相對濕度為 85%；環境溫度為 85℃	Hallberg-Peck 模型	$P=3$；$E_a=0.8$ eV	960h	1000h
濕氣（選項二）	平均工作環境溫度為 32℃	加速老化測試（HAST）	相對濕度為 85%；環境溫度為 130℃	加速因數見式（7-3）	$k=8.61733 \times 10^{-5}$ e V/K	53h	96h

2. 溫度偏壓測試（THB）

與阿倫尼烏斯模型類似，Hallberg-Peck 模型綜合考慮了溫度、濕度影響，在基於阿倫尼烏斯模型引入了一個因數用來描述濕度條件對晶片壽命的影響，其運算式為：

$$A_f = \left(\frac{RH_a}{RH_u}\right)^n \cdot \exp\left[\frac{E_a}{k} \cdot \left(\frac{1}{T_u} - \frac{1}{T_a}\right)\right] \qquad (7\text{-}3)$$

其中，RH_u 和 RH_a 分別是典型工況條件下（即非加速狀態下）和測試條件下（即加速狀態下）的相對濕度值。

晶片在高溫高濕的環境下會受到水氣的入侵，當水氣逐漸透過在環氧樹脂裡的擴散，或透過環氧樹脂和框架間的分層到達晶片表面後，會引起金屬表面的腐蝕而造成失效。Peck 等在分析了前人大量的高溫高濕環境下的失效資料後提出了如上的式（7-3）。該公式裡面的模型參數均為透過擬合實驗資料得到的經驗值。在 Peck 原始的文章裡啟動能 E_a 為 0.79eV，而冪指數 n=2.7。目前 AEC-Q 針對此模型推薦的預設啟動能 E_a 為 0.80eV，冪指數 n=3。

與前面的例子類似，利用加速因數可以得到在濕度偏壓測試的加速條件下，960h 等效於典型工況下約 15 年的壽命。AEC-Q100 也因此定義 1000h 為濕度偏壓測試的透過標準。

3. 溫度循環測試（TC）

Coffin 和 Manson 研究了熱疲勞對金屬接觸的壽命的影響，並將溫度循環的壽命與塑性應變（Strain）的關係由以下經驗關係表示：

$$N(\Delta\varepsilon_p)^n = C \qquad (7\text{-}4)$$

其中，N 為溫循造成的失效的最大循環次數；n 是一個與材料和失效模式相關的經驗常數；$\Delta\varepsilon_p$ 是塑性應變；C 是一個與材料相關的常數。透過式（7-4）可以得到溫度循環下的加速因數：

$$A_f = \frac{N_u}{N_a} = \left(\frac{\varepsilon_a}{\varepsilon_u}\right)^n = \left(\frac{\alpha \cdot \Delta T_a}{\alpha \cdot \Delta T_u}\right)^n = \left(\frac{\Delta T_a}{\Delta T_u}\right)^n \qquad (7\text{-}5)$$

其中，N_u 和 N_a 分別是在實際應用場景下（即非加速狀態下）的溫度循環壽命和測試條件下（即加速狀態下）的溫度循環壽命，α 則是熱膨脹係數，ΔT_u 和 ΔT_a 則分別代表了在實際應用場景下和測試條件下溫度循環時的最大溫度差異。因此可以利用式（7-5）透過加速老化實驗推斷晶片在實際應用中的可靠性。舉例而言，假設在實際應用中的溫度範圍為 -30~45℃（即 ΔT_u=75℃），為了衡量溫度循環的壽命，可以設計在 -55~150℃（即 ΔT_a=205℃）加速條件下的溫度循環實驗。假設經驗常數 n 為 4，加速測試中實際測試得到的平均循環壽命為 1000 次，則可以利用下式估計實際應用場景下的循環壽命為：

$$N_u = A_f \cdot N_a = \left(\frac{205}{75}\right)^4 \times 1000 = 55\ 817$$

根據以上經驗，公式中溫度循環壽命僅與溫度循環的溫差相關，而與其他例如溫度循環的頻率等無關。在實驗中我們發現這些因素也會對可靠性產生無法忽略的影響，因此也出現了更多的經驗模型。其中一個比較著名的模型 Norris-Landzberg 加入了考慮溫度循環頻率的修正因數，因此有時也被稱為修正的 Coffin-Manson 模型。儘管如此，所有這些模型都是基於經驗的加速模型，模型中的參數通常透過實驗中的經驗資料得出。因此在利用這些經驗公式時也要格外謹慎，特別是在引入新的材料或觀察到新的失效模式時，更是要驗證使用的經驗公式的可靠性。

上面介紹的模型均基於經驗公式。通常我們透過加速因數需要將測試條件下的可靠性外插到客戶實際使用場景下的時間範圍。通常對於車載的產品，客戶對產品壽命的要求是 15 年，甚至更久。新的技術和新的材料的引入有可能導致失效的模式發生變化，而原有的基於歷史資料的經驗公式是否適用，也無法用實際資料去驗證。

除了測試組 A 和 B 中的加速老化測試，AEC-Q100 中的測試組 D 涵蓋了與晶圓相關的五項可靠性測試項，分別如下。

D1：電遷移。

D2：時間相關電介質擊穿。

D3：熱載流子注入。

D4：負偏置溫度不穩定性。

D5：應力遷移。

這些測試項目是針對 7.1.1 節中介紹的晶圓級的幾個典型的可靠性問題。通常在開發新的半導體製程時或對已有的半導體製程做出變更時，都需要對測試組 D 裡面的項目進行評估，用來保證在該製程上開發的產品能夠在工作環境下達到預計的生命週期。與測試組 A 和 B 中的測試項目不同，AEC-Q100 中並沒有定義測試組 D 中測試項目的具體條件和透過標準，而是允許晶片供應商用自己的測試方法和標準來衡量晶圓等級的可靠性是否滿足要求。而在客戶提出需求時，晶片供應商需要將可靠性衡量的資料和方法分享給客戶。

晶圓等級的可靠性也是透過加速老化實驗的方法來得到的。而其可靠性預測的準確性依賴於使用的模型，以下用一個媒體層可靠性的例子來進一步說明這個問題。經驗顯示，透過增加柵極的電壓可以加速媒體層的失效。如圖 7-1（a）所示，可以給電晶體施加不同的柵極電壓 V_{G1}、V_{G2}、V_{G3} 並相應地觀察柵極電流 I_G 隨擊穿失效時間的變化，並記錄柵極的擊穿時間 T_{BD1}、T_{BD2}、T_{BD3}。當將這些資料畫到圖 7-1（b）中的雙對數圖中後，可以觀察到這幾個觀測點呈現接近線性的表現。透過這一經驗模型可以推測在正常柵極工作電壓 V_{G0} 的條件下的媒體層擊穿時間 T_{BD0}。顯然透過這種方法得到的對媒體層擊穿壽命的估計取決於在小範圍內觀察到的線性關係是否在整個柵極電壓範圍內成立。圖 7-1（b）中的虛線為基於媒體層失效的物理機制建模而推導出的更為準確的物理模型。可以看到在接近正常執行電壓的範圍內，該模型不再呈現線性關係，而根據物理模型得到的媒體層擊穿壽命會遠遠大於經驗模型。

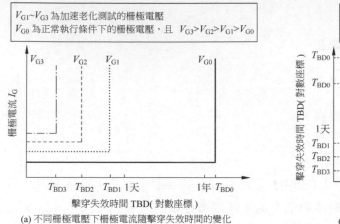

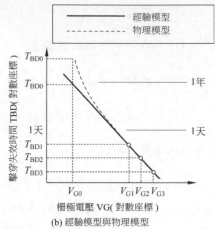

(a) 不同柵極電壓下柵極電流隨擊穿失效時間的變化

(b) 經驗模型與物理模型

▲ 圖 7-1 可靠性預測與使用模型的關係

　　透過圖 7-1 可以看出，基於經驗的可靠性模型的重要假設是元件的失效物理原理在更為嚴苛的加速的實驗條件下（在上述例子中為更高的柵極電壓）與在正常的工作情況下是一致的，而當這一假設不成立時，根據模型做出的預測就會失去準確性。這時為了能夠得到更準確的模型，需要進一步理解電晶體性能老化的物理機制。為了滿足電晶體微縮的需要，人們在晶圓的製造過程中不斷地引入新的材料和新的技術，因此這個問題對於晶圓等級的可靠性問題尤其重要。在近幾十年內，對於電晶體的可靠性的機制有了深入的理解，並為可靠性的加速測試和可靠性壽命預測打下了堅實的基礎。而電晶體的壽命與缺陷有著不可分割的關係，在介紹電晶體失效機制前，將在 7.2 節分別介紹在晶體、媒體層以及晶體和媒體層表面的缺陷。

7.2 缺陷的特徵

7.2.1 晶體裡的缺陷

　　在實際晶體中，晶格並不像理想晶格一樣是完美的，晶格裡這些對週期性產生破壞的地方稱為缺陷。晶格裡的缺陷分為點缺陷、一維缺陷、面缺陷、體缺陷和沉澱（Precipitation）缺陷。典型的點缺陷可以分為置換原子、空位

（Vacancy）缺陷和填隙（Interstitial）缺陷，如圖 7-2 所示。典型的一維缺陷主要以錯位（Dislocation）的形式出現，如圖 7-3 所示。常見的面缺陷則包括堆垛層錯（Stacking Fault）。體缺陷則包含空洞區，或局部非晶區域（Local Amorphous Region），或是局部缺陷的沉澱。

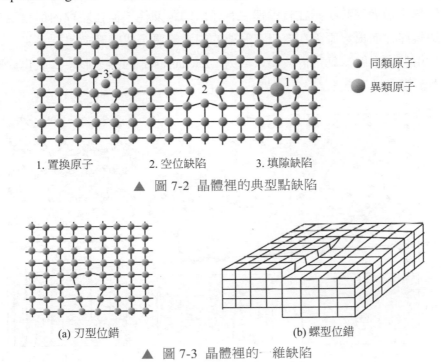

● 同類原子
● 異類原子

1. 置換原子　　　2. 空位缺陷　　　3. 填隙缺陷

▲ 圖 7-2　晶體裡的典型點缺陷

(a) 刃型位錯　　　　　　　　　(b) 螺型位錯

▲ 圖 7-3　晶體裡的一維缺陷

　　晶體裡的這些缺陷大多是無害的，例如我們為了改變半導體的導電能力故意引入的摻雜元素。另外，現代的大型積體電路的元件大多數只用到了晶圓表面的區域，缺陷如果遠離晶圓表面這些關鍵區域，本身也不會對元件的電性能造成不利的影響。但是隨著先進半導體製程變得越來越複雜，這些缺陷有可能和製程中引入的其他雜質相互作用後變成有害的結構。

7.2.2　無定形態固體裡的缺陷

　　非晶固體雖然不像晶體一樣擁有週期性的晶格，但並不代表原子的分佈是完全隨機的。圖 7-4 用一個二維的例子來說明非晶體和晶體裡原子排列的規律，

在每張圖的下面對應地顯示了以 r 為半徑畫一個圓和在這個圓裡的原子或分子數量 N 的關係。圖 7-4（a）顯示了原子或分子排列是完全隨機的情況，這時 N 與 r 的關係是連續的並且正比於 r^2。而以圖 7-4（c）裡的晶體為例，由於晶體裡的原子排列是完全規則的，所以這時的 N 與 r 的關係是離散的。而如圖 7-4（b）所示的無定形態固體雖然在長程裡沒有任何的週期性，但在短程內卻呈現一定的週期規律。而根本原因在於無定形態的固體的原子成鍵時還是要滿足一定的條件。用無定形態二氧化矽玻璃來舉例，Zachariasen 的無定形態二氧化矽形成的模型需滿足以下條件。

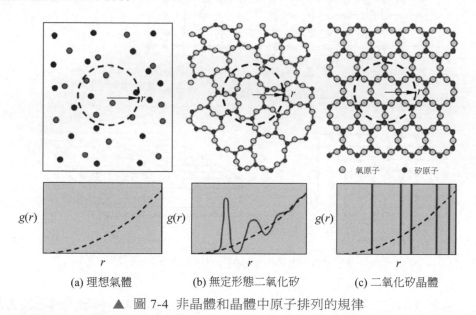

(a) 理想氣體　　　(b) 無定形態二氧化矽　　　(c) 二氧化矽晶體

▲ 圖 7-4　非晶體和晶體中原子排列的規律

（1）每個矽原子與 4 個氧原子形成矽氧鍵，每個氧原子需與兩個矽原子形成矽氧鍵。

（2）在形成固體時，矽 - 氧鍵成鍵的距離及氧 - 矽 - 氧成鍵的角度不會發生改變。

（3）可以變化的為矽 - 氧 - 矽成鍵的角度。

（4）沒有任何懸掛鍵（Dangling Bond），也沒有任何的長程規律。

圖 7-4（b）中顯示了滿足以上條件時可能形成的二氧化矽的原子排列的例子，可以發現，由於在成鍵上的限制條件，在短程內原子的排列還是呈現了一定的規律性：氧原子和矽原子會形成例如晶體一樣的環，但是與晶體相比，一個環上的矽原子的數量可能會發生變化。最常見的是形成了由 5 個或 7 個矽原子組成的環。

　　圖 7-5 顯示了在滿足以上條件下的無定形態固體裡的環裡矽原子數量的分佈和氧 - 矽 - 氧成鍵角度的統計分佈。可以看到，形成的環裡的平均矽原子的數量和成鍵角度均與晶體接近。相應地，在圖 7-4（b）裡的徑向分佈函數也在短程內呈現了接近於晶體類的規律性。如圖 7-6 所示，由於無定形態裡的二氧化矽裡原子的分佈類似於晶體形成環狀，因此它也會呈現出和晶體類似的能帶結構。由於形成環裡矽原子的數量和成鍵角度存在如圖 7-5 所示那樣的統計分佈，因此會影響導帶和價帶邊緣的位置。無定形態固體雖然沒有長程規律，但是在滿足以上條件的情況下，每一個矽原子都與相鄰的 4 個氧原子成鍵，而每個氧原子都與相鄰的 4 個矽原子成鍵，固體裡沒有缺陷。

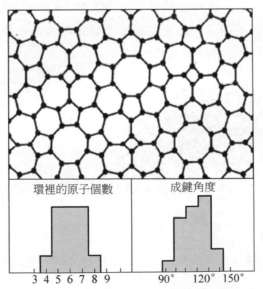

▲ 圖 7-5 無定形態二氧化矽形成的環裡原子數量和氧 - 矽 - 氧成鍵角度的統計分佈

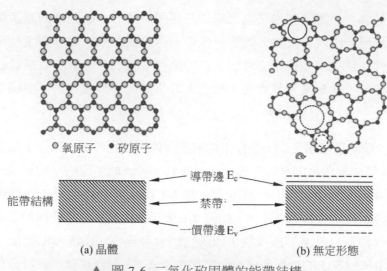

▲ 圖 7-6　二氧化矽固體的能帶結構

　　而當矽 - 氧鍵遭到破壞時，則會產生配位缺陷（Coordination Defect）。如圖 7-7 所示，在無定形態二氧化矽裡的某個環裡缺失了一個氧原子，這時鄰近的矽原子則會相應地產生一個 Si 懸掛鍵， 這樣的氧原子空位缺陷則會產生成在二氧化矽禁頻內的陷阱能級，而相應地影響二氧化矽的絕緣性能。電晶體柵極媒體層的可靠性與類似這樣的缺陷息息相關。

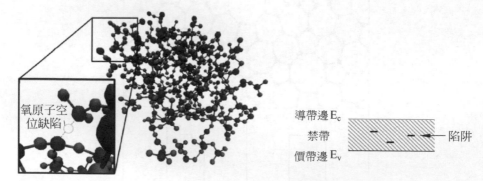

▲ 圖 7-7　無定形態二氧化矽裡的氧原子空位缺陷

7.2.3 邊界的缺陷

在晶體的邊界，晶體原子的週期排列發生了終結，因此晶體介面有可能出現在禁頻內的能級。對於 MOSFET 而言，柵極的矽和媒體層介面氫原子鈍化的矽 / 二氧化矽的介面的性質會對電晶體的性能產生重大的影響。理解邊界上的缺陷的來源、性質及它對電晶體性能和可靠性的影響非常重要。

以最常用的媒體層材料二氧化矽為例，目前主要的觀點是由於矽和二氧化矽的晶格常數的不同，在熱氧過程中形成的二氧化矽沒有辦法和所有的矽原子成鍵，因此在這個介面會形成大量的矽懸掛鍵。而這些懸掛鍵則會產生在矽禁頻內的能級，通常稱這些能級為介面態（Interface State）。而介面態的存在則會對電晶體的設定值電壓產生影響。圖 7-8 透過球棍模型（Ball and Stick Model）顯示了晶向為（111）的矽襯底上二氧化矽介面矽原子產生懸掛鍵的例子，其中白色的矽原子和其他三個鄰近的黑色矽原子形成共價鍵，該矽原子有一個價電子沒有和其他電子形成共價鍵而產生了一個懸掛鍵。這樣的結構會產生一個在禁帶中的能級，這樣的缺陷叫作 Pb 中心。在晶相為（100）的襯底上也會有類似的懸掛鍵，相應地產生的缺陷被稱為 Pb0 中心與 Pb1 中心。

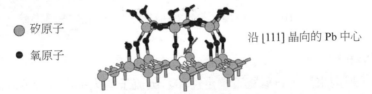

- ● 矽原子
- ● 氧原子

沿 [111] 晶向的 Pb 中心

▲ 圖 7-8 矽和二氧化矽介面的球棍模型

所有的這些懸掛鍵產生的介面態的來源是晶格週期性地被破壞，介面態的能級通常沒有固定的能級，而是分佈在整個禁帶裡。圖 7-9 中顯示了在熱氧生長後介面態密度 D_{IT} 在禁帶裡的分佈密度，通常在禁帶中央的介面態密度可能達到 $10^{11} \sim 10^{12}$ 1/cm²-eV。在禁帶中的這些介面態會隨著費米能級的變化被佔據或處於空的狀態，而產生額外的介面態電荷。因此介面態的密度會影響到 MOS 電容的大小。而為了減小介面態對 MOS 開關特性的影響，通常在半導體製造過程中加入一步在氫氣環境下的退火。這麼做的目的是讓氫原子和懸掛的矽原子形成共

價鍵。這麼做可以減少介面態，通常也被稱為介面態的鈍化。如圖 7-9 所示，透過在氫氣環境下的退火，介面態的密度可以降低 1~2 個量級。

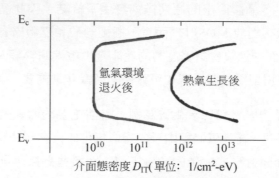

▲ 圖 7-9　熱氧以及氫氣環境退火對介面進行鈍化後的介面態密度

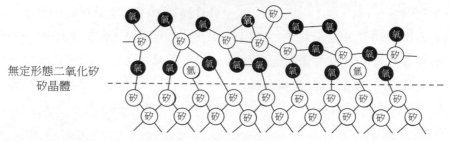

▲ 圖 7-10　氫氣環境下退火時氫原子鈍化介面的懸掛鍵

　　媒體層和矽介面的缺陷對電晶體的可靠性有重要的影響，7.3 節中提到的可靠性問題，舉例來說，負偏置不穩定性和熱載流子退火都與介面的缺陷（如 Pb1 中心）有著重要的聯繫。

7.3　晶圓級可靠性問題

7.3.1　負偏置溫度不穩定性理論

1. 負偏置溫度不穩定性的症狀

　　NBTI（負偏置溫度不穩定性）效應是指 P 型 MOSFET 施加負柵壓而引起的場效應管電學參數發生退化，這主要表現在 PMOS 的設定值電壓在反向偏壓

的條件下，逐漸發生了漂移。圖 7-11 顯示一個在施加柵極反向偏壓之前和之後的 PMOS 的導通曲線的對比，可以看到施壓後的 PMOS 的設定值電壓升高了，換言之，在相同的柵極偏壓下，漏極電流減小了。這個現象通常隨著環境溫度的升高而發生加速。雖然 PMOS 的設定值電壓漂移並不會帶來突然的災難性失效，但是隨著電晶體設定值電壓的變化，設計電路的功能會發生退化甚至導致電路的功能性失效。因此人們需要預測電晶體在工作的生命週期中 NBTI 帶來的影響。

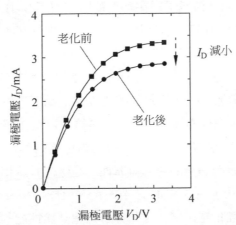

▲ 圖 7-11 施加柵極反向偏壓之前和之後的 PMOS 的導通曲線的對比

為了理解 NBTI 的來源，人們設計了各種各樣的實驗。在對實驗資料進行分析後，大致可以觀察到以下的幾個規律。

（1）NBTI 僅出現在有表面閘極通道的 PMOS 裡，而在掩埋閘極通道裡觀察看不到 NBTI 的現象。

（2）如果將鈍化懸掛鍵的條件從氫氣（H_2）改為氫原子同位素 D_2，NBTI 的出現會被延遲。

（3）在觀察設定值電壓的退化隨時間的變化規律後，發現 NBTI 遵循冪次分佈。

（4）NBTI 的退化速度隨溫度和電場場強程的增加成指數性關係。

（5）在移除了負向偏壓後，電晶體的性能會部分恢復。

以上這些規律為人們找到 NBTI 的原因提供了方向，一旦找到了 NBTI 引起電晶體老化的物理機制，便可以進一步試圖找出適合的物理模型來描述 NBTI。

2. 負偏置溫度不穩定性的物理原理

　　從以上觀察到的第（1）個和第（2）個規律，人們推測 NBTI 和空穴於柵極矽和氧化層邊界的 Si-H 鍵有關。目前普遍的共識是 Si/SiO$_2$ 介面處經過氫鈍化過程後形成的 Si-H 鍵，會捕捉到閘極通道中的空穴。如圖 7-12 所示，當空穴被捕捉後，Si-H 鍵只有一個共價電子，在垂直電場作用下 Si-H 鍵進一步被弱化，最終導致了 H 原子脫離 Si-H 鍵。被釋放了的 H 原子會在氧化層裡自由擴散而留下一個帶正電的 Si 懸掛鍵，並在導帶中形成一個新的能態。因此隨著時間的推進，在柵極偏壓的作用下，在 Si 和 SiO$_2$ 的介面不斷地產生新的 Pb 中心，介面陷阱缺陷的密度 N_{IT} 不斷增加，導致了電晶體的設定值電壓發生漂移，相應的線性區漏極電流 I_{dlin} 和飽和區漏極電流 I_{dsat} 也發生漂移。當電晶體電性參數漂移足夠嚴重時，則會導致整個電路的失效。這樣的理論也能夠解釋為什麼用氫同位素重氫鈍化介面的懸掛鍵會改進電晶體的可靠性，因為 Si-D 鍵相對於 Si-H 鍵更穩定。另外，當偏壓被移除後，造成 Si-H 破裂的正向反應速率降低。而這時媒體層裡的氫氣會在介面重新鈍化懸掛鍵，因此會看到電晶體性能的部分恢復。

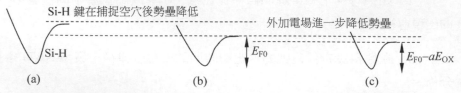

▲ 圖 7-12　捕捉空穴後 Si-H 鍵被弱化，導致 Si-H 鍵更容易被破壞

　　為了能夠預測元件在 NBTI 下的可靠性，需要做加速的可靠性實驗。通常對 NBTI 來說，會透過施加高溫或高壓條件來加速元件的老化。如圖 7-13 所示，為了能夠從加速實驗外插出在正常執行時間下的元件壽命，則需要能夠得到老化速度隨時間變化的關係，以及高溫及高壓下的加速因數。而前面觀察到的第（3）個和第（4）個規律則可被用來作為加速實驗的依據。

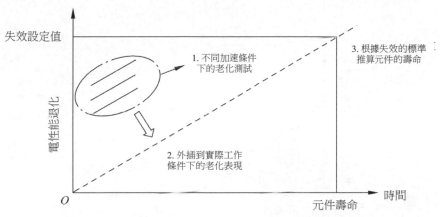

▲ 圖 7-13　透過加速實驗來衡量元件在正常執行條件下的方法

　　但是如何理解 NBTI 隨時間變化的冪指數關係，以及電場和溫度對 NBTI 的影響呢？這樣的基於經驗的關係是否有物理理論的支援？冪指數關係是否能夠在被外插到幾個數量級以外時還保持穩健性？如果不是，那麼則會出現類似於圖 7-1 中的問題，我們依據經驗公式做出的可靠性判斷會出現錯誤。下面將透過建立物理模型來理解 NBTI 條件下電晶體老化隨時間、電場和溫度的變化關係。

3. 描述負偏置溫度不穩定性的反應 - 擴散模型

　　基於 Si-H 鍵被破壞而導致介面陷阱數量增多而造成 NBTI 的機制，可以用以下的反應 - 擴散模型來描述 NBTI。如圖 7-14 所示，用一個一維的模型來描述由於介面 Si-H 遭到破壞而產生介面陷阱的速率。該模型中的 $x=0$ 處為矽和媒體層的介面，該介面中由於 Si-H 鍵遭到破壞而產生的可移動的氫原子或氫離子透過擴散和漂移的方式離開介面。這時可以透過以下的兩個方程式來描述這一過程。

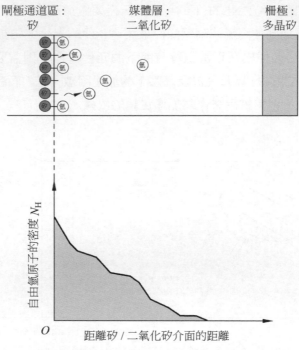

▲ 圖 7-14 NBTI 的一維反應 - 擴散模型

$$\frac{\mathrm{d}N_{\mathrm{IT}}}{\mathrm{d}t} = k_{\mathrm{F}}(N_0 - N_{\mathrm{IT}}) - k_{\mathrm{R}}N_{\mathrm{H}}(0)N_{\mathrm{IT}} \tag{7-6}$$

$$\frac{\mathrm{d}N_{\mathrm{H}}}{\mathrm{d}t} = D_{\mathrm{H}}\frac{\mathrm{d}^2 N_{\mathrm{H}}}{\mathrm{d}x^2} + \frac{\mathrm{d}}{\mathrm{d}x}(N_{\mathrm{H}}\mu_{\mathrm{H}}E) \tag{7-7}$$

　　其中，N_{IT} 為由於 Si-H 鍵分離而產生的介面陷阱的密度；N_0 為 Si-H 鍵完全被鈍化時的介面 Si-H 鍵的密度；k_{F} 和 k_{R} 分別為 Si-H 鍵遭到破壞這一反應的正向和反向速度；N_{H} 為分離後可以自由擴散的 H 原子的密度；D_{H} 和 μ_{H} 為擴散常數和遷移率；E 為電場強度。式（7-7）被稱為反應方程式，它描述了介面由於發生了空穴捕捉和造成的 Si-H 分離反應而產生的陷阱的速度。因此產生陷阱的速率正比於還未被破壞的 Si-H 鍵的密度（N_0-N_{IT}），同時，在介面氫原子也會重新鈍化 Si 的懸掛鍵，這一速率則正比於在介面 H 的濃度 N_{H}（0）以及 N_{IT}。式（7-8）描述了由於 H 原子在氧化層裡擴散或在電場的作用下漂移而造成的 H 原子濃度的分佈。由於任何時間下，氫原子的數量必須守恆，介面陷阱的數量一定等於媒體層中所有自由氫原子之和，因此可以得到以下的等式關係：

$$N_{\mathrm{IT}}(t) = \int_0^{+\infty} N_{\mathrm{H}}(x,t)\,\mathrm{d}x \tag{7-8}$$

為了簡化方程式的求解,可以假設在反應方程式裡面的正向反應(產生陷阱)和反向反應(氫原子重新鈍化懸掛鍵)的速率遠大於 $\mathrm{d}N_{\mathrm{IT}}/\mathrm{d}t$,並且 N_{IT} 遠小於 N_0。於是可以近似得到以下關係:

$$\frac{k_{\mathrm{F}}N_0}{k_{\mathrm{R}}} = N_{\mathrm{H}}(0)N_{\mathrm{IT}} \tag{7-9}$$

在以下幾種假設下,可以對氫原子在媒體層裡的分佈做一個近似,對以上方程式做簡化並透過式(7-8)的積分公式近似求解得到介面陷阱 N_{IT} 隨時間變化的關係。

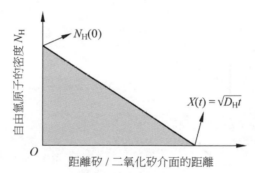

▲ 圖 7-15 自由氫原子擴散後在媒體層中的近似分佈

1)H 主要以單一的不帶電氫原子的形式擴散

這時遭受破壞的 Si-H 鍵釋放的 H 在媒體層裡透過擴散重新分佈,N_{H} 的分佈可以由圖 7-15 所示的三角形分佈近似,而式(7-8)的積分可以被簡化為

$$N_{\mathrm{IT}}(t) = \int_0^{+\infty} N_{\mathrm{H}}(x,t)\,\mathrm{d}x = \frac{1}{2}N_{\mathrm{H}}(0)\sqrt{D_{\mathrm{H}}t} \tag{7-10}$$

聯立式(7-9)和式(7-10)。可以得到 N_{IT}:

$$N_{\mathrm{IT}} = \left(\frac{k_{\mathrm{F}}}{2k_{\mathrm{R}}}\right)^{\frac{1}{2}}(D_{\mathrm{H}}t)^{\frac{1}{4}} \sim t^{\frac{1}{4}} \tag{7-11}$$

2）氫主要以帶電的 H⁺ 形式在電場的驅動下漂移

由於 H^+ 主要由電場驅動在媒體層裡移動，可以對 H^+ 的分佈做如圖 7-16 所示的近似。這時式（7-8）的積分也可以很容易得到：

$$N_{IT}(t) = \sqrt{\frac{k_F \mu_H E_{ox} t}{k_R}} \sim t^{\frac{1}{2}} \tag{7-12}$$

3）氫主要以不帶電的 H₂ 分子的形式擴散

類似氫原子的情形，這時我們同樣可以將式（7-11）裡的 H 原子替換為 H_2（見圖 7-17），並根據三角形的近似分佈求解 N_{IT}。唯一不同的是，這時要考慮到以下的反應：

$$2H = H_2 \tag{7-13}$$

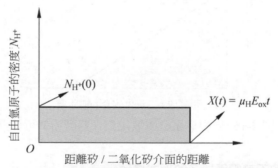

▲ 圖 7-16 氫離子由於電場的驅動離開介面後在媒體層的近似分佈

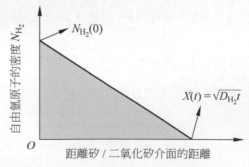

▲ 圖 7-17 自由氫分子擴散後在媒體層中的近似分佈

由如上化學反應，可以得到在介面處氫原子和氫分子密度間的以下關係：

$$\frac{N_H(0)^2}{N_{H_2}(0)} = 常數 \tag{7-14}$$

這時式（7-11）可以重新被寫為：

$$N_{IT}(t) \sim \left(\frac{k_F N_0}{2k_R}\right)^{\frac{2}{3}} (D_{H_2} t)^{\frac{1}{6}} \sim t^{\frac{1}{6}} \tag{7-15}$$

4）氫主要以帶正電的分子 H_2^+ 的形式擴散

這時同樣可以透過類似以上情形的方式修改式（7-12），得到以下的 N_{IT} 隨時間變化的關係：

$$N_{IT} \sim t^{\frac{1}{3}} \tag{7-16}$$

透過以上的分析可以得出，在 NBTI 條件下介面陷阱產生的速度隨時間呈冪指數關係。將該關係透過雙對數圖呈現出來，可以得到如圖 7-18 所示的不同斜率的直線。而該直線的斜率由冪指數 n 決定，n 的大小則對應於介面由於 Si-H 被破壞而釋放的游離的 H 在媒體層裡重新分佈的形式和主要的驅動力。目前已有的文獻顯示，經過最佳化的成熟製程裡，NBTI 造成的電晶體性能老化的冪指數接近 1/6，因此顯示氫原子在媒體層裡最有可能是以 H_2 的形式進行擴散的。

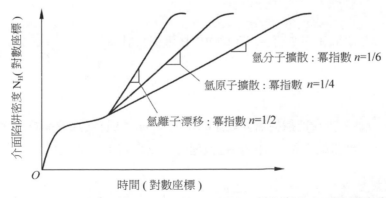

▲ 圖 7-18 基於反應 - 擴散模型和不同的 H 擴散方式求解的介面陷阱密度 N_{IT} 隨時間的變化關係

溫度和電場對 NBTI 的影響會透過式（7-6）裡的反應速率 k_F 和 k_R 來影響。首先，Si-H 鍵破壞的正向反應速率 k_F 由如圖 7-19 所示中的幾個因素決定：①閘極通道中的空穴濃度；②空穴隧穿的傳輸速率；③在空穴被捕捉後，Si-H 鍵被弱化以後破裂的可能性。因此可以用以下公式描述：

$$k_F = p_h T \sigma k_0 \, \mathrm{e}^{-(E_{F0} - aE_{ox})/(kT)} \tag{7-17}$$

　　其中，p_h 為閘極通道中空穴的濃度；T 為空穴隧穿到媒體層的機率；σ 為捕捉截面積。E_c、E_{ox} 分別為閘極通道表面和媒體層裡的電場強度。圖 7-12 所示 $E_{F0}\text{-}aE_{ox}$ 為介面面的 Si-H 鍵在電場 E_{ox} 作用下捕捉空穴後發生破裂而需要克服的有效勢壘，其中參數 a 為媒體層裡電場對勢壘的影響因數。在介面處的空穴濃度 p_h 可近似正比於閘極通道表面電場 E_c。

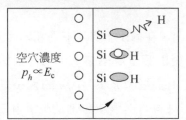

H 獲得足夠能量克服勢壘 $k_0 \mathrm{e}^{-(E_{F0} - aE_{ox})/(kT)}$

空穴濃度 $p_h \propto E_c$

空穴隧穿的傳輸速率
$T \propto \mathrm{e}^{\gamma_\mathrm{T} E_{ox}}$

▲ 圖 7-19　影響 Si-H 鍵破裂的正向反應速率的幾個因數

　　空穴隧穿傳輸速率 T 可由以下的 WKB 近似來計算：

$$T(E_{ox}) \sim \exp\left[-2 \int_0^{t_{int}} \mathrm{d}x \, \frac{\sqrt{2qm_{ox}(\Phi_B - xE_{ox})}}{\hbar} \right] \tag{7-18}$$

　　其中，t_{int} 是空穴被捕捉需要隧穿的距離；m_{ox} 為有空穴效品質；Φ_B 是 Si/SiO$_2$ 介面空穴勢壘的大小。由一階近似理論可以得到：

$$\ln(T(E_{ox})) \sim -\frac{\sqrt{2qm_{ox}\Phi_B}}{\hbar} t_{int} + \left(\sqrt{\frac{m_{ox}}{2q\Phi_B}} \, \frac{q t_{int}^2}{\hbar} \right) E_{ox} \tag{7-19}$$

定義參數 $\gamma_T = \sqrt{\dfrac{m_{ox}}{2q\Phi_B}}\dfrac{qt_{int}^2}{\hbar}$，則可以得到以下空穴隧穿機率與媒體層中電場強度 E_{ox} 的關係：

$$T(E_{ox}) \sim e^{\gamma_T E_{ox}} \qquad (7\text{-}20)$$

隧穿後被捕捉的空穴會弱化 Si-H 鍵，而在電場 E_{ox} 的影響下 H 脫離 Si-H 鍵需要克服有效勢壘 $E_{F0}-aE_{ox}$，這反映在式（7-17）中的最後一個指數因數中。

在 Si-H 遭到破壞的同時，自由的 H 也會在介面處和 Si 懸掛鍵發生反應，重新修復被破壞的 Si-H 鍵。這一反向反應的速率 k_r 與外加電場無關，反向反應速率可以寫為：

$$k_R = k_{R0}\, e^{-E_{R0}/(kT)} \qquad (7\text{-}21)$$

將以上所有的因素代入式（7-15），可以得到介面陷阱產生的速率：

$$N_{IT}(E_{ox}, T, t) \sim (E_c)^{\frac{2}{3}} \cdot e^{\frac{4\left[(kT\gamma_T + a)E_{ox} - E_{F0} + E_{R0} - E_A\right]}{6kT}} \cdot t^{\frac{1}{6}} \qquad (7\text{-}22)$$

這時定義電場加速因數 γ 和等效活化能 E_A^*：

$$\gamma = \gamma_T + \frac{a}{kT}$$

$$E_A^* = E_A + 4(E_{F0} - E_{R0})$$

由此可以進一步推導出在恒定溫度下的電場的加速因數：

$$N_{IT} \sim E_c^{\frac{2}{3}} \cdot e^{\frac{2}{3}\gamma E_{ox}} \cdot t^{\frac{1}{6}} \qquad (7\text{-}23)$$

和在恒定電場下的溫度的加速因數：

$$N_{IT} \sim e^{-\frac{E_A^*}{6kT}} \cdot t^{\frac{1}{6}} \qquad (7\text{-}24)$$

有了這個完整的模型，可以設計不同溫度和不同電壓下的加速實驗，透過以下步驟逐步確定模型參數。

（1）設計實驗獲得不同溫度和不同電場下的 N_{IT} 隨時間變化的曲線。

（2）透過以上結果獲得 γ 隨溫度 T 變化的線性關係，並進而根據曲線截距和斜率得到 γ_{T} 和 a。

並根據實驗結果推導出模型裡的這幾個參數 γ_{T}、a，並根據模型外插出在正常執行條件下電晶體可以可靠性的時間。

4. 媒體層裡的體缺陷對 NBTI 的影響

除了遭受到破壞的 Si-H 形成的介面陷阱會造成元件的性能退化，還要考慮到媒體層裡可能本來就存在的陷阱。這些陷阱在施加偏壓的條件下也會透過隧穿效應被空穴佔據，因影響電晶體的設定值電壓從而導致電晶體的性能發生改變。在分析 NBTI 產生的缺陷對電晶體性能的衰減時一定要注意將這一部分的影響排除在外，否則將得到錯誤的結論。如圖 7-20 所示，在媒體層裡的陷阱是否被佔據可以由以下三個因素決定：①由反型的閘極通道隧穿到陷阱的空穴電流，該空穴電流增加被佔據的陷阱的比例 f_0；②捕捉了空穴的陷阱也可能由於隧穿釋放空穴，這時空穴可能隧穿到反型的閘極通道或到柵極，這兩個空穴電流將導致被佔據空穴比例的減少。這兩個因素的影響可以用以下公式來描述：

$$\frac{\mathrm{d}f_0}{\mathrm{d}t} = \sigma v_{\text{th}} \left[T_1 n_s (1 - f_0) - T_1 p_s f_0 - T_2 p_G f_0 \right] \tag{7-25}$$

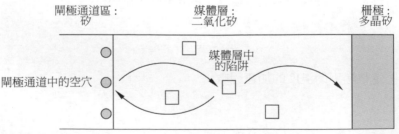

▲ 圖 7-20　媒體層中的陷阱透過隧穿效應捕捉和釋放閘極通道裡的空穴

在式（7-25）中，f_0 為被捕捉了空穴的陷阱佔所有陷阱的比例；T_1 和 T_2 分別為從閘極通道隧穿到陷阱，以及從陷阱隧穿到柵極的機率；σ 為陷阱捕捉面積；v_{th} 為空穴的平均熱運動速度。求解這個差分方程式得到 f_0 隨時間的變化遵循以下的指數關係，其中 b 和 τ 是與空穴捕捉和釋放係數相關的常數。由這個結果可以看到，媒體層裡的陷阱會在柵極負偏的條件下快速被空穴佔據，而隨著時間的演進，被捕捉空穴會如圖 7-21 所示逐漸飽和。媒體層內缺陷一旦捕捉空穴會對電晶體的設定值電壓造成影響，因此該現象對設定值電壓造成的影響 ΔV_T 也將隨時間的變化呈現飽和。

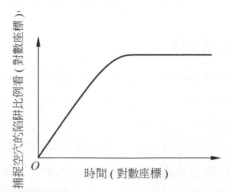

▲ 圖 7-21 媒體層裡的陷阱被空穴佔據的比例隨偏壓時間的變化規律

$$f0（t）=b1-e-t\tau \tag{7-26}$$

在實際實驗中觀察到的設定值電壓隨時間的變化是由不斷在 Si/SiO$_2$ 介面產生的介面陷阱和空穴透過隧穿佔據媒體層中陷阱對疊加對電晶體設定值電壓造成的影響的疊加。圖 7-22 顯示了這兩個因素對 ΔV_T 的影響，其中 NBTI 的隨時間的影響遵循我們推導出的冪函數關係（$\Delta V_T \sim t^{1/6}$）。可以看到，在施加負偏壓的初始階段，由於媒體層中已有陷阱捕捉空穴的影響，在雙對數圖中看到的曲線的斜率並不是由冪指數關係。該曲線的斜率將小於由反應 - 擴散理論推導出來的冪指數 1/6。而只有當實驗的時間足夠長，媒體層中已有的陷阱造成的影響飽和後，曲線的斜率在逐漸趨於 1/6。如果不對這一現象進行修正，而依據早期的斜率做可靠性的推斷則會得到過於樂觀的結論。

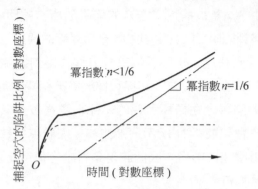

▲ 圖 7-22　在反偏條件下 PMOS 設定值電壓由的影響因素

5. 負偏置溫度不穩定性小結

　　透過實驗觀察到，NBTI 顯示了非常明確的冪指數關係。基於空穴捕捉弱化介面的 Si-H 鍵而導致其被破壞而產生介面陷阱這一物理現象，人們提出了反應 - 擴散模型來描述這一過程，而透過該模型可以得到非常符合實驗結果的冪指數關係。透過分析模型裡正向反應（Si-H 鍵破壞）和反向反應（氫原子重新鈍化懸掛鍵）速率隨溫度和媒體層電場的影響，可以建立一個完整的介面缺陷形成速率的物理模型。在有了模型以後，可以設計不同電場和溫度下的加速實驗，透過結果獲得模型裡的幾個參數，並用來估計在正常執行環境下的電晶體壽命。這樣的模型能幫助我們利用幾個小時的加速實驗下電晶體的電子特性推估十年乃至更長時間下電晶體的可靠性表現。但也要注意，在 NBTI 的實驗裡除了介面的陷阱的產生會影響電晶體的退化，媒體層中存在的陷阱也會由於捕捉閘極通道裡的空穴隧穿而帶正電，進而影響電晶體的性能。透過加速實驗推測物理模型參數，進而做可靠性推斷時一定要注意分離這兩種現象。

7.3.2　柵極電介質擊穿

1. 柵極電介質擊穿的症狀

　　隨著電晶體的微縮，柵極媒體層的厚度越來越薄，MOSFET 柵極的介電層擊穿而帶來的可靠性隱憂也越來越突出。與 NBTI 中觀察到的電晶體的設定值電壓在電壓下發生緩慢的漂移不同，我們通常認為柵極電解質擊穿帶來的是突然

的災難性的變化。並且厚的媒體層和薄的媒體層發生的擊穿的現象存在明顯的不同。透過實驗通常可以觀察到以下的一些現象。

（1）對於比較厚的媒體層，通常可觀察到擊穿呈現出一些例如像樹枝一樣的特有的圖案，這表明了缺陷的形成是相互連結的。

（2）而比較薄的媒體層，缺陷的分佈則是隨機的。

（3）隨著柵極電壓的增加，媒體層擊穿相應加速。

（4）媒體擊穿失效時間呈現出韋布林分佈（Weibull Distribution）。

（5）在非常薄的媒體層裡，即使產生了缺陷，也不一定帶來災難性的後果，發生擊穿的 MOSFET 仍可以有效地工作。

理解以上的現象對於設計加速可靠性實驗，並且透過結果定義媒體層的可以有效工作的時間有著重要的意義。隨著電晶體的微縮，媒體層的厚度也在不斷減薄，目前媒體層的厚度已經達到了幾個奈米的厚度。所以本章將著重介紹比較薄的媒體層裡發生缺陷的機制。另外，與 NBTI 不同，媒體層擊穿帶來的影響通常不是隨時間演進的電晶體性能的緩慢退化，而是發生災難性的失效。而通常積體電路裡上億個電晶體中的某一個電晶體發生這樣的失效時，整個積體電路都沒有辦法再正常執行，因此媒體擊穿發生的分佈則尤其重要。最後，隨著媒體層的不斷減薄，媒體層裡可能由於偏壓產生缺陷，但是即使產生了缺陷，電晶體還能正常執行。

2. 柵極電介質擊穿的物理原理

柵極電解質擊穿可以透過增加柵極電壓來加速，但是如圖 7-1 所示，如果沒有一個物理模型，基於經驗模型，透過外插得到的正常執行電壓的擊穿時間可能存在非常大的錯誤。因此需要首先理解柵極電壓擊穿的物理原因，而基於物理影像的模型可以幫助我們更準確地描述缺陷隨時間和電壓變化的趨勢，從而獲得更準確的推斷。

目前為大家接受的柵極電介質擊穿的理論為陽極空穴注入（Anode Hole Injection）。以 NMOS 為例，MOSFET 在柵極偏壓電子由體（Body）區域隧穿

到達柵極，在媒體層非常薄的情況下，由於在隧穿過程中電子幾乎不損失能量，所以在到達柵極後這些熱電子（圖 7-23 中的實心圓球）的能量遠高於柵極的費米能級，進而引發碰撞電離，而產生新的電子 - 空穴對。新產生的空穴（圖 7-23 中的空心圓球）也會有一定的機率隧穿透過媒體層，而在隧穿過程中空穴與電子複合釋放大量的能量破壞媒體層中的 Si-O 共價鍵，而產生了新的陷阱。缺陷陷阱的產生在媒體層裡的位置是隨機分佈的。如圖 7-24 所示，隨著陷阱數量的不斷增多，最終的缺陷將形成一條從柵極到體區域的導通路徑，大量的電子可以集中在這個區域流過，最終導致媒體層的失效。

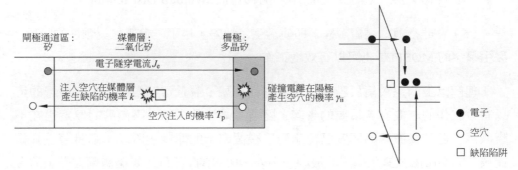

▲ 圖 7-23　陽極空穴注入以及產生媒體層中陷阱的物理過程

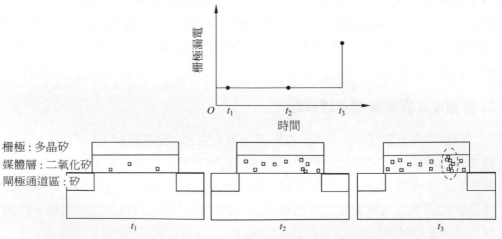

▲ 圖 7-24　在施加柵極偏壓下媒體層裡不斷產生隨機分佈的陷阱缺陷

3. 柵極電介質擊穿的物理模型

　　通常對積體電路柵極電介質擊穿的可靠性能由以下的方法決定。在晶圓上會設計一些用於做 TDDB 測量的測試電路，通常這樣的測試電路為簡單的 MOS 結構。這時會在不同的超於正常執行的柵極電壓 V_G 的情況下，對樣本做柵極偏壓，並透過觀察柵極漏電流來記錄每個樣本發生失效的時間。通常人們會選擇合適的電壓值，讓柵極能在較短的時間下失效。這時可以提取 50% 測試樣本發生失效的壽命 $t_{BD}^{50\%}$（A_{test}）。這裡的 A_{test} 為測試結構的柵極面積。實際的積體電路產品中柵極的面積與測試結構的面積不同，可以透過式（7-27）換算得到實際產品的平均失效壽命 $T_{BD}^{50\%}$（A_{IC}）。這時根據應用場景下對產品可靠性的壽命的要求（對車載產品來說，壽命要求通常為 10 年甚至更長），以及在該壽命內最多允許存在的產品失效率為 $q\%$，透過式（7-28）及產品平均失效壽命計算出在加速電壓的條件下產品出現 $q\%$ 失效的壽命。最後由式（7-29）可以透過電壓加速因數 γ_V 得到為了滿足產品可靠性要求的安全柵極電壓。接下來將分別介紹每個公式及模型中的參數的物理意義。

$$T_{BD}^{50\%}(A_{IC}) = \left(\frac{A_{test}}{A_{IC}}\right)^{\frac{1}{\beta}} T_{BD}^{50\%}(A_{test}) \tag{7-27}$$

$$T_{BD}^{q\%}(A_{IC}) = \left[\frac{\ln(1-q\%)}{\ln(1-50\%)}\right]^{\frac{1}{\beta}} T_{BD}^{50\%}(A_{IC}) \tag{7-28}$$

$$V_{G\,safe} = V_{test} - \frac{\log\left[\dfrac{T_{lifetime}}{T_{BD}^{q\%}(A_{IC})}\right]}{\gamma_V} \tag{7-29}$$

　　首先介紹如何建立電壓加速因數的模型。基於前面介紹的空穴注入模型，可以得知媒體層裡產生的陷阱缺陷的速度將由以下 4 個因素決定。

（1）媒體層電子隧穿電流：J_e。

（2）電子碰撞電離的可能性：γ_{ii}。

（3）碰撞電離產生的空穴重新進入媒體層的機率：T_p。

（4）進入媒體層的空穴破壞 Si-O 產生陷阱缺陷的可能性：k。

而前 3 個因素受柵極施加的電壓 V_G 或媒體層裡的電場強度 E 的影響，這裡可以近似用以下的關係描述：

$$J_e = A_1 e^{-A_2/E} \tag{7-30}$$

$$\gamma_{ii} = B_1 e^{-B_2/E} \tag{7-31}$$

$$T_p = C_1 e^{-C_2/E} \tag{7-32}$$

假設由於電介質層擊穿失效的時間 T_{BD} 與產生的陷阱缺陷 N_{BD} 成反比，可以得到以下關係：

$$T_{BD} \sim \frac{1}{N_{BD}} = \frac{1}{J_e \gamma_{ii} T_p k} \propto e^{1/E} \tag{7-33}$$

因此可以得到：

$$\log(T_{BD}) \sim 1/E$$

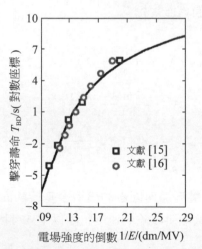

▲ 圖 7-25 柵極媒體層擊穿壽命 T_{BD} 與電場的關係

如圖 7-25 所示，與實際的測試資料相比較會發現，在大的柵極偏壓下，V_G 對柵極失效壽命的加速確實符合以上的 $1/E$ 的關係，但是隨著柵極偏壓的下降，加速因數偏離了如上的 $1/E$ 的關係。這主要是由於在該條件下，上面假設的碰撞電離不準確，透過更為精確的計算可以在這種情況下的碰撞電離做以下修正：

$$\gamma_{ii} \sim e^{DV_G} \tag{7-34}$$

這時，柵極偏壓對柵極擊穿壽命的影響也可以相應地修正為：

$$\log(t_{BD}) \sim - \gamma_V V_G \tag{7-35}$$

其中，γ_V 是柵極擊穿電壓加速因數，透過在不同柵極電壓下測量的平均柵極壽命 $t_{testBD}^{50\%}(V_G)$ 可以提取出加速因數的值。

4. 柵極電介質層擊穿的滲透模型（Percolation Model）和統計分佈

根據陽極空穴注入模型，媒體層的失效是由於媒體層裡產生的陷阱引起的。由於媒體層裡產生陷阱的位置是隨機的，因此在開始階段，即使媒體層裡產生了新的陷阱，但是由於陷阱沒有形成一條電流導通路徑，柵極電流不會發生變化，電晶體可以正常執行。如圖 7-26 所示，直到產生的陷阱對齊，形成了一條電流導通路徑，這時柵極電流會突然增人，而發生媒體層失效。在很薄的點媒體層中陷阱產生的位置是隨機的，因此媒體層失效的時間 T_{BD} 也是隨機的。而在積體電路中，最早失效的電晶體便可能導致整個積體電路的失效，因此需要了解 T_{BD} 的統計分佈模型，並且依據該模型推斷出最早產生失效的電晶體的壽命。

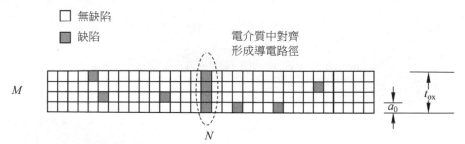

▲ 圖 7-26 柵極媒體層擊穿的表現以及媒體層裡形成的導電路徑

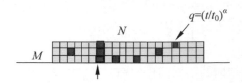

▲ 圖 7-27 柵極媒體層擊穿的滲透模型

圖 7-27 所示的簡單模型可以用來解釋失效壽命的統計分佈,該圖中電晶體的柵極媒體層由圖中 $M \times N$ 個的邊長為 a_0 的長方形區域組成。這裡的 a_0 為產生的缺陷的大小,因此圖 7-27 中每個小正方形都代表了媒體層中可能產生的缺陷的位置。因此透過媒體層的厚度 t_{ox} 以及電晶體柵極的總面積 A 可以很快得到 M 和 N 的大小,分別為 t_{ox}/a_0 和 A/a_0^2,並且,N 遠遠大於 M。假設隨著偏壓時間 t,每個位置產生陷阱的機率均符合以下冪指數關係:

$$q = \left(\frac{t}{t_0}\right)^\alpha \tag{7-36}$$

由於每個位置產生陷阱的機率是互不相關的,因此在某一列裡產生一列對齊的陷阱的可能性為:

$$p = q^M = \left(\frac{t}{t_0}\right)^{\alpha M} \tag{7-37}$$

如果 $F(p)$ 代表至少產生了一列對齊的陷阱的機率,則柵極在時間 t 下還沒有發生擊穿的機率為 1-$F(p)$。這一機率可以由 N 列長方形中沒有一列產生對齊的缺陷計算出,即

$$1 - F(p) = (1-p)^N \approx e^{-Np} \tag{7-38}$$

將 p 代入式(7-38)並取對數則可以得到以下的韋布林分佈:

$$W \equiv \ln(-(\ln(1 - F(p)))) = \alpha M \ln(t) - \alpha M \ln(t_0) + \ln(N) \tag{7-39}$$

該模型成功地解釋了為何柵極媒體層擊穿的時間符合韋布林分佈。透過以上關係則可以根據測試結構柵極面積的大小 A_{test} 與實際產品中柵極面積的大小 A_{IC},得到它們之間失效機率的關係:

$$W_{IC} - W_{test} = \ln(-\ln(1 - F_{IC})) - \ln(-\ln(1 - F_{test}))$$

$$= \ln\left(\frac{N_{IC}}{N_{test}}\right) = \ln\left(\frac{A_{IC}}{A_{test}}\right) \tag{7-40}$$

因此可以由測試結構的平均柵極壽命 $t_{testBD}^{50\%}$ 推導出實際產品的平均壽命 $t_{IC\,BD}^{50\%}$:

$$T_{\mathrm{BD}}^{50\%}(A_{\mathrm{IC}}) = T_{\mathrm{BD}}^{50\%}(A_{\mathrm{test}})\left(\frac{A_{\mathrm{test}}}{A_{\mathrm{IC}}}\right)^{\frac{1}{aM}} \tag{7-41}$$

這時便推導出了式（7-27）。

同樣透過韋布林分佈，也可以很容易地透過平均失效時間 $T_{\mathrm{BD}}^{50\%}$ 換算出最多有 $q\%$ 電晶體失效的時間 $T_{\mathrm{BD}}^{q\%}$：

$$\begin{aligned} W_{\mathrm{IC}}^{q\%} - W_{\mathrm{IC}}^{50\%} &= \ln(-\ln(1-F_{\mathrm{IC}}^{q\%})) - \ln(-\ln(1-F_{\mathrm{IC}}^{50\%})) \\ &= \alpha M(\ln(t_{\mathrm{BD}q\%}) - \ln(t_{\mathrm{BD}\,50\%})) \end{aligned} \tag{7-42}$$

即

$$T_{\mathrm{BD}}^{q\%}(A_{\mathrm{IC}}) = \left[\frac{\ln(1-q\%)}{\ln(1-50\%)}\right]^{\frac{1}{aM}} t_{\mathrm{BD}}^{50\%}(A_{\mathrm{IC}}) \tag{7-43}$$

將式（7-41）、式（7-43）、式（7-27）和式（7-28）相對比，可以得到 $\beta=\alpha M$。柵極媒體層的厚度和缺陷的大小對媒體層擊穿壽命的影響也透過這一因數表現出來。隨著電晶體的不斷微縮化，柵極媒體層變得越來越薄。相應地，β 也變得越來越小。根據式（7-43）可以看到，即使柵極媒體層平均壽命相同，最早發生柵極失效的時間會大大提前，將會給電晶體的可靠性帶來很大的挑戰。好在媒體層變得更薄時，即使當產生了如圖 7-26 中所示的導通路徑時，電晶體會呈現出柵極漏電的增加，而不會立即出現災難性的失效，該現象被稱為媒體層的軟擊穿。

5. 柵極電介質層的軟擊穿

在之前對於媒體層擊穿的分析中的前提假設是當媒體層中出現了一列發生對齊的缺陷時，電晶體會立即發生災難性的失效。這一假設對於較厚的柵極媒體層是成立的，隨著電晶體的不斷微縮以及柵極媒體層不斷地變薄，情況發生了一些變化。圖 7-28 顯示了擁有不同厚度柵極媒體層厚度的電晶體在恒定電流偏壓模式下測量媒體層壽命的柵極電壓，對於較厚的媒體層，可以觀察到，柵極媒體層擊穿後柵極電壓發生了急劇的下降，將這種情況稱為硬擊穿。隨著媒體層厚度的減薄，可觀察到在發生了媒體層擊穿後的柵極電壓下降幅度開始變小，在最薄的媒體層的條件下甚至可以看到擊穿後柵極電壓只是呈現出一些雜

訊，並沒有出現幅度上的改變。在這種情況下，電晶體雖然將在性能上發生一些變化，但它將還能繼續維持正常執行。我們將這樣的擊穿稱為軟擊穿。

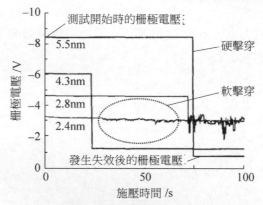

▲ 圖 7-28　不同厚度媒體層在恒定電流的測量條件下發生硬擊穿與軟擊穿的表現

可以同樣透過圖 7-29 所示的模型來計算考慮軟擊穿情況下電晶體的壽命統計分佈，出現 n 列對齊的缺陷的機率為：

$$p_n = C_N^n p^n (1-p)^{N-n} \approx \frac{(Np)^n}{n!} \cdot e^{-Np} \qquad (7\text{-}44)$$

其中，p 由式（7-37）決定。電晶體的柵極媒體層裡出現 n 列或 n 列以上的對齊的缺陷時才會發生失效，在 $n \ll N$ 的情況下，失效的機率可以近似為：

$$F_n = 1 - \sum_{i=0}^{n-1} p_i = 1 - e^{-Np} \cdot \sum_{i=0}^{n-1} \frac{(Np)^i}{i!} \approx \frac{(Np)^n}{n!} \qquad (7\text{-}45)$$

在 F_n 非常小時，韋布林分佈可以近似為：

$$W_n = \ln(-\ln(1-F_n)) \approx \ln(F_n) = n\beta \ln(t) - C \qquad (7\text{-}46)$$

與式（7-30）對比可以看出，當考慮到允許有多次軟擊穿時，韋布林分佈的斜率會相應地增大 n 倍。這對於電晶體可靠性的影響可以從圖 7-29 所示的例子看出，$n=1$ 時，即發生一次軟擊穿電晶體就發生失效的條件下，預計的電晶體的壽命將只有 10^3s；而在 $n=2$ 的情況下，預計的電晶體壽命將提升到 10^9s（約 3 年）；在 $n=3$ 的情況下，電晶體的壽命將提升到 10^{11}s。可見電晶體軟擊穿的特性對提高其柵極可靠性壽命的影響相當可觀，也正是因為這個原因，電晶體的持續微縮才成為可能。

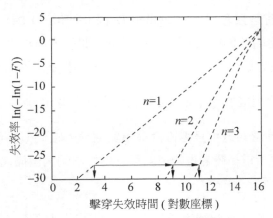

▲ 圖 7-29 允許多次軟擊穿（$n \geq 2$）對於電晶體壽命的韋布林分佈的影響

7.3.3 熱載流子注入退化

1. 熱載流子注入退化的表現

　　與前面介紹的 NBTI 不同，熱載流子注入退化發生在 N 閘極通道的 MOSFET 裡。在 NMOS 工作狀態下，閘極通道中的電子在接近柵極附近時，在電場的驅動下獲得足夠多的能量並開始產生碰撞電離。而透過碰撞電離產生的新的電子和空穴具有極其可觀的能量，當它們注入到柵極氧化層裡時會導致 Si-H 和 Si-O 鍵的破裂，進而引起 MOSFET 的設定值電壓發生漂移。透過實驗觀察到由於熱載流子引起的退化有以下的表現。

　　（1）熱載流子注入引起的退化在 NMOS 導通的情況下出現，通常當 $V_G \approx V_D/2$ 時，熱載流子引起的退化最為嚴重。

　　（2）與 NBTI 類似，注入常用同位素 D_2 代替 H_2 去鈍化 Si/SiO_2 介面的懸掛鍵後，電晶體會更耐用。但是與 NBTI 不同，熱載流子注入造成的退化在去掉偏壓後恢復有限。

　　（3）與 NBTI 類似，實驗中大多數電晶體的熱載流子注入退化也呈現出對應時間的冪指數關係（$\sim t^n$），冪指數 n 通常為 0.3~0.7。

（4）對於擁有輕摻雜漏區（Lighted Doped Drain，LDD）結構的電晶體，熱載流子注入退化隨時間的變化不符合冪指數關係，通常可以觀察到，隨著時間的增加，電晶體的退化呈現出飽和的趨勢，即冪指數 n 隨時間的增加而變小。

（5）更高的漏極電壓 V_{DD} 會加速熱載流子注入退化。

（6）無論電晶體的退化是否符合冪指數關係，它們似乎都符合「普遍性」規律，即不同條件下電晶體老化的速度可以用相同的函數描述 $f[t/t_0(V_D)]$，只不過是在時間上做一個縮放。

這些規律為人們找到熱載流子注入退化的原因提供了方向，一個合適的物理模型必須可以解釋以上的現象。

2. 熱載流子注入退化的物理原理

由以上觀察到的現象可以推測出，同 NBTI 類似，熱載流子注入引起的電晶體老化應該與介面層的 Si-H 鍵遭到破壞有關。但是 NBTI 的老化不需要電晶體導通，而僅在有柵極電壓形成閘極通道的反型的情況下就可以發生。與之相反，人們觀察到熱載流子條件電晶體老化最嚴重時發生在 NMOS 開關的過程中。這時在閘極通道裡存在大量的電流。特別是在 $V_G \approx V_D/2$ 的偏壓條件下，在接近漏極結空間電荷區域，電子被電場加速獲得足夠的能量。這些電子的能量比熱平衡狀態下的能量要高得多，因此稱之為熱電子。當電子能量足夠高時，它有可能直接破壞矽和媒體層介面的 Si-H 鍵，產生介面的懸掛鍵。

另外，目前通常還認為熱載流子還可能引起媒體層表面 Si-O 鍵的破壞。Si-O 相較於 Si-H 鍵更為穩定，因此破壞 Si-O 鍵需要的能量要比破壞 Si-H 所需要的能量大得多。這個能量的來源來自於熱電子碰撞電離後產生的電子 - 空穴對。當熱電子的能量足夠高時，會在媒體層附件產生碰撞電離生成電子-空穴對。如圖 7-30 所示，一部分的空穴有足夠能量穿過媒體層的勢壘，被接近媒體層表面的陷阱捕捉並與電子複合。在媒體層裡的電子 - 空穴複合將釋放大量的能量並破壞 Si-O 鍵，產生新的陷阱缺陷。前面已經介紹了媒體層裡的陷阱會通過熱載流子的捕捉影響電晶體的設定值電壓，導致電晶體性能的退化，但是在 NBTI 的情況下，認為媒體層中的陷阱數量是半導體生產製程決定的，陷阱的數量不會

隨著時間的變化而產生變化，因此媒體層內的陷阱捕捉熱載流子造成設定值電壓漂移會隨時間而飽和。但是在熱載流子的影響下，媒體層中的空穴數量也會增加，因此電晶體老化會呈現不同的趨勢。

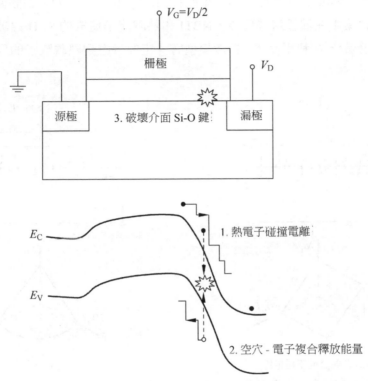

▲ 圖 7-30 熱載流子注入老化中電子 - 空穴複合釋放能量破壞 Si-O 鍵產生新的陷阱

　　但是如何理解熱載流子條件下的冪指數關係與 NBTI 不同？如何理解電壓對熱載流子老化的加速因數？我們會在後文的模型中加以解釋。

3. 熱載流子注入退化的物理模型

　　前面介紹了熱載流子注入退化和 Si-H 鍵的破壞有關，下面將針對熱載流子注入退化的特點修改 7.3.1 節中介紹的反應 - 擴散模型來解釋實驗中觀察到的冪指數關係。在利用該模型來描述熱載流子破壞的 Si-H 鍵時需要考慮到以下一個重要區別——NBTI 裡的 Si-H 鍵遭到破壞的主要原因是，Si-H 鍵透過捕捉到 PMOS 閘極通道裡的空穴影響而被弱化，導致了成鍵的破裂而形成介面陷阱。

NBTI 在僅有柵極偏壓沒有漏極偏壓或電流的時候即可發生，因此在利用反應 - 擴散模型時假設 Si-H 鍵在整個閘極通道裡都均勻發生。而在熱載流子注入退化裡，破壞 Si-H 鍵的「罪魁禍首」是熱載流子。熱載流子直接衝擊 Si-H 鍵而將其破壞。最利於熱載流子注入退化的偏壓條件為 $V_D>0$，$V_G{\sim}V_D/2$。在該偏壓條件下熱載流子會集中在漏極邊緣區域。NBTI 和熱載流子造成的 Si-H 鍵破壞的區別如圖 7-31 所示。在利用反應 - 擴散模型時一定要考慮到熱載流子的局域分佈特性。

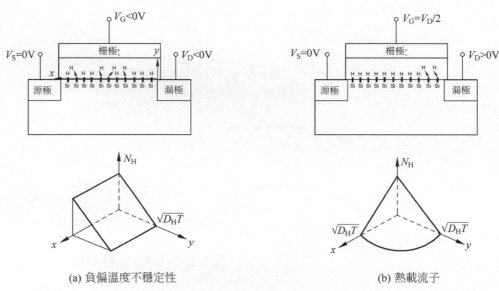

(a) 負偏溫度不穩定性　　　　　　　　　　　　　(b) 熱載流子

▲ 圖 7-31 對比 NBTI 和熱載流子偏壓條件以及媒體層介面的 Si-H 破壞的區別

NBTI 和熱載流子造成的局部分佈決定了熱載流子造成的 Si-H 鍵破壞也是局部的。而對於熱載流子，考慮到遭到破壞的 Si-H 鍵集中在靠近漏極的區域，可以移動的氫原子的來源在漏極端，因此需要相應地修正氫原子在媒體層裡的分佈的近似。假設氫原子透過擴散作用在媒體層裡移動，這時可以近似地用圖 7-34（b）所示的圓錐來描述氫原子在 x 和 y 方向的分佈。類似於 NBTI 裡氫原子守恆的原理，透過對媒體層裡的氫原子做積分，可以得到介面缺陷密度隨時的變化關係：

$$N_{IT}^{Si\text{-}H}(t)=\frac{\pi}{12}N_H^{(0)}\left(\sqrt{D_H t}\,\right)^2 \tag{7-47}$$

假設 Si-H 鍵破壞後釋放的 H 以不帶電的 H 原子的方式在媒體層裡擴散，結合式（7-10）可以推導出：

$$N_{IT}^{Si-H}(t) = \sqrt{\frac{k_f N_0}{k_r}} (D_H t)^{1/2} \tag{7-48}$$

同理，如果 H 以 H2 的形式擴散，則有：

$$N_{IT}^{Si-H}(t) = \left(\frac{\pi k_f N_0}{6 k_r}\right)^{2/3} (D_H t)^{1/3} \tag{7-49}$$

從以上結果已經可以看出，熱載流子注入退化雖然呈冪指數關係，但是由於產生缺陷的位置是局域性的，冪指數與 NBTI 情況下閘極通道中均勻地產生介面陷阱不同。推導出來的冪指數 0.33~0.5 也非常接近實驗中觀察到的冪指數。

圖 7-32 顯示了包含長閘極通道、短閘極通道及不同類型 MOSFET 熱載流子狀況下發生退化的情況，可以看到除了圖 7-35（b）中的帶有 LDD 的長閘極通道 MOSFET，所有其他的電晶體退化都符合冪指數關係。而對於圖 7-35（b）中的電晶體，可以看到，隨著時間的演進，電晶體的退化逐漸呈現出飽和狀態。顯然，基於如上 Si-H 鍵破壞的反應 - 擴散模型沒有辦法解釋這樣的現象。對於這樣的情況，如果簡單地透過加速實驗早期觀察的冪指數做出電晶體壽命的推斷，會得到過於悲觀的結果。對於類似圖 7-35（b）這樣偏離冪指數關係的退化現象的理解還會有著爭議。目前比較普遍地認為，熱載流子除了可能造成介面 Si-H 鍵的破壞，還可能造成在媒體層中接近閘極通道處的 Si-O 鍵的破壞，產生額外的介面陷阱 N_{IT}。目前具體的缺陷形成的原理還會有不同的解釋，下面將介紹其中一個 Bond Dispersion 模型（簡稱 B-D 模型），透過媒體層中 Si-O 的成鍵強度的分佈來解釋熱載流子注入老化呈現非冪指數這個現象。

B-D 模型中一個最主要的假設是無定形態二氧化矽媒體層裡由於存在不和長度的環，Si-O 成鍵的能量並不是一個固定的值，而是遵循一定的統計分佈。而由於 Si-O 鍵的強弱不同，在熱載流子的影響下較弱的鍵會較早地開始破裂，而較強的鍵會在更晚的時候破裂。而這一現象可以解釋熱載流子老化為什麼偏離冪指數關係。Si-O 鍵除了這個特點與 Si-H 鍵不同，另外一個顯著的差別是 Si-H 鍵非常弱，遭受破壞後可以很容易與附近的 H 原子發生重新鈍化而得到修復，而 Si-O 鍵非常強，一旦 Si-O 鍵被破壞後就沒有辦法自動修復。

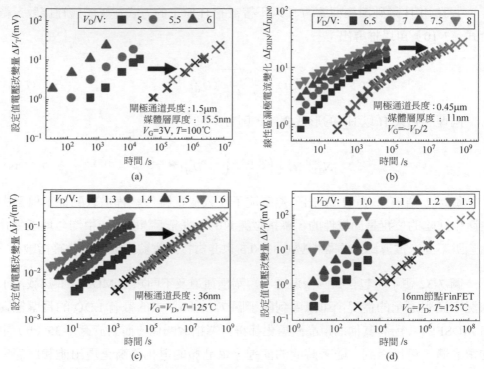

▲ 圖 7-32　實際測量的不同電晶體的熱載流子老化曲線

　　首先考慮成鍵強度為 E_i 的 Si-O 鍵，以下的差分方程式可以描述介面陷阱的產生速度，其中 $k_f(E_i)$ 是破壞 Si-O 的反應的反應速率，k_f 是 E_i 的函數，E_i 越大則破壞 Si-O 鍵需要的能量越大，相應的正向反應速率 k_f 則越小。N_0 為初始時沒有被破壞的具有 E_i 成鍵能量的 Si-O 鍵的數量。

$$\frac{dN_{IT}^{Si\text{-}O}(E_i)}{dt} = k_f(E_i) \cdot (N_0 - N_{IT}^{Si\text{-}O}(t)) \tag{7-50}$$

透過求解一階微分方程得到以下結果：

$$N_{IT}^{Si\text{-}O}(E_i) = N_0(1 - e^{-k_f(E_i)t}) \tag{7-51}$$

　　透過此式，可以得到由於熱載流子破壞具有成鍵能量為 E_i 的 Si-O 鍵而形成的介面陷阱密度的數量隨時間的變化的關係。這一趨勢如圖 7-33 所示，在初始階段，陷阱密度的數量呈現近似冪指數關係的增長，而在最後所有可能破裂的 Si-O 鍵都破裂後呈現出飽和狀態。

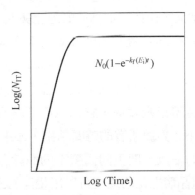

▲ 圖 7-33 單一能級下產生的介面陷阱隨時間的變化規律

　　這時再考慮不同能級上的 Si-O 鍵對 N_{IT} 的影響，由於不同能級上的陷阱產生速率是互相獨立的，可以透過式（7-52）對不同能級做積分，得到整體的介面陷阱產生的速度。圖 7-34（a）顯示了一個一個假設的 Si-O 鍵的能級密度分佈，而 7-34（b）中所示的每一條虛線則代表了在不同能級 E_i 下的 $N_{\mathrm{IT}}(E_i)$ 隨時間變化的關係，積分後可得到的圖 7-34（b）中所示的實線，代表由於 Si-O 鍵遭到熱載流子破壞對 N_{IT} 的影響。可以看到，該曲線與實際測量的熱載流子退化非常吻合。

$$\frac{\mathrm{d}N_{\mathrm{IT}}^{\mathrm{Si\text{-}O}}}{\mathrm{d}t} = \int_{E_0-n\sigma}^{E_0+n\sigma} k_{\mathrm{f}}(E)\left[g(E)-f(E,t)\right]\mathrm{d}E \tag{7-52}$$

$$N_{\mathrm{IT}}^{\mathrm{Si\text{-}O}} = \sum_{E} g(E)(1-\mathrm{e}^{k_{\mathrm{f}}(E)t}) \tag{7-53}$$

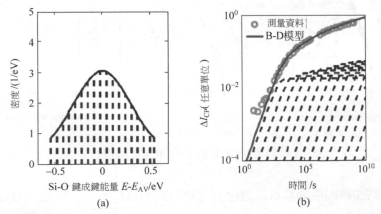

▲ 圖 7-34 假設 Si-O 鍵的能級密度分佈與不同能級 E_i 下的 $N_{\mathrm{IT}}(E_i)$ 隨時間變化的關係

目前普遍認為在熱載流子條件下電晶體的退化與 Si-H 鍵和 Si-O 鍵遭到破壞均有關係。前面介紹的基於 Si-H 鍵破壞的反應 - 擴散模型和 Si-O 鍵破壞的 B-D 模型雖然在某些特定的情況下能夠成功地解釋電晶體熱載流子退化的現象，但均沒有辦法極佳地完全解釋所有的實驗資料。儘管如此，人們觀察到無論電晶體熱載流子退化是否符合冪指數關係，它們似乎都符合「普遍性」規律。這一點在圖 7-32 裡的表現如下：對於所有的時間結果，如果將不同偏壓 V_D 下測量的 ΔV_t 在時間軸上做適當的縮放，則不同偏壓下的曲線非常好地重合在了一起。換句話說，不同條件下電晶體老化的速度可以用相同的函數描述 $f\left[\,t/t_0\left(V_D\right)\,\right]$。該函數通常稱為熱載流子退化的「普遍性」函數。其中 t_0 是時間軸上縮放的大小，其大小取決於施加偏壓 V_D。基於這一結果，可以在不同的加速電壓條件下做電晶體老化的實驗，透過不同的加速條件發現老化的「普遍性」函數。圖 7-35（a）顯示了在 4 個不同漏極電壓下實際測量的電晶體老化產生陷阱 N_{IT} 的速度。透過對圖 7-35（a）中的 4 條曲線做時間上的變換，可以得到那實線的「普遍性」曲線。由「普遍性」規律可以得知，這條曲線則完全描述了在熱載流子條件下介面缺陷產生速度隨時間變化的關係。接下來可以透過將這條曲線時間做不同的縮放與實際不同偏壓下的測量資料相對應，如圖 7-35（b）所示，從而得到相應偏壓下的電晶體壽命 T_1、T_2、T_3。

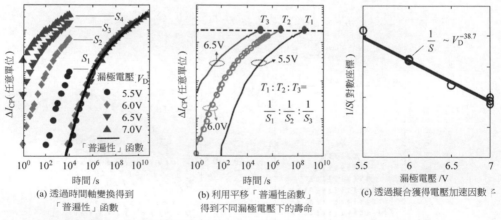

▲ 圖 7-35　透過設計不同電壓下的加速實驗得到電壓加速因數

電壓的加速因數通常可以透過對實驗得到的資料利用函數擬合的方法得到。通常以下的指數關係或冪指數關係被用於熱載流子退化的電壓加速因數。

(1) $\log(t_0^{\text{HCI}}) \sim \dfrac{A}{V_{\text{D}} - V_{\text{Dsat}}}$ 或 $\log(t_0^{\text{HCI}}) \sim \dfrac{A}{V_{\text{D}}}$

(2) $t_0^{\text{HCI}} \sim \left(\dfrac{1}{V_{\text{D}}}\right)^{\alpha}$

以圖 7-35（c）為例，採用了冪指數位類比型描述電壓加速因數。可以看到在對縱軸進行對數變換後，實測的電壓加速因數與加速偏壓呈現出非常好的線性關係。根據這一模型則可以進一步地推測出在任何電壓下電晶體的壽命。

7.3.4 電遷移

1. 電遷移的症狀

在積體電路裡所有的電晶體需要由金屬互連層連接起來。在晶圓製造過程中，形成金屬互連的步驟通常被稱為「後段製程」。基於鋁和銅的金屬互連是目前常用的兩種金屬互連系統。圖 7-36 描述了這兩種互連系統的主要結構。

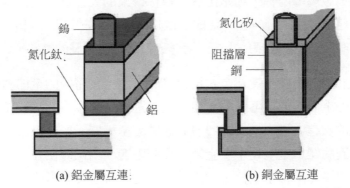

(a) 鋁金屬互連　　　　　　　(b) 銅金屬互連

▲ 圖 7-36 積體電路裡用到的基於鋁和銅的金屬互連結構

圖 7-36（a）所示的鋁互連是透過先沉積一層鋁膜，然後利用光刻定義處需要被蝕刻的區域並透過蝕刻去除這部分的鋁膜而形成所需要的圖形。通常在鋁層的底部和頂部還會沉積一層相對較厚的難熔金屬（如氮化鈦），作為提高光刻品質的抗反射塗層。不同層次間的金屬間依靠導通孔互連，通常導通孔裡面的金屬材料為鎢（W）。基於鋁的金屬互連在早期的積體電路中被廣泛使用，隨著積體電路的不斷微縮，以及特徵尺寸的變小，金屬互連線也變得越來越細，造成金屬導線的電阻 R 升高。同時由於線間的間距減小，導線間的寄生電容 C 在

變大。因此金屬互連的等效 RC 延遲時間成為了限制訊號傳播的主要原因。由於銅相較於鋁有更低的電阻率，在 1997 年 IBM 成功推出了基於銅的金屬互連，顛覆了傳統的基於鋁的「後段製程」，極大地降低了金屬互連的電阻，並在 $0.18\mu m$ 製程節點後被廣泛使用。圖 7-36（b）所示的銅互連的結構，由於銅沒有辦法像鋁一樣透過蝕刻來形成圖形，銅互連的製程步驟與鋁互連存在很大的不同。一般來說目前的銅互連由「大馬士革」鑲嵌製程來形成。圖 7-36（b）裡顯示一種由「雙鑲嵌」製程形成的互連，在該製程裡透過兩次光刻分別在媒體層裡進行蝕刻而形成導通孔和溝槽，然後透過電鍍將銅填充到這些導通孔和溝槽裡。最後再透過化學機械拋光，將多餘的金屬去掉。由於銅很容易在媒體層裡擴散，因此在填充銅之前需要在媒體層上先沉積一層難熔金屬的阻擋層，如 Ta（鉭）或 TaN（氮化鉭）。另外，銅層的表面也通常會沉積一層氮化矽作為阻擋層，防止銅的擴散。

電遷移是積體電路裡影響金屬互連的主要可靠性問題。這種失效出現在電流密度較高的金屬導線裡。通常由於電遷移帶來的失效機制有兩種：一種是金屬導線的某些部位出現了空洞，造成了電阻的增加甚至開路；另外一種是金屬導線的某些部位出現了晶須或小丘，而導致了與鄰居金屬的短路。

基於鋁和銅的金屬互連都存在電遷移的問題，在隨後的章節裡將可以看到基於鋁和銅的金屬互連電遷移的表現不僅與選擇金屬本身的物理特性有關，也與金屬互連的製程、導通孔、媒體層的性質緊密相關。舉例來說，在鋁和銅金屬互連裡用到的難熔金屬均不受金屬遷移的影響，因此即使在被包裹的鋁或銅離子發生了遷移產生了空洞後，電流還可以透過難熔金屬形成導通而不會產生開路。但是由於難熔金屬很薄的厚度和更高的電阻鋁，金屬導線的電阻會發生明顯的升高。整體而言，可以觀察到由於電遷移帶來的失效大概呈現出以下現象。

（1）銅的電遷移表現相對鋁的更佳。

（2）採用鋁 - 銅或鋁 - 矽 - 銅合金有利於改善鋁互連的電遷移表現。

（3）金屬層通常是多晶結構，而多晶的微結構，如晶粒度會極大地影響金屬層的電遷移表現。

（4）在積體電路裡，金屬互連由例如二氧化矽、氮化矽或其他低介電係數的媒體層或鈍化層所包裹，媒體層的性質，如應力、導熱性也會影響金屬電遷移的表現。

（5）通常可以觀察到，對一段金屬導線來說，在某個固定的電流密度下存在一個設定值長度，導線長度小於這個設定值長度時，導線不會發生由於電遷移產生的失效。

（6）電遷移的失效時間遵循對數正態分佈。

2. 電遷移的物理原理

通常用於晶片金屬互連的鋁和銅都存在著電遷移的問題，尤其隨著線寬的不斷縮小，在很窄的金屬導線裡的電流密度變得非常大，甚至超過了 10^5A/cm^2，電遷移可能導致金屬原子的位移，造成金屬導線的電阻上升，嚴重情況下甚至會導致金屬導線的斷裂，從而造成晶片的失效。

導體裡的電流對金屬離子施加兩種力：第一種受力為靜電力或庫侖力，由於帶正電的金屬離子被帶負電荷的電子給遮罩（Shielding），庫侖力通常可以忽略不計。更為主要的力由電子動量傳遞給金屬離子而產生，如圖 7-37 電子風沿著電流方向吹動著金屬離子，而當這個力超過一定設定值後，金屬離子像被吹落的樹葉一樣沿著電子風的方向朝陽極發生了擴散，這就是電遷移的本質。可以想像，如果電遷移帶來的金屬離子遷移在整個導體內是均勻一致的，那麼導線的形貌不會發生改變。可在實際的電路裡，金屬互連存在很多由於設計和製造流程帶來的不連續性，這些不連續性造成了金屬離子遷移的不連續性，從而帶來可靠性的風險。這些不連續性包括導線的起始、導線的方向發生改變、電流密度發生改變、導電路徑中材料的改變、周圍環境溫度和應力的改變以及製造過程中本來就帶有的缺陷等。所有這些都有可能帶來金屬原子在這些地方的堆積或耗盡。

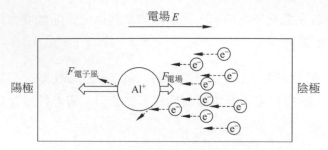

▲ 圖 7-37　造成金屬離子遷移的受力示意圖

　　圖 7-38 舉例說明了銅互連裡兩種不同的耗盡情景。在圖 7-38（a）中的電子由 M2 透過導通孔流向 M1。在電子風的作用下銅原子沿著電子的方向從 M2 遷移到導通孔處擴散。在這種情況裡由於 Ta 或 TaN 形成的墊層（Liner）幾乎沒有任何的電，所以可以有效地阻擋來自 M2 的銅，而在 M1 裡的銅原子被電子風繼續推遷移到下游，因此會在 M1 裡接近導通孔的位置形成空洞。同理，如果電流的方向反向，由於墊層的阻擋，空洞則會在導通孔裡形成。另外在空洞開始形成以後，由於導線的橫截面積減小，電流的密度進一步增大，導線裡產生熱量增高導致溫度的上升。電流密度和溫度這兩個因素都可能會形成一種正向回饋進一步加速電。

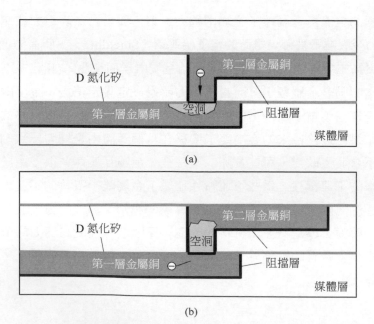

▲ 圖 7-38　銅互連裡由於電流方向不同產生的兩種不同的空洞

可以看到，這兩種狀況下形成空洞的嚴重性是不一樣的，在第一種情況裡，一旦空洞開始在導通孔下面形成，只要大小超過了導通孔的大小則會造成開路，造成電路失效。這種情況通常被稱為由空洞形成造成的失效。而在第二種情況由於在導通孔表面還有一層難熔金屬作為阻擋層，即使在導通孔區內開始出現了空洞，電流還是可以透過阻擋層導通。雖然如此，隨著空洞的不斷擴大，金屬互連的電阻會上升，最終還是可能引起電路的失效。這種情況通常稱為由空洞體積擴張造成的失效。

在半導體製程中的金屬一般都呈現多晶態。在多晶態金屬裡，如圖 7-39 所示，金屬離子在電子風的作用下有幾種遷移途徑，分別是沿著晶界、在晶體內部、在金屬表面。

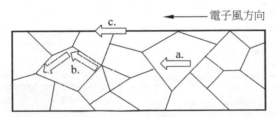

▲ 圖 7-39　多晶態金屬裡金屬離子的不同遷移路徑

在晶體內部的金屬離子有很穩定的成鍵，因此金屬離子只有在晶格附件存在如空位或位元錯等缺陷時才能離開它原來的位置發生遷移。而在晶界或在表面的金屬離子受周圍環境的影響成鍵較弱，因此更容易發生遷移。在晶格內部、晶界和金屬表面發生遷移的難易程度可以從活化能表現出來。表 7-2 列舉了鋁和銅在 3 種不同途徑中擴散的活化能。可以看到，對鋁來說，金屬離子透過晶界的擴散起主導作用。為了增加鋁線的電遷移表現，通常會在鋁中摻入少量的銅。這麼做的主要原因就是銅在鋁多晶結構裡會佔據晶界裡的位置，從而堵塞了鋁離子透過晶界遷移的路徑。

▼ 表 7-2　在鋁和銅裡透過不同途徑離子遷移的活化能

遷移途徑	遷移活化能 /eV	
	鋁	銅
晶體內部遷移	1.2	2.3
沿著晶界遷移	0.7	1.2
金屬表面遷移	0.8	0.8

　　此外，金屬的微結構，特別是晶粒的大小和晶界的方向，也會影響電遷移的表現。多晶鋁薄膜中的晶粒的平均直徑為 $2\sim4\mu m$，隨著線寬的減小，鋁線的薄膜的寬度變得小於鋁晶粒的平均值，這時鋁線呈現出如圖 7-40 所示的「竹子」結構。在這種結構下，晶界的方向與電流流動的方向幾乎垂直，金屬最容易發生遷移的路徑被晶粒阻斷了，因此這種「竹子」結構的鋁線的電遷移表現將大大得到提升。

多晶薄膜的鋁線

竹子結構的鋁線

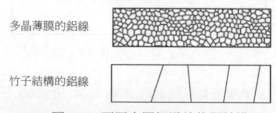

▲ 圖 7-40　不同金屬細導線的微結構

　　而對銅來說，在金屬表面的擴散是電遷移佔主導。因此阻擋層和銅介面的性質對於銅互連的電遷移特性有著很關鍵的作用。這裡特別要提到的是在銅互連製程中，最後容錯的銅是透過化學拋光的形式去除的，這樣半物理式的去除方式改變了銅線上表面的表面性質，引入了大量的缺陷。因此這個介面更容易造成銅離子的遷移，因此通常可以觀察到，在銅互連裡，空洞更多地出現在銅線的上表面。

　　媒體層對金屬電遷移的影響不僅在於提供了快速遷移的路徑，由於媒體層對金屬層的包裹，金屬離子遷移後相應產生的金屬導線裡的應力的分佈也會造成金屬離子的遷移，而遷移的方向與電遷移的方向相反，在某些情況下，兩種

通量可能會互相抵消。金屬導線存在一個設定值長度，因此在該長度之下不會發生由於電遷移產生的失效。在先進製程中，為了進一步降低導線間的分佈電容而提高晶片的資料傳輸速率引入了低介電常數的媒體層。這種新的媒體層材料密度及堅硬度均會降低，並會間接影響金屬導線的電遷移表現。

3. 電遷移的經驗和物理模型

電遷移的測試是評估金屬互連可靠性的最重要的測試之一。電遷移測試的基本方法是在高溫條件下，對特殊設計的金屬導線施加某個電流，並監測導線的電阻。由於電遷移的影響，導線的電阻會逐漸上升。可以透過設定一個電阻上升的比例來作為電遷移失效的標準，並記錄每個樣品在該測試條件下的失效壽命（Time To Failure，TTF）。由於電遷移的失效機制與金屬導線裡空洞的產生有關，而這一過程通常有一定的隨機因素，因此相應的失效壽命通常呈現某種特殊的分佈。實驗中觀察到，對數正態分佈通常可以極佳地描述電遷移失效壽命。因此透過測試一定數量的樣本可以將實驗資料進行分佈擬合，並推測出能夠滿足一個低失效率的（如 0.1%）失效壽命。

這時可以用到以下一個經典的經驗公式來換算出在正常執行電流和溫度下的導線壽命：

$$\text{TTF} = A J^{-n} e^{\frac{E_a}{kT}} \tag{7-54}$$

其中：A 表示與導線截面積有關的常數；n 表示電流密度指數（通常設定值為 1 或 2）；J 表示電流密度；E_a 表示活化能；k 表示波爾茲曼常數；T 表示溫度。

通常用於電遷移測試的導線可能是以下幾種。

（1）滿足最小線寬的金屬導線。

（2）寬度大於平均晶格大小的寬導線。

（3）金屬導線導通孔鏈。

（4）起始和末端有導通孔的金屬線（銅互連）。

通常用到的測試電流密度在 $10^6A/cm^2$ 量級。對鋁互連加速測試的溫度通常選取在 200℃ ~280℃以上，而銅互連測試的溫度通常選取在 350~380℃。這麼選擇可以使實際的壽命測試時間不會太長，另外也不會由於溫度過高使其他失效機制影響測試結果。一般來說測試會在封裝好的樣品上完成，但是有時為了快速獲得結果，也會進行晶圓等級的電遷移測試。在晶圓級測試時由於透過晶圓載座來加溫的限制（載座溫度通常被設置在 150℃），所以通常人們會透過增加電流密度，從而利用金屬導線自身的發熱來達到更高的測試溫度，從而使壽命測試時間在可以接受的範圍內。

　　而在利用經驗公式做正常執行條件下電遷移壽命的換算時，需要確定活化能 E_a 和電流密度指數 n。這可以透過設計不同溫度和不同電流密度下的實驗來分別確定這兩個參數。常用的摻雜銅的鋁合金（AlCu 或 AlSiCu）互連系統的活化能 E_a 在 0.7eV 左右，AlSi 的活化能則相對較低，接近 0.55eV，而銅金屬互連系統的活化能則在 0.85eV 左右。有研究指出，電流密度指數與失效的主導模式有關，如果失效是由類似圖 7-38（a）那樣的金屬內空洞的形成造成的，則電流密度指數為 2，對很多鋁金屬互連會使用指數 2。而類似圖 7-38（b）那樣由於空洞的體積擴張造成的失效，則更適合使用電流密度指數 1。

　　顯然電遷移的表現與金屬離子在電子風的作用下的擴散率有關，因此可以用擴散率來衡量。

　　現在來考慮一個簡單的情形，一段完全被媒體層包裹的金屬導線（見圖 7-41），來計算在電流作用下導線力應力的變化情況。首先電子風作用在金屬離子上的力為：

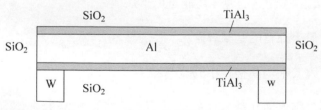

▲ 圖 7-41　一段完全被媒體層包圍的鋁線

$$f_e = Z^* e\rho j \tag{7-55}$$

其中，Z^* 為等效電荷數；e 為電子電荷；ρ 為金屬的電阻率；j 為電流密度。由愛因斯坦關係可以得到金屬離子在電子風作用下遷移的流量為：

$$J = \frac{DZ^* e\rho j}{\Omega kT} \tag{7-56}$$

　　其中，Ω 是金屬原子佔據的體積；D 是金屬離子的擴散係數。D 可以寫為以下形式：

$$D = D_0 e^{-\frac{E_a}{kT}} \tag{7-57}$$

　　在多晶金屬裡，金屬離子有不同的擴散途徑，因此擴散係數可以視為是這些不同路徑的等效擴散係數。

　　當金屬在電子風的作用下朝陽極移動時，金屬導線裡的應力開始產生，靠近陽極的金屬被擠壓處於壓縮應力狀態，反之靠近陰極的金屬則處於拉伸應力狀態下。導線裡沿著電流方向的應力 σ 的變化也會施加額外的力給金屬離子，這時金屬離子受的合力為：

$$f = Z^* e\rho j + \Omega \frac{d\sigma}{dx} \tag{7-58}$$

　　如果施加的電流不大，在足夠長的時間下，金屬導線裡的應力不足以致使空洞的形成或來釋放應力，金屬導線內的應力會達到一個平衡狀態，這時電子風與應力的作用正好互相抵消，有以下關係：

$$\Omega \Delta\sigma = Z^* e\rho jL \tag{7-59}$$

　　其中，$\Delta\sigma$ 是金屬導線兩端的應力的差值。在製造過程中製造溫度 T_0 冷卻到室溫 T 會導致媒體層與被包裹的金屬產生體應變 $3\Delta\alpha(T_0\text{-}T)$。在足夠長的時間下，金屬內部的應力可以呈現兩種可能的平衡狀態：①金屬力沒有任何空洞，整個導線處於靜水應力狀態；②金屬透過形成空洞釋放應力，最終處於無應力狀態。這時可以得到飽和空洞體積 $3\Delta\alpha(T_0\text{-}T)V$，其中 V 為整個金屬導線的體積，而 $\Delta\alpha$ 為金屬和媒體層的熱膨脹係數差。而在有限的時間下，金屬會介於其中的狀態，即金屬裡由於熱應力的影響已經局部存在空洞，並透過空洞

形成釋放了部分應力。這時金屬裡的初始應力分佈如圖 7-42 所示（$t=0$）。可以看到，這時金屬導線裡有兩處局域的空洞。

在電子風的作用下，金屬離子開始朝陽極發生遷移，金屬裡已有的空洞逐漸消失，最終在陰極端留下了一個唯一的空洞。這時陰極端的應力為 $\sigma(0, \infty)$ $=0$，而金屬內部的應力可以寫為：

$$\sigma(x, \infty) = -\frac{Z^* e\rho j x}{\Omega} \tag{7-60}$$

這一結果如圖 7-42 中標有 $t=\infty$ 的曲線所示。導線中最大的應在陽極處，應該注意當應力過大時，會有可能導致媒體層的開裂造成失效，所以應力最大值小於導致媒體層被破壞的設定值 $\sigma_{\text{extrusion}}$，即

$$j_c L < \frac{\Omega \sigma_{\text{extrusion}}}{|Z^*| e\rho} \tag{7-61}$$

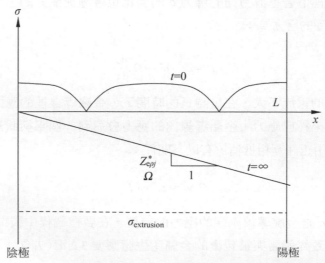

▲ 圖 7-42 導線中的應力在初始階段（$t=0$）和在達到平衡狀態下（$t=\infty$）的分佈

而在陰極端的空洞大小 V_{sv} 由初始的熱應力和電子風產生的額外應力兩部分組成。其中 B 為媒體層的彈性係數：

$$\frac{V_{\text{sv}}}{V} = 3\Delta\alpha(T_0 - T) + \frac{Z^* e\rho}{2\Omega B} j L \tag{7-62}$$

假設當 V_{sv}/V 的比例在某個範圍內時金屬導線不會發生由於電遷移帶來的失效，這時可以透過式（7-61）計算在任意溫度下的設定值電流密度 j_c。結果如圖 7-43 所示，在圖示直線以下的區域電流密度小，溫度高，導線陰極側空洞的大小相應較小而不會引起失效。反之，在圖示直線以上的區域，導線陰極側的空洞太大造成導線的失效。

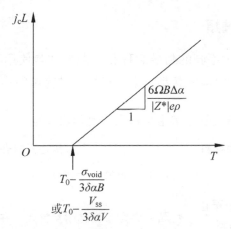

▲ 圖 7-43 造成電遷移失效的關鍵設定值電流密度 j_c 同溫度的關係

基於以上的分析，如果電路的設計可以容忍金屬導線的電阻值有一定增加，而不產生功能失效，那麼可以根據以上的結果做出永不會被電遷移損害的金屬導線設計。在滿足這種條件下的金屬互連中的金屬遷移最終會達到一個平衡狀態。但是，可以看到這樣的設計受到了如導線長度的額外的限制，因此可能要在晶片的性能或成本上付出相應的代價。

7.4 封裝端的可靠性問題

晶片封裝形式雖然很多，但是大多數封裝類型都是需要將晶片貼裝到基板，並透過不同的連接方式將晶片內部電路透過表面電極連接到封裝接腳端。也需要使用密封材料將晶片與電路連接處包裹以達到絕緣性要求並提高整個封裝的可靠性。封裝等級的可靠性問題主要發生在連接晶片的貼片材料、晶片表面電路連接材料以及密封材料中。封裝體內部不同材料不同的熱膨脹係數隨溫度變

化引起封裝結構內部應力導致的內部結構連接處失效。密封體材料內部的聚合物在潮濕環境下吸收的濕氣引起的吸濕膨脹，在高溫條件下蒸汽壓力導致的聚合物劇烈膨脹也會增加封裝的內部結構應力，引起內部結構失效。

7.4.1　晶片焊接的可靠性

1. 封裝貼片材料的種類

　　不同類型的晶片，不同的封裝製程和封裝形式會使用不同的貼裝材料和製程。表 7-3 列出了貼片材料的類型、常用材料及其應用與特點。

▼ 表 7-3　貼片材料的類型、常用材料及其應用與特點

材料類型	貼裝常用材料	應用與特點
非導電膠、導電膠	環氧樹脂、增加銀粒子顆粒的環氧樹脂	應用：多用於對散熱要求不高的小尺寸封裝，製程簡單。 特點：導電膠黏結耐熱性差，在高溫下有分層和斷路的風險
含鉛焊料	含鉛焊料	應用：高鉛焊料，多用於晶片結溫較高、散熱要求較高、可靠性要求高的功率晶片。 特點：作業性好、可靠性高、成本低
無鉛焊料	錫銀銅焊料、錫銀焊料、錫銻焊料、金基合金焊料、鉍基焊料和鋅基焊料	應用：隨著含鉛焊料的使用被越來越嚴格地限制，各種無鉛焊料開始廣泛替代含鉛焊料。 特點： 錫銀銅焊料和錫銀焊料：作業性良好，成本適中，對晶片的保護也比較好，被廣泛應用於各種晶片封裝中； 錫銻焊料：隨著功率晶片的結溫越來越高，低熔點的錫銀銅焊料和錫銀焊料的可靠性問題越來越明顯，錫銻焊料的熔點比錫銀銅焊料高出 20℃ 左右，在現階段被廣泛應用在工作結溫在 150℃ 或 175℃ 的功率晶片中； 金基合金焊料：熔點高，可靠性好，價格昂貴； 鉍基焊料和鋅基焊料：熔點高，焊料本身比較脆，容易開裂

（續表）

材料類型	貼裝常用材料	應用與特點
瞬態液相鍵合	銅 鎳 銀 - 錫、金銅 - 銦	特點：低溫鍵合，高溫工作。但生成的金屬鍵化合物易裂。製程上需要高壓與長時間才能減小鍵合空洞風險
金屬燒結	奈米無壓燒結銀、壓力燒結銀	應用：應用於高結溫、高導熱、高導電、高可靠性的封裝中。奈米銀最有可能實現低溫無壓燒結。奈米粒子價格高昂，鍵合層均勻性比較差。微米銀粒子顆粒壓力燒結成為車用碳化矽封裝的主流。 特點： 奈米無壓燒結銀：裝置投入低，材料單價非常高，常應用在訊號類晶片封裝中； 壓力燒結銀：裝置投入大，材料單價低於奈米無壓燒結銀，常應用在車載碳化矽功率晶片中

導電膠和非導電膠是製程最簡單的貼片材料，非導電膠主要應用於晶圓發熱量不大，晶圓底部也沒有導電性要求的封裝。導電膠的成分含有分散的銀離子，可以實現晶圓底部和基板的電特性連接並提高貼片材料的散熱能力。但是導電膠的耐熱性差，在高溫下黏接晶圓和基板的能力比較弱，容易發生分層和斷路風險。對於導電和導熱要求較高的封裝，可以根據封裝類型的用途和成本考慮不同的焊接方式。

2. 含鉛焊料

對於發熱量較大，對散熱能力有一定要求的晶片，大都使用了焊料作為晶片貼裝材料。因錫鉛焊料具有良好的浸潤性、廣泛的固相 / 液相溫度範圍、較低的成本與較高的可靠性，使得錫鉛焊料在過去成為晶片封裝中應用最廣泛的焊料。但是，根據歐盟 RoHS 的規定，含鉛焊料在晶片封裝中正在被無鉛焊料替代。目前，熔點較低的焊料已經被無鉛焊料廣泛替代。但是，高溫無鉛焊料或是成本太高，或是性能、製程、可靠性都還沒有完全達到要求，還無法完全替代高溫含鉛焊料。

圖 7-44 所示為錫鉛焊料的金屬晶相圖，焊料中不同的含鉛量具有不同的固態溫度與液態溫度。當溫度超過固態溫度時，焊料中的共晶部分開始融化，但是只有當溫度超過液態溫度點時，焊料才會完全變成液態。晶片貼裝製程通常

要求焊接溫度超過液態溫度點。圖 7-44 中最左邊純鉛的熔點為 372℃，最右邊純錫的熔點為 232℃，含鉛量為 38.1% 和含錫量為 61.9% 的共晶錫鉛焊料的熔點為 183℃。成分比例越接近上面 3 個值的焊料，從固態轉換到液態的溫度範圍值就越窄，焊料的製程性越好。通常焊料的成分大多會選擇接近這 3 個比例。如熔點較低的 62Sn36Pb2Ag 和熔點較高的 Pb92.5Sn5Ag2.5。

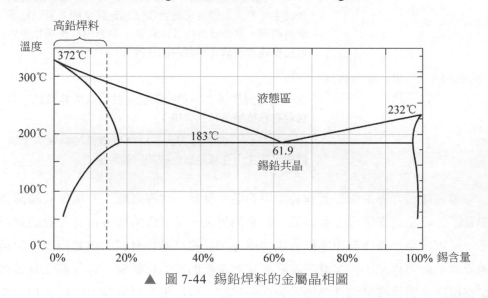

▲ 圖 7-44　錫鉛焊料的金屬晶相圖

　　對於焊料可靠性，通常有一個經驗法則，就是晶片工作時焊料的 K 氏溫度不能超過焊錫的熔點 K 氏溫度的 80%。不然焊料會因為溫度過高而產生劇烈的蠕變並降低可靠性。目前，一些汽車驅動馬達晶片的工作溫度甚至到了 150℃，這就要求焊料的熔點高於 255℃。高鉛（含鉛量高於 85%）焊料固態溫度點和液態溫度點高，溫度差小，焊接製程作業性好。表 7-4 列出了功率晶片中常用的幾種高溫高鉛焊料。

▼ 表 7-4　幾種高鉛焊料的固態溫度與液態溫度　　　　　　　　　　　　　單位：℃

高溫高鉛焊料	固態溫度點	液態溫度點	溫差
Pb92.5Sn5Ag2.5	287	296	9
Pb95Sn5	308	312	4
Pb95.5Sn2Ag2.5	299	304	5

3. 無鉛焊料

因為鉛在晶片封裝製程和產品回收利用時對環境的破壞，含鉛焊料被越來越嚴格地限制。目前，熔點較低的含鉛焊料已經被錫銀銅（SAC）焊料廣泛替代。但是高溫無鉛焊料的要求太高，目前所有的高溫無鉛焊料只能滿足部分條件。下面是目前對於開發高溫無鉛焊料的一些主要的要求，在工程應用中，需要根據產品類型、性能要求、製程與成本來選擇不同的焊料。

（1）能夠承受 250℃ ~260℃的回流高溫而不產生焊接或封裝的退化。

（2）焊接性能良好，可焊性高，浸潤性良好。

（3）優良的導熱導電性能。

（4）優良的延展性能。

（5）低應力，可以降低封裝材料對晶片的應力，提高晶片可靠性。

（6）成本低廉。

下面就介紹目前正在廣泛使用的無鉛焊料（錫銀銅焊料）以及高溫無鉛焊料（錫銅系焊料、錫銻系焊料、金基焊料和鉍基焊料）的特性與可靠性問題。

1）錫銀銅焊料

錫銀銅焊料是晶片中用途非常廣泛的無鉛焊料，常見的焊料有 SAC105（Sn98.5Ag1.0Cu0.5）、SAC305（Sn96.5Ag3.0Cu0.5）、SAC387（Sn95.5Ag3.8Cu0.7）、SAC405（Sn95.5Ag4.0Cu0.5）。這些焊料的可焊性較高，浸潤性良好，易於製程作業。這些焊料的熔點都在 217℃左右，比錫鉛焊料 $Sn_{63}Pb_{37}$ 的熔點要高，所以其硬度和抗蠕變能力更高。對於應用場景不是很苛刻的晶片，錫銀銅可以滿足絕大部分的應用。但是，對於工作結溫較高的晶片，其可靠性還不能完全滿足，主要是有兩個原因。第一個原因就是在超過 125℃以後，錫銀銅會發生明顯的蠕變特性，嚴重降低其可靠性；第二個原因就是錫和銅之間的介面會形成柯肯達爾空洞導致結合面強度降低。

圖 7-48 顯示了錫銀銅焊錫和銅介面金屬間化合物形成的兩個過程。第一個過程是焊料在高溫條件下，熔化後與銅基板接觸後，部分固態銅溶解於焊料中，隨著錫原子和銅原子的遷移、擴散、滲透與互相結合，在焊料和銅基板的介面形成一層扇形的金屬間化合物 Cu_6Sn_5，並且向著焊料端生長。隨著這層金屬間化合物尺寸變厚，阻斷了銅向液態焊料溶解與後續的金屬間化合物的進一步成長，然後溫度降低，焊料凝固，焊接過程完成。第二個過程是在後期使用過程或可靠性測試過程中，金屬原子不斷擴散導致的。在焊料一端，錫與 Cu_6Sn_5 達到平衡。但是，在銅基板一端，銅原子和 Cu_6Sn_5 金屬間化合物處在非平衡狀態，Cu_6Sn_5 會轉為 Cu_3Sn 和錫原子，在一定溫度下，隨著時間的增加，銅原子的擴散速度又高於錫原子的擴散速度，當銅基板處的銅原子擴散，但是原子空位上並沒有錫原子補充時，在 Cu_3Sn 附件中將形成永久的空位甚至是空洞，隨著空洞的長大，較小的變形就能形成介面斷裂。

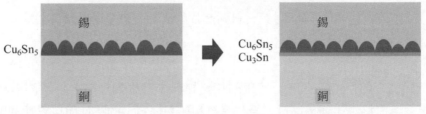

▲ 圖 7-45 銅錫金屬間化合物在焊接後，錫和銅在表面形成粗大的 Cu_6Sn_5

2）錫銅系焊料

錫銅合金具有良好的力學性能和可靠性，成本也較低，應用比較廣泛。圖 7-46 所示為錫銅合金的金屬晶相圖，雖然錫銅合金 Sn0.7Cu 的共晶溫度只有 227℃，無法作為高溫焊料。但是，隨著銅含量的增加，焊料的液態溫度點會迅速升高，焊料內部也會產生金屬間化合物 Cu_6Sn_5。錫與 Cu_6Sn_5 混合物組成的焊料硬度較高，較脆，延展率降低，焊料的可靠性降低。另外，錫銅合金增加銅以後，雖然液相溫度增加了，但是在高溫條件下（如回流焊工藝），焊料內部液相比率較高，體積膨脹較大，比較容易對封裝內部產生破壞。

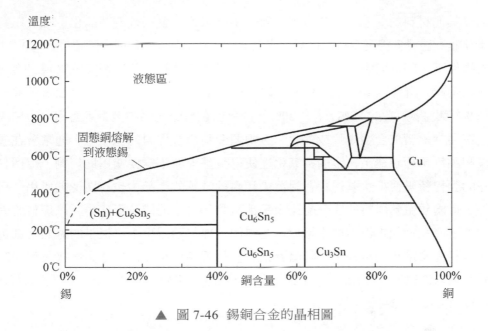

▲ 圖 7-46 錫銅合金的晶相圖

3）錫銻系焊料

錫銻系合金沒有共晶成分，這一系統的合金的液相溫度會隨著銻元素含量的增加而增加。舉例來說，常用的焊料裡面，Sn_5Sb 的液相溫度約為 240℃，$Sn_{10}Sb$ 的液相溫度約為 250℃。但是，為了確保焊料不會產生大量的區塊狀金屬間化合物而降低機械性能，錫銻系合金中銻的重量百分比一般不超過 10%。錫銻焊料的熔點雖然沒有高於回流焊的溫度，但是和常用的無鉛錫銀銅焊料 SAC305（固相線為 217℃，液相線為 218℃）相比，熔點提高了 20℃~30℃，在高結溫工況下，焊料的蠕變特性也低，可靠性能夠得到很大提高。在 IGBT 功率模組產品的功率循環測試（測試過程結溫 110℃~150℃，加熱時間為 1s，冷卻時間為 1s）的結果中顯示：錫銀銅系列無鉛焊料在 $4×10^6$~$6×10^6$ 次循環以後發生可靠性失效（焊錫部分斷裂，失效準則：IGBT 熱阻 j_c 升高 20%）。但是，錫銻系合金焊料在 $15×10^6$ 次循環仍然沒有達到焊錫失效。

4）金基焊料

金（Au）基焊料的主要成分是貴金屬金，焊料的原料成本高昂，但是優良的製程特性與可靠性使得金基焊料已經處於實用化階段。金基焊料主要是利用

金與其他材料的共晶化合物實現互連，舉例來說，金與矽的共晶化合物可以實現互連。透過氣相沉積在連接處形成金薄膜，在高於金 / 矽的共晶溫度（363℃）的條件下，將矽與金進行摩擦加速反應實現共晶燒結，待冷卻後就實現了金與矽的連接。除了金矽（金：97%，矽：3%）合金，還有金鍺（金：88%，鍺：12%）與金錫（金：80%，錫：20%）合金也在實際產品中獲得了應用。金鍺與金錫通常會製成合金焊片或焊膏。這兩類金基合金焊料的應用中，通常會在基板和晶片電極端鍍金。金的抗氧化性使得金基焊料不需要使用助焊劑，這個良好的製程特點使得金基焊料在對污染和腐蝕敏感的產品中也有廣泛的應用。另外，這兩類金基焊料的成分配比幾乎都是共晶合金的成分配比，所以焊料的固相線溫度和液相線溫度非常接近，在整個　焊工藝過程中，很小的過熱度就可使焊料完全熔化並浸潤，在降溫過程中，凝固過程也很快，整個焊接製程對時間的要求都很低。金基合金，尤其是金錫，在融化狀態其黏度很低，浸潤性良好，可以填充較大的空隙。

整體來說，金基焊料的優點包括：與金電極有優良的相容性，不需要助焊劑，抗氧化，抗腐蝕，熱導係數高，熱膨脹係數低。表 7-5 列出了常用的高鉛焊料、無鉛焊料和 3 種金基焊料的材料特性對比。

▼ 表 7-5 常用的高鉛焊料、無鉛焊料和 3 種金基焊料的材料特性對比

焊料	熔點 /℃	導熱係數 /（W/mK）	熱膨脹係數 /（ppm/℃）	屈服應力 /MPa
Pb92.5Sn5Ag2.5	287	25	29	19
SAC305	217	59	23.5	30
Au20Sn	280	57.3	15.9	275
Au12G2	356	44.4	13.3	185
Au3Si	363	27.2	12.3	220

金基合金具有較低的熱膨脹係數，因此，在一些大尺寸的碳化矽晶片的貼片連接製程中獲得了較多的應用。和傳統的矽相比，碳化矽的硬度更高，在可靠性測試過程中，溫差變化導致的應力應變幾乎都作用在和碳化矽相連的焊料

中。這包括了碳化矽和基板之間的熱膨脹係數不匹配，以及碳化矽和焊料之間的熱膨脹係數不匹配。

在貼片過程中，從高溫降低到共晶熔點溫度時，碳化矽和基板開始隨著焊料的凝固而在結合面保持相同位移。碳化矽隨溫度降低而發生的體積收縮非常慢，基板和焊料的收縮率更大，所以收縮更快。3種材料收縮率不同的影響都會累積在基板和焊料的結合面或焊料和碳化矽的結合面。這也導致了失效都會發生在結合面處。更換基板材料和降低基板的熱膨脹係數可以較好地降低貼片可靠性失效的風險，舉例來說，基板的材料從銅（單管封裝）改變為覆銅燒結陶瓷（模組封裝），再舉例來說，將功率模組底部的銅基板更換為熱膨脹係數更小的鋁碳化矽基板。但是隨著碳化矽晶片尺寸的增加，以及應用的過程中結溫升得越來越高，焊料的高熱膨脹係數帶來的影響也越來越影響到其可靠性。因此，低熱膨脹係數的金基焊料也越來越多地應用在大尺寸碳化矽模組中。

當然，金基焊料也有不少的缺點，第一個缺點就是金基合金全部都是硬度很大的金屬間化合物，金屬間化合物內部的晶體較難發生滑移，材料本身的塑形變形能力較差，具有屈服應力太高、延展率太低、缺乏應力鬆弛的缺點；第二個缺點就是金基焊料含有大量的金（80%~97%），價格非常昂貴，在大規模量產中也比較難推廣。

5）鉍基焊料和鋅基焊料

鉍（Bi）基焊料熔點通常可到260℃以上，但是鉍基焊料也有兩個非常重要的缺點。第一個缺點是鉍基焊料的延展率比較差，比較脆，可靠性差。當焊料中含有鉍元素時，跌落、衝擊和震動試驗的可靠性都會很低。第二個缺點是鉍基焊料電阻率比較高，其電阻率是高鉛焊料電阻率的5~6倍，在大電流功率晶片中限制了其應用。

鋅（Zn）基焊料的延展率很高，耐熱疲勞性能遠優於高溫高鉛焊料。但是鋅本身的熔點在420℃左右，鋅基焊料焊接溫度將近450℃，對封裝製程是巨大的挑戰。在鋅基焊料中增加鋁和鎂金屬成分雖然可以降低熔點，但是大量的金屬間化合物導致焊料變得非常脆，可靠性變差。

4. 瞬態液相擴散鍵合

瞬態液相擴散鍵合（Transient Liquid Phase Bonding）的方法是一種多層金屬材料擴散焊接的方法。一般會將低熔點的金屬放在中間，加熱後中間金屬融化形成液態並向上下兩層金屬擴散形成熔點更高的金屬間化合物。瞬態液相擴散鍵合方法在 20 世紀 50 年代就已經開發出來，主要應用於耐熱鋼和耐熱合金的連接。最近幾年在小間距的陣列鍵合中獲得了應用。

圖 7-47 所示是在銅電極透過氣相沉積或透過鍍覆的方法覆蓋一層純錫焊料，當溫度升高到 250℃時，錫融化（錫的熔點是 232℃）並和上下兩層銅發生反應形成熔點更高的 Cu_6Sn_5 和 Cu_3Sn。

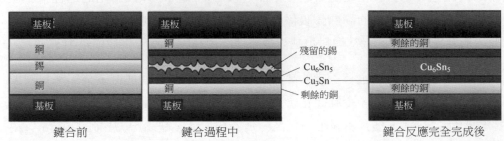

▲ 圖 7-47 瞬態液相擴散鍵合的結構與鍵合原理

瞬態液相擴散鍵合目前遇到瓶頸包括：

（1）在鍵合過程中，液態錫中溶解了固體銅原子後，生產的金屬間化合物 Cu_6Sn_5 會阻隔液態錫和固態銅，使焊接存在殘留的金屬錫和空隙。甚至在長時間保溫並加壓的條件下，仍有比較大面積的錫未和銅發生鍵合反應，從而在後期使用或可靠性測試過程中降低可靠性。

（2）所有生成的金屬間化合物都比較脆，容易斷裂。在 Cu_6Sn_5 變成 Cu_3Sn 以後出現柯肯達爾空洞，材料會變得更容易斷裂，可靠性變差。

瞬態液相擴散的這些瓶頸在大面積晶片貼裝的情況下還無法得到根本性的解決，目前只能應用在小尺寸鍵合，如晶圓倒裝焊接的銅柱結構陣列和基板的鍵合中。

5. 燒結銀

　　隨著新能源汽車銷量的不斷擴大，碳化矽獲得了越來越廣泛的應用。和傳統的矽基 IGBT 相比，碳化矽 MOSFET 擁有更高的功率密度、更高的工作結溫。這就要求晶片鍵合材料能承受更高的功率密度、更高的導熱率與更高的熔點。高結溫越來越突出地成為影響車用晶片可靠性的瓶頸，高溫貼片材料的需求越來越緊迫。雖然有很多種無鉛高溫貼片焊料正在研發過程中，但是，每種焊料都有各自的困難與瓶頸等待解決。目前，除了成本高昂的金基合金外，還沒有一種無鉛高溫焊料可以在實際量產中完全替代高溫高鉛焊料。另外一種燒結銀的貼片材料卻隨著製程的逐步完善獲得了越來越廣泛的應用。

　　表 7-6 對比了各種常見的焊料和燒結銀的材料參數，燒結銀在高熔點、高電流密度、高導熱率方面都有非常明顯的優勢。最近幾年，隨著壓力燒結裝置的不斷進步及未來車用碳化矽晶片的廣泛前景，燒結銀技術在車用晶片中將逐漸得到應用。

▼ 表 7-6　常見的焊料和燒結銀的材料參數

貼片材料	參數				
	最高工作溫度 /℃	熱傳導係數（W/mK）	電導率（MS/m）	熱膨脹系數（ppm/K）	彈性模量 / GPa
無鉛焊料 SnAg	220	60	8	25	30
高鉛焊料	296	25	5	29	23.5
金基焊料 AuSn	280	58	5	15.9	68
壓力燒結銀	>380	>150	40	20	40~55

　　在傳統的焊料貼片製程中，焊料在室溫狀態下是固態，當溫度升高到焊料熔點以上時，焊料融化為液態並與被焊接材料表面的金屬形成金屬間化合物，等到溫度降低，焊料從液態再轉到固態時，貼片焊接製程就結束。這一類焊料的特點是工作溫度一般不會超過其熔點絕對溫度的 80%，高結溫的晶片就要求使用熔點更高的焊料。但是，和傳統的　焊工藝相比，燒結銀並不需要在製程過程中產生融化銀粒子顆粒，只是當溫度升高到 250℃ 左右時，銀粒子顆粒表面

的活性增加，兩顆接觸的固體銀粒子顆粒表面的銀元素擴散能增加，從而在固態的條件下實現了銀粒子顆粒與銀粒子顆粒的連接，從而使許多的銀粒子顆粒變成一個富含孔隙的燒結銀。燒結銀一般需要和銀粒子顆粒結合的基板和晶片表面也鍍有一層銀，這樣就可以使晶片和基板透過中間的銀實現互連。

在 1986 年，SIMENS 公司的 Herbert Schwarzbauer 博士申請了在電子產品中應用燒結銀技術的專利，這是在電子產品中應用燒結銀技術的第一次嘗試。1991 年，Herbert Schwarzbauer 博士和 Reinhold Kuhnert 博士在 IEEE Transactions on Industry Applications 期刊上發表了一篇關於壓力燒結銀的論文，論文中詳細介紹了燒結銀的製程方法，如圖 7-48 所示。

（1）使用片狀銀粉末混合有機溶劑後噴塗在基板表面。

（2）經過 250℃的預烘乾後，有機溶劑揮發，形成了一個含有 60% 孔隙率的海綿狀燒結銀團。

（3）把矽基晶片放在海綿狀的燒結銀團上面。

（4）在矽基晶片上面放置一層聚四乙烯（PTFE），並在上面施加 40MPa 的壓力，再一次高溫燒結，直到厚度降至原來的一半，孔隙率降低到 20% 左右。

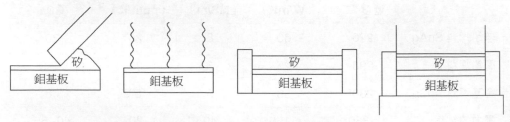

▲ 圖 7-48　燒結銀的製程方法

經過工程師們 30 年來對材料、製程參數與裝置的不斷最佳化與開發，燒結銀材料與製程已經逐漸成熟並形成產業化，在車載碳化矽基的晶片中獲得了廣泛的應用。

目前的燒結銀原材料由黏合劑、有機溶劑、添加劑和銀粒子顆粒均勻混合而成。其中黏合劑的作用就是保證銀粒子顆粒的均勻分散。黏合劑附著在銀粒子顆粒的表面，防止銀粒子顆粒與相鄰銀粒子顆粒之間在室溫階段就因為銀原子擴散而發生團聚現象。有機溶劑的作用是調整膏狀的原材料的流動性，使銀膏可以用於分配或印刷，在特定的位置形成特定的形狀。添加劑的作用是作為還原劑保證燒結品質。銀粒子顆粒包括不同形狀和不同大小的銀粒子顆粒，有球形和片狀的銀粒子顆粒，有微米尺寸的和奈米尺寸的銀粒了顆粒。在燒結銀製程過程中，黏合劑、有機溶劑和添加劑會被分解揮發，剩下的銀粒子顆粒會在高溫和壓力的作用下燒結。

球形的銀粒子顆粒的燒結效果通常比片狀的銀粒子顆粒燒結效果要好，奈米等級的銀粒子顆粒比微米尺寸的銀粒子顆粒的燒結效果要好。在燒結銀發展的實驗階段，很多研究都集中在奈米尺寸（長度或直徑小於 100nm 的尺寸就是奈米尺寸）的銀粒子顆粒中。但是在實際應用中，工程師們發現，奈米尺寸銀粒子顆粒的生產成本太高且效率偏低。還有一個問題是奈米銀粒子顆粒非常容易出現團聚現象，這導致了奈米銀粒子顆粒在燒結製程開始前的原材料階段就發生自燒結現象，出現自燒結後奈米銀粒子顆粒的尺寸增大並降低了燒結效率，甚至最終奈米銀粒子顆粒的燒結效果和微米銀粒子顆粒的燒結效果差不多。所以在大規模量產中，工程師們還是改成了微米尺寸銀粒子顆粒，在其中摻雜了少量的奈米尺寸銀粒子顆粒和次微米（100nm~1μm）尺寸銀粒子顆粒。

圖 7-49 顯示了燒結銀燒結驅動力，顆粒尺寸和燒結過程中施加外部壓力的關係。圖中由白色方塊連成的斜線顯示了燒結銀粒子顆粒尺寸和燒結效率驅動力的關係，奈米銀粒子顆粒尺寸和燒結效率的驅動力成反比關係，顆粒尺寸越小，燒結效率的驅動力越明顯。圖中白色三角形連成的水平線顯示了外部壓力對於燒結效率驅動力的影響，當奈米銀粒子顆粒尺寸小於 20nm 的時候，奈米銀粒子顆粒尺寸對燒結驅動力貢獻比壓力要大很多，當奈米銀粒子顆粒尺寸增大到 20~30nm 的時候，加壓的效果和銀粒子顆粒尺寸的效果接近。當奈米銀粒子顆粒大於 30nm 的時候，燒結效率驅動力主要來自於外部壓力。

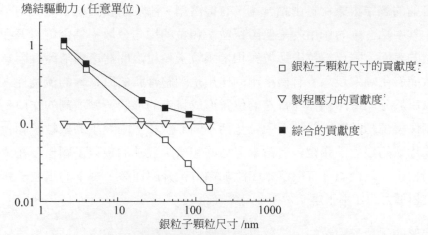

▲ 圖 7-49 燒結銀驅動力因素：銀粒子顆粒尺寸和燒結製程壓力的關係

圖 7-50 顯示了不同燒結溫度和不同燒結壓力下銀的孔隙率。圖 7-51 顯示了不同孔隙率燒結銀的熱傳導係數和電傳導係數。

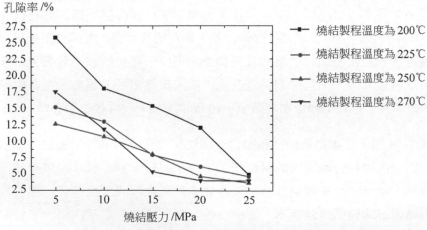

▲ 圖 7-50 不同燒結溫度和不同燒結壓力下銀的孔隙率

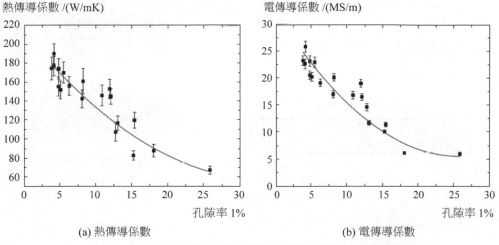

(a) 熱傳導係數　　　　　　　　　　　(b) 電傳導係數

▲ 圖 7-51　不同孔隙率燒結銀的熱傳導係數和電傳導係數

　　在銅、銀和金這些可以作為表面鍍層的材料裡面，銀鍍層和燒結銀之間的相互擴散率是最高效的。雖然銀向金擴散方向的擴散能力很強，但是金向銀方向的擴散能力卻很弱。銀向銅方向、銅向銀方向的擴散能力都比較弱。所以，目前最理想的燒結材料還是銀與銀。

　　圖 7-52 展示了不同介面和燒結銀的材料的原子擴散能力。從圖 7-52 中可以看出，銀和銀之間擴散得非常均衡，銀原子向另外一個區塊銀金屬擴散的深度為 0.229nm。兩塊銀微粒接觸後，都有相同的擴散率，擴散深度也較深，燒結效果最好。銀原子向金擴散的深度最深，為 0.642nm，但是，金原子向銀微粒擴散的深度卻非常淺，只有 0.055nm。銀微粒和金接觸後，主要的擴散是銀向金的擴散，雖然擴散深度很深，但是兩種金屬擴散得並不均衡，燒結的效果並不太好。銀原子向銅的擴散深度也很淺，為 0.09nm，銅原子向銀金屬的擴散深度也只有0.151nm。兩種金屬之間的擴散都很弱，燒結效果最差。所以，燒結銀製程要求在基板或晶片背面鍍有金屬，在所有金屬裡面，鍍銀是最佳的選擇。其次，在基板或晶片表面鍍金也是不錯的選擇。如果是裸銅的基板，那麼燒結的效果就要差很多。

原子擴散深度（工藝條件：250℃加熱 /h）

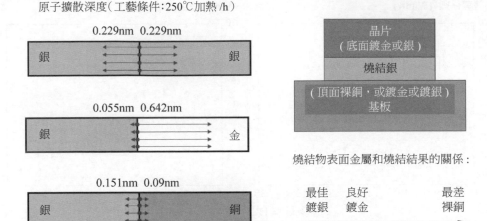

▲ 圖 7-52 不同介面和燒結銀的材料的原子擴散能力

晶片焊料鍵合的可靠性失效主要有兩個原因，第一個原因是在長時間的高溫條件下，焊料的金屬間化合物發生變化，或是金屬間化合物生長（金屬間化合物通常硬且脆），或是金屬間化合物變成了另外一種延展性更低、更容易斷裂的材料。如銅錫合金從 Cu_6Sn_5 變成了更易裂的 Cu_3Sn。第二個原因是因各種材料的熱膨脹係數（CTE）不同，隨著溫度的變化產生了累積的塑形變形和蠕變應變使裂紋擴充，並導致最終失效。

晶片燒結銀鍵合並不是靠金屬間化合物，而是依靠銀微粒表面的銀原子和基板 / 晶片表面的銀鍍層之間的擴散鍵合。在實際使用的過程中，或可靠性測試的過程中，長時間的高溫並不會令燒結銀在鍵合處發生金屬間化合物那樣的退化，反而是在長時間高溫的條件下，銀微粒表面的銀原子相互擴散得更牢固，鍵合效果更好。所以，燒結銀的主要失效原因變成了不同材料的熱膨脹係數不同引起的累積塑形變形和蠕變應變。

蠕變失效是一種隨時間變化的失效，因為材料晶體的位錯滑移、位錯蠕變等，最終永久變形並發生斷裂失效。一般材料在 0.4 倍的熔點（絕對溫度 $0.4T_m$）條件下會開始發生蠕變效應。但是，對於某些多孔的無壓燒結銀，在 0.24 倍的熔點（絕對溫度 $0.24T_m$），也就是在室溫條件下就會發生蠕變效應。因此降低燒結銀的孔隙率、提高燒結銀的密度不僅可以提高導電和導熱性能，也能提高

抗蠕變能力。但是燒結銀中間的孔隙也可以作為緩衝層釋放封裝各種材料間熱膨脹係數導致的應力。有研究表明：當燒結銀的密度為純銀的 80% 左右時，晶片鍵合可以達到最佳的熱機械疲勞壽命。

7.4.2 引線鍵合的可靠性

1. 球焊

　　球焊的材料種類比較多，包括金、銀合金和銅線等。其中，金線較軟，高溫下不易氧化，材料穩定可靠，金線的這些優點使其曾經成為主要的球焊鍵合線材料。金線的主要缺點是成本高，且在鍵合面的可靠性風險也較高。當溫度高於 200℃ 以後，兩種金屬擴散速率的差別會非常明顯，從而形成肯達爾空洞（Kirkendall Voids）。所以，金線焊接通常控制在 200℃ 左右。後來隨著銅線技術的成熟，金線逐漸被銅線替代。銅線的硬度較大，容易在晶圓表面金屬層形成彈坑，且高溫高濕下容易被氧化或腐蝕。為了防止銅線的氧化，在銅線表面鍍了一層鈀。但是，銅線的成本比金線和銀合金線的成本都要低很多。銅線焊點的金屬間生長速度慢，電阻率低，高溫下不容易產生肯達爾空洞。材料本身較高的硬度使銅線在塑封注塑的過程中，抵抗下垂和塌絲的能力更強。注塑充填過後焊線偏移更小，焊線短路的風險更小，製程穩定性更好。銀合金線的主要優點是硬度低，不容易在晶圓表面產生大應力，不容易產生彈坑破壞表面金屬層；缺點是銀合金線比較容易拉斷，應用受到很大限制。

　　在焊接過程中，焊接完第一個焊點後，劈刀會向上抬起，並且在這個向上的過程中變換位置折彎焊線，使焊線形成一定的彎曲形狀。當劈刀達到設定的最高點時，劈刀會以第一個焊點為圓心，以圓弧形的位置壓倒相應的第二個焊點（可以是引線框架上，可以是基板上，也可以是另外一個晶片的電極上）。這個過程中，第一個焊點的頸部承受了較大的彎曲。因為金本身的再結晶溫度比較低，焊球融化後在頸部因為受熱形成再結晶組織，晶粒比較粗大，所以頸部是球焊的薄弱點。在第二個焊點，劈刀會擠壓焊線，直到焊線被壓斷並形成一個燕尾形的第二個焊點。第二個焊點的薄弱點是焊接強度低。所以，為了提高第二個焊點的強度，會採用下面兩種方法：第一種方法是在焊線的第二個焊點位置上再焊一次焊球（FAB），並用劈刀在第二次焊接的頸部切斷焊線；第

二種方法是在焊接前，先在第二個焊點的位置焊一次焊球，將焊球壓扁後用劈刀在頸部位置切斷焊線，形成一個平整的平臺，然後再焊焊線，將第二個焊點的位置選擇在被劈刀切割平整的位置（這種方法可以用來增強第二個焊點的焊接強度，也可以用在晶圓與晶圓的連接上）。

2. 鋁線楔焊

　　和球焊工藝不同，楔焊不需要在高溫條件下進行，通常都是在室溫對焊線施加壓力和超聲條件下進行的。在較粗的鋁線上施加壓力和超聲可以破壞鋁層表面的氧化層，使鋁線和功率晶片表面的鋁金屬結合。鋁線和鋁電極的結合在可靠性方面表現得比較穩定，所以楔焊適用於大電流的應用（如大功率的 MOS 或 IGBT），常用的焊線直徑一般在 $300\mu m$ 以上。楔焊施加的超聲方向是沿著焊點所在這一段焊線的方向。所以當第二個焊點和第一個焊點存在角度偏轉的時候（見圖 7-53），會在第一個焊點的頸部（第一個焊點鍵合面上方，緊挨著鍵合面的一小段）處產生較大的塑形變形。鋁線的延展率比較低，在第一個焊點的頸部的塑性變形會降低鍵合線在後期可靠性測試中的壽命。

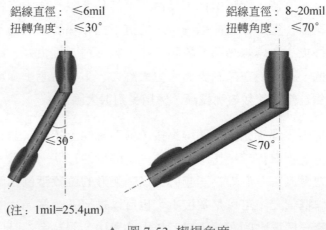

▲ 圖 7-53 楔焊角度

　　對於比較細的焊線（如 $150\mu m$ 左右），偏轉角度通常都比較小，只有 20°~30°。對於常用的粗鋁線（如 300~$500\mu m$），偏轉角度可以適當放大到 60°~70°。

鋁線楔焊的第二個焊點，焊點區域可能是銅引線框架，也可能是覆銅燒結陶瓷的基板。第二個焊點的表面粗糙度、焊點表面金屬晶粒的粗細、表面殘留的污染都有可能影響到焊接品質。所以，第二個焊點的焊接條件比較差，尤其是對於那些線徑比較細的鋁線（如線徑是 $50\sim125\mu m$ 的細鋁線）。參考金線球焊 BSOB 的方法，工程師們開發了一個新方法，即在第二個焊點處先焊接一個粗鋁線的焊頭，在粗鋁線焊頭上打細鋁線的第二個焊點。這個方法提高了細鋁線的第二個焊點的可靠性。圖 7-54 顯示了這個鋁線第二個焊點的結構圖。具體楔焊過程如下。

第一步：在引線框架的表面先打一個粗鋁線焊點並將其餘鋁線切除。這個過程中，可以利用粗鋁線焊接製程中較大的壓力，超聲功率與接觸面積可以提高鍵合效果。

第二步：在晶片表面鋁電極處焊接細鋁線的第一個焊點。

第三步： 在引線框架的粗鋁線焊點上面，焊接細鋁線的第二個焊點。鋁線和鋁線的焊接面保證了第二個焊點的可靠性。這個焊點即使用較小的功率焊接，也可以降低頸部斷裂的風險，並提高細鋁線頸部的可靠性。

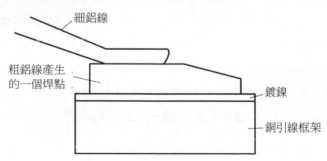

▲ 圖 7-54 粗鋁線焊點上鍵合細鋁線的第二個焊點

鋁線和鋁電極間沒有金屬間化合物和肯達爾空洞，粗鋁線鍵合也可以在製程上實現，因此，在大功率晶片封裝中得到廣泛應用。但是在長期的使用過程中，大功率的 MOS 或 IGBT 的大電流產生的高結溫（晶片表面的溫度）會加劇晶片表面鋁線和晶片間的熱應力。週期性的熱應力也會導致鋁線在鍵合面疲勞失效。

對於灌膠封裝，工程師們總結出了功率循環可靠性測試中，單次循環最高結溫和最低結溫的溫度差與焊線壽命的關係。 如圖 7-55 所示，鋁線鍵合面壽命的對數和單次循環結溫溫差成反比關係。

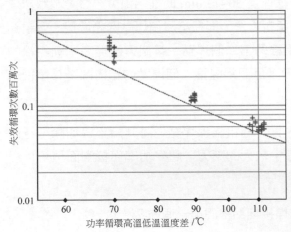

R.Baverer 測試的 400μm 鋁線的結果

\+　Ralf Schmidt 測試的 400μm 和 500μm 鋁線的結果

Ralf Schmidt 測試結果：
5% 樣品失效循環次數 (百萬次)

溫度差 / ℃	第二組 直徑 400μm 鋁線	第二組 直徑 500μm 鋁線
70	0.273	0.319
90	0.106	0.108
110	0.052	0.048

▲ 圖 7-55 焊線壽命預測公式與不同線徑的實際測試結果

　　上面的方法可以大致地預測灌膠封裝、矽基晶片上焊線的可靠性。但是，實際應用中，晶圓的厚度、覆銅陶瓷基板的材料（陶瓷的種類，如常用的有氧化鋁陶瓷 Al_2O_3、氮化鋁 AlN 和 氮化矽 Si_3N_4）和結構（如陶瓷層的厚度、銅層的厚度）都會對焊線的可靠性有一些影響。對於塑封模組，塑封材料的熱膨脹係數介於鋁線和晶圓之間。較大的楊氏模量與適中的熱膨脹係數可以為鋁線鍵合面造成保護作用。鋁線鍵合面的可靠性也會因此提高不少。這樣的封裝需要用到有限元模擬才能較為準確地預測焊線鍵合面的可靠性。

　　粗鋁線和矽基晶片的鍵合面可靠性失效（鍵合面脫落）主要是鋁合矽的熱膨脹係數不同造成的。所以降低鍵合線的熱膨脹係數是提高焊線鍵合面可靠性的主要方向。

　　表 7-7 列出了晶片與焊線材料的熱膨脹係數，矽和碳化矽的熱膨脹係數很小，鋁的熱膨脹係數太大。晶片和鋁線之間的熱膨脹係數差別導致了在可靠性測試過程中，隨著溫度變化，由於兩種材料膨脹和收縮差別太大而導致鋁線在鍵合面脫落。材料從鋁更換為銅以後，鍵合線與晶片熱脹冷縮不匹配可以降低大

約 40%。另外，銅的導電性能要高於鋁，所以，銅線可以極佳地提高鍵合的導電能力和封裝的可靠性。丹佛斯推出的 ShowerPower® 模組採用的 DBB（Danfoss Bond Buffer®）技術就是將焊線的材料從鋁換成了銅。如圖 7-56 所示，在功率循環（高低溫的溫度差為 100℃的條件下）測試結果中顯示，採用銅線的這項技術的壽命是直接用鋁線的技術壽命的 15 倍。

▼ 表 7-7 晶片與焊線材料的熱膨脹係數

材料	熱膨脹係數 /（ppm/℃）
矽	3.2
碳化矽	4.2
鋁	25.3
銅	17

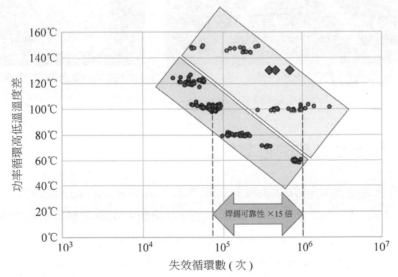

▲ 圖 7-56 鋁線與銅線封裝在功率循環中的可靠性表現

銅焊線直接打在晶片的鋁電極上會傷到鋁電極下面的絕緣層和電路元件等，一般會在鋁電極上面鍍一層 5~10μm 厚的銅層，因此，影響了該技術的推廣。另外一個方法就是將晶片元件互連從原來的鋁互連改為銅互連。但是，銅原子在

元件內部的擴散率比鋁原子在元件內部的擴散率要高很多，很容易破壞元件的性能。為了有效地阻止銅的擴散，需要在銅和其他物體結合的表面沉積一層薄膜阻擋層將其完全封閉起來。這大大提高了銅互連的難度與成本。

　　除了上面這兩個方法是在晶片元件表面做一些更改，賀利氏開發了兩個在封裝材料方面的新技術，實現晶片表面的銅線互連。第一個方法是銅心鋁線（Copper Core Aluminum Wire）。圖 7-57 所示的是銅心鋁線的兩個剖面示意圖。圖 7-57（a）是沿著鍵合線方向的剖面圖，圖 7-57（b）是垂直於鍵合線長度方向的剖面圖。可以看到，圓心處是一個銅心，外面一圈是鋁。第二個方法是在晶片上表面透過燒結銀連接一層 $100\mu m$ 左右厚度的薄銅層，然後再在銅表面鍵合銅線。這兩個方法都可以在封裝端透過實現銅線鍵合來提高可靠性。

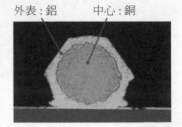

外表：鋁　　中心：銅

(a) 沿鍵合方向的剖面圖　　　　　　　　　(b) 垂直於鍵合線長度方向的剖面圖

▲ 圖 7-57 銅心鋁線的剖面圖

7.4.3　熱應力引起的可靠性問題

　　在所有導致晶片可靠性失效的因素裡面，溫度變化引起的熱應力是最重要的，其次是濕氣，以及震動和灰塵等。在溫度循環、功率循環等可靠性測試中，各種材料不同的熱膨脹係數引起的熱應力在多次循環往復的過程中加速了晶片元件內部結構或晶片封裝連接材料的可靠性。本節將介紹各種不同材料的彈性模量、熱膨脹係數、卜松比等力學參數，以及封裝晶片在可靠性與應用中的熱應力相關的可靠性問題。

1. 不同種類材料的參數

　　晶片和封裝材料大體可以分成 3 種。第一種是脆性材料，包括晶片、晶片表面的鈍化層、封裝中的陶瓷等。第二種是金屬材料，對熔點比較低的焊料來

說，一般都要考慮黏塑性本構模型； 對於熔點較高的金屬，通常只需要考慮其彈塑性模型。第三種就是聚合物高分子材料。封裝中的膠、膜一般都是單一的高分子聚合物，封裝中的基板、塑封材料，以及終端應用的 PCB 都是由高分子聚合物和填料混合而成的。

晶片內的脆性材料包括矽、碳化矽、二氧化矽、氮化矽、氧化鋁陶瓷、氮化鋁等。這些材料的力學特性通常都是熱膨脹係數較低，彈性模量較高。脆性材料的特點是在材料受到較大外力時自身不會發生塑形變形，只能發生幅度很小的彈性變形以承受外力，當抵禦外力而產生的內應力超過其斷裂強度時，材料就會發生斷裂。

晶片包含多種金屬材料，金屬材料通常都是彈塑性材料，對於熔點較低的材料還需要考慮其蠕變等黏塑性變形。一般金屬材料在 0.4 倍的熔點 T_m（絕對溫度）條件下會開始發生蠕變效應，表 7-8 列出了晶片與焊線材料的熱膨脹係數。銅和銀的熔點較高，蠕變風險較低。鋁的熔點較低，功率晶片表面的鋁層在溫度循環、高溫老化試驗等條件下也會發生蠕變，從而增加鋁層上面的鈍化層發生開裂的風險。高鉛焊料和無鉛焊料的蠕變風險都很高，焊料開裂也是封裝中常見的可靠性風險。

▼ 表 7-8 晶片與焊線材料的熱膨脹係數

材料	熔點 T_m		蠕變開始溫度 $0.4T_m$	
銅	1083℃	1356K	542K	269.4℃
銀	961℃	1234K	493.6K	220.6℃
鋁	660℃	933K	373.2K	100.2℃
高鉛焊料	287℃	560K	224K	-49℃
錫銀銅無鉛焊料	207℃	480K	192K	-81℃

塑封材料作為很多功率類晶片的主要封裝材料之一，是一種混合了二氧化矽微粒填料、樹脂、硬化劑以及其他輔材的混合物，原材料為壓合成餅狀的粉末混合物。高溫下融化並澆築進塑封。型腔，包裹晶片與部分引線框架。經過環氧樹脂發生交聯反應固化形成熱固性高分子聚合物。固化後，由於分子間交

聯形成網狀結構，因此剛度大、硬度高、耐高溫、不易燃。加熱後不會再發生流動，但是當溫度過高以後會發生分解或碳化。

　　塑封材料有一個玻璃化溫度，當溫度降低到玻璃化溫度以下，塑封材料顯示的是玻璃態特性，具有較高的彈性模量和較低的熱膨脹係數。當溫度升高到玻璃態溫度以上時，塑封材料就從玻璃態轉變為類似於橡膠的黏彈性材料。測量玻璃態溫度的方法有很多種，可以用熱機械分析（TMA）方法測量、動態熱機械分析（DMA）方法測量，也可以用差示掃描量熱發（DSC）等方法測量。一般原材料供應商會提供一種由熱機械分析方法測量的玻璃化溫度數值，以及低於玻璃化溫度的熱膨脹係數和高於玻璃化溫度的熱膨脹係數。圖 7-58 示意了塑封材料在不同的溫度條件下，隨溫度變化的膨脹量的變化曲線，溫度點 T_1 和 T_2 低於玻璃態溫度，從溫度 T_1 膨脹到溫度 T_2，塑封材料的膨脹量較小。溫度點 T_3 和 T_4 高於玻璃態溫度，從溫度 T_3 膨脹到溫度 T_4，塑封材料的膨脹量較大。

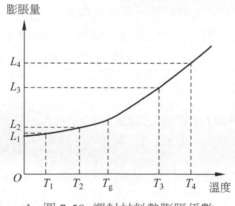

▲ 圖 7-58 塑封材料熱膨脹係數

　　圖 7-59 顯示了材料的彈性模量和卜松比隨溫度變化的曲線，其中虛線顯示的是材料的彈性模型與溫度的關係，點線顯示的是卜松比與溫度的關係。在溫度遠低於玻璃化溫度的上下邊界範圍時，材料的彈性模量和卜松比較穩定。在玻璃化溫度附近（100℃ ~150℃），隨著溫度的升高，塑封材料彈性模型迅速降低到低溫的 1/10 左右，卜松比迅速從原來的 0.21 升高到 0.425 左右。當溫度從150℃升高到250℃附近時，塑封材料的彈性模量和卜松比也比較穩定，幾乎不隨溫度的變化而發生變化。

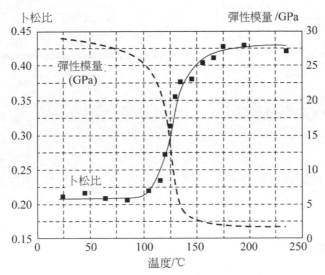

▲ 圖 7-59 塑封材料的彈性模量和卜松比隨溫度變化的曲線

　　在基板類封裝（如 FCLGA、SIP 封裝）中的多層複合基板，以及終端應用的 PCB，都是環氧樹脂壓合玻璃纖維而成的。基板類封裝多適用於小尺寸晶片倒裝貼片，為了保證焊點的可靠性，降低基板與晶片的熱膨脹係數差別，通常都會採用高玻璃化溫度的材料（通常都會比焊點焊錫的熔點更高），並降低基板的整體熱膨脹係數，從而實現焊點的高可靠性。但是 PCB 的尺寸比要比基板大很多，從成本的角度考慮會採用玻璃化溫度低一些的環氧樹脂。PCB 主材是玻璃纖維環氧樹脂覆銅板（FR4），通常 PCB 的尺寸大而且大尺寸、大面積覆蓋銅，從設計上要求 PCB 玻璃纖維環氧樹脂的熱膨脹係數和銅接近，從而防止銅層和玻璃纖維環氧樹脂發生分層。從晶片封裝的角度看，要求基板和塑封材料的熱膨脹係數降低，以提高晶片鍵合和連接端的可靠性。PCB 散熱和佈線要求 FR4 熱膨脹係數和銅接近以提高 PCB 自身的可靠性。因此，在晶片和 PCB 端連接的電路板等級焊錫也需要從封裝設計時就最佳化以提高其可靠性。

2. 晶片表面鈍化層可靠性

　　晶片元件的表面互連層透過鋁焊接端點將內部電路連接到外部世界，圖 7-60 所示的是一個功率晶片封裝結構和晶片表面焊接端點一角的結構圖，在 4~5μm 厚的鋁金屬焊接端點上面覆蓋有氮化矽薄膜鈍化以防止濕氣侵入元件內部。

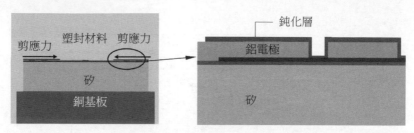

▲ 圖 7-60　功率晶片封裝結構和晶片表面焊接端點一角的結構

　　整個晶片封裝從塑封和固化溫度降低到室溫，塑封材料的收縮率高於晶圓的收縮率，因此在矽基晶片表面產生剪應力。晶片中間的應力最小，四周邊緣和角落處的剪應力最大。剪應力的大小隨著溫度變化而變化，但是剪應力的方向始終指向中間。

　　在溫度循環過程中，從高溫降到低溫，塑封材料和晶片表面的剪應力會使晶片表面的鋁電極發生不可逆的塑形變形。從低溫升高到高溫，剪應力減小但是塑形變形不可逆。隨著循環次數的增加，金屬電極中的塑形剪應變會一個週期一個週期地逐漸累積，這種現象稱為棘輪塑性變形。金屬電極在剪應力的作用下向中心做棘輪狀移動時，會拉著覆蓋在其上面的鈍化層一起向中心移動並產生較大的應力，從而導致鈍化層中的裂紋一次又一次地萌生和穩定生長，這種失效模式稱為棘輪誘導穩定開裂。圖 7-61 顯示了覆蓋鋁層的鈍化層由於應力而產生的裂紋。

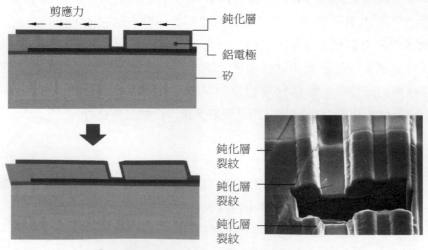

▲ 圖 7-61　覆蓋鋁層的鈍化層由於應力而產生的裂紋

為了降低鈍化層斷裂的風險，封裝端和晶片結構方面都做了很多設計最佳化。封裝端通常會選擇熱膨脹係數小的塑封材料和基板。小尺寸的晶片也可以降低其表面的剪應力，從而降低鈍化層斷裂的風險。更多的設計最佳化是從晶片開始的，圖 7-62 顯示了在鈍化層表面增加了一層聚醯亞胺作為柔軟的緩衝層，這層緩衝層在溫度循環的過程中可以降低鋁電極的塑形變形，從而減緩鈍化層的裂紋生長速度。

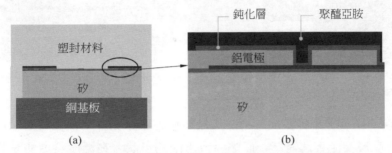

▲ 圖 7-62　鈍化層表面增加一層聚醯亞胺作為緩衝層

　　鈍化層寬度的減小和厚度的增加也可以降低應力水準。舉例來說，在寬大的鈍化層中開槽或將其變狹窄是一種實用的方法。在圖 7-63 中顯示了三種鈍化層設計在溫度循環測試過程中的應力。第一種設計鈍化層的寬度為 $150\mu m$，第二種設計為在 $150\mu m$ 寬的鈍化層中開 $50\mu m$ 寬的槽溝，第三種設計是將鈍化層的寬度降低到 $50\mu m$，結果顯示第二種設計能降低鈍化層在角落的應力，但是在未開槽的局部還有略大的應力。第三種窄鈍化層設計能非常明顯地降低鈍化層的應力並提高可靠性。

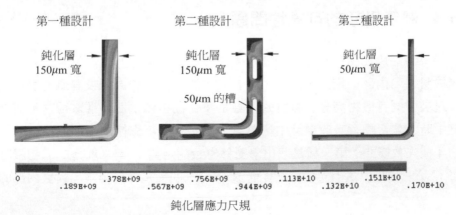

▲ 圖 7-63　不同寬度鈍化層在溫度循環中的應力

圖 7-64 顯示了晶片表面的第三個最佳化方案：在鋁電極中增加多層薄的氮化鈦。氮化鈦硬度大，具有較好的導熱導電能力。在溫度循環測試過程中，金屬鋁夾多層氮化鈦的結構可以有效降低棘輪塑性變形，從而降低鈍化層斷裂的風險。

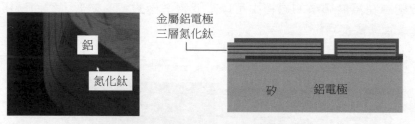

▲ 圖 7-64　鋁電極中增加多層薄的氮化鈦

圖 7-65 顯示了晶片表面的第四個最佳化方案：在金屬電極的邊緣處增加蝕刻製程，使邊緣從直角變為一個傾斜或下凹的形狀。在溫度循環測試條件下，這樣的金屬電極形狀比較穩定，塑形變形較小。實際測試和有限元三維類比類比都證實了這樣的結構可以減少鈍化層斷裂的風險。

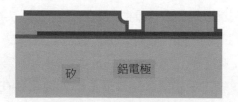

▲ 圖 7-65　金屬層邊緣蝕刻

7.4.4　濕氣引起的可靠性問題

半導體晶片在儲存和運輸的過程中，會不可避免地遇到濕氣。封裝材料中的無機材料的內部結構排列緊密，沒有太多的空隙，無機物吸濕能力很小。但是，封裝中的有機物高分子材料的特點是多孔性和親水性，當聚合物處在潮濕環境中時，聚合物會吸收環境中的濕氣，從而產生可靠性問題。濕氣會引起晶片的 4 種失效模式：第一種是電化學遷移導致的短路；　第二種是吸濕膨脹導致分層；　第三種是濕氣引起的黏結性能退化；　第四種是在高溫下，封裝內部的水

分變成的水蒸氣被壓縮在封裝內部細微空洞中產生蒸汽壓力，蒸汽壓力加劇了聚合物的膨脹，也增加了發生「爆米花」現象的風險。

1. 濕氣引起的電化學失效

　　晶片封裝所用的聚合物內部都有微米或奈米尺寸的小孔，在含有濕氣的環境中，這些小孔會吸收空氣中的水分。當這些聚合物吸收了水分以後，聚合物的重量會增加。對於像塑封材料、基板或晶片黏結膠這些聚合物，最簡單的測量吸水率的方法就是將聚合物做成一個固定的尺寸，放在一定的潮濕環境中，在一定的時間以後，測量這個聚合物重量的變化比例，得到的這個數值就是吸濕增重比。聚合物內部的濕氣擴散速度越快，聚合物的飽和吸濕率越高，表現出來的吸濕增重比就越大。從一定程度來看，吸濕增重比可以簡單快速地用於判斷一種聚合物的吸濕能力，在聚合物材料供應商的技術資料表裡，通常可以查到這個吸濕增重比。相同的濕度條件下，吸濕增重比大的聚合物，其內部的濕氣含量高，電化學反應也更劇烈。

　　在基板類的封裝產品中，會有兩種電化學遷移。在基板表面表現為陰極端枝晶生長。在基板內部表現為從陽極開始沿著玻璃纖維和環氧樹脂介面遷移到陰極生長的金屬絲。這兩種電化學都會導致短路失效。

　　枝晶是基板表面陽極金屬銅溶解，並在陰極電鍍的結果。在基板表面，陽極的銅金屬被電解成銅離子，聚集在基板表面的濕氣為銅離子提供了傳輸路徑，使金屬離子可以從陽極遷移到著陰極傳輸，在陰極處發生還原反應並沉積在陰極端。圖 7-66 所示的就是在基板表面的陰極端沉積了大量的枝晶。隨著銅離子不斷到陰極端，枝晶不斷生長，最終會導致陽極 - 陰極短路失效。

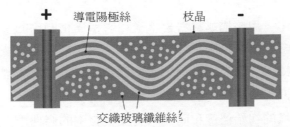

▲ 圖 7-66 基板表面的陰極端沉積了大量的枝晶

基板內部除了銅電極之外，主要由環氧樹脂和玻璃纖維絲組成。多股玻璃纖維絲被絞合併組成網狀，透過環氧樹脂壓合形成了絕緣的基板材料。玻璃纖維絲的低熱膨脹係數可以降低基板的熱膨脹係數，從而保證晶圓和基板連接的可靠性。隨著濕氣進入基板，環氧樹脂吸收濕氣後產生膨脹，並降低了環氧樹脂和玻璃纖維絲的結合力，導致環氧樹脂和玻璃纖維絲發生分層。在基板內部電極上的銅金屬被電解溶解，但是隨著 pH 值的梯度變化，可溶鹽轉變為不溶鹽在陽極上形成金屬絲。

2. 吸濕膨脹失效

　　高分子聚合物吸收濕氣後，除了會引起電路的電化學反應，還會使高分子聚合物發生吸濕膨脹。高分子聚合物中的水分子可以分成兩種形式，第一種是「自由的」，或是「未和高分子結合的」水分。這類水分存在於高分子聚合物的空隙和奈米孔隙中，而且容易在高分子聚合物的空隙中移動。這第一種水分通常很少會使高分子聚合物的體積發生明顯的膨脹。第二種是「和高分子聚合物氫鍵結合的」水分。這第二種水分和高分子聚合物分子鏈發生了反應，導致高分子聚合物體積發生膨脹。但是，封裝內部的金屬、陶瓷和晶片等無機物因為內部結構緊密，並不吸濕，也不會因與水分發生反應而體積膨脹。因此，在濕氣條件下，晶片吸濕後會在高分子聚合物和無機物的黏結面上產生剪應力，這會增加黏結面的分層風險。

　　晶片結構內部不同材料的熱膨脹係數也不同。隨著溫度的變化，晶片內部不同材料的熱膨脹係數不匹配同樣會在高分子聚合物和無機物的黏結面上產生剪應力。在濕熱環境下，晶片內部不同的吸濕膨脹量疊加不同的熱膨脹後會增加晶片內部封裝結構的分層風險。

　　在工程應用中，用來描述材料含水量和體積變化關係的參數叫作吸濕膨脹率。目前，這個參數無法透過直接測量得到。比較常用的方法是透過熱重分析儀（TGA）和熱機械分析儀（TMA）兩個並行測量的結果，耦合被測材料含水量和體積變化的關係。具體的測量過程是選取兩塊同樣尺寸、同樣濕度的高分子聚合物，在同樣的初始溫度和同樣的溫度變化率的條件下，分別測量含水量的變化量和體積變化量。高分子聚合物的含水量可以透過重量變化測量結果計算得到，透過熱重分析儀可以測量高分子聚合物材料溫度和重量（含水量）的

關係。透過熱機械分析儀測量高分子聚合物材料溫度和體積的關係。兩種測量的資料不同，但是都是某項參數隨含水量的變化，透過確保兩種測量過程的溫度變化率完全相同，最終耦合兩種測量資料可以得到高分子聚合物的吸濕膨脹率。

3. 濕氣引起的黏性退化

聚合物高分了材料內的水分會透過 3 種方式影響其在介面上與金屬材料的黏結力：第一種方式是水分和聚合物高分子的氫鍵結合後，會降低聚合物高分子與金屬材料的黏結力。在聚合物高分子材料和金屬材料的介面上，局部濕氣濃度因為聚集效應而比較大，會明顯降低高聚合物分子材料的黏結力。第二種方式是水分改變了聚合物的力學性能。水分會改變材料的彈性模量，能夠改變高分子聚合物的玻璃態溫度。通常塑封材料都會測量一個乾燥狀態下的玻璃態溫度和一個飽和吸濕狀態下的玻璃態溫度，飽和吸濕狀態下的高分子聚合物的玻璃態溫度會比乾燥狀態下的玻璃態溫度略低一些。第三種方式是高分子聚合物吸濕膨脹後，在高分子和金屬的結合面發生部分黏結介面脫落分層。

透過對塑封材料和銅金屬的黏結實驗表明：兩種材料暴露在濕氣中，保持塑封材料吸濕的狀態下，其黏結力會明顯降低。但是，如果塑封材料只是短時間放在潮濕環境中，透過溫和烘烤去濕以後，塑封材料對銅的黏結強度有部分能夠恢復。如果塑封材料長期放在潮濕環境中，透過溫和烘烤去濕以後，塑封材料對銅的黏結強度不能得到恢復，這可能是由於水分子和介面處高分子的氫鍵發生反應後造成的。

4. 蒸汽壓力引起的失效

濕氣對封裝的另外一個影響就是「爆米花」現象。封裝的高分子有機材料（塑封材料、膠、基板等）內部都有很多奈米等級尺寸的小孔。空氣中的水分被封裝吸收以後，或存在於塑封材料等有機材料的奈米孔中，或存在於兩種材料的分介面處。在晶片被焊到 PCB 上的過程中，回流焊的高溫使封裝表面的水分蒸發，但是封裝內部的水分無法在短時間內迅速揮發，高溫使封裝內部的水分產生蒸汽壓力，會令塑封材料膨脹。同時，當溫度超過塑封材料等高分子有機物的玻璃態溫度時，這些高分子材料就會從脆性材料變成類似於橡膠的特性

材料。塑封材料的楊氏模量會下降到原來的幾十分之一，熱膨脹係數會變成原來的好幾倍。蒸汽壓力和突然變小的楊氏模量及突然變高的熱膨脹係數都會加速塑封材料的膨脹，引線框架 DAP 處因為面積巨大，承受了最大的應力。此外，塑封材料和銅基板黏結力也可能大幅度下降，因此，在 DAP 的邊緣和角落就容易發生分層。隨著分層引發的局部空間變大和氣壓降低，附近的奈米小孔中的水分也會變成水蒸氣進入分層空間中，這又加劇了分層的擴張，最終導致整個 DAP 底面全部分層。周圍的水分都會變成水蒸氣沖入分層的空間，令整個封裝發生膨脹。當分層空間內的水蒸氣壓力增大到塑封材料的斷裂強度時，塑封材料發生破裂，水蒸氣逃逸到封裝外部，甚至有時可以聽到開裂的聲音。圖 7-67 顯示了整個吸濕、分層到水蒸氣令封裝膨脹並爆裂的過程。這個原理和製作爆米花的過程非常相似，因此也被稱為「爆米花」現象。

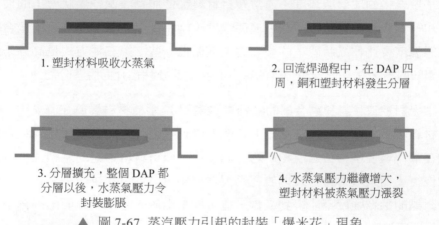

1. 塑封材料吸收水蒸氣

2. 回流焊過程中，在 DAP 四周，銅和塑封材料發生分層

3. 分層擴充，整個 DAP 都分層以後，水蒸氣壓力令封裝膨脹

4. 水蒸氣壓力繼續增大，塑封材料被蒸氣壓力漲裂

▲ 圖 7-67 蒸汽壓力引起的封裝「爆米花」現象

第 8 章

車載晶片可靠性設計

　　本章將以各種可能引起晶片失效的物理現象為出發點,介紹設計和版圖之間的互動,以及它們對晶片的可製造性、生產良率以及可靠性的影響。在這一基礎上,提出了實現高良率和高可靠性的設計的一些建議。最後分別針對前段和後段工序中具體的層別的設計和版圖舉出了詳細的設計指南。

8.1 設計、布局、製造和可靠性之間的互動

8.1.1 顆粒污染造成的缺陷

在製造過程中，沾汙顆粒會沉積在晶圓上，發生了這樣的情況會產生以下的風險：一方面，沾汙可能導致晶片的電性能失效產生低良率；另一方面，沾汙可能不會立即導致晶片的電性能失效，但是晶片可能已經受到了損傷，而在實際的應用過程中出現過早的失效。換句話說，就是出現了可靠性問題。顆粒污染（Particle Contamination）的來源很廣泛，有些來自人類與環境（粉塵），但大部分來自生產過程和工具，如聚合物殘留物、腔壁上的碎片、光刻膠中產生的氣泡、機械化學研磨液殘留物以及過程中產生的劃痕。為了良率的改善，晶圓廠會一直搜尋沾汙顆粒的來源並不斷試圖降低沾汙顆粒的密度，但這些顆粒是不可能被完全排除的。

晶片設計版圖對沾汙顆粒的敏感性可透過關鍵區域分析（Critical Area Analysis，CAA）的方法進行判斷。因為小的顆粒往往比大的顆粒出現得更加頻繁，因此版圖中一些擁有較為精密的尺寸的圖形，舉例來說，不同層間重疊的大小、線的寬度和間距，會在製造過程中受到顆粒的影響而發生失效。由於顆粒污染產生的缺陷可能也會出現在接觸孔和導通孔的內部、上方和下方，因此導通孔容錯是另一個重要因素。最近幾年，基於機器學習（Machine Learning）的 CAA 也有被應用在半導體最前線的設計公司的版圖設計最佳化中。

8.1.2 光刻

在先進的積體電路製程裡，深紫外（Deep Ultra Violet）光刻機的波長（如由 ArF 雷射產生的 193nm 深紫外光）遠大於圖形尺寸（如 65、40、28nm 甚至更小的尺寸）。在這種情況下，利用曝光無法將掩膜版上的圖形完美地轉移到晶圓上。首先，較為精細的圖形的實際尺寸將依賴於其周圍的圖形：列印一條密集線陣列（「巢狀結構線」）中的線的實際線寬將不同於列印一條同樣尺寸的「獨立的」線的線寬。因此，為了使兩個圖形在轉移到晶圓上後能夠盡可能相似，它們不僅自身必須在掩膜版上設計的一樣，圖形所處的環境即其周圍的圖形也

要盡可能一致。其次，掩膜版上的影像無法完全線性地轉移到晶圓上，換句話說，寬線與窄線在列印到晶圓上後可能會產生不同的偏移。最後，對一個二維的圖形，光刻通常具有「倒角」作用。舉例來說，一個尖銳的矩形轉折會變成 S 形，這對電路的性能有可能是有利的也有可能是有害的。一個小方塊會變成一個圓圈。線端會被「拉回」，而切口會被「推出」。光學鄰近矯正技術（Optical Proximity Correction）可以補償光刻對這些圖形的影響，但它所能造成的作用存在限制。舉例來說，光學鄰近矯正會線上端增加區域以減少或補償「拉回」，但這僅限於在有可用空間的情況下。在光學鄰近矯正的模型下，簡單和標準化的形狀比複雜的形狀更加容易處理。

除此以外，實際列印出圖形的尺寸和保真度還會受到曝光劑量、對焦和對準等因素的影響。另外，通常實際列印出直線的邊緣無法達到完全筆直，而是會產生一些線邊緣粗糙度（Line Edge Roughness），因此電晶體的寬度和長度會受到影響而在電性能上產生一定的差異性。由於同樣的原因，金屬導線的寬度也會產生變化，導致金屬連線的電阻產生一定的差異性。利用深紫外光刻機，即使採用最先進的光刻技術，也無法透過一次曝光列印出低於約 20nm（線寬 20nm，線距 20nm）的圖形。這種情況需要改用多重曝光（Multiple Patterning or Multi-Patterning）。比較常見的是用雙重曝光（Double Patterning）的光刻的方法，將實際要列印的形狀分佈到兩個掩膜板上。經過兩道曝光工序，最終需要的精細圖形在晶片上進行重新合成。雙重光刻的方法有多種，舉例來說，自對準雙重成像和 LELE 雙重光刻，無論哪種方法都需要在設計和版圖方面採取特殊的措施，以及需要相關的 EDA 工具用來進行版圖設計和驗證。

8.1.3 化學機械拋光

化學機械拋光（Chemical-Mechanical Polishing，CMP）是一種利用化學腐蝕和機械力對晶圓進行機械拋光的方法。拋光過程中，晶圓被固定在拋光頭的最下面，拋光墊放置在研磨碟上。拋光時，旋轉的拋光頭以一定的壓力壓在旋轉的拋光墊上，在機械摩擦和研磨液的共同作用下實現薄膜拋光和平坦化。研磨液的成分可按需求進行調整，拋光率則取決於被拋光的材料的性質。由於這一性質，可以設計出針對不同材料有很高拋光選擇比的 CMP 步驟。舉例來說，可設計一

個 CMP 選單使得該工序能夠快速去除銅,而去除氧化物則緩慢得多。CMP 製程是第 7 章中介紹的基於銅金屬互連的雙鑲嵌金屬化中的核心製程。CMP 除了被用於晶圓製造的後段工序裡,也在前段製程裡被廣泛使用。除了選擇性之外,CMP 還具有平坦化作用,其作用仍可透過拋光墊的硬度以及其他製程參數進行調整。CMP 製程對圖形的密度非常敏感。通常在金屬 CMP 中,金屬填充密度高的區域的拋光速度更快,因此會產生「金屬碟型缺陷」(Metal Dishing)。其次,圖形的線寬也在發揮作用。也就是說,用細線填充了 50% 的區域,其表現可能仍和填充密度同為 50%,但使用了更寬的線或有大區塊金屬場板的區域不同。更重要的是 CMP 具有長程效應,舉例來說,如果晶片上的金屬圖形的密度(或圖形線寬)覆蓋不均勻,會影響到相當大的距離外的圖形(大至 1mm 甚至更大)。當 CMP 拋光去除材料的速率不均勻時,會產生其他若干不良影響:表面的非平面度會產生光刻曝光時的對焦問題; 作為導線的金屬層的厚度變得不均勻; 還有,在嚴重的情況下,金屬無法從表面完全去除,形成像水坑一樣的金屬殘留區域; 或反之,金屬會被徹底拋光掉。最後,如果許多金屬層一層層疊在一起,這些不良影響都會被放大,也就是說,在多次的金屬沉積後,表面的非平整度累積了起來。正是由於這些負面影響,人們必須在設計版圖時採取相應的預防措施來減輕這些因素對最後晶片性能的影響。

8.1.4 STI 應力和阱鄰近效應

來自 STI(Shallow Trench Isolation,淺溝槽隔離)溝槽的機械應力會影響附近電晶體裡載流子的遷移率,從而導致元件參數(如設定值電壓 V_{th} 和導通電流 I_{on})發生偏移。雖然人們可以透過適當的模型來描述應力造成的元件電參數的影響,並在設計過程中相應地對之進行補償,但是在複雜的布局情況下,這種模型的準確性還欠佳,因此最好在進行布局時就考慮到 STI 的影響,儘量避免電晶體的電參數受到應力的影響。

阱鄰近效應(Well Proximity Effect,WPE)是指元件靠近阱(Well)引起的元件參數偏離的效應,從而影響元件的性能。在普通的單阱(Nwell)製程中,只有 PMOS 有此效應; 在雙阱製程中,PMOS 和 NMOS 都有該效應。由於阱區離子注入時光刻的光阻邊緣散射出摻雜原子,這導致了靠近阱邊緣的電晶體內

的摻雜變得不均勻，相應的電晶體的設定值電壓 V_{th} 會受到影響。該效應與柵極媒體層厚度與光阻膠厚度相關，具有厚柵極氧化層的電晶體對其更為敏感。與 STI 應力效應類似，雖然阱鄰近效應可以透過建模的方式來進行補償，但是由於模型精確度有限，在複雜布局情況下的準確度還有待提高。

8.1.5 電晶體老化

電晶體的可靠性或性能的老化是一個很大的話題，通常在半導體公司內電晶體的可靠性由專門的部門負責，在第 7 章中已經對電晶體在不同的環境溫度和電壓條件下的不同的老化機制做了詳細的說明。此處只簡明扼要地做一下總結。

1. 媒體層擊穿

柵極媒體層擊穿（Time Dependent Dielectric Breakdown，TDDB）長期以來一直被認為是薄柵氧化層的故障機制。第 7 章中已經詳細介紹過柵極媒體層擊穿的物理機制。可以看到當在柵極偏壓的情況下，在媒體層裡會不斷地產生隨機分佈陷阱，而當陷阱在某個位置發生對齊時，則會產生一條從閘極通道到柵極的漏電路徑。對於較薄的媒體層，發生這樣的情況時並不一定會馬上造成災難性的失效，而只是會變現為柵極漏電流發生增加。我們稱這樣的擊穿為軟擊穿。因此，在發生了軟擊穿時電路還有可能繼續正常的工作。正是由於這一特性，柵極媒體層的可靠性和壽命可以得到大大提高。但儘管如此，軟擊穿造成的漏電流的不斷增加最終將發展為引起電路失效的災難性硬擊穿。

除此之外，在晶圓製造過程中的電漿蝕刻可能損傷柵極的薄氧化層（Plasma Induced Damage）。在薄氧化層電晶體（$T_{ox}<3\text{nm}$）中由於等離子體造成的缺陷密度大概在 200ppm 左右。在這些缺陷處，穿過柵極媒體層的柵極漏流可能高達 100nA。請注意，由於軟擊穿造成的柵極電流會隨時間波動，類似於突發雜訊。柵極漏電流的波動會導致高歐姆節點處的電壓波動。由於無法透過電性測試檢測到這些軟擊穿，因此應該在設計中避免在高歐姆、電壓敏感節點使用類似的薄氧化層的 MOS 電容。

如果較大的金屬結構（如「天線」）連接到相對較小的薄氧化物區域，天線會在等離子體過程中收集電荷，且大量電流會流過氧化層，導致軟擊穿或硬擊穿。這種影響可透過以下措施減輕。

- 調節電漿製程，使充電效應得以弱化。

- 增加反向偏置保護二極體，可在等離子體過程中導電，並將電流分流至地面。

- 在設計中限制金屬區域和氧化層區域的比例（如「天線檢查」），舉例來說，透過斷開長導線，並透過不同金屬層中金屬的互連來實現連接，這樣可以減少在單一金屬層裡金屬區域的面積。

先進製程中用到的低介電常數電介質材料也可能在高電場的施壓下發生失效。因此，在設計具有高電壓差的金屬導線時要尤其注意它們之間的間隙，避免媒體層內出現高電場區域。

2. 熱載流子注入和偏置不穩定性

熱載流子注入（Hot Carrier Injection）或熱載流子老化（Hot Carrier Stress）是電晶體老化的重要原因之一，載流子透過漏極邊緣處的高電場加速獲得額外的能量，在碰撞電離的影響下會產生新的電子 - 空穴對，引發襯底電流。而同時，獲得了足夠多的能量的熱載流子會產生柵極漏電流導致元件退化。在 NMOS 中，閘極通道中的熱載流子為電子。在 PMOS 中，載流子也可以是電子，但在先進製程中主要是「空穴捕捉」。發生熱載流子退化的偏壓條件通常如下。

- NMOS（因為電子的遷移率 μ_N 大於空穴的遷移率 μ_P）。

- 最大 V_{DS} 偏壓下（產生沿閘極通道方向的高橫向電場）。

- 中等柵極偏壓（$V_{GS} \approx 0.5$ 倍 V_{DS}），在先進製程中熱載流子注入在 $V_{GS} = V_{DS}$ 的偏壓條件下更為突出。

- 低溫（載流子遷移率隨溫度減小而增高），在先進製程中在高溫條件下更為突出。

- 短閘極通道元件（橫向電場更強）。

NMOS 中的元件參數變化為 V_{th} 升高、I_{DS} 降低、g_m 降低。在舊製程裡的 PMOS 元件中，$|V_{th}|$ 降低，而 $|I_{DS}|$、I_{off} 和 g_m 升高。新製程中，由於空穴捕捉佔主導地位，因此這種趨勢在 PMOS 中已經翻轉。由於熱載流子的多少主要與閘極通道邊緣耗盡區的電場強度有關，如 LDD、HALO 等針對短閘極通道元件的措施有助降低最大電場強度並因此減輕熱載流子對電晶體壽命的影響。

偏置溫度不穩定性（BTI），分為負／正偏置溫度不穩定性（NBTI/PBTI），在先進製程中 NBTI 的影響更為嚴重。它是由柵極氧化層介面的載流子捕捉所引起的。與熱載流子注入不同，發生老化無須電流。在以下的偏置條件下該現象最為明顯。

- PMOS（NMOS 受到的影響要小得多）。

- 閘極通道發生反型，$V_{DS} = 0$。

- 最大 V_{GS}（柵極氧化層上的高場）。

- 高溫。

- 薄柵氧化層（在先進製程 BTI 的影響更為突出）。

BTI 退化導致 $|V_{th}|$ 升高和 $|I_{DS}|$ 降低。這在一定程度上是可以恢復的，也就是說在偏壓去除後，電晶體性能的退化會發生修復，因為陷阱也可以自發放電（「去陷阱」）。由於 BTI 造成的電晶體退化僅需要柵極的偏壓形成閘極通道反型，在電晶體沒有電流的條件下也會發生，因此晶片在非工作或省電模式狀態下，電晶體退化也會發生。因此在該狀態下盡量關閉柵極的偏壓，避免元件發生老化。另外，在設計時也要特別注意一些電位浮動的節點，它們可能在充電的條件下產生過高的柵極電壓，導致電晶體的老化加速。

3. 電遷移

電遷移（Electromigration）是動量從運動的電子轉移到金屬離子而造成金屬離子發生位移的過程。當金屬離子均勻流動時，它可能不是一個問題，但如果金屬離子的移動是非均勻的，它就變得至關重要。底部有阻擋層的導通孔會造成這種金屬離子流動的中斷。如果電流主要流遷移到一個方遷移到，離子將從導線的一端被移除，形成空洞。而在導線的另一端形成聚集，在應力超出設

定值後破壞包圍金屬導線的媒體層而形成突出。線寬和線長是形成類似缺陷的關鍵因素。線寬影響晶粒的尺寸和結構，從而影響金屬原子的率。線長的關鍵在於，短線中由於金屬產生的應力能夠限制或甚至完全抵消金屬離子的遷移。這一效應被稱為「短尺寸效應」（Blech Effect）。此外，導通孔附近的幾何結構、導通孔排列和電流方向將對電遷移行為產生影響。在第 7 章中已經對這些現象做了詳細的解釋和分析。

4. 應力遷移

　　應力遷移（Stress Migration）也稱為應力誘導空洞（Stress Induced Voiding），是金屬在機械應力影響下的空位傳輸過程。應力作用下產生的空洞也會導致可靠性問題，這一現象在基於銅的金屬化互連結構中更為明顯。

　　金屬和絕緣體之間的熱膨脹係數（Coefficient of Thermal Expansion）不匹配會導致熱機械應力。由於加工過程中的不同溫度步驟，材料中會不可避免地產生殘餘應力。隨後在實際應用中的環境溫度與局部由於電流產生的焦耳加熱會產生額外的熱應力。最後，特別是在銅技術中，金屬退火過程中會產生相當大的晶粒生長應力。由於晶粒尺寸取決於特徵尺寸（長度、寬度），晶粒生長應力受布局幾何結構的影響。

　　由這些應力源引起的局部應力梯度會導致空位的定向遷移。一旦足夠數量的空位遷移到某個特定位置，就會形成一個空洞。而空洞可能會導致金屬橫截面積的減小，從而增加金屬導線的電阻。與窄線或導通孔相比，大金屬板會提供更大的應力和更大的空位儲備，並且是應力遷移問題的根源。因此，要尤其注意連接到大區塊金屬場板區域的細線以及連接到大區塊金屬區域上的隔離導通孔。由於空洞通常在導通孔上方、內部和下方形成，因此如何布局導通孔及其周圍的金屬在此處造成重要作用。

　　在版圖設計時人們有時也會將多根金屬細線透過一個導通孔連接，這樣的設計對應力遷移也會非常敏感，因此要加以注意。

8.1.6 外在可靠性故障

電遷移和應力遷移限制了電路元件在特定應用條件下的「內在」使用壽命。然而，我們在實際應用中通常還觀察到有一部分的產品在「內在」使用壽命內過早地發生失效。這些早期失效通常受外在因素所影響，當將失效率與產品的壽命以影像的方式展現出來時，「外在」因素使得該曲線呈現類似「浴缸」的形狀，俗稱「浴缸曲線」。通常設計中的單導通孔和單接觸孔具有無法忽視的外在故障率，這一點在設計大型（SoC）和高度可靠的產品時不容忽視。

8.2 針對高良率和可靠性設計準則

針對以上這些可能出現的良率和可靠性風險，可以在設計和版圖中進行最佳化來減小出問題的風險。由於問題的物理機制不同，針對每個問題在版圖設計上都有不同的最佳化方法。在詳細介紹這些有針對性的方法前，想引入以下的整體原則，設計人員在版圖設計過程中如果遵循這些準則，將大大減少後期發生問題的機率。

1. 圖形簡易化

複雜形狀比簡單形狀更難製造。比如，矩形比 U 形、L 形或 H 形更容易透過光刻來實現。長直線比帶轉折或寬度變化的線更容易透過光刻實現。也就是說，首要任務是簡化形狀。如果遇到無法簡化的地方，它有助放寬複雜形狀周圍的尺寸。舉例來說，如果一條線無法避免有轉折，則轉折的那條線應畫得比設計規則中的最小值寬一點（如將寬度增加到最小值的 1.2 倍）。在現代製程中，特殊的設計規則中（如「巢狀結構線端」規則）反映了這個問題。此外，光學鄰近效應矯正（Optical Proximity Correction，OPC）對簡單和標準化的形狀比複雜的形狀處理起來要更為容易。使用簡單圖形的另一個好處是，對簡單的形狀來說，將諸如 STI 應力等副作用納入元件模型中要更加容易和準確。

2. 標準化

　　每當兩個結構用於相同或相似的目的時，它們應該以相同的方式繪製。這是因為每個設計都有自己的最佳「製程條件視窗」條件。也就是說，每個設計都會容忍製程中的參數（如焦距和未對準等光刻條件）在規定區域發生一些變異，而不出現性能失效。當使用多個不同的設計時，整體的「製程條件視窗」是所有單一「製程條件視窗」的交集。顯然這個交集總是小於任何單一視窗。也就是說，當僅使用一種類型的設計時，總的「製造條件視窗」較大。舉例來說，在實際設計中通常會要求（在某些情況下是強制性的）讓所有 SRAMs 處於相同的方向。在選擇標準設計時自然會希望該設計可以將「製造條件視窗」最大化。而最佳的標準設計方案可以透過使用基於物理模型的光刻模擬軟體來確定。

　　此外，使用標準化形狀還簡化了測試結構的建構以及流程開發和驗證。對晶圓廠來說，將流程調整到「典型」布局設定的最佳條件相對容易。在流程開發和驗證過程中，所有「看起來不同」的東西可能都沒有被考慮在內，而它們可能會引發意外。請注意，這並不是一個新理念：如歐姆接觸和導通孔通常具有標準化的形狀和尺寸，標準單元中的電晶體具有統一的長度和方向，等等。

3. 推薦規則

　　晶圓代工廠經常會提供大量「推薦規則」（Recommended Rules）來降低設計對缺陷的敏感性，提高電路的可靠性，增加影像的可列印性，並且保證元件模型的準確性等。遵循這樣的推薦規則會降低設計的風險，然而以下種種原因導致在實際晶片設計中無法完全的使用推薦的規則。

　　（1）完全符合一個推薦規則的布局很可能沒有辦法做到晶片面積的最小化，導致設計的產品沒有競爭力。

　　（2）假設「一些」違規是可接受的，佈線的程式通常無法做出智慧的判斷。舉例來說，在某個晶片佈線設計中發現了 1000 個違規，這樣的設計可以被接受嗎？這其中哪些違規是需要去修復的？哪些違規是應該優先解決的？通常佈線的程式對這些問題難以做出回答。

（3）有些違規在設計／布局的後期階段將很難進行修復，通常當設計已經較為固定時，修改布局將大大的受限，因此在設計後期階段針對某些違規進行修改將耗費大量的時間。

4. 平衡

如果兩種影響相互競爭，最好不要走極端，而是在二者之間找一些合理的平衡。線寬和空間的平衡就可以極佳地說明這一點。

考慮到顆粒缺陷的影響，如果可以使用更大的線寬和線間的距離，則晶片受到顆粒缺陷的影響則更小。通常來說對顆粒缺陷的敏感度近似的與線寬成反比，也就是說，將線寬加倍會使其對開路的靈敏度降低一半。同樣的規則也適用於線的間距。舉例來說，假設線的寬度為 1000nm，最小間距為 100nm，顆粒缺陷可能造成 「開路」和「短路」。很顯然，這樣的設計的主要風險將來自於正好處於兩條線之間的顆粒缺陷而造成的短路。如果將線間距增加到 200nm 而將線寬降低到 900nm，可將此短路的風險降低 2 倍。而相應的由於線寬由 1000nm 降低到 900nm，由於顆粒造成的開路的風險將僅略微的增加。可以很容易地看到，這樣條件下的最佳佈線是選擇相等的線寬和線間距。

5. 最小尺寸的使用和「最佳化改進」

如果線寬度或間距處於或接近設計規則的最小值，則圖案對光刻的敏感性會非常大。因此，只要有可用空間，最合理的做法是將間距和線條加寬到比最小值高約 1.2 倍以避免此類「系統性」問題。進一步加寬至約 2.0 倍有利於缺陷敏感性。雖然具體有最小尺寸的直線光刻中圖案可以被極佳地轉移，但在非規律的圖案中一定要避免圖形中使用最小的尺寸。

更普遍地說，有許多機會可以不付出代價地避免明顯或潛在的風險。舉例來說，在提供足夠間距的連接處放置更多導通孔總是有用的。在設計中，兩個不同金屬（Metal）層的金屬線透過一個 via 孔相連，如果這個 via 孔在製造過程中製造失敗時，將導致層間互連失敗。在製造過程中，掉落的微塵或電遷移效應皆可使連線導通孔 via 在長期操作下產生空洞（Void）而造成斷線，使產品良率降低，可以透過增加 via 孔的數量來解決該問題。via 孔的電阻率大於金屬線，增

加並聯的 via 孔可以減少電阻，減少延遲時間，改善時序。這就是在 DfR（Design for Reliability，針對可靠性的設計）中常常說的 Redundant via Insertion （插入容錯導通孔）的辦法。

6. 晶片面積

晶片面積是最重要的成本因素。雖然許多 DfM（Design for Manufacturing，針對可製造性的設計）和 DfR 方法可以在不增加晶片面積的情況下實施，但有些方法則需要增加設計的面積。理論上，如果已知布局對良率和面積的影響均是已知的，確定良率和面積的最佳值則非常簡單。當產品的良率除以面積被最大化時，則該設計的成本達到最佳。而晶片設計對其可靠性的影響通常沒有辦法用簡單的方法來衡量。因此，通常需要依賴一些經驗法則來在面積、良率和可靠性之間做出合理的權衡。

近似來說，僅簡單地縮放版圖中所有的尺寸不會改善由於缺陷造成的良率。舉例來說，對版圖做整體的放大使得設計中關鍵尺寸相應地變大，從而使設計對沾汙顆粒的敏感度降低。此外，由於晶片面積相應地會變得更大，因此每個晶片上的沾汙顆粒的數量會變更多。只要沒有出現所謂的「系統性」影響（印刷和製圖問題），這兩種效應就會相互抵消。這也就表示設計人員無法僅透過「讓所有東西變大」來改進版圖。

通常認為，增加容錯接觸孔和導通孔有利於提高可靠性，而對於具有高可靠性要求的應用在汽車上的晶片，使用單導通孔則應該更為小心謹慎。從改善良率的角度考慮，如果增加容錯導通孔帶來的良率的好處大於加入容錯導通孔需要付出的額外晶片面積，就應該考慮增加容錯。而通常在設計中在很多地方可以在不付出任何晶片面積代價的條件下加入容錯導通孔，這時加入容錯是一個好的做法。

另外，許多 DfM 的法則對良率的影響其實非常小，甚至沒有實際的資料來證明它們是有效的。這樣的例子是在導通孔上增加金屬重疊。與上面的經驗法則類似，如果應用這些法則會增加晶片的面積，那麼強制實施這些法則其實對於增加良率沒有任何意義。

7. 不連續性

從圖案的角度來看,晶片邊緣的圖形周圍的環境是不連續的。因此通常不要在晶片邊緣附近放置敏感的電路。最好用一個全方位的墊環作為「緩衝」結構。儲存單元陣列或其他的具有相同元件的陣列應被一排或多排沒有真實功能的 dummy 儲存格/元胞包圍,以避免在邊界的元件由於周圍環境的不一致造成性能與位於中心元件的電性能產生差異。

8.2.1 利於光刻的版圖設計

上一節中介紹了晶片版圖和設計的基本指導思想。下面將舉出如何設計利於光刻的版圖的具體指導。這適用於所有層,如擴散層、多晶矽層和金屬層。

1. 避免複雜形狀

矩形區域總是比複雜的多邊形列印效果更好。一個簡單的矩形或 L 形線端將比帶有許多邊角的複雜線端列印效果更好。

2. 在複雜形狀中避免最小尺寸

簡單線條/空間圖案的最小尺寸的列印效果往往非常好(甚至可能比尺寸稍大的效果更好)。這是因為光刻技術聚焦於所有參數的調整上,以最高精度滿足這些最小尺寸。但是,在複雜的二維幾何圖形中,最好使用稍大的尺寸(≈1.2倍最小尺寸)。如果密集結構附近有空閒空間,建議利用這些空間將設計變得更寬鬆一點。

無論是在什麼節點,對光刻來說有一些眾所皆知的特殊的形狀將特別敏感。一個主要原因是對這樣的圖形來說,鄰近光學矯正(OPC)的最佳化存在內建衝突,而難以在短路和開路的風險之間取得一個很好的平衡。一些典型的形狀如下。

- 寬線之間的狹窄間距。
- 缺口,「錘頭」(見圖 8-1)。
- 不必要的複雜形狀(見圖 8-2)。

- 連續的階梯圖形（見圖 8-3）。

- 線端之間的線（「夾線」，見圖 8-4）。

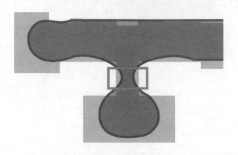

▲ 圖 8-1 錘頭形狀

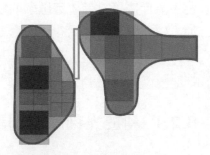

▲ 圖 8-2 不規則的形狀

▲ 圖 8-3 連續的階梯圖形

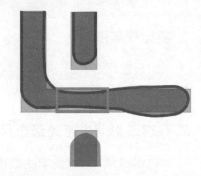

▲ 圖 8-4 夾線上端之間的線

在最新的製程節點中，有時可能甚至需要透過光刻模擬類比來辨識有可能產生風險的圖形。通常這樣的圖形被稱為「熱點」。辨識熱點並版圖進行最佳化是符合 DfM 和 DfR 的思想的。

8.2.2 類比區域的設計和版圖

數位區域與類比區域之間存在以下幾點根本差異，需要在設計類比區域時考慮這些差別的影響。

（1）數位電路中的潛在錯誤可以透過有效的測試手段偵測出來。舉例來說，透過監測靜態漏電流 I_{DDQ} 和統計靜態時序分析（Statistical Static Timing Analysis）等標準方法可以發現和分析故障。對於類比電路，這些方法只是部分可用。

（2）如必須降低早期失效故障率（Early Life Fail Rate），數位電路可以透過電源電壓升高來加速故障的發生從而對產品進行篩選。這對類比電路來說更加困難，通常類比電路裡由於有穩壓元件的原因，升高外部電源電壓無法傳遞到穩壓器後級。

（3）電晶體電參數的漂移在類比電路中往往更為關鍵。舉例來說，類比電路中經常需要用到匹配的結構，對於這樣的結構一些輕微的電性能漂移也可能導致嚴重的失配，使得整個電路失效。

（4）類比電路中經常會需要使用到較大的電容，這時薄氧化層區域可能在類比電路中佔據了很大部分的晶片面積。或相鄰層中的金屬重疊也通常很大。這些區域導致了元件良率對沾汙顆粒的敏感度要更大。一定程度上，這一風險可以透過預老化措施降低。

（5）類比電路中大多數電路（指狀電容器和嵌入類比電路中的邏輯標準單元陣列屬於例外）的金屬連線可以透過寬鬆的尺寸實現。大多數金屬連線的設計可以比最小尺寸寬得多，且通常很容易使用陣列狀的接觸孔和導通孔。這樣的容錯設計使得電路對缺陷的敏感性會降低很多。

由於以上這些原因，類比電路設計中金屬連線應當盡可能避免使用設計規則允許的最小尺寸，並且在導通孔上應該儘量使用容錯的導通孔。相對於數位電路，通常在類比電路中由於非最佳化的設計造成的可靠性風險不像在數位邏輯中那樣容易被發現，並且這些風險可以更為容易地在不影響晶片面積的條件下透過設計最佳化來規避。因此建議使用關鍵區域分析的方法來發現設計中存在的非必要的密集佈線和使用了小尺寸的區域。

在電路的數位部分建議使用最新版本的標準單元庫。在單元庫裡的標準元件的終端通常使用雙歐姆接觸孔和雙導通孔。在利用現代的自動布局佈線工具時，通常設計人員也可以選擇插入容錯的導通孔。即使在大規模的數位電路裡，通常也只需要付出很小的額外晶片面積來實現高於 99.5% 的容錯率（這裡請注意不同的製程節點、不同的代工廠對容錯率的要求是不一樣，實際操作過程中如果能和製程開發的工程師進行拉通確定容錯率目標是比較好的）。通常類比晶片上數位電路的部分較小，因此更應該盡可能地利用容錯設計。

　　最小尺寸的佈線有時也會出現在類似匯流排的結構中。對於應用在匯流排中的金屬佈線，可以透過加寬匯流排或將線路分配到更高和更低的金屬層來進行最佳化。但要注意如果將佈線分配到不同的金屬層裡，需要盡可能地避免不同層級裡的金屬的重疊，從而降低不同金屬層級間短路的風險。另外，不同層級中金屬線條的寬度和間距應該大致相等。

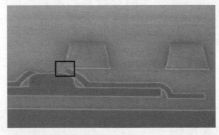

▲ 圖 8-5 雙層多晶矽電容器頂板與金屬 1 中的訊號線之間的潛在短路

　　由於存在潛在缺陷，生產中會存在一些比例的產品，它們的使用壽命相對於正常的產品大幅度地提前。這一現象被稱為「早期失效期」，也與通常講的「浴缸曲線」中的早期故障率階段緊密相關。有這樣一個例子，在電晶體被柵氧層覆蓋的可能形成導電的顆粒，在初始階段電晶體可能電性表現是正常的，但是在施加柵極電壓的條件下，由於顆粒的原因，柵極氧化層會很快出現失效。圖 8-5 顯示了一個這樣的例子，在圖中由於顆粒的影響造成了多晶矽和金屬層的早期失效。另外一種情況裡，實際金屬佈線可能由於顆粒的影響已經接近開路，在初始階段由於電流可以導通，電路還能呈現出正常的性能。但是在持續的工作狀態下，導線可能因為過大的電流密度在電遷移的影響下很快出現斷裂，而

造成早期的失效。本節中介紹的良好布局的一些實踐有助減少產品中由於類似缺陷帶來的最終產品早期失效率。有些情況下，即使使用了最佳化的佈線措施，產品的早期失效率仍然會超出客戶的要求，在這種情況下，可以給產品施加超過常規應用的高溫和偏壓來進預老化，並透過加速測試篩除存在潛在缺陷的產品。通常在電路中對早期失效比較敏感的結構為如下。

- 電容（特別是使用 ONO（SiO_2、SiN、SiO_2）結構作為媒體層）。
- DMOS（受到 STI 應力的影響）。
- 多晶矽形成的電阻（受到 STI 應力的影響）。

一般來說在生產過程中，在某個製程中選擇一個有代表意義的參考產品是利用老化的方式來做篩選的。其他的產品如果在設計上與參考產品的設計接近，可以依據參考產品的篩選結果考慮減少篩選的頻次。

實現適當的預老化需要選擇適當的方法和施壓參數，非常重要的是能夠找到電路中的關鍵電路節點，並且在這些節點升高電壓，並能夠相應的觀察到可能發生的損壞（漏電）。此外，也要確保電路中敏感的電路部分不會受到預老化的影響過早地發生性能退化。要做到這一點，需要採取以下的措施。

（1）在晶片設計中針對早期失效率監測和降低早期失效率做特殊處理。

（2）保證能夠對數位和類比電路的關鍵節點施加外部電壓，並可以相應地監測漏電流。如果在電路關鍵節點前存在穩壓器，確保可以繞過這些電路直接在關鍵節點上施加更高的電壓加速老化。

（3）在設計的初期就要開始定義和實施適用的可測試性設計（DFT）。

（4）必須啟用數位和類比電路（I_{DDQ}）中的洩漏電流測量。

（5）確保電路中的類比子模組可以切換到斷電模式（或低漏電流模式），保證可以透過監控漏電流辨識可能產生的缺陷。

（6）確保可以關閉如二極體或其他電流源等電流吸收器。

（7）考慮使用數位和類比子模組的分離來降低電流。

（8）必須採取預防措施以避免老化對電路功能產生不必要影響，影響產品的壽命。

在評估由於柵極媒體層中缺陷造成的電晶體的故障率時，僅知道柵極媒體層面積是不夠的。這樣的評估結果會非常悲觀，因為並非所有的電晶體時時刻刻都處於最大的柵極偏壓狀態下。設計人員應該提供電晶體在應用中實際的工作場景來評估故障率，舉例來說，考慮接近真實應用的柵極電壓和工作週期比。

電晶體由於老化帶來的電參數的漂移對類比電路很重要。在某種程度上，漂移是不可避免的，在做電路設計時設計人員應該考慮可能的漂移並留有一定的容錯，保證電路能夠長時間的正常執行。但是在類比電路中的某些結構會對電參數的漂移非常敏感，舉例來說，匹配結構、差分輸入和校準結構。設計人員必須考慮到這些敏感的電路，確保在老化中不會出現不對稱偏壓條件（舉例來說，在斷電模式下以及浮動節點）導致老化後的性能不匹配。

8.3　晶圓製造前段工序的版圖設計指南

電晶體相關的層的布局設計有可能會影響到電晶體的電參數性能，或帶來更大的變異性。因此在布局時要儘量注意，需保證實際電晶體的參數與模型相匹配。

8.3.1　擴散區域版圖設計指南

最佳光學鄰近效應矯正和可印刷性的擴散布局樣式應考慮到擴散區域的邊角。光刻沒有辦法將尖銳的邊角的圖形轉移到晶圓上，實際列印出的光刻膠的圖形中這些尖銳的邊角會變圓（見圖 8-6）。這樣的特性會影響到實際電晶體的性能，特別是小寬 / 長比的元件（寬度 / 長度 $<3w_{min}/l_{min}$）中，由於各種隨機因素的疊加導致實際的導通電流 I_{on} 可能存在 5%~15% 的變異性。並且不同元件之間的匹配也會變差。

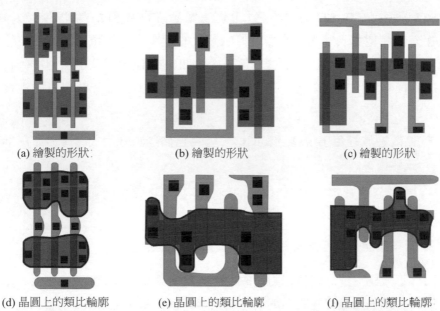

(a) 繪製的形狀　　　(b) 繪製的形狀　　　(c) 繪製的形狀

(d) 晶圓上的類比輪廓　　(e) 晶圓上的類比輪廓　　(f) 晶圓上的類比輪廓

▲ 圖 8-6 電晶體形狀上的擴散和多邊形角倒角的效果範例

　　為了儘量減小這個問題，應將形狀拉直，特別要避免 U 形。避免或儘量減少轉折。最佳的擴散形狀是矩形。針對柵極寬度較小的元件應該儘量將擴散角遠離柵極區域。

　　圖 8-7 列舉了一個邏輯元件不好的布局的例子和好的布局的例子。

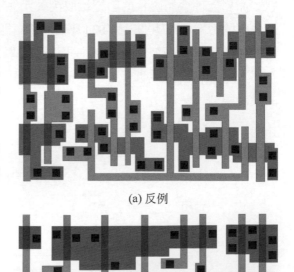

(a) 反例

(b) 正例

▲ 圖 8-7 關於電晶體形狀保真度的邏輯標
準單元的反例和正例

STI 應力：來自 STI 溝槽的應力會影響電晶體的 V_t 和 I_{on} 等重要參數。雖然可以在元件模型加入應力的影響，考慮元件的大小、元件類型、到下一個擴散區域等因素對電晶體性能的影響，但對於像凹口或 U 形模型這樣的複雜布局情況，這些模型精度是有限的。正是由於以上的原因，在設計時盡可能遵循以下幾點原則。

- 擴散區域避免出現轉折和凹口，因為它們無法針對 STI 應力作用進行準確建模。

- 增加從 STI 邊緣到柵極區域的距離至超過實際規則裡最小值約 2 倍（見圖 8-8）。

- 對於性能需要匹配的元件使用同樣的布局設計。

阱鄰近效應：位於阱邊緣附近的元件的設定值電壓 V_{th} 會發生變化，這是由於在進行阱離子注入時注入的離子會在光刻膠邊緣處（見圖 8-9）發生散射。這一現象通常與柵極氧化層的厚度成比例，厚氧化層元件的設定值電壓會更加敏感。而對元件性能產生的影響還取決於元件柵極的寬度；小寬度器械受到阱鄰近效應的影響更為明顯。與 STI 應力一樣，雖然該效應可以透過模型來模擬（考慮元件的尺寸、類型、電晶體裡阱邊緣的舉例等參數）中實現。但是，複雜的布局會導致模型準確性受限。同樣，對於需要匹配的關鍵類比元件應遵守推薦的設計規則。

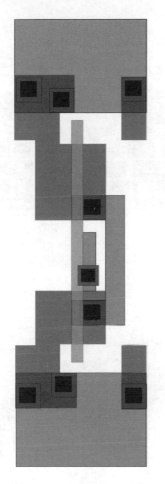

▲ 圖 8-8 增大 STI 到柵極的距離有助減小 STI 效應對電晶體性能的影響

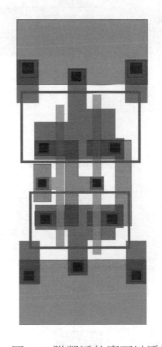

▲ 圖 8-9 阱鄰近效應可以透過增大 N 阱使得到電晶體的距離來減小

8.3.2 多晶矽版圖設計指南

對多晶矽層的版圖設計中應該儘量減少轉折，並且避免如圖 8-10 中所示的「階梯」式的設計。並且一般不要如圖 8-11 那樣利用多晶矽層來做連線。為了得到更好的光學鄰近校正的效果，試著保持至少多晶矽連線一側是一條直線，特別是在需要放置多晶矽接觸孔的地方（見圖 8-12）。另外，需要避免在如圖 8-13 所示的轉折處放置多晶矽為接觸孔。

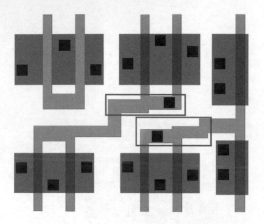

▲ 圖 8-10 避免多晶矽階梯
（版圖反例）

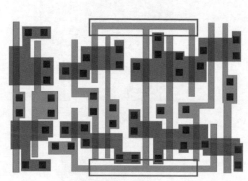

▲ 圖 8-11 避免多晶矽佈線
（版圖反例）

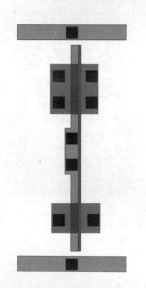

▲ 圖 8-12 保證多晶矽佈線一邊是一條
直線（版圖正例）

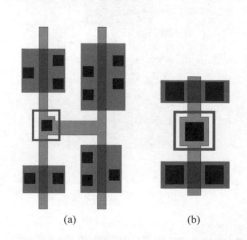

▲ 圖 8-13 避免在轉角處加入接觸孔
（版圖反例）

　　在完全規則的多晶矽布局條件下（如具有恒定距離的平行柵極）最容易實現與模型相匹配的電晶體性能，並且保證各個元件的均勻性。在實際設計中，由於受到各種條件的限制，無法總是遵循這一原則來設計電路，但設計人員還是要盡可能做到以下幾點。

- 盡可能在一個元胞、一個模組,甚至最好在整個晶片上將柵極布局的方向保持一致。

- 如圖 8-14 所示,將所有間隔緊密的柵極延長至相同長度。

- 如圖 8-14 所示,盡可能使用恒定的柵極間距,或至少在設計中限制使用幾個固定的柵極間的距離。

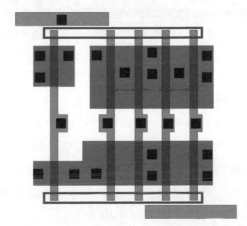

▲ 圖 8-14 將所有多晶矽延長至相同長度
(使用一組固定的柵極 - 柵極間距)(布局正例)

- 如無法保證恒定的柵極間距,必要處需增加容錯多晶矽圖案(列印解析度輔助圖形(PRAF))來保證恒定的柵極間距。特別是標準單元兩端應該考慮增加容錯多晶矽圖案。如圖 8-15 所示的左右邊緣處增加的多晶矽圖形就有著增加列印解析度的作用。

在先進製程中,可以在流片後期的資料前置處理期間生成被稱為 PRAF(會在生產中被列印到晶圓上的圖形)和 SRAF(次解析度輔助圖形,只造成輔助圖形的作用,實際在生產中不會被列印到晶圓上)的容錯圖形用於圖形校正,以確保每個柵極所處的週邊的圖案是類似的,這樣可以使掩膜版上的柵極圖形可以被較為精確地轉移到晶圓上。然而,有時僅依賴後期處理過程中自動產生的輔助圖形並不能得到最佳的效果,因此設計人員需要在流片前就將這些用於提高列印精度的輔助圖形考慮在內。

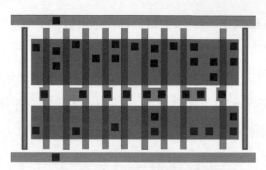

▲ 圖 8-15 在單元邊緣繪製的虛擬多晶矽條紋（布局正例）

如圖 8-16 所示，在元胞邊界處的多晶矽佈線儘量保持為一條直線，這樣有利於放置例如 SRAF 這樣的光學矯正圖形，從而保證電晶體的性能可以在較為寬鬆的製程視窗條件下得以實現。多晶矽佈線有轉折的地方，尖銳的轉角會在實際圖形轉移到晶圓上後變得沒有那麼尖銳，類似如圖 8-17 所示結構，如果太靠近實際電晶體的柵極區域，將影響電晶體的電性能參數。因此對於柵極寬度比較小的電晶體，在布局時應該儘量使這樣的轉角圖形遠離柵極區域。在有些設計工具套件中會提供額外的更為嚴格的實際規則，以保證線寬在整個晶片中能夠有更好的一致性。

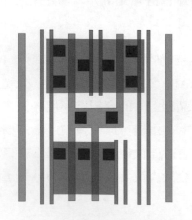

▲ 圖 8-16 在元胞邊界處使用直線多晶矽並輔以 SRAF（版圖正例）

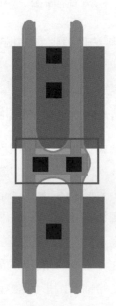

▲ 圖 8-17 多晶矽轉角與電晶體區域的距離對電晶體性能一致性的影響（版圖反例）

8.3.3 擴散區接觸孔的版圖設計指南

在設計中加入容錯的接觸孔是提高良率和可靠性的最佳方式。此外,接近擴散邊緣的接觸孔有漏電的風險,因此建議在可能的情況下增加擴散孔到擴散區邊緣的距離。如果由於金屬佈線的限制,沒有足夠的空間在源極和漏極兩側同時增加容錯的接觸孔,要優先考慮在源極側(連接 V_{DD}/V_{SS} 的位置)加入容錯的接觸孔。因為源極側(連接到 V_{DD}/V_{SS})的接觸電阻的增加會在很大程度上導致裝置性能的下降。較高的接觸電阻會導致有效柵源電壓 V_{GS} 降低(由於額外的在 R_{source} 上電壓的損耗),從而導致電晶體性能的退化。

如圖 8-18 所示,擴散區域接觸孔布局時儘量避免如圖 8-18(a)所示的不對稱的設計,並且在有可能的條件下加入如圖 8-18(c)所示的容錯的接觸孔。圖 8-18(a)~ 圖 8-18(c)是版圖設計逐漸最佳化的過程。

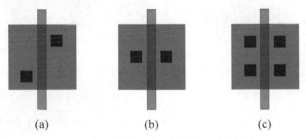

(a)　　　　　(b)　　　　　(c)

▲ 圖 8-18 擴散區域接觸孔的布局

8.3.4 多晶矽接觸孔版圖設計指南

一般不建議用多晶矽做不同電晶體間的連接,而僅使用多晶矽作為柵極的電極。因此大多數的多晶矽的接觸孔裡不會透過直流的電流,而僅透過交流的電流來為柵極充電。因此與連接擴散區域的金屬連接相比,柵極的接觸孔和與之相連的金屬導線裡的電遷移的風險要小很多。儘管如此,增加多晶矽的接觸孔還是對提升良率和電路的可靠性有幫助。增加多晶矽接觸孔通常會增大單位電晶體的面積,從而導致整個晶片的面積相應增加。因此,在做接觸孔布局的時候要做適當的權衡,在晶片面積的限制下應該優先考慮最佳化擴散區域的接觸孔。

如圖 8-19 所示，在接觸孔下的多晶矽區域與多晶矽佈線儘量保持有一邊是對齊的，這樣一來如果採取了列印解析度輔助圖形，至少有一邊是可以不被打斷的，因此尖銳的邊緣不會那麼明顯。

與擴散區域接觸孔類似，如果有可能儘量使得多晶矽佈線的邊緣是一條直線，如圖 8-20 所示。類似圖 8-20（b）中的 H 形狀的多晶矽圖形在列印時會造成尖銳的邊緣變得圓滑。這些邊緣如果離電晶體的柵極足夠遠，則不會對電晶體的性能產生太大的影響。

(a) 多晶矽版圖正例　　　(b) 多晶矽版圖反例

▲ 圖 8-19　接觸孔下的多晶矽線
　　　條至少保證一邊是直線

(a) 多晶矽版圖反例　　　(b) 多晶矽版圖正例

▲ 圖 8-20　多晶矽佈線的邊緣盡
　　　可能是一條直線

如果要在 S 型的多晶矽上加入接觸孔，則可參考圖 8-21 所示的例子儘量讓接觸孔周圍的多晶矽線條的邊緣保持為一條直線。

如圖 8-21 和圖 8-22 所示，在設計中盡可能地避免使用較長的多晶矽作為電路的連接。並且將接觸孔開在離電晶體柵極較近的地方。

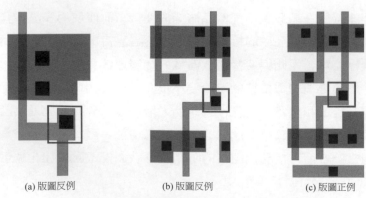

(a) 版圖反例　　　　　(b) 版圖反例　　　　　(c) 版圖正例

▲ 圖 8-21　在 S 形狀的多晶矽中加入接觸孔佈線

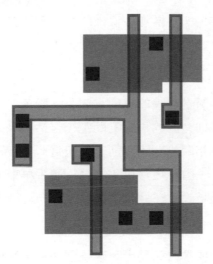

▲ 圖 8-22 多晶矽的接觸孔的布局的反面例子（接觸孔遠離電晶體柵極區域）

8.4 晶圓製造後段工序的詳細版圖設計指南

8.4.1 金屬連線版圖設計

在後端製程中，金屬佈線裡最容易出現的問題是由於生產過程中的沾汙顆粒造成的金屬連線的開路或短路。適當地最佳化金屬連線的布局可以降低缺陷（開路和短路）對沾汙顆粒的敏感性。一般來說，狹窄的間距和寬度比更大的間距和寬度對粒子缺陷更敏感。根據經驗，將金屬的寬度和間距增加 k 倍，則缺陷對沾汙顆粒的敏感度降低到 1/k。由於這個原因，適當地增加線寬和線間距會帶來很大的改進，舉例來說，將線寬增加 1 倍會使得缺陷的密度降低 50%。進一步繼續增加線寬和間距帶來的好處則沒有那麼明顯。

這一現象對於保證光刻穩定性更加明顯。在大多數情況下，將列印的尺寸從設計規則中允許的最小值增加到 20%，大多數情況下都足以幫助我們避免光刻中碰到的問題。特別當設計中存在複雜圖形時，這一改善尤其明顯。但應在此提及的是，現代光刻技術經過最佳化通常能夠以很高的保真度列印某些特定的圖案。具有最小寬度和間距的平行線陣列通常是這些「黃金」圖案中的一種。

當沒有使用這些圖形時，即使增加了線條的寬度和間距，圖形的列印效果可能還是比不具有最小設計線寬的「黃金」圖形要更差一些。當設計中有非常複雜的圖形時，應當尋求光刻工程師的幫助，保證圖形能夠被極佳地轉移到晶圓上。

在金屬佈線時要平衡金屬線的寬度和間距。避免在較粗的金屬線或大的金屬場板旁邊使用設計規則允許的最小的間距（雖然在先進製程中，大多情況下都會制定相應的與線寬相關的間距規則，保證這一情況不會發生）。另外大量的失效分析的結果顯示，由於短路導致的晶片發生早期失效的頻率要比開路造成的失效大得多。也就是說，在最佳化金屬線的布局時應該優先考慮加寬金屬導線的線間距。

在具有超高可靠性要求的產品中，應特別注意金屬佈線對缺陷的敏感性。有些缺陷在測試期間不會導致直接的短路或開路失效，但是會造成產品過早地發生失效。使用預老化測試可以篩選出存在早期失效風險的產品。然而，由於電路設計的問題，通常沒有辦法透過同時提升電路內所有節點電壓的方式實現老化加速，對這樣的電路區域應該在設計時更為小心，最佳化這些區域的金屬佈線以降低對缺陷的敏感性。通常以超過金屬佈線的最小尺寸 20% 的線寬和距離來設計這些區域的金屬，是一個比較好的折中的方法。

在先進的製程中，為了降低金屬互連的延遲而引入的低介電常數的電介質也帶來了更多的與沾汙顆粒無關的失效風險。這樣的媒體層在長時間施加的高電場下可能發生類似於柵極媒體層的擊穿失效。這樣的風險對於施加高電壓的導線尤其明顯，這時也可以透過增加線之間的間距來避免可能出現的失效。

綜上所述，如果在佈線密集的結構附近有可用空間，則考慮使用如上的方法，適當放鬆金屬導線的寬度和間距。在某些情況下，如對匯流排的金屬來說，將線的排列分拆到兩個金屬層中可能也是有利的。在佈線中，可以透過定義「佈線指導」的設置將例如 M2 和 M3 並行排列來實現這樣的功能。

對於不同金屬層間的垂直短路，可透過最小化金屬的重疊面積來規避。該問題（尤其是橫向和縱向缺陷的比例）目前還沒有得到充分研究。如果設計中可以很簡單地避免不同層的金屬重疊，應該儘量遵循這一原則。

關鍵區域分析可以幫助設計人員發現潛在的風險。關鍵區域分析可以幫助設計人員自動計算布局中不同區域對的缺陷的敏感性，並以視覺化的形式將風險區域標注出來。圖 8-23 顯示了一個使用關鍵區域分析的典型應用，在該例子中，晶片中的敏感區域被標注出來。設計人員可以迅速找到這些關鍵區域，在放大布局後尋找並辨識有可能在設計上進行最佳化的的可能性。設計人員可以透過關鍵區域分析的結果迅速找到熱點，並考慮加以最佳化。

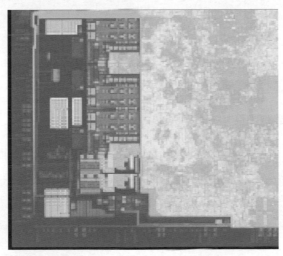

▲ 圖 8-23 關鍵區域分析對整個晶片的缺陷敏感度評估的結果顯示

1. 類比區域

在類比電路中，很多內部節點的電壓是無法透過改變外部偏置電壓的方式來隨意調節的，因此類比區域通常難以透過升壓的方式做預老化。儘管在類比電路中金屬的佈線通常沒有那麼密集，因此對缺陷的敏感性相對較低，但由於無法透過預老化來做篩選，因此在設計階段就能夠找到敏感性相對較高的區域而對之進行最佳化，降低良率和可靠性的風險就更為重要。在設計過程中需要避免以下幾個可能會遇到的問題。

（1）儘量使用最新的包含了所有 DfM 和 DfR 的經驗的最新的單元庫。例如最新的單元庫裡可能已經在設計裡加入了容錯的雙重接觸孔和導通孔，而在舊的單元庫裡還未進行更新。

（2）不要忘記儘量加入容錯的導通孔，在類比區域通常有足夠的空間讓設計人員加入更多的導通孔。

（3）儘量避免用最小的線寬和線距設計。在有可能的情況下儘量利用周圍的剩餘空間嘗試放寬線距和線寬。甚至可以考慮將匯流排分散到相鄰的上下金屬層裡。儘量使得實際的金屬線寬和間隙至少達到最小設計規則的 2 倍左右。在有空間限制的情況下，根據短路和開路的風險分別選擇適當的寬度和間隙，以達到平衡。

2. 記憶體

對於電路中的記憶體區域，也應該考慮以下的設計指南。

（1）在週邊電路中使用雙接觸孔和導通孔。

（2）透過改錯碼（Error Correction Code）保護記憶體，進行校正。通常改錯碼只能對一位元組中單一數位發生的錯誤進行糾正。因此在布局記憶體區域時儘量使各個數字的物理排列上相對獨立，這樣由於沾汙顆粒造成相鄰的數字同時發生故障的可能性會相應地降低。 而當發生了單數字失效時，改錯碼可以對之進行校正。

（3）提供足夠的容錯，加入備用位元組和位元線。

（4）在儲存陣列的布局周圍加入容錯結構填充，保證記憶體陣列中接近邊緣的元件的一致性。

3. 邏輯區域

對於電路中的邏輯區域，設計中應注意以下幾點。

（1）儘量使用最新的包含了所有 DfM 和 DfR 的經驗的最新的單元庫（特別注意單元庫裡的元件是否包含雙接觸孔，是否增加了終端金屬面積並使用了雙導通孔）。

（2）在佈線演算法裡設置增加容錯導通孔。

8.4.2 導通孔版圖設計

同 8.4.1 節中介紹的接觸孔布局一樣，在可能的情況下導通孔裡也應該增加容錯，儘量加入雙導通孔甚至更多的導通孔。尤其在連接會流過較大的直流電流的金屬場板或寬的金屬導線時要優先使用雙 / 多導通孔。與前面介紹的接觸孔類似，優先順序較低的是較短的訊號線和連接柵極的導通孔。由於在這樣的金屬線裡電流較小而且是交流電流，因此產生電遷移的風險較低。即使在電路的生命週期裡，由於發生老化金屬連線的電阻值略微變大，對電路的性能的影響也是可以接受的。

在大的場板和較寬的金屬連線上放置雙 / 多個導通孔通常比較容易實現。很多情況下，在這樣的結構中如果出現了單一導通孔的設計，通常是由於設計人員的疏忽遺忘了容錯的導通孔。

一個比較有爭議的與導通孔設計相關的設計規則是金屬與導通孔的重疊。通常情況下代工廠會推薦使用更大的金屬 - 導通孔重疊。但是在設計規則允許的前提下，可以考慮允許如圖 8-24 所示的導通孔設計，在該設計中導通孔與之連接的下層的金屬的重疊為零。允許這樣的規則顯然可以幫助節省面積。除此以外，這樣的設計還可以利用包裹下層金屬的沉澱層和阻擋層金屬，實現所謂的「襯墊層容錯」。如圖 8-25 所示，「零重疊」的導通孔會使得導通孔裡的沉澱層和阻擋層金屬和下層金屬裡襯墊 / 阻擋層金屬直接相連。而由於這些襯墊層和阻擋層的金屬通常不會受到電遷移的影響發生空洞，因此這樣的結構理論上會呈現出更可靠的電遷移特性。然而，實際的實驗結果似乎並無法證實這樣設計的優點。如果決定使用這樣的設計，一定要確保導通孔與金屬層在沿著電流方向上有足夠的重疊，以確保在製程裡出現對位不齊或過曝光劑量不足造成的金屬線變得更短時，導通孔還能與金屬層有良好的接觸。導通孔與上層金屬的設計規則裡應該總是保留一定的重疊，因為與上層金屬的接觸沒有「襯墊容錯」這一優勢。在可能的情況下儘量使用雙導通孔和 / 或多導通孔，一般情況下使用最小重疊規則設計的導通孔都不會出現太多問題。

▲ 圖 8-24 導通孔與下層金屬「零重疊」設計 ▲ 圖 8-25 金屬邊緣上過大和未對準的導通孔會導致短路或 TDDB 問題

8.4.3 填充密度和容錯填充結構

在先進製程中銅金屬互連替代了鋁被廣泛使用。在第 7 章中介紹了銅互連中使用的（雙）大馬士革金方法，而在這一流程中化學機械拋光（CMP）是其中一步關鍵的步驟。而化學機械拋光的表現對布局中的金屬密度、金屬形狀等相當敏感。現代的製程製程中通常要用到很多層的金屬互連，為了保證晶圓表面在多層的化學機械拋光後還能保證非常好的平整度和均勻性，每一層中的金屬佈線密度均要保證一定的均勻性。而根據電路設計的不同，每一層中電路不同的區域中需要實際用來進行電路連接的金屬佈線密度會發生很大的差異，因此，現代技術需要用容錯填充結構金屬填充來避免極端的金屬密度，保證金屬層別版圖的均勻性。通常晶圓廠或代工廠會根據自己製造製程的參數提供推薦的金屬密度。根據經驗，平均 45% 的金屬密度是個不錯的參考值，通常金屬密度允許在一定的範圍內發生變化（如 20%~80%）。

雖然容錯填充結構在先進製程中由於化學機械拋光製程的特性變得必不可缺，但實際上即使是較早的基於鋁金屬互連的製程中，保證適當的金屬密度的均勻性也會給帶來好處。 舉例來說，在鋁金屬互連裡，鋁層通常是透過電漿蝕刻的方法來形成圖形，而保證一定的金屬密度均勻性有助減小電漿蝕刻中的負載效應，保證蝕刻速率的一致性。

容錯填充結構形狀可以是連接到固定的電位，如電源或接地，也可以是浮空的。通常的容錯填充結構電位一般都是浮空的，僅在特殊情況下容錯填充結

構需要連接到固定的電位。如果一定要使用這樣的容錯填充結構，要注意以下幾點。

（1）因為必須要和電源和/或地線做連接，容錯填充結構的設計將更複雜。

（2）浮空的容錯填充結構通常不會導致功能故障，但一旦容錯填充結構與電位相連，它們會提高導致電路失效的致命短路的可能性。這時不僅要考慮到容錯填充結構與相鄰的金屬連線的距離，即與上下相鄰的金屬導線垂直短路的機率也會增加。

（3）如果容錯填充結構與電位相鄰，可以極佳地造成遮罩的作用，減少不同導線間的串擾。

（4）容錯填充結構如果與電位相連，那麼很容易透過模型計算出它們對寄生電容的影響。而浮空的容錯填充結構由於可能被充電處於不確定的電位，而對附近的電晶體產生不良影響。因此在比較老舊的製程中，浮空的結構是不受歡迎甚至是被禁止的。但由於銅金屬互連的出現以及化學機械拋光的廣泛應用，浮空的金屬結構不再是個禁忌。

以下為容錯填充結構時經常被用的填充圖形。

（1）圖 8-26（a）是一種經典的填充圖形，這裡的容錯填充結構圖形呈現正方形或長方形，通常被稱為單一正方形填充。

（2）多正方形填充，如圖 8-26（b）所示，與單一正方形 e 影像類似，但使用起來更加靈活。它可以實現更高的填充密度，用於單一正方形填充無法充分填充的區域。

（3）圖 8-26（c）所示的「軌道」填充是基於長條金屬線條狀影像的一種容錯填充結構。它能被非常靈活地應用到非常小的開放區域，達到所需要的最佳的金屬密度並保證其均勻性。此外，由於它的性質與電路中真實的金屬線非常相似，因此容錯填充結構在製造過程中的表現與真實的導線相同，不會導致 CMP 製程的其他問題。但是這樣的容錯填充結構也存在著明顯的缺點，由於這樣的結構形狀複雜並且數量龐大，將會大大增加檔案的大小和資料處理時間（如

光學鄰近效應修正）。另外，如果在進行容錯填充結構時不限制容錯填充結構與實際導線間的距離，那麼這樣的容錯填充結構對實際電路的寄生電容的影響將非常大。

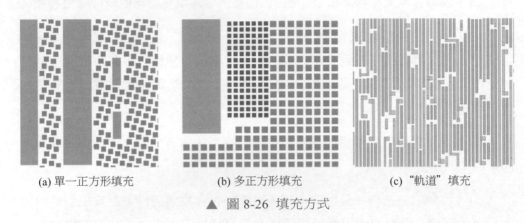

(a) 單一正方形填充　　　(b) 多正方形填充　　　(c) "軌道" 填充

▲ 圖 8-26 填充方式

以下一些內容將有助設計最佳化的金屬容錯填充結構，滿足金屬填充密度要求並儘量減少由於容錯填充結構帶來的對晶片的負面影響。

避免過度填充，尤其是模組的設計的過程中，儘量不要使金屬密度過大。請注意，填充佈線結構中的典型金屬密度為 25%~45%。即使設計規則允許，某一區域金屬填充密度過高可能會造成金屬密度梯度與相鄰模組相比過大而產生顯示出錯。如果被填充的空間非常小，通常不適合加入容錯填充結構。所以在設計中儘量避免金屬間的距離正好在小於可被容錯填充結構的距離（2 倍最小容錯填充結構到實際金屬導線距離與最小容錯填充結構寬度的和）。如果設計中沒有注意到這一點，那麼很有可能最後的設計的金屬密度無法達到最佳密度，但卻沒有辦法在開放的空間中放入容錯填充結構。這一點在設計標準的邏輯單元時尤其要加以注意。儘量在電路模組的邊界保證填充的密度在較合理的範圍內，避免填充不足或過度填充。因為模組相鄰處會放置什麼電路是個未知數，所以模組邊界附近的任何「異常」密度都可能導致填充密度梯度違規，並在設計流程的最後期被檢測到。舉一個簡單的例子，例如一個 SRAM 的電路在 M4 金屬層的填充密度為 80%，這時如果把一個模組放置在與之相鄰的位置，並且設計規則不允許出現 M4 相鄰的金屬填充密度的差距在 40% 以上。這時如果模組周圍的 M4 金屬密度小於 40% 並且由於類似上面描述的限制無法加入容錯填

充結構，則會出現麻煩。因此如果有這樣難以加入容錯填充結構，請儘量避免將其放置在模組邊緣的區域。

在做容錯填充的時候一定要注意填充是會影響電路的寄生電容和時序的。即使容錯填充結構和真實的金屬導線之間可能存在相當大的距離，容錯填充結構有可能引起相當大的垂直方向寄生電容。填充總是增加電路中任何節點／網路的寄生電容，也有可能影響不同節點之間的耦合電容。特別是在先進製程中，由於容錯填充結構帶來的寄生電容和耦合電容的影響可能會對時序產生非常大的影響。因此設計人員需要掌握達到最佳金屬密度和保證不增加過多的寄生電容的這一平衡。對於容錯填充結構帶來的寄生電容的影響，可以用以下幾種方法來處理。

（1）如果設計的電路對寄生電容不敏感，那麼可以選擇忽略容錯填充結構帶來的可能的影響。此方法僅在尚未考慮時序的早期設計階段推薦。

（2）另外可以採取「虛擬填充」的方法來評估容錯填充結構對電路時序的影響。與直接插入容錯填充結構後再來進行時序分析不同，虛擬填充功能可以直接在參數提取過程中根據即時的模型檔案去模擬容錯填充結構的影響，並預估它們會帶來的寄生參數的影響，由此直接進行各種物理資訊及時序資訊的模擬。這個方法相較於插入容錯填充結構後進行提取的方法相比速度快，耗費資源少，但是這種方法的結果不精確。它要求根據填充形狀和樣式對模型參數進行經驗調整。

（3）「填充後時序」（Fill aware Timing，FaT）——在電路版圖完成後插入容錯填充結構，並在考慮填充形狀的情況下進行寄生提取和後續時序分析。這樣做非常精準，但如果時序分析失敗則需要重新最佳化容錯填充結構，這樣必然會影響整個設計週期。

（4）「時序感知填充」（Timing aware Fill，TaF）——這是一種可用於邏輯電路的容錯填充結構方法。利用這種方法時，在布局佈線期間建立填充形狀會估計其時序影響，並在填充後可能產生關鍵影響的地方（即關鍵路徑附近）將其自動移除。利用這樣的方法可以保證時序不會受到影響，而一個明顯的缺點是會降低金屬填充密度，並導致填充密度或填充密度梯度的違規。

總而言之，在考慮實際容錯填充結構形狀的情況下進行寄生提取和時序分析，將得到最為準確的結果。但是這樣的方法非常耗費時間和運算資源，並且有可能需要透過多次迭代才能找到合適的填充方案。在邏輯區域中，可以透過採取「時序感知填充」的方法做一次成功的容錯填充結構填充。這時可能會無法保證達到最佳的填充密度。在任何情況下，都儘量避免把時序關鍵的路徑布局在模組邊界附近。如果大量的時序關鍵訊號被布局在模組邊界的某一金屬層裡，為了減小對時序的影響，與之相鄰的金屬層中的佈線密度將很小。

　　為了方便諸如關鍵區域分析等後續分析，需要將生成的容錯填充結構圖形單獨儲存在特殊的 GDS 層別上，否則將無法將它們與電路裡真正的金屬結構區分開來。另外，建議在晶片設計的早期就提前主動地關注容錯填充結構可能碰到的問題並相應地最佳化設計。即使在設計的後期碰到容錯填充結構的問題一般都能夠有效得到解決，但是通常這樣的解決方案會耗費很長的時間，延長設計的週期。

第 9 章

車載晶片製程與製造

9.1 晶片製造

　　隨著汽車智慧化程度的不斷提高，當代汽車上加載的晶片無論是種類還是數量，都在迅速地逐年增長。從製造製程的角度，車載晶片主要可分為 CMOS 晶片、功率半導體晶片與 MEMS 感測器晶片。其中車用 CMOS 晶片主要包含微控制器（MCU）、自動駕駛處理器、資料轉換器（A/D 轉換器和 D/A 轉換器）和電源管理晶片等；車用功率半導體晶片主要包含功率 MOSFET 與絕緣柵雙極性接面電晶體（IGBT）；車用 MEMS 感測器晶片包含壓力感測器、陀螺儀、慣性感測器和光學掃描器等。下面將分別對上述 3 種車載晶片的製造製程介紹。

9.1.1　CMOS 晶片的製造製程

　　CMOS 晶片製造製程的開端是半導體等級的高純度單晶矽襯底，人們在單晶矽襯底上反覆進行氧化、光刻、沉積、摻雜、蝕刻等一系列製程步驟，最終完成整個 CMOS 晶片的製造工藝流程。下面分別介紹 CMOS 晶片製造製程中的各個步驟。

1. 晶圓製備

　　作為地殼中含量第二高的元素，矽在自然界中廣泛存在。然而矽在自然界的主要存在形式為矽酸鹽或二氧化矽，極少以單質的形態存在。從石英砂原料（其化學本質為二氧化矽）到現代積體電路製造所需的高純度（純度達到 99.999999999%）單晶矽，這中間需要經過一系列複雜的流程。

1）冶金級矽單質製備

　　首先是從石英砂製備冶金級矽單質。這一過程需要將石英砂和煤炭或焦炭一起在熔爐中加熱到將近 2000℃ 高溫，使二氧化矽和碳單質之間發生氧化還原反應，生成矽單質和一氧化碳。

$$SiO_2 + 2C \xrightarrow{\text{高溫}} Si + 2CO \tag{9-1}$$

　　這一過程得到的矽單質被稱為「冶金級矽」，其純度可達 98%，其中主要的雜質元素為鋁和鐵。

2）電子級多晶矽製備

　　在冶金級矽的基礎上，接下來還要再進行提純。這一過程需要在高溫和催化劑的條件下，讓冶金級矽粉末和氯化氫氣體發生反應，生成矽烷、一氯矽烷、二氯矽烷、三氯矽烷和四氯矽烷等一系列產物，然後再透過分餾的方式，分離出高純度的三氯矽烷。接下來，再讓氣態的三氯矽烷和氫氣發生反應，生成氯化氫氣體和多晶矽單質。

$$SiHCl_3 + H_2 \xrightarrow{\text{高溫}} Si + 3HCl \tag{9-2}$$

這一過程，從冶金級矽提煉得到的多晶矽單質被稱為「電子級多晶矽」，其純度相比於冶金級矽獲得了進一步提升。

用電子級多晶矽製備現代積體電路製造所需的 99.999999999% 高純度單晶矽的製程主要有 Czochralski 直拉法（下面簡稱直拉法）和懸浮區熔法，這兩種製程提純矽的原理都是雜質在固相矽中的溶解度小於雜質在液相矽中的溶解度，即雜質在矽中的分凝係數小於 1。從而透過一個將矽先熔融為液態再結晶成固態的過程，達到提純的效果。

$$分凝係數\ k = \frac{雜質在固相中溶解度\quad C_\text{s}}{雜質在液中溶解度\quad C_\text{l}} \tag{9-3}$$

3）直拉法生長單晶矽

直拉法生長單晶矽需要把電子級多晶矽（如果需要製備出的單晶矽含有摻雜，則加入少量含摻雜的矽單質）熔化在一個石英坩堝中，控制溫度稍高於矽單質的熔點。然後用一小塊單晶矽作為籽晶，放在熔融矽的液面處，籽晶附近的熔融矽凝固到籽晶上。籽晶順著晶向不斷生長的同時，裝置不斷地向上提拉籽晶，形成柱狀的單晶矽。提拉過程中降低提拉速度，就能讓提拉出的矽柱直徑增大，達到目標直徑後，保持提拉速度恒定使得之後產生的矽柱直徑均勻，最終提拉出的更高純度的柱狀單晶矽被稱為「矽錠」。上述直拉法生長單晶矽的過程如圖 9-1 所示。直拉法製備單晶矽能夠比較容易地得到大直徑的矽錠，從而在之後的切割矽錠的流程中切出大直徑的晶圓（Wafer）。直拉法的缺陷在於石英坩堝的使用會引入以碳和氧為主的雜質。

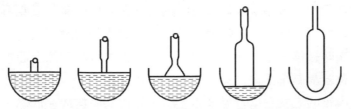

▲ 圖 9-1 直拉法生長單晶矽的過程示意圖

4）懸浮區熔法生長單晶矽

　　懸浮區熔法製備單晶矽不需要坩堝，其用到的原材料為兩端夾持的電子級多晶矽棒，矽棒的一端與單晶矽籽晶接觸。懸浮區熔法製備單晶矽的裝置如圖 9-2 所示。

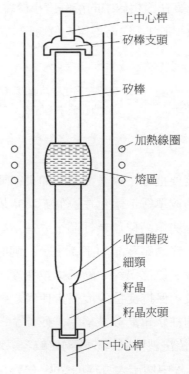

上中心桿
矽棒支頭
矽棒
加熱線圈
熔區
收肩階段
細頸
籽晶
籽晶夾頭
下中心桿

▲ 圖 9-2　懸浮區熔法裝置示意圖

　　生長的過程中，一個環繞矽棒的射頻線圈在矽棒中產生感應電流，感應電流的焦耳熱將射頻線圈套住的矽棒區域熔化。矽棒的熔融區域隨線圈一起從單晶矽籽晶一端緩緩移動至矽棒另一端，這一過程中多晶矽棒上面被熔化之後又凝固的區域會結晶為單晶矽，最終產生一根單晶矽棒，也就是「矽錠」。懸浮區熔法引入摻雜的方式是以含摻雜的多晶矽棒作為原料或在低濃度雜質氣氛中進行單晶矽製備。由於避免了坩堝引入的雜質污染，懸浮區熔法製備出的單晶矽雜質含量（尤其是氧含量）更低，電阻率更高，這樣的單晶矽被用於一些功率元件的製造。懸浮區熔法的缺點在於，製備過程中，矽棒中間有一段熔融區

域，導致矽棒直徑較大的情況下系統會不穩定，所以懸浮區熔法製備出的矽錠直徑也就是切割出的晶圓尺寸受限。當前大直徑的晶圓製備還是以直拉法為主。

2. 氧化

1）氧化層生長製程

二氧化矽在 CMOS 晶片中大量存在，主要用作絕緣媒體層與掩膜層，發揮著十分重要的作用。CMOS 製程在矽襯底上形成的二氧化矽層主要採用熱氧化製程，根據製程過程中反應溫度與反應物的不同，具體可以分為乾氧氧化、水氣氧化和濕氧氧化。

乾氧氧化製程採用純氧氣來對矽進行氧化。

$$\text{Si} + \text{O}_2 \xrightarrow{\text{高溫}} \text{SiO}_2 \tag{9-4}$$

乾氧氧化的特點是氧化層生長速率慢，均勻性和重複性好，生長出的氧化層較為緻密，因此用作掩膜時阻擋效果好；由於氧化過程中沒有引入水，所以氧化層乾燥，與光刻膠之間黏附性好。

水氣氧化製程用氧氣和氫氣混合燃燒產生的水蒸氣來對矽進行氧化。

$$\text{Si} + 2\text{H}_2\text{O} \xrightarrow{\text{高溫}} \text{SiO}_2 + 2\text{H}_2 \tag{9-5}$$

氧化層生長速率快，但生長出的氧化層結構疏鬆，表面缺陷較多，品質較差，與光刻膠之間的黏附性也不如乾氧氧化生長出的氧化層。

濕氧氧化製程採用氧氣和水蒸氣作為氧化劑。實際製程過程中是將乾燥純淨的氧氣通入加熱到 95℃ 左右的高純水中，使氧氣流中攜帶一定量的水蒸氣。濕氧氧化製程的氧化層生長速率和氧化層品質均介於乾氧氧化和水氣氧化之間。

有些情況下，氧化製程中還會摻入少量氯化氫或三氯乙烷氣體，目的是透過引入氯元素，與矽中含有的痕量金屬離子雜質反應，生成可以在高溫下昇華為氣態，進而被排出反應系統的產物，從而將痕量金屬離子雜質去除，避免金屬離子雜質在氧化層中形成可動電荷，影響半導體元件的特性。此外，氯源的引入還會影響氧化層的生長過程，微微提高氧化層的生長速率。

2）氧化層品質監測手段

在實際 CMOS 製程生產過程中，對生長出的氧化層品質進行監控尤為關鍵。表徵二氧化矽（以及其他電介質層）品質的實驗手段主要可以分為機械測量、光學測量和電學測量。

機械測量需要在某些區域將氧化層蝕刻掉，露出襯底，然後用掃描隧道顯微鏡、原子力顯微鏡等儀器探測襯底和氧化層上表面之間的臺階高度，即可測量出氧化層的厚度，如圖 9-3 所示。

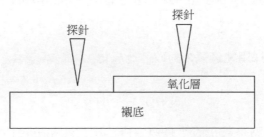

▲ 圖 9-3　機械測量法的示意圖

光學測量的手段主要有干涉法和橢偏儀。干涉法的原理是在已知入射光波長和入射角度以及氧化層介電常數的條件下，利用氧化層與襯底介面處反射光與氧化層上表面反射光之間的干涉現象來確定氧化層的厚度。然而在氧化層厚度很薄，或氧化層介電常數不能精準確定的情況下，上述干涉法不再適用，此時採用橢偏儀是一個更佳的選擇。橢偏儀的原理是根據橢圓偏振光經過氧化層和襯底介面反射後偏振狀態的改變來測定氧化層折射率與厚度的。

電學測量手段中最常用的是電容 - 電壓法（CV 法），這種測量方法在氧化層上方的金屬電極、氧化層本身，以及氧化層下方的半導體襯底組成的 MOS 電容兩端進行直流電壓掃描，並且在每個直流電壓掃描點上疊加一個交流小訊號，測量 MOS 電容結構的交流小訊號電容，得到 MOS 小訊號電容隨直流偏置電壓的變化曲線，即「CV 曲線」。這種測量方法不僅可以在已知氧化層介電常數的基礎上得到氧化層的厚度，還可以舉出許多其他直接跟半導體元件相連結的氧化層本身以及氧化層和半導體襯底介面的豐富資訊。

3. 光刻

　　光刻製程的作用在於定義積體電路製造過程中所需的微小圖形尺寸，是積體電路製造過程中十分關鍵的製程步驟。一個典型的光刻工藝流程如圖 9-4 所示。

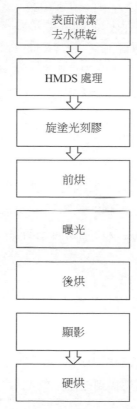

表面清潔
去水烘乾
↓
HMDS 處理
↓
旋塗光刻膠
↓
前烘
↓
曝光
↓
後烘
↓
顯影
↓
硬烘

▲ 圖 9-4 典型的光刻工藝流程

1）表面清潔，去水烘乾

　　首先是表面清潔與去水烘乾，表面清潔主要是對晶圓進行濕法清洗和去離子水沖洗，目的是去除晶圓表面的污染物； 表面清潔之後還需要對晶圓進行去水烘乾，去除晶圓吸附的水分。

2）HMDS 處理

去水烘乾之後要立即用 HMDS（六甲基二矽胺烷）對晶圓進行表面成膜處理，達到增強晶圓與光刻膠之間黏附的效果。

3）旋塗光刻膠

HMDS 處理之後的下一步是給晶圓旋塗光刻膠。這一步操作需要用到勻膠機，首先要將晶圓吸附在勻膠機的真空載片臺上，然後在晶圓的中心位置滴加適量的光刻膠，最後啟動勻膠機，讓晶圓按照設定的轉速旋轉，使晶圓上的光刻膠形成覆蓋整個晶圓的均勻薄膜。旋塗光刻膠典型的製程參數是轉速 3000~6000r/min，光刻膠的厚度為 1μm 左右。

4）前烘

晶圓上旋塗光刻膠之後，必須要進行前烘（也稱為軟烘），作用是揮發掉光刻膠中的部分溶劑，增加光刻膠的黏附性、均勻性和機械強度。前烘操作的實質就是給晶圓加熱，加熱溫度以及時間與光刻膠的種類與厚度有關。

5）曝光

接下來就是光刻製程中最核心的曝光環節，這一環節的關鍵在於掩膜版與光刻機。

最簡單的掩膜版就是一塊主體由透明的石英玻璃組成的平板，石英玻璃表面由不透明的金屬鉻組成想要轉移到晶圓上的圖形。

作為光刻工藝流程中最核心也最昂貴的裝置，光刻機的主要作用在於透過一套細微精準的控制系統將掩膜版上的圖形與先前晶圓上已經制形成的圖形對準；以及透過一套複雜精密的光學系統完成曝光，將掩膜版上的圖形轉移到晶圓上的光刻膠。

曝光主要可分為 3 種典型的模式，分別為接觸式曝光、接近式曝光和分步縮小投影式曝光。

接觸式曝光過程中，掩膜版帶有圖形的金屬鉻的一面和晶圓上的光刻膠緊密接觸，轉移到晶圓上的圖形尺寸和掩膜版上的圖形尺寸大小相等，光的衍射

效應很弱,需要的曝光系統複雜度較低,從而成本也比較低。如圖 9-5 所示,接觸式曝光的主要缺點在於需要掩膜版與光刻膠發生接觸,從而容易造成掩膜版與光刻膠損傷。

如圖 9-6 所示,接近式曝光過程中,掩膜版與光刻膠間距幾個微米,轉移到晶圓上的圖形尺寸仍然和掩膜版上的圖形尺寸大小相等,避免了掩膜版與光刻膠之間的直接接觸,但缺點在於曝光出的圖形會受到近場衍射(菲涅爾衍射)的影響。

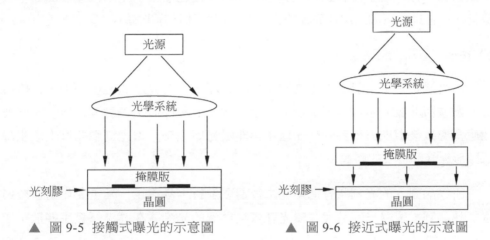

▲ 圖 9-5 接觸式曝光的示意圖　　　▲ 圖 9-6 接近式曝光的示意圖

▲ 圖 9-7 分步縮小投影式曝光的示意圖

如圖 9-7 所示,分步縮小投影式曝光過程中,掩膜版上的圖形經過複雜的光學系統,以掃描的形式被投影到晶圓上,轉移到晶圓上的圖形尺寸是範本上的圖形按比例縮小後的尺寸,同時晶圓以步進的方式移動,使得晶圓上不同區域都被曝光。分步縮小投影式曝光在晶圓上產生的圖形受到遠場衍射(夫琅禾費衍射)的影響,但這一影響可以透過在掩膜版製作時引入光學鄰近效應修正等手段來彌補。在先進的製程節點下,晶圓上圖形的線條尺寸越來越小,分步縮小投影式曝光用到的掩膜版尺寸等比例放大,就降低了掩膜版製作精度的要求。不僅如此,分步縮小投影式曝光具有掃描和步進速度快、光刻機產能高的巨大優勢。綜合以上原因,現代先進的光刻機採用的都是分步縮小投影式曝光。

6)後烘

曝光過程中,入射光與光刻膠和襯底介面處反射光之間發生干涉,會使得曝光區域與非曝光區域交界處曝光強度強弱相間,即發生「駐波效應」。駐波效應會導致後續顯影得到的曝光區域與非曝光區域交界處光刻膠側壁上產生降低圖形線條解析度的條紋。

所以晶圓上的光刻膠經過曝光之後還要進行一步後烘,其主要作用在於透過加熱晶圓,讓曝光區域與非曝光區域交界處的光刻膠在高溫下發生擴散,使得交界處曝光強度更加均勻,從而抑制駐波效應。

7)顯影

後烘完成之後就可以對晶圓上的光刻膠進行顯影。對不同種類的光刻膠進行顯影,需要採用對應的顯影液來清洗光刻膠。按照顯影效果的不同,光刻膠可分為正膠和負膠。如果先前旋塗在晶圓上的是正膠,那麼對應的顯影液將洗去被曝光區域的光刻膠,保留未被曝光的部分;反之,如果先前旋塗在晶圓上的是負膠,那麼對應的顯影液將洗去未被曝光區域的光刻膠,保留被曝光的區域。

8)硬烘

顯影操作已經讓留在晶圓表面的光刻膠顯現出了預期的圖形,但是在進行其他製程步驟之前,還要對光刻膠進行一步硬烘(也稱為堅膜)。硬烘的作用在於透過加熱,完全蒸發掉光刻膠中的溶劑,增強光刻膠對晶圓表面的黏附性,

並且提高光刻膠的強度和穩定性，使其在後續的蝕刻或離子注入等製程過程中更進一步地造成掩膜的保護作用。

4. 沉積

　　CMOS 晶片製造工藝流程中需要透過沉積的方式在襯底上形成各種薄膜材料層，沉積製程可以劃分為物理氣相沉積與化學氣相沉積兩大類。

1）物理氣相沉積

　　PVD（Physical Vapor Deposition，物理氣相沉積）是在真空白環境下，透過一系列物理手段，將材料氣化後在晶圓表面凝結成膜的沉積製程（見圖 9-8）。PVD 可以分為蒸鍍和濺射兩類。

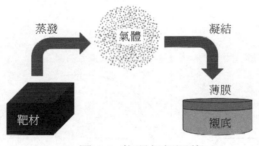

▲ 圖 9-8 物理氣相沉積

（1）蒸鍍。

　　蒸鍍是在真空白環境下，透過一定的加熱方式使得材料蒸發，並在晶圓表面凝結成膜的製程。根據氣化材料的方式，蒸鍍可以分為加熱蒸鍍和電子束蒸鍍兩種。

　　加熱蒸鍍透過直接加熱高溫坩堝（如鎢坩堝）內的材料，使其熔化蒸發產生氣體。圖 9-9 展示了加熱蒸鍍濺射鋁膜。雖然坩堝選取熔點高的材料，但是高溫高真空的環境下，仍然會有少量原子從坩堝上脫附，沉積在晶圓上，造成污染。

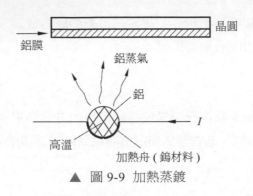

▲ 圖 9-9 加熱蒸鍍

　　電子束蒸鍍透過磁場，控制電子束集中轟擊材料表面的某點，使其迅速升溫，局部熔融並蒸發（見圖 9-10）。相較於加熱整個坩堝，電子束蒸鍍只加熱局部區域，加熱熔融的材料被同種材料「包裹」，不會因引入其他材料而造成污染。

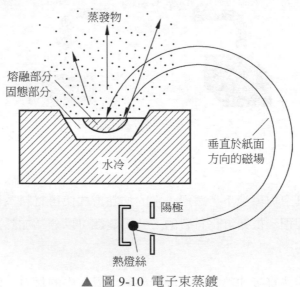

▲ 圖 9-10 電子束蒸鍍

　　飽和蒸氣壓指液體或固體處於相平衡（即巨觀上沒有物態變化的狀態）時，同種物質的氣體所具有的壓強。飽和蒸氣壓越高，物質越容易氣化。飽和蒸氣壓隨溫度的升高而增大。蒸鍍過程中為了獲得高材料蒸發速率，要保持高溫高真空的狀態。圖 9-11 展示了不同金屬元素的飽和蒸氣壓隨溫度的變化，可以看到鎢的飽和蒸氣壓是最低的，因此蒸鍍的坩堝材質通常選取鎢。

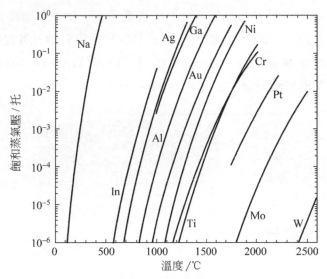

▲ 圖 9-11 不同金屬元素的飽和蒸氣壓隨溫度的變化

（2）濺射。

　　雖然蒸鍍沉積製程簡單，但是也有一定的局限性：蒸鍍不能沉積由飽和蒸氣壓不一樣的金屬組成的合金；蒸鍍不能直接檢測膜厚；蒸鍍的臺階覆蓋性和膜厚一致性一般。在半導體製程中，濺射是更常應用的沉積技術。濺射透過射頻電磁場電離氣體（一般是氬氣）產生離子，施加電壓驅動離子轟擊材料，使材料原子從表面跳脫並沉積在襯底材料上（見圖 9-12）。濺射可以沉積合金材料，濺射製程中的沉積速率只與物質量有關而與物質種類無關。濺射製程主要分為直流濺射與射頻濺射。

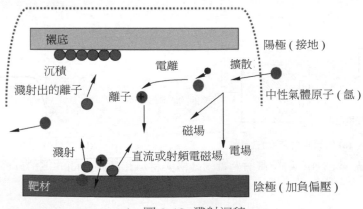

▲ 圖 9-12 濺射沉積

直流濺射透過在材料和晶圓兩端施加直流電壓，使氣體電離並驅動離子轟擊材料（見圖 9-13）。透過記錄電流，直流濺射只適用於濺射導電性好的材料。對於絕緣體，如金屬氧化物，離子攜帶的電荷會累積在材料表面形成遮罩層，最終遮罩外加電壓使濺射無法繼續。

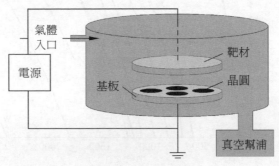

▲ 圖 9-13 直流濺射

射頻濺射可以用來濺射絕緣材料。如圖 9-14（a）所示，透過在材料與晶圓之間施加快速變化的射頻電壓，使氣體電離。帶正電的氣體離子和帶負電的電子在電場的作用下，在材料和晶圓之間反覆運動。透過控制射頻電源的頻率，使得離子在撞擊到材料前改變運動方向。電子的品質遠遠小於離子，因此運動的速度更快，會在改變方向前撞擊到材料。電子累積在材料上，如圖 9-14（b）所示，會降低材料處的電勢，形成指向材料的電場，牽引離子轟擊材料。

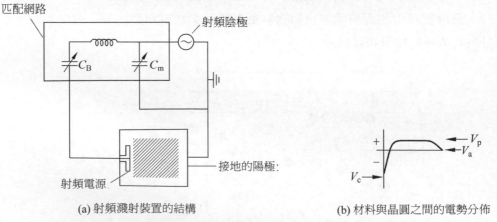

(a) 射頻濺射裝置的結構　　　　　(b) 材料與晶圓之間的電勢分佈

▲ 圖 9-14 射頻濺射裝置的結構與材料和晶圓之間的電勢分佈

透過如圖 9-15 所示的不對稱的電極結構，可以使離了在射頻電場反向時，轟擊到晶圓的機率小於反向前轟擊到材料的機率。這樣就避免了濺射到晶圓上的材料又被離子轟離。

　　透過如圖 9-16 所示的大面積材料進行濺射，可以獲得較好的厚度均一性。因為大面積材料可以看作多個小面積材料的疊加，當材料面積足夠大時，射向晶圓各處的「材料流」的流密度近似一致。

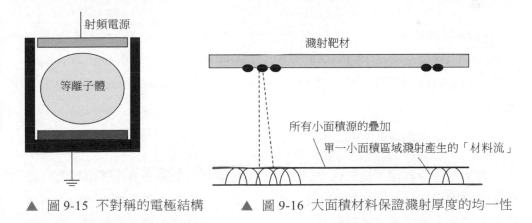

▲ 圖 9-15 不對稱的電極結構　　▲ 圖 9-16 大面積材料保證濺射厚度的均一性

2）化學氣相沉積

　　化學氣相沉積（Chemical Vapor Deposition，CVD）是透過引入氣相反應物，使其在晶圓表面發生反應，在晶圓表面產生一層目標產物薄膜的沉積製程。

　　化學氣相沉積的基本過程可分為以下 5 個主要階段，如圖 9-17 所示。

① 氣相反應物擴散到晶圓表面。

② 反應物在晶圓表面吸附。

③ 化學反應進行。

④ 氣相副產物脫附。

⑤ 副產物氣體排出。

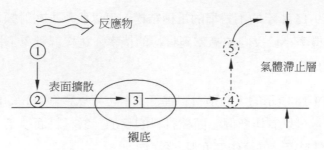

▲ 圖 9-17 化學氣相沉積的 5 個主要階段

按照反應條件，化學氣相沉積製程主要可以分為常壓化學氣相沉積（Atmospheric Pressure CVD，APCVD）、低壓化學氣相沉積（Low Pressure CVD，LPCVD）與等離子體增強化學氣相沉積（Plasma Enhanced CVD，PECVD）。

（1）常壓化學氣相沉積。

在常壓化學氣相沉積製程中，化學反應在常規大氣壓強條件下進行。一種典型的常壓化學氣相沉積製程裝置如圖 9-18 所示。常壓化學氣相沉積製程的薄膜沉積速率主要由襯底表面反應物濃度決定，受到反應物擴散的限制。作為最早出現的化學氣相沉積製程，常壓化學氣相沉積在現代 CMOS 製程中已經很少被使用。

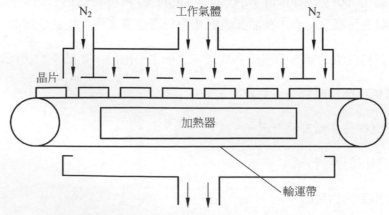

▲ 圖 9-18 常壓化學氣相沉積製程裝置的示意圖

（2）低壓化學氣相沉積。

低壓化學氣相沉積製程通常指反應壓強低於 0.1MPa 的化學氣相沉積製程。

常壓化學氣相沉積製程的薄膜沉積速率主要由襯底表面反應物的濃度決定，而為了保證薄膜的均勻性，就需要控制每片晶圓表面各處的反應物濃度具有很好的一致性，做到這一點需要對反應氣體的輸運過程進行精確的控制，導致晶圓只能採取延展的放置方式，如圖 9-18 所示。

而在低壓化學氣相沉積製程的低氣壓條件下，薄膜沉積速率的限制因素由反應物擴散轉變為晶圓表面處的反應速率。其優勢在於透過控制使每片晶圓表面各處的溫度一致，即可實現均勻的薄膜沉積厚度； 並且由於薄膜厚度的均勻性對於各處反應物濃度的依賴關係獲得了減弱，系統不再需要對反應氣體的輸運過程進行十分精確的控制，製程裝置中的晶圓可以採取緊密排列的放置方式，如圖 9-19 所示，這樣就提升了製程裝置的生產輸送量。

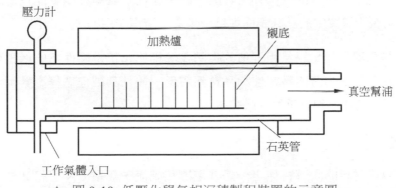

▲ 圖 9-19 低壓化學氣相沉積製程裝置的示意圖

（3）等離子體增強化學氣相沉積。

在低壓化學氣相沉積製程的基礎上，等離子體增強化學氣相沉積採用等離子體來提供反應發生所需的活化能，降低了反應所需的溫度，其典型的製程裝置如圖 9-20 所示。

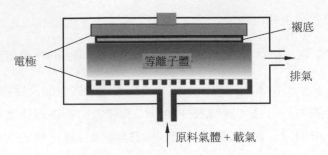

電極

襯底

等離子體

排氣

原料氣體 + 載氣

▲ 圖 9-20　等離子體增強化學氣相沉積製程裝置的示意圖

在某些情況下，舉例來說，先前的製程步驟已經製作好了金屬連線層這樣不耐高溫的結構，此時晶圓就無法再承受較高的溫度，如果強行在較低溫度下採用低壓化學氣相沉積，那麼不僅沉積速率很慢，並且沉積出的薄膜也會疏鬆多孔，品質極低。此時就只能採用所需反應溫度較低的等離子體增強化學氣相沉積。

除反應溫度較低的優勢外，等離子體增強化學氣相沉積還能在薄膜沉積之前，先對製程裝置中的晶圓表面進行一步造成清潔作用的蝕刻操作。

等離子體增強化學氣相沉積的劣勢在於相比起正常條件下的低壓化學氣相沉積，其沉積出的薄膜緻密性和品質都較低，並且其製程過程影響因素許多，參數複雜，可控性與可重複性較差。

5. 摻雜

半導體材料的獨特特性之一是其電導和載流子類型（N 型和 P 型）可以透過在材料中引入特定的雜質（施主或受主）來進行控制。電晶體和二極體的功能建立在不同摻雜材料組成的 P-N 結和 N-P 結上。結本質上是富含負電子的區域（N 型區域）和富含空穴的區域（P 型區域）之間的分界線。結的確切位置是電子濃度等於空穴濃度的地方。下面將介紹半導體製程中定義 P-N 結的摻雜技術。

透過離子注入或熱擴散過程，可以在矽材料內定義特定的摻雜區域形成 P-N 結。熱擴散（見圖 9-21（a））是透過加熱使雜質從矽的表面擴散到矽體內的製程，通常透過在矽表面的氧化層打孔來控制引入雜質的區域。透過控制加熱的

時間和溫度，可以控制雜質在矽體內擴散的深度，具體的控制方法將在下文介紹。離子注入（見圖 9-21（b））是將雜質離子直接射入矽材料的過程，雜質離子被射入矽體內部一定深度。注入雜質的擴散也透過加熱過程進行控制。在平面 MOS 的製程中，離子注入逐漸取代熱擴散成為主要的摻雜方式。然而隨著 FinFET（Fin Field-Effect Transistor，鰭式場效應電晶體）技術在先進製程節點被採納，熱擴散摻雜技術又再一次獲得關注。

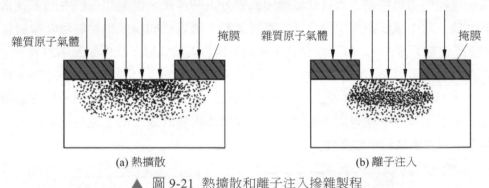

▲ 圖 9-21 熱擴散和離子注入摻雜製程

1）熱擴散

（1）熱擴散的裝置和來源。

熱擴散裝置的結構如圖 9-22 所示，矽晶圓被放置在 800℃ ~1000℃ 的高溫石英爐中，雜質以氣體的形式被通入石英爐中，氣體分壓和流量決定了摻雜的原子數。

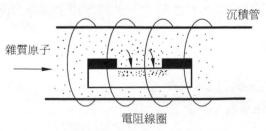

▲ 圖 9-22 熱擴散裝置的結構

對矽來說，P 型摻雜的雜質為硼（B），N 型摻雜的雜質為磷（P）和砷（As）。這三種元素在矽中的溶解度在熱擴散的溫度下都可以達到 $10^{20}cm^{-3}$ 以上。雜質的

來源可以分為固體來源、液體來源和氣體來源三種，半導體製程中最常使用液體來源。氣體來源可以直接通入石英爐中，而固體來源和液體來源一般透過與氧氣或氫氣反應形成氣體產物後通入石英爐中。

（2）預注入和向下擴散。

熱擴散製程通常分為預注入（Predeposit）和向下擴散（Drive-in）兩步。預注入過程中透過控制通入雜質氣體的氣體分壓和流量，控制注入矽中的雜質原子數量。向下擴散過程中停止通入雜質氣體，透過控制溫度和加熱時間控制雜質原子擴散到矽內部的距離。預注入和向下擴散的雜質原子分佈如圖 **9-23** 所示。其中，N_0 為預注入 / 向下擴散後表面雜質濃度；$N(x)$ 為雜質濃度；x_j 為雜質預注入 / 向下擴散深度；N_{sub} 為被底雜質濃度；x 為深度。可以看到，預注入時雜質原子主要集中在矽的表面處，向下擴散使得雜質原子向下擴散一定深度，調節了摻雜區域和摻雜濃度。

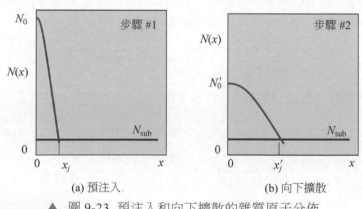

（a）預注入　　　　　　　（b）向下擴散

▲ 圖 9-23　預注入和向下擴散的雜質原子分佈

（3）熱擴散的雜質分佈。

雜質在矽中的分佈可以透過費克定律（Fick's Law）進行求解。雜質的漂移擴散由費克第一定律描述：

$$J = -D \cdot \nabla C \tag{9-6}$$

其中，J 為雜質原子流濃度，D 為雜質的擴散係數，C 為雜質的濃度。物質守恆由費克第二定律描述：

$$\frac{\partial C}{\partial t} = -\nabla \cdot J \tag{9-7}$$

聯立兩式得到方程式：

$$\frac{\partial C(z,t)}{\partial t} = D\frac{\partial^2 C(z,t)}{\partial^2 t} \tag{9-8}$$

其中，z 為深入矽體內的深度，t 為時間。

預注入和向下擴散過程有不同的邊界條件，分別對應著不同的雜質分佈解。在預注入過程中，初始時刻的摻雜濃度為 0，表面處的摻雜濃度最大，等於雜質的溶解度 C_s，在矽體內十分深處的雜質濃度幾乎為 0，得到邊界條件：

$$C(z,0) = 0, \quad C(0,t) = C_s, \quad C(\infty,t) = 0 \tag{9-9}$$

解得預注入過程的雜質分佈：

$$C(z,t) = C_s\,\mathrm{erfc}\!\left(\frac{x}{2\sqrt{Dt}}\right), \quad \mathrm{erfc} = \frac{2}{\sqrt{\pi}}\int_x^\pi e^{-\eta^2}\,d\eta \tag{9-10}$$

由此可以得到 t 時間內注入矽中的雜質原子總量：

$$Q_T(t) = \int_0^{+\infty} C(z,t)\,dz = \frac{2}{\sqrt{\pi}}C(0,t)\sqrt{Dt} = \frac{2C_s\sqrt{Dt}}{\sqrt{\pi}} \tag{9-11}$$

向下擴散過程中，假設擴散長度遠遠大於初始雜質分佈，可以認為初始時刻僅矽表面處有雜質分佈，矽體內雜質濃度為 0，同時總雜質原子總量 Q_T 不變，邊界條件變為：

$$C(z,0) = 0, \quad z \neq 0, \quad C(\infty,t) = 0,$$
$$\int_0^{+\infty} C(z,t)\,dz = Q_T \tag{9-12}$$

此時擴散方程式的解為：

$$C(z,t) = \frac{Q_T}{\sqrt{\pi Dt}}e^{-\frac{z^2}{4Dt}} \tag{9-13}$$

對於在有摻雜的矽區域內摻雜相反類型的雜質原子形成 P-N 結的情況下，設本底雜質濃度為 C_B，P-N 結深度 x_j 透過求解：

$$C(x_j, t) = C_B \tag{9-14}$$

得到：

$$x_j = \sqrt{4Dt \ln\left(\frac{Q_T}{C_B \sqrt{\pi Dt}}\right)} \tag{9-15}$$

雜質的擴散係數由溫度 T 和雜質原子在矽內的啟動能 E_a 決定：

$$D(T) = D_0 \cdot e^{-\frac{E_a}{kT}} \tag{9-16}$$

圖 9-24 展示了不同雜質的擴散係數隨溫度的變化趨勢，表 9-1 展示了不同雜質的擴散係數典型值。

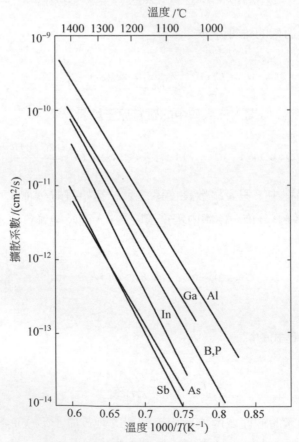

▲ 圖 9-24 不同雜質的擴散係數隨溫度的變化趨勢

▼ 表 9-1 不同雜質擴散係數的典型值

元素	擴散係數 / (cm²/s)	啟動能 (eV)
B	10.5	3.69
Al	8.00	3.47
Ga	3.60	3.51
In	16.5	3.90
P	10.5	3.69
As	0.32	3.56
Sb	5.60	3.95

快速擴散雜質，如金（Au）、銅（Cu）、鈉（Na）等在矽中的擴散係數要比一般雜質（B、P、As）高出 5~6 個數量級。這些元素不能用於矽的摻雜，而且在半導體工藝流程中必須嚴格杜絕這些元素與矽直接接觸，否則這些元素會在矽中迅速擴散，破壞元件摻雜分佈，使得整個晶片失效。

如圖 9-25 所示，雜質離子的擴散既包括向矽體內的縱向擴散，也包括水平方向的橫向擴散，橫向擴散的距離一般是結深度的 0.75~0.85 倍。橫向擴散導致了 P-N 結面積的增加，對寄生電阻與電容都有一定影響，是設計半導體製程時必須考慮的因素。

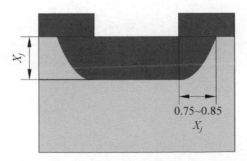

▲ 圖 9-25 雜質橫向擴散

2）離子注入

（1）離子注入的裝置和來源。

在熱擴散法中，雜質的表面濃度和擴散深度有關，雜質濃度最大的地方在矽的表面，雜質的分佈只能獲得高斯分佈。這些限制了對雜質濃度和深度的進一步控制。而離子注入則可以更加精確地控制雜質數量並靈活調節其分佈。離子注入裝置的結構如圖 9-26 所示。離子注入的來源有氣體來源和固體來源兩種，在半導體製程中通常使用氣體來源。透過保持低壓的情況對氣體來源進行放電，使電子轟擊氣體原子打破其化學鍵產生離子和離子團，如電子轟擊 BF3 原子產生 B^+、BF^+、$BF2^+$、BF^- 電漿。

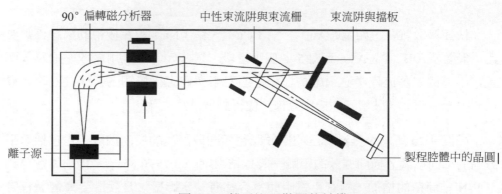

▲ 圖 9-26 離子注入裝置的結構

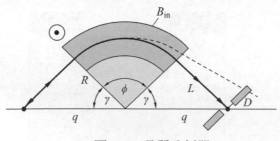

▲ 圖 9-27 品質分析器

生成的離子在經過電壓加速後進入如圖 9-27 所示的品質分析器中。透過施加與運動方向垂直的磁場 B，離子進行半徑為 R 的圓周運動，其設定值為：

$$R = \frac{1}{B} \sqrt{2 \frac{m}{q} V_{\text{ext}}}$$ (9-17)

　　所有離子經過相同的外加電壓 V_{ext} 加速，因此圓周運動的半徑由離子核心質比 m/q 決定。品質分析器圓弧軌道的半徑固定，在出口處有狹縫，透過這種方式可以篩選出想要的雜質離子。

　　離子離開品質分析器後進入加速管，加速管兩端施加加速電壓，使雜質離子加速到能夠穿透晶圓表面的速度，加速的速度決定了離子注入矽體內的深度。在離子加速後，需要透過如圖 9-28 所示的靜電偏轉系統才能注入晶圓。靜電偏轉系統透過產生電場，使得只有帶電荷的雜質離子才能在電場的作用下偏轉射入晶圓上，而中性的雜質原子不偏轉因而不會射向晶圓。雖然離子注入裝置內部被抽至高度真空，但是仍會有痕量氣體分子存在。雜質離子撞擊到這些氣體分子後可能獲得電子變為中性原子。靜電偏轉系統排除這些中性原子，保證了摻雜的一致性，因為雜質離子撞擊氣體分子後勢必損失一定的速度。此外，離子注入裝置是透過電流來檢測摻雜量的，排除中性原子也能保證對摻雜量的準確控制，避免過度摻雜。

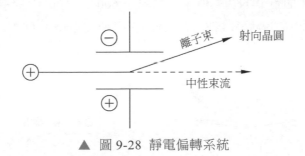

▲ 圖 9-28　靜電偏轉系統

（2）離子注入的雜質分佈。

　　離子注入的雜質分佈不同於熱擴散預注入的雜質分佈，雜質濃度的最大值不出現在矽表面處，而出現在矽體內的一定距離處。如圖 9-29 所示，隨著入射雜質離子的能量越大，雜質分佈的最大值點越深入矽體內。因此離子注入可以實現深入矽體內較大距離的區域的摻雜。離子注入的雜質分佈可以用高斯分佈進行描述。注入後透過加熱也可以實現雜質在矽體內的擴散，控制摻雜區域的尺寸。

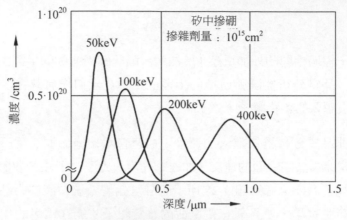

▲ 圖 9-29 離子注入的雜質分佈

（3）晶格損傷。

在離子注入的過程中，雜質離子**轟擊**矽晶格，可能造成晶格結構的損傷。同時雜質可能並不形成替位缺陷，而是射入晶格縫隙形成間隙缺陷。可以透過高溫退火製程修復晶格損傷並且使雜質形成替位缺陷，如圖 9-30 所示。爐中退火將晶圓放置在通氫氣的加熱爐中，加熱至 $600^\circ C \sim 1000^\circ C$ 保持 15~30min。而快速熱退火技術則透過脈衝雷射將晶圓表面迅速加溫至 $1000^\circ C$ 以上，在幾秒內迅速地完成退火。

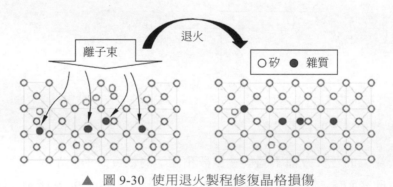

▲ 圖 9-30 使用退火製程修復晶格損傷

透過摻雜，矽的電阻率能夠發生數量級的改變。

6. 蝕刻

蝕刻就是透過物理與化學方法將下層材料中沒有被上層掩膜材料掩蔽的部分去掉,從而在下層材料上獲得與掩膜圖形完全對應的圖形(見圖 9-31)。蝕刻製程的主要目標是將光刻形成的圖形精確地轉移到晶圓表面。

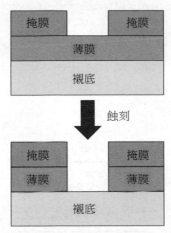

▲ 圖 9-31 蝕刻製程

蝕刻製程的指標有以下幾個。

均一性:$\left(\dfrac{R_{\max}-R_{\min}}{2R_{\text{ave}}}\right)\times 100\%$,衡量各個位置蝕刻深度的一致性,理想情況下,各處蝕刻的深度應該一致。

過刻率:$\left(\dfrac{額外蝕刻時間}{目標蝕刻時間}\right)\times 100\%$,衡量超出目標蝕刻厚度的程度,理想情況應該無過刻。

各向異性:$1\text{-}R_h/R_v$,衡量蝕刻的方向性,理想情況應該只有垂直方向被蝕刻,蝕刻產生的臺階應該垂直於水平方向。

選擇比:R_f/R_s,衡量對目標材料和其他材料的蝕刻能力,理想情況應該只有目標材料被蝕刻,而其他材料不應該被蝕刻。

1）濕法蝕刻

　　濕法蝕刻是最早使用的蝕刻製程。如圖 9-32 所示，濕法蝕刻將晶圓在液體蝕刻劑中浸泡一定的時間，透過蝕刻劑和與材料發生化學反應實現蝕刻，蝕刻完畢後去除晶圓進行漂洗和甩乾。濕法蝕刻通常用於蝕刻尺寸大於 $3\mu m$ 的產品，更小尺寸的圖形需要利用更精準的乾法蝕刻進行。

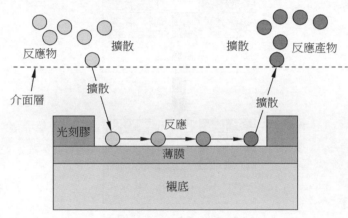

▲　圖 9-32　濕法蝕刻

　　濕法蝕刻的均一性透過加熱和攪拌進行控制。因為濕法蝕刻是一種化學蝕刻，所以具有很好的選擇比，能夠乾淨地去除頂層材料而不蝕刻掉下一層的材料。通常濕法蝕刻的時間設定為最小以保證蝕刻的均一性和高生產效率。濕法蝕刻的最大蝕刻時間為光刻膠能夠黏附在表面的最長時間。蝕刻不同材料的薄膜通常需要不同的蝕刻劑和蝕刻條件。

　　雖然濕法蝕刻的製程相對簡單，但是其具有以下許多缺點。

　　（1）濕法蝕刻只能蝕刻尺寸大於 $2\mu m$ 的圖形。

　　（2）濕法蝕刻是各向同性蝕刻，不但會向垂直方向蝕刻，也會向水平方向蝕刻，蝕刻形成的側壁不陡直。

　　（3）濕法蝕刻需要清洗甩乾。

　　（4）濕法蝕刻的蝕刻劑通常具有強腐蝕性或有毒，使用起來比較危險。

（5）液體內的反應容易引入其他污染。

（6）當光刻膠沒有極佳地黏附在晶圓表面時，蝕刻劑會滲入光刻膠下方並蝕刻下方的材料。

2）乾法蝕刻

在先進的製程中，通常使用乾法蝕刻取代濕法蝕刻來對小尺寸的圖形進行蝕刻。乾法蝕刻的主要蝕刻媒體是氣體和等離子體，在乾燥的條件下對晶圓進行物理和化學蝕刻。乾法蝕刻根據原理可以分為三類：反應氣體蝕刻、離子束蝕刻和反應離子蝕刻。

（1）反應氣體蝕刻。

反應氣體蝕刻（見圖 9-33）的原理和濕法蝕刻類似，區別在於反應氣體蝕刻使用氣體反應物進行蝕刻。反應氣體蝕刻過程中生成揮發性反應產物，不需要漂洗和甩乾操作，消除了引入污染的可能。反應氣體蝕刻與濕法蝕刻一樣，具有高選擇比，但是蝕刻的各向異性差。

掩膜
薄膜
襯底

中性粒子
揮發性產物
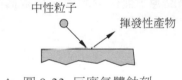
相同的速率

▲ 圖 9-33 反應氣體蝕刻

（2）離子束蝕刻。

離子束蝕刻（見圖 9-34）不同於前面的蝕刻，它是一種物理蝕刻。離子束蝕刻利用射頻電磁場將氬氣（Ar）電離生成氬離子，對氬離子施加垂直方向電場使其轟擊晶圓表面，將晶圓表面材料轟離，從而達到蝕刻的效果。離子束蝕刻是一種各向異性的蝕刻方法，蝕刻產物是非揮發的（即被轟離的蝕刻材料）。

掩膜
薄膜
襯底
離子
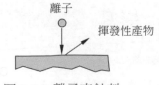
揮發性產物

▲ 圖 9-34 離子束蝕刻

（3）反應離子蝕刻。

反應離子蝕刻（見圖 9-35）結合了反應氣體蝕刻和離子束蝕刻的原理。透過在低壓下施加交頻電磁場，使反應氣體電離成為等離子體，並在垂直方向施加電場，使得離子沿垂直方向射向晶圓表面。離子與中性反應氣體分子的耦合作用加速了化學反應，使得垂直方向的蝕刻速度大於水平方向的蝕刻速度。因此反應離子蝕刻相較於反應氣體蝕刻具有較好的各向異性，但是離子的引入使得其選擇比可能弱於反應氣體蝕刻。

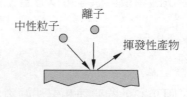

▲ 圖 9-35 反應離子蝕刻

如圖 9-36 所示，透過濺射聚合物阻擋層，可以大大提高蝕刻的各向異性。在垂直電場的作用下，離子定向移動轟離底部的聚合物阻擋層。露出的底部材料與反應氣體發生化學反應，而側壁的聚合物阻擋層未被轟掉，保護了側壁免受蝕刻。

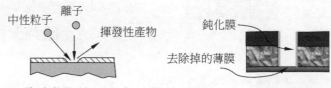

▲ 圖 9-36 聚合物阻擋層配合反應離子蝕刻

表 9-2 展示了不同材料進行乾法蝕刻的反應氣體。蝕刻矽和氧化矽通常採用氯元素，而蝕刻鋁和其他金屬通常採用氟元素。

▼ 表 9-2 不同材料進行乾法蝕刻的反應氣體

薄膜	蝕刻劑	典型的氣體化合物
鋁	Cl	BCL_3、CCL_4、CL_2、$SICL_4$
鉬	F	CF_4、SF_4、SF_8

（續表）

薄膜	蝕刻劑	典型的氣體化合物
聚合物	O_2DF_4、SF_4、SF_6	
矽	Cl、F、CF_4、SF_4、SF_6	BCL_3、CCL_4、CL_2、$SICL_4$
二氧化矽	Cl、F	CF_4、CHF_3、C_2F_6、C_3F_8
鉭	F	″
鈦	Cl、F	″
鎢	F	″

常用的乾法蝕刻的裝置主要有 CCP（Capacitively Coupled Plasma，電容耦合等離子體）和 ICP（Inductively Coupled Plasma，電感耦合等離子體）兩種，分別用於蝕刻導體和電介質。

CCP 蝕刻裝置（見圖 9-37）透過將上下兩個平行板電容連接射頻電壓源，產生射頻電場，使反應氣體電離形成等離子體。ICP 射頻源的大部分能量轉為離子的動能，因此 CCP 蝕刻裝置中離子的能量強，而產生的等離子體濃度相對較低。因為射頻電場方向為垂直方向，CCP 蝕刻裝置無法獨立控制等離子體的濃度和離子能量。

與 CCP 蝕刻裝置相反，ICP 裝置（見圖 9-38）透過將線圈連接射頻電流源，產生射頻磁場，射頻磁場進而產生垂直於垂直方向的射頻電場，使反應氣體電離形成等離子體。CCP 蝕刻裝置中的等離子體濃度高，而離子能量相對較低。同時 ICP 裝置也可以在平行板電容上施加電場，可以獨立控制等離子體的濃度和離子能量。

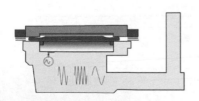

▲ 圖 9-37 CCP 蝕刻裝置

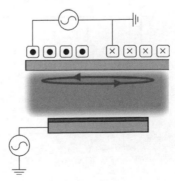

▲ 圖 9-38 ICP 蝕刻裝置

9.1.2　功率半導體晶片的製造製程

隨著人們對全球暖化等一系列環境問題的重視，對汽車節能減碳的要求也越來越迫切，清潔低污染的新能源汽車已然成為了政府大力支持、車企大力研發、人民廣為青睞的汽車界新寵。

而以電力作為能源的新能源汽車自然需要大量用到起著關鍵的電力控制作用的功率半導體晶片。目前佔據功率半導體晶片市場主流的仍然是矽基功率半導體，所以其製造製程包含矽基 CMOS 積體電路製程中的光刻、沉積、摻雜、蝕刻等基本步驟，這在 9.1.1 節中已經進行過簡介。本節將重點介紹功率半導體製程中與 CMOS 製程有所不同的部分，主要是晶圓減薄以及少子壽命控制製程。

1. 晶圓減薄

一個典型的垂直型功率 MOSFET 元件縱剖截面如圖 9-39 所示。圖中用電阻符號標注出了元件導通狀態下，源極和漏極之間電流通路上各部分電阻的分佈情況，其中 R_{sub} 表示 n$^+$ 型矽襯底的電阻。

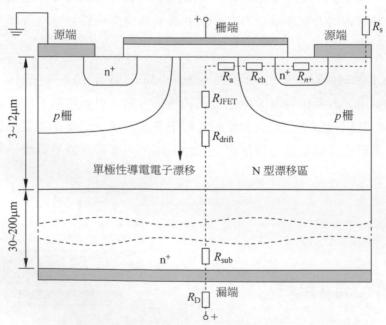

▲ 圖 9-39　垂直型功率 MOSFET 元件縱剖截面圖

晶圓背面的矽襯底越薄,矽襯底部分的電阻就越小,從而元件導通狀態下總的導通電阻就越低,進而元件自身的電壓降與功率損耗就越小。除了降低元件導通電阻之外,更薄的矽襯底還能促進功率元件散熱。為了達到上述目的,在功率半導體的製造過程中,完成所有在晶圓正面進行的工藝流程之後,還要對晶圓背面進行一步減薄矽襯底厚度的晶圓減薄製程。晶圓減薄製程主要由機械減薄和應力釋放這兩步操作組成。

1)機械減薄

機械減薄主要是透過對晶圓背面進行機械摩擦來磨薄晶圓矽襯底的厚度,機械減薄主要可分為傳統製程和日本 DISCO 公司研發的 TAIKO 製程兩大類。

(1)傳統製程。

傳統製程的機械減薄如圖 9-40 所示,上方砂輪轉動的同時,下面被吸附在卡碟上的晶圓也隨卡碟一起轉動,在砂輪的研磨作用下,整片晶圓各個部分的厚度都被同樣地減薄,最終減薄後的晶圓如圖 9-41 所示。

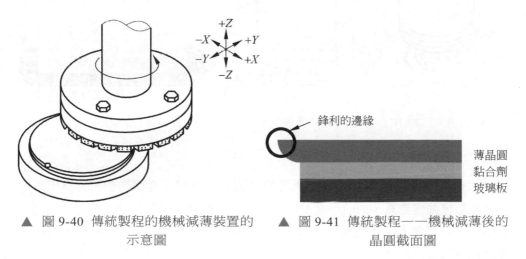

▲ 圖 9-40 傳統製程的機械減薄裝置的示意圖　　▲ 圖 9-41 傳統製程——機械減薄後的晶圓截面圖

晶圓厚度減薄帶來的負面影響是降低了晶圓的機械強度,和常規 $700\mu m$ 左右厚度的晶圓相比,減薄至 $200\mu m$ 以下的超薄晶圓在其自身重力的作用下就可能發生彎曲甚至斷裂,所以傳統製程機械減薄之後的晶圓需要黏附在玻璃或塑膠載板上來得到機械支撐。

但是由於晶圓和載板之間的熱膨脹係數不匹配，晶圓減薄後如果再進行一些背面金屬化等高溫製程，晶圓和載板之間就會產生嚴重的熱失配應力，這一點限制了由載板支撐的超薄晶圓的應用場景。

（2）TAIKO 製程。

與傳統製程的機械減薄不同，如圖 9-42 所示，TAIKO 製程的機械減薄採用的砂輪尺寸要小於晶圓本身，並且減薄範圍只限於晶圓內部，而距離晶圓邊緣 2~3mm 的外圈部分並不被減薄，最終在晶圓外圈形成一個支撐環的結構，減薄後的晶圓如圖 9-43 所示。由 TAIKO 製程減薄後的晶圓中間薄的部分形似鼓皮，外圈的支撐環形似鼓身，整體就好似日本傳統樂器——太鼓（「太鼓」在日語羅馬字中寫作「Taiko」），TAIKO 製程因此得名。

薄的內部結構

TAIKO 晶圓

▲ 圖 9-42　TAIKO 製程的機械減薄裝置的示意圖

▲ 圖 9-43　TAIKO 製程的機械減薄後的晶圓截面圖

相比傳統製程，TAIKO 製程減薄的晶圓受到外圈支撐環的機械支撐作用，晶圓的機械強度更高，翹曲程度更低，無須載板保護，不存在熱失配應力問題，可以經受高溫製程，並且由於晶圓自身的機械強度足夠高，還具有無須特殊的夾持和運送裝置的優勢。

然而 TAIKO 製程也存在著一些缺點，首先是晶圓外圈的支撐環結構減少了晶圓的可用面積，此外，晶圓外圈的支撐環結構還會給晶片封裝中的劃片操作帶來困難，所以需要在晶片封裝之前額外引入一步透過機械或雷射切割來去除支撐環的操作。

2）應力釋放

　　無論是傳統製程還是 TAIKO 製程，機械減薄不可避免地會在晶圓背面產生損傷，而這些損傷處容易產生應力集中，導致晶圓的機械強度降低，容易碎裂，所以機械減薄操作之後還要對晶圓再進行一步應力釋放操作，其原理是透過蝕刻來去除晶圓背面表層的受損部分，如圖 9-44 所示。

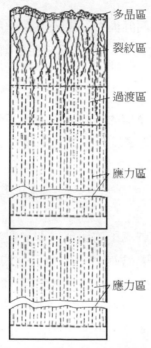

多晶區

裂紋區

過渡區

應力區

應力區

▲ 圖 9-44 應力釋放製程原理的示意圖

　　應力釋放操作的具體實現方式主要有濕法蝕刻、乾法蝕刻、化學機械拋光以及乾法拋光。

（1）濕法蝕刻。

　　濕法蝕刻又可按照所採用蝕刻劑的酸鹼性分為鹼性濕法蝕刻（氫氧化鉀溶液）與酸性濕法蝕刻（氫氟酸、硝酸混合溶液），鹼性濕法蝕刻的蝕刻速率低於酸性濕法蝕刻，但是具有更高的蝕刻選擇比。

（2）乾法蝕刻。

乾法蝕刻利用等離子體反應來蝕刻晶圓背面表層的受損部分，乾法蝕刻可以有效地降低表面粗糙度，進而緩解應力集中問題，但是其缺點在於生產效率較低。

（3）化學機械拋光。

化學機械拋光採用化學腐蝕與機械拋光協作作用的原理，在機械拋光過程中加入含有化學腐蝕劑和研磨顆粒的拋光液來促進拋光過程。

（4）乾法拋光。

乾法拋光純粹透過機械摩擦的方式來去除表面受損部分，相比前三種應力釋放製程，其優點在於無須化學試劑，對環境非常友善；　缺點在於拋光速度非常慢。

2. 少子壽命控制

所謂「少子」就是少數載流子的簡稱，即 p 型半導體中的電子或 n 型半導體中的空穴。少數載流子的壽命對功率半導體元件的性能有著十分重要的影響，一方面，少數載流子壽命更長能夠使元件導通態下的電阻更低，損耗更小；　而另一方面，少數載流子壽命更短有助縮短元件關斷時間以及減少反向恢復電荷，有利於元件在高頻下工作。所以，根據元件實際工作場景的性能指標要求來對元件的少子壽命進行控制是非常重要的。對矽半導體材料來說，少子壽命主要由矽禁帶中位置較深的缺陷能級，即「複合中心」來控制，合適的複合中心能夠造成促進非平衡載流子複合，從而降低少子壽命的作用。向矽材料中引入複合中心主要有雜質原子擴散以及高能粒子輻射這兩類方法。

1）雜質原子擴散

對矽材料進行雜質擴散是人們最早採用的少子壽命控制方法。理論上許多雜質元素都可以在矽材料的禁帶中產生複合中心，然而實際被大量商用的只有金元素和鉑元素，它們在矽禁帶中引入的缺陷能級位置如圖 9-45 所示。

金／鉑元素擴散的製程溫度通常為 800℃ ~900℃，透過調節製程溫度，可以改變金／鉑在矽中的固溶度，從而調控摻雜濃度。完成高溫擴散之後，需要對晶圓進行快速降溫，以達到將雜質原子「凍結」在晶格中，從而將雜質濃度分佈固定下來的目的。由於金和鉑在矽中的擴散速度要比常規的雜質元素（如硼和磷）快得多，所以往往最終會形成靠近晶圓上表面處濃度更高的 U 形雜質分佈，如圖 9-46 所示。

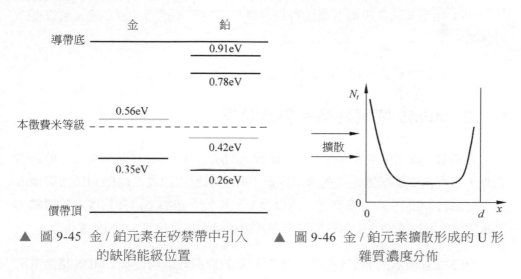

▲ 圖 9-45 金／鉑元素在矽禁帶中引入　　▲ 圖 9-46 金／鉑元素擴散形成的 U 形
　　的缺陷能級位置　　　　　　　　　　雜質濃度分佈

和鉑元素相比，金元素用於少子壽命控制的優勢在於其能夠在元件正精靈通壓降與反向恢復電荷之間達到更好的折中效果； 然而金元素的劣勢在於它在矽的禁帶中會引入一個位置特別靠近禁帶正中央的缺陷能級，在元件阻斷狀態下，這一缺陷能級同樣可以作為有效的產生中心，從而在溫度升高時產生較大的反向漏電流。最後，無論是用金還是鉑元素來進行少子壽命控制，它們有一個共同的缺點：擴散溫度發生小的擾動就會造成元件特性發生很大的變化，這一點導致製程重複性以及元件參數一致性較差。

2）高能粒子輻射

用高能粒子輻射的方法在矽材料中產生晶格缺陷，同樣可以在矽禁帶中產生較深的缺陷能級，造成引入複合中心的作用。常用的高能粒子有高能電子、γ 射線、高能氫離子以及高能氦離子。用高能粒子輻射法來控制少子壽命有以下諸多優勢：

（1）製程可以在室溫下進行。

（2）透過調控高能粒子劑量可以精確地調控少子壽命。

（3）製程可重複性以及元件參數一致性好。

（4）對元件進行電學測試後還可以再用高能粒子輻射法調整少子壽命。

（5）如果測試發現輻射劑量過高，還可以對元件進行 400℃退火來修復部分缺陷。

（6）相比雜質擴散法更加清潔，不會污染製程裝置。

9.1.3　MEMS 感測器晶片製造製程

支撐當今時代汽車智慧化程度不斷提高的除了汽車 MCU 越來越強大的算力之外，還有汽車感測器系統對汽車內部與外部環境資訊越來越強的感知與擷取能力。由於 MEMS 高度微型化、高度整合、易於大量製造以及低成本的優勢，汽車雷達、胎壓監測、引擎管理等諸多系統中都大量採用了 MEMS 感測器。

MEMS 感測器的加工製造仍然主要是基於矽襯底以及矽基 CMOS 積體電路製程，下面重點介紹 MEMS 製程中與 CMOS 製程有所不同的部分，主要可分為體微加工技術和表面微加工技術。

1. 體微加工技術

體微加工技術是指透過蝕刻矽襯底來形成機械機構的一種製程技術。9.1.1 節介紹過 CMOS 製程中的各同向性濕法蝕刻，MEMS 不僅用它來去除不需要的材料層，還用來在矽襯底上蝕刻形成溝槽；除此之外，MEMS 的濕法蝕刻製程中還會用到一種矽的各向異性蝕刻。在乾法蝕刻方面，除了一般的反應離子蝕刻，MEMS 製程中還會用到反應離子深蝕刻（Deep Reactive-Ion Etching，DRIE）。

1）濕法蝕刻矽襯底

為了在矽襯底上濕法蝕刻形成具有目標幾何形狀的溝槽結構，往往需要在矽襯底表面沉積一層耐蝕刻的二氧化矽或氮化矽掩膜層，並且透過光刻加蝕刻的方法在合適的位置製作開口，如圖 9-47 所示。

若採用氫氟酸溶液作蝕刻劑，則對矽襯底產生各向同性的蝕刻效果，蝕刻出的溝槽截面呈現出光滑的形狀，並且會蝕刻到掩膜層下方的區域，如圖 9-48 所示。

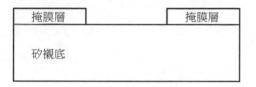

▲ 圖 9-47 矽襯底表面掩膜層開口

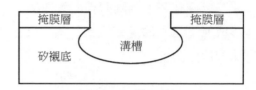

▲ 圖 9-48 氫氟酸溶液蝕刻矽襯底形成的溝槽形貌

若採用氫氧化鉀溶液，四甲基氫氧化銨（TMAH）溶液或乙二胺和鄰苯二酚（EDP）溶液作蝕刻劑，則由於蝕刻劑沿矽的不同晶向的蝕刻速率存在巨大差異（氫氧化鉀溶液在矽 <110>、<100> 和 <111> 晶向上的蝕刻速率比約為 600：400：1），所以會產生各向異性的蝕刻效果；並且由於蝕刻劑沿矽 <111> 晶向的蝕刻速率極慢，所以最終蝕刻形成的溝槽結構的側壁都是矽的（111）晶面。對於 MEMS 製程經常採用的表面為（100）晶面的矽襯底，蝕刻出的（111）晶面溝槽側壁與襯底表面之間呈 54.74° 夾角，典型的溝槽截面形狀如圖 9-49 所示。

2）反應離子深蝕刻

雖然常規的反應離子蝕刻已經能夠取得垂直方向蝕刻速度大於水平方向蝕刻速度的方向選擇性，但是其蝕刻出的凹槽內壁相對於深度方向仍存在一個夾角 θ，如圖 9-50 所示，難以形成一些 MEMS 機械結構所要求的側壁垂直的高深寬比結構。

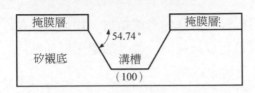

▲ 圖 9-49 各向異性濕法蝕刻（100）面矽
　　　　襯底形成的溝槽形貌

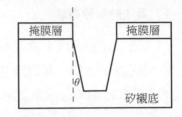

▲ 圖 9-50 常規反應離子蝕
　　　　刻形成的凹槽內壁與深度
　　　　方向間的夾角

　　反應離子深蝕刻製程能夠彌補上述常規反應離子蝕刻的侷限，在矽襯底上形成側壁垂直的高深寬比結構。反應離子深蝕刻製程主要分為兩種，即 Bosch 法和低溫法。

（1）Bosch 法。

　　Bosch 法反應離子深蝕刻製程於 1996 年由德國 Bosch 公司發明。其基本原理是在蝕刻過程中交替地向反應腔室中通入蝕刻氣體與保護氣體，通入蝕刻氣體的階段，反應腔室內發生反應離子蝕刻過程；而通入保護氣體的階段，保護氣體在射頻源的作用下產生的等離子體可以在蝕刻出的表面上形成鈍化層。由於反應離子蝕刻在垂直方向上的蝕刻速率比較快，所以通入保護氣體階段在溝槽底面形成的鈍化層在蝕刻階段會被完全蝕刻掉，並且下面的襯底也會被蝕刻掉一定深度；而由於水平方向的蝕刻速度較慢，所以側壁上的鈍化層不會被完全蝕刻掉，相當於側壁被鈍化層完全地保護了起來。在上述蝕刻 - 側壁保護的循環下，Bosch 法反應離子深蝕刻最終能夠形成側壁垂直（但是側壁表面形貌會有鋸齒狀起伏）的高深寬比結構，如圖 9-51 所示。

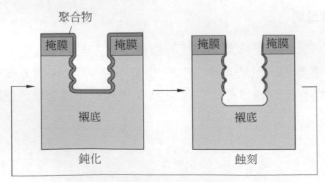

▲ 圖 9-51 反應離子深蝕刻原理示意圖

（2）低溫法。

低溫法反應離子深蝕刻要求晶圓表面反應溫度達到 -70℃甚至更低，基本原理如圖 9-52 所示，在精確控制的反應條件下，六氟化硫與氧氣混合氣體作用於矽襯底，整個製程過程中蝕刻與側壁保護之間達到精細的平衡，從而蝕刻出側壁光滑垂直的高深寬比結構。

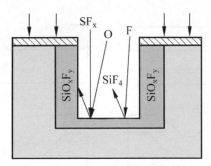

▲ 圖 9-52 低溫法反應離子深蝕刻原理示意圖

低溫法反應離子深蝕刻製程的缺點在於對溫度條件的敏感性較高，製程穩定性與可重複性可能因此受到影響。

2. 表面微加工技術

表面微加工技術是指將 MEMS 元件製作在矽襯底表面的一種微加工技術。除了 9.1.1 節已經介紹過的 CMOS 製程中的薄膜沉積之外，MEMS 表面微加工技術還包含十分重要的犧牲層製程。這裡所謂的犧牲層，是指為了最終能夠實現懸空、鏤空等複雜結構而在製程的中間過程引入，並且在後續過程中還會被蝕刻掉的造成過渡作用的材料層。

簡單來說，犧牲層製程的一般流程包含以下 5 個主要步驟。

第一步：沉積犧牲層。

第二步：對犧牲層進行光刻、蝕刻等步驟，在上面形成預期的圖形。

第三步：在犧牲層之上沉積結構層。

第四步：對結構層進行光刻、蝕刻等步驟，在上面形成預期的圖形。

第五步：濕法蝕刻掉犧牲層，使得上面的結構層與襯底部分分離，形成懸空的可以自由活動的 MEMS 機械結構。

下面透過一個簡單的多晶矽懸臂梁機械結構的製作工藝流程，如圖 9-53 所示，對犧牲層製程說明。

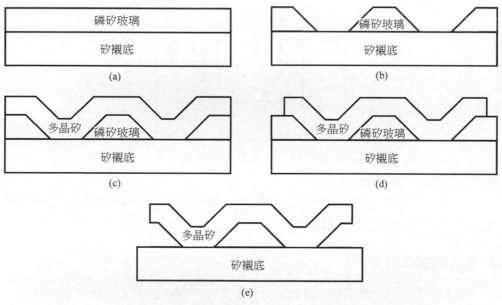

▲ 圖 9-53　多晶矽懸臂梁機械結構的製作工藝流程

第一步：在矽襯底上沉積磷矽玻璃。

第二步：在磷矽玻璃上圖形化出多晶矽梁與襯底接觸位置的圖案。

第三步：在磷矽玻璃上沉積多晶矽結構層。

第四步：對結構層進行圖形化，產生需要的幾何結構。

第五步：濕法蝕刻掉多晶矽結構層下面的磷矽玻璃犧牲層，最終得到部分懸空的多晶矽梁結構。

9.2 晶片封裝

　　晶圓廠生產出的裸晶（Die）已經具備了所有的電路功能，但在連接至電路板等級電路之前，還需要進行封裝。晶片封裝透過將裸晶安裝在金屬、塑膠、玻璃或陶瓷的外殼以造成保護的作用，同時從外殼中引出金屬引線或焊球，為晶片提供對外連接的接腳，便於其連接在電路板等級電路上。這種類型的封裝也被稱為第一級封裝，PCB（Printed Circuit Board，印刷電路板）為第二級封裝，系統外殼為第三級封裝。

　　隨著晶片集成度和電路複雜度的不斷提高，封裝對於晶片的性能與可靠性的提升變得至關重要。具體而言，半導體封裝保護晶片在搬運和安裝到 PCB 等過程中不受機械應力（震動、從高處墜落）、環境應力（如濕度和污染物）和 ESD（Electro-Static Discharge，靜電放電）的影響。同時，封裝是晶片用於電氣測試、焊接和下一級互連的機械介面。封裝還必須滿足晶片物理、機械、電氣、熱等各種性能要求。在封裝滿足品質和可靠性的規格的同時，也應基於最終產品的成本效益對封裝類型加以選擇。總而言之，半導體封裝是電子系統的重要組成部分。

　　在半導體工業的早期，大部分半導體封裝是陶瓷或金屬封裝。因為最早使用半導體的是軍事和航空航太工業，密封式陶瓷與金屬封裝能夠大幅抵禦惡劣環境，保證可靠性，防止任何污染物，無論是氣體、液體還是微粒，到達封裝腔內的半導體晶片表面。然而這種材料的成本很高，由於其硬度和脆性，加工的難度也大。這種封裝往往又大又重，這導致 PCB 和整個外殼也必須又大又重，以支撐它的重量，嚴重限制了系統的小型化和整合化。從 20 世紀 70 年代開始，半導體產業大規模轉向使用有機材料和塑膠封裝，以節省成本並增加封裝的集成度。目前部分 MEMS 仍然採用陶瓷封裝。

　　DIP（Dual In-line Package，雙列直插式封裝）是最早的廣泛採用的封裝類型。如圖 9-54 所示為長方形塑膠封裝，長方形兩側伸出金屬排針。DIP 的接腳焊接在 PCB 的穿孔中，往往會帶來較大的寄生電容和電感，而且佔用較大面積。到 20 世紀 80 年代末，SMT（Surface Mounted Technology，表面貼裝技術）出現，基於 SMT 的 QFP（Quad Flat Package，方型扁平式封裝）逐漸取代 DIP，成為

最主流的晶片封裝類型。如圖 9-55 所示，QFP 封裝為方形封裝，接腳從四側引出。不同於 DIP，QFP 的接腳直接被焊在 PCB 的焊點上，大大降低了寄生電容和電感並增加了集成度。

▲ 圖 9-54 DIP 示意圖

▲ 圖 9-55 QPF 示意圖

晶片封裝用到了多種不同物理性質的材料，應用範圍最廣的是用作電路連通的金屬材料，如金、銅、鋁、錫等，這種金屬需要滿足電阻低、物理性質穩定、熱導率高、熔點不至於過高等要求。如何在限定成本的條件下找到最合適的金屬材料，是封裝技術的關鍵問題。表 9-3 展示了封裝中經常涉及的一些材料及其物理性質。

▼ 表 9-3 半導體封裝涉及的材料及其物理性質

材料	熱膨脹係數（×10⁻⁶/℃）	密度 /（g/cm³）	熱導率 /（W/m K）	電阻率 /（$\mu\Omega \cdot$ cm）	抗拉強度 / GPa	熔點 /℃
矽	2.8	2.4	150	N/A	N/A	1430
模塑膠	18~65	1.9	0.67	N/A	N/A	165（T_g）
銅	16.5	8.96	395	1.67	0.25~0.45	1083
鐵鎳定膨脹合金	4.3	N/A	15.9	N/A	0.64	1425
金	N/A	19.3	293	2.2	N/A	1064

（續表）

材料	熱膨脹係數（×10^{-6}/℃）	密度 /（g/cm³）	熱導率 /（W/m K）	電阻率 /（μΩ·cm）	抗拉強度 /GPa	熔點 /℃
共晶鋁合金	23.8	2.80	235	2.7	83	660
錫鉛焊料	23.0	8.4	50	N/A	N/A	183
氧化鋁	6.9	3.6	22	N/A	N/A	2050
氮化鋁	4.6	3.3	170	N/A	N/A	2000

為了保證晶片與系統介面標準的統一，晶片封裝的標準由 JEDEC（Joint Electron Device Engineering Council，固態技術學會）統一規劃。JEDEC 是 EIA 的下屬機構，為整個電子產業制定產業標準。所有註冊的封裝資訊都可以從 JEDEC 官網的出版物 95（JEP95）上找到。

目前汽車電子晶片封裝可以按照功能分為三類：CMOS 封裝、MEMS 封裝和功率半導體封裝。

9.2.1 CMOS 封裝

CMOS 積體電路是最普遍的晶片類型，涵蓋了最主流的數位電路和類比電路晶片，汽車上的大多數晶片，如 MCU、AD/DA 等都屬於 CMOS 積體電路。CMOS 積體電路對成本十分敏感，可靠性要求高，一般採取成熟的引線框架封裝（Lead Frame Package），這種封裝透過打線（Wire Bonding）使裸晶和導線架被線材連接起來，打線的工藝流程如圖 9-56 所示，主要由兩步焊接完成。首先將線材安裝在瓷嘴（Capillary）上，在瓷嘴的開口處施加高壓電，使線材熔融，形成熔融金屬焊球，這個過程稱為放電結球（Electronic Flame Off）。然後將熔融的焊球壓至裸晶上的接腳（Pad）處，完成第一焊（First Bond）。然後移動瓷嘴至導線架的接腳（Pin）上方，移動的過程中線材從瓷嘴中穿過，形成連線的結構。最後下壓瓷嘴完成第二焊（Second Bond），並且截斷線材。完成一次打線後重複同樣的步驟，直到所有接腳焊接完畢。為了增加接合強度，在第二焊接點處，再壓上一顆球，稱之為 BBOS（Bond Ball on Stitch）；或先壓上一顆球，再把第二焊接合在球上，稱為 BSOB（Bond Stitch on Ball）。

開始鍵合

下降至第一處鍵合接腳，
並且對準焊球位置

焊球鍵合

上升

控制移動軌跡並下降至
第二處鍵合接腳

第二處鍵合接腳位置

形成第二處鍵合

抬升，控制鍵合尾部長度

用電火花熔融焊絲，形成下一個焊球

▲ 圖 9-56　打線封裝的工藝流程

　　目前打線封裝的製程基本實現了自動化操作，圖 9-57 展示了轉移壓膜機的基本結構，透過預先設定操作流程，轉移壓膜機就可以自動地為晶片打線。

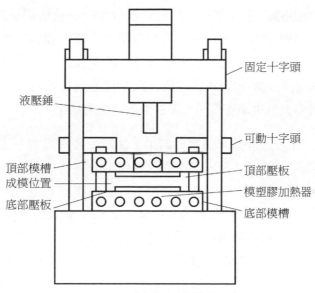

固定十字頭

液壓錘

可動十字頭

頂部模槽
成模位置
底部壓板

頂部壓板
模塑膠加熱器
底部模槽

▲ 圖 9-57 轉移壓膜機的示意圖

以汽車上數量最多的 MCU 晶片為例，幾款主流的汽車 MCU 封裝形式如表 9-4 所示，可以看到幾乎均採用 QFP。為了進一步減小寄生電容和電感，提高集成度，車用 MCU 一般使用 LQFP（薄型 QFP）。

▼ 表 9-4 主流汽車 MCU 的封裝形式

晶片	NXP S32K	Cypress	RH850	AC781x	ASM3XA
廠商	恩智浦	英飛凌	瑞薩電子	傑發科技	賽騰微
封裝	LQFP	LQFP	FQFP	LQFP	QFP

9.2.2 功率半導體封裝

功率半導體是汽車電氣系統的核心，相較於 MCU，功率半導體的封裝更注重電氣性能（Electrical Performance）、熱量管理（Thermal Management）和機械應力（Mechanical Strength），同時也兼顧功率模組尺寸與集成度。

功率半導體封裝的連線方式主要有焊合（Solder）、銀燒結（Silver-Sintering）和暫態液相連接（Transient Liquid-Phase Bonding）。連線方式的選

擇需要考慮線材的熔點、熱導率和熱膨脹係數（CTE），目前鋁是最主流的線材。因為電流密度大及熱容量小，線材通常需要承受快速大幅度溫度週期變化，這個過程中熱脹冷縮產生的應力可能會導致連線斷裂或剝落。事實上，連線的破壞已經是功率模組失效的主要原因。因此在選擇連線材料時，業界逐漸把目光從鋁轉移到電導率與熱導率更高，熱膨脹係數更低的銅上。

　　如圖 9-58 所示，在功率半導體封裝中，晶片一般被焊在一個基盤上，基盤下面有散熱模組，這樣可以提升晶片的散熱能力並為晶片提供機械支撐。在基盤和散熱模組之間用熱導率高的熱膠連接，這層熱膠填充晶片與散熱模組之間的縫隙，以此減小接觸熱阻。基盤通常由碳化矽鋁（AlSiC）或銅製成。為了同時保證低熱膨脹係數和高熱導率，也會選取合金材料，如鎢銅、鉬銅合金等。在更先進的封裝中，散熱模組被整合在基盤中，以進一步提升散熱能力和集成度。

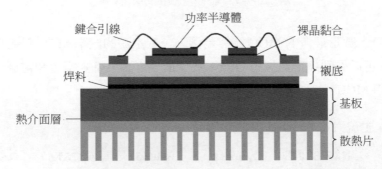

▲ 圖 9-58　透過導熱材料安裝在散熱模組上的功率半導體

　　通常來說，功率半導體封裝的外殼至少有兩層。為了保證絕緣以限制漏電流，裸晶的頂部表面覆蓋一層薄鈍化層，這層鈍化層通常是聚醯胺材料，具有很高的擊穿電場，達到 100~280kV/mm。在鈍化層之上的外殼層進一步隔離模組內不同的傳導區域，保護模組不受環境的影響。一般來說這一層的材料可以是矽膠、環氧樹脂和矽酮彈性體。外殼材料的厚度由電壓和溫度決定。由於傳統的封裝材料導熱係數低，業界正在研究用無機材料如陶瓷作為外殼，研究人員預估陶瓷外殼可以將功率模組的壽命提高 3.5 倍。

9.2.3 感測器晶片封裝

　　隨著自動駕駛技術的發展，越來越多的感測器模組，如雷達感測器、CMOS 影像感測器等，被安裝在汽車上，這些感測器模組的封裝要求更高的集成度以滿足性能和成本的要求。隨著感測器晶片封裝技術的不斷進步，汽車 MEMS 感測器晶片的封裝逐漸從引線框架封裝發展為系統級封裝（SIP）。不同於傳統的每個晶片獨自封裝，SIP 將多個晶片封裝在一起，提高了集成度。因為晶片之間的互連不需要經過電路板等級電路，互連導線引入的寄生效應被大大抑制，使得晶片間可以用更大的頻寬進行資料交換，提高了系統的性能，增加了系統的可靠性。先進的感測器往往需要先進的封裝技術，自動駕駛技術不僅令汽車配備了更多先進感測器，同時也為汽車晶片封裝技術帶來了新的發展動力。

車載晶片的可靠性生產管理

10.1 基本介紹

　　為了協調國際汽車品質系統規範，由世界上主要的汽車製造商及協會於
1996 年成立了一個專門機構——國際汽車工作群組（International Automotive
Task Force，IATF）。IATF 的成員包括國際標準組織品質管制與品質保證技術
委員會（Technical Committee 176 of the International Standard Organization，
ISO/TC176）、義大利汽車工業協會（義大利文全稱為 Associazione Nazionale
Filiera Industria Automobilistica，ANFIA）、法國汽車製造商委員會（法文全稱

為 Comité des Constructeurs Français d'Automobile，CCFA）、汽車裝備工業聯盟（Federation of Vehicle Equipment Industries，FIEV）、德國汽車工業協會（德文全稱為 Verband der Automobilindustrie，VDA）和汽車製造商，如寶馬、克萊斯勒、飛雅特、福特、通用、雷諾和福斯等。IATF 推動和建立了世界各國汽車產業大都認可的品質管制系統標準和實施規範，即在 ISO 9001 基礎之上建立的 ISO/TS16949，並於 2016 年結合 ISO 9001：2015 標準發佈了新版的汽車品質管制系統標準 IATF 16949：2016。為了按照此標準進行第三方認證，IATF 建立了一套完整的認證管理方案，包括 IATF 認證機構的要求、審核過程一般要求、審核、不同審核類型的管理、認證退出過程等。為了達到 IATF 16949 品質系統的要求，汽車工業行動小組（Automotive Industry Action Group，AIAG）聯合各大汽車製造廠商開發了一系列品質管控方法，確保能夠生產出高品質的產品並按時交付客戶。其中 5 個核心的 IATF 16949 的品質工具分別如下。

（1）產品品質先期策劃（Advanced Product Quality Planning，APQP）。

（2）失效模式與效果分析 （Failure Mode and Effects Analysis，FMEA）。

（3）測量系統分析（Measurement System Analysis，MSA）。

（4）統計程序控制（Statistical Process Control，SPC）。

（5）生產批准程式（Product Part Approval Process，PPAP）。

本章將結合實際的案例對這五大工具做一個基本的介紹，並透過一些簡單的半導體產業中實際的例子來說明這些工具在晶片製造過程中的應用。

一個符合車載晶片要求的生產企業通常會對生產過程有特別的管控，以保證能幫助客戶滿足車載半導體晶片的高可靠性挑戰和「零缺陷」的要求。晶圓代工廠也會給車載晶片客戶提供一個車規等級的半導體製程平臺，並提供額外的車規服務選項（Automotive Service Package）。而通常這些服務選項裡會涵蓋以下一些特別管控內容。

（1）加強生產流程管控，增加額外的 SPC 的規則。

（2）優選或制定製造裝置。

（3）更多線上檢查並收緊報廢條件。

（4）收緊晶圓允收測試條件。

（5）收緊晶片測試的測試條件，運用例如平均測試（Part Average Testing）和統計良率標準（Statistical Yield Limi）等基於統計分佈的測試規格。

（6）收緊晶圓外觀出貨檢查標準。

除了增加檢測和收緊檢測的標準，車規的品質系統裡還要求對一些特殊的情況有額外管控，在本章中將透過以下幾個例子來說明企業是如何處理以下的情景的。

（1）可疑批次隔離。

（2）安全量產投放。

（3）客戶投訴的處理。

所有的這些措施和系統均是為了確保不符合規範和可疑的產品不會流出到使用者端，造成可能的風險。此外，對整個生產流程的嚴格記錄，使一旦發生問題，企業可以迅速地回溯發生問題的批次，迅速做出回應，將有可能發生問題的批次迅速隔離出來。在發生客戶投訴的情況下，則可以利用系統的方法（如業界裡常使用的 8D 問題解決法），迅速協助人們有計劃地找到問題發生的根本原因，並可以快速地做出糾正。

另外，在汽車產業的供應鏈裡，確保供應商有合格的品質管制系統，並且有能力對製造的過程提供嚴格的品質保障是非常重要的。而為了達到這一目的的其中一個很重要的工作就是對供應鏈中的企業做審核。在本章的最後，將介紹汽車產業裡常常用到的審核。這包含了對品質管制系統的審核和基於過程能力的審核。下面將分別介紹不同審核的主要內容和目的。

10.2　品質管控工具

10.2.1　產品品質先期策劃

　　產品品質先期策劃（APQP）概念中的核心在於「先期策劃」，即認為產品的品質是設計出來的，需要在專案的早期階段就開始規劃。所以 APQP 的實質是要求我們在專案管理的過程中提前將產品品質規劃在內，把可能出現的問題在專案的早期就進行系統性的規劃，則可以避免和防止失敗發生。透過結構化的過程 APQP，目的是確保新製程能增加客戶的滿意度。APQP 實現起來有 5 個階段，分別是計畫和定義；產品設計與開發；製造過程設計和開發；產品和製造過程的確認；回饋、評定和糾正措施。

第一階段：產品計畫和定義

　　第一階段主要是確定範圍和可行性評審階段，這一階段的主要任務為確定客戶的需求，在該階段的主要任務包含以下幾項。

　　（1）與客戶溝通，獲得與產品相關的要求以及檔案。

　　（2）了解客戶的需求和對產品的期望。

　　（3）辨識滿足客戶要求的可能存在的約束條件和風險。

　　（4）辨識滿足客戶需求需要的供應商和製造流程。

　　（5）完成產品製造方案的可行性分析。

　　（6）收集和回顧歷史資料和相關產品的品質資訊。

　　在第一階段中的輸入資訊為顧客的呼聲，包括對產品性能的要求、產品可靠性的要求等。而客戶的要求可以透過多種方式來實現，舉例來說，透過直接與客戶面談、問卷調查等。另外還可以透過對競爭對手產品的性能和品質標準做分析來實現，如分析以往類似產品的歷史資料和過往的經驗總結等。同時在這一階段還需要定義大致的商業計畫和行銷策略，舉例來說，產品開發的進度、客戶對樣品的需求節點和數量、對成本的要求、需要的研發資源等因素將有可

能成為專案中的限制條件。而這一階段的主要輸出內容包含①設計目標，如目標產品規格書；②可靠性和品質目標，如可靠性驗證標準、目標 PPM 等；③初步的設計和製造流程，如晶片所需要的封裝形式、所需要的製程製程；④產品驗證計畫，如測試的策略；⑤辨識需要滿足客戶需求而需要的資源，包括專案的時間、研發資源以及生產產能的要求等，並且獲得管理層的支持。而這些輸出的內容則會作為下一階段產品設計和開發的輸入。

第二階段：產品設計與開發

第二階段是在對客戶需求有了明確定義以後，基於上一階段的輸出，對工程和技術要求進行進一步深入的評審，以確保產品可以滿足客戶的需求和期望，本階段包含的主要任務如下。

（1）分析設計目標，透過建模和模擬資料評審，確保產品製造的可行性。

（2）運用 DFMEA 工具，辨識產品設計上潛在的問題和風險，並制訂相應的計畫做可能的改善。

（3）辨識滿足客戶需求的產品特殊特性，形成特殊特性列表。

（4）編制測試驗證計畫來驗證產品設計要素。

（5）編制初版的過程流程圖和樣本控制計畫。

（6）編制防錯措施降低產品風險。

（7）確定產品品質保證計畫，如品質認證實驗列表。

（8）設計變化管理的方案。

第二階段的主要輸出包含①設計失效模式和效果分析（DFMEA），透過該分析辨識潛在的風險；②產品的設計和驗證，將會包含例如晶片的版圖的設計、晶片封裝的設計方案等；③設計驗證計畫，如產品測試方案用來保證第二階段客戶的需求能夠得以滿足；④樣品製造的控制計畫，通常包含前端晶圓製造和後端封裝測試過程的初版控制計畫；⑤完成控制計畫所需要的監控項目的相應測試裝置以及能力的辨識；⑥如果實現新產品還需要購置新的生產裝置，則需要有詳細的計畫，保證新裝置的匯入和偵錯能夠滿足樣品生產的需求。

第三階段：製造過程設計與開發

　　第三階段是為了滿足客戶期望和產品要求，對產品生產製造過程的改進。在此階段會運用過程失效模式及效果分析工具（PFMEA），辨識製造過程中的潛在問題和風險，從而進行過程設計改進，保證實現一個有效的製造和生產過程以滿足客戶的需求。本階段中的主要任務如下。

　　（1）考慮產線、廠房和裝置的布局，形成製造過程流程圖。

　　（2）策劃產品在生產過程中的實際行動路線。

　　（3）運用 PFMEA 工具，辨識製造過程中的潛在問題和風險，並制定相應的措施進行過程設計改進。

　　（4）編制作業指導書。

　　（5）形成生產所需要的裝置和量具清單。

　　（6）編制試產階段的生產控制計畫。

　　（7）形成過程及裝置能力研究計畫以及測量系統分析計畫。

　　（8）形成並執行產品包裝和運輸規範。

第四階段：產品和製造過程的確認

　　第四階段是為了透過對生產試運行的評估來驗證產品特性和過程特性，並形成生產件批准檔案（PPAP），主要如下。

　　（1）確定試產生產計畫。

　　（2）編制生產控制計畫。

　　（3）測量系統分析，形成測量系統可重複性和再現性報告。

　　（4）對關鍵裝置能力進行分析，形成裝置能力報告。

　　（5）初始過程能力分析，形成過程能力報告。

（6）過程確認，形成試生產記錄和試生產檢驗記錄。

（7）工時研究，形成標準工時研究報告。

（8）生產件批准，形成外觀批准報告、全尺寸檢驗報告、材料檢驗報告、性能試驗報告、零件提交保證書（PSW）。

（9）包裝評價，形成包裝評價報告。

（10）編制關鍵裝置預防性維護計畫。

（11）編制量產交接清單。

第五階段：回饋、評定和校正措施

第五階段是交付產品給客戶，並搜集客戶的回饋，以及對可能進行改進的地方進行不斷的最佳化。本階段的主要工作內容如下。

（1）減少生產中存在的變異。

（2）搜集客戶回饋，對客戶滿意度進行評價。

（3）對專案中學習到的經驗進行總結和歸檔記錄。

這一階段的主要輸出有①持續改進計畫，透過減少生產製程中的變異來進行良率的提升或成本的降低；②搜集客戶的回饋，分析是否能夠滿足客戶對產品性能、品質以及生產交期和成本的期望。當客戶出現客訴時，是否能夠及時提供回饋並糾正偏差；③總結經驗教訓，歸納出最佳實踐措施，並以適當的方式將學習到的經驗教訓做歸檔，分享給公司裡相關的人員，保證在將來的專案裡這些經驗教訓和最佳實踐措施能夠得到有效的應用，避免重複相同的錯誤。請不要忽略這一步的作用，這些經驗的累積對公司來說相當有益處，這些過往的經驗和最佳實踐措施的累積將幫助專案小組的人員能夠在早期階段辨識風險，降低失敗發生的可能性。

總而言之，APQP 是一種現代的品質管制理念，它認為品質是設計出來的，而這一理念儘量將品質的保障提前考慮。使用品質管制工具——APQP 的目是提前辨識品質問題，以便採取預防措施。另外，APQP 是一種用來確保產品最終

能夠使顧客滿意所需步驟的結構化方法，使用它可以提高工作效率以低成本提供優質產品。APQP 使策劃過程具有可重複性，為改進提供便利，有益於品質管制，取得有效的結果。其最終的目的是最有效地引導資源使得顧客的需求和期望能夠得以滿足。

10.2.2　失效模式和效果分析

失效模式和效果分析（FMEA）的目的在於系統性地分析產品的設計與製程過程中的子系統和工序進行風險評估，並根據相應的結果採取措施以提高產品的品質與可靠性。該方法的核心在於預防潛在的失效，提前預判失效發生帶來的影響。它作為一個重要的工具被用於 APQP 中產品和過程設計這個環節裡，並貫穿於產品的整個生命週期中，作為一個衡量風險的工具被不斷更新。

FMEA 的核心工作在於找出失效模式，失效帶來的影響和產生失效的原因。3 個因素之間的關係如圖 10-1 所示。

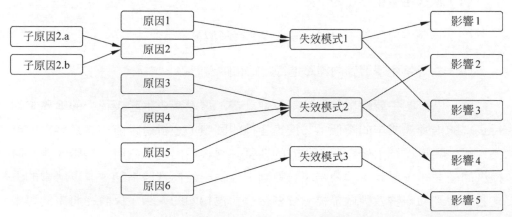

▲ 圖 10-1　失效模式和效果分析中原因、失效模式和影響之間的關係

在 FMEA 中用風險優先指數（RPN）來衡量某個潛在失效的嚴重性。這個指數可以透過以下公式計算：

$$RPN = S \cdot O \cdot D$$
$$(S、O 和 D 的取值為 1 \sim 10 的任意整數) \tag{10-1}$$

其中，S 是單字 Severity 的首個字母，代表該失效出現帶來後果的嚴重程度，嚴重程度越高則該項目得分越高；O 是單字 Occurrence 的首個字母，代表該失效出現的頻率，失效出現的越頻繁則得分越高；D 是單字 Detection 的首個字母，代表該失效能被發現的可能性，失效越不容易發現則得分越高。RPN 為 3 個因素的乘積，因此它的設定值範圍為 1~1000，RPN 的分數越高則風險的嚴重程度越高。

FMEA 的評分通常會請有相關設計和製程經驗的專家們作為評審員，評審員根據實際的資料、歷史的經驗給每一項評分。在開發新產品的過程中，初期的 FMEA 往往存在沒有實際的資料作為風險評估的參考，這時評審員大多數會依賴以往的經驗來評分，因此在評分上會存在一定的主觀性。為了保證對風險評估存在可比性，通常會定義較為容易執行的評分規則給評審員作為參考。而晶片製造過程中通常參考用以下的規則來對 S、O 和 D 評分。

後果嚴重程度 Severity

1~3：影響很小，可以被忽略。產品性能可以達到標準，但有可能產品性能不穩定。

4~7：可能造成一定程度的廢品率和返工，甚至有可能在工廠內部需要產生報廢。

8~10：可能造成 0 小時的失效，可靠性的失效，最嚴重的問題可能對客戶的生命安全產生危險。

失效出現的機率 Occurrence

1：問題幾乎不會發生，失效率小於 10^{-4}% 或發生機率小於 1 次 / 年。

2：失效發生的機率極小，失效率小於 2×10^{-3}% 或失效發生機率小於 3 次 / 年。

3：失效發生的機率非常小，失效率小於 5×10^{-2}% 或失效發生機率小於 1 次 / 月。

4：失效發生的機率很小，失效率小於 0.2% 或失效發生機率小於 2 次 / 月。

5：失效可能發生，失效率小於 0.5%。

6：失效經常發生，失效率為 0.5%~1%。

7：失效發生的機率高，失效率小於 2.5%。

8：失效發生的機率非常高，失效率小於 5%。

9：失效發生的機率極其高，失效率小於 12.5%。

10: 失效幾乎一定會發生，持續發生且失效率 >12.5%。

失效被發現的可能性 Detection

1：一定會被發現，出現問題時後續工序無法進行。

2：可以容易地被測量裝置發現。

3：透過自動光學檢測時無須人工干預即可被發現。

4：透過光學自動檢測時可被發現，需工程師或技術人員協助。

5：人工手動檢測時可被發現。

6：在本製程過程中很難被檢測，但在下面的工序中可以很容易地被檢測出來。

7：人工檢測很難檢測出問題。

8：只有在出貨給客戶的最後的檢測中可以被發現，如產品的終測時。

9：季抽查時會被發現。

10：無法在公司內部被發現。

在完成了 FMEA 和每項風險優先指數的評估後，通常需要對高風險項採取相應的措施來降低風險。這些措施一般可分為兩種，第一種措施可降低可能發生的風險的機率，這樣的措施通常是透過分析失效發生的根本原因，並直接對

其進行最佳化來完成的。這樣的措施可以降低風險評估中的 O 評分值。另外一種措施的目的在於提高失效被發生的可能性,通常透過改善現有的檢測方法或增加額外的檢測步驟來提高失效被發現的可能性,透過這樣的手段來降低風險評估中 D 的評分值。通常第一種改善措施應該優先得以實施,從設計和製程上進行改進,降低失效發生的機率是一種最有效的提升產品品質的方式。

而企業裡通常會定義一些規則來決定什麼樣的風險需要採取措施來改善。一個通常比較常見的規則是用 RPN=100 作為標準,即任何 RPN 大於 100 的風險均需要採取措施進行改善。如果最終改善無法將 RPN 的值降低到 100 以下,這時通常需要得到內部的特別審核。另外,有的企業還有持續改善計畫,即使所有的 RPN 都達到了標準,還是會找到 RPN 值裡最高的風險項進行持續改進。

表 10-1 為封裝製程中一個假設的過程 FMEA 案例的截取部分,用這個簡單的 FMEA 例子來說明 FMEA 如何幫助我們衡量設計中的風險,並做出相應的改進。透過 FMEA 看到,封裝過程中的切割這個步驟有發生晶片裂片的風險,而其中一個原因是切割刀的選擇錯誤。而風險優先值經過評估,RPN 大於 100,因此又採取相應的改進措施,透過 MES 系統來管控刀片的選擇,這樣可以降低風險發生的頻率。透過改善使 RPN 的值降低到 100 以內。

從以上的例子可以看出,FMEA 是一個量化的風險評估工具,它在晶片設計和製造中獲得了廣泛的應用。有車載要求的晶片尤其需要注重 FMEA,保證在早期階段就利用該工具對可能產生的風險做出評估,並採取相應的措施管控風險。有效的 FMEA 可以是低成本地對產品和製程進行改善,避免在後期發生危機後再重新修改,保證新產品開發的時間和成本都能夠被縮短。

另外需要指出的是,FMEA 不是一個靜態的文件,只需要在產品開發階段生成。它會伴隨著整個產品的生命週期,並需要及時得到更新。舉例來說,進入了量產階段後,在生產過程中如果出現了未知的異常狀況,或出現了客訴,最終的分析結果指向了以前未被發現的風險,這時我們都需要將新的風險加入 FMEA 並進行評分。在引入工程變更等情況下也需要對 FMEA 進行重新審核。除此之外,隨著生產資料的增多,也可以根據實際的資料對已有風險的評分進行更新。另外,FMEA 裡面的風險優先指數過高的項目需要負責人進行改善,而改善後需要對風險進行重新評分,從而保證風險優先指數在可接受範圍內。

▶ 表 10-1 摘錄一個典型的封裝製程 FMEA 中的風險項目

制程步驟	功能	潛在失效	S	失效原因	O1	防止措施	檢查措施	D1	RPN1	推薦改進措施	改進結果			
											實施措施	O2	D2	RPN2
晶圓切割	將晶圓切割成可封裝的單顆晶粒	晶片裂紋	8	切割刀片選擇錯誤	3	標準操作流程	操作員每次選取一片晶圓目檢	5	120	MES系統管控刀片選擇	MES系統管控刀片選擇	1	5	40
				切割選單錯誤	1	MES選單管控	操作員每次選取一片晶圓目檢	5	40					
晶片鍵合	將晶片鍵合到引線框架上	黏合劑層厚度過小	8	Spanker選擇錯誤	2	Spanker ID 標注在工作需求，在標準操作流程中增加一重複確認這一過程	各班次均進行黏合劑層厚度測試	5	80					
				Spanker安裝不佳	2	增加Spanker安裝後的檢驗，每次安裝後需確認是否符合標準	各班次均進行黏合劑層厚度測試	5	80					

（續表）

制程步驟	功能	潜在失效	S	失效原因	O1	防止措施	檢查措施	D1	RPN1	改進結果
晶片鍵合	將晶片鍵合到引線架上	黏合劑層厚度過小	8	焊線給線速度太慢	2	檢查焊線速度是否符合規範	各班次均進行黏合劑層厚度測試	5	80	
				氮氣流量過大	2	操作員目檢氮氣流量	各班次均進行黏合劑層厚度測試	5	80	
引線鍵合	打線連接晶片引線焊接端點和引線框架	第1鍵合點脫離	8	鍵合超聲能量錯誤	4	①月度裝置保養和校準 ②裝置線上監測超聲能量轉換器阻沉	①操作員對每個批次進行顯微鏡鏡檢 ②裝置自動拉力測試	3	96	
				人工觸控鍵合線結成沾汙	4	標準操作流程	操作員針對各批次均進行顯微鏡鏡檢	3	96	

MES：生產製造企業廠房資訊化管理系統。

10.2.3 測量系統分析

在進行生產過程的品質管控時通常都依賴於獲得的測量資料，而測量資料的品質有高低之分。資料測量品質的高低取決於測量系統多次測量的統計特性。如果這些多次測量值均與實際參考值接近，那麼則認為測量資料的品質很高；反之，如果部分或全部測量值與實際參考值偏離很遠，那麼則認為測量資料的品質很低。測量的過程實際上是一個製造資料的過程，獲得高品質的測量資料則是保證產品品質的第一步。如果不能科學、客觀地評價測量系統產生測量資料的可靠性，就無法對測量系統的有效性進行控制，品質管制和控制就失去了最基本的依據。因此，測量系統分析（MSA）是 IATF 16949 汽車產業品質系統標準中的重要組成部分。MSA 透過統計分析的手段，對組成測量系統的不同的影響因數進行統計變差分析和研究，並以此為依據來判斷測量系統是否準確可靠。MSA 的目的是確定測量資料的可靠性，它實際上是一個對測量系統的監督檢查程式，在一定程度上可以看作一個檢驗產品控制計畫滿足程度的把關程式。即對已判定為合格的零件進行抽樣檢查，經過科學的統計理論分析，找出因測量系統因素導致不合格的因素，並加以整改。

一個測量系統的好壞可以透過以下 5 個基本特性來衡量，這 5 個基本特性可以被分為兩類：第一類特性用來衡量測量的準確性，即實際測量的平均結果與真實結果的差距。

（1）穩定性（Stability）：衡量一個測量系統是否能夠隨著時間的變化產生一致的結果。穩定的測量系統由時間引入的測量結果變異僅由普通原因而非特殊原因造成。

（2）偏差（Bias）：衡量一個測試系統的平均測試值與實際值的差距。

（3）線性度（Linearity）：衡量測試系統的偏差在測量範圍內的一致性。舉例來說，某測試系統可能在某測試範圍內偏差很小，而在另外的測試範圍內偏差很大。

第二類特性則用來衡量測量的精確性，或說測量結果的變異。

（4）可重複性（Repeatability）：衡量同一測試人多次測量同一樣品時是否能夠獲得同樣的數值。

（5）可再現性（Reproducibility）：衡量不同的測試人測量同一樣品時是否能夠獲得同樣的數值。

圖 10-2 形象地顯示出了測量系統準確性和精確性的區別。一個有能力勝任測量任務的測試系統應該滿足以下幾個基本要求。

（1）測試結果隨時間變化呈現統計穩定性。

（2）測量的精確性，或說測量系統帶來的變異要小於被監控的製程參數的變異。

（3）測量的精確性，或說測量系統帶來的變異要小於規格界限的範圍。

（4）測量系統的解析度要小於被監控的製程參數的變異。作為一個經驗法則，測量系統的解析度應該小於製程參數變異的 1/10。如果測量系統解析度過大，則無法準確衡量製程參數的變異。

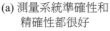

(a) 測量系統準確性和　　(b) 測量系統準確性很　　(c) 測量系統準確性不　　(d) 測量系統準確性、
　　精確性都很好　　　　　　好，精確性不佳　　　　　佳，精確性很好　　　　　精確性均不佳

▲ 圖 10-2　測量系統準確性和精確性的區別

1. 衡量測量系統的穩定性和偏差

測量系統的穩定性和偏差可以透過以固定的週期去測量標準件的方法來監控。利用統計程序控制（SPC）的方法，如 X-bar-R 控制圖的方式可以監控測量系統是否處於受控狀態，如果 SPC 控制圖出現某種趨勢，則有可能需要對測量系統進行重新校準。

2. 衡量測量系統的可重複性和可再現性

測試系統的可重複性衡量的是同一個測量者使用測量儀器測量同一個樣品時的變異。這也有時被看作測量系統的自身的精確性。圖 10-3 顯示了不同的兩個測量儀器在重複測量同一樣本時測量結果的統計分佈，可以看到儀器 B 相較於儀器 A 有更好的可重複性。如圖 10-4 所示，不同的操作員在測量時還可能引入額外的變異，這種由於人員之間的差異引入的額外的變異可以由可再現性來衡量。

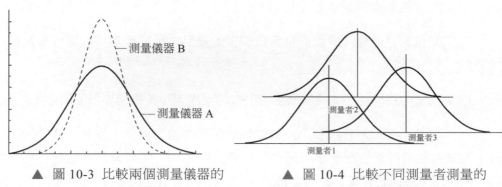

▲ 圖 10-3 比較兩個測量儀器的　　　▲ 圖 10-4 比較不同測量者測量的
　　　　　可重複性　　　　　　　　　　　　結果分佈

因此為了衡量測量系統的可重複性和可再現性能力，通常可以設計以下的實驗，由不同的測量者使用被衡量的測量系統重複測量一定數量的樣品。這時所有測量樣本的整體變異由測量樣本本身的變異 V_{Product}、儀器測量的可重複性變異 $V_{\text{Repeatability}}$ 和不同測量者的可再現變異 $V_{\text{Reproducibility}}$ 決定：

$$V_{\text{Total}}^2 = V_{\text{Product}}^2 + V_{\text{Repeatability}}^2 + V_{\text{Reproducibility}}^2 \tag{10-2}$$

而由於測量系統帶來的整體變異為：

$$V_{\text{R\&R}} = \sqrt{V_{\text{Repeatability}}^2 + V_{\text{Reproducibility}}^2} \tag{10-3}$$

這時可以透過比較 $V_{\text{R\&R}}$ 佔整體變異 V_{Total} 的比例，或 $V_{\text{R\&R}}$ 與測試規格界限的範圍的比例來衡量測量系統的變異是否可以被接受。具體選擇哪一種方法作為衡量測量系統的標準取決於被測量資料的目的。如果測量系統是用來做統計程序控制的，則通常選擇用 $V_{\text{R\&R}}$ 與整體變異 V_{Total} 作比較；如果測量系統的目

的是衡量測量參數是否及格，那麼通常將 $V_{R\&R}$ 與測試規格界限的範圍做比較。根據經驗法則，如果這一比例小於 10%，則測試系統可以被接受； 如果大於 30%，則測量系統變異過大，需要做改進或最佳化； 如果比例介於兩者之間，則需要依據被測量資料的重要性以及提升測量系統的成本綜合考慮是否需要做改進。舉例來說，如果被監控的資料是 PPAP 的一部分，那麼使用這樣的測量系統則有可能需要請客戶進行特批。通常改進的第一步是去衡量變異的主要來源是否是由不同的測試者造成的，如果是這種情況，對測試者做培訓或最佳化測試操作程式通常可以帶來改進。

AIAG 的《測量系統分析手冊》中提到了 3 種不同的方法分析測量系統的變異。第一種方法稱為極差法，極差法是一種經修正的計量型量具的研究方法，此法能對被測量變差提供一個快速的近似值。這種方法只能對測量系統提供整體的變差情況，不能將變差分解成重複性和再現性。它通常被用來快速驗證測量系統的可重複性和可再現性是否發生了變化。這種方法是在早期為了降低計算的難度所採用的近似的計算方法，在當前統計軟體大量普及的情況下基本上不再採用。第二種方法稱為平均值和極差法（XBar-R 法），是一種可同時對測量系統提供重複性和再現性估計值的研究方法。與極差法不同，這種方法可以將測量系統的變差分解成重複性和再現性兩個獨立的部分，但不能確定兩者之間的互動作用。該方法可以很容易地以 Excel 的形式得以實現，因此在實際中獲得了廣泛的應用。第三種方法稱為方差分析法（ANOVA 法），方差分析法除了可以將測量系統的變差分解成重複性和再現性兩個獨立的部分，還可以進一步將再現性劃分為其操作員以及操作員與元件互動作用這兩個要素。隨著統計軟體的大量普及，方差分析法也獲得了比較廣泛的應用。

本書不對 3 種方法做詳細的介紹，但是希望用一個例子來說明實際操作中是如何設計 Gage R&R 的實驗的，並利用平均值和極差法來快速計算測量系統的變異，作為判斷測量系統是否需要改進的依據。在晶圓製造的過程中會利用光刻來實現影像從光刻版到晶圓光阻的轉移。衡量這一過程的關鍵標準為光刻版裡關鍵尺寸的大小（Critical Dimension，CD）。因此在每一步的光刻步驟中人們都會利用特別的監測影像來測量關鍵尺寸的大小。下面來介紹如何設計一個 Gage R&R 的實驗來衡量測試系統是否滿足要求。

可以選取 3 個均受過訓練且可熟練使用測量裝置的測試者,並且提供 10 個隨機抽樣的能夠代表正常製程水準能力的晶圓,並請每個測試者對每個樣本進行 3 次測試。這 3 次測量的結果如表 10-2 所示。

▼ 表 10-2　設計衡量關鍵尺寸 CD 測量系統 Gage R&R 的實驗

CD 測量 Gage R&R　　　　LSL:1.9μm　　　USL: 2.1μm　　　單位:μm

測試者	測量次數	樣本									
		1	2	3	4	5	6	7	8	9	10
A	1	2.0204	2.0157	2.0007	2.0199	2.0077	2.0333	2.008	2.0098	1.9907	2.0273
	2	2.0271	2.0211	2.0096	2.0181	2.0096	2.0273	2.01	2.0148	1.9973	2.0324
	3	2.0254	2.0218	2.0057	2.0234	2.0105	2.0273	2.0132	2.0123	1.9878	2.0294
B	1	2.0234	2.0167	2.0176	2.0217	2.0037	2.0256	2.0057	2.0078	1.9936	2.0328
	2	2.0238	2.0254	2.0167	2.0229	2.0011	2.0293	2.0077	2.0053	1.9875	2.0352
	3	2.0333	2.0234	2.0151	2.0185	2.0077	2.0231	2.0089	2.0123	1.9919	2.0307
C	1	2.0356	2.019	2.0098	2.0343	2.0167	2.0254	2.0121	2.0062	2.0078	2.0236
	2	2.0277	2.0176	2.0061	2.0358	2.0098	2.0229	2.013	2.0149	2.0118	2.0241
	3	2.0335	2.0165	2.0041	2.0314	2.0082	2.0277	2.0148	2.0118	2.0053	2.0263

利用平均值和極差法可以分別計算出樣本整體的變異,由測量系統的可重複性和可複現性引起的變異,以及樣本本身的變異,結果如表 10-3 所示。這時可以計算得到測量系統引起的變異 $V_{R\&R}$ 與樣本整體變異 V_{Total},以及測試規格範圍的比值分別為 35.0% 和 9.7%。基於這個結果可以得到以下的結論:如果該測量系統是用來做 CD 的 SPC 監控,目的是衡量光刻這一過程是否受控,那麼測量系統重複性和複現性帶來的變異相比於製程本身的能力過大,因此測量系統需要被改善; 如果該測量系統的目的是判斷 CD 的範圍是否在規格上下限內,那麼該測量系統由於重複性和複現性帶來的變異是可被接受的。

▼ 表 10-3 根據平均值 - 極差法評價測量系統的可重複性和可再現性的結果

變異來源	數值	V_x/VT_{otal}	$V_x/$（USL-LSL）
V_{Total}	0.05536		
$V_{Repeatability}$	0.01767	31.9%	8.8%
$V_{Reproducibility}$	0.00801	14.5%	4.0%
$V_{R\&R}$	0.0194	35.0%	9.7%
$V_{Product}$	0.05185	93.7%	25.9%

10.2.4 統計程序控制

程序控制系統是一個回饋系統，而基於統計的程序控制是其中的一類。控制系統的四大要素如下。

（1）過程。

（2）關於過程性能的資訊。

（3）對過程採取措施。

（4）對結果採取措施。

僅對輸出進行檢驗並採取措施可以身為臨時的措施，並不是一種有效的過程管理方法。而生產中更應該將重點放在過程資訊的收集和分析上，以便對過程本身採取糾正措施。

生產過程包含很多引起變異的原因，這些因素通常可以分為以下五大種類：操作的人員、生產的機台、使用的物料、操作的方法和生產的環境。每個種類中又有可能存在多種的因素，舉例來說，生產環境下溫度、濕度、光線和震動都會對生產造成影響，因此沒有兩件產品是完全一樣的。這些原因有的是短期的，有的則經過較長的時間逐漸對輸出產生影響。當對收集的一組資料進行分析時，會發現它們一般會趨於形成一個分佈，並由以下特性描述。

（1）中心值。

（2）分佈寬度（最大值和最小值的距離）。

（3）形狀（對稱、偏斜等）。

　　而造成變異的原因可以分為普通原因和特殊原因兩種。普通原因指的是那些即使經過了小心的控制後還無法排除的、隨機的、始終作用於過程的誤差來源。隨著時間的演進，普通原因產生的誤差會是一個穩定的且可重複的分佈。通常當過程輸出的變異的來源是多種普通原因造成的時，根據中心極限定理，輸出的特性會呈現正態分佈，在這種情況下稱該過程處於統計上受控狀態，或簡稱為受控。在統計受控狀態下，該過程的輸出是可預測的。

　　特殊原因指的是一些間隙發生的，以不可預測的方式影響過程輸出的原因。當有特殊原因影響時，通常輸出表現為輸出出現非隨機模式，隨著時間的演進，輸出變得不穩定。當出現這種狀況時，應當辨識出這些原因。如果特殊原因對輸出結果有害，要想辦法消除它；如果原因都是有利的，則應該想辦法加以利用，使其成為過程中恒定的一部分。

　　統計程序控制（SPC）的核心就在於它是利用統計的方法來監控過程的狀態的，用其來發現生產過程是否處於受控狀態。該方法可以對生產過程進行客觀的評價，提示過程可能處於由非隨機因素影響下的非受控狀態。因此人們可以及時採取措施消除其影響，保證過程處於僅受隨機性因素影響的受控狀態，以達到控制品質的目的。而使用這一方法的基礎是過程的波動具有統計規律性。當過程處於受控狀態時，過程特性一般服從穩定的隨機分佈；而失控時，特性的分佈也將發生變化。統計程序控制正是利用過程波動的統計規律性對過程進行分析控制。統計程序控制強調過程在受控和有能力的狀態下運行，而在這樣的狀態下生產製造的產品則能夠穩定地滿足顧客的要求。

　　晶片生產的過程必須是穩定、可重複的。企業中的管理層、工程師和線上的操作員都要不斷地投入精力最佳化生產過程，降低生產過程中的變異性。統計程序控制是一種借助數理統計方法的程序控制工具。它對生產過程進行分析評價，根據回饋資訊及時發現系統性因素出現的徵兆，並採取措施消除其影響，

使過程維持在僅受隨機性因素影響的受控狀態，以達到控制品質的目的。利用統計的方法來監控過程的狀態，確定生產過程在管制的狀態下，以降低產品品質的變異。

實施統計程序控制的前提是已經完成了 10.2.3 節介紹的測量系統分析，保證測量系統自身的變異相對於我們希望監控的製程本身的變異是足夠小的。通常認為測量系統的帶來的變異在整體變異的 10% 以內的測量系統是比較理想的。

實施統計程序控制的過程一般分為兩大步驟：首先用統計程序控制工具對過程進行分析，如繪製分析用控制圖等；根據分析結果採取必要措施：可能需要消除過程中的系統性因素，也可能需要管理層的介入來減小過程的隨機波動以滿足過程能力的需求；其次則是用控制圖對過程進行監控。

控制圖是統計程序控制中最重要的工具。控制圖的種類有很多，分別用於不同類型態資料的監控。目前在實際中大量運用的是基於 Shewhart 原理的傳統控制圖。近年來又出現了一些更為先進的控制工具，如對小波動進行監控的 EWMA 和 CUSUM 控制圖、對小量多品種生產過程進行控制的比例控制圖和目標控制圖，以及對多重品質特性進行控制的控制圖。

控制圖的目的是用來監測生產過程中可能出現的偏差，以便於及時發現、糾正問題的來源，使生產過程重新處於受控狀態。控制圖主要分為計量型和計數型控制圖。圖 10-5 列舉了一些常見的控制圖。被控過程本身決定了使用何種類型的控制圖：如果取自過程的資料是類似「透過 / 不通過」這樣的離散型態資料，則通常會使用計數型控制圖；如果資料是類似長度、重量等連續型的資料，則通常使用計量型控制圖。在條件允許的情況下，好的程序控制優選計量型態資料，這種類型的資料提供了更多有用的資訊。相比之下計量型態資料提供的資訊更少，可能需要取出更大的樣本，才能使得結果有同樣的置信度。

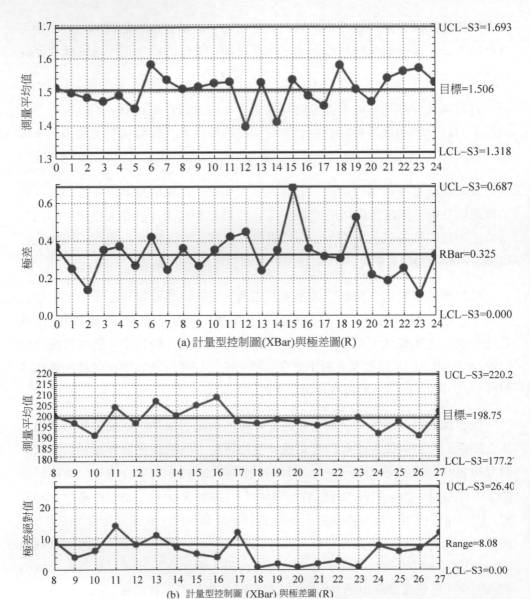

(a) 計量型控制圖(XBar)與極差圖(R)

(b) 計量型控制圖 (XBar) 與極差圖 (R)

▲ 圖 10-5 常見的控制圖類型

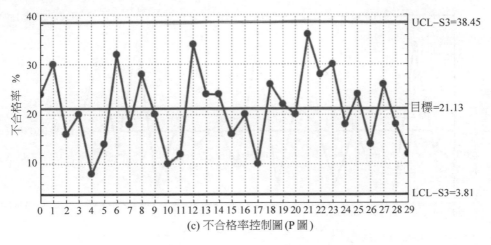

(c) 不合格率控制圖 (P 圖)

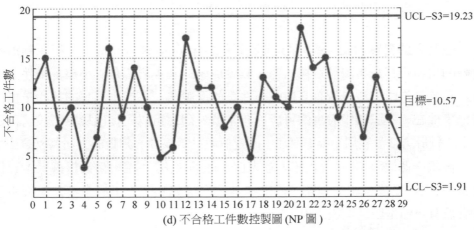

(d) 不合格工件數控製圖 (NP 圖)

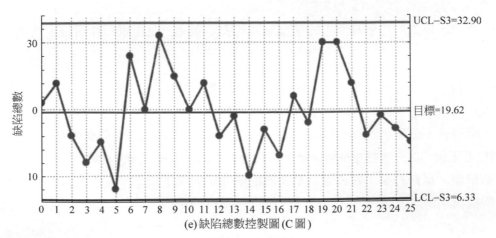

(e) 缺陷總數控製圖 (C 圖)

▲ 圖 10-5（續）

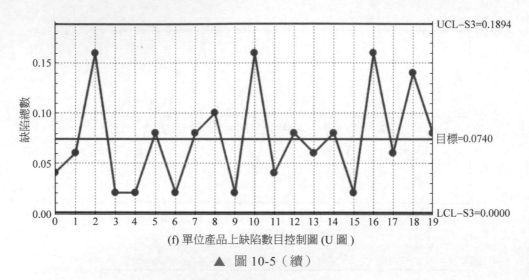

(f) 單位產品上缺陷數目控制圖 (U 圖)

▲ 圖 10-5（續）

　　控制圖的實質則是一系列的假設檢驗（Hypothesis Testing），用於判斷被檢驗的生產過程是否處於可控狀態。假設檢驗的基本思想是「小機率事件」原理，其統計推斷方法是帶有某種機率性質的反證法。小機率思想的核心是指小機率事件在一次試驗中發生的可能性非常低。因此可以先提出檢驗假設，再用適當的統計方法，利用小機率原理，確定假設是否成立。判斷的方法為反證法：為了檢驗一個假設 H_0 是否正確，首先假定該假設 H_0 正確，然後根據樣本對假設 H_0 做出接受或拒絕的判斷。如果樣本觀察值導致了「小機率事件」發生，那麼很有可能是因為假設出現了錯誤，這時就應該拒絕假設 H_0，否則應接受假設 H_0。控制圖中在控制線範圍內的測量點代表了接受「生產過程是可控」的這一假設。反之，控制範圍內的測量點則代表了拒絕「生產過程是可控」的這一假設。

　　我們做假設檢驗時會發生兩種類型的錯誤。當假設 H_0 正確時，小機率事件也有可能發生，此時我們會拒絕假設 H_0。因而犯了「棄真」的錯誤，稱此為第一類錯誤，犯第一類錯誤的機率恰好就是「小機率事件」發生的機率 α。當假設 H_0 不正確，但一次抽樣檢驗未發生不合理結果時，會接受 H_0，因而犯了「取偽」的錯誤，稱此為第二類錯誤，記 β 為犯第二類錯誤的機率。接下來以幾個常用的檢測為例來說明。

而對整體樣本的參數（如平均值和方差）做估計時，則是透過隨機抽樣，用樣本來估計整體的情況。並常用的假設檢驗方法有 Z 檢驗、t 檢驗、χ^2 檢驗、F 檢驗等，它們分別對應著在常態整體情況下得到的抽樣分佈 Z 分佈、T 分佈、χ^2 分佈和 F 分佈。Z 分佈和 T 分佈分別可以用來推測方差已知和未知情況下滿足正態分佈樣本的平均值。而 χ^2 可以用來推測常態隨機變數的方差。T 分佈則通常被用來比較兩個隨機變數的方差。

1. 隨機變數的方差已知，檢測平均值

假設 x 為平均值 μ 未知，但方差 σ^2 已知符合正態分佈的隨機變數。希望透過檢測來判斷 μ 是否等於某個值 μ_0。這時可以寫出以下兩個假設：

$$H_0 : \mu = \mu_0$$
$$H_1 : \mu \neq \mu_0$$

接下來可以透過抽樣 n 個隨機樣本，建構以下的檢驗統計：

$$Z_0 = \frac{\overline{X} - \mu_0}{\sqrt{n} \cdot \sigma} \tag{10-4}$$

在 H_0 成立的假定下，Z_0 則應服從 $N(0,1)$，即平均值為 0、方差為 1 的標準正態分佈。在替定的顯著水準 α 條件下，可以透過查標準正態分佈表得到臨界值 $Z_{\alpha/2}$。這時有以下的機率：

$$p(Z > Z_{\alpha/2}) = \alpha \tag{10-5}$$

因此可以看到當 H_0 成立時發生 $Z > Z_{\alpha/2}$ 這一情況是一個小機率事件，所以當出現這一情況時有理由懷疑 H_0 的正確性。因此可以建構以下的檢驗：

$Z < Z_{\alpha/2}$ 則接受 H_0；

$Z \geq Z_{\alpha/2}$ 則拒絕 H_0，而接受備擇假設 H_1。

可以看到，這裡的顯著水準 α 等於發生第一錯誤的機率。

2. 樣本方差未知，檢測平均值

假設 x 為平均值 μ 未知，方差 σ^2 也未知，符合正態分佈的隨機變數。希望透過檢測來判斷 μ 是否等於某個值 μ_0。這時可以寫出以下兩個假設：

$$H_0 : \mu = \mu_0$$
$$H_1 : \mu \neq \mu_0$$

因為方差未知，所以必須透過樣本的方差 s^2 來作為隨機變數方差的估計。這時需要透過建立以下的檢驗統計：

$$t_0 = \frac{\overline{X} - \mu_0}{s / \sqrt{n}} \tag{10-6}$$

在替定的顯著水準 α 條件下，如果 $|t_0| > t_{(\alpha/2 \cdot N\text{-}1)}$，則要拒絕 H_0。

3. 檢測方差

假設要檢測一個正態分佈的隨機變數 x 的方差 σ^2 是否等於某個已知值 σ_0^2，可以寫出以下兩個假設：

$$H_0 : \sigma^2 = \sigma_0^2$$
$$H_1 : \sigma^2 \neq \sigma_0^2$$

這時可以透過建構以下的檢測統計來進行假設檢驗：

$$\chi^2 = \frac{(n-1)s^2}{\sigma_0^2} \tag{10-7}$$

其中，s^2 是透過隨機抽樣產生樣本的樣本方差；n 為抽樣樣本數；$n\text{-}1$ 為自由度。在替定的顯著水準 α 條件下，如果 $\chi^2 > \chi^2_{(\alpha/2,n\text{-}1)}$ 或 $\chi^2 > \chi^2_{(1\text{-}\alpha/2,n\text{-}1)}$，則要拒絕 H_0。這裡 $\chi^2_{(\alpha/2,n\text{-}1)}$ 和 $\chi^2_{(1\text{-}\alpha/2,n\text{-}1)}$ 分別是 $n\text{-}1$ 自由度的 χ^2 分佈的 $\alpha/2$ 和 $1\text{-}\alpha/2$ 上端點和下端點的臨界值。

如果有兩個符合正態分佈的隨機變數，它們的方差分別為 σ_1^2 和 σ_2^2。為了比較這兩個隨機變數的方差的大小，可以透過對兩個樣本進行樣本數為 n_1 和 n_2 的抽樣，並做以下的檢驗假設：

$$H_0 : \sigma_1^3 = \sigma_2^2$$
$$H_1 : \sigma_1^2 \neq \sigma_2^2$$

這時可以抽樣樣本的方差 s_1^2 和 s_2^2 建構以下的檢測統計來進行假設檢驗：

$$F_0 = \frac{s_1^2}{s_2^2} \tag{10-8}$$

在替定的顯著水準 α 條件下，如果 $F_0 > F_{(\alpha/2, n_1-1, n_2-1)}$ 或 $F_0 < F_{(1-\alpha/2, n_1-1, n_2-1)}$，則要拒絕 H_0。$F_{(\alpha/2, n_1-1, n_2-1)}$ 和 $F_{(1-\alpha/2, n_1-1, n_2-1)}$ 分別是自由度為 n_1、n_2 的 F 分佈的 $\alpha/2$ 和 $1-\alpha/2$ 上端點和下端點的臨界值。

接下來利用一個 XBar 控制圖監控研磨後晶圓厚度的實際例子來說明如何建立統計程序控制。假設已經調整了研磨的製程，使它處於一個可控的狀態，並且也對厚度測量的系統做了校準。為了建立控制的上下限，需要估計製程的分佈的參數，如中心值和方差。這可以透過對小量的生產資料進行抽樣來獲得。舉例來說，可以對生產進行 25 次抽樣測量（$m=25$），每組 5 個樣本（$n=5$）進行晶圓厚度的測量。這時，對整體樣本中心值的最佳估計可以由抽樣樣本的中心值得到：

$$\overline{\overline{X}} = \overline{X_1} + \overline{X_2} + \cdots + \overline{X_m} \tag{10-9}$$

因此 $\overline{\overline{X}}$ 可以作為 XBar 圖中的中心值。

而抽樣樣本的範圍 R 可以作為對整體樣本方差 σ 的估計。在這裡，範圍 R 被定義為每組抽樣中最大測量值和最小測量值的差距，即

$$R = X_{max} - X_{min} \tag{10-10}$$

因此平均範圍 $\overline{R}$ 可以由下式計算：

$$\overline{R} = \frac{R_1 + R_2 + \cdots + R_m}{m} \tag{10-11}$$

這時樣本方差 σ 可以由下式估計：

$$\bar{\sigma} = \frac{\overline{R}}{d_2} \tag{10-12}$$

其中，d_2 與抽樣數 n 有關，可以透過查表得到。當抽樣數很小時（例如本例中 $n=5$），範圍 R 可以極佳地作為整體樣本方差的估計。這時可以透過以下公式的估計建構 XBar 控制圖的上下限：

$$UCL = \overline{\overline{X}} + \frac{3\overline{R}}{d_2\sqrt{n}}$$

$$中線 = \overline{\overline{X}}$$

$$UCL = \overline{\overline{X}} - \frac{3\overline{R}}{d_2\sqrt{n}}$$

與上面的公式對比可以看到，在建構控制圖上下限時設定值了 3σ。當這個值選擇過小時，會出現更多的第一類錯誤，即出現了假警示；而當這個值選擇過大時，則出現第二類錯誤，即漏警告的機率會增加。透過實踐，認為 $\pm 3\sigma$ 作為標準可以比較好地平衡發生第一類錯誤和第二類錯誤而產生的比例，不會因為過多的假警告而增加額外的成本，是一個比較經濟的選擇。通常把這樣的控制圖稱為 3σ 控制圖（$z_{a/2}$ 選擇為 3）。透過查標準正態分佈表，可以得到 α 約為 0.3%。

在圖 10-6 這個 XBar 控制圖例子裡的每個點對應著一次對「H_0：研磨厚度的平均值 $\mu=100\mu m$」這一假設的檢驗。如果該點在控制上下限之內，則接受 H_0 這一假設，即認為研磨的過程處於受控範圍內；如果有測量點在控制上下限範圍外，則認為研磨厚度的平均值偏離了 $100\mu m$。這時需要按照失控行動計畫依照樹圖表對失控時的症狀進行診斷，並相應地採取糾正行動。從圖 10-6 可以看出目前的所有樣本均在控制線的範圍內，這即代表著生產處於受控狀態。

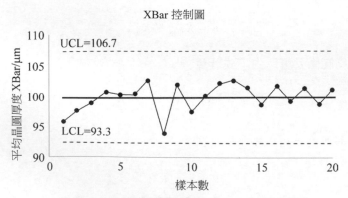

▲ 圖 10-6　晶圓研磨厚度的 XBar 控制圖

另外一個與統計程序控制緊密相連的概念為製程能力（Process Capability）。製程能力衡量的是當製程可控的條件下展現的品質能力。而品質能力的好壞則與規格上下限的大小有關。以上面晶圓研磨的例子為例，假設最後晶圓研磨的厚度一定要被控制在 $100\pm20\mu m$ 內，這樣才能保證最後的產品不發生品質問題，這時 $80\mu m$ 和 $120\mu m$ 則是晶圓研磨這道工序的規格上限（Upper Specification Limit，USL）和規格下限（Lower Specification Limit，LSL）。通常用過程能力指數 C_p 來衡量製程能力的好壞：

$$C_p = \frac{USL - LSL}{6\sigma} \tag{10-13}$$

另外一個衡量過程能力的指數 C_{pk} 定義為：

$$C_{pk} = \min \cdot \left(\frac{USL - \mu}{3\sigma}, \frac{\mu - LSL}{3\sigma} \right) \tag{10-14}$$

與 C_p 不同，C_{pk} 描述當樣本平均值不在規格上、下線中間時的製程能力。

通常對 C_{pk} 做以下的評級並採取相應對策。

- A++ 級：$C_{pk} \geq 2.0$，特優，可考慮成本的降低。
- A+ 級：$2.0 > C_{pk} \geq 1.67$，優，保持。
- A 級：$1.67 > C_{pk} \geq 1.33$，良，良好，狀態穩定，但應盡力提升為 A+ 級。
- B 級：$1.33 > C_{pk} \geq 1.0$，一般，應利用各種資源及方法將其提升為 A 級。
- C 級：$1.0 > C_{pk} \geq 0.67$，差，必須提升其能力。
- D 級：$0.67 > C_{pk} > 0$，不可接受，其能力太差，應考慮重新整改設計製程。

在晶片製造過程中，通常要求製程能力能夠達到 A+ 級以上，即 $C_{pk} > 1.67$。如果有任何專案的製程能力無法達到這一標準，通常需要制訂改善計畫，在實在沒有辦法滿足 $C_{pk} > 1.67$ 要求的情況下，需要提供足夠的理由證明產品的品質不會受到影響，並獲得客戶的特殊批准。

10.2.5　生產批准程式

　　生產件批准程式（PPAP）規定了包括生產材料和散裝材料在內的生產件批准的一般要求。PPAP 的目的是用來確定供應商是否已經正確理解了客戶工程設計記錄和規範的所有要求，以及其生產過程是否具備潛在的穩定生產能力，在實際生產過程中，在約定的交付時間內能否生產滿足顧客要求的產品。PPAP 是讓客戶知道，元件供應商為了滿足客戶的要求，採取了措施規劃其設計及生產程式，有效率地使用 APQP 來減少失敗的風險。因此供應商元件承認的請求需伴隨著正式的 PPAP 檔案，在需要時也可以提出對應的報告文件。

　　PPAP 裡包含了許多的檔案，集中以文件或是電子檔案的方式提供給客戶。PPAP 套件的檔案需由供應商正式認證和簽核心，並且需要由客戶核心可和簽核心。其中供應商的認證是表示供應方的負責人（通常是品質工程師或品質經理）已確認過檔案。客戶簽核心則由使用者端負責人（也是品質工程師或品質經理）完成，表示接受 PPAP 檔案。

　　PPAP 檔案和先期產品品質規劃與 APQP 有密切的關係。由 AIAG 發行的 PPAP 手冊列出要取得 PPAP 核心可的一般要求。除了這些基本的要求，客戶還有可能會提出額外的客戶特殊要求，而這些特殊要求也有可能被包含在 PPAP 裡面。

　　當有新的產品要匯入生產或是對已有產品的設計或是製程發生了變更時，供應商需要取得車輛製造商的 PPAP 核心可。供應商要取得 PPAP 核心可，就要提供樣品或是檔案以證明以下的事項。

　　（1）供應商了解客戶的需求。

　　（2）供應的產品符合客戶的需求。

　　（3）製程（包括上游供應商的製程）可以產生合格的產品。

　　（4）量產的控制計畫以及品質管理不會讓不合格品流到使用者端，也不會讓整車的安全性或可靠性受到影響。

整車中的所有零件及材料都要透過 PPAP，若零件是由外包商提供的，供應商也可以要求外包商提供 PPAP。圖 10-7 為 PPAP 的流程圖。

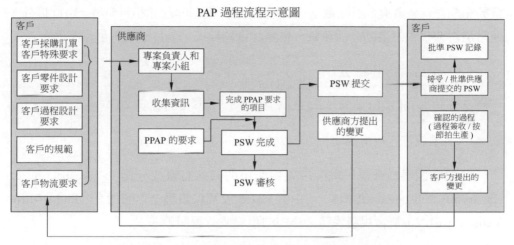

PAP 過程流程示意圖

▲ 圖 10-7 PPAP 的流程圖
註：（1）所示全部活動不是每次都出現。
（2）記錄可以以各種載體形式，儲存在不同地點。

下面以晶片產品為例，說明一般 PPAP 檔案包含的內容。

1）設計記錄（Design Records）

通常晶片廠商會附上完整的產品規格說明書，並提供相應的提供製造地點的資訊。這裡會包括晶圓廠、晶片測試廠、封裝廠和產品終測的生產廠商的名稱和位址。另外，通常晶片廠商還需要提供以下與產品相關的資訊。

（1）晶片相關的資訊。

晶圓尺寸、製程名稱、晶片的名稱、製程中光刻的層數、晶片的大小和厚度、金屬互連層和鈍化層的結構等。除此以外，還可能包括晶片的照片或草稿，以及簡單的工藝流程的截面圖等。

（2）封裝相關的資訊。

晶圓切割的方法、晶片貼裝的方法和材料、封裝的種類和型號、塑封料的型號和成分、金屬鍵合引線數量／材料和尺寸、框架的尺寸和材料等。除此以外，通常還需要提供封裝的外觀草稿、金屬鍵合打線圖、晶片上的雷射印字等。

（3）產品包裝相關的資訊。

晶片包裝和載帶的說明以及草稿、封裝盒上標籤的說明。

（4）環境符合規範說明。

例如歐盟限制在電子電氣裝置中使用的某些有害成分指令（Restriction of Hazardous Substance，RoHS）、中國 RoHS 以及歐盟報廢車輛指令（End-of-Life Vehicle，ELV）符合規範說明、詳細的化學成分說明等。

2）授權工程變更檔案

檔案說明變更的具體內容。一般這份檔案會稱為工程變更通知（Engineering Change Notice），不過也可能包括在客戶的採購訂單或是其他工程授權檔案內。

3）客戶工程審核

如果客戶對產品工程樣品有審核的需求，需要在這裡留下相應的記錄。

4）DFMEA

晶片設計失效模式及效果分析（DFMEA）的複本。多數情況下對於晶片公司，DFMEA 含有大量的涉及智慧財產權的秘密的資訊，因此通常晶片廠商不會提供完整的 DFMEA 資料給供應商。如果客戶希望得到相關的資訊需要可以提出要求。另外，通常 FMEA 在審核的過程中也可以在現場呈現給客戶檢查。

5）過程流程圖

通常晶片廠商需要提供簡單的晶圓廠的流程圖和封裝測試的流程圖。這裡的流程圖通常僅含有非常粗略的製造步驟。

6）PFMEA

　　PFMEA 指的是晶圓製造以及封裝測試過程失效模式及影響分析（FMEA）。與 DFMEA 類似，多數情況下對於晶片公司，PFMEA 含有大量的涉及智慧財產權的秘密的資訊，因此通常晶片廠商不會提供完整的 PFMEA 資料給客戶。如果客戶希望得到相關的資訊，可以提出要求。另外，通常 PFMEA 在審核的過程中也可以作為審核的內容呈現給客戶。

7）控制計畫

　　晶片製造商需要提供晶圓製造過程和封裝測試過程的控制計畫資訊，由供應商及客戶評審及簽核心。與 FMEA 類似，控制計畫裡也含有了大量的設計智慧財產權的資訊，因而通常晶片廠商不會提供控制計畫的具體內容而一般僅提供控制計畫的抬頭。同 FMEA 一樣，如果客戶有特別的需求可以提出，並且在審核的過程裡中可以在現場呈現給客戶檢查。

8）測量系統分析

　　此處晶片製造商需要提供晶圓製造和封裝測試裡關鍵特性的測試系統的資訊以及其 MSA 的結果，確認量測特性的儀表有進行校正。

9）尺寸檢測結果

　　此處晶片製造商需要提供實際的封裝外形尺寸的測量結果，並且顯示結果符合外觀尺寸的規格。

10）材料／性能測試記錄

　　此處晶片製造商需要提供特別的測試的結果，通常這裡可能包含電參數測試、可靠性測試的測試項目和結果。另外也需要提供與產品失效率以及壽命相關的參數（如 FIT、Failures In Time 和 MTTF，Mean Time To Failure）的計算方法和結果。

11）初始製程能力研究

　　此處晶片製造商需要列出晶圓製造和封裝測試裡關鍵製程步驟的初步 C_{pk}。

12）合格的實驗室檔案

此處晶片製造商需要提供晶圓製造工廠和封裝測試工廠的有效 IATF 16949 資質證書。

13）外觀批准報告（Appearance Approval Report）

對於晶片類產品，此項通常不適用。

14）零件樣品（Sample Production Parts）

晶片製造商可以提供樣品的資訊包括客戶可以以何種途徑獲取樣品。

15）標準樣品（Master Sample）

晶片製造商可以提供標準樣品的資訊包括客戶可以以何種途徑獲取樣品。

16）檢驗輔助裝置

若在檢測時需要特殊的輔助裝置，供應商需要羅列出來，通常此項對於晶片產品不適用。

17）客戶特殊需求

客戶可能會在 PPAP 檔案以外增加其他的檔案要求。如果與客戶有額外的約定，則需在該專案中提供相應的資訊。

18）零件提交保證書（Part Submission Warrant，PSW）

這是所有 PPAP 檔案套件的摘要。其中會列出提交的原因（設計變更、年度重新確認等），以及給客戶檔案的等級。並對整個檔案套件結果符合是否規範要求做書面的確認。

10.3　車規生產特殊管控內容

本節將著重介紹車載晶片在生產中常見的一些特別的管控措施。從這些例子中也可以看到人們是如何把這些品質工具付諸實踐的。

10.3.1 更嚴苛的監控

1. 加強線上監控

　　一般來說，半導體晶圓廠會先定義技術平臺上面的關鍵製程節點（Key Process Steps），然後對關鍵製程節點進行更嚴格的品質管控。在 10.2.4 節介紹統計程序控制（SPC）時曾提到，通常一般非車載的產品會遵循 ±3σ 的原則來選擇控制上下限，對製程視窗進行管控。這樣的選擇是為了平衡處理「假警示」和「漏警告」的風險和成本。在車載的產品管控上，為了防止「漏警告」，會在關鍵製程的管控上將控制上下限收緊到通常 ±3σ 的 85%~95%。透過收緊控制上下限，可以繼續降低「漏警告」的機率，從而防止製造過程處於失控的狀態。當然，收緊控制的上下限會增加「假警告」的機率，從而增加生產的成本。表 10-4 展示了一個例子來顯示車載和非車載產品在控制上的區別。

▼ 表 10-4　晶圓製造過程中收緊線上關鍵製程步驟的規格上下限的例子

關鍵製程步驟	規格上下線	非車載產品控制上下限	車載產品控制上下限	單位	控制限收緊比例
1	-1500~1500	-900~900	-800~800	任意單位	89%
2	0.05~0.15	0.075~0.125	0.078~0.0122	任意單位	88%
3	200~1000	500~700	520~680	任意單位	80%
4	-200~200	-80~80	-75~75	任意單位	94%
5	-0.012~0.012	-0.08~0.08	-0.07~0.07	任意單位	88%

2. 更多的 SPC 規則

　　在用統計程序控制來管控製程時最常使用的規則是 ±3sigma 規則，在半導體生產過程中除了可以透過收緊控制上下限來達到更佳的管控，還可以透過運用其他的規則來偵測是否出現了其他非隨機的分佈。這些規則通常透過分析歷史資料的分佈，發現超出 ±3σ 控制線前的歷史資料的非隨機模式，從而提前提示該製程可能屬於失控狀態。通常在晶片製造過程中，會參考使用以下兩個常見的規則。

1）WECO 和 Nelson 規則

　　西屋電氣公司（Western Electric COmpany，WECO）是一家總部設立在美國匹茲堡市的電氣裝置和核子反應器生產廠商。在 1956 年時，西屋電氣的製造部門第一次提出了用於偵測生產過程是否處於失控狀態的 SPC 一系列規則，通常稱之為 WECO 規則。圖 10-8 為基於控制圖裡不同的分區而制定的更多的 SPC 規則。在 1984 年，Lloyd S.Nelson 博士對規則進行了更新，並將結果發表在了 1984 年 4 月出版的《品質技術雜誌》中。這些規則制定的基礎與假設檢驗類似，在假設製程屬於受控情況下對出現的不同的資料模式的機率進行計算，當該事件為小機率事件時（如發生機率小於 1%），那麼則有理由對製程處於受控狀態這一假設進行質疑。為了應用上的簡單方便，通常以中心線、±1σ、±2σ 和控制上下限（即 ±3σ）為界將控制圖分為 8 個區域，並利用以下的規則來判別製程是否處於受控狀態。

	區域 D_1	$P\{D_1\} = 0.001\,35$	
UCL			$\mu + 3\sigma$
	區域 A_1	$P\{A_1\} = 0.021\,40$	
			$\mu + 2\sigma$
	區域 B_1	$P\{B_1\} = 0.135\,91$	
			$\mu + \sigma$
	區域 C_1	$P\{C_1\} = 0.341\,34$	
CL			μ
	區域 C_2	$P\{C_2\} = 0.341\,34$	
			$\mu - \sigma$
	區域 B_2	$P\{B_2\} = 0.135\,91$	
			$\mu - 2\sigma$
	區域 A_2	$P\{A_2\} = 0.021\,40$	
LCL			$\mu - 3\sigma$
	區域 D_2	$P\{D_2\} = 0.001\,35$	

▲ 圖 10-8　基於控制圖裡不同的分區而制定的更多的 SPC 規則

　　規則 1：單點在 3σ 範圍外，這是控制圖裡通常用到的規則。在 10.2.4 節中介紹假設檢驗和 SPC 的關係時已經得知，當製程屬於受控狀態時出現這種情況的機率僅為：

$$P_1 = 2 \times P(D_1) \times 100\% = 0.27\%$$

出現該情形則強烈地指示製程可能已經處於非受控狀態，如圖 10-9 所示。

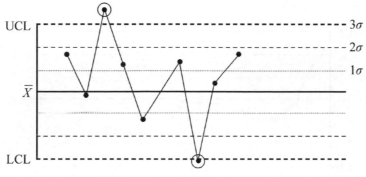

▲ 圖 10-9 觸發規則 1 的例子，出現單點在 3σ 範圍外

規則 2：9 個連續點在中心值的同一側，在製程受控情況下出現這種情況的機率為：

$$P_2 = 2P[A_1 \mid B_1 \mid C_1 \mid D_1]^9 = 2 \times (0.5)^9 \times 100\% = 0.39\%$$

該情況如果出現極有可能時製程的中心值出現了偏移，如圖 10-10 所示。

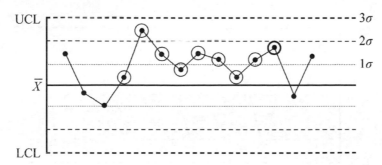

▲ 圖 10-10 觸發規則 2 的例子，9 個連續點在中心值的同一側

規則 3：6 個連續增加或減少的點，出現該情況的機率為：

$$P_3 = \frac{1+1}{6!} \times 100\% = 0.28\%$$

該情況通常提示了製程可能出現了逐漸漂移離開中心值的趨勢,如圖 10-11 所示。

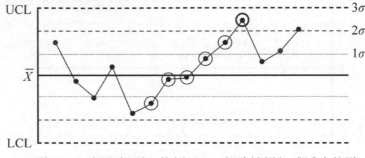

▲ 圖 10-11　觸發規則 3 的例子,6 個連續增加或減少的點

規則 4:14 個連續點發生交替,該情況在製程受控的情況下出現的機率為:

$$p_4 = \frac{398\ 721\ 962}{14!} \times 100\% = 0.46\%$$

該情況反映了超出常規的振盪,提示了可能存在某種週期性因素影響製程,如圖 10-12 所示。

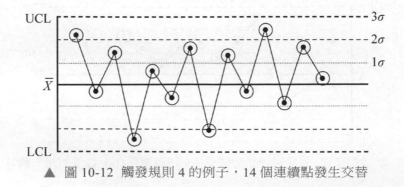

▲ 圖 10-12　觸發規則 4 的例子,14 個連續點發生交替

規則 5:3 個連續點內有兩個點在同一邊的 2σ 範圍外,當製程處於受控狀態下時出現這樣的情況的機率為:

$$P_5 = (2 \times 3 \times [P(A_1 \mid D_1)]^2 \times [1 - P(A_1 \mid D_1)] + 2[P(A_1 \mid D_1)]^3) \times 100\% = 0.31\%$$

出現這樣的情景提示著製程已經處於非受控狀態,離中心值可能有一個大幅度的漂移,如圖 10-13 所示。

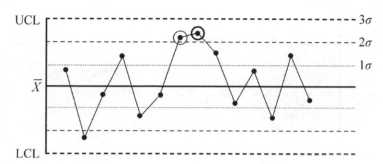

▲ 圖 10-13 觸發規則 5 的例子,3 個連續點內有兩個點在同一側的 2σ 範圍外

規則 6:5 個連續點內有 4 個點在同一側的 1σ 範圍外。與以上規則類似,在製程處於受控狀況下出現這種情況的機率為:

$$P_6 = (2 \times 5 \times [P(D_1 \mid A_1 \mid B_1)]^4 \times [1 - P(D_1 \mid A_1 \mid B_1)] + 2 \times [P(D_1 \mid A_1 \mid B_1)]^5) \times 100\%$$
$$= 0.55\%$$

因此該情況是一個相對比較弱的指示,提示該製程可能已經處於非受控狀態,離中心值可能有一個小幅度的漂移,如圖 10-14 所示。

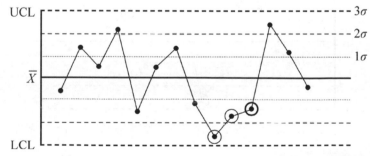

▲ 圖 10-14 觸發規則 6 的例子,5 個連續點內有 4 個點在同一側的 1σ 範圍外

規則 7:15 個連續點均在 1σ 範圍內,製程的變化明顯小於預期。在製程處於受控的狀況下時出現該情況的機率為:

$$P_7 = [P(C_1 \mid C_2)]^{15} \times 100\% = 0.33\%$$

因此這種方差持續較小的情況提示著製程可能已經處於非受控狀態，如圖 10-15 所示。

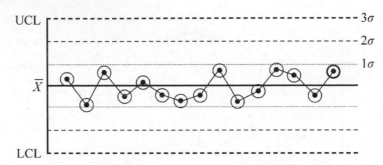

▲ 圖 10-15 觸發規則 7 的例子，15 個連續點均在 1σ 範圍內

規則 8：8 個連續點均在 1σ 範圍外，出現該情況的機率為：

$$P_8 = [P(D_1 \mid A_1 \mid B_1 \mid B_2 \mid A_2 \mid D_2)]^8 \times 100\% = 0.01\%$$

出現這樣的情況也強烈地提示製程已經可能處於非受控狀態，如圖 10-16 所示。

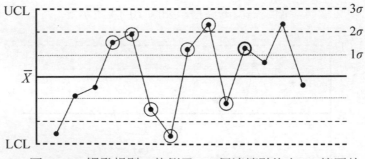

▲ 圖 10-16 觸發規則 8 的例子，8 個連續點均在 1σ 範圍外

2）AIAG 規則

AIAG 在發佈的統計程序控制手冊中推薦了以下 SPC 規則。

（1）單點在 3σ 範圍外。

（2）7 個連續點在中心值的同一側。

（3）6 個連續增加或減少的點。

（4）14 個連續點發生交替。

（5）3 個連續點內有兩個點在同一側的 2σ 範圍外。

（6）5 個連續點內有 4 個點在同一側的 1σ 範圍外。

（7）15 個連續點均在 1σ 範圍內。

（8）8 個連續點均在 1σ 範圍外。

可以看到，與 Nelson 規則的主要區別在第（2）項和第（3）項上，AIAG 推薦了 7 個點在中心值的同一側或有 6 個增加或減少的點則可能出現了製程不受控。AIAG 的規則相對於 Nelson 規則要更嚴格，因此可以更進一步地發現製程發生的漂移，但相應地「誤警告」的機率也可能會增加。

最後需要指出，雖然每引入一筆 SPC 規則，都會增強我們偵測到製程失控的可能性，但每一項 SPC 規則都會產生「誤警告」。所以相應地也會增加生產的成本，因此通常根據經驗來選擇以上兩組中的某些規則作為 SPC 的控制，而不會同時應用所有規則。

3. 在發生晶圓碎片時加入更多的線上缺陷檢測

如果線上的生產晶圓發生了碎片，可以加強對相鄰晶圓的 KLA 檢測。舉例來說，對碎片前後相鄰的 3 片進行 KLA 檢測。並且可以定義其他的規則，如最後掃描的晶圓的良率要在一定指標以上，否則要繼續對後續鄰近的晶圓掃描，直到達到該標準。

4. 收緊晶圓允收測試標準

在晶圓製造完成了所有製程後，會針對晶圓上的測試結構進行電性測試。該測試通常被稱為 WAT 測試，或翻譯成晶圓允收測試。有時也會將該測試叫作 PCM（Process Control Monitor，製程控制監控）測試。這些測試結構會包含積體電路裡的常用元件，以及一些監控製程中的關鍵製程，如柵氧、不同的擴散層、接觸層、多晶矽層和金屬層特性的特殊測試結構。一種普遍的做法是將這

些測試結構放在晶片之間的切割道中。通常在 6 寸或 8 寸晶圓中，人們會在晶圓上均勻選取 5 個位置（上、下、左、右、中），並對這些結構做測試。在 12寸晶圓中，則通常會在晶圓上均勻選擇 9 個位置做測試。通常會定義一些關鍵的測試項，並將測試的結果作為是否能出貨的標準。

　　一種比較常見的標準是在定義的關鍵測試項中 WAT 的 5 個位置中可以允許有 2 個位置出現不及格。而對於車載的產品，WAT 的標準則會更為嚴苛。具體的標準依據不同供應商、製程平臺的成熟度、不同客戶和不同產品的需求而不同，以下將列舉一些通常可能出現的針對車載產品的更加嚴格管控的方式。圖10-17 為 8 寸和 12 寸晶圓的 WAT 檢測位置。

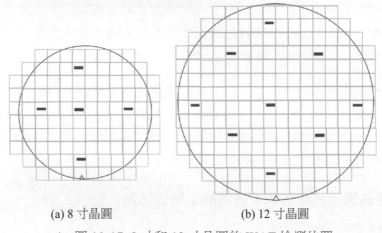

(a) 8 寸晶圓　　　　　　　　　(b) 12 寸晶圓

▲ 圖 10-17　8 寸和 12 寸晶圓的 WAT 檢測位置

　　通常在 WAT 或 PCM 測試中會將測試項區分為關鍵和非關鍵測試項，分類的標準可以依據不同產品而定義，通常弱檢測項與元件的可靠性相關則會被分類為關鍵測試項。針對車載產品，通常會對關鍵的或與可靠性相關的測試項目加入更多的規則來收緊測試標準。以下舉幾個常見的例子來說明。

　　（1）WAT 測試中出現了一個不及格的位置，則需對整片晶圓上的所有PCM 結構進行測試。如果出現了更多的失效則將晶圓報廢；如果沒有出現更多的失效，則允許將晶圓出貨給客戶。這時需要採取一些防禦措施，例如將失效PCM 結構周圍一定範圍內的晶片標記為無效晶片。

（2）一旦出現了報廢的晶圓，則需要對報廢晶圓鄰近的晶圓進行更嚴格的檢查。例如對前後相鄰的 4 片晶圓所有的 PCM 位置進行量測。如果在相鄰晶圓裡出現了更多的報廢晶圓或在這些晶圓裡出現了超過 3 個失效的 PCM 結構，則需對整個晶圓批次進行 100% 的 PCM 量測。

（3）當整個晶圓批次裡出現了超過一定數量的報廢晶圓時，則需要將該批次作為特殊批次進行隔離，只有在工程人員評估後才能將獲得批准的晶圓出貨給客戶。在 10.3.3 節中會針對異常批次的處理進行更為詳細的講解。

5. 收緊晶圓測試的標準

對於完成了晶圓製造並通過了 WAT 測試的晶圓，人們通常會對晶圓上的晶片做晶圓級的測試，這一測試通常被稱為 CP（Chip Probing，晶圓）測試，有時也被稱為 Wafer Sort 或 Wafer Test。通常人們會將測試機透過針卡來接觸晶片表面的金屬引線焊接端點，並做一些基本的電性測量。透過這種方法能夠很快地篩選出功能存在問題的晶片，並將之標注出來。這樣在封裝時可以避免將這些已知的無效晶片進行封裝，而造成浪費。晶片的大小決定了一片晶圓上晶片的總數，一片晶圓上晶片的數量可能從幾千片到幾十萬片不等。通常人們會根據晶圓上晶片的數量、晶片的成本等因素選擇做 100% 或進行抽樣測量。而對於車載的晶片，人們往往會採取以下的方法來加壓 CP 測量的標準。

1）引入基於統計的良率標準（Statistical Yield Limits，SYL）

通常生產過程中存在的異常會造成良率上的損失，有時候異常狀況會造成明顯的良率出現偏差，而出現了良率偏差的晶圓或晶圓批次往往存在著品質的風險。而選用固定的良率標準有時無法及時發現這一良率偏差，這時使用基於統計的良率標準則有助發現這樣的異常晶圓或晶圓批次。一旦發現了這樣的情況，可以採取相應的措施對異常晶圓進行隔離，並由相關工程部門進行更為細緻的評估，決定是否存在有品質上的風險。

基於統計的良率標準通常可以由以下方法來決定，首先在生產初期，人們會搜集 6 個晶圓批次的 CP 資料，來分析良率的平均值（Mean）和方差（Sigma）。透過這些資料可以設立以下的良率統計標準 SYL1 和 SYL2：

$$SYL1 = Mean - 3\sigma$$
$$SYL2 = Mean - 4\sigma$$

而在量產過程中可以以一個固定的週期根據生產的良率資料來更新這兩個良率標準。而對於測試良率低於 SYL1 的批次,將其定義為異常批次,而需要由工程人員做額外的評估,經過批准後才能出貨;而對於良率低於 SYL2 的批次,通常需要透過對失效的晶片進行更為詳細的失效分析來做風險評估。這樣的批次通常還需要將分析結果和結論分享給客戶,並在獲得客戶的特別批准的情況下才能允許出貨。

2)動態平均測試(Dynamic Part Average Test,Dynamic PAT)

與使用固定良率標準來衡量晶圓存在的無法儘早發現異常的晶圓批次類似,在晶圓測試中針對某測試項使用固定的測試上下限有可能無法排除一些明顯的、異常的、確有在測試上下限範圍內的、有風險的晶片。如圖 10-18 所示,其中正常晶片的分佈如接近正態分佈的區域所示;還有一些明顯存在著特殊差異造成的偏離正態分佈的晶片。這些異常的晶片雖然其性能還在測試上下限的範圍內,但有可能存在著潛在的品質風險。這時透過採取動態的平均測試法,則可以有效地將大部分有風險的晶片排除在外。

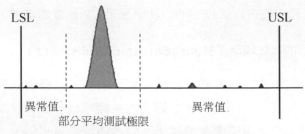

▲ 圖 10-18 動態的平均測試法

通常對於 $C_{pk}>2$ 的測試參數,人們建議採用動態平均測試法。這時測試參數的動態上下限是隨著每個晶圓測試時實際測得的平均值和方差由以下公式決定的:

$$PAT(上限) = Mean + 6\sigma$$
$$PAT(下限) = Mean - 6\sigma$$

3）引入額外的區域良率處理規則

另外，針對車載的產品，還可以引入特別的區域規則來排除潛在的風險。這裡舉兩個比較常見的例子。

（1）壞區域中的好晶片處理規則（Good Die in Bad Cluster，GDBC）。

在進行 CP 測試時，有時會觀察到如圖 10-19 所示的狀況，即存在　片有大量測試失效的晶片區域，而這時在該區域中的晶片即使能夠透過測試，也存在著品質上的潛在風險。這時可以設置額外的標準來衡量這些晶片是否可以被接受。通常可以將相鄰晶片的失效率作為一個標準，舉例來說，對於不處於晶圓邊緣的一顆透過測試的晶片，如果與之相鄰的 8 顆晶片中有大於 6 顆晶片均為失效晶片，那麼可以將這該晶片也作為有風險的晶片標記出來。針對在晶圓邊緣的晶片，也可以採取類似的規則來剔除存在潛在風險的晶片。圖 10-19 所示為根據相鄰壞晶片的數量標記出壞區域中好晶片為有風險晶片的過程。

晶圓中央區域

G	G	G	G	G
G	B	G	B	G
G	B	G	B	G
G	B	G	G	G
G	G	G	G	G
G	G	G	G	G

晶圓邊緣區域

G	G	G		
G	G	G	B	
G	G	G	B	G
G	G	G	G	
G	G	G	G	G

G	透過晶圓測試的好晶片

G	被認定為在壞晶片區域裡有風險的晶片

B	無法透過晶圓測試的壞晶片

▲ 圖 10-19 根據相鄰壞晶片的數量標記出壞區域中好晶片為有風險晶片的過程

（2）晶圓分區的良率規則。

另外，在有些情況下，人們除了考察整片晶圓的整體良率之外，還可以透過進一步對晶圓進行分區，分別考量每個子區域裡的晶圓良率情況並引入更多的規則來排除潛在的存在風險的晶片。如圖 10-20 所示，通常人們將晶圓從內到外分成幾個面積相同的區域來分別考察良率。

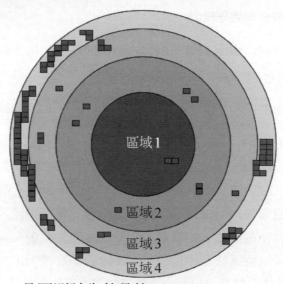

■ 晶圓測試失效晶片

▲ 圖 10-20 將晶圓分成等同面積的 4 個區域分別考量每個區域中的良率

6. 收緊出貨前外觀檢查報廢標準

　　晶圓在完成了所有電性能測試後，在出貨前還需要經過最終的外觀檢查。外觀檢查通常可以分為自動光學檢查（Automatic Optical Inspection，AOI）和人工目檢（Manual Visual Inspection，MVI）兩類。針對車規類型的產品，通常會對晶圓上所有的晶片做 100% 的自動光學檢查。自動光學檢查的目的是透過對晶片表面的照片做數字處理和分析，發現可能受到損傷的晶片，而將其標記為無效晶片。通常在進行自動光學檢查之前，會儲存一些沒有任何問題的晶片的照片，通常稱之為黃金圖片。而在接下來會對晶圓上所有的晶片做100%的掃描，並透過數位影像處理的方法與黃金圖片做對比，發現晶片上可能存在的一些表面損傷，如劃痕、沾汙顆粒等肉眼不容易看到的損傷。通常人們也會對自動光學檢查的允許的良率損失設立一個標準，而對於車載晶片，該良率標準則會更為嚴格。

除了自動光學檢查，晶圓在出貨前還會有一道人工的目檢，目檢有時候更容易發現晶圓上比較大區域的一些問題，如大的劃痕或晶圓存在的色差。對於功率元件，通常晶圓在完成了前端的工序後，還會做背面的減薄和背面的金屬化。這時目檢也會關注晶圓是否存在邊緣的損害，如崩邊缺角等問題，同時也會對晶圓的背面進行外觀檢查，看是否存在金屬的劃傷、變色等問題。如果存在問題將相應地將受影響的晶片標記出來。而通常對於車載晶片產品，目檢的標準也會更加嚴格。

7. 增加封裝過程中的自動光學檢測

在封裝的過程中，也可以透過加入更多的自動光學檢測來作為更為嚴格的品質把關。舉例來說，封裝中的早期工序是晶圓的切割，而目前最為常用的切割方式是用砂輪劃片機完成切割。由於這一過程中存在的機械應力，以及隨著切割刀片的老化，切割道中可能會存在崩邊的狀況。而崩邊情況過於嚴重，可能會使晶片電路區域的性能受到損害。而透過增加切割後的自動光學檢測，可以檢測崩邊的嚴重程度，剔除存在潛在風險的晶片。並且透過監測良率的損耗，可以衡量切割製程的穩定性，及時發現製程中的問題（如切割刀老化）並進行校正。

10.3.2　優選或指定裝置

在生產過程中，可以根據產品的性能定義最關鍵的生產步驟。針對這些關鍵生產步驟，廠商可以對該生產步驟的裝置做評估。評估的依據可能是 Cpk 的能力、產生沾汙顆粒的數量等。再根據評估的結果，對所有相同的生產裝置做排名並選取最佳的裝置進行車載產品的生產。透過這樣的裝置篩選，通常可以進一步提升良率和產品性能的穩定性。表 10-5 與表 10-6 展示了在針對車載產品採用優選機台生產後帶來的製程能力 Cpk 的提升和相應晶圓測試的良率提升的例子。

▼ 表 10-5　透過優選裝置增加製程能力的例子

線上監控參數	優選裝置前 Cpk	優選裝置 Cpk
參數 1	1.54	1.89
參數 2	2.02	2.20
參數 3	2.40	2.88

▼ 表 10-6　透過優選裝置提升晶圓測試良率的例子

晶圓測試	優選裝置前的良率	優選裝置後的良率
平均良率	96.7%	97.8%
標準方差	2.2%	1.2%

10.3.3　生產中的異常批次管理

　　對於有車規要求的晶片生產過程，對於異常批次的處理有著特殊的要求。在車規品質管制系統 IATF 16949：2016 標準中第 8 章裡也對異常批次處理提出了相關的要求。在晶片的生產過程中出現的滿足一定條件的不符合規範產品會被標記為異常批次，而這些異常批次的處理通常需遵循固定的流程和方法。而只有最後滿足一定條件的情況下才允許進入下一步的生產流程中，否則需要作為廢品報廢。

　　在晶片生產製造過程中，通常會定義一些關鍵的監控項目為異常批次相關的測試項。舉例來說，在前端晶圓製造過程中，通常可以從線上監控、PCM 測試項、CP 測試或其他測試中選取一些關鍵的測試項作為觸發異常批次的項目。而在後端封裝和測試的生產過程中，通常可以選取線上監控或終測中的關鍵項目的良率，或出現的失效分類（Failure Bin）作為觸發異常批次的項目。當滿足預先設定的觸發條件時，則該批次會成為異常批次（英文有時被稱為 Maverick Lot），而需要被隔離出來。通常在條件允許的情況下，設定觸發條件需要依靠測試參數的統計分佈來決定。觸發異常批次的測試項目和觸發條件均需要在生產管理系統裡有記錄，確保其能夠順利地被執行。

具體哪些測試項目需要被選擇成為觸發異常批次測試項，可以由 FMEA 的結果來衡量。通常如果 FMEA 裡面的某個項目會導致產品最終的可靠性問題，或說該風險的可探測性非常低（即 Detection 的評分非常高），則需要將相應的測試項作為觸發異常批次的項目，並在控制計畫里加以標注。除了 FMEA，也可以利用過往生產的實際經驗或透過客戶的投訴來定義其他可能觸發異常批次的測試項目。另外，還有可能存在和客戶約定好的觸發異常批次的條件。

除了以上定義的觸發異常批次的測試項可以觸發異常批次，如發生以下情況，通常該批次也會被認定為異常批次。

（1）發生了明顯可能影響產品可靠性的異常。

（2）常規的 OCAP 沒有辦法處理發生的異常情況。

（3）存在 OCAP，但是操作工作無法執行而需要工程部門的介入。

（4）異常的關鍵背景資訊不足。

一旦生產中的某個批次被確定為了異常批次，該批次會被隔離並請相關工程部門人員進行風險評估。風險評估一般基於現有的 FMEA，風險評估的目的是衡量觀察到的不符合規範是否會對最終產品的品質以及可靠性帶來影響。而這一風險評估的結果通常需要經過一個生產部門的異常批次評審委員會做最終的評估，並由該評委會對受到影響的批次做出相關處置的最終決定。通常有以下決定。

（1）報廢。

（2）建議通知負責相關產品的品質部門做特許允收。

（3）不做通知繼續生產流程，注意在該情形下，該異常批次的狀態仍然會被保留。

在建議允收的情況下，允收的通知和風險評估的結果會由負責相關產品的品質部門做審核。該部門最終決定是否接受生產部門舉出的允收建議，並將結

論回饋給生產部門的異常批次評審委員會，並根據結果對異常批次進行相應的處置，閉環完成整個異常批次的處理流程。

對異常批次進行處理的整個過程需要留下記錄，如果發現了任何無法被現有的 FMEA 涵蓋的異常情況，生產部門和產品品質部門需要相應地更新 FMEA。另外，IATF 16949 品質管制系統裡也對企業提出了有持續改善計畫的要求。而生產部門通常會透過持續改善計畫來分析總結異常批次出現的情況，並相應地做長期的、持續的改進。

10.3.4　安全量產投放

一般是指客戶 PPAP 審核已經透過，並在收到正式訂單的初期對產品的尺寸及外觀進行嚴加檢查的控制的方法。由於汽車零件批次大、要求高，設計人員在草稿上都會用特別的方法辨識出功能性關鍵尺寸，製造工程師會根據製造能力辨識出製造性關鍵尺寸，這些尺寸都需要在生產過程中得到特殊驗證。在前期驗證過程中如果產品關鍵尺寸或某些過程重要尺寸不能滿足製造能力研究，汽車產業最通行的辦法就是用 100% 出貨檢驗，以保證在短期內供應到客戶處的全部都是合格零件。一般規定在批量生產前三個月或 5000 件產品時，供應商和客戶品質部會一起確認出一個 GP12（關鍵特性 100% 檢驗）的清單（通常被稱為 GP12 清單），供應商在要求的時間內對出廠產品做 100% 的全數檢驗。不斷改進製程，提高製造能力，並按照工程能力計算方法 Cpk/PPK 去評價生產過程是否達到了要求。

10.3.5　客戶投訴處理

在 IATF 16949：2016 的第 10 章裡對企業提出了處理客訴和做失效分析的要求。通常企業需要有一個系統的處理客戶投訴的流程和記錄客訴的系統，以保證這一要求能夠得到滿足。圖 10-21 展示了一個處理客戶投訴的流程。

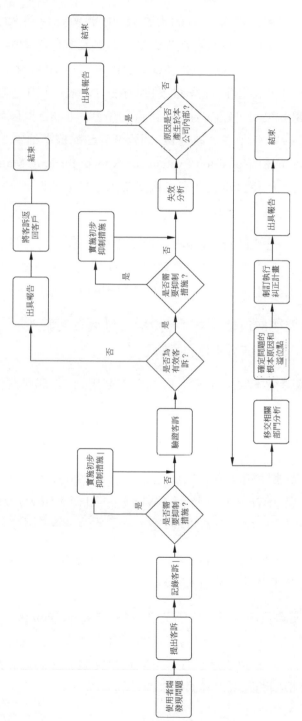

▲ 圖 10-21 處理客戶投訴的流程

通常一個被常用於處理客訴的方法為 8D 問題解決法（Eight Disciplines Problem Solving，8D）。8D 是在汽車產業、組裝及其他產業中，利用團隊方式結構性徹底解決問題時的標準做法。8D 問題解決法也稱為團隊導向問題解決方法或 8D report，是一個處理及解決問題的方法，常被品質工程師或其他專業人員使用。8D 問題解決法一般認為是福特公司所創，但 8D 問題解決法的流程是由美國國防部在 1974 年創立，描述 8D 問題解決法的標準稱為「MIL-STD 1520 Corrective Action and Disposition System for Nonconforming Material」。此標準已在 1995 年廢止，福特汽車也在汽車產業使用了類似的做法，後來也有許多電子公司開始使用。

8D 問題解決法的目的是辨識出一再出現的問題，並且要矯正並消除此問題，有助產品及製程的提升。若條件許可，8D 問題解決法會依照問題的統計分析來產生問題的永久對策，並且用確認根本原因的方式聚焦在問題的根源。

最早的 8D 問題解決法分為 8 個步驟，但後來又加入了一個計畫的步驟 D0。每個步驟的名稱和主要工作內容如下。

D0 計畫：針對要解決的問題，確認是否要用到 8D 問題解決法，並決定先決條件。

D1 建立團隊：建立一個團隊，由有產品或製程專業知識的人員組成。

D2 定義及描述問題：用可以量化的何人（Who）、何物（What）、何地（Where）、何時（When）、為何（Why）、如何（How）及多少錢（How much）（5W2H）來辨識及定義問題。

D3 確認、實施並確認暫行對策：定義暫行對策矯正已知的問題，實施並確認此對策，避免使用者受到問題的影響。

D4 確認、辨識及確認根本原因及溢位點（Escape Points）：找出所有可能會造成此問題的原因，並且找到為何在問題發生後沒有注意到有問題。所有的問題原因都需要經過確認或是證實，不只是單純腦力激蕩的結果。可以用五問法或是魚骨圖來根據問題或是其影響來標識其原因。

D5 針對問題或不符合規格的部分，選擇及確認永久對策：經過試量產來確認永久對策已經解決使用者端的問題。

D6 實施永久對策：定義並實施的對策。

D7 採取預防措施：為了避免此問題或類似問題再度發生，修改管理系統、作業系統、實務及流程。

D8 感謝團隊成員：認可團隊整體的貢獻，需要由組織正式地感謝此團隊。

車載晶片交付的客戶會對客訴的回應時間提出要求，通常需要在很短的時間內完成前 3D 分析並提交 3D 報告，並且在規定的期限內完成 8D 並提交 8D 報告。

10.3.6 品質系統和流程審核

審核可以分為系統審核、過程審核和產品審核。其中系統審核關注的焦點是品質管制系統的有效性，可以是內部或外部審核，目的是確定品質管制系統的品質能力。主要根據具體標準及客戶的要求來檢查基本程式的完整性和有效性。過程審核則聚焦於產品的品質和相關的過程。過程審核可以是內部或外部審核，在審核過程中針對選擇的產品檢查策劃、開發和生產過程中的適用性和合理性。

1. 品質管制系統審核 IATF 16949

IATF 16949: 2016 是全球汽車產業的技術規範和品質管制標準。這裡簡單介紹一下該品質管制系統標準的歷史。為了協調國際汽車品質系統規範，由世界上主要的汽車製造商及協會於 1996 年成立了一個專門機構，稱為國際汽車工作群組（International Automotive Task Force，IATF）。IATF 的成員包括國際標準組織品質管制與品質保證技術委員會（ISO/TC176）、義大利汽車工業協會（ANFIA）、法國汽車製造商委員會（CCFA）和汽車裝備工業聯盟（FIEV）、德國汽車工業協會（VDA）、汽車製造商，如寶馬、克萊斯勒、飛雅特、福特、通用、雷諾和福斯等。IATF 對 3 個歐洲規範 VDA6.1（德國）、VSQ（義大利）、EAQF（法國）和 QS-9000（北美）進行了協調，基於 ISO 9001: 1994 版的標準於 1999 年發佈了第一版的針對汽車產品供應商的品質管制系統標準 ISO/TS

16949: 1999。這項技術規範適用於整個汽車產業生產零件與服務件的供應鏈，包括整車廠。隨著 ISO 9001 的不斷更新，ISO/TS 16949 的標準也隨之更新。在 2002 年 3 月，基於 ISO 9001：2000 版標準，在 ISO/TC176 的認可下，國際標準組織 ISO 與 IATF 公佈了國際汽車品質的技術規範 ISO/TS 16949: 2002。最後一版 ISO/TS 16949 的更新發生在 2009 年，ISO/TS 16949: 2009 在 2009 年 6 月份發佈了相容新的 ISO 9001: 2008 標準的車規品質管制系統標準。

而 IATF 16949: 2016 標準基於 ISO 9001: 2015，於 2016 年 10 月國際汽車工作群組（IATF）正式發佈，替代 ISO/TS 16949：2009 作為規範汽車產業品質管制的標準。與 ISO/TS 16949 不同，它不再是一個可獨立實施的品質管制系統，而是包含汽車產業特定的補充要求，配合 ISO 9001: 2015 共同實施。

儘管 IATF 16949: 2016 不再是一個可獨立實施的品質管制系統的 ISO 標準，但它將作為對 ISO 9001: 2015 的補充並與其一起共同實施，該標準透過使用與 ISO 標準通用的高層結構（Annex SL），與其他主要管理系統標準保持一致。在執行層面，持有 ISO/TS 16949: 2009 證書的客戶需要在 2018 年 9 月 14 日之前都必須轉換至新版本，該日期之後，ISO/TS 16949 證書將不再有效。2017 年 10 月 1 日之後，所有認證審核（包括初次審核、監督審核、再認證或轉移審核），都必須基於 IATF 16949 標準。

目前，IATF 16949: 2016 是全球通用的汽車產業品質管制標準，涵蓋了有效運行品質管制系統（QMS）的相關要求。此項新標準的發佈在於發展品質管制系統，將致力於持續改進、強調缺陷預防、涵蓋汽車產業的特定要求和輔劣工具，以及在整個供應鏈中減少變差和浪費。該標準與關鍵業務密切相關，因此對於許多汽車製造廠商（OEM）和供應商，包括供應給汽車產業的晶片製造廠商都需要嚴格遵照品質管制標準。

2. 過程審核 VDA 6.3

德國汽車工業聯合會（Verband der Automobilindustrie，VDA）是由德國主要汽車製造商及其合作夥伴、供應商組成的協會性組織。VDA 頒佈了很多包括德國汽車工業品質標準 VDA 6 在內的業界標準。VDA 6 由如圖 10-22 所示的 7 部分組成，分別涵蓋了品質系統審核、過程審核和產品審核 3 個維度。而 VDA

6 中的第 3 部分是針對批量生產及服務的過程審核,這一審核的主要目的是對品質能力進行評估,保證過程有能力在各種干擾因素的影響下處於穩定受控狀態。基於這一標準的過程審核 VDA 6.3 是汽車產業中應用最廣泛的過程審核標準。第一版的 VDA 6.3 標準於 1998 年推出,並分別在 2010 年和 2016 年進行了修訂和最佳化。

德國汽車工業品質標準 Qualitätsstandards der deutschen Automobilindustrie			
VDA 6 品質審核的 基本準則 審核與認證	VDA 6 第一部分	品質系統審核	VDA 6 第二部分 品質系統審核 服務
	VDA 6 第三部分	過程審核	
	VDA 6 第四部分	品質系統審核 生產裝置	
	VDA 6 第五部分	產品審核	VDA 6 第六部分 服務審核

▲ 圖 10-22 德國汽車工業品質標準包含的 7 個組成部分

　　開展 VDA 6.3 過程審核工作是國際汽車工業德國汽車工業聯合會的特殊要求,成為進入德國主機廠的必備條件。想要拿到進入德國汽車企業供應鏈的門票,能否透過 VDA 6.3 便是極為重要的評判標準。目前中國自主品牌和合資品牌的整車廠在中國選擇供應商時,首選用 VDA 6.3 的過程審核方法對供應商進行品質能力評價,確保所選擇的供應商有能夠提供持續的品質能力,滿足供貨要求。

　　基於 VDA 6.3 的過程審核可以是內部的自審,也可以是對外部供應商的審核。審核中的流程包含以下幾個。

（1）審核計畫、審核委託及審核員能力要求。

（2）開展審核。

（3）評價。

（4）展示審核結果。

（5）完成後續工作。

審核中的基本原則是隨機抽樣檢查，保證審核員能夠取出足夠的隨機樣本。如果是內部審核，應由獨立且具備足夠資質的員工負責展開。外部審核應由客戶、客戶的高級管理人員或具有認證資質的公司負責展開，審核員必須具備獨立性，且具有全面的資質。審核員應將審核發現與檢查表中的要求進行相互匹配，並且開展可追溯的評定。

而在審核中主要是對以下的 7 個要素分別進行評估。

過程要素 P1：潛在供應商分析。

該過程要素審核主要被用來作為潛在供應商分析的一種評價方法，針對的是新的、不了解的供應商、生產地點和製程技術。另外，簽字供應商分析還適用於對供應商的研發及過程潛力開展評價。潛在供應商分析是決定是否發送封包頂點的準備工作。對於被評價的公司，潛在供應商分析的結果可以被看作臨時的品質能力評級。

過程要素 P2：專案管理。

該過程要素審核的主要目的在於評價供應商是否具有專案管理的組織機構，是否有詳細的規劃資源的流程，在編制專案計畫時是否有與客戶的需求協調一致。另外，在專案的規劃階段是否對品質需求有策劃和監控。是否有相應的變更管理流程用來評估、管理和執行可能來自內部或外部的變更需求。是否有合理的升級程式來管理專案中可能出現的風險，保證最後的交付。

過程要素 P3：產品 / 過程開發的策劃。

該過程要素審核的主要目的在於評價供應商是否有明確的產品和過程需求。在明確需求的基礎上，是否有不同職能部門間對可行性進行分析。是否具有開發產品的詳細計畫，是否對顧客滿意度、顧客服務（如客戶培訓、客訴等）制訂相應的計畫。是否對產品開發所需的資源，如實驗製造裝置、電腦軟體等有相應的規劃。

過程要素 P4： 產品 / 過程開發的實現。

該過程要素審核的主要目的在於評價供應商產品和過程開發中的事項是否能夠得到落實，舉例來說，是否有實施 FMEA 對風險加以評估； 是否有從 FMEA 中定義並辨識出特別風險，並實施相應措施對風險進行管控； 是否有足夠的人力資源、原材料和產能資源能夠確保量產的啟動； 是否在有進行 MSA、Cpk 等裝置和過程能力研究； 是合對專案由開發階段移交至批量生產階段開展了控制管理，如是否有內部的 PPAP 的批准流程。

過程要素 P5： 供應商管理。

該過程要素審核的主要目的在於評估供應商的供應商管理流程，舉例來說，是否只和具有品質能力資質認證的供方開展合作； 是否有合理的考量評價供應商績效的機制； 與供應商約定的品質標準是否能夠得到保障； 對於採購的產品或服務，是否有合適的批准放行機制； 對於供應的產品是否進行合理的搬運和儲存。

過程要素 P6： 過程分析生產。

該過程要素審核的主要目的在於評估供應商生產過程是否受控； 是否有相應的人力資源為過程提供保障； 生產過程的效率如何得到有效的保障； 成品的交付是否滿足客戶要求等。

過程要素 P7： 客戶支援。

該過程要素審核的主要目的在於評估供應商品質管制系統是否滿足客戶的要求； 是否對針對客戶需求提供了相應的介面開展聯絡溝通，並確保根據與客戶達成的協議服務客戶； 是否能夠保障客戶的供應； 針對客戶的投訴是否有相應的流程和反應機制，並能保證在規定的時間內做出回饋。

參與審核的審核人員需要具備相應的資質。表 10-7 列舉了 ISO 9001、IAFT 16949 以及 VDA 6.3 審核員需要滿足的條件。

▼ 表 10-7　ISO 9001、IATF 16949 以及 VDA 6.3 審核員需要滿足的要求

審核心種類	審核員的要求
ISO 9001 品質管制系統審核	參加至少一次外部 ISO 9001 審核員培訓並考試及格；審核員必須每年至少完成一次的 ISO 9001 審核
IATF 16949 車規品質管制系統審核	參加至少一次外部 IATF 16949 的培訓並成功考試及格。 審核員每年至少需要完成一次 IATF 16949 的審核，由於 IATF 16949 審核的要求很高，強烈推薦審核員每年完成更多的審核。 審核員需要具有以下能力： ① 理解車載生產管理流程審核方法，具有強烈的風險管理意識。 ② 深刻理解 ISO 9001 和 IATF 16949 管理系統的要求。 ③ 理解車規常用的品質管制工具的要求，並且能夠在審核中去評估其應用情況。 ④ 能夠合理計畫、實施審核，並且能夠將結果形成報告，並做審核結果總結
VDA 6.3 車規管理系統過程審核	參加至少一次外部 VDA 6.3 過程審核培訓並成功考試及格。這裡強烈建議參加得到 VDA 品質管制中心認證的培訓課程。 需要具備良好的 IATF 16949 品質管制系統的知識，強烈推薦擁有 IATF 16949 的審核員資質，並對車規品質管制工具有深刻的理解。 內部過程審核員： 對品質管制有基本的了解，熟悉最新的法規和標準，對被審核的產品和製造過程有基本的了解。至少具備 3 年的、最好是汽車生產製造產業的產業經驗，至少有 1 年的品質職位的工作經驗。 外部過程審核員： 對品質管制和對被審核的產品和製造過程有深刻的了解，具有審核員資質。至少具備 5 年的、最好是汽車生產製造產業的產業經驗，至少有 2 年的品質職位的工作經驗

審核員在審核過程中會對審核中發現的問題做出評判，根據 IATF 16949 的要求，發現的問題按嚴重程度可以分為以下幾個種類。

（1）主要不符合規範項：如果發現的問題可能導致將不符合規範的產品發貨給客戶，則該項將被判定為主要不符合規範項。另外，如果該專案有可能導

致品質管制系統無法有效保證過程的可控性，也可被判定為主要不符合規範項。另外，如果針對某一要求發現有多項輕微不符合規範項，導致整體過程的可控性產生風險，則也可以被判定為主要不符合規範項。

（2）輕微不符合規範項：如果發現的問題有不符合規範，但是不會導致整體過程的可控性受到影響，則可將該不符合規範判定為輕微不符合規範項。

（3）有改進空間： 如果發現某項要求已經獲得了有效的執行，但是基於審核員的經驗，針對該要求的執行可以有改善的空間，或可以做得更為嚴謹，則該項目可以判斷為有改進空間。

（4）沒有發現： 如果沒有發現有任何不符合標準的情況，則被判定為沒有發現。但是要注意這種情況一定要記錄下呈現給審核員的證據，表明審核員如何得到「沒有發現」的結論。

在 VDA 6.3 的過程審核中，通常使用 VDA 6.3 推薦的 0~10 分制的評分標準來評判標準的執行情況。這一 10 分制的評分標準可以和前面提到的 IATF 16949 的評判標準對應，如表 10-8 所示。而對於這些發現，通常需要被審核人做相應的根本原因分析，並根據結果制訂一個改善計畫。而這些改善計畫需要在一定的時間範圍內完成。具體完成改善計畫的時間根據發現的嚴重程度有如表 10-9 所示的相應的要求。被審核人需要通知審核人改善的進展，並在完成改善後得到審核人的審核並做出書面記錄。

▼ 表 10-8 IATF 16949 審核中發現問題的嚴重程度與 VDA 6.3 審核的評分對應

VDA 6.3 10 分制評分	IATF 16949 評價系統
10	沒有發現
8	有改進空間
6	輕微不符合規範
4	主要不符合規範
0	

▼ 表 10-9　ISO 9001、IATF 16949 和 VDA 6.3 審核中發現問題的處理回饋要求

標準	審核發現	反饋時間
IATF 16949	主要不符合規範、輕微不符合規範項	60 天內需要回饋
ISO 9001	主要不符合規範、輕微不符合規範項	90 天內需要回饋
VDA 6.3	評分為 8、6、4、0 的項目，即包含主要不符合規範、輕微不符合規範及有改進空間的項目	內部審核 60 天內需要回饋
		外部審核發現的所有不符合規範和有改進空間項均需要儘快得到解決。被審核人和審核方必須針對每一個不符合規範項和有改進空間項制訂一個改進計畫。如果審核方認定風險比較嚴重，審核方有權力要求被審核方立即採取改進措施

　　通常在企業裡都會有專門負責審核的品質部門人員和團隊，這些人員對品質管制系統標準和過程審核標準非常熟悉，他們會承擔起內部審核和外部供應商審核的任務，用來保證企業和其供應商都滿足品質管制的要求。在晶片製造企業裡通常會有專門的團隊負責內部工廠、外部晶圓代工廠和封測代工廠，以及原材料和其他服務提供者的審核。另外，企業裡通常還會設立一個長期的審核計畫，所有的內部和外部審核都需要進行提前的計畫，以確保有足夠的資源能夠使得需要完成或更新的審核在規定時間範圍內得以實施。

第11章

車載晶片與
系統測試認證

11.1 車載晶片測試認證

11.1.1 車載晶片測試認證概述

　　如圖 11-1 所示,在現實世界中,積體電路的設計、加工、製造以及生產過程中,各種各樣人為、非人為因素導致的錯誤(Error)難以避免,這些錯誤所造成的資源浪費、危險事故、人身傷亡等巨大代價更是難以估量。設計的漏洞、布局佈線的失誤、工作條件的差異、原料的純度不足和存在缺陷,以及機器裝置

的誤操作等造成的錯誤,都是導致電路產生缺陷(Defect)而最終失效(Failure)的原因。因此,為了得到品質優良、可靠性高的晶片產品,節約晶片設計製造成本,測試(Test)貫穿在晶片設計、晶片製造、封裝及應用的全過程。

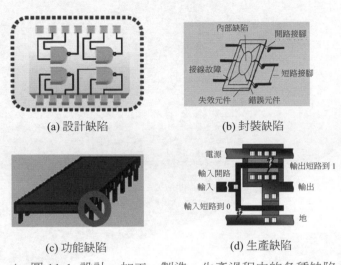

(a) 設計缺陷　　　　　　　　　(b) 封裝缺陷

(c) 功能缺陷　　　　　　　　　(d) 生產缺陷

▲ 圖 11-1 設計、加工、製造、生產過程中的各種缺陷

　　晶片從無到有並且最終出廠需要經過重重步驟,其中主要的步驟如圖 11-2 所示。可以將所有步驟劃分為 3 個階段:晶片設計、晶片製造和封裝測試。根據晶片所處的階段不同,晶片所要接受的檢測(或驗證)可分為 3 大類:設計驗證、前段量檢測和後段檢測。

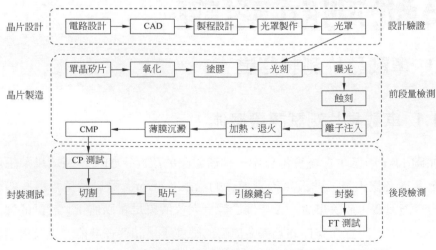

▲ 圖 11-2 晶片設計、晶片製造、封裝測試的主要步驟

設計驗證用於晶片設計階段，其主要內容是採用電學檢測技術來驗證樣品是否實現預定的設計功能。前段量檢測是一種物理性、功能性的測試，主要用於晶圓的加工製造環節，其目的是要檢測每步製程後產品的加工參數是否達到了設計的要求，並且查看晶圓表面上是否存在影響良率的缺陷，確保將加工產線的良率控制在規定的水準之上。前段量檢測按照測試目的分為量測和檢測。按照應用主要分為關鍵尺寸量測、薄膜的厚度量測、套刻對準量測、光罩 / 掩膜檢測、無圖形晶圓檢測、圖形化晶圓檢測和缺陷複查。按照技術主要分為光學檢測裝置、電子束檢測裝置。後段檢測是一種電性、功能性的檢測，主要用於晶圓加工之後、晶片封裝環節內，其目的是檢查晶片是否達到性能要求。後段檢測又細分為 CP 測試、FT 測試，其中 CP 測試確保製程合格的產品進入封裝環節，FT 測試確保性能合格的產品最終才能流向市場。測試裝置分為測試機、探針台和分選機。

　　在各個階段，晶片都需要進行對應的測試。測試既是積體電路產業鏈中的一環，也是驗證出廠的關鍵。早期的測試只是作為晶片生產中的工序存在，被合併在製造業或封裝業中。隨著積體電路產業分工日益明晰和人們對積體電路品質的重視，再加上技術、成本和智慧財產權保護等諸多因素，積體電路測試業目前正成為積體電路產業中一個不可或缺的、專業化的獨立產業，作為設計、製造和封裝的有力技術支撐，推動了積體電路產業的迅速發展。如今，許多國家、組織機構、企業紛紛制定了相關的測試標準。其目的是要規範測試方法和測試案例，獲得獨立權威的測試結果，保證產品的品質，同時提高測試的可操作性、可重複性，努力做到自動化測試，提升測試的效率和品質。車載晶片從設計製造到最終應用主要涉及的各類標準如圖 11-3 所示。

階段	參考標準		備註
設計	ISO 26262	功能安全	可靠性設計技術
	GB/T 12750	半導體積體電路規範	
生產製造	TS 16949	製造系統品質標準	
	AEC-Q001	產品平均測試指南	
	AEC-Q002	產品統計分析指南	
	AEC-Q003	IC 電氣性能指標	
	AEC-Q004	零缺陷指南	
可靠性認證	AEC-Q100	基於 IC 失效機制的試驗要求	
	AEC-Q101	分立元件	
	AEC-Q102	LED	
	AEC-Q103	TEMP CHIP	
	AEC-Q104	MCM	
	AEC-Q200	無源元件	
應用	AQG 324	功率模組測試方法	
	GB/T 12750	半導體積體電路分規範	
	SAE J1211	汽車電氣 / 電子模組穩健性驗證手冊	

▲ 圖 11-3 車載晶片在各個階段涉及的參考標準

11.1.2 車載晶片測試認證方法

在工程實踐中，晶片的驗證與測試往往容易混淆。在晶片設計團隊中，驗證與測試的工程師往往也被歸於同一個大組，但實際上晶片的驗證與測試的檢測目標大不相同，二者的內容區別也很大。驗證針對的是晶片設計，其目的在於發現設計中的錯誤，避免設計錯誤流入晶片製造階段。其中矽前驗證的目的是在流片前發現設計中的錯誤和問題，矽後驗證的目的是要發現流片後的實驗晶片的設計錯誤和問題。測試針對的物件是晶片，其目的是檢測晶片在製造過程中是否引入了缺陷，以及如何快速發現這些缺陷。

由於晶片的複雜程度不斷提高，設計過程中出現錯誤的機率越來越大，要保證晶片一次流片成功成為十分困難的事情。因此，人們開始利用矽後驗證來滿足驗證的需求，同時降低流片的代價。在矽後驗證流行之前，人們常以流片作為分界點來區分驗證和測試，但是由於這種劃分方法忽略了流片前為了測試所需的設計改造工作，因此十分籠統。隨著矽後驗證的興起，以流片作為分界點的傳統劃分方法被打破，實際劃分如圖 11-4 所示。

▲ 圖 11-4　晶片設計製造過程中驗證與測試的實際劃分情況

1. 設計驗證

　　設計驗證是保證晶片功能正確性和完整性最重要的一環，主要透過特徵分析，保證設計的正確性，確認元件的性能參數。圖 11-5 顯示了晶片的設計流程。晶片的設計開始於由客戶提出的產品需求。客戶根據自己的需要向晶片設計公司（稱為 Fabless，無晶圓設計公司）提出設計要求，包括晶片需要達到的具體功能和性能方面的要求。之後設計工程師會根據客戶提出的產品需求和各類規範的要求等對晶片架構進行各種層次的設計，制定出設計解決方案和具體實現架構，劃分模組功能。設計工程師將模組功能以程式來描述實現，也就是把實際的硬體電路功能透過 HDL 描述出來，形成 RTL（暫存器傳輸級）程式。設計工程師常用的硬體描述語言有 VHDL、Verilog HDL，業界公司一般使用後者。驗證工程師依據設計規範和使用者需求對晶片進行模擬驗證，即檢驗程式設計設計的正確性，看設計是否精確地滿足了根據客戶需求指定的規格中的所有要求，只要有違反或不符合規格要求的，就需要重新修改設計和程式設計。設計和模擬驗證需要進行反覆迭代，直到驗證結果顯示完全符合規格標準。之後再透過綜合或訂製布局佈線進行物理電路設計，並對設計進行時序分析，此時的時序分析和物理電路設計同樣是一個反覆迭代的過程。最後形成的物理版圖交給晶片代工廠（稱為 Foundry）在晶圓晶圓上做出實際的電路，再進行封裝和測試，就製成了晶片。在製成晶片後，仍然需要進行一些測試，如果發現錯誤則需重新投片。由此可見，驗證在設計過程中的重要性極其重要，晶片驗證不僅

關係到晶片的功能和性能，還對設計研發的成本有著非常大的影響，透過驗證或測試及早發現錯誤，既能大大縮短設計製造週期，又能大幅度降低成本（圖11-6 顯示了未發現的設計錯誤造成的成本隨時間增長的關係）。

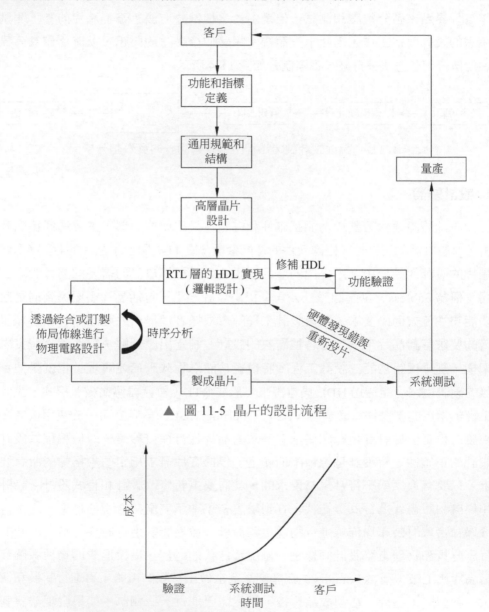

▲ 圖 11-5　晶片的設計流程

▲ 圖 11-6　未發現的設計錯誤造成的成本隨時間增長的關係

驗證的工作量約佔整個晶片開發週期的 50%~70%，相應地，驗證工程師與設計工程師的數量大概在 2~3 ： 1。晶片的驗證伴隨著設計複雜度的提升，工作量和工作難度是呈數量級上升的。驗證工程師透過在設計工程上面運行複雜的模擬，將晶片產品規格所描述的功能透過二進位波形一一展示出來，如何處理複雜且巨大的狀態空間，以及如何檢測出不正確的行為，是驗證工程師面臨的極大挑戰。第一個挑戰，窮舉驗證空間的方法已經非常不適合當下的晶片驗證趨勢，或說窮舉狀態太多了，無法實現完備性。為了解決這一問題，在當下驗證方法和流程上，對設計流程有一定的參考，舉例來說，將問題劃分，驗證團隊不會立即驗證整個晶片所有的狀態功能，而是將整個設計劃分成一些子設計，分別驗證小的模組，一旦小的模組層次的驗證完成後，再將其逐漸放大，組成子系統驗證，而後再進一步擴大規模連接組成系統級，確保其正常執行。至於第二個挑戰，設計中不可能將功能描述中沒有的功能全部都設計進去，而驗證恰恰需要考慮這些非法功能，判斷其行為會不會導致系統「掛死」之類的錯誤。對於設計狀態的切換，驗證工程師必須辨識設計是否可以根據當前輸入正確地運行其功能。

1）驗證內容

　　由於積體電路驗證並沒有明確的定義，在晶片的設計製造過程中，有許多工作都是以「驗證」或其他類似的名字命名的。在此將其劃分為功能驗證（Functional Verification）、時序分析（Timing Analysis）和物理驗證。從驗證的層次可以分為模組層級驗證、子系統級驗證和系統級驗證。從驗證的途徑可以分為模擬（Simulation）、模擬和形式驗證（Formality Verification）。

　　功能驗證的目的是確保晶片和系統可以按照設計規範正確地執行操作。在實際的晶片設計過程中，功能驗證會貫穿整個晶片的設計週期，需要在整個設計過程中檢查並確認各個階段不偏離既定的需求規範，即保證每一步都沒有出現錯誤。需求規範是驗證過程中的正確性標準。

　　時序驗證的目的是確保晶片設計符合時序規範的要求。因為在綜合工具綜合時不能準確地估計電容性延遲效應，所以會導致設計的時序存在估計偏差。電路的正常執行速度最終取決於最長邏輯通路，即關鍵路徑。時序驗證就是要

檢查關鍵路徑和次關鍵路徑是否滿足時序要求，常用方法有靜態時序分析和動態時序模擬。

物理驗證是物理設計過程中進行的多項任務的統稱，物理驗證主要包括以下兩項驗證任務：①設計規則檢查（Design Rule Check，DRC），其目的是要證明版圖可以被生產出來，並確認物理設計滿足設計規則；②版圖和邏輯圖對照（Layout Versus Schematic，LVS），其目的是確認從物理版圖中提取出的電路圖是否與原理圖一致，若發現不一致則需要進行手工修改以使其保持一致。

2）驗證週期

（1）功能規範。

功能規範描述了預期的產品，它包含用於通訊介面的規範、必須實現的功能以及影響設計的條件。系統架構設計師決定功能規範。功能規範是驗證週期的基礎。當設計者用 HDL 實現功能規範時，驗證工程師將功能規範融入驗證環境中，這可能看起來很多餘，但它正是驗證的基礎。在驗證環境中，第二次實現功能規範組成驗證週期中的交叉檢查，這一容錯確保了設計者的假設和實現符合架構設計師的意圖。

（2）建立驗證計畫。

驗證計畫十分關鍵，因為它表達了驗證工作的詳盡描述，它回答了「我在驗證什麼？」和「我打算怎樣進行驗證？」的問題。

驗證組組長書寫驗證計畫，在這個過程中，他可以請邏輯設計者和系統架構設計師充當顧問。除非設計很簡單，否則就需要採用層次化的驗證方法。這種方法允許驗證工程師先對較小的元件進行驗證，然後把它們組合起來進行系統級驗證。驗證計畫包含了層次化的驗證中針對每個層次和每個元件的要求。

驗證計畫包含以下內容。

① 具體測試和方法——定義由驗證工程師建立的環境的種類。

② 所需的工具——支持所描述的驗證環境的必需的軟體清單，這些清單進一步組成了軟體採購團隊或內部軟體開發團隊的需求。

③ 完成標準——定義表示驗證完成的度量標準。

④ 需要的資源（人員、硬體和軟體）和詳細進度表——透過評估驗證的銷耗，將驗證計畫和程式化的管理連接起來。

⑤ 待驗證的功能——列出某一層級將被驗證的功能。

⑥ 未被覆蓋的功能——描述必須在分級的不同層進行驗證的功能，這些功能的驗證必須在驗證計畫的不同部分被具體說明。

驗證團隊與設計者和架構設計師一起評審最終的驗證計畫，這是驗證週期的第一個檢查點。設計者和架構設計師將驗證計畫與設計規範和內部結構進行比較，對驗證環境計畫提出改進意見。

（3）開發環境。

一旦驗證計畫完成，那麼驗證環境的建構就開始了。驗證環境的主要組成部分是基於模擬的驗證的測試激勵生成和檢查機制，以及形式驗證環境的規則生成。

驗證環境是使驗證工程師可以發現設計缺陷的一系列軟體程式和工具的集合。軟體程式更多針對具體的設計，而工具則更加通用，可以用在多個驗證項目中。

存在多種不同的驗證環境，包括確定型的驗證環境、基於隨機的驗證環境、基於形式化的驗證環境，以及測試用例生成器。每種環境都有不同的建立測試激勵和檢查 DUV 結果的機制。在所有的情況下，參考模型用於交叉檢查與設計意圖不一致的行為。驗證團隊透過建立參考模型來獨立地實現設計規範，參考模型根據測試用例的激勵來預測測試用例的結果，驗證團隊將功能和設計的知識融入參考模型中，參考模型提供了包含預測的資料的檢查元件，檢查元件把從 DUV 中得到的真實資料與預測資料進行比較。在整個驗證週期中，驗證環境被不斷地最佳化，這些最佳化包括軟體程式的修改和增加。

（4）偵錯硬體描述語言和環境。

驗證週期的下一個步驟是將驗證環境與 HDL 設計整合起來，此時驗證工程師開始透過運行測試集來偵錯硬體。在這些測試集的運行過程中，驗證工程師會發現各種異常，並對它們進行診斷，這些診斷用於發現錯誤的源頭，它們不是存在於驗證環境中，就是存在於 HDL 設計中。異常的發生源於驗證環境預測到了與 HDL 設計不同的行為，這是驗證週期中容錯路徑的結果。

如果錯誤發生在驗證環境中，驗證工程師更新軟體來糾正預測的行為。反之，如果 HDL 設計存在錯誤，設計團隊必須更正錯誤。一旦錯誤被修補好，驗證工程師會重新運行與原來一樣的正確的測試集，保證這些更新糾正了原有的問題，並且沒有引入新的問題。驗證團隊會反覆應用這個方法，直到所有的測試全部透過為止。

（5）回歸測試。

回歸測試是在驗證計畫中定義的測試集的連續運行。鑑於兩個原因，回歸測試成為驗證週期中的必需步驟：第一個原因是驗證環境通常有隨機化的元素，它們在每次驗證團隊運行測試時驅動不同的輸入情況；第二個原因是在設計修補和更新後，驗證團隊必須重複驗證原來所有的測試集。

當驗證週期到達回歸測試階段時，失效發生的機率下降了。為了揭示難以發現的錯誤，驗證團隊利用龐大的工作站組合，或叫「工作站群」，來運行不斷增加的驗證作業。建立在驗證環境中的隨機元件能夠使新的測試情況應用到每項驗證作業中。

當驗證團隊在回歸測試過程中找到一個錯誤時，他們會應用與 HDL 設計和驗證環境偵錯階段相同的流程來處理，錯誤會被分離和修復，然後驗證團隊重新運行與原來相同的正確的測試集。

在晶片即將流片前，驗證團隊必須反思整個驗證環境，確保設計中應用了所有有效的測試情況，並且運行了所有相關的檢查。這就是流片準備完成的檢測點。

（6）硬體製造。

當硬體符合所有的流片標準時，設計團隊將硬體交給製造工廠。將晶片交給製造工廠，就是大家所熟知的流片（Tape-out，字面意思為磁帶交付），它是引用過去的名詞，那時設計團隊將晶片的物理設計資訊儲存在磁帶上，然後將它們交給製造工廠。晶片的設計團隊用一個檢查列表，或稱流片標準，來追蹤所有的項目，包括物理的和邏輯的兩方面，這些必須在設計交付給製造之前完成。驗證是檢查清單的主要部分，它要獨立判定晶片的邏輯能力。以驗證計畫作為基礎，驗證團隊建立和維護流片標準中屬於自己的部分。流片標準是對驗證週期的正規化要求。

當所有艱難的工作都進入流片籌備階段後，標誌著達到了整個製造流程的里程碑。此刻，回歸測試階段的錯誤發生率已經降到接近為零，它表明在此驗證環境下，再次發生錯誤的機率已經降為零。但是，在設計交付製造後的回歸測試階段，包含隨機參數的驗證環境還將繼續工作。從流片交付到從製造廠中取回部分晶片之間的時間段（兩個月左右），採用隨機參數持續進行回歸測試能進一步發現邏輯錯誤。在複雜的設計中，基於隨機的驗證環境持續地生成流片前沒有遇到過的設計中的邏輯狀態或情況，偶爾某一個新的狀態會產生一個新的錯誤，使得這種持續的回歸測試「值回票價」。設計者將首次流片後發現的錯誤的修正整合到改進的 HDL 程式中，這同樣也包括系統測試硬體偵錯階段中發現的各種問題的修正。

（7）偵錯流片後的硬體（系統測試）。

一旦晶片流片完成，且晶片的製造測試已經透過（證明其沒有會影響硬體功能的物理缺陷），設計團隊將收到製造好的硬體。硬體接著被裝配到測試台或是為這些晶片設計的系統中。這時，硬體偵錯團隊（通常包括設計者和驗證工程師）執行硬體的啟動（Bring-up）。在硬體啟動過程中，更進一步的問題會自己暴露出來。

與以前一樣，設計和驗證團隊必須再次調查這些問題。驗證的整體目標是避免在真實的硬體中發現錯誤，因為這樣會付出昂貴的代價。在真實硬體中進行錯誤偵錯比在驗證環境中進行錯誤偵錯要複雜和困難得多，主要是因為真實

硬體不能提供像驗證環境那樣的全套的追蹤能力。如果一個問題被確認為功能錯誤，設計團隊就必須對它進行修復。修復錯誤的方法可以有很多種，包括利用系統微碼來避免失效的條件。但是，如果錯誤的修復必須在硬體層面進行，那就需要重新流片了。

（8）「逃逸」錯誤分析。

如果錯誤在硬體啟動階段被發現，那麼驗證團隊必須進行「逃逸」錯誤分析。這部分工作常常被忽略，但是它卻是驗證週期的關鍵部分，可確保驗證團隊完全了解錯誤及其為什麼沒能在驗證環境中被發現。驗證團隊必須在模擬環境中重新製造這個錯誤，如果可能，確定他們了解這個錯誤，並且評估分析這個錯誤是如何逃過驗證階段進入真實的硬體中的。除非在驗證中重新產生原來的錯誤，否則驗證團隊無法斷言針對這個錯誤的修改是正確的。

當驗證團隊從「逃逸」錯誤中學習和總結時，「逃逸」錯誤分析評估就進一步回饋到驗證週期的開始階段，驗證測試計畫和環境將得到持續的改進，未來的硬體晶片將從這種學習中獲益。

3）驗證報告

驗證執行完成後，一些公司會要求每個驗證人員輸出驗證報告，比較全面的驗證報告包括以下幾個維度。

（1）應用場景分析。

（2）專項分析。

- 暫存器、中斷。
- 隨機性分析：介面輸入隨機、設定隨機。
- 異常分析：介面輸入異常、激勵異常、設定異常、處理異常。
- 低功耗驗證分析。
- 介面配合分析。
- 反壓分析。

- 性能分析。

- 計數器。

- 警告。

- 時鐘重置。

- 非同步。

- RAM。

- 驗證薄弱點。

- 白盒測試點。

- Bug 列表。

- IP/BB 分析。

- FPGA 和 EDA 差異分析。

（3）重用分析。

- 修改點（規格變化、介面、配合、RAM 替換、MPI 時序、元件替換）。

- 影響點。

（4）系統配合分析。

- 訊號傳遞配合。

- 系統耦合點分析。

（5）覆蓋率分析。

- 程式覆蓋率（行、條件、FSM、切換）。

- 功能覆蓋率。

- 斷言覆蓋率。

（6）風險評估。

（7）驗證結論。

2. WAT

1）WAT 概述

　　晶圓生產出來後，在出晶圓廠之前，要經過一道電性測試，稱為晶圓可接受度測試（Wafer Acceptable Test，WAT）。WAT 是一項使用特定測試機台（自動測試機以及手動測試台）在晶圓階段對特定測試結構進行的測量。WAT 可以反映晶圓流片階段的製程波動以及偵測產線的異常。WAT 並不參與「製造」積體電路，是晶圓廠生產出成品晶圓後能否出貨的判斷標準。

2）WAT 的測試內容

　　WAT 在大多數情況下，都是利用晶圓切割道（Scribe Line）上專門設計的測試結構（Test Pattern 或 Test Structure）完成的。透過這些測試結構的組合和測試結果的分析，基本上可以監控到晶圓製造的每道工序。但是某些特殊的產品，如功率元件（Power IC），為了充分利用晶圓的面積，增加每片晶圓上晶粒的數目，會儘量壓縮切割道的面積，從而導致切割道太小，無法放置測試結構。當然，這類產品的製造製程和電路設計一般都比較簡單，所以不需要浪費面積設計測試結構，而是可以透過直接測試晶粒來完成 WAT。對它們來說，WAT 測試項目和良率測試項目是相同的，所謂的 WAT 只是預先抽樣進行良率測試而已。有的時候甚至會選擇不做 WAT，直接進行良率測試。在切割道上不放置 WAT 測試結構的另外一個好處，是可以降低晶圓封裝時的切割難度。對採用 90nm 以下先進製程製造的產品，切割道上測試結構的設計會影響晶圓切割品質的現象，已經成為眾所皆知的事情。在晶片與封裝互動作用的研究中，這也成為了一個重要的課題。液晶顯示器驅動（Liquid Crystal Display Driver，LCD Driver）晶片是另一類不會在切割道上放置測試結構的產品。因其形狀又長又窄，而又不能預先減薄晶圓，所以在整體考慮品質控制的策略之後，通常會選擇不在切割道上放置測試結構。其實，很多的案例也表明，複雜的切割道測試結構設計，不僅會給封裝切割帶來困難，同時也會給晶圓的製造帶來很多額外的風險。舉例來說，因為負載效應（Loading Effect），切割道上大區塊的銅金屬結構會導致附近晶粒邊緣的銅線磨得不均勻，而容易出現短路（Short）或斷路（Open）。所以在設計 WAT 測試結構時，要遵循一定的規則，同時也需要非常細心、謹慎。

WAT 測試結構通常包含該製程技術平臺所有的有源元件、無源元件和特定的隔離結構。例如，有源元件包括 MOS 電晶體、寄生 MOS 電晶體、二極體和雙極性接面電晶體等，但是在標準的 CMOS 製程技術中，僅把 MOS 電晶體和寄生 MOS 電晶體作為必要的 WAT 測試結構，而二極體和雙極性接面電晶體是非必要的 WAT 測試結構。無源元件包括方塊電阻、導通孔接觸電阻、金屬導線電阻和電容等。隔離結構包括有源區（AA）之間的隔離、多晶矽之間的隔離和金屬之間的隔離。WAT 參數是指有源元件、無源元件和隔離結構的電學特性參數。

3. 晶圓測試

1）晶圓測試概述

　　晶圓（Chip Probing，CP）測試在整個晶片製作流程中處於晶圓製造和封裝之間，測試物件是針對整片晶圓（Wafer）中的每個未封裝的晶片（Die），目的就是在封裝前將殘次品找出來（Wafer Sort），從而提高出廠的良品率，縮減後續封測的成本。由於尚未進行劃片封裝，晶片的接腳全部裸露在外〔這些極微小的接腳需要透過更細的探針（Probe）來與測試機台（Tester）連接〕，而通常在晶片封裝時，有些接腳會被封裝在內部，導致有些功能無法在封裝後進行測試，因此只能在 CP 中測試。有些公司還會根據 CP 測試的結果，根據性能將晶片分為多個等級，將這些產品投入不同的市場。常用到的裝置有探針台（Prober）、測試機（IC Tester）以及測試機與探針卡之間的介面（Mechanical Interface）。

2）晶圓測試流程

　　在經歷了設計、材料和製作的複雜生產過程後，需要進行晶圓測試來保證其功能。典型的晶圓測試工藝流程如圖 11-7 所示。

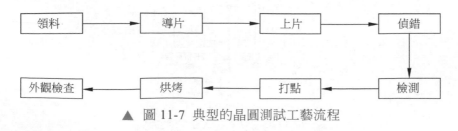

▲ 圖 11-7 典型的晶圓測試工藝流程

3）測試內容和測試方法

（1）SCAN。

SCAN 用於檢測晶片邏輯功能是否正確。可測試性設計時，先使用邏輯綜合工具插入 Scan Chain（見圖 11-8），再利用 ATPG（Automatic Test Pattern Generation，自動測試向量生成）自動生成 SCAN 測試向量。SCAN 測試時，先進入 Scan Shift 模式，ATE（Automatic Test Equipment，自動測試裝置）將模式載入到暫存器上，再透過 Scan Capture 模式，將結果捕捉。在進入下次 Shift 模式時，將結果輸出到 ATE 進行比較。

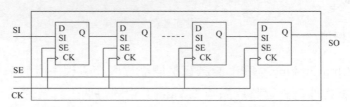

▲ 圖 11-8　Scan Chain 示意圖

（2）邊界 SCAN。

邊界 SCAN 用於檢測晶片接腳的功能是否正確。與 SCAN 類似，如圖 11-9 所示，邊界 SCAN 透過在 I/O 接腳間插入邊界暫存器（Boundary Register），使用 JTAG 介面來控制，監測接腳的輸入 / 輸出狀態。

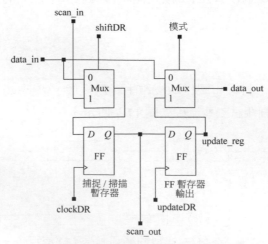

▲ 圖 11-9　邊界 SCAN 的原理圖

（3）記憶體。

晶片往往整合了各種類型的記憶體（如 ROM、RAM、Flash），為了測試記憶體讀寫和儲存功能，通常在設計時提前加入 BIST（Built-In SelfTest，內建自測）邏輯，用於記憶體自測。晶片透過特殊的接腳設定進入各類 BIST 功能，完成自測試後，BIST 模組將測試結果回饋給測試者。

ROM 透過讀取資料進行 CRC 驗證來檢測儲存內容是否正確。

RAM 除檢測讀寫和儲存功能外，有些測試還覆蓋深度睡眠的滯留功能和邊緣讀寫功能等。

Embedded Flash 除了正常讀寫和儲存功能外，還要測試抹寫功能。晶圓還需要經過烘烤和加壓來檢測 Flash 的滯留功能是否正常。還有邊緣讀寫、穿通測試等。

（4）DC/AC 測試。

DC 測試包括晶片訊號接腳的開 / 短路測試、電源 PIN 的電源短路測試，以及檢測晶片直流電流和電壓參數是否符合設計規格的測試。AC 測試為檢測晶片交流訊號品質和時序參數是否符合設計規格。

（5）RF 測試。

對於無線通訊晶片，RF（射頻）的功能和性能至關重要。CP（晶圓測試）中透過對 RF 測試來檢測 RF 模組邏輯功能是否正確。FT（Final Test，封裝測試）時還要對 RF 進行更進一步的性能測試。

（6）其他功能測試。

晶片的其他功能測試用於檢測晶片其他重要的功能和性能是否符合設計規格。

4. FT

1) FT 概述

在晶圓測試後，將好的晶片在晶圓上標記出來，然後切割成一個一個單獨的晶片，將這些一個一個的晶片封裝成黑盒子，如圖 11-10 所示。此時的晶片還需要進行 FT。FT 是晶片出廠前的最後一道攔截，測試物件是針對封裝好的晶片。CP 測試之後會進行封裝，封裝之後進行 FT，可以用來檢測封裝廠的製程水準。

▲ 圖 11-10 封裝完成後的晶片

2) FT 的流程

FT 的目的是篩選晶片，然後決定晶片是否可用作產品賣給客戶。FT 需要保證 Spec（即晶片產品規格書，又稱技術手冊）指明的全部功能都要驗證到。這是因為封裝過程可能會損壞部分電路，所以在封裝製程完成後，要按照測試規範對成品晶片進行全面的電性能測試，測試其消耗功率、運行速度、耐壓度等，目的是挑出合格的成品，根據元件性能的參數指標分類，同時記錄測試結果。各類晶片的封裝形式、性能指標差異決定了晶片檢測的工作流程，如圖 11-11 所示。

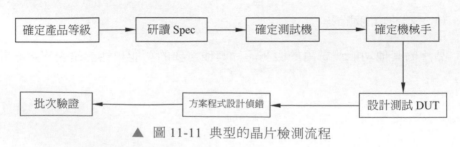

▲ 圖 11-11 典型的晶片檢測流程

進行晶片檢測時，需要確定產品等級為消費級、工業級，還是車載（本書為車載晶片），不同的等級測試需求不同，測試需求的基礎由晶片的 Spec 資料決定。因此，研讀 Spec 是後續正確完成測試的基礎，需從 Spec 中獲得工作電壓和電流範圍、頻率範圍、輸入 / 輸出訊號類型、工作溫度及客戶應用環境模擬條件、掃描鏈、自測等參數資訊。相關資訊整理後即可確定測試機的類型，如選擇數位或類比測試機，是否有特殊的訊號需求等。而晶片的封裝類型決定了分選機械手的選擇，即選擇重力式分選機、平移式分選機或轉塔式分選機。DUT 電路板是晶片與測試機之間的硬體聯繫，對於不同的晶片，需要根據待測參數的要求設計對應的 DUT 電路板。電路板設計完成後，再根據測試方案進行程式設計偵錯和批次驗證。

3）測試的內容和方法

　　晶片 FT 主要是對晶片進行功能驗證、電參數測試。主要的測試依據是積體電路規範、晶片規格書、使用者手冊。目前晶片 FT 主要用到 ATE 測試系統，包括軟體和測試裝置、測試硬體。ATE（Automatic Test Equipment）在半導體產業中指的是積體電路自動測試機，其功能是檢測積體電路功能的完整性，以確保積體電路生產製造的品質。

　　FT 的主要測試項目如下。

　　（1）開路 / 短路測試（Open/Short Test）：檢查晶片接腳中是否有開路或短路。

　　（2）功能測試（Function Test）：測試晶片的邏輯功能。

　　（3）直流測試（DC Test）：驗證元件直流電流和電壓參數。

　　（4）交流測試（AC Test）：驗證交流規格，包括交流輸出訊號的品質和訊號時序參數。

　　（5）內嵌 Flash 測試（Eflash Test）：測試內嵌 Flash 的功能及性能，包含讀寫抹寫動作及功耗和速度等各種參數。

（6）混合訊號測試（Mixed Signal Test）：驗證 DUT 數位類比混合電路的功能及性能參數。

（7）射頻測試（RF Test）：測試晶片中 RF 模組的功能及性能參數。

4）良率

晶片製造的良率 Y 定義為：

$$Y = \frac{G}{G+B} \tag{11-1}$$

其中，G 為透過所有測試的元件數目；B 為未透過部分測試的元件數目。

實際上很難得到 Y 的確切值，有以下 3 個原因。

（1）元件一經售出，有關資料就難以收集。

（2）不可能對所有的元件都進行全面的測試，良率是基於抽樣產品的良率計算的。

（3）一般來講，測試是基於一定的故障模型的，一些有問題的元件可能通過了測試，還有未經故障模型表達的缺陷也可能通過了測試。

影響良率的因素很多，主要有晶片面積、製程的完善程度、加工過程的步驟數目等，確定良率的數學模型有多個，第一個模型是由 B.T.Morphy 提出的，計算公式為：

$$Y = \left[\frac{1 - e^{AD}}{AD} \right]^2 \tag{11-2}$$

其中，A、D 分別是管芯的面積和缺陷密度。

5. 可靠性測試認證

1）可靠性測試概述

晶片除了在設計階段的驗證以及生產製造過程中的品質測試以外，在生產完成後，為了檢測晶片產品的耐久性和環境適應性，還需進行可靠性測試。晶

片可靠性測試主要分為使用壽命試驗、環境試驗和耐久性測試。其中壽命試驗包含長期壽命試驗（長期工作壽命和長期儲存壽命）和加速壽命試驗（序進應力加速壽命、步進應力加速壽命和恒定應力加速壽命）； 環境試驗項目包括機械試驗（震動試驗、衝擊試驗、離心加速試驗、引出線抗拉強度試驗和引出線彎曲試驗）、引出線易焊性試驗、溫度試驗（低溫、高溫和溫度交變試驗）、濕熱試驗（恒定濕熱和交變濕熱試驗）、特殊試驗（鹽霧試驗、黴菌試驗、低氣壓試驗、靜電耐受力試驗、超高真空試驗和核心輻射試驗）；而耐久性測試項目包括資料保持力測試和週期耐久性測試，在實際生產中，可以根據需求選擇其中一些項目進行測試。

而如果要進入車輛領域，打入各一級（Tier[①]）車電大廠供應鏈，則必須獲得車規認證，取得兩張「門票」：第一張是由北美汽車產業所推的 AEC-Q100（IC）、AEC-Q101（離散元件）、AEC-Q102（光電元件）、AEC-Q200（被動零件）可靠度標準； 第二張則是要符合零失效（Zero Defect）的供應鏈品質管理標準 ISO/TS 16949 規範（Quality Management System，國際材料資料系統），其連結性可參考圖 11-12。

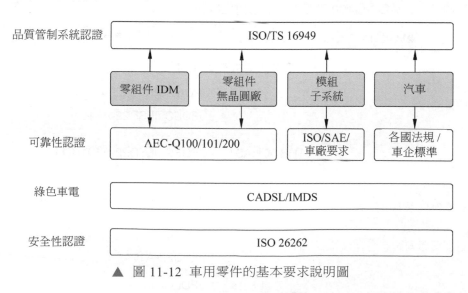

▲ 圖 11-12 車用零件的基本要求說明圖

---

① Tier1：OEM 車用模組／系統廠，車用電子元件的 End-User；Tier2：使用／製造車用電子元件的廠商，車用電子元件的 Supplier；Tier3：提供支援與服務給予電子產業，車用電子的外包商。

目前要求透過 AEC-Q100 的車用電子零件，包括車用一次性記憶體、電源降壓穩壓器、車用光電耦合器、三軸加速規感應器、視訊解碼器、整流器、環境光感應器、非揮發性鐵電記憶體、電源管理晶片、嵌入式快閃記憶體、DC/DC 穩壓器、車載網路通訊裝置、液晶驅動晶片、單電源差動放大器、電容接近式開關、高亮度 LED 驅動器、非同步切換器、600V IC、GPS IC、ADAS 晶片、GNSS 接收器、GNSS 前端放大器等。

　　AEC-Q100 規範對晶片的可靠性測試可分為 7 大類共 41 項測試（見表 11-1 和圖 11-13）。7 大類分別是：加速環境應力可靠性、加速壽命模擬可靠性、封裝可靠性、晶圓製程可靠性、電學參數驗證、缺陷篩查、包裝完整性試驗。每個測試大類細分為幾個測試項目，在 AEC-Q100 規範中明確說明了這些測試項目所參考的半導體業界所使用的認證規範（如 JEDEC、MIL-STD-883、SAE 或 AEC-Q100 本身所定義並且於附件裡所定義的規則）。在 AEC-Q100 及其相關的規範檔案中，每個測試項目也同時會定義測試樣品單一批次數量、測試批次量以及判斷合格標準，若有額外的規範也會定義在每項測試規範當中。

▼ 表 11-1　AEC-Q100 車載晶片測試項目說明

測試項目	英文縮寫	參考標準
A 組加速環境應力測試		
前置處理	PC	IPC/JEDEC J-STD-020 JEDEC JESD22-A113
有偏溫濕度或有偏高加速應力測試	THB 或 HAST	JEDEC JESD22-A101/A110
高壓或無偏高加速應力測試或無偏溫濕度測試	AC/UHST/TH	JEDEC JESD22-A102/A118/A101
溫度循環測試	TC	JEDEC JESD22-A104
功率負載溫度循環	PTC	JEDEC JESD22-A105
高溫儲存壽命測試	HSL	JEDEC JESD22-A103

（續表）

測試項目	英文縮寫	參考標準
B 組加速壽命模擬測試		
高溫工作壽命	HTOL	JEDEC JESD22-A108
早期壽命失效率	ELFR	AEC-Q100-008
資料抹寫	EDR	AEC-Q100-005
C 組封裝組合完整性測試		
鍵合點剪貼	WBS	AEC-Q100-001、AEC-Q003
鍵合點拉力	WBP	MIL-STD-883 Method 2011、AEC-Q003
可焊性	SD	JEDEC JESTD-002-B102 或 JEDEC J-STD-002D
物理尺寸	PD	JEDEC JESD22-B100/B108、AEC-Q003
錫球剪貼	SBS	AEC-Q100-010、AEC-Q003
接腳完整性	LI	JEDEC JESD22-B105
D 組晶片製造可靠性測試		
電遷移	EM	
媒體擊穿	TDDB	
熱載流子注入效應	HCI	
負偏壓溫度不穩定性	NBT1	
應力遷移	SM	
E 組電氣特性驗證測試		
應力測試前後功能參數測試	TEST	供應商資料表或使用者規範的測試程式
靜電放電人體模式	HBM	AEC-Q100-002
靜電放電帶電元件模式	CDM	AEC-Q100-011

測試項目	英文縮寫	參考標準
E 組電氣特性驗證測試		
閂鎖效應	LU	AEC-Q100-004
電分配	ED	AEC-Q100-009、AEC-Q003
故障等級	FG	AEC-Q100-007
特性描述	CHAR	AEC-Q003
電磁相容	EMC	SAE J1752/3-Radiated Emissions
短路特性	SC	AEC-Q100-012
軟誤差率	SER	JEDEC Un-accelerated：JESD89-1 Accelerated：JESD89-2 & JESD89-3
無鉛	LF	AEC-Q005
F 組缺陷篩選測試		
過程平均	PAT	AEC-Q001
統計良率分析	SBA	AEC-Q002
G 組腔體封裝完整性測試		
機械衝擊	MS	JEDEC JESD22-B104
變頻震動	VFV	JEDEC JESD22-B103
恒加速	CA	MIL-STD-883 Method 2001
氣密性測試	GFL	MIL-STD-883 Method 1014
自由跌落	DROP	…
蓋板扭力測試	LT	MIL-STD-883 Method 2024
晶片剪貼	DS	MIL-STD-883 Method 2019
內部水氣含量分析	IWV	MIL-STD-883 Method 1018

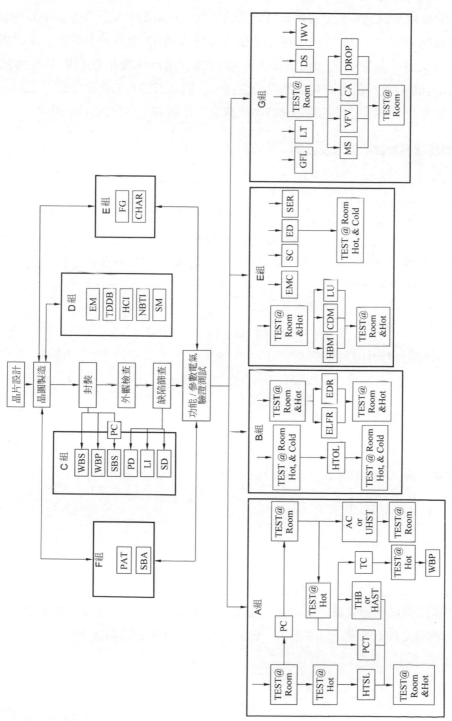

▲ 圖 11-13 AEC-Q100 車載晶片產品驗證流程圖

需要注意的是，第三方難以獨立完成 AEC-Q100 的驗證，需要晶圓供應商、封測廠配合完成，這更加考驗對認證試驗的整體把控能力。如果成功完成根據上述檔案各要點需要的測試結果，那麼將允許供應商聲稱他們的零件通過了 AEC-Q100 認證。供應商可以與客戶協商，在樣品尺寸和條件的認證上比檔案的要求放寬些，但是只有完成要求時才能認為零件通過了 AEC-Q100 認證。

2）測試樣品認證的要求及目的

（1）批次要求。

測試樣品應該由認證家族中有代表性的元件組成，由於缺少通用資料就需要有多批次的測試，測試樣品必須是由非連續晶圓批次中近似均等的數量組成，並在非連續成型批次中裝配。即樣品在生產廠裡必須是分散的，或裝配加工線至少有一個非認證批次。

（2）生產要求。

所有認證元件都應在製造場所加工處理，有助量產時零件的傳輸。其他電測試場所可以在其電性質證實有效後用於電測量。

（3）測試樣品的再利用。

已經用來做非破壞性認證測試的元件可以用來做其他認證測試，而做過破壞性認證測試的元件則除了工程分析外不能再使用。

（4）樣品尺寸要求。

用於認證測試的樣品尺寸與（或）提交的通用資料必須與 AEC-Q100 認證測試方法中指定的最小樣品尺寸和接受標準相一致。如果供應商選擇使用通用資料來認證，則特殊的測試條件和結果必須記錄並對使用者有可用性。現有可用的通用資料應首先滿足這些要求和 AEC-Q100 認證測試方法的每個測試要求。如果通用資料不能滿足這些要求，就要進行元件特殊認證測試。

（5）預前應力測試和應力測試後要求。

AEC-Q100 認證測試方法中的附加要求欄為每個測試指定了終端測試溫度（室溫、高溫和低溫）。溫度特殊值必須設有最差情況，即每個測試中用至少一個批次的通用資料和元件特殊資料來設置溫度等級。

（6）應力測試失效後的定義。

測試失效定義為裝置不符合測試的元件規範和標準規範，或是供應商的資料表，任何由於環境測試導致的外部物理破壞的元件也要被認為是失效的元件。如果失效的原因被廠商和使用者認為是非正確運轉、靜電放電或一些其他與測試條件不相關的原因，失效就算不上，但作為資料提交的一部分上報。

3）常見的晶片可靠性測試項目

（1）使用壽命測試項目。

在晶片中，使用壽命週期是其可靠性表徵的關鍵指標之一，在可靠性評價中，也是至關重要的環節之一。晶片的使用壽命根據浴盆曲線（Bathtub Curve）分為 3 個階段，如圖 11-14 所示。

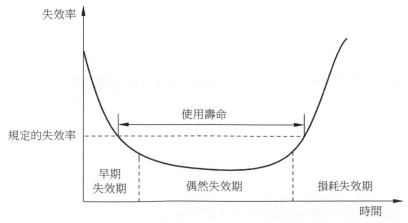

▲ 圖 11-14 晶片使用壽命的浴盆曲線

① 早期失效期：該階段產品的失效率快速下降，造成失效的原因在於 IC 設計和生產過程中的缺陷。

② 偶然失效期：該階段產品的失效率保持穩定，失效的原因往往是隨機的，如溫度變化等。

③ 耗損失效期：該階段產品的失效率會快速升高，失效的原因是產品的長期使用所造成的老化等。

晶片壽命測試項目如表 11-2 所示。

▼ 表 11-2 晶片壽命測試項目

測試項目	項目要求	具體內容
早期失效等級測試（Early Fail Rate Test，EFRT）	測試目的	評估製程的穩定性，加速缺陷失效率，去除由於天生原因失效的產品
	測試條件	在特定時間內動態提升溫度和電壓，從而對產品進行測試
	失效機制	材料或製程的缺陷，包括諸如氧化層缺陷、金屬刻鍍、離子沾汙等由於生產造成的失效
	參考檔案	JESD22-A108、EIAJED-4701-D101
高 / 低溫操作生命期試驗（High/Low Temperature Operating Life，HTOL/LTOL）	測試目的	評估元件在超熱和超電壓情況下一段時間的耐久性
	測試條件	125℃，1.1VCC，動態測試
	失效機制	動態測試電子遷移、氧化層破裂、相互擴散、不穩定性、離子沾汙等
	參考檔案	MIT-STD-883E Method 1005.8、JESD22-A108-A、EIAJED-4701-D101

（2）晶片環境測試項目如表 11-3 所示。

▼ 表 11-3 晶片環境測試項目

測試項目	項目要求	具體內容
前置處理測試 （Precondition Test，PC）	測試目的	類比 IC 在使用之前在一定濕度 / 溫度條件下儲存的耐久力，也就是 IC 從生產到使用之間儲存的可靠性
	測試流程	超聲掃描器 SAM →高低溫循環→烘烤→浸泡→回流（reflow）→超聲掃描器 SAM
	失效機制	封裝破裂、分層
	參考檔案	IPC/JEDEC J-STD-020、JESD22-A113-D、EIAJED-4701-B101
加速式溫濕度及偏壓測試 （Temperature Humidity Bias Test，THBT）	測試目的	評估 IC 產品在高溫、高濕、偏壓條件下對濕氣的抵抗能力，加速其失效處理程序
	測試條件	85℃、85%RH、1.1VCC、靜態偏置（Static Bias）機構
	失效機制	封裝破裂、分層
	參考檔案	IPC/JEDEC J-STD-02、JESD22-A113-D、EIAJED-4701-B101
高加速溫濕度及偏壓測試 （Highly Accelerated Stress Test，HAST）	測試目的	評估 IC 產品在偏壓下高溫、高濕、高氣壓條件下對濕度的抵抗能力，加速其失效過程
	測試條件	130℃、85%RH、1.1VCC、靜態偏置、2.3atm
	失效機制	電離腐蝕、封裝密封性
	參考檔案	JESD22-A110
高壓蒸煮試驗 （Pressure Cook Test（Autoclave Test），PCT）	測試目的	評估 IC 產品在高溫、高濕、高氣壓條件下對濕度的抵抗能力，加速其失效過程
	測試條件	130℃、85%RH、靜態偏置、15PSIG（2atm）
	失效機制	化學金屬腐蝕、封裝密封性
	參考檔案	JESD22-A102、EIAJED-4701-B123

（續表）

測試項目	項目要求	具體內容
高低溫循環試驗（Temperature Cycling Test，TCT）	測試目的	評估 IC 產品中具有不同熱膨脹係數的金屬之間介面的接觸良率。方法是透過循環流動的空氣從高溫到低溫重複變化
	測試條件	-55℃ ~125℃；-65℃ ~150℃
	失效機制	電介質的斷裂、導體和絕緣體的斷裂、不同介面的分層
	參考檔案	MIT-STD-883E Method 1010.7、JESD22-A104-A、EIAJED-4701-B-131
高低溫衝擊試驗（Thermal Shock Test，TST）	測試目的	評估 IC 產品中具有不同熱膨脹係數的金屬之間介面的接觸良率
	測試條件	-55℃ ~125℃；-65℃ ~150℃
	失效機制	電介質的斷裂、材料的老化（如邦線）、導體機械變形
	參考檔案	MIT-STD-883E Method 1011.9、JESD22-B106、EIAJED- 4701-B-141
高溫儲存試驗（High Temperature Storage Life Test，HTST）	測試目的	評估 IC 產品在實際使用之前在高溫條件下保持幾年不工作條件下的生命時間
	測試條件	150℃
	失效機制	化學和擴散效應、Au-Al 共金效應
	參考檔案	MIT-STD-883E Method 1008.2、JESD22-A103-A、EIAJED- 4701-B111
可焊性試驗（Solderability Test）	測試目的	評估積體電路在黏錫過程中的可靠度
	失效標準	至少 95% 良率
	參考檔案	MIT-STD-883E Method 2003.7、JESD22-B102
焊接熱量耐久測試（Solder Heat Resistivity Test，SHTT）	測試目的	評估積體電路對瞬間高溫的敏感度
	失效機制	根據電測試結果
	參考檔案	MIT-STD-883E Method2003.7、EIAJED-4701-B106

（3）耐久性測試項目。

在了解上述的積體電路測試方法之後，積體電路的設計製造商就需要根據不用積體電路產品的性能、用途以及需要測試的目的，選擇合適的測試方法，最大限度地降低積體電路測試的時間和成本，從而有效控制積體電路產品的品質和可靠度。晶片耐久性測試項目如表 11-4 所示。

▼ 表 11-4　晶片耐久性測試項目

測試項目	項目要求	具體內容
週期耐久性測試 （Endurance Cycling Test）	測試目的	評估非揮發性內記憶體件在多次讀寫運算後的持久性能
	測試方法	將資料寫入記憶體的儲存單元，再抹寫資料，重複這個過程多次
	測試條件	室溫或更高溫度，每個資料的讀寫次數達到 100k~1000k 次
	參考檔案	MIT-STD-883E Method 1033
資料保持力測試 （Data Retention Test）	測試目的	在重複讀寫之後加速非揮發性內記憶體件儲存節點的電荷損失
	測試方法	在高溫條件下將資料寫入記憶體儲存單元後，多次讀取驗證單元中的資料
	測試條件	150℃
	參考檔案	MIT-STD-883E Method 1008.2、MIT-STD-883E Method 1033

11.2　汽車電子模組測試認證

11.2.1　汽車電子模組測試認證概述

模組包含晶片，是晶片的最小系統的集合，一般由晶片、PCB 和週邊元件組成。汽車電子模組按照功能可分為功率模組、功能模組和感測器模組。功率

模組是功率電子元件按一定的功能組合再灌封而成一個模組,它直接控制全車交直流轉換、高低壓功率調控等核心指標,是新能源汽車電控系統上的核心零件; 功能模組則是由計算、控制類晶片及其週邊元件等組成的晶片模組,功能模組對電動汽車執行層中動力、轉向、變速、煞車等系統有直接影響,在測試認證中一般要遵循 AEC-Q100~Q104 以及汽車電子等規範; 感測器模組是在感測器的基礎上又封裝了一層電路,它將感測器的原始訊號進行了調理以後,如將電壓訊號進行放大,或將電壓轉換成電流,又或將電荷轉換成電壓的形式輸出,以滿足訊號擷取系統的匹配。

在以上三類模組中,功率模組的設計和製造製程的難度最大,被譽為「電動汽車核心技術的聖母峰」。對於功率模組功率循環實驗標準,國際電子電機委員會(IEC)率先舉出了基於 IEC 60749-34 的半導體元件功率循環實驗的主要實驗要求,其中包含測試電路、實驗方案、實驗結束判據等內容。但由於方案在細節上仍過於籠統,且不同廠商的功率模組的結構、用途存在較大差異,歐洲功率半導體發展中心(ECPE)以德國標準 LV324 為基礎,制定了 AQG 324《汽車電力轉換裝置用功率模組鑑定指南》。相對於國際電子電機委員會制定的功率模組功率循環測試方法,AQG 324 實驗方案可操作性較好,並將測試內容進一步擴充到了針對碳化矽功率模組的可靠性測試。IEC 60749-34 和 AQG 324 功率循環方案的對比如表 11-5 所示。

▼ 表 11-5 IEC 60749-34 和 AQG 324 功率循環方案的對比

測試項目	IEC60749-34	AQG324
控制策略	恒結溫、殼溫或固定導通時間	固定導通關斷時間
加熱電流	由熱阻和功率損耗推算	由溫敏參數推算
散熱行駛	未規定	液冷
循環次數	未規定	直至失效
實驗次數	單次	不同結溫差條件下多次實驗
監控參數	未規定	結溫、殼溫、電流、電壓
失效判據	未規定	V_{DS} 或 R_{th} 上升 20%
抽樣方案	未規定	至少 3 隻

11.2.2 汽車電子模組測試方法

1. AQG 324 功率模組測試方法

AQG 324 標準（見表 11-6）描述了對 SiC 功率模組的特性和壽命測試。所述實驗為了驗證用於汽車工業的電力電子元件的性能和壽命。定義的測試是基於目前已知的故障機制和機動車輛功率模組的具體使用情況。

1）QM 模組測試

模組測試用於在各個測試序列之前（以確保只有完美的被測元件進入資格認證）和之後表徵被測元件（DUTs）的電氣和機械性能。

（1）下線檢測。

所有 DUTs 必須按照標準的下線檢測進行測試。為了實現可追溯性，下線檢測的結果必須記錄在案。

（2）互連層測試。

互連層（如焊料、擴散焊料、燒結互連）的品質以及由於空洞、分層或裂紋形成而退化的情況必須記錄，建議使用掃描聲波顯微鏡（SAM）進行檢查。

（3）額定集電極電流或連續直流集電極電流（IGBT 模組）。

額定集電極電流 I_{CN} 必須按照以下定義之一定義並記錄。

① 額定集電極電流 = 在 $R_{th,j\text{-}c}$ 下的恒定直流電（$T_{vj} \leq T_{vj,max}$）。

② 額定集電極電流 = $V_{CE,sat}$、$R_{th,j\text{-}c}$ 最大時得到的集電極電流。

其中，$V_{CE,sat}$ 為飽和工作時集電極 - 發射極電壓（正向電壓）；$R_{th,j\text{-}c}$ 為結殼的熱阻；T_{vj} 為實際結溫；$T_{vj,max}$ 為最高允許結溫。通常會說明實現的晶片額定電流（如 800A），這通常與作為熱電阻和冷卻連接功能的額定模組電流（如 550A）不對應。

▼ 表 11-6　AQG 324 標準

標準	測試	下線檢測	SAM 檢查	$V_{GE,th}/V_{GS,th}$	$I_{CE,leak}/I_{GS,leak}$	$I_{CE,leak}/I_{DS,leak}$	V_{CE}/V_{DS}	V_F	R_{th}	短路測試	動態測試	隔離測試	IPI/OMA
QC-01~ QC-04	1: 測試開始 2: 測試結束	1、2	1	1、2	1、2	1、2	1、2	1、2				1、2	1、2
QC-05	1: 測試開始 2: 測試結束	1	1、2									1、2	1、2
QE-01 TST	1: 0c 2: 500c 3: 1000c	1、 2、3	2、3	1、2、 3	1、2、3	1、2、3	1、2、 3	1、2、 3	1、2、 3	1、 2、3	1、 2、3	1、 2、3	1、2、 3
QE-03V	1: 測試開始 2: 測試結束	1、2		1、2	1、2	1、2	1、2	1、2	1、2	1、2	1、2	1、2	1、2
QE-04 MS	1: 測試開始 2: 測試結束	1、2	2	1、2	1、2	1、2	1、2	1、2	1、2	1、2	1、2	1、2	1、2
QL-01 Psec	1: 0c 2: 壽命結束	1、2	2	1、2 （opt）	1、2 （opt）	1、2 （opt）	1、2 （opt）	1、2 （opt）	1、2 （opt）	1、2 （opt）	1、2 （opt）	1、2	1、2
QL-02 Pmin	1: 0c 2: 壽命結束	1、2	2	1、2 （opt）	1、2 （opt）	1、2 （opt）	1、2 （opt）	1、2 （opt）	1、2 （opt）	1、2 （opt）	1、2 （opt）	1、2	1、2
QL-03 HTS	1: 0h 2: 壽命結束	1、2	2	1、2	1、2	1、2	1、2	1、2		1、2	1、2	1、2	1、2

標準	測試	下線檢測	SAM 檢查	$V_{GE,th}/V_{GS,th}$	$I_{CE,leak}/I_{GS,leak}$	$I_{CE,leak}/I_{DS,leak}$	V_{CE}/V_{DS}	V_F	R_{th}	短路測試	動態測試	隔離測試	IPI/OMA
QL-04 LTS	1: 0h 2: 壽命結束	1、2	2	1、2	1、2	1、2	1、2	1、2		1、2	1、2	1、2	1、2
QL-05 HTRB	1: 0h 2: 壽命結束	1、2		1、2	1、2	1、2	1、2	1、2		1、2	1、2	1、2	1、2
QL-06 HTGB	1: 0h 2: 壽命結束	1、2		1、2	1、2	1、2	1、2	1、2		1、2	1、2	1、2	1、2
QL-07 H3TRB	1: 0h 2: 壽命結束	1、2		1、2	1、2	1、2	1、2	1、2		1、2	1、2	1、2	1、2

（4）柵源（MOSFET）設定值電壓。

柵源設定值電壓（$V_{GS,th}$）必須在室溫和指定的最大工作溫度下確定，這必須從最大結溫匯出。該設定值電壓必須與資料表值相比較。$V_{GS,th}$ 的表徵方法必須遵循 JEDEC JEP183 的建議，且樣本必須在整個測試期間保留。$V_{GS,th}$ 必須在 $T_{RT}=25\pm1$℃公差下進行測量，以獲得沒有溫度漂移影響的有效的訊號。

（5）柵極 - 發射極（IGBT）/ 柵源（MOSFET）漏電流。

柵極 - 發射極或柵源漏電流（$I_{GE,leak}$ 或 $I_{GS,leak}$）必須在室溫和規定的最高工作溫度下確定。

（6）集電極 - 發射極（IGBT）/ 漏源極（MOSFET）反向漏電流。

集電極 - 發射極或漏源極反向漏電流（$I_{CE,leak}$ 或 $I_{DS,leak}$）必須在室溫和指定的最高工作溫度下確定。

（7）$V_{CE,sat}$（IGBT）、V_{DS}（MOSFET）、V_F（二極體）正向電壓。

IGBT 飽和工作時，集電極 - 發射極電壓正向電壓（$V_{CE,sat}$）和 MOSFET 正向漏源電壓（V_{DS}）為二極體正向電壓（V_F），都必須在室溫和規定的最大工作溫度下確定，這必須從最大結溫匯出。正向電壓作為後續壽命測試的資料基礎，必須在脈衝操作中確定正向電壓，以保持盡可能低的自熱。

（8）擊穿電壓 $V_{BR,CE}$（IGBT）、$V_{BR,DS}$（MOSFET）、$V_{BR,R}$（二極體）。

模組級未定義擊穿電壓。因此，必須事先澄清裝置是否能夠承受這種測量。因此，由於局部過熱（依賴於技術），透過測量有很高的損壞裝置的風險。如果元件允許測量，擊穿電壓應評估為 IGBT 最大阻塞電流（$I_{CE,max}$）、MOSFET 最大阻塞電流（$I_{DS,max}$）、二極體最大阻塞電流（$I_{R,max}$）的 90%。

模組特性測試是進行後續環境和壽命測試的基本先決條件，不允許使用通用資料描述模組測試。

2）模組特性測試

區塊特性實驗是後續環境實驗和壽命實驗的基本前提，不允許應用通用資料來描述模組測試。

（1）QC-01 測定寄生雜散電感（L_p）。

寄生雜散電感（L_p）必須按照 IEC 60747-15: 2012 中 5.3.2 節（雙脈衝測試）的要求確定。如果 DUT 有幾個相同的電流路徑，則寄生雜散電感需顯示為所有電流路徑的最大值。測量必須在半導體 T3（輔助開關）關斷時進行，見圖 11-15，該實驗的隨機樣本範圍必須取自表 11-6，範圍按相關測試流程要求。

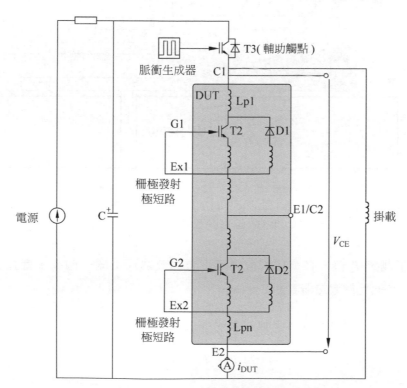

▲ 圖 11-15 雜散電感測量的試驗裝置

（2） QC-02 測定熱阻（R_{th} 值）。

該測試確定電源模組上各個裝置的熱阻。試驗必須按照 IEC 60747-15: 2012 中的 5.3.6 節進行並增加以下內容：①記錄溫度感測器的位置和距離，它決定了確定參考溫度 T_c 的參考點； ②溫度感測器必須盡可能靠近模組（見圖 11-6），以便尋找最佳參考點，確定與外殼相關的熱阻的參考溫度 T_c。

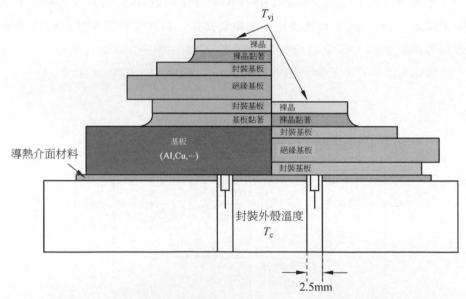

▲ 圖 11-16 確定參考溫度 Tc 的參考點

為了測量 T_c 值，必須在被檢單元下方的散熱片上開一個孔。盲孔直徑為 2.5mm，端面低於散熱器表面 2 ± 1mm。

因此，必須使用以下公式確定熱阻 $R_{th,j\text{-}c}$ 和 $R_{th,j\text{-}s}$：

$$R_{th,j\text{-}c} = \frac{T_{vj} - T_c}{P_v} \tag{11-3}$$

$$R_{th,j\text{-}s} = \frac{T_{vj} - T_s}{P_v} \tag{11-4}$$

為了測量 T_s 值，必須在被檢單元下方的散熱片上開一個盲孔。盲孔直徑為 2.5mm，端面低於散熱器表面 2 ± 1mm，如圖 11-17 所示。

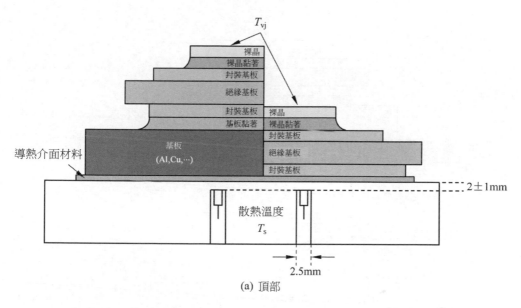

(a) 頂部

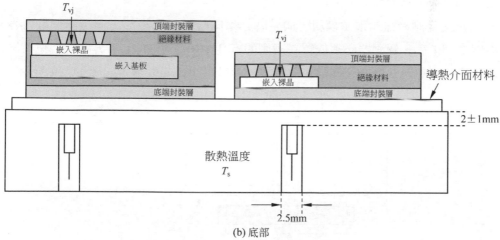

(b) 底部

▲ 圖 11-17 用於確定常規（頂部）和嵌入式（底部）
電源模組參考溫度（T_s）的參考點

對於與液冷媒體直接接觸的電源模組，需要確定結溫與冷卻媒體之間的熱阻（$R_{th,j\text{-}f}$）。IEC 60747-15: 2012 作為補充實驗舉出了冷卻劑相關熱阻的冷卻媒體溫度（$T_{cool,in}$、$T_{cool,out}$）的參考點，如圖 11-18 所示。

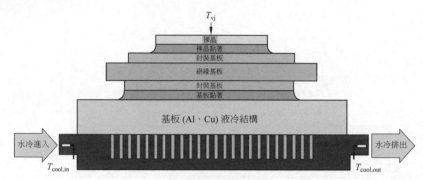

▲ 圖 11-18 用於確定參考溫度 T_{cool} 的參考點

使用以下公式確定熱阻 $R_{\text{th,j-a}}$：

$$R_{\text{th,j-a}} = R_{\text{th,j-f}} = \frac{T_{\text{vj}} - \left(\dfrac{T_{\text{cool,in}} - T_{\text{cool,out}}}{2} \right)}{P_{\text{v}}} \tag{11-5}$$

對於雙側冷卻的電源模組，測量時必須同時從雙側冷卻，測量兩個散熱器溫度 T_{s1} 和 T_{s2}。感測器必須放置在兩側的盲孔中，位於 DUT 下方的中心位置。每個盲孔直徑為 2.5mm，端面在散熱器表面以下 2 ± 1mm 處，如圖 11-19 所示。

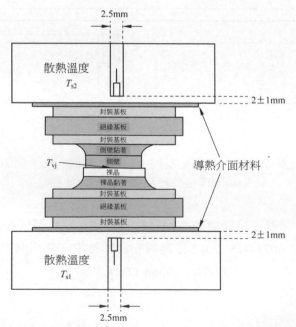

▲ 圖 11-19 確定雙面冷卻模組散熱溫度 T_{s1} 和 T_{s2} 的參考點

使用以下公式確定熱阻 $R_{th,j\text{-}s}$：

$$R_{th,j\text{-}s} = \frac{T_{vj} + \left(\dfrac{T_{s1} + T_{s2}}{2}\right)}{P_v} \qquad (11\text{-}6)$$

（3） QC-03 確定短路能力。

本實驗用於驗證資料表中規定的短路能力。實驗透過 V_{CE}、V_{DS}、V_{GE}（IGBT 門發射極電壓）、V_{GS}（MOSFET 柵源電壓）、短路脈衝持續時間 t_p 和短路脈衝持續時間開始時的結溫 T_{vj} 來描述。

對於短路測試，必須確保在測試開始時將半導體元件加熱到最大虛擬結溫度。可使用 1 型短路和 2 型短路，如果被測元件在脈衝後 1s 內能夠保持中間電路電壓穩定，則測試成功。除此之外，在靜態測試後必須對被測試模組的指定阻塞容量進行再次測試，QM 第（5）項和第（6）項測試（見 10.2.2 節）。

為了在測試期間將電壓保持在允許範圍內，DUT 可與柵極 - 發射極夾緊或集電極 - 柵極夾緊。還必須事先確保這不會導致相關的升溫。

（4） QC-04 絕緣測試。

所有高壓 DUT 必須進行介電強度測試和絕緣電阻測試。測試所有電絕緣連接之間的絕緣，為此模組中所有電連接應該都是導電的。

- 絕緣電阻測試。

- 前置處理階段：5±2℃，8h。

- 調節階段：23±5℃，90+10/-5% RH，86~106kPa，8h。

在調節階段，必須週期性地測量和記錄絕緣電阻。測量速率的選擇必須使絕緣電阻的最低發生值能夠可靠地記錄，但至少每 30min 記錄一次。絕緣電阻測量：①不小於模組中間電路電壓最大值的 1.5 倍（如對於 600V 的 IGBT 模組，測量值應為 1.5×450V DC）；②不小於 500V DC；③絕緣電阻不低於 100MΩ。

在調節階段，必須週期性地測量和記錄絕緣電阻。測量速率的選擇必須使絕緣電阻的最低發生值能夠可靠地記錄，但至少每 30min 記錄一次。為了避免

由於污染而扭曲測量值，DUT 必須按照汽車生產中常見的清潔度進行處理。該實驗的隨機樣本範圍必須取自測試流程圖。

在絕緣電阻測試之後進行電氣強度測試。

- 前置處理階段：30±2℃直到完全加熱。
- 調節階段：23±5℃，90±5% RH，86~106kPa，8h。
- 測量絕緣電阻和測試電壓。

在施加測試電壓之前和之後，必須測量絕緣電阻（無須額外調節）。在選擇測試電壓時，必須保證被測裝置資料表中所述的介電強度。該實驗的隨機樣本範圍必須取自測試流程圖。

（5）QC-05 確定機械資料。

根據資料表值確定和驗證模組的機械資料是根據測試流程圖進行所有測試的先決條件。

- 根據批准草稿確定模組和密封件的機械資料，以確認尺寸穩定性。
- 根據批准草稿確定絕緣距離。
- 緊韌體和電觸點的扭矩，如初始測試期間的緊固扭矩、最終測試期間的剩餘扭矩。
- 在電接點、散熱器上的緊韌體和與模組絕緣性能相關的元件的最終測試期間，確定螺紋連接的設置行為。

3）環境測試

在環境測試中，允許對每個測試使用通用資料，只要被限定的模組和參考模組之間的差異被記錄下來，只需要提供證據並說明參考模組和被限定的模組之間的差異不會導致模組屬性的改變。

（1）QE-01 熱衝擊試驗（TST）。

該測試驗證了被動溫度變化對機械應力的抵抗能力。由於缺少加速度因數，測試設置的週期時間較長，在 EOL 之前不需要進行此測試。測試應按照 IEC 60749-25: 2003 和以下附加條款進行。

IEC 60749-25: 2003，第 4 節：實驗夾具。

IEC 60749-25: 2003，第 5.2 節：實驗順序。

IEC 60749-25: 2003，第 5.3~5.8 節：循環頻率、停留時間、實驗條件等。

IEC 60749-25: 2003，第 5.9 節：轉移持續時間。

IEC 60749-25: 2003，第 5.12 節：失效標準。

TST 實驗參數要求如表 11-7 所示，其中溫度曲線參數如圖 11-20 所示。

▼ 表 11-7 TST 實驗參數要求

參數	符號	數值
儲存溫度最低值	$T_{stg,min}$	-40℃ $^{0}_{-10}$
儲存溫度最高值	$T_{stg,max}$	+125℃ $^{+15}_{0}$
溫度斜率：平均線性值為 10% ~ 50%	$\frac{\Delta T}{t} slop\left(\frac{10}{50}\right)$ 目標值	>6K/min 4~5K/min
溫度斜率：平均線性值為 10% ~ 90%	$\frac{\Delta T}{t} slop\left(\frac{10}{90}\right)$ 目標值	>1K/min 4~5K/min
最高 / 最低溫度的最小停留時間	t_{dwell}	>15min
無故障的最小循環數	N_C	>1000

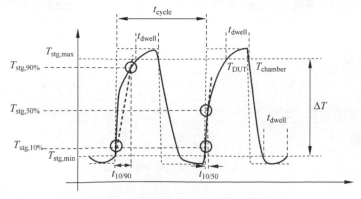

▲ 圖 11-20 TST 溫度曲線參數範例

測試前和測試後，所有的參數必須在規範中，並且必須不違反定義的故障限制，以便測試成功後進行評估。與測試前的初始值相比，熱阻上升超過 20% 則被評估為失敗。

　　（2）QE-02 可接觸性（CO）。

　　暫時取消。

　　（3）QE-03 震動（V）。

　　測試的目的是顯示機械結構的基本適用性，以用於汽車的 PCU。它模擬了模組在驅動運行過程中的震動負載，並驗證了模組在出現故障模式（如裝置脫落和材料疲勞）時的抗震動能力。該試驗進行了 IEC 60068-2-6 標準的正弦震動激勵測試以及 IEC 60068-2-64 標準的寬頻激勵測試。

　　（4）QE-04 機械衝擊（MS）。

　　該測試模擬 PCU 中模組的機械負載，舉例來說，用於驗證 PCU 對具有故障模式（如裂紋或裝置分離）的機械衝擊的抵抗力。測試必須在沒有電操作的情況下進行，須按照應用程式的典型方式實現電氣連接，且有文件記錄測試設置。測試的隨機樣本範圍必須取自測試流程圖。根據 IEC 60068-2-27 的規定，所有參數必須符合規格要求，如表 11-8 所示。測試前後的元件需使用 QM 進行模組測試驗證參數。

▼ 表 11-8　QE-04 機械衝擊試驗參數

參數	數值
峰值加速度	$500m/s^2$
衝擊持續時間	6ms
衝擊形式	半正弦
每個方向的衝擊次數（$\pm X$、$\pm Y$、$\pm Z$）	10
DUTs 的數量	6

4）壽命測試

（1）QL-01 功率循環（PC_{sec}）。

該測試是驗證模組製造商為待檢查 DUT 提供的壽命模型的基礎。測試本身也可用於支援建立生命週期模型。該測試的目的是獲得在電力電子模組在強加速條件下出現磨損和退化的跡象下的目標應力情況。透過將關鍵參數 t_{on}（負載電流的開啟時間）限制在 t_{on}<5s，測試對晶片附近的互連（晶片連接和頂部接觸）施加目標應力。該測試將得到特定模組、晶片近互連技術的可靠性資料，以及壽命曲線 $N_f = f$（$\triangle T_{vj}, \triangle T_{vj,max}, t_{on}$）。

試驗必須按照 IEC 60749-34: 2011 進行，並增加以下內容。

IEC 60749-34: 2011，第 4 節：試驗裝置。

IEC 60749-34: 2011，第 5 節：試驗程式。

IEC 60749-34: 2011，第 6 節：試驗條件。

IEC 60749-34: 2011，第 8 節：測量和試驗。

IEC 60749-34: 2011，第 9 節：故障和評估標準。

為了驗證製造商提供的壽命模型，必須遵守表 11-9 中 PC_{sec} 測試的限值。

▼ 表 11-9 試驗參數 PC_{sec} 限值

參數		數值
負載電流的開啟時間	t_{on}	<5s
負載電流值	I_L	>0.85I_{DN}（for IGBTs）[a,b]
通路狀態柵極電壓	$V_{GS,on}$	SiC MOSFET 通常為 15V[c]
關斷狀態的柵極電壓	$V_{GS,off}$	SiC MOSFET 通常為 -5V[d]
冷卻液流速	Q_{cool}	常數[e]

註：a 負載電流的值 >0.85I_{CN}（或 I_{DN}）只能用於一個採樣點。

　　b 負載電流的值 <0.85I_{CN}（或 I_{DN}）可為第二個採樣點選擇，以便設置適當的溫升差。

　　c 透過降低 $V_{GS,on}$，溫度係數從正到負進行變化。

　　d 在關斷狀態和測量透過體二極體測量時，MOSFET 通道必須完全關閉，以測得有效的 T_{vj}。

　　e 必須確保恒定的冷卻速度，並在測試報告中加以記錄。

（2）QL-02 功率循環（PC_{min}）。

如果將關鍵參數值 t_{on} 的時間擴充到 $t_{on}>15s$，則該測試對電力電子模組施加的應力與 QL-01 不同。該應力可以應用於遠晶片互連（系統焊接）以及近晶片互連（晶片連接和頂部接觸）。因此，該測試能夠在冷開機期間按比例模擬模組內的情況。本次試驗的結果為特定模組連接技術的可靠性資料，並將資料標記為經驗壽命曲線 $N_f = f(\Delta T_{vj}, \Delta T_{vj,max}, t_{on})$。

試驗必須按照 IEC 60749-34: 2011 進行，並增加以下內容。

IEC 60749-34: 2011，第 4 節：試驗裝置。

IEC 60749-34: 2011，第 5 節：試驗程式。

IEC 60749-34: 2011，第 6 節：試驗條件。

IEC 60749-34: 2011，第 8 節：測量和試驗。

IEC 60749-34: 2011，第 9 節：故障和評估標準。

（3）QL-03 高溫儲存（HTS）。

本測試的目的是測試或確定在升高溫度下儲存對電源模組的影響。測試必須按照 IEC 60749-6: 2002 進行，試驗參數如表 11-10 所示。DUT 進行 HTS 測試後需要在規定時間使用 SAM 分析，並將互連處的分層成都記錄在案，測試的結果也必須記錄在案。該試驗的隨機樣本應取自於流程圖。

▼ 表 11-10　試驗參數 QL-03 高溫儲存（HTS）

參數	數值
測試持續時間	1000h
環境溫度 $T_a = T_{stg,max}$	$\geq 125℃$（typ.）[a]

註：[a] 如果資料表中規定了更高的溫度，則將該值用於試驗。

（4）QL-04 低溫儲存（LTS）。

本試驗的目的是測試或確定在極低溫度下老化或運輸對電源模組的影響。低溫的長期影響可導致橡膠和塑膠零件以及金屬、基板或半導體材料零件脆化、形成裂紋和斷裂。

（5）QL-05 高溫反向偏置（HTRB）。

該測試用於確定晶片鈍化層結構或鈍化拓撲以及晶片邊緣密封隨時間變化的弱點以及晶片邊緣密封隨時間的變化。該測試偏重於與生產相關的離子污染物，這些污染物會在溫度和電場的影響下遷移，從而增加表面電荷從而導致漏電流增加。模組組裝過程和材料的熱膨脹係數（CTEs）也會對鈍化完整性產生重大影響，從而降低對外部污染物的保護。

該測試必須按照 IEC 60747-8: 2010（MOSFET）、IEC 60747-2: 2016（二極體）和 IEC 60749-23: 11 進行，試驗參數如表 11-11 所示。

▼ 表 11-11　測試參數 QL-05 高溫反向偏置（HTRB）

參數	數值
測試持續時間	≥ 1000h
測試溫度（開關）	$T_{vj,max}^{a}$
漏源電壓或反向電壓	$V_{DS} \geq 0.8 V_{DS,max}$（MOSFET） $V_R \geq 0.8 V_{R,max}$（晶片）
柵極電壓	$V_{GE}=0V$（IGBT）[b] $V_{GS}=$「反閘偏見」（MOSFET）[c]

註：[a] $T_c=T_{vj,max}-\Delta T_{p,loss}$，$\Delta T_{p,loss}$ 表示由於洩漏功率損耗導致的半導體溫升。
　　[b] 如果不能保證漏源通道在 $V_{GS}=0V$ 時完全阻塞，則必須推薦使用最小柵源電壓 $V_{GS,min}$。
　　[c] 技術資格要求 $V_{GS}=0V$ 的測試和負柵偏置的測試（只要沒有證據表明哪個測試更嚴厲）。

（6）QL-06 高溫柵偏壓（HTGB）。

本項測試不適用於晶片。該測試用來確定電和熱負載對半導體元件的柵連接（MOSFET 和 IGBT）隨著時間的綜合影響。它模擬加速條件下的運行狀

態，用於已安裝的柵極絕緣層的鑑定和可靠性監測（老化篩選）。該測試必須按照 IEC 60747-8: 2010（MOSFET）和 IEC 6074923: 2011 進行，試驗參數如表 11-12 所示。在此確認測試之前和之後進行的模組測試還須進行 QM 模組驗證。

▼ 表 11-12　測試參數 QL-06 高溫柵偏置（HTRB）

參數	數值
測試持續時間	≥1000h
測試溫度	$T_{vj,max}$
漏源電壓	$V_{DS} \geq 0.8 V_{DS,max}$（MOSFET）
柵極電壓	50% 的 dut 具有正柵極電壓： $V_{GE} = V_{GS,max}$（MOSFET） 50% 的 dut 具有負柵極電壓： $V_{GS} = V_{GS,min}$（MOSFET）

（7）QL-07 高濕度、高溫反向偏置（H^3TRB）。

　　該測試確定了整個模組結構的弱點，包括功率半導體本身。大多數位類比組設計不是密封的，半導體晶片和鍵合線嵌入矽凝膠中，這使得水分也隨著時間的演進到達鈍化層。在濕度的影響下，晶片鈍化層結構或鈍化拓撲以及晶片邊緣密封中的弱點受到負載的不同影響。污染物也可以透過水分輸送轉移到關鍵區域，產生相關的離子污染物，它們在溫度和場的影響下遷移，從而增加表面電荷，以及外殼上的熱機械應力和與半導體晶片的相互作用。模組組裝過程和材料的熱膨脹係數（CTEs）也會對鈍化完整性產生重大影響，從而降低對外部污染物的保護。機械應力通常導致（電）化學腐蝕的較高敏感性。

　　測試必須按照 IEC 60747-8: 2010（MOSFET）、IEC 60747-2: 2016（晶片）和 IEC 60749-5：2017 進行試驗，參數如表 11-13 所示。

▼ 表 11-13 測試參數 QL-07 高溫高濕反向偏置（H³TRB）

參數	數值
測試持續時間	≥1000h
測試溫度	85℃
相對濕度	85%
漏源電壓 a 或反向電壓	$V_{DS} \geq 0.8 V_{DS,max}$（MOSFET）[b] $V_R \geq 0.8 V_{R,max}$（晶片）[b]
柵極電壓	$V_{GE} = 0V$（MOSFET）[b]

註：[a] 為了避免洩漏電流造成的功率損失對局部相對濕度的影響過大，必須將施加到裝置上的電壓設置為規定最大值的 80%。漏源電壓為 $V_{DS,max}$。
[b] 在初始測試階段 $T_{vj} < 90℃$。

（8）QL-08 高溫正向偏置（HTFB）。

目前正在討論在 AQG 324 指南中實施 HTFB 測試。該測試解決了例如雙極退化的問題，對於未來的版本，還將討論動態高溫正偏（HTFB）測試的必要性。

2. GB/T 12750 半導體積體電路分規範

GB/T 12750—2006《半導體元件 半導體積體電路分規範》舉出了包括了數位、類比及介面電路在內的半導體積體電路的試驗、檢驗條件。還規定了品質評定程式、檢驗要求、篩選順序、抽樣要求、試驗和測量程式的詳細內容。流程如下。

1）樣品分類

取出樣品應由相同生產線生產，樣品按條件分為 A、B、C、D 四組，各組試驗如表 11-14~ 表 11-17 所示。

（1）A 組和 B 組：一個月內或連續 4 周內生產的元件。

（2）C 組：3 個月內製造的元件。

（3）D 組：12 個月內製造的元件。

▼ 表 11-14　A 組試驗

分組	檢驗或試驗	試驗條件	AQL	
			I 類	II 類和III類
A1	外部目檢	IEC 60747-10	1.0	0.4
A2	除另有規定外，25℃下功能驗證	按詳細規範規定	0.15	0.1
A2a	（不適用於 I 類）最高溫度下的功能驗證		—	0.4
A2b	（不適用於 I 類）最低溫度下的功能驗證		—	0.4
A3	25℃下的靜態特性	見相關標準	0.65	0.25
A3a	最高溫度下的靜態特性		1.5	0.4
A3b	最低溫度下的靜態特性		2.5	0.4
A4	除另有規定外，25℃下的動態特性		1.5	0.65
A4a	（不適用於 I 類）最高工作溫度下的動態特性		—	1.0
A4b	（不適用於 I 類）最低工作溫度下的動態特性		—	1.0

▼ 表 11-15　B 組試驗

分組	檢驗或試驗	引用標準	條件
B1	尺寸	IEC 60747-10	
B2c	電源定值驗證	見相關標準	適用時，按規定
B4	可焊性	IEC 60749 II	按規定
B5	（僅適用於空元件）密封		
	細檢漏	IEC 60068-2-17 IEC 60749 III	Qk 試驗：嚴酷度：60h；漏率：相當於 Qc 試驗嚴格度 60h

（續表）

分組	檢驗或試驗	引用標準	條件
B5	粗檢漏	IEC 60068-2-17	Qc 試驗： 方法 3： ——1 階段：液體 1* ——2 階段：液體 2**
	不可為空封元件和環氧封的空封元件		
	溫度快速變化	IEC 60749 Ⅲ	10 次循環
	隨後：		
	外部目檢	IEC 60747-10	
	強加速濕熱	IEC 60749 Ⅲ	嚴酷度 3，24h
	電測試	見 A2、A3 分組	同 A2、A3*
B8	電耐久性	見相關標準	
CRRL	放行批證明記錄		

註：* 全氟化碳液體沸點超過 50℃，例如：全氟 -N- 乙烷為主要成分。

　　** 全氟化碳液體沸點超過 150℃，例如：全氟 - 磷酸三丁酯胺為主要成分。

　　[a] 空白詳細規範可允許至少 A3、A3a 和 A3b 分組實驗項目至一個分組的最小要求。

▼ 表 11-16　C 組試驗

分組	檢驗或試驗	引用標準	條件
C1	尺寸	IEC 60747-10	
C2a	環境溫度下的電特性	見相關標準	按規定
C2b	最高溫度和最低溫度下的電特性 [a]	見相關標準	按規定，如極限溫度下測量
C2c	電額定值驗證：瞬態能量額定值 [b]	見相關標準	按規定，如靜電敏感元件(見 IEC 60747-1)
C3	引出端強度	IEC 60749 Ⅱ	按相應封裝規定，如拉力或轉矩
C4	耐焊接熱	IEC 60749 Ⅱ	按規定

分組	檢驗或試驗	引用標準	條件
C5	溫度快速變化 [b]		
	空封元件		
	溫度快速變化	IEC 60749 III	10 次循環
	隨後：		
	電測試		
	密封，細漏檢	見 A2、A3 分組	同 A2、A3 分組
	密封，粗漏檢	IEC 60749 III	按規定
	b）不可為空封元件和環氧封的空封元件	IEC 60068-2	按規定
	溫度快速變化	IEC 60749 III	500 次循環
	隨後：		
	外部目檢	IEC 60747-10	
	穩態濕熱	IEC 60749 III	嚴酷度 1，24h
	電測試	見 A2、A3 分組	同 A2、A3 分組
C5a**	鹽霧	IEC 60749 III	
C6	穩態加速度（用於空封元件）[b]	IEC 60749 II	按規定
C7	穩態濕熱		
	——用於空封元件 [b]		嚴酷度：II 類、III 類為 56d，I 類為 21d
	——用於不可為空封元件和環	IEC 60749 III	
	氧封空封元件	IEC 60749 III	嚴酷度 1
	隨後：		偏置：按詳細規範規定

（續表）

分組	檢驗或試驗	引用標準	條件
C7			時間：II 類、III 類 1000h，I 類 500h
	電測試	見 A2、A3 分組	同 A2、A3 分組 [c]
C8	電耐久性	見相關標準	時間：1000h
C9**	高溫儲存	IEC 60749 III	時間和溫度按分規範或詳細規範規定
C11	標識耐久性	IEC 60749 IV	
CRRL	放行批證明記錄	—	按空白詳細規範規定

* 將為「強加速時熱」代替。
** 在詳細規範中自行規定。
[a] 適用時，應在 C2b 分組定期驗證相關性。

▼ 表 11-17 D 組試驗

分組	檢驗或試驗	引用標準	條件
D8*	電耐久性 時間：4000h I 類：不適用 II 類和 III 類：按詳細規範規定	見相關標準	見相關標準
D12	瞬態能量		在詳細規範中規定測試電壓

* 在詳細規範中自行規定。

2）測試規範

實施的詳細規範要求可參照下列標準中的試驗和測量程式。

（1）電測試。

數位電路見 IEC 60748-2。

類比電路見 1EC 60748-3。

介面電路見 IEC 60748-4。

（2）機械和氣候試驗。

IEC 60749 和 / 或 IEC 60068。

（3）電耐久性試驗。

一般要求見 IEC 60748-1 Ⅳ，具體要求見 1EC 60748-2、1EC 60748-3、IEC 60748-4 Ⅴ。

功耗、工作溫度和電源電壓的選擇應按以下程式：①電路的功耗應為詳細規範所允許的最大值；②環境溫度或參考點溫度應當是在①的功耗下詳細規範所允許的最大值；③如果沒有①或②的限制，電源電壓應為詳細規範所允許的最大值，試驗條件和要求應在詳細規範裡規定。耐久性試驗的時間應在相關詳細規範中規定：

——168^{72}_{-10} h

——1000h、2000h 和 4000h 應作為試驗的最少時間。

D 組電耐久性試驗的時間是 C 組和 D 組電耐久性試驗的累加時間。這些試驗除 D 組外，均視為非破壞性試驗。

（4）加速試驗程式。

加速試驗程式見 IEC 60747-10 第 2 版。

3. J1211 汽車電子產品品質控制

實際工況環境測試包括 PCB 的測試、在不同的頻率 / 電壓 / 溫度下進行高覆蓋率的測試，以及 EMC 的測試。在汽車當中，要包括電壓、溫度、EMC，最後是整車路測，這是車規實際應用工況的驗證，也與過去有點不一樣。對於汽車電子電氣模組製程判定，J1211-2012《汽車電子 / 電氣模組穩健性驗證手冊》舉出了相應的要求。

（1）元件的無鉛焊接製程能力。

關於無鉛焊接需要記住兩個特性：模組元件必須符合歐洲、中國和其他地區的《電氣、電子裝置中限制使用某些有害物質指令》（RoHS）。這是模組元件的材料所保證的；元件必須相容無鉛焊接。相容性是指能夠承受焊接過程而不喪失任何可靠性。應能夠滿足 JEDEC-J-STD 020D 標準提供的應力測試要求，該測試定義了小零件和大零件的焊接輪廓，將供應商保證和實際使用之間邊界進行分類，又被稱為 MSL 分類測試。

（2）PCB 的堅固性。

PCB 上互連結構的可靠性可能比焊點本身的可靠性更重要。對 PCB 堅固性的最大威脅是它們在無鉛焊接時所能達到的表面溫度，其溫度可以高達 275℃。因此，改進 PCB 基料和預浸料的配方非常重要。

還需要密切注意焊劑和焊劑殘留，以確保所需的提高清潔效率與無鉛焊接。較高的焊料輪廓會導致焊劑過早地脫落、複合、脫落，導致去濕和錫球。在剖面平臺的延長浸泡溫度下進行交聯（聚合），使熔劑殘留物難以去除，有可能產生吸濕效應，導致依賴濕度的寄生傳導。

（3）連接點的可靠性。

在印刷電路板上的焊點通常數量比較大。對需要進行長期儲存的裝置，或必須在嚴重震動、溫度循環或腐蝕的環境中工作的裝置，焊點的品質十分關鍵。目視檢驗焊點的方法一般可以檢出 80% 不符合目規範的焊點。滿足外觀需求的焊點也可能是不可靠的，如果採用自動檢測開路和短路的方法而非採用 100% 的目視檢查，將不會發現以後會發生失效的位於規範限邊緣的原件。

4. EMC 電磁相容

所謂電磁相容，國家標準 GB/T 4365—2003 定義為裝置或系統在電磁環境中正常執行且不對該環境中任何事物組成不能承受的電磁干擾的能力。隨著積體電路集成度的提高，越來越多的原件被整合到晶片上，電路功能變得複雜。當一個或多個電路產生的訊號或雜訊在同一個晶片內另一個電路的運行彼此干

擾時，就產生了晶片內的 EMC 問題，給晶片正常執行帶來影響。針對汽車電子領域來講，針對零件級的電磁相容，直接影響各個模組與系統的控制功能。

　　美國汽車工程師學會（SAE）在 1957 年的 SAE J551 標準中首次引入 EMC 的標準，其目的是保護行駛環境中電子裝置的安全。此標準特別注意保護車載電視等常用電氣裝置，避免受到汽車點火系統的電磁干擾。由於數位電路的發展，出現了一系列 SAE J551 標準的修正案和新的標準。汽車工程師學會 EMC 標準化委員會修訂了 SAE J1113 和 SAE J551 標準，試圖增加內容使之涵蓋機動車零件和整車測試的各個方面。SAE J1113 稱為機動車零件等級 EMC 標準，包含抗擾度測試部分和輻射量測試部分，如表 11-18 和表 11-19 所示。SAE J551 稱為機動車車輛等級 EMC 標準，將在後文整車測試中具體介紹。

▼ 表 11-18　零件 EMC 抗擾度測試

SAEJ1113 章號	測試方法	測試頻率範圍	對應標準
2	導線法	30Hz~250kHz	無
3	導線法	100kHz~400MHz	ISO 11452/7
4	大電流注入法	1~400MHz	ISO 11452/4
11	瞬態傳導法	N/A（不適用）	ISO 7637~1
12	耦合鉗法	N/A（不適用）	ISO 7637~3
13	靜電放電法	N/A（不適用）	ISO 10605
21	暗室法	10kHz~18GHz	ISO 11452/2
22	電源線磁場法	60Hz~30kHz	無
23	射頻功率法	10kHz~200MHz	ISO 11452/5
24	TEM 小室法	10kHz~200MHz	ISO 11452/3
25	三層板法	10kHz~1GHz	無
26	電源線電場法	60Hz~30kHz	無
27	混響室法	500MHz~2GHz	無

▼ 表 11-19 零件 EMC 輻射量測試

SAEJ1113 章號	測試方法	測試頻率範圍	對應標準
41	窄頻法	10kHz~1GHz	CISPR TBD
42	瞬態傳導法	N/A（不適用）	ISO 7637-1

11.2.3 整車測試流程

從汽車電子 V 字形開發流程的角度，測試層級一般分為以下幾類：①零件測試；②系統測試；③整車整合測試；④整車接受度測試。每一個層級的測試根目錄據設計要求，又可以細分為多種測試，如圖 11-21 所示。

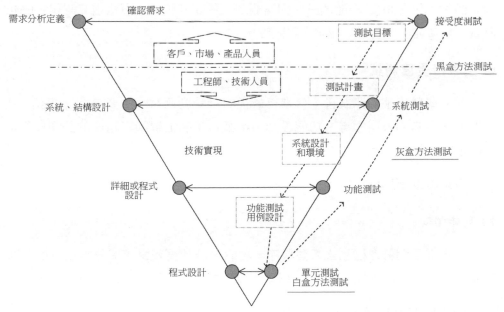

▲ 圖 11-21 汽車電子 V 型模型開發流程

1. 零件測試

零件是組成汽車的基本單元，一般一輛完整的車由幾千個零件組成，所以零件測試是基礎，必須在零件層面做完整的測試才能交付給整車整合，這裡主要針對汽車電子零件的測試介紹。汽車電子零件分為控制器、感測器和執行器，

如車身控制器、雨量陽光感測器、大燈，每種零件的設計都有相應的設計流程，其測試過程也比較複雜。主要分為下面幾類：功能測試、網路測試、電性能測試、EMC、DV/PV、軟體測試、單元測試等。

2. 系統測試

系統一般指的是以零件為核心，感測器和執行器為附件組成的系統，如智慧座艙系統、舒適系統、智慧駕駛系統。系統測試一般分為功能測試、穩定性測試、壓力測試。

3. 整車整合測試

當所有的電器零件完成測試後，整合在一起進行整車整合測試，一般分為功能測試（包含 ECU 功能測試、網路測試、診斷測試）、靜態電流測試、EMC 測試、耐久測試、高低溫測試、路試等。

4. 整車接受度測試

當完成整車整合測試後，會進行最後的接受度測試，主要是功能測試。接受度測試通常由公司領導、功能設計工程師、產品工程師等組成的公司層級的驗收團隊進行接受度測試。

汽車整車測試的主要實驗內容如下。

1）功能測試

汽車電子開發過程包含多個環節，功能層是其重要組成部分。它包括 ECU 功能測試、網路管理功能測試、故障診斷測試等，是實車測試前的重要環節。

（1）ECU 功能測試。

ECU 主要由 ECU 通訊埠、電子元件、外殼及插接器等組成。微控制器及週邊 IC 負責功能的核心部分。ECU 功能測試包含電源模組測試、MCU 模組測試、輸入模組測試、通訊介面模組測試等。透過硬體在環模擬（Hardware In the Loop Simulation，HILS）在不利用實際車輛零件的條件下模擬零件的電氣訊號就能在 ECU 上進行軟體驗證。此外，JASO（日本汽車工業會標準）、JIS（日

本標準）、SAE（美國汽車工程師學會）標準的車載電子裝置的環境試驗通則中提出的試驗方法為可靠性測試提供依據。

（2）網路測試。

ECU 之間透過汽車匯流排進行通訊，包括控制器區域網（CAN）、媒體導向系統傳輸（MOST）、局域網際網路絡（LIN）和 FlexRay 匯流排。以車載乙太網為例，OPEN 聯盟、IEEE 802.3 和 IEEE 802.1 工作群組、AU-TOSAR 聯盟和 AVnu 聯盟造成了重要作用。ISO 21111 也制定了一系列車載乙太網測試標準。目前，業界通用的車載乙太網測試方法參考 OPEN 聯盟指定的 OPEN 聯盟車載乙太網測試規範（TC8 ECU Test Specification）和乙太網交換機測試規範（TC-11 Ethernet Switch Test Specification）為標準，測試的內容主要包括物理層測試、車載乙太網交換機測試、協定層與應用層除了 AVB/TSN 以外的一致性測試。

（3）故障診斷測試。

故障診斷是透過 ECU 檢測出系統、感測器、執行器之中發生的有損汽車功能的異常，並進行異常資訊的記憶及異常警告。故障診斷測試需參照現行國際標準，如 ISO 27145、ISO 14229、ISO 15765、ISO 15031，結合整車廠自身特點制定診斷協定，定義具體故障資訊、標識資料、偵錯指令等，形成診斷規範。按故障診斷測試內容劃分，可分為診斷協定測試和診斷內容測試。前者其涵蓋診斷服務測試、重程式設計測試、與協定相關的診斷邏輯測試內容。後者涵蓋故障注入、標識資訊及偵錯指令驗證等。

2）靜態電流測試

整車在睡眠後，所有電子控制單元的靜態電流值相加即為整車的靜態電流，一般乘用車的蓄電池容量為 50~70A·h。整車在睡眠後靜態電流一般小於 20mA，即在正常情況下，電池充滿電在整車睡眠後，可以保證車輛在 3 個月（2500~3500h）左右時間正常啟動。

3）整車 EMC 測試

電磁相容 EMC（ElectroMagnetic Compatibility）是指裝置或系統在其電磁相容環境中能正常執行且不對該環境任何事物組成不能承受的電磁騷擾的能力。

汽車是一個非常狹小的獨立的電磁環境，在這個電磁環境內擁有數十乃至上百種電子電氣裝置。這些電子電氣裝置可以等效成許多不同參數的電感和電容的組合。在這些由電感和電容組成的閉合迴路中，電路斷開或接通的一瞬間，觸點就會產生火花和電弧。電火花和電弧本身就是一個發射高頻電磁干擾的干擾源，向周圍空間發射電磁波，或透過汽車內部的電源線路、通訊網路影響其他通訊裝置和電子裝置的正常執行。如果是軍用車輛，這些干擾還能擾亂武器裝備系統、無線電、雷達和計算機電路控制系統的正常執行。所以，對於這些產生強干擾的裝置主要有一個干擾抑制的問題。

在汽車裡面還有許多帶有微控制器控制的電子電氣裝置，這些裝置在工作時會產生干擾。但干擾與前一類裝置相比要弱得多。在更多的情況下是這些裝置受到前一類裝置的干擾之後所產生的誤動作，甚至失效。所以對這些怕干擾的裝置，主要應考慮抗干擾的問題。除了汽車內部各種裝置和元件之間的相互干擾外，往往還要考慮由外部環境對車輛形成的電磁干擾。舉例來說，由環境電磁場形成的干擾可以高達 200V/m。整車 EMC 測試標準分為整車對外干擾和整車抗干擾兩部分，如表 11-20 和表 11-21 所示。

▼ 表 11-20 整車 EMC 抗擾度測試

SAEJ551 章號	測試方法	測試頻率範圍	對應標準
11	車外干擾源法	500kHz~18GHz	ISO 11451/2
12	車載干擾源法	1.8MHz~1.2GHz	ISO 11451/3
13	大電流注入法	1~400MHz	ISO 11451/4
14	混響室法	200MHz~18GHz	無
15	靜電放電法	N/A（不適用）	ISO 10605
16	瞬態傳導法	N/A（不適用）	無
17	電源線磁場法	60Hz~30kHz	無

▼ 表 11-21 整車 EMC 輻射量測試

SAEJ551 章號	測試方法	測試頻率	範圍測試距離	對應標準
2	窄頻 - 寬頻	30MHz~18GHz	10m	CISPR 12
4	窄頻 - 寬頻	150kHz~1GHz	1m	CISPR TBD
5	窄頻 - 寬頻	9kHz~30MHz	10m	CISPR TBD

在中國，汽車電磁相容技術研究起步較晚，相關標準不夠完善，用先進國家相比仍有一定差距。目前，中國相對實力較強的幾個大型廠商也都意識到電磁相容技術的重要性，並已開展這方面的研究。下面列舉一些中國相關汽車電磁相容技術的主要標準。

- GB 14023—2011《車輛、機動船和火花點火引擎驅動的裝置的無線電騷擾特性的限值和測量方法》（等於國際標準 CISPR2）。

- GB 18655—2002《用於保護車載接收機的無線電騷擾特性的限值和測量方法》（等於國際標準 CISPR25）。

- GB/T 17619—1998《機動車電子電氣元件的電磁輻射抗擾性限值和測量方法》。

- GB/T 18387—2008《機動車輛的電磁場輻射強度的限值和測量方法》。

5. 耐久性測試

汽車耐久性試驗是指在汽車規定的使用以及維修條件下，為確保汽車整車可以達到某種技術以及經濟指標極限時，對其完成的規定功能能力進行試驗。汽車產品開發中，科學的耐久性試驗，可以保證汽車耐久性品質，提高汽車產品可靠性。汽車耐久性行駛的試驗按照國家標準 GB/T 12679—1990《汽車耐久性行駛試驗方法》循序執行，如表 11-22 所示。

▼ 表 11-22　GB/T 12679—1990《汽車耐久性行駛試驗方法》

GB/T12679 章號	試驗項目	對應標準
1	驗收試驗汽車，磨合形式	無
2	引擎性能初試	JB 3743—1984
3	汽車主要零件的初次精密測量	GB/T 12679—1990
4	裝複汽車後的 300km 磨合行駛	無
5	使用油耗測量（初測）	GB/T 12545—2001
6	汽車性能初試	GB/T 12678—1990
7	耐久性行駛試驗	GB/T 12679—1990
8	引擎性能複試	GB/T 12679—1990
9	使用油耗測量（複測）	無
10	汽車性能複試	無
11	汽車主要零件的精密複試	GB/T 12679—1990
12	裝複汽車，編制試驗報告	GB/T 12679—1990

6. 高低溫測試

　　為了證明車載晶片可靠性，裝有晶片和模組的汽車電子產品需透過嚴格的高低溫濕熱試驗，考核心產品承受一定溫度變化速率的能力以及對極端高溫和極端低溫環境的承受能力。當組成產品元件的材料熱匹配較差、內應力較大時，高低溫試驗可引發產品由機械結構衰退產生的失效，如漏氣、內陰險斷裂、晶片裂紋等。為了模擬不同的環境要求，需要環境試驗箱或環境艙等測試裝置。測試流程參照：

- GB/T 2423.1—1989《低溫試驗方法》。

- GB/T 2423.2—1989《高溫試驗方法》。

- GB/T 2423.22—1989《溫度變化試驗》。

- GJB 150.5—1986《溫度衝擊試驗》。

- GJB 360.7—1987《溫度衝擊試驗》。

- GBJ 367.2—1987《熱衝擊試驗》。

7. 路試

　　道路試驗可參照 MIL-STD-810G 電子裝置環境試驗、GB/T 7031—2005《機械震動 道路路面譜測量資料報告》等標準。

附錄
縮寫詞

- IC（Integrated Circuit，積體電路）
- DRAM（Dynamic Random Access Memory，動態隨機記憶體）
- PLDs（Programmable Logic Devices，可程式化邏輯元件）
- MPU（Microprocessor Unit，微處理器單元）
- MCU（Microcontroller Unit，微控制器單元）
- DSP（Digital Signal Processing，數位訊號處理）
- ASIC（Application Specific Integrated Circuit，專用積體電路）
- CPU（Central Processing Unit，中央處理單元）
- SoC（System on Chip，系統級晶片）
- FPGA（Field Programmable Gate Array，現場可程式化閘陣列）
- SDRAM（Synchronous Dynamic Random-Access Memory，同步動態隨機存取記憶體）
- ROM（Read-Only Memory，唯讀記憶體）
- MEMS（Micro-Electro-Mechanical System，微機電系統）
- NB-IOT（Narrow Band Internet of Things，窄頻物聯網）
- HDMI（High Definition Multimedia Interface，高畫質多媒體介面）
- DC-AC（Direct Current-Alternating Current，直流 - 交流）
- LDO（Low Dropout Regulator，低壓差穩壓器）
- MOSFET（Metal-Oxide-Semiconductor Field-Effect Transistor，金屬 - 氧化物 - 半導體場效應電晶體）
- JFET（Junction Field-Effect Transistor，結型場效應電晶體）
- CMOS（Complementary Metal Oxide Semiconductor，互補金屬氧化物半導體）
- N-MOS（N-Metal-Oxide-Semiconductor，N 型金屬 - 氧化物 - 半導體）
- P-MOS（P-Metal-Oxide-Semiconductor，P 型金屬 - 氧化物 - 半導體）
- RCA（Radio Corporation of America，美國無線電公司）
- LSI（Large Scale Integrated Circuits，大型積體電路）
- VLSI（Very Large Scale Integrated Circuits，超大型積體電路）
- PC（Personal Computer，個人電腦）
- IBM（International Business Machines Corporation，國際商用機器公司）
- CMOS SRAM（Complementary Metal Oxide Semiconductor Static Random Access Memory，互補金氧半導體電路）

- EPROM（Erasable Programmable Read-Only Memory，可抹寫可程式化唯讀記憶體）
- ULSI（Ultra Large Scale Integrated Circuits，超大型積體電路）
- GSI（Giga Scale Integrated Circuits，GB 級積體電路）
- FinFET（Fin Field-Effect Transistor，鰭式場效應電晶體）
- RAM（Random Access Memory，隨機記憶體）
- TI（Texas Instruments，德州儀器）
- SEMI（Semiconductor Equipment and Materials International，國際半導體裝置暨材料協會）
- ASML（Advanced Semiconductor Material Lithography，先進半導體材料光刻）
- EUV（Extreme Ultra-Violet，極紫外光刻）
- CVD（Chemical Vapor Deposition，化學氣相沉積）
- PCB（Printed Circuit Board，印刷電路板）
- EDA/IP（Electronic Design Automation/Intellectual Property，電子設計自動化 / 智慧財產權）
- DAO（Discrete，Analog，Optoelectronics，分立、類比及光電）
- BCG（The Boston Consulting Group，波士頓諮詢公司）
- IDM（Integrated Device Manufacturer，整合元件製造商）
- V_R/AR（Virtual Reality/Augmented Reality，虛擬實境 / 擴增實境）
- 5G（5th Generation Mobile Communication Technology，第五代行動通訊技術）
- ASSPs/ASIC（Application Specific Standard Parts/Application Specific Integrated Circuit，專用標準產品 / 專用積體電路）
- 4G（4th Generation Mobile Communication Technology，第四代行動通訊技術）
- GPU（Graphics Processing Unit，圖形處理單元）
- AMD（Advanced Micro Devices，Inc.，超微公司）
- LED（Light-Emitting Diode，發光二極體）
- CMP（Chemical Mechanical Polishing，化學機械拋光）
- AI（Artificial Intelligence，人工智慧）
- IGBT（Insulated Gate Bipolar Transistor，絕緣柵雙極電晶體）
- EMC（Electro Magnetic Compatibility，電磁相容）
- ESD（Electro-Static Discharge，靜電釋放）
- EFT（Electrical Fast Transient，電快速瞬變脈衝群）
- RS（Radiated Susceptibility，輻射放射性）
- EMI（Electromagnetic Interference，電磁干擾）
- PPM（Part Per Million，百萬分之一）
- PPB（Part Per Billion，十億分之一）
- AEC-Q（Automotive Electronics Council-Qualification，汽車電子委員會品質標準）
- ISO/TS（International Organization for Standardization/Technical specification，國際標準組織）

- DFMEA（Design Failure Mode and Effects Analysis，設計失效模式及後果分析）
- PFMEA（Process Failure Mode and Effects Analysis，過程失效模式及後果分析）
- DPPM（Defect Part Per Million，百萬分之一缺陷）
- ASIL（Automotive Safety Integration Level，汽車安全完整性等級）
- A/D（Analog to Digital Converter，類比數位轉換器）
- UART（Universal Asynchronous Receiver/Transmitter，通用非同步接收機）
- PLC（Programmable Logic Controller，可程式化邏輯控制器）
- DMA（Direct Memory Access，直接記憶體存取）
- LCD（Liquid Crystal Display，液晶顯示）
- SRAM（Static Random Access Memory，靜態隨機存取記憶體）
- SLC（Single Level Cell，單級單元）
- HUD（Head Up Display，抬頭顯示）
- IVI（In-Vehicle Infotainment，車載資訊娛樂系統）
- TBOX（Telematics BOX，遠距離通訊裝置）
- BMS（Battery Management System，電池管理系統）
- V2X（Vehicle-to-Everything，車聯網）
- ADAS（Advanced Driving Assistance System，高級駕駛輔助系統）